TURING 图灵程序设计丛书

ON JAVA

BY
BRUCE ECKEL

中文版 基础卷

[美] 布鲁斯·埃克尔〔Bruce Eckel〕——— 著　　陈德伟 臧秀涛 孙卓 秦彬 ——— 译

U0300221

人民邮电出版社
北　京

图书在版编目（CIP）数据

On Java：中文版. 基础卷 / （美）布鲁斯·埃克尔
(Bruce Eckel) 著；陈德伟等译. -- 北京：人民邮电
出版社，2022.3（2022.9重印）
（图灵程序设计丛书）
ISBN 978-7-115-58501-1

Ⅰ.①0… Ⅱ.①布… ②陈… Ⅲ.①JAVA语言—程序
设计 Ⅳ.①TP312.8

中国版本图书馆CIP数据核字(2022)第005206号

内 容 提 要

　　本书是布鲁斯·埃克尔时隔 15 年，继 *Thinking in Java* 之后又一力作，基于 Java 的 3 个长
期支持版（Java 8、11、17），讲解 Java 核心语法，并对 Java 的核心变化进行详述。全书内容
通俗易懂，配合示例讲解逐步深入，并结合实际开发需要，从语言底层设计出发，有效帮读
者规避一些常见的开发陷阱。

　　主体部分共 22 章，内容包含对象、操作符、控制流、初始化和清理、复用、多态、接口、
内部类、集合、函数式编程、流、异常、代码校验、文件、字符串、泛型等。

　　本书适合各个层次的 Java 开发者阅读，同时也可作为面向对象程序设计语言以及 Java 语
言的参考教材。

◆　著　　　　[美] 布鲁斯·埃克尔（Bruce Eckel）
　　译　　　　陈德伟　臧秀涛　孙　卓　秦　彬
　　责任编辑　乐　馨
　　责任印制　周昇亮

◆　人民邮电出版社出版发行　　北京市丰台区成寿寺路11号
　　邮编　100164　电子邮件　315@ptpress.com.cn
　　网址　https://www.ptpress.com.cn
　　三河市中晟雅豪印务有限公司印刷

◆　开本：720×960　1/16
　　印张：52.5　　　　　　　2022年3月第1版
　　字数：1185千字　　　　　2022年9月河北第5次印刷
　　著作权合同登记号　图字：01-2020-7186号

定价：129.80元
读者服务热线：(010)84084456-6009　印装质量热线：(010)81055316
反盗版热线：(010)81055315
广告经营许可证：京东市监广登字 20170147 号

1 月 16 日是中文译稿完整交付的日子，距离本书翻译项目启动，时间恰好过去一年。感谢陈德伟、臧秀涛、孙卓、秦彬四位译者的辛勤付出。尤其感谢他们在翻译时秉承专业严谨的工作态度，校正了原稿中存在的诸多错漏。

特别感谢 DDD 专家张逸、服务端专家梁桂钊、软件系统架构专家王前明、译者陈德伟为本书重点章节录制了精讲视频，有效降低了本书的阅读门槛。

同时，非常感谢对本书译文给出诸多宝贵建议的审读专家们，他们包括：梁树桦、王明发、叶沄龙、杨光宇、施仪画、周剑飞、张伟、王前明、杨显波、史磊、张争龙、薛伟冬、张逸、陈骜、小判、程锦、凌江涛、杜乐、龚泽龙。

还要感谢在本书"开放出版"阶段给出反馈建议的所有读者朋友们：陈明树、陈渝、丁春盈、冯治潍、葛瑞士、郭雅鑫、何金钢、刘一帆、刘梓桐、刘宗威、马康、冉浩、徐浩清、薛书猛、翟特特、赵希奥、郑炫坤、翟国平、吉宇晟、潘陈皓、苏超。

本书能够顺利出版，离不开以上所有人的帮助和贡献。

最后，感谢为 Java 中文社区做出卓越贡献的专家学者们，感谢阿里科学家 Kingsum、Java Champion 李三红、JVM 研发专家杨晓峰、中间件技术专家张建锋、Java 并发专家方腾飞为本书撰写推荐语。

ON JAVA

中文版序

　　我听说这本书之所以要翻译为中文版，是因为读者的要求，我对此感到非常荣幸。谢谢你们——这让我知道，我在做正确的事情。也非常感谢人民邮电出版社图灵公司听到了读者的呼声，并投入了大量资源来促成本书中文版的翻译。

　　Thinking in Java, 4th Edition 涵盖了 Java 5 和部分 Java 6 的内容。自那以后，尽管还有其他的显著改进，但目前 Java 8 仍然是 Java 变化最大的一个版本。对许多程序员和公司来说，改用 Java 8 仍然是一个具有挑战性的选择，希望本书能对其有所帮助。

　　应图灵公司的要求，我在各个章节中添加了一些内容，用来讲解 Java 9 到 Java 17 的新语言特性。

ON JAVA

本书基于 Java 8 的特性进行该语言的编程教学，同时根据 Java 11、17 等版本的新特性做了关键更新。

我的上一本 Java 书——*Thinking in Java, 4th Edition*，对于用 Java 5 编程仍然很有用，Android 编程用的就是这个语言版本。然而随着 Java 8 的到来，这门语言发生了许多显著的变化，编写和阅读新版本 Java 代码的感受都与以往有了明显的不同。于是，花费两年时间编写一本新书也就在情理之中了。

Java 8 最大的改进是引入了函数式编程的一些长处，简单来说包括 lambda 表达式、流（stream），以及"函数式基本类型"（functional primitive）等。即便如此，Java 依然是一门受 Smalltalk 启发而设计的面向对象编程语言。由于受制于向后兼容性，Java 无法彻底翻新为一门函数式编程语言。但我还是要为 Brian Goetz 和他的团队在重重限制之下所做出的贡献喝彩。毋庸置疑，Java 8 让这门语言获得了升华，也有助于你学习 Java 语言。同时，我希望这本书能够让你的 Java 学习之旅变得轻松和愉悦。

关于 Java 8 后续版本的新特性

就在本书的编写过程中，Java 17 发布了。本书的内容原本是基于 Java 8 的，但是应人民邮电出版社图灵公司（本书中文版的出版商）的要求，我也会在本书中向读者介绍 Java 9 到 Java 17 的新特性，同时会在对应的章节标题中用"新特性："后加该特性的说明来予以标识。此外，通过目录也可以很容易地找到这些新特性。如果你只能使用 Java 8，你大可跳过这些章节，这样做并不会影响你阅读本书的其他内容。也就是说，新特性只会在对应的章节中使用，而不会出现在本书其他关于 Java 8 的主要内容中。

本书所使用的位于 GitHub 代码仓库的示例都包含一个基于 Java 8 环境的构建文件（使用 Gradle 构建工具生成）。只要你安装的是 Java 8（或者是 Java 8 后续的新版本），这些构建文件就可以正常运行。此外，所有用于演示 Java 8 后续版本新特性的代码示例，其顶部的注释都会包含一个特殊标签"{NewFeature}"以及实现了该特性的 JDK 版本号（极少数情况下，你会见到一些未完成的特性）。同时，Gradle 构建时会自动排除带有"{NewFeature}"标签的示例。如果想要测试这些代码示例，你需要先安装对应的 JDK 版本，然后就可以通过命令行来编译对应的代码示例了。

出版说明

本书使用了自动化的构建过程，同样的自动化过程还有解压、编译以及测试所有示例代码。我使用 Python 3 编写了大量的应用程序来处理所有的自动化过程。

封面设计

本书的封面插图来自美国公共事业振兴署（Works Progress Administration，简称WPA，是 1935—1943 年美国大萧条时期所创建的一个大型公共事业项目，其目标是援助失业人口重新返回工作岗位）。此外，它也让我想起了《绿野仙踪》系列丛书的插图。我的设计师朋友 Daniel Will-Harris 和我都十分喜爱这张图片。

致谢

Thinking in Java 一书面世至今，我很感谢它带给我的诸多益处，尤其是让我有机会在世界各地进行演讲。借此机会，我才得以与更多的人和公司建立联系，这是无价的。

感谢 Eric Evans（《领域驱动设计》一书的作者）针对本书书名提供了宝贵意见，也感谢所有在讨论组里帮助我确定书名的人们。

感谢 James Ward，他使我得以为本书使用 Gradle 构建工具，感谢他一直以来提供的帮助以及跟我的友谊。感谢 Ben Muschko 对构建文件所做的优化，同时也要感谢 Hans

Dockter 给予 Ben 时间来做这件事。

感谢 Jeremy Cerise 与 Bill Frasure 参与本书的开发者活动，并提供了有价值的帮助。

感谢所有抽出宝贵时间莅临科罗拉多州克雷斯特德比特市，参加我所组织的会议、研讨活动、开发者活动以及其他活动的嘉宾们。即便你们做出的贡献不易让人察觉，但我想说的是，这些贡献依然是至关重要的。

献词

谨献给我敬爱的父亲 E. Wayne Eckel，他生于 1924 年 4 月 1 日，卒于 2016 年 11 月 23 日。

"我的语言之局限，即我的世界之局限。"

——Ludwig Wittgenstein（1889—1951）

这句话不仅适用于我们日常读写的语言，也适用于编程语言。很微妙的一件事是，一门语言会悄然无息地引导你进入某种思维模式，同时远离其他思维模式。Java 尤其如此。

Java 是一门派生语言。当时的情况是，早期的语言设计师不想用 C++ 来开发项目，于是创建了一门和 C++ 极为相似的新编程语言，不过也做出了一些改进。这种新编程语言最主要的改动是加入了**虚拟机**和**垃圾收集**机制，本书后续章节会对这两点进行详细介绍。此外，Java 还在其他方面推动着行业的持续发展。

Java 最主要的概念之一来自 SmallTalk，这门语言强调"对象"（详见第 1 章）是编程的基本单位，所以任何东西都必须是对象。经历过长时间的洗礼之后，这个概念被证明是有些激进的，有些人甚至断定对象的概念是彻头彻尾的失败，应该果断丢弃。我个人认为，把所有内容都封装为对象不仅是一种负担，而且还会将许多程序设计推向错误的方向。然而不可否认的是，在一些情况下对象依然十分有用。所以，将一切都封装为对象（尤其是深入到最底层的时候）是一种设计失误，但完全抛弃对象同样太过极端。

Java 还有一些设计决策也没有达成预期目标。关于这一点，本书中会陆续加以说明，以便你能够理解这些语言特性如鲠在喉的原因何在。但是，我并不是要将 Java 盖棺定论为一门优秀或拙劣的语言。我想表达的是，如果你了解了一门语言的不足之处和局限性，当你遇到某个语言特性不可用时，就不会被卡住，以致无法继续。同时，因为你已经知晓其局限性，所以就可以更好地进行程序设计。

编程是一门管理复杂性的艺术，而问题的复杂程度取决于机器的复杂程度。由于这种复杂性的存在，导致了大多数编程项目的失败。

许多编程语言在设计时充分考虑了复杂性的问题，然而有时候，其他问题才是更为本质的问题。几乎不可避免的是，那些"其他问题"才是让使用该语言的程序员最终碰壁的原因。例如，C++ 语言不得不向后兼容 C 语言（这是为了让 C 语言程序员更容易上手），同时还要保证运行效率。不可否认的是，这两者都是非常实用的设计目标，并且成了 C++ 语言获得成功的功臣，但是随之也带来了大量额外的复杂性。

Visual Basic（VB）语言依赖于 BASIC 语言，而 BASIC 语言本身并不是一种扩展性良好的语言。这导致 VB 在扩展时经常出现各种非常难以维护的语法。Perl 语言能够向后兼容 awk、sed、grep 以及其他 UNIX 工具，然而这些旧时代的工具本身就是需要被替换和更新的。结果就是，Perl 程序里面充斥着大量的"只写代码"（意思是你自己都读不懂自己写的代码是什么意思）。不过话说回来，C++、VB、Perl 以及其他一些语言（比如SmallTalk）都提供了一些能够处理复杂性的设计方案，并且从解决特定问题的角度来看，它们做得还相当不错。

信息革命让我们所有人可以更为便捷地交流，不管是一对一、在群组之内还是在全球范围内。我听说下一次革命将促生一个由足够多的人和连接组合而成的全球化的大脑。Java 会不会成为这种革命所需的工具之一呢？一切皆有可能。

本书目标

本书每一章都会介绍一个或者一组互相关联的概念，同时这些概念不依赖于当前章节没有介绍的特性。因此，你可以结合当前获取的知识来充分理解上下文，然后再阅读下一章。

我个人为本书设定的目标如下。

1. 循序渐进地呈现相关知识点，以便你充分理解每一个理念，之后再继续前行。同时，精心编排语言特性的介绍顺序，以便你在看到某个特性的运用之前，先对该特性的概念有所了解。然而我并不能保证百分之百可以做到这一点，当出现意外情况时，我也会提供一些简要的相关说明。

2. 所使用的示例尽可能地浅显易懂。有时候我会因为这一条原则而放弃引入所谓"现实世界"的问题，然而我发现对于初学者而言，相比因为示例解决了一个范围很大的问题而感到惊讶，当他们理解示例中所有细节的时候会觉得更有收获。对于这一点，也许有人会批评我只热衷于"简单示例"，但是为了产生更为明显的教育成效，我依然乐于接受目前的做法。

3. 我相信有些细节对于 95% 的程序员而言是无关紧要的。这些细节只会让人们感到困惑，并且增加他们对于语言复杂度的认知。

4. 为你打下坚实的编程语言基础，以便你之后学习难度更大的课程和图书时，可以充分理解自己所遇到的问题。

语言设计缺陷

每一种语言都存在设计缺陷。屡屡让新手程序员感到不安和挫败的是，他们必须"周旋"于各种语言特性之中，不断猜测应该用什么、不应该用什么。承认错误总是让人感到不快，但是相比承认错误所带来的不适感，这种糟糕的新手体验要严重得多。令人尴尬的是，所有失败的语言 / 库设计一直存在于 Java 的发布版本里。

诺贝尔经济学奖得主 Joseph Stiglitz 有一句生活哲言十分应景，也叫作"承诺升级理论"（The Theory of Escalating Commitment）：

持续犯错的代价由别人承担，而承认错误的代价由你自己来承担。

当我发现编程语言的设计缺陷时，我倾向于指出这些问题。Java 发展到今天，已拥有了许多热心的拥护者，其中有些人甚至将 Java 视为自家"孩子"，而非一种语言工具。因为我编写了一些关于 Java 的著作，所以他们以为我也会像他们一样袒护 Java。于是，当我发现了某个语言缺陷并进行批判时，经常会出现以下两种情况：

1. 起初会引起一阵类似于"我的孩子无论对错"的愤怒，到了最后（也许会经过许多年），该缺陷逐渐被大家广泛承认，从此被视为 Java 的历史遗留问题。

2. 更为关键的是，新手程序员并没有经历过"想不通为什么会这样"的痛苦挣扎，尤其是发现了某个看起来不对劲儿的地方之后所产生的自我怀疑，在这种情况下人们会很自然地认为**要么是自己做错了，要么就是自己还没有搞明白**。更糟糕的是，有些教授该语言的人会直接引用一些错误的概念，而不是对问题进行更加深入的研究和分析。而如果能够理解语言的设计缺陷，即使是新手程序员也能够理解不对劲儿的地方是一个错误，从而绕过它继续前行。

我认为，理解语言和库的设计缺陷是必要的，因为它们会影响程序员的生产力。有些语言特性非常具有吸引力，但可能会在你毫无准备之时突然卡住你的工作进程。此外，设计缺陷也会影响新语言的采用。探索一门语言能做什么的过程十分有趣，然而设计缺陷能够告诉你该语言**不能**做什么。

多年以来，我真切地感受到 Java 语言的设计者不够关心用户。有些语言缺陷可谓太过明显，根本没有经过深思熟虑，看起来像是设计者的思绪早已飞到了九霄云外，对自己的用户不管不顾。而这种对程序员看似不尊重的态度，也是我当初放弃 Java 选择其他语言，并且在相当长的一段时间内都不想回头的主要原因。

而当我重新回过头来审视 Java 的时候，Java 8 给我的感觉焕然一新，就好像是该语言的设计者对于语言和用户的态度发生了 180 度大转弯。比如，许多被用户诟病已久，甚至被视为语言毒瘤的特性和库都得到了修正。新引入的特性也让人耳目一新，就好像是设计团队中新加入了几位极其关注程序员使用体验的设计者。这些设计者终于行动了起来并致力于让 Java 语言变得更为出众，这明显好过在没有深入探究一个理念的本质时就急不可待地把它添加进来。此外，部分新特性十分优雅（至少可以说在考虑到 Java 局限性的情况下，已经尽可能地优雅了）。

得益于语言设计者的良苦用心（其实我并没有料想到这一点），编写本书的过程相比以往要顺利得多。Java 8 包含了许多基础和重要的改进，而由于 Java 一直严格遵守自己的向后兼容性承诺，做出这些改进无疑需要花费相当多的精力。因此可以预料的是，将来也很难再见到如此重大的改进了（关于这一点，希望我是错的）。话虽如此，我依然要为那些把 Java 重新带入正确航道的人献上掌声。当终于能够用 Java 8 编写出某段代码时，我第一次下意识地喊出：“我爱死这个了！”

普及程度

Java 的普及具有重要意义。我的意思是，如果你学会了 Java，也许找工作会容易一些，而且市面上有大量的 Java 培训材料、课程以及其他学习资源等。另外，如果你开一家公司并且选择 Java 作为工作语言，招募 Java 程序员时也会容易一些。Java 的这一点优势确实无可争辩。

话虽如此，目光短浅终归不是好事。如果你并不是真心喜爱 Java，建议你还是远离它为好。我的意思是，如果学习 Java 只是为了找工作，无异于选择了一种不幸福的人生。而对于公司来说，如果你选择 Java 只是为了降低招聘难度，请务必三思而后行。根据你的实际需求，也许采用其他语言的话，你可以雇用更少的员工，但能达到更高的生产力（比如通过我的另一本书 *Atomic Kotlin* 学习 Kotlin 语言）。此外，使用一种更新也更激动人心的编程语言也许更容易吸引有志之士的加盟。

不过，如果你真的喜爱 Java 这门语言，那么欢迎你加入。同时，我希望本书可以进一步丰富你的编程经验。

Java 新的"发布节奏"

Java 的版本号总是显得十分怪异。比如 Java 早期的 1.1~1.4 版本使用带小数点的数字代表主版本号，到了 Java 5 则变成使用整数代表主版本号。

现在 Java 拥有了一套新的版本号规则，也可以称之为"发布节奏"，内容如下。

1. 每隔 6 个月发布一个新版本，使用整数作为版本号。

2. 发布的版本会包含一些试用功能，让用户可以体验和指出问题。而这种 6 个月的版本节奏，其主要目的可能就在于让用户尽早发现功能试用的相关问题。不过，由于无法保证这些功能之后能够长期存在，一旦这些功能出于某些原因没有达成预期的效果，它们就会被取缔。所以，你不应该依赖这些试用性质的功能。

3. 区分清楚短期支持（Short-Term-Support, STS）版本和长期支持（Long-Term-Support, LTS）版本。Java 8、11、17 都是 LTS 版本，其他版本则是支持周期只有 6 个月的 STS 版本。具体而言，只要有新版本问世，对 STS 版本的支持即宣告终止。类似地，一旦有新的 LTS 版本问世，（通常在一年以内）很快也会停止对原 LTS 版本的支持（这里指的是 Oracle 所提供的免费支持，也就是说，OpenJDK 可能会支持更长时间）。

值得一提的是，STS 版本和 LTS 版本都可能包含一些试用性质的功能。

此外，每一个 Java 版本都会包含不同类型的功能试用，举例如下。

- 实验（Experimental）：代表该功能仍处于早期阶段，可以认为完成度只有 25% 左右。

- 预览（Preview）：该功能已经完全实现，但是在最终确定之前仍然可能会有所调整。可以认为这些功能达到了 beta 版本，甚至是候选发布（Release Candidate, RC）版本的标准。有时候会看到，某些功能带有标注"预览 2"（Preview 2），这大概表示此功能已经做出了一些修改，同时希望之后可以获得一些相关的反馈。
- 孵化中（Incubating）：代表一个 API 或工具（相对于语言的核心功能而言）还不是 Java 发布内容的一部分。因为 Java 的标准下载包并不会包含这些内容，所以必须主动获取这些 API 或工具才能使用它们。比如 jshell [①]，在 Java 8 里依然是一个孵化中的功能，然而从 Java 9 开始，它就成了正式发布版本的一部分。

实验和孵化中的功能被统称为"非正式"功能。非正式功能默认不会被启用，需要通过命令行或者 IDE 的设置菜单手动启用它们。本书之后的内容也会介绍一些 Java 17 所包含的非正式功能，并且相关示例也会指引如何通过命令行编译这些功能。

对于大多数公司和程序员来说，关注 STS 版本不仅可能需要付出额外的精力，而且使用这种生命周期较短的版本究竟有多少回报也让人存疑，所以我只推荐使用 LTS 版本。如果你只更新 LTS 版本，那就没什么问题了，而且无须担心 STS 版本的快速更新所带来的影响。

图形用户界面

对于 Java 而言，图形用户界面（GUI）和桌面编程代表着一段动荡甚至有些悲惨的历史。

在 Java 1.0 时代，GUI 库最初的设计目的是让程序员可以创建一种在所有平台上看起来都光鲜亮丽的 GUI。遗憾的是，这个目标并没有达成。取而代之的是，Java 1.0 通过**抽象窗口工具集**（Abstract Windowing Toolkit, AWT）创建了一种在所有平台上都表现平平的 GUI。不仅如此，这套 GUI 还有一些局限性。比如，你最多只能使用 4 种字体，而且你不能调用操作系统中任何成熟的 GUI 组件。此外，Java 1.0 AWT 的编程模式最令人尴尬的是，它甚至不支持面向对象编程。我的研讨班中的一名学生（他曾经在 Sun 公司经历过最初创造 Java 语言的那段时光）曾经解释过这一情况：最初的 AWT 是在一个月之内构想、设计和实现出来的。这样的产能效率纵然让人称奇，却也是体现框架设计重要性的一份反面教材。

---

① 一个交互式的编程工具（Read-Evaluate-Print-Loop, REPL），通过命令行直接输入 Java 语句并查看其输出结果。

随后发展到 Java 1.1 AWT 事件模型的时期，情况终于有所改善。这次的 AWT 使用一种更为清晰且面向对象的编程方式，同时添加了一种名为 JavaBeans 的组件编程模式（现已不复存在），其目的是可以轻松创建可视化的编程环境。到了 Java 2（也叫 Java 1.2）时期，Java 不再继续改进 Java 1.0 AWT，而是用 **Java 基础类**（Java Foundation Classes, JFC）重写了一切，其中 GUI 部分称为 "Swing"。通过 JavaBeans 及其丰富的代码库，用户可以创建出效果不错的 GUI。

然而，Swing 也不是 Java 语言 GUI 库的最终解决方案，随后 Sun 公司又做出了最后一次努力，推出了 JavaFX。当 Oracle 公司收购 Sun 公司后，他们将这个曾经野心勃勃的项目（其中甚至还包含了一种脚本语言）调整为 Java 的一个库，现在它似乎是唯一一个得以继续开发的 UI 工具包（详情请参考维基百科关于 JavaFX 的文章）。然而即便是这种程度的开发力度也难以为继，于是 JavaFX 和它的几个前辈一样，最终也难逃覆灭的命运。

现如今，Swing 依然是 Java 的一部分（不过只是维护，没有再开发新内容）。因为 Java 现在已经是开源项目，所以也可以轻松获取 Swing。此外，Swing 和 JavaFX 之间存在一些有限的交互，因其原本的目的是将 Swing 的功能移植到 JavaFX 中。

归根结底，Java 在桌面领域从未真正强大过，甚至从未触及设计师的雄心壮志。至于其他，比如 JavaBeans，也总是雷声大、雨点小（不幸的是，有不少人花费了大量心血来编写关于 Swing 的书，甚至是仅仅关于 JavaBeans 的书），始终没有获得大众的青睐。结果就是，Java 在桌面领域的大多数应用场景是 IDE 以及一些企业内部的应用程序。虽然人们确实也会用 Java 开发用户界面，但要清楚地意识到，这只是 Java 语言的一个小众需求。

JDK HTML 文档

Oracle 公司为 Java 开发工具集（Java Development Kit, JDK）提供了电子文档，用 Web 浏览器即可查看。除非必要，本书不会重复文档的内容，因为你用浏览器查看一个类的详细说明要比在本书中查找快得多（此外，在线文档的内容还是即时更新的）。所以在本书中，通常我只会提及某处需要参考 "JDK 文档"。如果 JDK 文档的内容不足以让你理解某个特定的示例，我也会提供额外的说明。

经过测试的示例

本书提供的示例使用的是 Java 8 环境和 Gradle 编译工具。虽然我也使用新版本的 Java 测试过这些示例，但我依然推荐使用该语言的 LTS 版本：在我写这本书时，对应的是 Java 11 或 Java 17。此外，本书所有示例都可以从 GitHub 仓库免费获取。

每当构建一个应用程序时，如果没有一套内置测试流程来测试你的代码，就无法判断该代码是否坚实可信。因此，我为本书创建了一套测试系统，用于展示和验证大多数示例的输出结果。具体而言，运行示例代码后的输出结果会包含一段注释，附加在代码的末尾处。有时候注释并不显示全部内容，而是只显示开头的几行，或者开头和末尾的几行。这种嵌入式的输出方式提升了代码可读性，降低了学习门槛，同时也提供了一种验证代码正确性的方式。

代码规范

在本书中，各种标识符（关键字、方法名、变量名、类名等）会以等宽字体显示。而例如"类"（class）等频繁出现的关键字，如果使用特殊字体的话反而可能会让人感到不适。因此，具备足够辨识度的词语将采用常规字体显示。

本书示例会采用一种特定的编程风格。在尽可能满足本书格式要求的前提下，这种编程风格和 Oracle 网站上提供的编程风格几乎完全一致，同时能够兼容大多数 Java 开发环境。鉴于编程风格这个话题足以引发长达数小时的激烈争论，我需要在此澄清的是，我并没有试图通过我的代码示例来表明何为正确的编程风格，我使用的编程风格完全只是根据自己的意愿而为之。由于 Java 是一种形态自由的编程语言，所以你可以按照自己的喜好选择编程风格。此外，在使用诸如 IntelliJ IDEA 或者 Visual Studio Code（VSCode）等 IDE（Integrated Development Environment，集成开发环境）时，你可以设置自己熟悉的编程风格，以此解决编程风格不一致的问题。

本书的源代码都通过了自动化测试，最新版本的 Java 应该可以正常运行这些源代码（除了被特别标识的内容）。

bug 反馈

即使作者本人用尽各种办法来检测编程错误，依然可能会有漏网之鱼，通常新的读者可能会有所发现。在阅读本书的过程中，只要你确信自己发现了某处错误，不管是文字还是代码示例问题，请第一时间将该错误以及你修正后的内容提交到：https://github.com/BruceEckel/Onjava8-examples/issues。[①] 感谢你的帮助！

---

① 本书中文版勘误请提交到 ituring.cn/book/2935。——编者注

源代码

本书所有源代码都可以在 GitHub 网站上获取：https://github.com/BruceEckel/Onjava8-examples。这些源代码可以用于在校学习或者其他教育类场景。

源代码的版权保护主要是为了确保这些源代码可以被正确地引用，以及防止在未经授权的情况下被随意发布。（只要是本书中引用了版权信息的源代码，在大多数情况下，使用是没有问题的。）

在所有源代码文件里，你都会发现类似以下的版权信息说明：

```
// Copyright.txt
This computer source code is Copyright ©2021 MindView LLC.
All Rights Reserved.

Permission to use, copy, modify, and distribute this
computer source code (Source Code) and its documentation
without fee and without a written agreement for the
purposes set forth below is hereby granted, provided that
the above copyright notice, this paragraph and the
following five numbered paragraphs appear in all copies.

1. Permission is granted to compile the Source Code and to
include the compiled code, in executable format only, in
personal and commercial software programs.

2. Permission is granted to use the Source Code without
modification in classroom situations, including in
presentation materials, provided that the book "On
Java 8" is cited as the origin.

3. Permission to incorporate the Source Code into printed
media may be obtained by contacting:

MindView LLC, PO Box 969, Crested Butte, CO 81224
MindViewInc@gmail.com

4. The Source Code and documentation are copyrighted by
MindView LLC. The Source code is provided without express
or implied warranty of any kind, including any implied
warranty of merchantability, fitness for a particular
purpose or non-infringement. MindView LLC does not
warrant that the operation of any program that includes the
Source Code will be uninterrupted or error-free. MindView
LLC makes no representation about the suitability of the
Source Code or of any software that includes the Source
Code for any purpose. The entire risk as to the quality
and performance of any program that includes the Source
Code is with the user of the Source Code. The user
```

在编程过程中，只要你在每一个源代码文件里都保留了上面提及的版权信息，这些源代码就可以用于你的项目以及在校学习等教育用途（包括幻灯片演示等文件）。

获取随书资源

扫描下方二维码，获取"随书源码"和"导读指南"。

15

异
常

什么是对象

> **“** 我们并未意识到惯用语言结构的强大之处。甚至可以毫不
> 夸张地说，惯用语言通过语义反应机制奴役了我们。而一
> 门语言所展现出的结构，潜移默化地影响着我们，并自动
> 映射至我们所生活的世界。**”**
>
> ——Alfred Korzybski（1930）

计算机革命起源于一台机器，而编程语言就好比是那台
机器。

然而计算机并不只是机器而已，它们还是扩展思维的工
具（就像乔布斯喜欢说的一句话：计算机是"思维的自行车"），
也是一种与众不同的表达媒介。结果就是，工具已经越来越
不像机器，而是越来越像思维的一部分。

编程语言是用于创建应用程序的思维模式。语言本身可
以从写作、绘画、雕塑、动画、电影制作等表达方式中获取
灵感，而**面向对象编程**（Object-Oriented Programming, OOP）
则是用计算机作为表达媒介的一种尝试。

许多人并不了解面向对象编程的思想框架，他们在进行
编程时会感到举步维艰。因此，本章会简要的介绍一些面向
对象编程的基础概念。还有一些人在接触相关机制之前可能

无法理解这些概念，在看不到代码的情况下就会迷失。如果你属于后者并且渴望尽早接触到具体的语言特性，你完全可以跳过这一章，这样做并不会影响你学习编程语言或者写代码。不过，之后你可以再回到这里补充相关知识，这样有助于你理解对象如此重要的原因，以及如何利用对象做程序设计。

本章的内容假设你具有一定的编程基础，但不一定是 C 语言的经验。在全面学习本书之前，如果你需要补充一些基础的编程知识，可以在 On Java 8 网站下载多媒体课程"Thinking in C"来学习。

1.1　抽象的历程

所有编程语言都是一种抽象。甚至可以说，我们能够解决的问题的复杂程度直接取决于抽象的类型和质量。这里提到的"类型"的含义是"你要抽象的是什么"。比如，汇编语言是对计算机底层的一个极简化的抽象。还有许多所谓的命令式编程语言（比如 FORTRAN、BASIC 和 C 语言等）都是各自对汇编语言的抽象。虽然这些语言已经取得了长足的进步，但它们主要的抽象方式依然要求你根据计算机的结构而非问题的结构来思考。于是，程序员必须在机器模型（也叫作"解决方案空间"，即实际解决问题的方式，比如计算机）和实际解决的问题模型（也叫作"问题空间"，即问题实际存在之处，比如来源于某个业务）之间建立关联。建立这种关联需要耗费很大的精力，而且它是与编程语言无关的，这一切都导致程序难以编写且不易维护。

构建机器模型的一种代替方案是针对需要解决的问题构建问题模型。早期的一些编程语言（比如 LISP 和 APL）会采取特定的视角看待周遭问题（例如，"所有问题最终都可以用列表呈现"或者"所有问题都是算法问题"），Prolog 语言则会将所有问题都转换为决策链。这些语言要么是基于约束性的编程语言，要么是专门用来操作图形符号的编程语言。这些编程语言都能够出色地解决一些特定的问题，因为它们正是为此而生的。然而，一旦遇到它们专属领域以外的问题，它们就显得无能为力了。

面向对象编程则更进一步，它为程序员提供了一些能够呈现问题空间元素的工具。这种呈现方式具备足够的通用性，使得程序员不再局限于特定的问题。而这些问题空间中的元素及其解决方案空间中的具体呈现，我们称其为"对象"（需要注意的是，有些对象并不支持问题空间的类比）。其背后的理念则是，通过添加各种新的对象，程序可以将自己改编为一种描述问题的语言。于是，你阅读的既是解决方案的代码，也是表述问题的文字。这种灵活且强大的语言抽象能力是前所未有的。因此，面向对象编程描述问题的依据是实际的问题，而非用于执行解决方案的计算机。不过，它们之间依然存在联系，这是因为从某种意义上来说，对象也类似于一台小型计算机——每一个对象都具有状态，并且可以执行一些特定的操作。这一特点与现实中的事物极为相似，它们都具有各自的行为和特征。

SmallTalk 是历史上第一门获得成功的面向对象语言，并且为后续出现的 Java 语言提供了灵感。Alan Kay 总结了 SmallTalk 语言的 5 个基本特征，这些特征代表了纯粹的面向对象编程的方式。

1. **万物皆对象。**你可以把对象想象为一种神奇的变量，它可以存储数据，同时你可以"发出请求"，让它执行一些操作。对于你想要解决的问题中的任何元素，你都可以在程序中用对象来呈现（比如狗、建筑、服务等）。

2. **一段程序实际上就是多个对象通过发送消息来通知彼此要干什么。**当你向一个对象"发送消息"时，实际情况是你发送了一个请求去调用该对象的某个方法。

3. **从内存角度而言，每一个对象都是由其他更为基础的对象组成的。**换句话说，通过将现有的几个对象打包在一起，你就创建了一种新的对象。这种做法展现了对象的简单性，同时隐藏了程序的复杂性。

4. **每一个对象都有类型。**具体而言，每一个对象都是通过某个**类**生成的**实例**，这里说的"类"就（几乎）等同于"类型"。一个类最为显著的特性是"你可以发送什么消息给它"。

5. **同一类型的对象可以接收相同的消息。**稍后你就会意识到这句话的丰富含义。举例来说，因为一个"圆形"对象同样也是一个"形状"对象，所以"圆形"也可以接收"形状"类型的消息。这就意味着，你为"形状"对象编写的代码自然可以适用于任何的"形状"子类对象。这种可替换性是面向对象编程的一个基石。

Grady Booch 对对象做了一种更为简洁的描述：

对象具有状态、行为及标识。

这意味着对象可以拥有属于自己的内部数据（赋予其状态）、方法（用于产生行为），同时每一个对象都有别于其他对象。也就是说，每一个对象在内存中都有唯一的地址。[①]

1.2 对象具有接口

亚里士多德可能是第一个仔细研究类型这一概念的人，他曾经提出过"鱼的类别和鸟的类别"。所有的对象，哪怕是相当独特的对象，都能够被归为某一类，并且同一类对象

---

① 这个说法实际上不太全面。这是因为对象可以保存在不同的机器或内存地址中，甚至还可以保存在磁盘上。在上述情况中，对象的标识（identity）就需要用其他方式而非内存地址来表示。

拥有一些共同的行为和特征。作为有史以来第一门面向对象编程语言，Simula-67 引入了上述的"类别"概念，并且允许通过关键字 class 在程序中创建新的类型。

Simula 语言恰如其名，其诞生的目的是用于"模拟"，比如模拟经典的"银行出纳问题"。这个问题的元素包括大量的出纳员、顾客、账户、交易，以及各种货币单位等，这些都是"对象"。而那些状态不同但结构相同的对象汇聚在一起，就变成了"同一类对象"（classes of objects），这就是关键字 class 的由来。

创建抽象数据类型（即"类"）是面向对象编程的一个基本概念。抽象数据类型的工作原理和内置类型几乎一样：你可以创建某种类型的变量（在面向对象领域，这些变量叫作"对象"或"实例"），随后你就可以操作这些变量（叫作"发送消息"或"发送请求"，即你发送指令给对象，然后对象自行决定怎么处理）。同一类型的所有成员（或元素）都具有一些共性，比如：每一个账户都有余额，每一位出纳员都能处理存款业务。同时，每一个成员都具有自己的专属状态，比如：每一个账户的余额都是不同的，每一位出纳员都有名字。因此，对于所有这些成员，包括每一位出纳员、每一位顾客、每一个账户，以及每一笔交易等，我们都能够在程序中用一个唯一的实体来表示。这种实体就是对象，同时每一个对象所归属的类决定了对象具有何种行为特征。

虽然我们在面向对象编程中会创建新的数据类型，但实际上所有面向对象编程语言都会使用 class 这个关键字。所以当你看到"类型"（type）这个词的时候，请第一时间想到"类"（class），反之亦然。[①]

因为类描述了一系列具有相同特征（即数据元素）和行为（即功能方法）的对象，而即便是浮点数这种内置数据类型也具有一系列的行为和特征，所以类其实就是数据类型。抽象数据类型和内置数据类型的区别是，程序员可以通过定义一个新的类来解决问题，而非受限于已有的数据类型。这些已有的数据类型其设计本意是为了呈现机器内的存储单元，你可以根据实际的需求创建新的数据类型，同时扩展编程语言的能力。此外，编程系统对于新的类十分友好，比如也会为新的类提供类型检查等功能，就像对待内置数据类型一样。

面向对象编程的作用并不局限于模拟。无论你是否同意"任何程序都是对系统的一种模拟"，面向对象编程技巧都可以帮你将众多复杂的问题简化。

一旦创建了一个类，就可以用它创建任意多个对象，然后在操作这些对象时，可以把它们视为存在于问题空间的元素。实话实说，面向对象编程的一大挑战就是，如何在问题

---

① 有时候我们会将两者加以区分，将类型（type）定义为接口，而类（class）则是接口的具体实现。

空间的元素和解决方案空间的对象之间建立一对一的关联。

那么，如何能让一个对象真正发挥其作用呢？答案是向对象发送请求，比如让它完成一次交易、在屏幕上画个图形或者打开一个开关等。对象能够接受什么请求，是由它的"接口"（interface）决定的，而对象所归属的类定义了这些接口。接下来以电灯泡为例，如图 1-1 所示。

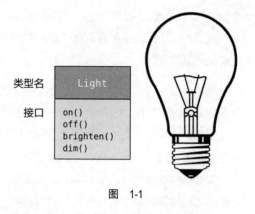

类型名　Light

接口　on()
　　　off()
　　　brighten()
　　　dim()

图　1-1

```
Light lt = new Light();
lt.on();
```

图 1-1 中的接口定义了你能够向这个对象发送的请求。此外，也必然存在一些代码用于响应这些请求。这些代码再加上隐藏的数据，叫作"实现"（implementation）。对于每一个请求，类都有一个方法与之对应。当你向一个对象发送特定的请求时，对应的方法就会被调用。我们通常会这样描述该过程：向对象"发送消息"（即发出请求），然后由对象决定如何处理（即运行对应的代码）。

在上面的例子中，类的名字是 Light，Light 所生成的对象的名字是 lt，我们能够对 Light 对象发出的请求是开灯（on()）、关灯（off()）、灯光变亮（brighten()）以及灯光变暗（dim()）。通过定义一个"引用"即 lt，以及用 new 关键字生成一个新对象，我们就创建了一个 Light 对象。此外，如果你需要向对象发送消息，可以用一个英文句号（.）将对象名和请求（即方法）连接起来。如果我们只是使用内置类，那么基本上关于对象编程的内容就是以上了。

此外，前面的图示遵循了**统一建模语言**（Unified Modeling Language, UML）的规范。在此规范下，每一个类都表示为一个方块，方块头部是类名，方块中部是你想要描述的数据成员,而方法（即该对象的函数,负责接收发送至对象的请求）则位居方块的底部。通常，UML 图中只会展示类名和公有方法，所以在上图的例子中，方块中部的内容并没有展示出来。如果你只关心类名，方块底部的内容也可以不显示。

1.3　对象可以提供服务

当你开发一个面向对象程序或理解其设计时，一个上佳的方法是将对象想象成"服务

提供者"。你的程序本身也是为用户提供服务的，它通过使用其他对象提供的服务来做到
这一点。所以，你的任务是创建（更好的情况是，从已有的库中找到）一些提供对应服务
以解决问题的对象。

可以先从一个问题开始："如果我能从魔术帽里变出一些对象，究竟什么对象才能解
决我的问题呢？"比如，你要创建一个记账系统，于是你可能会需要一些预设的输入页面
对象、负责计算的对象，以及连接各种打印机以打印支票和发票的对象。其中有些对象也
许已经存在，那么其他不存在的对象应该是什么样的呢？它们应该提供哪些服务，同时它
们还需要哪些其他对象的支持呢？如果继续深入的话，到了最后，你要么会说"编写这个
对象的代码应该很简单"，要么会说"我确信这个对象早已存在"。这种将问题拆解为一系
列对象的方法确实行之有效。

把对象视为服务提供者还有一个额外的好处，即提升了对象的聚合程度。说到这里，
就需要提到软件设计领域中一个体现基础品质的术语——"高内聚性"（high cohesion），
这指的是设计的组件（比如对象、方法或者对象库等）无论从哪个方面看都整合得很好。
人们在设计对象时很容易犯的一个错误就是为对象添加太多的功能。例如，在一个打印支
票的程序里，你一开始可能会认为需要一个既能排版又能打印的对象。然后，你发现这些
功能对于一个对象而言太多了，其实你需要 3 个或者更多对象来负责这些功能。比如，一
个对象包含了所有可能的打印布局，通过查找它可以知道如何打印一张支票。另一个或一
组对象则作为通用打印接口，负责连接所有不同型号的打印机（但不负责记账，也许你需
要购买该功能而非自行创建）。还有一个对象负责整合前两个对象提供的服务以完成打印
任务。因此，每一个对象都提供了一种配套服务。在面向对象领域，出色的设计往往意味
着一个对象只做好一件事，绝不贪多。这条原则不只适用于那些从提供者的对象（比如打
印接口对象），也适用于那些可复用的对象（比如支票排版对象）。

把对象视为服务提供商，不仅对你设计对象的过程有所帮助，也有利于他人阅读你的
代码或复用这些对象。换句话说，如果别人因为对象提供的服务而认识到它的价值，那么
他就会更加轻松地在自己的设计中使用这个对象。

1.4　隐藏的实现

我们可以把程序员划分为两大阵营：一是"类的创建者"（负责创建新数据类型的人），
二是"客户程序员"[①]（在自己的应用程序里使用现有数据类型的人）。客户程序员的诉求是

---

① 关于这个称谓，我需要感谢我的老朋友 Scott Meyers。

收集一个装满了各种类的工具箱，以便自己能够快速开发应用程序。而类的创建者则负责在创建新的类时，只暴露必要的接口给客户程序员，同时隐藏其他所有不必要的信息。为什么要这么做呢？这是因为，如果这些信息对于客户程序员而言是不可见的，那么类的创建者就可以任意修改隐藏的信息，而无须担心对其他任何人造成影响。隐藏的代码通常代表着一个对象内部脆弱的部分，如果轻易暴露给粗心或经验不足的客户程序员，就可能在顷刻之间被破坏殆尽。所以，隐藏代码的具体实现可以有效减少程序 bug。

所有的关系都需要被相关各方一致遵守的边界。当你创建了一个库，那么你就和使用它的客户程序员建立了一种关系。该客户程序员通过使用你的代码来构建一个应用，也可能将其用于构建成一个更大的库。如果一个类的所有成员都对所有人可见，那么客户程序员就可以恣意妄为，而且我们无法强制他遵守规定。也许你的预期是客户程序员不会直接操作任何类的成员，但是如果没有访问控制的话，你就无法实现这一点，因为所有的一切都暴露在对方面前了。

所以我们设置访问控制的首要原因就是防止客户程序员接触到他们本不该触碰的内容，即那些用于数据类型内部运转的代码，而非那些用于解决特定问题的接口部分。这种做法实际上为客户程序员提供了一种服务，因为他们很容易就可以知道哪些信息对他们来说是重要的，哪些则是无须关心的（请注意这也是一个富有哲理的决策。比如有些编程语言认为，如果程序员希望访问底层信息，就应该允许他们访问）。

设置访问控制的第二个原因则是，让库的设计者在改变类的内部工作机制时，不用担心影响到使用该类的客户程序员。例如，你为了开发方便而创建了一个简单的类，之后你发现必须重写这个类以提升它的运行效率。如果接口部分和实现部分已经被分离和保护起来了，那么你就可以轻松地重写它。

Java 提供了 3 个显式关键字来设置这种访问控制，即 public、private 以及 protected。这些关键字叫作"访问修饰符"（access specifier），它们决定了谁可以使用修饰符之后的内容。public 表示定义的内容可以被所有人访问。private 表示定义的内容只能被类的创建者通过该类自身的方法访问，而其他任何人都无法访问。所以，private 就是一道横亘在你和客户程序员之间的高墙，任何人从外部访问 private 数据都会得到一个编译时报错。最后，protected 类似于 private，两者的区别是继承的子类可以访问 protected 成员，但不可以访问 private 成员。至于继承的概念，本书稍后会讲述。

如果你不使用上述任意一种访问修饰符，Java 会提供一种"默认"访问权限，通常叫作"包访问"（package access），意思是一个类可以访问同一个包（库组件）里的其他类，但是如果从外部访问这些类的话，它们就像 private 内容一样不可访问了。

1.5 复用实现

如果一个类经过了充分测试，其代码就应该是有效且可复用的（理想情况）。不过，要实现这种复用性并不像想象的那么简单。创建可复用的对象设计需要大量的经验和洞见。然而，一旦你拥有了可复用的设计，不复用就可惜了。代码复用是我们使用面向对象编程的理由之一。

复用一个类最简单的方法是直接使用这个类所生成的对象，不过你也可以把这个对象放到另一个新类里面。新创建的类可以由任意数量和类型的对象组成，也可以任意组合这些对象，以满足想要的功能。因为利用已有的类组合成一个新的类，所以这个概念叫作"组合"（ composition ）。如果组合是动态的，通常叫作"聚合"（ aggregation ）。组合通常代表一种"有"（ has-a ）的关系，比如"汽车有发动机"（见图 1-2 ）。

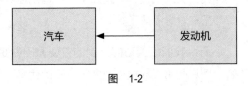

图　1-2

图 1-2 中用箭头表示了一辆汽车的组合关系。而我习惯用一种更简单的方式，即一条没有箭头的直线来表达两者之间的关联。[①]

组合为我们提供了极大的灵活性。这些在你的类内部创建的对象通常具有 private 属性，所以其他使用这个类的客户程序员无法访问它们。这也意味着，就算我们修改了这些内部对象，也不会影响外部已有的代码。此外，你还可以在运行时改变这些内部对象，从而动态调整程序的行为。下一节要讲述的继承机制则不具备这种灵活性，因为编译器对使用继承创建的类设置了一些编译时的限制。

继承常被视为面向对象编程的重中之重，因此容易给新手程序员留下这样的印象：处处都应该使用继承。而实际上，这种全盘继承的做法会导致设计变得十分别扭和过于复杂。所以相比之下，在创建新类时应该首先考虑组合，因为使用组合更为简单灵活，设计也更为清晰简洁。一旦你拥有了足够的经验，何时使用继承就会变得非常清晰了。

1.6 继承

对象本身的理念是提供一种便捷的工具。对象可以根据定义的概念来封装数据和功能，

① 这些信息对于大多数图来说已经足够了，也无须特别说明使用的是聚合还是组合。

从而展现给人们对应的问题空间的概念，而不是强迫程序员操作机器底层。在编程语言里，这些基础概念通过关键字 class 得以呈现。

　　然而，当我们大费周折才创建了一个类之后，如果不得不再创建一个与之前功能极为相近的类，这种滋味一定不太好受。如果我们能够复制现有的类，并且在该复制类的基础上再做一些增补的话，那就太妙了。实际上，这就是继承给我们带来的好处，除了一点：如果最初的类（叫作"基类""超类"或"父类"）发生了变化，那么被修改的"复制"类（叫作"派生类""继承类"或"子类"）同样会发生变化（见图 1-3）。

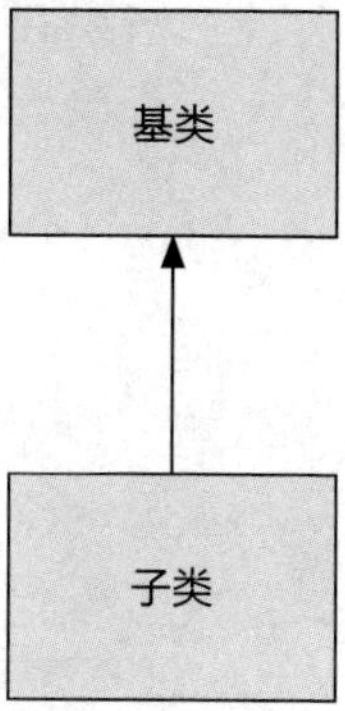

　　图 1-3 中的箭头从子类指向其基类。之后你将看到，子类通常会有多个。

图　1-3

　　一个类呈现的内容不只是对象能做什么、不能做什么，它还可以关联其他的类。两个类可以拥有相同的行为和特征，但一个类可以比另一个类拥有更多的特征，以及处理更多的消息（或者用不同的方式处理消息）。继承通过基类和子类的概念来表述这种相似性，即基类拥有的所有特征和行为都可以与子类共享。也就是说，你可以通过基类呈现核心思想，从基类所派生出的众多子类则为其核心思想提供了不同的实现方式。

　　举个例子。一个垃圾收集器需要对垃圾进行分类。我们创建的基类是"垃圾"，具体的每一件垃圾都有各自不同的重量、价值，并且可以被切碎、溶解或者分解等。于是，更为具体的垃圾子类就出现了，并且带有额外的特征（比如，一个瓶子有颜色，一块金属有磁性等）和行为（比如你可以压扁一个铝罐）。此外，有些行为还可以产生不同的效果（比如纸质垃圾的价值取决于它的类型和状态）。通过继承，我们创建了一种"类型层次"（type hierarchy）以表述那些需要根据具体类型来解决的问题。

　　还有一个常见的例子是形状，你可能在计算机辅助设计系统或模拟游戏中碰过到。具体来说，基类就是"形状"（Shape），而每一个具体的形状都具有大小、颜色、位置等信息，并且可以被绘制（draw()）、清除（erase()）、移动（move()）、着色（getColor 或 setColor）等。接下来，基类 Shape 可以派生出特定类型的形状，比如圆形（Circle）、矩形（Square）、三角形（Triangle）等，每一个具体形状都可以拥有额外的行为和特征，比如某些形状可以被翻转（见图 1-4）。有些行为背后的逻辑是不同的，比如计算不同形状的面积的方法就各不相同。所以，类型层次既体现了不同类之间的相似性，又展现了它们之间的差异。

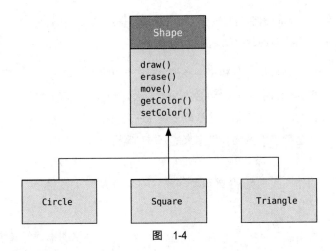

图　1-4

　　问题和解决方案都使用相同的表达方式是非常有用的，因为这样就不再需要一个中间模型将问题翻译为解决方案。在面向对象领域，类型层次是该模型的一个重要特征，它让你可以方便地从现实世界中的系统转换到代码世界的系统。不过现实情况是，有些人由于习惯了复杂的解决方案，因此对于面向对象的简约性反而会有些不适应。

　　继承已有的类将产生新类。这个新的子类不但会继承其基类的所有成员（虽然 private 成员是隐藏且不可访问的），而且更重要的是，子类也会继承基类的接口。也就是说，所有基类对象能够接收的消息，子类对象也一样能够接收。我们可以通过一个类所接收的消息来确定其类型，所以从这一点来说，子类和基类拥有相同的类型。引用之前的例子，就是"圆形是一个形状"。所以，掌握这种通过继承表现出来的类型相同的特性，是理解面向对象编程的基础方法之一。

　　既然基类和子类拥有相同的基础接口，就必然存在接口的具体实现。这意味着，当一个对象接收到特定的消息时，就会执行对应的代码。如果你继承了一个类并且不做任何修改的话，这个基类的方法就会原封不动地被子类所继承。也就是说，子类的对象不但和基类具有相同的类型，而且不出所料的是，它们的行为也是相同的。

　　有两种方法可以区分子类和基类。第一种方法非常简单直接：为子类添加新的方法（见图 1-5）。因为这些方法并非来自基类，所以背后的逻辑可能是，基类的行为和你的预期不符，于是你添加了新的方法以满足自己的需求。有时候，继承的这种基础用法能够完美地解决你面临的问题。不过，你需要慎重考虑是否基类也需要这些新的方法（还有一个替代方案是考虑使用"组合"）。在面向对象编程领域里，这种对设计进行发现和迭代的情况非常普遍。

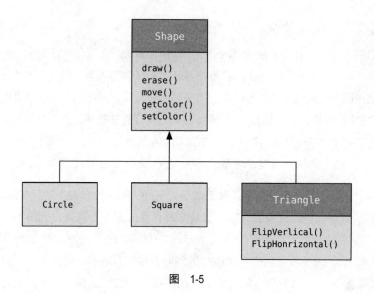

图 1-5

虽然有时候继承意味着需要为子类添加新的方法 [Java 尤其如此，其用于继承的关键字就是"扩展"（extends）]，但这不是必需的。还有一种让新类产生差异化的方法更为重要，即修改基类已有方法的行为，我们称之为"重写"该方法（见图 1-6）。

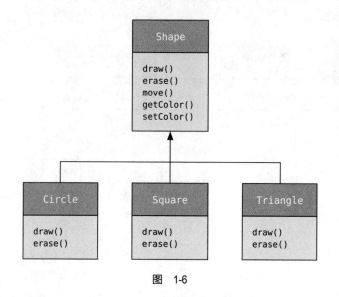

图 1-6

如果想要重写一个方法，你可以在子类中对其进行重新定义。也就是说，你的预期是"我想通过相同的接口调用该方法，但是我希望它可以在新的类中实现不同的效果"。

is-a 关系与 is-like-a 关系

继承机制存在一个有待商榷的问题：只应该重写基类中定义的方法吗？（并且不能添加基类中不存在的新方法）如果是，就意味着子类和基类的类型是完全相同的，因为它们的接口一模一样。结果就是，你可以直接用子类的对象代替基类的对象。这种纯替换关系通常叫作"替换原则"[①]。从某种意义上说，这是一种理想的继承方式。这种情况下基类和子类之间的关系通常叫作"is-a"关系，意思是"A 是 B"，比如"圆形是一个形状"。甚至有一种测试是否是继承关系的方法是，判断你的类之间是否满足这种"is-a"关系。

有时候，你会为子类的接口添加新的内容，从而扩展了原有的接口。在这种情况下，子类的对象依然可以代替基类的对象，但是这种代替方案并不完美，因为不能通过基类的接口获取子类的新方法。我将这种关系描述为"is-like-a"关系（这是我自创的词），意思是"A 像 B"，即子类在拥有基类接口的同时，也拥有一些新的接口，所以不能说两者是完全等同的。以空调为例，假设你的房间里已经安装了空调，也就是拥有能够降低温度的接口。现在发挥一下想象力，万一空调坏了，你还可以用热泵作为替代品，因为热泵既可以制冷也可以制热（见图 1-7）。在这种情况下，热泵"就像是"空调，只不过热泵能做的事情更多而已。此外，由于设计房间的温度控制系统时，功能仅限于制冷，所以系统和新对象交互时也只有制冷的功能。虽然新对象的接口有所扩展，但现有系统也只能识别原有的接口。

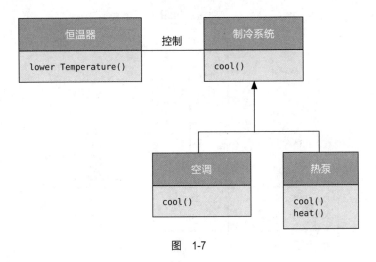

图　1-7

观察图 1-7 你就能知道，基类"制冷系统"通用性并不高，最好可以将其改名为"温

[①] 也叫作"里氏替换原则"（Liskov Substitution Principle），这一理论最初由 Barbara Liskov 提出。

度调节系统",使其同时包含制热功能。这样一来,之前提及的替换原则就可以派上用场了。不过话说回来,这张图也反映了真实世界中的设计方式。

当你充分理解了替换原则之后,可能会认为这种纯替换方式才是唯一正确的方式。如果你的设计能够应用纯替换原则,那就太棒了。然而实际情况是,你会发现经常需要为子类的接口添加新方法。只要稍加观察,就很容易分辨出这两种情况的应用场合。

1.7　多态

在编程中涉及类型层次时,我们通常会将一个对象视为其基类的一个实例,而不是对象实际的类。这种方式可以让你在编写代码时不依赖于具体的类。在形状的例子中,方法都是作用于通用的形状,而不需要关心该形状具体是圆形、矩形、三角形,还是一个没有明确定义的形状。因为所有的形状都可以被绘制、清除、移动,所以当这些方法发送消息至对象的时候,就无须关注对象是如何处理这条消息的。

当我们添加新的类时,这些代码是不受影响的,添加新的类可以扩展面向对象程序的能力,从而能够处理一些新的情况。比如,你为基类"形状"创建了一个子类"五边形",并且不改变那些基于通用形状的方法。这种通过派生子类就可以轻松扩展程序设计的能力,是封装变化的一种基础方式。这种方式在改善设计的同时,也降低了软件维护的成本。

当你尝试用派生的子类替代通用基类(比如,把圆形当作形状,把自行车当作交通工具,把鸬鹚当作鸟等)时会发现一个问题,即调用方法来绘制这个通用的形状、驾驶这辆通用的交通工具或者让这只鸟飞翔时,编译器并不知道在编译时具体需要执行哪一段代码。那么重点来了,当消息被发送时,程序员并不关心具体执行的是哪一段代码。也就是说,当负责绘制的方法应用于圆形、矩形或者三角形时,这些对象将能够根据其类型执行对应的正确代码。

如果你并不关心具体执行的是哪一段代码,那么当你添加新的子类时,即使不对其基类的代码做任何修改,该子类实际执行的代码可能也会有所不同。但如果编译器无法得知应该具体执行哪一段代码,它会怎么做呢?比如下图中的 BirdController 对象,它可以和通用的 Bird 对象协同工作,同时它并不知道这些对象具体是什么类型的鸟。对于 BirdController 来说,这种方式非常方便,因为它无须额外编写代码来确定这些对象的具体类型和行为。那么问题来了,当一个 Bird 对象的 move() 方法被调用时,如果我们并不清楚其具体的类型,该如何确保最终执行的是符合预期的正确行为呢(比如 Goose 对象执行的是行走、飞翔或游泳，Penguin 对象则是移动或游泳，见图 1-8 ）？

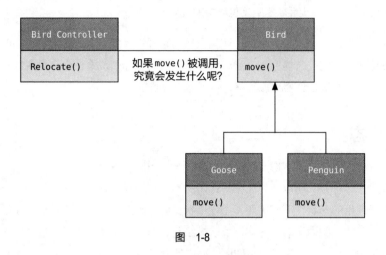

图　1-8

答案来自继承机制的一种重要技巧：编译器并非通过传统方式来调用方法。对于非面向对象编译器而言，其生成的函数调用会触发"前期绑定"（early binding），这是一个你可能从来都没听说过的词，因为你从未考虑过使用这种方式。前期绑定意味着编译器会生成对一个具体方法名的调用，该方法名决定了被执行代码的绝对地址。但是对于继承而言，程序直到运行时才能明确代码的地址，所以就需要引入其他可行的方案以确保消息可以顺利发送至对象。

为了解决上面提及的问题，面向对象语言使用的机制是"后期绑定"（late binding）。也就是说，当你向某个对象发送消息时，直到运行时才会确定哪一段代码会被调用。编译器会确保被调用的方法是真实存在的，并对该方法的参数和返回值进行类型检查，但是它并不知道具体执行的是哪一段代码。

为了实现后期绑定，Java 使用了一些极为特殊的代码以代替直接的函数调用，这段代码使用存储在对象中的信息来计算方法体的地址（第 9 章会详细地描述这个过程）。其结果就是，在这些特殊代码的作用下，每一个对象会有不同的表现。通俗地讲，当你向一个对象发送消息时，该对象自己会找到解决之道。

顺便一提，在某些编程语言里，你必须显式地为方法赋予这种后期绑定特性。比如，C++ 使用 virtual 关键字来达到此目的。在这些编程语言中，方法并不默认具备动态绑定特性。不过，Java 默认具备动态绑定特性，所以你无须借助于其他关键字或代码来实现多态。

我们再来看一下形状的例子。之前的图中展示了一些形状的类（这些类都基于统一的接口），为了更好地描述多态，我们编写一小段只关注基类而不关注具体子类的代码。由于这段代码不关注类的细节，因此非常简单易懂。此外，如果我们通过继承添加了一个新的子类"六边形"，我们的代码仍然适用于这个新的 Shape 类，就像适用于其他已有子类一样。因此可以说，这段程序具备扩展性。

如果你用 Java 编写一个方法（你马上就会学到具体应该怎么做）：

```java
void doSomething(Shape shape) {
  shape.erase();
  // ...
  shape.draw();
}
```

这个方法适用于任何 Shape 对象，所以它不关心进行绘制和清除的对象具体是什么类型。如果程序的其他地方调用了 doSomething() 方法，比如：

```java
Circle circle = new Circle();
Triangle triangle = new Triangle();
Line line = new Line();
doSomething(circle);
doSomething(triangle);
doSomething(line);
```

不管对象具体属于哪个类，doSomething() 方法都可以正常运行。

简直妙不可言。我们再看这一行代码：

```java
doSomething(circle);
```

在这段代码里，原本我们需要传递一个 Shape 对象作为参数，而实际传递的参数却是一个 Circle 类的对象。因为 Circle 也是一个 Shape，所以 doSomething() 也可以接受 Circle。也就是说，doSomething() 发送给 Shape 对象的任何消息也可以发送给 Circle 对象。这是一种非常安全且逻辑清晰的做法。

这种将子类视为基类的过程叫作"向上转型"（upcasting）。这里的"转型"指的是转变对象的类型，而"向上"沿用的是继承图的常规构图，即基类位于图的顶部，数个子类则扇形分布于下方。因此，转变为基类在继承图中的路径就是一路向上，也就叫作"向上转型"（见图 1-9）。

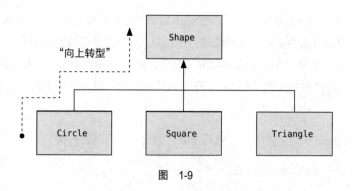

图 1-9

面向对象程序总会包含一些向上转型的代码，因为这样就可以让我们无须关心对象具体的类是什么。再看一下 doSomething() 方法中包含的代码：

```
shape.erase();
// ...
shape.draw();
```

需要注意的是，代码并没有告诉我们，"如果是一个 Circle 请这样做，如果是一个 Square 请那样做，诸如此类"。如果你真的编写了一段代码用于检查所有可能出现的形状，那么这段代码必然是一团糟，并且每当你为 Shape 添加一个新的子类时，都必须修改这段代码。所以，上面的代码实际上做的是："这是一个 Shape，我知道它可以进行绘制和清除，那就这么干吧，具体细节交给形状自己处理就好"。

doSomething() 方法的神奇之处在于，代码运行的结果是符合预期的。如果直接通过 Circle、Square 或者 Line 对象调用 draw() 方法，运行的代码自然是不同的。如果调用 draw() 方法时并不知道 Shape 对象的具体类型，它也能正常工作，即执行其实际子类的代码。这一点十分了不起，因为当 Java 编译器编译 doSomething() 的代码时，它并不知道对象的类型是什么。通常来说，你可能会想当然地认为被调用的是基类 Shape 的 erase() 和 draw() 方法，而非具体的 Circle、Square 或者 Line 子类，然而实际情况是，确实是具体的子类被调用了，这就是多态。编译器和运行时系统负责处理各种细节，你需要了解的就是多态机制的存在，更重要的是要知道如何利用多态进行设计。当你向一个对象发送消息时，哪怕需要用到向上转型，该对象也能够正确地处理该消息。

1.8 单根层次结构

自从 C++ 语言出现以来，面向对象中是否所有的类都应该默认继承自某个基类的问题变得尤为突出。Java 则给出了肯定的答案（除了 C++ 以外，实际上几乎所有动态面向对象编程语言都是如此），这个终极基类的名字是 Object。

这种"单根层次结构"（singly-rooted hierarchy）具备很多明显的优势。由于所有对象都具有共同的接口，因此它们都属于同一个终极基类。另一种方案（来自 C++）则无法确保所有对象都属于同一个基类。从向后兼容的角度来看，这种限制性较小的设计方式对 C 语言更为友好，但是从完全的面向对象编程的角度来看，你就必须自己手动构建类的层次，这样才能拥有其他面向对象编程语言默认提供的便捷性。此外，你在使用任何新的库时，都有可能遇到一些不兼容的接口。如果你希望这些接口为你所用，就必须额外花费一些精力来改造它们。所以，C++ 这种额外的"灵活性"真的物有所值吗？如果需要的话，比如你已经花费了大量心血编写 C 语言代码，那么答案就是肯定的。而如果你是从头开始，那么使用 Java 或者其他替代方案则会高效许多。

单根层次结构有利于实现垃圾收集器（garbage collector），这也是 Java 对比 C++ 的一个重要改进。既然所有对象都拥有类型信息，你就再也不用发愁不知道某个对象具体是什么类型了。这一特性对于系统级别的操作而言尤为重要，比如异常处理（exception handling，一种用于处理错误的语言机制）等，同时也极大地提升了编程时的灵活性。

1.9 集合

一般来说，你并不知道解决一个特定的问题需要用到多少个对象，也不知道这些对象会存在多久，你甚至不知道该如何保存这些对象。问题是，如果你无法在程序运行前确切地知道这些信息，那你应该申请多少内存空间呢？

在面向对象设计领域，大多数问题的解决方案看似极为简单粗暴：创建一种新类型的对象，这种对象通过保存其他对象的引用来解决这个问题。而在大多数编程语言里，你也可以用**数组**（array）做到这一点。

这种新对象通常叫作**集合**（也可以叫作"容器"，不过 Java 的库普遍使用的是"集合"），它会根据你放入其中的内容自行调整空间。也就是说，你无须关注集合里会有多少对象，直接创建集合就好了，剩下的细节交给它自己处理就可以。

幸运的是，优秀的面向对象语言都会提供一些集合作为语言的基础功能。在 C++ 里，集合是 C++ 标准库的一部分，通常叫作"标准模板库"（Standard Template Library, STL）。SmallTalk 提供了一系列完整的集合。Java 在其标准库中也提供了大量的集合。在有些语言的库中，通常会有一两个集合能够适用于所有需求。而在另外一些语言（比如 Java）的库中，不同的集合具有不同的用途。比如，有几个不同的 List 类（用于保

存序列 ），几个 Map 类（ 也叫 "关联数组"，用于关联对象 ），几个 Set 类（ 用于保存不同类型的对象 ），以及一些队列（ queue ）、树（ tree ）、栈（ stack ）等。

从程序设计的角度而言，你真正需要的是能够解决实际问题的集合。一旦某种集合能够满足你的需求，你就不再需要其他集合了。之所以需要选择集合，可能有以下两个原因。

不同的集合提供了不同类型的接口和行为。比如，栈和队列的用途就与 Set 以及 List 完全不同。针对你的问题，其中的某个集合也许可以提供比另一个集合更灵活的解决方案。

不同的集合在特定操作的执行效率方面也会有差异。比如，List 有两种基础类型的集合：ArrayList 和 LinkedList。虽然两者可以具有相同的接口和行为，但是某些操作的执行效率却存在明显的差异。比如用 ArrayList 随机获取元素是一种耗费固定时间的操作，意思是不管你选择获取哪个元素，耗费的时间都是相同的。但是对于 LinkedList 来说，在列表中随机选择元素是一种代价很大的操作，查找列表更深处的元素也会耗费更多的时间。另外，如果需要在列表中插入元素，LinkedList 耗费的时间会比 ArrayList 更少。取决于两者底层架构的不同实现方式，其他一些操作的执行效率也各有不同。你也可以先用 LinkedList 编写代码，然后为了追求效率而转投 ArrayList 的怀抱。由于两者都是基于 List 接口的子类，因此只需要改动少量代码就可以切换集合。

参数化类型（ 泛型 ）

在 Java 5 之前，Java 语言的集合所支持的是通用类型 Object。因为单根层次结构决定了所有对象都属于 Object 类型，所以一个持有 Object 的集合就可以持有任何对象 [①]，这就使得集合十分易于复用。

为了使用这样一个集合，你要将对象引用添加到集合中，然后再将其取出。但由于该集合只能持有 Object 类型，因此当你添加一个对象引用到集合时，该对象会向上转型为 Object，从而失去了其原本的特征。当你需要将其取出时，会获得一个 Object 类型的对象引用，这就不是当初的类型了。那么问题来了，当初被放入集合中的对象如何才能转换回原来的类型呢？

这里需要再一次用到转型，只不过这次不是向上转为更通用的类型，而是向下转为更具体的类型，这种转型叫作 "向下转型"（ downcasting ）。当使用向上转型时，我们知道

---

① 其实并不能保存基本类型，不过 "自动装箱"（ autoboxing ）机制从某种程度上缓解了这个问题。相关细节将在后续章节中介绍。

Circle 对象属于 Shape 类型，所以这种向上转型是安全的。但是反过来，我们并不知道一个 Object 对象实际上是 Circle 还是 Shape 类型，所以除非你明确知道对象的具体类型是什么，否则向下转型是不安全的。

不过，也不是说向下转型一定是危险的。如果向下转型失败，你会得到一个运行时的错误提示，这叫作"异常"（exception），后面你很快就会看到相关的介绍。不过话说回来，当你从集合中获取对象引用时，需要通过一些方法明确对象的类型，这样的话才能正确地向下转型。

当一段程序在运行时，向下转型和与其关联的运行时检查都会耗费额外的时间，同时程序员也需要关注这种向下转型。为什么我们创建的集合就不能明确地知道所包含的对象类型呢？如果知道的话，我们就不再需要向下转型，也避免了在此期间可能出现的报错。这个问题的解决方案就是"参数化类型"（parameterized type）机制。一个被参数化的类型是一种特殊的类，可以让编译器自动适配特定的类型。比如，对于参数化的集合而言，编译器可以将集合定义为只接受放入 Shape 的对象，因此从集合也只能取出 Shape 对象。

Java 5 新增的主要特性之一是支持参数化类型，也叫作"泛型"（generics）。你可以通过在一对尖括号中间加上类名来定义泛型，比如，你可以这样创建一个放置 Shape 对象的 ArrayList：

```
ArrayList<Shape> shapes = new ArrayList<>();
```

泛型带来的好处促使许多标准库组件都进行了相应的调整。此外，你在本书所列举的许多代码示例中都会看到泛型的作用。

1.10　对象的创建和生命周期

和对象打交道时有一个至关重要的问题，那就是它们的创建和销毁方式。每个对象的创建都要消耗一些资源，尤其是内存资源。当我们不再需要一个对象时，就要及时清理它，这样它占用的资源才能被释放并重复使用。在一些环境简单的场景下，清理对象似乎不是一个难题：你创建了一个对象，根据自己的需要使用，不再使用的时候就将其销毁。然而不幸的是，我们经常会遇到更为复杂的情况。

假设你需要为某个机场设计一个航空管制系统（你也可以用同样的方式管理仓库中的箱子、录像带租赁系统，甚至还有装宠物的笼子）。刚开始的时候，一切都是如此简单：新建一个用于保存飞机对象的集合，然后每当有飞机需要进入航空管制区域的时候，就新建一个飞机对象并将其放入集合中。而每当有飞机离开航空管制区域时，就清理对应的飞机对象。

再做一个假设：还有其他系统也会记录飞机的数据，而这些数据不需要像主控制程序那样及时更新，比如只会对离开机场的小型飞机做记录。于是，你需要创建一个新的集合用于保存小飞机对象，并且每当新建的飞机对象是小型飞机时，需要将其放入这个新的集合中。当有后台进程处于空闲状态时，就会操作这些对象。

现在问题变得更加棘手了，你怎么判断什么时候需要清理对象？当你不再需要一个对象时，系统的其他部分也许还在使用该对象。更糟糕的是，在许多其他情况下也会遇到同样的问题。而对于诸如 C++ 这样需要显式删除对象的编程语言来说，这绝对是一个相当让人头疼的问题。

对象的数据保存在哪里，系统又是如何控制对象的生命周期的呢？ C++ 语言的宗旨是效率优先，所以它交给程序员来选择。如果要最大化运行时效率，可以通过栈区（也叫作"自动变量"或"局部变量"）保存对象，或者将对象保存在静态存储区里，这样在编写程序时就可以明确地知道对象的内存分配和生命周期。这种做法会优先考虑分配和释放内存的速度，在有些情况下是极为有利的。但是，代价就是牺牲了灵活性，因为你必须在编写代码时就明确对象的数量、生命周期以及类型。如果你希望解决一个更为普遍的问题，比如计算机辅助设计、仓库管理或者航空管制等，这种做法的限制性就太大了。

还有一种方案是在内存池里动态创建对象，这个内存池叫作"堆"（heap）。如果使用这个方案，直到运行时你才能知道需要多少对象，以及它们的生命周期和确切的类型是什么。也就是说，这些信息要等到程序运行时才能确定。如果你需要创建一个新对象，可以直接通过堆来创建。因为堆是在运行时动态管理内存的，所以堆分配内存所花费的时间通常会比栈多一些（不过也不一定）。栈通常利用汇编指令向下或向上移动栈指针（stack pointer）来管理内存，而堆何时分配内存则取决于内存机制的实现方式。

动态创建对象的方案基于一个普遍接受的逻辑假设，即对象往往是复杂的。所以在创建对象时，查找和释放内存空间所带来的额外开销不会造成严重的影响。此外，更大的灵活性才是解决常规编程问题的关键。

Java 只允许动态分配内存 [1]。每当你创建一个对象时，都需要使用 new 操作符创建一个对象的动态实例。

---

[1] 你之后将学习到的基本类型（primitive type）是一个特例。

然而还有另一个问题——对象的生命周期。对于那些允许在栈上创建对象的编程语言，编译器会判断对象将会存在多久以及负责自动销毁该对象。但是如果你是在堆上创建对象，编译器就无从得知对象的生命周期了。对于像 C++ 这样的语言来说，你必须在编码时就明确何时销毁对象，否则万一你的代码出了差错，就会造成内存泄漏。而 Java 语言的底层支持**垃圾收集器**（garbage collector）机制，它会自动找到无用的对象并将其销毁。垃圾收集器带来了很大的便利性，因为它显著减少了你必须关注的问题数量以及需要编写的代码。因此，垃圾收集器提供了一种更高级的保障以防止潜在的内存泄漏，而正是内存泄漏导致了许多 C++ 项目的失败。

Java 设计垃圾收集器的意图就是处理内存释放的相关问题（虽然不包括清理对象所涉及的其他内容）。垃圾收集器"知道"一个对象何时不再有用，并且会自动释放该对象占用的内存。再加上所有对象都继承自顶层基类 Object，以及只能在堆上创建对象等特点，使得 Java 编程比 C++ 简单了不少。一言以蔽之，需要你介入的决策和阻碍都大大减少了。

1.11 异常处理

自从有编程语言起，错误处理就是一项极为困难的工作。设计一个优秀的错误处理系统是如此困难，以至于许多编程语言忽视了这个问题，而将问题抛给库的设计者。这些设计者只能采取一些折中措施来填补漏洞，这些举措虽然在很多场景中有效，但很容易通过忽略提示的错误而轻易绕过。大多数错误处理方案存在的一个显著的问题是，这些方案并非编程语言强制要求的，而是依赖于程序员同意并遵守相关约定。如果遇到警惕性不高的程序员（通常都是因为需要赶进度而放松了警惕），这些方案就形同虚设了。

异常处理则是将编程语言甚至是操作系统和错误处理机制直接捆绑在一起。异常是从错误发生之处"抛出"的对象，而根据错误类型，它可以被对应的异常处理程序所"捕获"。而每当代码出现错误时，似乎异常处理机制会使用一条特殊的、并行的执行路径来处理这些错误。这是因为它确实采取了一条单独的运行路径，所以不影响正常执行的代码。同时这一点也降低了你编写代码的成本，因为你不用经常反复检查各种错误了。此外，抛出的异常也不同于方法返回的错误值或者方法设置的错误标识，因为这两者是可以被忽略的，但是异常不允许被忽略，所以这就确保了异常一定会在必要的时候被处理。最后，异常为我们提供了一种可以让程序从糟糕的情况中恢复过来的方法。即便发生了意外，我们也还有机会修正问题以及让程序重新恢复运行，而不是只能结束程序了事，而这一点无疑会增强许多程序的稳健性。

由于从一开始 Java 就会让你接触到异常处理，并且强制你必须使用它，这就使得 Java 的异常处理机制在众多编程语言之中显得十分突出，同时这也是 Java 唯一允许的报错方式。如果你的代码没有正确地处理各种异常，就会得到一条编译时的报错消息。这种有保障的一致性使得错误处理的工作简单了许多。

值得我们留意的是，虽然面向对象语言里的异常一般用对象的形式来呈现，异常处理却并不是面向对象语言的特性。其实，异常处理远在面向对象语言诞生之前就已经存在了。

1.12 总结

一段过程式程序（procedural program）包含了数据定义和函数调用。如果你想要搞清楚这种程序究竟做了什么，就必须仔细研究，比如查看它的函数调用以及底层代码等，以便在你的脑海中勾勒出一幅完整的蓝图。而这就解释了在设计过程式程序时，为什么还需要中间表示（intermediate representation, IR）。实话实说，过程式程序的理解成本确实很高，因其设计的表达方式更多是面向计算机，而不是你要解决的问题。

因为面向对象编程在过程式编程语言的基础上增加了许多新特性，所以你可能会想当然地认为同等效果的 Java 程序会远比过程式程序复杂。然而你会惊喜地发现，编写良好的 Java 程序通常比过程式程序更简单，也更易于理解。这是因为在 Java 中，对象的定义所呈现的是问题空间（而非计算机式的呈现）的概念，而发送至对象的消息则代表问题空间的具体活动。面向对象编程的一个令人愉悦之处在于，那些设计良好的程序，其代码总是易于阅读的。另外，因为许多问题都能够通过复用已有的库来解决，所以通常来说代码行数也不会太多。

面向对象编程和 Java 不一定适合所有人。有一点非常重要，那就是你必须仔细评估自己的需求，然后再判断 Java 是不是满足这些需求的最佳方案，也许使用其他编程语言是更好的选择（说不定就是你现在使用的编程语言）。如果在可预见的将来，你的需求非常专业并且具有一些 Java 无法满足的特殊条件，那么你就有必要研究一下其他可代替的编程语言（我尤其推荐 Python）。这样一来，就算你依然选择 Java 作为你的编程语言，至少你清楚还有哪些可选项，以及为什么选择它。

安装 Java 和本书示例

" 准备好迎接即将开始的美妙旅程吧! "

ON JAVA

在正式开始学习 Java 语言之前,首先你必须安装 Java 以及本书提供的代码示例。考虑到有的读者会通过阅读本书开始学习编程,我会假设你从来没有使用过计算机的命令行,所以会尽量详细地说明安装过程。如果你使用过命令行,则完全可以直接跳至本章的安装部分。

如果你对这里介绍的任何术语和流程依然一知半解,那么可以通过搜索引擎找到相关的解释和答案。对于更多具体的争议和问题,可以去 Stack Overflow 网站上看看。此外,你也可以在视频网站 YouTube 上找到安装教程。

2.1 编辑器

如果想要新建和修改 Java 文件,比如本书所提及的代码示例,首先需要一个名为编辑器的软件。在安装 Java 的过程中,有时也需要利用编辑器来修改系统配置文件。

用于编程的编辑器种类千差万别，从全能型的**集成开发环境**（IDE，比如 IntelliJ IDEA 或者 VSCode）到简单的文本处理软件，多如繁星。如果你已经习惯于使用某种 IDE，那么在阅读本书的过程中可以放心地继续使用它。如果你还没有习惯使用的 IDE，那么可以试试 VSCode。

VSCode 编辑器是免费的开源软件，安装过程十分简单，且支持全平台（包括 Windows、Mac 和 Linux）。同时，它内置了 Java 模式，在你打开 Java 文件的时候就可以自动生效。此外，它还提供了一些让人爱不释手的功能。感兴趣的话，你可以在其网站上浏览更多的详细信息。

世界上还有许多其他的编辑器，它们甚至形成了一种亚文化群体，其中的人们热衷于讨论各种编辑器孰优孰劣。如果你找到了一个更喜欢的编辑器，转到这个新的编辑器也并不困难。重要的是，选择一个编辑器并适应它。

虽然 VSCode 很适合初学者，然而当你进一步深入 Java 编程时，也许你会想要研究一下 JetBrains 公司推出的 IntelliJ IDEA 所提供的一些更为强大的编程功能。对我来说，两者我都会经常使用。

2.2　shell

如果你没有任何编程经验，那么可能对操作系统的 shell（在 Windows 中也叫作**命令提示符**）也不太熟悉。shell 的历史可以追溯到计算机的早期，那时所有的计算机操作都是通过敲击命令来实现的，并且计算机通过显示响应来回应，这一切都基于文本模式的。

虽然和后来出现的图形用户界面（graphical user interface, GUI）相比，shell 显得十分原始，不过它依然提供了大量的重要功能。本书在安装 Java 的过程中和运行 Java 程序时，会经常使用 shell。

2.2.1　运行 shell

Mac：点击 Spotlight（屏幕右上角的放大镜图标），在输入框中输入"terminal"。点击那个看起来像是小电视屏幕的应用程序（也可以按键盘的回车键），就打开了一个指向 home 目录的 shell 窗口。

Windows：首先，按照下面的方法启动资源管理器（Windows Explorer）以浏览目录。

- Windows 7：点击屏幕左下角的"开始"（Start）按钮，在开始菜单的搜索栏里，输入"explorer"，然后按下回车键。

- Windows 8：点击 Windows+Q 键，然后输入"explorer"并按下回车键。
- Windows 10：点击 Windows+E 键。

打开资源管理器之后，就可以通过鼠标双击进入文件夹。你可以选择跳转至自己想查看的目录，然后点击资源管理器左上角的"文件"选项卡，选择"打开命令行"（Open command prompt），这样就在目标目录打开了一个 shell 窗口。

Linux：可以通过以下操作打开一个指向 home 目录的 shell 窗口。

- Debian 系统：按下快捷键 Alt+F2。在弹出的窗口中输入"gnome-terminal"。
- Ubuntu 系统：在桌面上点击鼠标右键，在弹出菜单中选择"打开终端"（Open Terminal），或者按下快捷键 Ctrl+Alt+T。
- Redhat 系统：在桌面上点击鼠标右键，在弹出菜单中选择"打开终端"。
- Fedora 系统：按下快捷键 Alt+F2。在弹出的窗口中输入"gnome-terminal"。

2.2.2　目录（文件夹）

目录是 shell 的基础要素之一。目录可以包含文件或其他目录。你可以把一个目录想象成带有分枝的一棵树。比如你的系统里有一个名为 books 的目录，其中包含 math 和 art 这两个目录，那么我们就说目录 books 拥有 math 和 art 这两个**子目录**。因为 books 是**父目录**，所以我们还可以用 books/math 以及 books/art 来表示两者。需要注意的是，Windows 系统使用反斜杠"\"而不是斜杠"/"来分隔一个目录的各个部分。

2.2.3　shell 基础操作

本节所介绍的 shell 操作在不同的操作系统中大致相同。下面介绍一些本书中会用到的 shell 基础操作和命令。

- **切换目录**：使用 cd 命令加上目录名进入目录，或者使用 cd .. 返回上级目录。如果你希望在进入一个目录的同时还能记住之前的目录名，可以使用 pushd 加上新目录名进入这个目录，之后可以使用 popd 返回之前的目录。
- **目录列表**：使用 ls 命令（Windows 系统中则是 dir）可以展示当前目录下的所有文件和子目录。使用通配符 * 可以对展示的内容进行过滤。比如，当你需要列出所有后缀是".java"的文件时，可以使用 ls *.java（Windows 系统中则是 dir *.java）。更进一步，如果你希望列出所有以字母"F"开头且后缀名是".java"的文件，可以使用 ls F*.java（Windows 系统中则是 dir F*.java）。

- **新建目录**：使用 `mkdir`（make directory 的缩写）命令加上目录名可以新建一个目录（Windows 系统中则使用 `md`）。例如，使用 `mkdir books`（Windows 系统中则是 `md books`）就会在当前目录下新建一个名为 books 的目录。
- **删除文件**：使用 `rm`（remove 的缩写）命令加上文件名可以删除该文件（Windows 系统中则使用 `del`）。例如，使用 `rm somefile.java` 可以删除名为 somefile.java 的文件（Windows 系统中则使用 `del somefile.java`）。
- **删除目录**：使用 `rm -r` 命令可以删除目录及其包含的所有文件（Windows 系统中则使用 `deltree`）。例如，使用 `rm -r books` 可以删除 books 目录及其包含的所有文件（Windows 系统中则使用 `deltree books`）。
- **重复命令**：所有 3 种操作系统都支持在 shell 窗口里用"↑"键显示上一条命令，方便你编辑和再次使用该命令。在 Mac/Linux 系统下，`!!` 会执行上一条命令，`!n` 则会执行第 *n* 条命令。
- **命令历史**：在 Mac/Linux 系统下使用 `history` 或者在 Windows 系统下按下 F7 键，就可以查看所有使用过的命令。Mac/Linux 系统下还会显示命令的历史序号，这样你就可以方便地重复该命令。
- **解压文件**：后缀名为".zip"的文件是一个包含了其他文件的压缩包文件。Mac/Linux 系统提供了用于解压的 `unzip` 命令，如果是 Windows 系统，你可以通过互联网安装 `unzip` 命令。不过，所有 3 个操作系统的图形文件浏览器（Windows 的资源管理器，Mac 的 Finder，Linux 的 Nautilus 等）都可以进入你保存压缩文件的目录，然后你只需在该文件上点击鼠标右键，接着在 Mac 系统下选择"打开"（Open），在 Linux 系统下选择"解压到此"（Extract Here），或者在 Windows 系统下选择"解压所有"（Extract all ...）即可。

如果你希望学习更多关于 shell 的知识，请在维基百科中搜索"Windows Shell"。如果你使用的是 Mac/Linux 系统，可以搜索"Bash Shell"。

2.3　安装 Java

为了编译和运行本书的示例，首先你必须安装 JDK（Java Development Kit，Java 开发工具集）。虽然新版本的 Java 一般是后向兼容的，但本书依然使用 JDK 8（对应 Java 1.8 版本），不过本书中的例子在 JDK 8 及其以上的版本中应该都是有效的。如果你想选择新版本的 JDK，我推荐一个具有长期支持（LTS）的版本——在编写本书时，最新的 LTS 版本是 JDK 17。

1. Windows

(1) 按照 Chocolatey 官网中提示的步骤安装 Chocolatey。

(2) 打开 shell 窗口，输入 "choco install jdk8"。执行这条指令需要一些时间，但是一旦完成，Java 也就安装完成了，并且必要的环境变量也会设置完毕。

2. Macintosh

Mac 系统自带的 Java 版本比较旧，有可能无法正确运行本书的示例。所以你首先必须升级到 Java 8。你需要管理员权限来执行以下操作。

(1) 按照 HomeBrew 官网中提示的步骤安装 HomeBrew。然后打开 shell 窗口，执行 brew update 以确保 HomeBrew 升级到最新版本。

(2) 打开 shell 窗口，输入 "brew cask install java"。

当 HomeBrew 和 Java 都安装完毕后，如果你需要的话，后续可以用游客身份运行本书的其他示例。

3. Linux

使用标准软件包管理工具和 shell 命令进行安装。

Ubuntu/Debian 系统：

(1) sudo apt-get update

(2) sudo apt-get install default-jdk

Fedora/Redhat 系统：su -c "yum install java-1.8.0-openjdk"

2.4　确认安装成功

打开一个新的 shell 窗口，输入：

```
java -version
```

如果一切正常，你应该会看到类似如下内容（版本号和文字可能略有不同）：

```
java version "1.8.0_112"
Java(TM) SE Runtime Environment (build 1.8.0_112-b15)
Java HotSpot(TM) 64-Bit Server VM (build 25.112-b15, mixed mode)
```

如果你看到的提示是"命令没有找到或者无法识别"，请仔细回顾一下本章介绍的安装说明。如果之后你依然无法正常安装，请在 Stack Overflow 网站上查找解决方案。

2.5　安装和运行本书示例

成功安装 Java 之后，你可以通过以下过程来安装和运行本书示例，这个过程适用于所有平台。

1. 通过 GitHub 代码仓库下载本书中的示例。

2. 将下载的文件解压到你选择的目录中（参见 2.2.3 节中的相关说明）。

3. 使用 Windows 的资源管理器、Mac 的 Finder、Linux 的 Nautilus 或对应的工具打开你解压 OnJava8-Examples 文件的目录，并在此目录中打开一个 shell 窗口。

4. 如果你进入了正确的目录，会看到 gradlew 和 gradlew.bat 文件以及大量的其他文件和目录。其中，目录名和章节的英文名是一一对应的。

5. 在 shell 窗口里输入 "gradlew run"（对应 Windows 系统）或者 "./gradlew run"（对应 Mac/Linux 系统）。

如果你是第一次运行这个程序，Gradle 需要花费一些时间来自行安装以及安装一些其他的工具包。一旦安装完毕，后续的构建和运行就会快速得多。

需要注意的是，第一次运行 gradlew 时，需要确保计算机是连接到互联网的，以便 Gradle 可以下载一些必要的工具包。

Gradle 基础任务

本书工程代码的构建会产生大量的 Gradle 任务。这是因为 Gradle 使用一种称为**约定优于配置**（convention over configuration）的运行方式，这意味着即便你只是尝试完成一个非常基础的任务，Gradle 依然会创建很多任务。因此，那些"搭顺风车"的任务要么不适用于本书，要么不能正确运行。下面是一些你可能会用到的 Gradle 任务。

- gradlew compileJava：编译本书中所有可被编译的 Java 文件（有些文件不可编译，仅用于演示语言的错误用法）。

- gradlew run：对于本书中所有可执行的 Java 文件（有些文件是库组件），先编译再执行。

- gradlew test：执行所有的单元测试（相关知识点将会在第 16 章中讲述）。

- gradlew chapter:ExampleName：编译和运行一个特定的示例程序，比如 gradlew objects:HelloDate。

对象无处不在

> " 学习一门新语言将为你打开一扇通往新世界的大门。"
>
> ——路德维希·维特根斯坦

虽然源于 C++，Java 却是一门更为"纯正"的面向对象语言。C++ 和 Java 都是混合型语言，然而 Java 的设计者认为这种"混合"的重要性并不如在 C++ 中那么高。混合型编程语言允许采用多种编程风格，而 C++ 之所以是混合型的，是因为要向后兼容 C 语言。由于 C++ 是 C 语言的超集，因此它也包含了 C 语言的一些不良特性，结果就是有时候 C++ 会显得过于复杂。

Java 语言预期你只编写面向对象程序。所以在你准备大干一场之前，需要先把自己的思维沉浸在面向对象的世界中。在本章中，你将学习构建 Java 程序的基础组件，并认识 Java 中的（几乎）一切都是对象这个事实。

3.1　通过引用操作对象

"名字有什么意义呢？就算用别的名字称呼玫瑰，也丝毫不减她的芬芳。"

——威廉·莎士比亚，《罗密欧与朱丽叶》

所有编程语言都在内存中处理各种元素。有时候程序员必须小心处理这种内存操作。比如，你是直接操作这些元素，还是通过某些特殊方式（比如 C 和 C++ 中的指针）间接进行操作？

通过使用统一的语法，Java 将一切都视为对象，从而简化了这种问题。虽然说的是"将一切都视为对象"，但你实际操作的其实是该对象的引用（reference）[①]。举个例子，假设有一台电视机（对象）和一个遥控器（引用），只要你掌握了遥控器这个引用，就能控制电视机这个对象。当你想要"换频道"或者"降低音量"时，你实际操作的是引用，再由引用来修改对象信息。所以，当你在房间里走来走去时，只要带着遥控器（即引用）就依然可以遥控电视机。

同样，遥控器也可以不依赖于电视机而独立存在。也就是说，引用未必会关联某个对象。比如若想保存一个词或一个句子，你就需要创建一个 String 类型的引用，如下所示：

```
String s;
```

不过，这样你只是创建了一个引用而非对象。如果现在你向对象 s 发送信息，则会得到一条报错消息，因为 s 还没有连接到任何对象（也就是还没有电视机呢）。所以一种安全的做法是，始终在创建引用时就进行初始化，比如：

```
String s = "asdf";
```

---

① 这种说法可能会引起争议。有些人会说，"再清楚不过了，这根本就是一个指针啊"，然而这种说法只是想当然地认为 Java 也有对应的底层实现。此外，Java 中引用的语法更接近于 C++ 的引用（而非指针）。在 *Thinking in Java* 中，我发明了一个新词："句柄"（handle），这是因为 C++ 引用和 Java 引用之间存在一些重要的不同之处。作为一个从 C++ 切换到 Java 的过来人，我认为 C++ 程序员可能是 Java 语言的最大受众，因此我并不想给他们带来任何困扰。此后，在 *Thinking in Java, 2nd Edition* 中，我决定使用更为常用的词语"引用"。那些从 C++ 切换到 Java 的程序员需要处理很多比"引用"这个术语更重要的事情，因此他们倒不如全面拥抱这个变化。不幸的是，仍然有一些人反对使用"引用"这个词。我曾经读过一本书，里面清清楚楚地写着"Java 支持引用传递这个说法是完完全全的错误"，因为 Java 对象的标识符（根据该作者的说法）实际上是"对象引用"。他甚至还提到，其实一切都是通过值来传递的。因此，你并不是通过引用传递，而是"通过值来传递对象引用"。当然你也可以争辩说这种费解的定义其实并不精准，只不过我认为自己的主张降低了大家理解这些概念的门槛，同时也没有造成什么损害（好吧，有些高级软件工程师也许会宣称我在撒谎，但我的回答是，我只是提供了一种恰当的抽象方式而已）。

上面的代码使用了 Java 的一个特性，即字符串（String）可以用带引号的文本进行初始化。而对于其他类型的对象而言，你需要使用一种更为通用的初始化方式。

3.2 必须创建所有对象

引用的作用是关联对象。通常我们使用 new 关键字来创建对象。new 关键字表达的意思是"我要一个这种类型的对象"。所以在之前的例子中，你可以这样编写代码：

```
String s = new String("asdf");
```

这一行代码不仅代表了"创建一个新的字符串"，同时也告诉我们如何通过一组字符来创建 String 对象。

除了 String 以外，Java 还提供了大量的预置类型可供选择。此外，你还可以创建新类型。实际上，创建新类型是 Java 编程的一项基础操作，你将在本书的后续章节中学习相关内容。

3.2.1 数据保存在哪里

当程序运行时，能够可视化其内容的排布方式是十分有帮助的，对于内存管理来说尤其如此。下面列举了 5 种数据存储方式。

1. **寄存器**（register）。这是速度最快的数据存储方式，因为它保存数据的位置不同于其他方式：数据会直接保存在**中央处理器**（central processing unit, CPU）里 [1]。然而寄存器的数量是有限的，所以只能按需分配。此外，你不能直接控制寄存器的分配，甚至你在程序中都找不到寄存器存在过的证据（C 和 C++ 是例外，它们允许你向编译器申请分配寄存器）。

2. **栈**（stack）。数据存储在随机存取存储器（random-access memory, RAM）里，处理器可以通过**栈指针**（stack pointer）直接操作该数据。具体来说，栈指针向下移动将申请一块新的内存，向上移动则会释放这块内存。这是一种极其迅速和高效的内存分配方式，其效率仅次于寄存器。只不过 Java 系统在创建应用程序时就必须明确栈上所有对象的生命周期。这种限制约束了程序的灵活性，因此虽然有一些数据会保存在栈上（尤其是对象引用），对象本身却并非如此。

---

[1] 大多数微处理器芯片有额外的缓存内存，只不过缓存内存使用的是传统的内存管理方式，而非寄存器。

3. 堆（heap）。这是一个通用的内存池（使用的也是 RAM 空间），用于存放所有 Java 对象。与栈不同的是，编译器并不关心位于堆上的对象需要存在多久。因此，堆的使用是非常灵活的。比如，当你需要一个对象时，可以随时使用 new 来创建这个对象，那么当这段代码被执行时，Java 会在堆上为该对象分配内存空间。然而这种灵活性是有代价的：分配和清理堆存储要比栈存储花费更多的时间（如果你可以像 C++ 那样在栈上创建对象的话）。好消息是，随着时间的推移，Java 的堆内存分配机制已经变得非常高效了，所以你并不需要太过关注此类问题。

4. 常量存储（constant storage）。常量通常会直接保存在程序代码中，因为它们的值不会改变，所以这样做是安全的。有时候常量会与其他代码隔离开来，于是在某些嵌入系统里，这些常量就可以保存在只读存储器（read-only memory, ROM）中 [1]。

5. 非 RAM 存储（non-RAM storage）。如果一段数据没有保存在应用程序里，那么该数据的生命周期既不依赖于应用程序是否运行，也不受应用程序的管制。其中最典型的例子之一是"序列化对象"（serialized object），它指的是转换为字节流（叫作"序列化"）并可以发送至其他机器的对象。另一个例子则是"持久化对象"（persistent object），它指的是保存在磁盘上的对象，而这些对象即便在程序结束运行之后也依然能够保持其状态。这些数据存储类型的特点在于，它们会将对象转换成其他形式以保存于其他媒介中，然后在需要的时候重新转换回常规的 RAM 对象。Java 支持轻量级的持久化对象存储，而 JDBC 以及 Hibernate 等库则提供了更为成熟的解决方案，即支持使用数据库存取对象信息。

3.2.2 特殊情况：基本类型

有一些你经常使用的类型享受特殊待遇，你可以将它们称为"基本类型"（primitive type）。它们之所以享受特别待遇，是因为 new 关键字是在堆上创建对象，这就意味着哪怕是创建一些简单的变量也不会很高效。对于基本类型，Java 使用了与 C 以及 C++ 相同的实现机制，这意味着我们无须使用 new 来创建基本类型的变量，而是直接创建一个"自动变量"（automatic variable），注意**不是引用**。也就是说，该变量会直接在栈上保存它的值，因此运行效率也较高。

Java 定义了每一种基本类型所占用的空间大小（见表 3-1）。即便是在不同的机器上，这些类型所占用的空间也是保持一致的。而这种一致性也是 Java 程序比其他语言程序移植性更好的原因之一。

---

[1] 一个例子是字符串资源池。所有的字符串和字符串常量都会被自动放置到这个特殊的存储空间中。

表 3-1

基本类型	大　小	最　小　值	最　大　值	包　装　类
boolean	—	—	—	Boolean
char	16 位	Unicode 0 \u0000	65 535 \uffff	Character
byte	8 位	–128	+127	Byte
short	16 位	–32 768	+32 767	Short
int	32 位	-2^{31}	$+2^{31}-1$	Integer
long	64 位	-2^{63}	$+2^{63}-1$	Long
float	32 位	IEEE754	IEEE754	Float
double	64 位	IEEE754	IEEE754	Double
void	—		—	Void

表 3-1 中的所有数值类型都是有符号的，所以不用在表格中查找无符号类型了。

boolean 类型的空间大小没有明确标出，其对象只能被赋值为 true 或 false。

此外，Java 还为基本类型提供了对应的"包装类"（wrapper class），通过包装类可以将基本类型呈现为位于堆上的非原始对象。例如：

```
char c = 'x';
Character ch = new Character(c);
```

也可以这样表示：

```
Character ch = new Character('x');
```

而"自动装箱"（autoboxing）机制能够将基本类型对象自动转换为包装类对象，例如：

```
Character ch = 'x';
```

也可以再转换回来，例如：

```
char c = ch;
```

至于使用包装类的原因，后续章节会进行更为细致的讲解。

高精度数字

Java 提供了两个支持高精度计算的类，分别是 BigInteger 和 BigDecimal。虽然这两个类也大致可以被归为包装类，但是它们其实并没有对应的基本类型。

这两个类都提供了一些方法来模拟基本类型的各种操作。也就是说，你能对 int 和

float 做什么，就能对 BigInteger 和 BigDecimal 做什么，区别只是你用方法代替了运算符而已。此外，由于涉及更多的计算量，导致的结果就是相关操作的效率有所降低。所谓"速度换精度"即是如此。

BigInteger 可以支持任意精度的整数。也就是说，在运算时你可以表示任意精度的整数值，而不用担心丢失精度。

BigDecimal 可用于任意精度的定点数（fixed-point number）。例如，你可以将其用于货币计算。

如果你想了解这两个类的更多细节，请参考 JDK 文档的相关描述。

3.2.3　Java 中的数组

许多编程语言都支持数组。然而在 C 和 C++ 里，因为数组的本质是内存块，所以使用数组是十分危险的。也就是说，如果 C++ 程序访问了数组边界之外的内存，或者在内存被初始化之前就对其进行操作（这个问题非常普遍），那么结果如何就难以预料了。

Java 的一个核心设计目的是安全，于是许多折磨 C 和 C++ 程序员的问题在 Java 里已经不复存在了。例如，Java 的数组一定会被初始化，并且无法访问数组边界之外的元素。这种边界检查的代价是需要消耗少许内存，以及运行时需要少量时间来验证索引的正确性。其背后的假设是，安全性以及生产力的改善完全可以抵消这些代价（同时 Java 也会优化这些操作）。

当你创建一个用于放置对象的数组时，实际上数组里包含的是引用，而这些引用会被自动初始化为一个特殊的值：null。Java 会认为一个值为 null 的引用没有指向任何对象，所以当你操作引用之前，需要确保将其指向了某个对象。如果你试图操作一个值为 null 的引用，系统会返回一个运行时报错。因此，Java 通过以上手段规避了那些常见的数组问题。

此外，你也可以创建一个放置基本类型的数组。编译器会确保对该数据进行初始化，并将数组元素的值设置为 0。

本书后续（尤其在第 21 章中）会对数组进行更为详细的介绍。

3.3　注释

Java 支持两种类型的注释。第一种注释是传统的 C 编程风格，即以 /* 开始，中间可以有多行的注释内容，然后以 */ 结束。需要注意的是，许多程序员在书写多行注释时，习惯于在每一行的开头使用 *，所以你可能会经常见到如下代码：

```
/* This is a comment
 * that continues
 * across lines
 */
```

不过请切记，所有位于 /* 和 */ 之间的内容都会被当作注释，从而被编译器忽略，所以即使这样写效果也是一样的：

```
/* This is a comment that
continues across lines */
```

第二种注释源于 C++。这种注释以 // 开始，到同一行的末尾结束，因此是一种单行注释。因为这种注释简单易用，所以使用频率很高。以后你会经常看到类似这样的注释：

```
// This is a one-line comment
```

3.4 无须销毁对象

对于有些编程语言而言，管理数据的生命周期需要花费不少精力。例如，某个变量需要存在多长时间？如果你需要销毁它，应该何时动手呢？数据的生命周期所造成的困扰会导致大量的 bug。本节将展示 Java 如何帮你释放内存并大幅简化这些问题。

3.4.1 作用域

大多数过程式编程语言具有**作用域**（scope）的概念。作用域会决定其范围内定义的变量名的可见性和生命周期。C、C++ 以及 Java 的作用域范围都是通过大括号（{}）来定义的，下面是一个 Java 作用域的例子：

```
{
  int x = 12;
  // 只有变量x可见
  {
    int q = 96;
    // 变量x和q都可见
  }
  // 只有变量x可见
  // 超出了变量q的作用域
}
```

在作用域里定义的变量只在该作用域的范围内可见。

顺便一提，代码缩进可以提高 Java 代码的可读性。由于 Java 是自由形态的编程语言，所以多余的空格、tab 缩进、回车符等都不会影响程序的运行效果。

此外，虽然下面的代码对于 C 和 C++ 而言是合法的，但在 Java 中不能这样使用：

```
{
  int x = 12;
  {
    int x = 96; // 语法错误
  }
}
```

Java 编译器会提示说，变量 x 已经定义过了。因此，类似 C 和 C++ 那样在外围的作用域中"隐藏"变量的方式在 Java 中是不被允许的，因为 Java 的设计者认为这种编程方式会引发歧义。

3.4.2　对象的作用域

Java 对象的生命周期和基本类型有所不同。当你使用 new 创建一个对象时，该对象在其作用域结束后会依然存在。因此，如果你编写如下代码：

```
{
  String s = new String("a string");
} // 作用域结束
```

虽然引用 s 会在作用域结束后消失，但是它指向的 String 对象还会继续占用内存。对于上面的代码而言，该 String 对象在作用域结束后就无法再获取，这是因为已经超出了其唯一引用的作用域范围。在后续章节中，你将看到如何在程序中传递和复制对象的引用。

如果需要的话，通过 new 创建的对象会存在足够长的时间，因此 C++ 编程中出现的一系列问题在 Java 中就消失了。在编写 C++ 代码时，你不仅要确保对象在需要的时候随时可用，而且事后还要负责销毁这些对象。

等等，还有个问题。如果 Java 对这些对象不闻不问，为什么应用程序并没有因为内存溢出而强行结束呢？而这一点也正是 C++ 存在的问题。原因就在于，Java 使用了一点魔法，即垃圾收集器会监视所有通过 new 创建的对象，并及时发现哪些对象不再被引用，然后它会释放这些对象所占用的内存，使得这些内存可以用于其他新对象。这意味着你无须关注何时需要释放内存，你要做的只是创建对象而已，如果你不再需要这些对象，就任由它们去吧（垃圾收集器会处理它们）。这种机制解决了一类非常严重的编程问题：由于程序员忘记释放内存而导致的"内存泄漏"（memory leak）。

3.5 使用 class 关键字创建新类型

如果一切皆为对象,那么具体到某一类对象的外观和行为是如何确定的呢?换句话说,我们如何创建对象的类型?说到这里,你可能会想当然地认为会有一个名为"type"的关键字,然而由于历史原因,大多数面向对象编程语言会使用"class"关键字来描述新的对象种类。其用法是 class 关键字后面跟着新的类名:

```
class ATypeName {
  // 类的具体实现放在这里
}
```

这段代码创建了一个新的类,只不过其内容只包含了一行注释,因此目前也没有什么实际的作用。话虽如此,你还是可以通过 new 关键字创建一个该类的对象:

```
ATypeName a = new ATypeName();
```

到目前为止,这个类能做的事情并不多。也就是说,除非你为这个类定义了一些方法,否则你无法对其发送所需的消息。

字段

当定义一个类时,你可以为其定义两种元素:**字段**(有时叫作"数据成员")和**方法**(有时叫作"成员函数")。我们通过对象的引用与字段进行交互。字段可以是任何类型的对象,也可以是基本类型。如果一个字段是某个对象的引用,你必须通过 new 关键字(请参考之前的相关介绍)初始化该引用并将其关联到具体的对象上。

每一个对象都会单独保存其字段。通常来说,不同对象的字段之间不会共享。下面的代码是一个定义了字段的类:

```
class DataOnly {
  int i;
  double d;
  boolean b;
}
```

这个类只是定义了几个数据字段而已。和之前一样,你可以这样创建一个该类的对象:

```
DataOnly data = new DataOnly();
```

你可以通过对象成员为字段赋值。具体做法是,先写出对象的引用名,跟着再写一个".",然后是对象的成员名:

```
objectReference.member
```

例如，我们可以这样为字段赋值：

```
data.i = 47;
data.d = 1.1;
data.b = false;
```

如果一个对象包含了其他对象，而你想要修改其他对象的数据，该怎么办？同样可以使用"."来实现，例如：

```
myPlane.leftTank.capacity = 100;
```

理论上你可以用这种方法嵌套无穷多的对象（但是需要提醒的是，这种设计方式并不优雅）。

基本类型的默认值

当一个类的字段是基本类型时，即便你没有初始化这些字段，它们也会拥有默认值，如表 3-2 所示。

当变量作为类成员存在时，Java 才会将其初始化为右侧的默认值。这一特点确保了基本类型的字段一定会被初始化（而 C++ 就不会这么做），并且从源头减少了许多不应该出现的 bug。只不过对于你编写的程序而言，这些默认值可能并不是正确或合理的值，所以最佳实践应该是你显式地初始化这些变量。

表　3-2

基本类型	默认值
boolean	false
char	\u0000（null）
byte	(byte)0
short	(short)0
int	0
long	0L
float	0.0f
double	0.0d

此外，这种机制并不会应用于**局部变量**（local variable），因为局部变量并不是类的字段。因此，如果你在一个方法内部编写如下代码：

```
int x;
```

那么变量 x 可能是一个任意值（和 C/C++ 一样），而不会自动被初始化为 0。因此，在使用变量 x 之前，你必须为其赋值以确保正确性。如果你忘记了赋值，Java 的处理方式明显要比 C++ 更好一些——Java 会抛出一个编译错误以告知你变量没有被初始化（相比之下，C++ 编译器通常只是警告你有些变量没有被初始化，而 Java 则是直接抛出错误）。

3.6　方法、参数以及返回值

在许多编程语言（比如 C 和 C++）中，"函数"（function）用于表示子程序。而在 Java 中，我们称之为"方法"（method），意思是"做某件事的方式"。

Java 中的方法决定了对象可以接受哪些消息。方法最基础的几个部分包括：方法名、参数、返回值，以及方法体（method body）。例如：

```
ReturnType methodName( /* 参数列表 */ ) {
  // 方法体
}
```

ReturnType 表示当调用一个方法时，该方法生成的值是什么类型。参数列表提供了一系列需要传递给方法的信息，包括信息的类型和名称。方法名和参数列表共同构成了方法的"签名"（signature），方法签名即该方法的唯一标识符。

Java 中的方法只能作为类的一部分而存在，方法只能通过对象调用[①]，而该对象必须能够执行该方法。如果你通过对象调用了一个不属于该对象的方法，会得到一个编译时错误。

调用对象方法的具体方式为，在对象引用之后添加一个"."，然后紧跟着方法名及其参数列表：

```
objectReference.methodName(arg1, arg2, arg3);
```

现在思考一下，如何定义一个无参数且返回 int 值的 f() 方法。假设有对象 a 定义了 f() 方法，那么我们可以这样编写代码：

```
int x = a.f();
```

需要注意的是，返回值的类型必须与变量 x 的类型保持一致。

有时候，这种调用方法的行为也被描述为"向一个对象发送一条消息"。在上面的例子中，f() 代表消息，a 代表对象。此外，我们也可以将面向对象编程描述为"向对象发送消息"。

参数列表

参数列表描述了需要传递给方法的信息。也许你已经猜到了，这些信息和 Java 中的其他内容一样都是对象。所以，参数列表也需要描述这些对象的类型以及对象名。和之前

---

① 你马上就会学习 static 方法，这是一种通过类直接调用的方法，所以不需要对象。

一样，当你操作对象时，实际操作的是它的引用 [①]。此外，引用的类型必须正确，如果方法
定义的参数是 String 类型，那就必须传递一个 String 对象给该方法，否则编译器会报错。

下面的例子是一个接受 String 类型参数的方法，必须在一个类的内部定义这个方法
才能编译通过：

```
int storage(String s) {
  return s.length() * 2;
}
```

上面的方法计算并返回了保存指定字符串所需的字节数。参数 s 的类型是 String。一
旦 s 被传递至 storage() 方法内部，就可以像操作其他对象一样操作它，也就是可以向它
发送消息。这里调用了它的 length() 方法，这个属于 String 类的方法将返回指定字符串
的字符长度。字符串的每一个 char 长度是 16 位，也就是两个字节。

而 return 关键字做了两件事。第一件事是告诉我们"从方法中离开吧，一切都结束了"。
第二件事是当该方法生成了一个值的时候，将这个值放置于 return 之后。在上面的例子里，
最后生成的返回值是计算 s.length() * 2 的结果。

你可以返回任意类型的值，但是如果不返回任何值，就表示该方法生成的值为 void
（意思是什么都没有）：

```
boolean flag() { return true; }
double naturalLogBase() { return 2.718; }
void nothing() { return; }
void nothing2() {}
```

当返回值的类型是 void 时，使用 return 关键字的作用是退出该方法，因此在方法的
末尾处就没有必要使用 return 了。此外，你可以在方法的任意位置使用 return。然而，
一旦返回值是非 void 类型，无论你在何处返回，编译器都会强制你必须提供正确类型的
返回值。

如此看来，Java 程序似乎就是一群对象将其他对象设置为其方法的参数，然后向这
些对象发送消息。到目前为止情况确实如此，不过在第 4 章中将介绍如何通过方法执行一
些更为底层的操作。对于本章而言，发送消息就足够了。

---

① 前面提及的几个"特殊"数据类型是例外，包括 boolean、char、byte、short、int、long、float，以
及 double。一般情况下，传递对象实际上就是传递对象的引用。

3.7 编写 Java 程序

在你正式编写第一个 Java 程序之前，还有一些需要你理解的内容，下面会逐一进行讲解。

3.7.1 名称可见性

所有的编程语言都有一个问题，那就是对名称的控制。比如，你在程序的一个模块中使用了一个名称，有人在其他模块中也使用了这个名称，那么应该如何区分两者？又该如何避免两者之间的"冲突"？对于 C 语言来说，这个问题尤其令人感到头疼，因为程序中经常充斥着各种名称，维护成本极高。而 C++ 的类（Java 中类的设计参考了 C++）则是将函数放置于类的内部，因此一个类的函数名不会与其他类的同名函数发生冲突。但是，C++ 依然允许使用全局数据和全局函数，所以潜在的冲突也依然存在。为了解决这个问题，C++ 使用额外的关键字引入了**命名空间**的概念。

而 Java 通过一种新颖的方法解决了此问题。为了能够清晰地描述库的名称，Java 语言的设计者所使用的方法是将你的互联网域名反转使用。因为域名是唯一的，所以一定不会冲突。举例来说，如果域名是 ituring.com，那么 foibles 库的名称就是 com.ituring.utility.foibles。而反转的域名之后的几个"."实际上描述了子目录的结构。

在 Java 1.0 和 Java 1.1 里，按照约定俗成的惯例，类似 com、edu、org、net 等扩展名的首字母都是大写，所以你会看到类似 Com.ituring.utility.foibles 这样的名称。然而在 Java 2 的开发过程中，Java 的设计者发现这种方法会引发一些问题。于是从那之后一直到现在，包名都变成了小写字母。

这种机制确保了所有文件都有对应的命名空间，同时文件里定义的类都具有唯一对应的标识符。因此，Java 语言就避免了命名冲突的问题。

使用反转的 URL 来定义命名空间是一种全新的尝试，而在此之前没有其他语言使用过此方案。此外，Java 语言还有其他一些与之类似的解决特定问题的方案。不难想象，如果一种新特性没有经过充分验证的话，将来出现问题的概率会很大。如果我们在实际编程阶段应用了该特性，一旦出现问题就回天乏术了（有些问题甚至严重到需要从语言中去掉某些特性）。

将命名空间和利用反转的 URL 所生成的文件路径相关联会带来一个问题，不过这个问题并不是程序的 bug，而是会对我们管理源代码带来一些挑战。比如我们想要使用 com.ituring.utility.foibles 这个命名空间，那么我就需要创建名为 com 和 ituring 的空文件夹，其目的只是为了与反转的 URL 相对应。而这种做法还将引入一个你之后在 Java 工程中会遇到的情况：通过空文件夹层层嵌套而形成的这种文件夹结构，其作用不只是为了对应反转的 URL，同时也会获取一些其他的信息。实际上，这些冗长的文件夹路径通常用于保存一些表明文件夹内容的数据。如果你仍然希望这些文件夹能够发挥其设计之初的功效，会发现尝试的结果不仅仅是让人沮丧，简直可以说是让人崩溃。因此在编写工程级别的 Java 代码时，基本上你不得不使用那些精心设计的 IDE 以管理层层嵌套的代码，比如 IntelliJ IDEA 等。实际上，IDE 通常都会帮助你创建和管理这些深度嵌套的空文件夹。

由于这种深不见底的文件夹结构会让你在开始学习语言时就想要使用大型 IDE，而我并不想让你承受这种额外的负担和困扰，因此本书所有章节的代码示例都使用了浅显易懂的结构，即子文件夹名与其（英文版）章节名保持一致。只有一个小问题，那就是我偶尔需要和那些按照深度结构设计的工具斗争一番罢了。

3.7.2 使用其他组件

当你在程序中使用预定义的类时，编译器必须找到这个类。最简单的情况是，这个类就存在于当前被调用的源代码文件中。如此一来，你只要使用这个类就可以了，哪怕这个类稍后才会在文件中定义 [Java 消除了所谓的"前向引用"（forward referencing）问题]。

那么，如果一个类定义在其他文件里呢？可能你会认为万能的编译器会自动找到这个类，然而问题并非如此简单。比如你想使用一个类，却发现同一个类名存在多个不同的定义（假设这些定义的用途各不相同）。更有甚者，假设你正在编写一个程序，当你向库中添加了一个新的类时，可能会发现已经和库中一个已有的类名冲突了。

为了解决这个问题，我们需要消除所有类似这样的潜在歧义，解决方案则是利用 import 关键字告知 Java 编译器你想要使用哪个类。import 语句的作用是通知编译器导入一个指定位置的包，即放置各种类的库（其他编程语言的库可以由函数、数据和类组成，但是 Java 的一切活动都发生在类中）。

你经常会用到编译器自带的各种 Java 标准库组件。当你使用这些组件时，无须担心那些冗长和反转的域名，使用下面的方式即可将其导入：

```
import java.util.ArrayList;
```

这一行代码会告诉编译器，你要使用位于 util 库的 ArrayList 类。

此外，util 库也包括了一些其他的类，可能你需要使用其中的几个类，却不想一个个地导入它们。这种情况下，可以使用通配符"*"来轻松实现这一点：

```
import java.util.*;
```

由于本书的代码示例规模都很小，为了方便起见，经常会使用"*"导入类。不过需要提醒的是，许多编程风格指南会明确指出，每一个用到的类都应该被单独导入。

3.7.3 static 关键字

创建一个类即描述了其对象的外观和行为。直到使用 new 关键字时，你才会真正创建一个对象，以及为该对象分配内存，并使得其方法可以被调用。

然而在两种情况下，这种方式会显得不合时宜。第一种情况是，有时候我们需要一小块共享空间来保存某个特定的字段，而并不关心创建多少个对象，甚至有没有创建对象。第二种情况是，你需要使用一个类的某个方法，而该方法和具体的对象无关；换句话说，你希望即便没有生成任何该类的对象，依然可以调用其方法。

static 关键字（源自 C++）为以上两个问题提供了解决方案。如果你使用了 static 关键字，则意味着使用 static 的字段或方法不依赖于任何对象。也就是说，即便你没有为一个类创建任何对象，依然可以调用该类的 static 方法或 static 字段。另外，由于非 static 的字段和方法必须基于指定的对象 [1]，因此对于非 static 的字段和方法来说，你必须创建一个对象才可以使用非 static 的字段或方法。

有些面向对象编程语言也会使用"类数据"（class data）和"类方法"（class method）来表示该数据或方法只服务于类，而非特定的对象。有时候，Java 也会使用这两种称谓。

创建一个 static 字段或方法，只需要把 static 关键字放置于字段或方法定义的前面就可以了。以下是创建并初始化一个 static 字段的例子：

```
class StaticTest {
  static int i = 47;
}
```

即便你创建了两个 StaticTest 类的对象，StaticTest.i 依然只会占用同一块内存空间。也就是说，字段 i 会被两个对象所共享。例如：

---

[1] 调用 static 方法并不依赖于是否提前创建对象。正因为如此，我们也不能在没有具体对象的情况下，使用 static 方法**直接**调用非 static 成员或方法（因为非 static 成员和方法必须基于特定的对象才能运行）。

```
StaticTest st1 = new StaticTest();
StaticTest st2 = new StaticTest();
```

st1.i 和 st2.i 的值都是 47，这是因为两者使用的内存空间是相同的。

有两种方法可以调用 static 变量。其一是通过对象来调用，比如之前例子中的 st2.i。此外，你也可以直接通过类名来调用（非 static 成员则不能这样使用）：

```
StaticTest.i++;
```

这里出现的 ++ 运算符的作用是将变量的值加 1。结果就是，st1.i 和 st2.i 的值都变成了 48。

我们较为推荐通过类名调用 static 变量，因为这种方法突出了变量的 static 特质。[①]

类似的逻辑也适用于 static 方法。你既可以通过对象来调用 static 方法（和非 static 方法一样），也可以使用专用语法 ClassName.method()，即类名加方法名。例如，你可以这样定义一个 static 方法：

```
class Incrementable {
  static void increment() { StaticTest.i++; }
}
```

increment() 方法通过 ++ 运算符将 static 整数 i 的值加 1。你可以使用传统方式，即通过对象调用 increment() 方法：

```
Incrementable sf = new Incrementable();
sf.increment();
```

不过，推荐的做法是直接通过类名来调用：

```
Incrementable.increment();
```

将 static 关键字应用于字段，毫无疑问会改变其数据生成的方式，即 static 字段是基于类创建的，非 static 字段则是基于对象创建的。而将 static 应用于方法时，即便你没有创建对象，也可以调用该方法。你之后会看到，作为运行应用程序的入口，我们在定义 main() 方法时，static 关键字是必不可少的一部分。

---

① 有些情况下，这也有利于编译器进行代码优化。

3.8 你的第一个 Java 程序

现在，你终于迎来了编写第一个完整程序的时刻。该程序运行时将显示一个字符串，以及一个通过 Java 标准库的 Date 类所生成的日期。

```
// objects/HelloDate.java
import java.util.*;

public class HelloDate {
  public static void main(String[] args) {
    System.out.println("Hello, it's: ");
    System.out.println(new Date());
  }
}
```

在本书的代码示例中，第一行代码都具有特别的作用：显示文件夹路径（比如本章的文件夹名为 objects）以及文件名的一行注释。我使用自动化工具来提取和测试本书中符合上述条件的代码。此外，通过第一行代码注释，你也可以很方便地在库里 [1] 找到对应的源代码。

在每一个程序文件的起始处，你都必须使用 import 语句将所有额外的类导入到文件中。这里说"额外"是因为，所有 Java 文件都会自动导入一个特定的库，即 java.lang。你可以打开浏览器在 Oracle 网站上查看这个库的文档，如果你还没有下载 JDK 文档，现在就可以去 Oracle 公司的 Java 网站下载 [2]，或者通过互联网搜索和查看。然后，如果你查看包的列表，会看到各种类的库。比如，你可以选择 java.lang，你会看到一个呈现了该库所有类的列表。由于所有的 Java 代码文件都默认导入了 java.lang，所以列表中的类我们都可以直接调用。另外，由于 java.lang 并不包含 Date 类，这就意味着你必须从其他库将其导入后才能使用。如果你不知道一个特定的类属于哪个库，或者说你想查看所有的类，可以点击 Java 文档页面的 "Tree" 按钮，页面会显示 Java 中所有的类供你查询。然后，你就可以通过浏览器的查找功能来找到 Date 类。比如，你会在页面列表中找到 java.util.Date，这意味着 Date 类包含在 util 库中。因此，你必须在 Java 文件中添加一行代码 import java.util.*，然后才可以使用 Date 类。

如果你在文档页面选择了 java.lang 然后查看其中的 System 类，会发现 System 类拥有几个字段。如果你选择了其中一个字段 out，会发现这是一个 static PrintStream 对象。

---

[1] 地址是 https://github.com/BruceEckel/OnJava8-Examples。
[2] 需要注意的是，JDK 默认没有包含文档，所以你需要单独下载它。

正因为它是 static 字段，所以你无须借助 new 关键字。也就是说，out 对象会一直存在，你直接使用就行了。out 对象的用途取决于它的类型，即 PrintStream。此外，你会发现文档描述中的 PrintStream 是一个超链接，可以点击该超链接来查看 PrintStream 都提供了哪些方法为我们所用。其中包含的方法数量还不少，我们会在后续章节中陆续提及。现在需要的是 println() 方法，其作用是"在控制台打印我发送给你的内容，然后另起一行"。因此，如果你需要在控制台显示一段信息，可以在 Java 程序中编写如下代码：

```java
System.out.println("A String of things");
```

需要注意的是，文件中必须存在一个与该文件同名的类（如果你没有这么做，则编译器会报错）。此外，如果你需要创建一个能够独立运行的程序，那么与文件同名的类中还必须包含一个程序启动的**入口方法**。这个特殊的方法叫作 main()，具有以下的格式和返回值：

```java
public static void main(String[] args) {
```

public 关键字代表这个方法可以被外部程序所调用（相关详细内容会在第 7 章中进行介绍）。main() 的参数是一个 String 对象的数组，虽然目前我们并不会使用 args 参数，但 Java 编译器会强制你传递该参数，因为它用于获取控制台的输入。

下面的代码将打印当前的日期：

```java
System.out.println(new Date());
```

在这段代码中，我们创建了一个作为参数的 Date 对象，并将它的值传递给 println() 方法。而当这一段语句执行完毕时，Date 对象就没用了，因此垃圾收集器可以随时清理它，而我们则无须关心这种清理工作。

当你查看 JDK 文档时，会发现 System 类包含了许多实用的方法（Java 的重要资产之一就是内容极为丰富的标准库），比如：

```java
// objects/ShowProperties.java

public class ShowProperties {
  public static void main(String[] args) {
    System.getProperties().list(System.out);
    System.out.println(System.getProperty("user.name"));
    System.out.println(
      System.getProperty("java.library.path"));
  }
}
```

```
/* 输出（前 20 行）：
-- listing properties --
java.runtime.name=OpenJDK Runtime Environment
sun.boot.library.path=C:\Program Files\OpenJDK\java-
se-8u41...
java.vm.version=25.40-b25
java.vm.vendor=Oracle Corporation
java.vendor.url=http://java.oracle.com/
path.separator=;
java.vm.name=OpenJDK Client VM
file.encoding.pkg=sun.io
user.script=
user.country=US
sun.java.launcher=SUN_STANDARD
sun.os.patch.level=
java.vm.specification.name=Java Virtual Machine
Specification
user.dir=C:\Git\OnJava8\ExtractedExamples\objects
java.runtime.version=1.8.0_41-b04
java.awt.graphicsenv=sun.awt.Win32GraphicsEnvironment
java.endorsed.dirs=C:\Program Files\OpenJDK\java-
se-8u41...
os.arch=x86
java.io.tmpdir=C:\Users\Bruce\AppData\Local\Temp\
                    ...
*/
```

main() 方法的第一行用于展示运行此程序的操作系统的所有属性，即操作系统的环境信息，并通过 list() 方法将结果传递给参数 System.out。你会在本书的后续内容中看到，你还可以将结果发送至任何地方，比如发送至一个文件。同时你也可以获取一个特定的属性，比如这里获取的是 user.name 以及 java.library.path。

代码结尾处的 /* 输出：标签用于展示此文件的实际输出结果。本书的大多数示例会采用这种注释格式来展示其输出内容，这样也便于你查看代码的输出是否正确。此外，当编译器检查和执行代码之后，该标签还支持自动将输出内容同步至本书的代码示例。

编译和运行

为了能够编译和运行本书中的程序，你必须搭建好 Java 编程环境，其安装过程在第 2 章有详细的介绍。如果你遵从了指引的步骤，你使用的应该是从 Oracle 网站上免费获取的 Java 开发者工具集（Java Developer's Kit, JDK）。如果你使用其他的开发系统，请查看该系统的说明文档以便可以正确编译和运行相关程序。

此外，第 2 章也介绍了如何安装本书的代码示例。安装完成后，请打开名为 objects 的子目录并通过命令行输入：

```
javac HelloDate.java
```

这一行代码应该不会输出任何内容。如果你看到了报错消息，就意味着你没有正确安装 JDK，那么你需要调查问题原因并解决它。

如果命令行没有报错，那么你可以输入：

```
java HelloDate
```

结果就是，你会看到当前日期输出到了控制台。

这就是编译和运行本书所有（包括 main() 方法的）程序的过程[①]。另外，本书源代码的根目录里还包含了一个叫作 build.gradle 的文件，此文件包含了自动化构建、测试以及运行本书代码文件的 Gradle 的配置。当你初次运行 gradlew 命令时，Gradle 会被自动安装（前提是你已经安装了 Java）。

3.9 编程风格

"Code Conventions for the Java Programming Language"[②]中定义的代码风格是类名首字母要大写。如果类名包含多个词，也要把这些词汇总到一起（也就是说，不再使用下划线作为词语之间的间隔），每一个词的首字母也要大写，例如：

```
class AllTheColorsOfTheRainbow { // ...
```

这种方式叫作"驼峰式命名法"（Camel-Case）。而其他内容，比如方法、字段（成员变量），以及对象名等，除了首字母要小写以外，使用的命名方式和类名一样。例如：

```
class AllTheColorsOfTheRainbow {
  int anIntegerRepresentingColors;
  void changeTheHueOfTheColor(int newHue) {
    // ...
  }
  // ...
}
```

---

① 你可能需要设置 CLASSPATH 参数，以便能够通过命令行编译和运行本书的所有程序。

② （你可以通过互联网查找，此外还可以搜索关键字"Google Java Style"。）为了让本书的代码呈现更紧凑一些，我并没有严格遵守所有的规范，不过正如你所见，我使用的编程风格总是会尽量符合 Java 的标准规范。

需要注意的是，你定义的冗长的名称也会影响到你的用户，所以请手下留情。

此外，Oracle 库的 Java 代码所使用的花括号的位置规范也和本书保持一致。

3.10 总结

本章讲述的知识点足以让你理解如何编写一个简单的 Java 程序。此外，本章还介绍了 Java 语言的概况，以及一些语言基础。然而到目前为止，你所接触的代码示例都是"这么做，再这么做，然后再那么做"。在接下来的两章里，我们会介绍 Java 编程的基础运算符，并展示如何控制程序流程。

04

操作符

" 操作符用来操作数据。"

ON JAVA

Java 是从 C++ 继承而来的，所以 C 和 C++ 程序员应该
都非常熟悉 Java 的大多数操作符。Java 对它们做了一些改进
和简化。

如果你了解 C 或 C++ 的语法，可以快速浏览本章和下一
章，关注一下 Java 与这些语言的不同之处。

4.1　使用 Java 操作符

操作符接受一个或多个参数，然后生成一个新的值。这
里参数的形式与普通方法调用里参数的形式不同，但效果是
一样的。加法和一元加（ + ）、减法和一元减（ - ）、乘法（ * ）、
除法（ / ）以及赋值（ = ）的用法与其他编程语言基本相同。

所有操作符都是通过它们的操作数来生成新值的。另外，
有些操作符还会修改操作数自身的值，这也叫作"副作用"。

那些能修改操作数的操作符，其最常见的用途就是产生副作用。但要注意的是，和没有副作用的操作符一样，它们生成的值也可供你使用。

几乎所有的操作符都只能操作基本类型。例外的是 =、== 和 !=，它们也能操作对象（这也是对象的一个容易让人迷惑的地方）。另外，String 类也支持 + 和 +=。

4.2 优先级

当多个操作符同时存在时，操作符的优先级决定了表达式的计算顺序。Java 对计算顺序做了特别规定。最简单的规则就是先乘除后加减。程序员经常会忘记其他优先级规则，然后用括号来明确指定计算顺序。例如，下面的语句 [1] 和语句 [2]：

```
// operators/Precedence.java

public class Precedence {
  public static void main(String[] args) {
    int x = 1, y = 2, z = 3;
    int a = x + y - 2/2 + z;          // [1]
    int b = x + (y - 2)/(2 + z);      // [2]
    System.out.println("a = " + a);
    System.out.println("b = " + b);
  }
}
```

```
/* 输出:
a = 5
b = 1
*/
```

这两个语句看起来基本相同，但是从输出结果可以知道，由于使用了括号，它们具有迥然不同的含义。

需要注意的是，System.out.println() 语句中使用了操作符 +。在这里 + 意味着字符串连接，而且如果需要，它还会执行字符串转换。当编译器看到一个字符串后面紧跟着一个 + 和一个非 String 类型的元素时，它会尝试着将这个非 String 类型的元素转换为 String 类型。如同上文输出结果展示的那样，它成功地为变量 a 和 b 处理了从 int 到 String 的类型转换。

4.3 赋值

操作符 = 用来赋值。它的意思是"取等号右边的值（一般称作**右值**），把它复制给等号左边（一般称作**左值**）"。右值可以是任何常量、变量或者可以产生值的表达式。但左值必须是一个独特的命名变量（也就是说，必须有一个物理空间来存储右值）。比如，你可将一个常量赋值给一个变量：

```
a = 4;
```

但不能把任何东西赋值给一个常量，常量不能作为左值（不能说 4=a; ）。

基本类型的赋值是很直观的。基本类型存储了实际的值，而非指向一个对象的引用，所以在为其赋值的时候，你直接将一个地方的内容复制到了另一个地方。例如，对基本数据类型而言，a = b 就是将 b 的内容复制给 a。如果你接着修改了 a，b 并不会受这个修改的影响，大多数情况下这也是我们所期望的。

不过在给对象赋值的时候，情况发生了变化。当操作一个对象的时候，我们真正操作的是这个对象的引用。所以当"将一个对象赋值给另一个对象"时，你其实是将这个引用从一个地方复制到另一个地方。这意味着对对象而言，c = d 就是将 c 和 d 都指向原本只有 d 指向的那个对象。下面这个示例将演示这种行为：

```java
// operators/Assignment.java
// 使用对象赋值还是有点棘手的

class Tank {
  int level;
}

public class Assignment {
  public static void main(String[] args) {
    Tank t1 = new Tank();
    Tank t2 = new Tank();
    t1.level = 9;
    t2.level = 47;
    System.out.println("1: t1.level: " + t1.level +
      ", t2.level: " + t2.level);
    t1 = t2;
    System.out.println("2: t1.level: " + t1.level +
      ", t2.level: " + t2.level);
    t1.level = 27;
    System.out.println("3: t1.level: " + t1.level +
      ", t2.level: " + t2.level);
  }
}
/* 输出:
1: t1.level: 9, t2.level: 47
2: t1.level: 47, t2.level: 47
3: t1.level: 27, t2.level: 27
*/
```

Tank 类非常简单，它的两个实例（t1 和 t2）是在 main() 方法里生成的。每个 Tank 类对象的 level 字段都被赋了一个不同的值，然后 t2 被赋给 t1，接着又修改了 t1。在许多编程语言里，你可能会认为 t1 和 t2 总是相互独立的。但由于赋值操作的是引用，修改 t1 的同时显然也改变了 t2！这是因为 t1 和 t2 包含了指向相同对象的引用（t1 最初包含的引用指向了那个字段值为 9 的对象，当对 t1 重新赋值的时候，这个引用被覆盖了，因此对象丢失了，它对应的对象也会由垃圾收集器清理）。

这种现象通常称作"别名"，是 Java 操作对象的一种基本方式。不过，如果你不想让别名出现在这里，应该怎么办呢？可以不按之前的赋值处理，而像下面这样写：

```
t1.level = t2.level;
```

这样就可以保持两个对象彼此独立，而不是丢弃一个对象，然后将 t1 和 t2 都绑定到剩下的那个对象上。直接操作对象内部的字段违背了 Java 的设计原则。这不是一个小问题，所以你需要时刻注意，为对象赋值可能会产生意想不到的结果。

方法调用中的别名

将一个对象作为参数传递给方法时，也会产生别名：

```java
// operators/PassObject.java
// 给方法传递对象，可能并不是你所理解的那样

class Letter {
  char c;
}

public class PassObject {
  static void f(Letter y) {
    y.c = 'z';
  }
  public static void main(String[] args) {
    Letter x = new Letter();
    x.c = 'a';
    System.out.println("1: x.c: " + x.c);
    f(x);
    System.out.println("2: x.c: " + x.c);
  }
}

/* 输出：
1: x.c: a
2: x.c: z
*/
```

在许多编程语言中，方法 f() 会在它的作用域内生成参数 Letter y 的一个副本。但这里因为传递的实际上是一个引用，所以代码

```
y.c = 'z';
```

实际上改变了 f() 之外的对象。

别名问题及其解决办法是个很复杂的话题，《On Java 中文版》进阶卷 [1] 第 2 章涵盖了这一话题。你现在已经知道了这一点，在以后的使用中请注意这个陷阱。

---

① 后简称"进阶卷"。——编者注

4.4 算术操作符

Java 的基本算术操作符与其他大多数编程语言相同，包括加法（+）、减法（-）、除法（/）、乘法（*）和取模（%，它从除法中产生余数）。整数除法的结果会舍弃小数位，而非四舍五入。

Java 还使用一种来自 C 和 C++ 的快捷运算符，可以同时进行运算和赋值操作。这种快捷运算符通过在操作符后紧跟一个等号来表示，它对 Java 中的所有操作符都适用，只要合情合理就可以。比如，把 x 加 4，然后将结果赋回给 x，可以这么写：x += 4。

下面这个示例展示了各种算术操作符的用法：

```java
// operators/MathOps.java
// 算术操作符
import java.util.*;

public class MathOps {
  public static void main(String[] args) {
    // 创建一个种子随机数生成器
    Random rand = new Random(47);
    int i, j, k;
    // 从 1~100 的范围中选择：
    j = rand.nextInt(100) + 1;
    System.out.println("j : " + j);
    k = rand.nextInt(100) + 1;
    System.out.println("k : " + k);
    i = j + k;
    System.out.println("j + k : " + i);
    i = j - k;
    System.out.println("j - k : " + i);
    i = k / j;
    System.out.println("k / j : " + i);
    i = k * j;
    System.out.println("k * j : " + i);
    i = k % j;
    System.out.println("k % j : " + i);
    j %= k;
    System.out.println("j %= k : " + j);
    // 单精度浮点数（float）测试：
    float u, v, w; // 同样适用于双精度浮点数（double）
    v = rand.nextFloat();
    System.out.println("v : " + v);
    w = rand.nextFloat();
    System.out.println("w : " + w);
    u = v + w;
    System.out.println("v + w : " + u);
    u = v - w;
    System.out.println("v - w : " + u);
```

```
/* 输出：
j : 59
k : 56
j + k : 115
j - k : 3
k / j : 0
k * j : 3304
k % j : 56
j %= k : 3
v : 0.5309454
w : 0.0534122
v + w : 0.5843576
v - w : 0.47753322
v * w : 0.028358962
v / w : 9.940527
u += v : 10.471473
u -= v : 9.940527
u *= v : 5.2778773
u /= v : 9.940527
*/
```

```
    u = v * w;
    System.out.println("v * w : " + u);
    u = v / w;
    System.out.println("v / w : " + u);
    // 以下对 char、byte、short、int、long 和 double 都适用
    u += v;
    System.out.println("u += v : " + u);
    u -= v;
    System.out.println("u -= v : " + u);
    u *= v;
    System.out.println("u *= v : " + u);
    u /= v;
    System.out.println("u /= v : " + u);
  }
}
```

为了生成随机数，上面的程序首先创建了一个 Random 对象。如果创建时没有传递任何参数，Java 会使用当前时间作为随机数生成器的种子，这样就能在程序每次执行时产生不同的输出。但是，让本书每个示例的末尾输出尽可能保持一致很重要，因为这样就可以用外部工具来验证这些示例的输出了。通过在创建 Random 对象时提供种子（用作随机数生成器的初始值，随机数生成器对于特定的种子值总是产生相同的序列），可以在每次执行程序时都生成相同的随机数，这样输出就是可验证的。[①] 如果想要生成更多不同的输出，可以移除本书示例里的种子。

通过调用 Random 对象的 nextInt() 方法和 nextFloat() 方法，程序可以生成许多不同类型的随机数。还可以调用 nextLong() 或者 nextDouble()。nextInt() 方法的参数设置了所生成随机数的上限，其下限为 0，这并不是我们想要的，因为这会产生除以 0 的可能性，因此我们对生成结果做了加 1 操作。

一元加操作符和一元减操作符

一元减（-）和一元加（+）与二元加减法使用的是相同的符号。编译器会根据表达式的书写形式自动判断出使用的是哪一种。以下列语句为例：

```
x = -a;
```

它的含义很明显。编译器能正确识别下面的语句：

```
x = a * -b;
```

但读者可能会被搞糊涂，所以应该更明确地写成：

[①] 读本科时，我在波莫纳学院学习了两年，那里的数字 47 被认为是一个"神奇的数字"。

```
x = a * (-b);
```

一元减号会反转数据的符号。一元加号和一元减号相对应，它唯一的作用就是将较小类型的操作数提升为 int 类型。

4.5　自动递增和自动递减

和 C 语言一样，Java 也提供了大量的快捷运算符。这些快捷运算符方便了代码输入，如果用得好会使代码更容易阅读，但有时也可能使代码更难理解。

递增和递减操作符是两种相当不错的快捷运算符（通常称为自动递增操作符和自动递减操作符）。递减操作符是 --，意为"减少一个单位"；递增操作符是 ++，意为"增加一个单位"。假设 a 是一个 int 值，则表达式 ++a 就等价于 a = a + 1。递增和递减操作符不仅改变了变量，还会把变量的值作为生成的结果返回。

递增和递减操作符都有两种使用方式，通常称为**前缀式**和**后缀式**。**前缀递增**表示 ++ 操作符位于变量之前；**后缀递增**表示 ++ 操作符位于变量之后。类似地，**前缀递减**意味着 -- 操作符位于变量之前；**后缀递减**意味着 -- 操作符位于变量之后。对于前缀递增和前缀递减（比如 ++a 和 --a），程序会先执行运算，然后返回生成的结果。而对于后缀递增和后缀递减（如 a++ 和 a--），程序则会先返回变量的值，然后再执行运算。

```java
// operators/AutoInc.java
// ++ 和 -- 操作符

public class AutoInc {
  public static void main(String[] args) {
    int i = 1;
    System.out.println("i: " + i);
    System.out.println("++i: " + ++i); // 前缀递增
    System.out.println("i++: " + i++); // 后缀递增
    System.out.println("i: " + i);
    System.out.println("--i: " + --i); // 前缀递减
    System.out.println("i--: " + i--); // 后缀递减
    System.out.println("i: " + i);
  }
}
```

```
/* 输出:
i: 1
++i: 2
i++: 2
i: 3
--i: 2
i--: 2
i: 1
*/
```

对于前缀形式，我们在执行完运算后才得到返回值。但对于后缀形式，则是先获得返回值再执行运算。除了那些涉及赋值的操作符，它们是唯一具有副作用的操作符——它们会改变操作数，而不仅仅是使用自己的返回值。

递增操作符还能用于对 C++ 这个名字进行解释——C++ 暗示着"超越 C 一步"。在早期的一次 Java 演讲中，Java 语言创始人之一 Bill Joy 提出 Java = C++-- (C++ 减减)，表示 Java 去除了 C++ 中的一些没必要又很难的内容，是一种更精简的语言。随着学习的深入，你会发现 Java 在许多地方的确更简单了，但在其他方面并不比 C++ 简单多少。

4.6 关系操作符

关系操作符会根据操作数的值之间的关系生成一个布尔结果。如果关系为真，关系表达式会生成 true；如果关系不为真，则生成 false。关系操作符包括小于（<）、大于（>）、小于等于（<=）、大于等于（>=）、等于（==）以及不等于（!=）。等于和不等于适用于所有的基本数据类型，但其他比较操作不适用于 boolean 类型。这是因为 boolean 值只能为 true 或 false，"大于"或"小于"对其没有实际意义。

测试对象是否相等

关系操作符 == 和 != 适用于所有对象，但它们的执行结果可能会让人困惑：

```java
// operators/Equivalence.java

public class Equivalence {
  static void show(String desc, Integer n1, Integer n2) {
    System.out.println(desc + ":");
    System.out.printf(
      "%d==%d %b %b%n", n1, n2, n1 == n2, n1.equals(n2));
  }
  @SuppressWarnings("deprecation")
  public static void test(int value) {
    Integer i1 = value;                          // [1]
    Integer i2 = value;
    show("Automatic", i1, i2);
    // 在 Java 9 及更新版本中已被弃用的旧方式：
    Integer r1 = new Integer(value);             // [2]
    Integer r2 = new Integer(value);
    show("new Integer()", r1, r2);
    // Java 9 及更新版本中提倡的方式：
    Integer v1 = Integer.valueOf(value);         // [3]
    Integer v2 = Integer.valueOf(value);
    show("Integer.valueOf()", v1, v2);
    // 基本类型不能使用 equals() 方法：
    int x = value;                               // [4]
    int y = value;
    // x.equals(y); // 无法编译
    System.out.println("Primitive int:");
    System.out.printf("%d==%d %b%n", x, y, x == y);
  }
```

```
/* 输出：
Automatic:
127==127 true true
new Integer():
127==127 false true
Integer.valueOf():
127==127 true true
Primitive int:
127==127 true
Automatic:
128==128 false true
new Integer():
128==128 false true
Integer.valueOf():
128==128 false true
Primitive int:
128==128 true
*/
```

```
    public static void main(String[] args) {
      test(127);
      test(128);
    }
  }
```

show() 方法将 == 的行为和每个对象都有的 equals() 方法进行了比较。printf() 通过使用指定的符号来对参数进行格式化处理，%d 用于 int 类型参数的输出，%b 用于 boolean 类型的输出，%n 用于换行。

对于"不等于"，请使用 n1 != n2 和 !n1.equals(n2) 这两种方式。

在 test() 中，整数值对象以 4 种不同的方式创建。

[1] 自动转换为 Integer。这其实是通过对 Integer.valueOf() 的自动调用来完成的。

[2] 使用标准的对象创建语法 new。这是以前创建"包装/装箱"Integer 对象的首选方法。

[3] 从 Java 9 开始，valueOf() 优于 [2]。如果尝试在 Java 9 中使用方式 [2]，你将收到警告，并被建议使用 [3] 代替。很难确定 [3] 是否的确优于 [1]，不过 [1] 看起来更简洁。

[4] 基本类型 int 也可以当作整数值对象使用。

对 Java 8 而言，以上代码里的 @SuppressWarnings("deprecation") 并不是必需的，但如果使用 Java 9 或更新版本编译代码就需要它了。

对于参数值 127 来说，比较操作产生了预期的结果，不过方式 [2] 中 == 操作的结果却是 false。这是因为，虽然参与比较的两个引用包含的**内容**相同，但它们指向了内存中的不同对象。操作符 == 和 != 比较的是对象的引用，而**通过不同方式创建的** Integer 对象，会让操作符产生**不同的结果**——比如说，方式 [1] 和方式 [3] 会生成指向内存中相同位置的 Integer 对象。对于值范围在 −128~127 的 Integer 类型来说，它生成的对象就是这样的 [1]，这影响到了操作符 == 和 != 的比较结果。但在该范围之外的值则不会这样，正如 test(128) 所演示的那样。

在使用 Integer 的时候，你应该只使用 equals()。如果不小心使用了 == 和 !=，并且没有测试 −128~127 范围外的值，那么虽然你的代码能运行，但在运行中可能悄悄地就会

---

[1] 出于效率原因，Integer 会通过享元模式来缓存范围在 -128~127 内的对象，因此多次调用 Integer. valueOf(127) 生成的其实是同一个对象。而在此范围之外的值则不会这样，比如每次调用 Integer. valueOf(128) 返回的都是不同的对象。因此需要特别注意，在进行 = 和 ≠ 的比较时，范围不同的值生成对象的方式并不一样，这会影响到比较的行为，从而产生不同的结果。另外，通过 new Interger() 生成的对象都是新创建的，无论其值处于什么范围。所以通过不同方式创建的 Integer 对象，也会影响到比较的结果。——译者注

出现错误。如果使用了基本类型 int，你就**不能**使用 equals() 而**必须**使用 == 和 !=。如果你开始使用基本类型 int，然后更改为包装类型 Integer，这可能会导致问题，反之亦然。

在 Java 9 及更新版本中已经弃用 new Integer()，因为它的效率远远低于 Integer. valueOf()。因此，你应该避免使用 new Integer()、new Double() 之类的方法，在 Java 8 中也一样。我之前没有遇到过为了效率而弃用某些东西的例子（也有可能发生过，但这是我第一次有所了解）。

处理浮点数的时候，你会遇到不同的相等比较问题，这不是 Java 的问题，而是因为浮点数的本质：

```java
// operators/DoubleEquivalence.java

public class DoubleEquivalence {
  static void show(String desc, Double n1, Double n2) {
    System.out.println(desc + ":");
    System.out.printf(
      "%e==%e %b %b%n", n1, n2, n1 == n2, n1.equals(n2));
  }
  @SuppressWarnings("deprecation")
  public static void test(double x1, double x2) {
    // x1.equals(x2) // 无法编译
    System.out.printf("%e==%e %b%n", x1, x2, x1 == x2);
    Double d1 = x1;
    Double d2 = x2;
    show("Automatic", d1, d2);
    Double r1 = new Double(x1);
    Double r2 = new Double(x2);
    show("new Double()", r1, r2);
    Double v1 = Double.valueOf(x1);
    Double v2 = Double.valueOf(x2);
    show("Double.valueOf()", v1, v2);
  }
  public static void main(String[] args) {
    test(0, Double.MIN_VALUE);
    System.out.println("------------------------");
    test(Double.MAX_VALUE,
      Double.MAX_VALUE - Double.MIN_VALUE * 1_000_000);
  }
}

/* 输出：
0.000000e+00==4.900000e-324 false
Automatic:
0.000000e+00==4.900000e-324 false false
new Double():
0.000000e+00==4.900000e-324 false false
```

```
-----------------------
1.797693e+308==1.797693e+308 true
Automatic:
1.797693e+308==1.797693e+308 false true
new Double():
1.797693e+308==1.797693e+308 false true
Double.valueOf():
1.797693e+308==1.797693e+308 false true
*/
```

理论上浮点数的比较应该是很严格的——两个数值之间即使只有小数部分有极小的不同，它们仍然应该不相等。test(0, Double.MIN_VALUE) 的运行结果就是这样的，其中 Double.MIN_VALUE 是最小的可表示值。(printf() 中的 %e 表示以科学记数法显示结果)。

然而，第二个 test() 的运行结果却不是这样的，这里参数 x2 是 x1 的值减去 100 万倍的 Double.MIN_VALUE。看起来 x2 应该与 x1 明显不同，但这两个数值的比较结果仍然相等。几乎在所有编程语言中都是这样的，这是因为当一个非常大的数值减去一个相对较小的数值时，非常大的数值并不会发生显著变化。这叫作**舍入误差**，这种误差之所以发生，是因为机器不能存储足够的信息来表示一个大数值的微小变化。

你可能会误以为这种情况下使用 == 会产生正确的结果，但并不是这样的——它只是单纯比较了引用。

当操作非基本类型时，直接使用 equals() 似乎是理所当然的选择，不过没有那么简单。考虑类 ValA:

```java
// operators/EqualsMethod.java
// 默认的 equals() 方法并不是比较内容的

class ValA {
  int i;
}

class ValB {
  int i;
  // 对这个示例是适用的，但这里并不是一个完整的 equals() 方法
  public boolean equals(Object o) {
    ValB rval = (ValB)o;   // 将对象 o 转型为 ValB
    return i == rval.i;
  }
}
```

```
public class EqualsMethod {
  public static void main(String[] args) {
    ValA va1 = new ValA();
    ValA va2 = new ValA();
    va1.i = va2.i = 100;
    System.out.println(va1.equals(va2));
    ValB vb1 = new ValB();
    ValB vb2 = new ValB();
    vb1.i = vb2.i = 100;
    System.out.println(vb1.equals(vb2));
  }
}
```

```
/* 输出:
false
true
*/
```

在 main() 中，va1 和 va2 包含相同的 i 值，但使用 equals() 比较的结果是 false，这令人困惑。这是因为 equals() 方法的默认行为是比较引用。如果只想比较内容，你必须像 ValB 所示的那样重写 equals() 方法。ValB.equals() 方法只包含了解决示例问题所必需的最简代码，但这不是一个恰当的 equals()。注意 equals() 方法的标准参数是一个 Object 类型（而不是 ValB 类型），我们必须通过代码 (ValB)o 将 o **强制类型转换**为 ValB。然后我们就可以用 == 直接比较两个 i 的值了，因为它们是基本类型。另外，在类型转换前一般要先检查类型，我们暂时先跳过这一点，后面的章节会对此进行讲解。

到了后面的第 8 章，你会了解重写，另外你需要在进阶卷附录 C 中学习如何正确定义 equals() 方法。在此之前留意 equals() 方法的行为会为你省却不少麻烦。

大多数标准库会重写 equals() 方法来比较对象的内容而不是它们的引用。

4.7 逻辑操作符

逻辑操作符"与"（&&）、"或"（||）和"非"（!）可以根据参数的逻辑关系，生成一个 true 或 false 的布尔值结果。下面这个示例就使用了关系操作符和逻辑操作符。

```
// operators/Bool.java
// 关系操作符和逻辑操作符
import java.util.*;

public class Bool {
  public static void main(String[] args) {
    Random rand = new Random(47);
    int i = rand.nextInt(100);
    int j = rand.nextInt(100);
    System.out.println("i = " + i);
    System.out.println("j = " + j);
    System.out.println("i > j is " + (i > j));
```

```java
    System.out.println("i < j is " + (i < j));
    System.out.println("i >= j is " + (i >= j));
    System.out.println("i <= j is " + (i <= j));
    System.out.println("i == j is " + (i == j));
    System.out.println("i != j is " + (i != j));
    // 在 Java 中，把 int 类型当作 boolean 类型并不合法：
    //- System.out.println("i && j is " + (i && j));
    //- System.out.println("i || j is " + (i || j));
    //- System.out.println("!i is " + !i);
    System.out.println("(i < 10) && (j < 10) is "
      + ((i < 10) && (j < 10)) );
    System.out.println("(i < 10) || (j < 10) is "
      + ((i < 10) || (j < 10)) );
  }
}
```

```
/* 输出:
i = 58
j = 55
i > j is true
i < j is false
i >= j is true
i <= j is false
i == j is false
i != j is true
(i < 10) && (j < 10) is false
(i < 10) || (j < 10) is false
*/
```

"与""或""非"操作只可应用于布尔值。你不能像 C 及 C++ 中那样，在逻辑表达式中将一个非布尔值当作布尔值使用。代码里用 //- 注释掉的语句就是这种错误的尝试。后面的表达式先使用关系比较操作符来生成布尔值结果，然后再对生成的布尔值进行逻辑运算。

注意，如果在应该使用字符串的地方使用了布尔值，布尔值会自动转换成合适的文本格式。

在前面的程序中，你可将 int 类型替换成除 boolean 类型外的其他任何基本数据类型。

短路

逻辑操作符支持一种称为"短路"的现象。一旦表达式当前部分的计算结果能够明确无误地确定整个表达式的值，表达式余下部分就不会被执行了。因此，逻辑表达式后面的部分有可能不被执行。下面是演示短路现象的示例：

```java
// operators/ShortCircuit.java
// 逻辑表达式中的短路现象
public class ShortCircuit {
  static boolean test1(int val) {
    System.out.println("test1(" + val + ")");
    System.out.println("result: " + (val < 1));
    return val < 1;
  }
  static boolean test2(int val) {
    System.out.println("test2(" + val + ")");
    System.out.println("result: " + (val < 2));
    return val < 2;
  }
  static boolean test3(int val) {
```

```
    System.out.println("test3(" + val + ")");
    System.out.println("result: " + (val < 3));
    return val < 3;
  }
  public static void main(String[] args) {
    boolean b = test1(0) && test2(2) && test3(2);
    System.out.println("expression is " + b);
  }
}
```

```
/* 输出:
test1(0)
result: true
test2(2)
result: false
expression is false
*/
```

每个测试方法都会对传入参数进行比较，并返回 true 或 false。这些方法还会把信息打印出来，以表示自己正在被调用。这些测试方法被用在了下面的表达式中：

```
testl(0) && test2(2) && test3(2)
```

你可能会很自然地认为这三个测试都会执行，但输出显示并不是这样的。第一个测试生成的结果是 true，所以表达式继续执行。但第二个测试生成了 false。这就意味着整个表达式肯定为 false，所以剩余的表达式就没必要继续执行了，它可能会很耗费资源。事实上，之所以存在短路，就是因为如果逻辑表达式有一部分不必计算，那我们就能获得潜在的性能提升。

4.8 字面量

一般来说，如果程序里使用了一个字面量（literal value），则编译器能准确地知道它是什么类型的。不过当类型模棱两可的时候，你就必须使用与该字面量相关的一些字符，以此添加额外信息来引导编译器。下面这段代码展示了这些字符。

```
// operators/Literals.java

public class Literals {
  public static void main(String[] args) {
    int i1 = 0x2f; // 十六进制（小写）
    System.out.println(
      "i1: " + Integer.toBinaryString(i1));
    int i2 = 0X2F; // 十六进制（大写）
    System.out.println(
      "i2: " + Integer.toBinaryString(i2));
    int i3 = 0177; // 八进制（前置 0）
    System.out.println(
      "i3: " + Integer.toBinaryString(i3));
    char c = 0xffff; // char 类型的最大十六进制值
    System.out.println(
      "c: " + Integer.toBinaryString(c));
    byte b = 0x7f; // byte 类型的最大十六进制值
```

```
System.out.println(
  "b: " + Integer.toBinaryString(b));
short s = 0x7fff; // short 类型的最大十六进制值
System.out.println(
  "s: " + Integer.toBinaryString(s));
long n1 = 200L; // long 类型后缀
long n2 = 200l; // long 类型后缀（很容易让人困惑）
long n3 = 200;
// Java 7 的二进制字面量:
byte blb = (byte)0b00110101;
System.out.println(
  "blb: " + Integer.toBinaryString(blb));
short bls = (short)0B0010111110101111;
System.out.println(
  "bls: " + Integer.toBinaryString(bls));
int bli = 0b00101111101011110101111110101111;
System.out.println(
  "bli: " + Integer.toBinaryString(bli));
long bll = 0b00101111101011110101111110101111;
System.out.println(
  "bll: " + Long.toBinaryString(bll));
float f1 = 1;
float f2 = 1F; // float 类型后缀
float f3 = 1f; // float 类型后缀
double d1 = 1d; // double 类型后缀
double d2 = 1D; // double 类型后缀
// （十六进制和八进制也都能作为 long 类型使用）
  }
}
```

```
/* 输出:
i1: 101111
i2: 101111
i3: 1111111
c: 1111111111111111
b: 1111111
s: 111111111111111
blb: 110101
bls: 10111110101111
bli: 101111101011110101111110101111
bll: 101111101011110101111110101111
*/
```

字面量的后缀字符标识了它的类型。大写（或小写）的字符 L 表示 long 类型（不过使用小写的 l 容易让人迷惑，因为它看起来就像数字 1）。大写（或小写）的字符 F 表示 float 类型。大写（或小写）的字符 D 表示 double 类型。

十六进制数适用于所有整数类型，通过 0x 或 0X 后面跟随数字 0~9 或大小写的字符 a~f 来表示。如果你试图将一个变量初始化为超出其自身表示范围的值（无论这个值的数值表示形式如何），编译器会报告一条错误信息。注意，在前面的代码里已经给出了 char、byte 和 short 所能表示的最大十六进制值。如果超出范围，编译器会自动将其转换成 int 型，并告诉你这次赋值需要进行"窄化转型"（转型将在本章稍后部分讲解）。这时候就能知道你已经越界了。

八进制数由前缀 0 和后面的数字 0~7 来表示。

Java 7 引入了二进制字面量，通过前缀 0b 或 0B 来表示，它适用于所有整数类型。

在使用整数类型的值时，二进制形式的表示会非常方便。通过使用 Integer 和 Long 类的静态方法 toBinaryString() 可以很容易实现。注意，如果将比较小的类型传递给 Integer.toBinaryString() 方法，则该类型会自动被转换为 int 类型。

4.8.1 字面量里的下划线

Java 7 中有一个十分有用的新增功能：可以在数字字面量里使用下划线，这样更易于阅读。这对在大数值里分组数字特别有帮助：

```java
// operators/Underscores.java

public class Underscores {
  public static void main(String[] args) {
    double d = 341_435_936.445_667;
    System.out.println(d);
    int bin = 0b0010_1111_1010_1111_1010_1111_1010_1111;
    System.out.println(Integer.toBinaryString(bin));
    System.out.printf("%x%n", bin);                    // [1]
    long hex = 0x7f_e9_b7_aa;
    System.out.printf("%x%n", hex);
  }
}
/* 输出：
3.41435936445667E8
10111110101111101011111010101111
2fafafaf
7fe9b7aa
*/
```

这里有几条合理的规则：

1. 只能使用单个下划线，不能连续使用多个；

2. 数字的开头或结尾不能有下划线；

3. 像 F、D 或 L 这样的后缀周围不能有下划线；

4. 在二进制或十六进制标识符 b 和 x 的周围不能有下划线。

[1] 注意 %n 的使用。如果你熟悉 C 风格的语言，可能已经习惯用 \n 来表示换行符。问题在于这是一个"UNIX 风格"的换行符。如果你使用的是 Windows 平台，就必须改为 \r\n。这种差异是一个不必要的麻烦，编程语言应该替你处理这个问题。这就是 Java 用 %n 来实现的功能，它会根据程序运行的平台生成合适的换行符，不过这仅会在使用 System. out.printf() 或 System.out.format() 时起作用。对于 System.out.println()，你仍然必须使用 \n；如果使用了 %n，println() 只会输出 %n 而不是将其当作换行符。

4.8.2　科学记数法（又称"指数记数法"）

我一直觉得指数采用的记数法很不直观，例如：

```java
// operators/Exponents.java
// e 表示 "10 的幂次 "

public class Exponents {
  public static void main(String[] args) {
    // e 大小写都可以，含义相同：
    float expFloat = 1.39e-43f;
    expFloat = 1.39E-43f;
    System.out.println(expFloat);
    double expDouble = 47e47d; // d 是可选的
    double expDouble2 = 47e47; // 默认就是 double 类型的
    System.out.println(expDouble);
  }
}
```

```
/* 输出：
1.39E-43
4.7E48
*/
```

在科学与工程领域，"e"代表自然对数的基数，约等于 2.718（Java 中的 Math.E 给出了它更精确的 double 类型值）。例如，$1.39 \times e{-}43$ 这样的指数表达式表示 1.39×2.718^{-43}。但设计 FORTRAN 语言的时候，设计师决定让 e 代表"10 的幂次"。这个决定很奇怪，因为 FORTRAN 就是面向科学与工程领域的，它的设计者对引入这样容易令人混淆的概念应该更为谨慎才对 [1]。但不管怎样，这种惯例在 C、C++ 以及 Java 中被保留了下来。因此，如果你习惯将 e 作为自然对数的基数使用，那么在 Java 中看到像 1.39e-43f 这样的表达式时，请转换思维，它的含义其实是 1.39×10^{-43}。

注意，如果编译器能正确识别类型，就不需要数值后面的后缀字符。例如语句

```java
long n3 = 200;
```

它不存在不确定的地方，所以 200 后面不用加 L。但对于语句

```java
float f4 = 1e-43f; // 10 的幂次
```

---

[1] John Kirkham 写道："我于 1962 年开始在 IBM 1620 上使用 FORTRAN II 进行计算。在当时，以及整个 20 世纪六七十年代，FORTRAN 一直使用大写字母。这可能是因为许多早期的输入设备是使用 5 位 Baudot 码的老式电传打字机，它没有小写字母。指数符号中的"E"也总是大写，绝不会与自然对数的基数"e"混淆，后者总是小写。"E"的含义很简单，就是表示指数（exponential）的意思，它是数字系统的基数——通常是 10。当时八进制也被程序员广泛使用，尽管我自己从未见过。如果我在指数表示里看到八进制数字，会认为它的基数是 8。我记得第一次看到使用小写 e 的指数是在 20 世纪 70 年代后期，我也发现它令人困惑。小写字母逐渐被引入 FORTRAN 后，这个问题才出现，而不是一开始就有。如果你真的想使用自然对数作为基数，我们实际上有函数可供使用，但它们都是大写的。"

编译器一般会将指数作为 double 类型处理，所以如果没有尾部的 f，我们会收到一条出错提示，告诉我们必须将 double 类型转换成 float 类型。

4.9　按位操作符

按位操作符用来操作整数基本数据类型中的单个二进制位（bit）。按位操作符会对两个参数中对应的二进制位执行布尔代数运算，并生成一个结果。

按位操作符源于 C 语言面向底层的设计，它经常需要直接操纵硬件，并直接设置硬件寄存器内的二进制位。Java 最初的设计是要嵌入电视机机顶盒的，所以这种面向底层的设计是合情合理的。但现在你可能不会经常用到按位操作符。

如果两个输入位都是 1，则按位"与"操作符（&）生成一个输出位 1，否则生成一个输出位 0。两个输入位里只要有一个是 1，那么按位"或"操作符（|）就会生成一个输出位 1；只有在两个输入位都是 0 的情况下，它才会生成一个输出位 0。如果两个输入位里只有一个是 1，那么按位"异或"操作符（^）会生成一个输出位 1。按位"非"操作符（~）也称为**取反**操作符，它是一元操作符，只对一个操作数进行操作（其他按位操作符都是二元操作符）。按位"非"操作符生成与输入位相反的值——若输入位为 0，则输出位为 1；若输入位为 1，则输出位为 0。

按位操作符和逻辑操作符使用了相同的符号，我们可以用一个技巧来记住它们的含义：由于位是非常"小"的，所以按位操作符仅使用了一个字符。

按位操作符可与等号（=）联合使用，来合并运算和赋值操作：&=、|= 和 ^= 都是合法的（~ 是一元操作符，所以不能与等号联合使用）。

布尔类型作为一种单位值多少有些独特。你可以对它执行按位"与"、按位"或"和按位"异或"运算，但不能执行按位"非"（大概是为了避免与逻辑操作符！混淆）。对于布尔值，按位操作符和逻辑操作符具有相同的效果，但它们不会"短路"。此外，针对布尔值的按位运算还比逻辑操作符多了一个"异或"运算。移位表达式中不能使用布尔类型，我们会在后面解释原因。

4.10　移位操作符

移位操作符也操纵二进制位，它们只能用来处理基本类型里的整数类型。左移位操作符（<<）会将操作符左侧的操作数向左移动，移动的位数在操作符右侧指定（低位补 0）。

"有符号"的右移位操作符（>>）则按照操作符右侧指定的位数将操作符左侧的操作数向右移动。"有符号"的右移位操作符使用了"符号扩展"：如果符号为正，则在高位插入 0，否则在高位插入 1。Java 还新增加了一种"无符号"的右移位操作符（>>>），它使用"零扩展"：无论符号为正还是为负，都在高位插入 0。这一操作符是 C 或 C++ 中所没有的。

如果对 char、byte 或者 short 类型的数值进行移位运算，在移位操作前它们会被转换为 int 类型，并且结果也是 int 类型。右端的可移位数中只会用到低 5 位。这样可防止我们移位超过 int 型值所具有的位数。如果处理的是 long 类型，最后得到的结果也是 long 类型。此时只会用到右端指定移位数值的低 6 位，这样移位操作就不会超出 long 类型的最大位数。

移位操作符可以与等号组合使用（<<=、>>= 或 >>>=）。操作符左边的值会移动右边指定的位数，然后再将得到的结果赋给左边的变量。但"无符号"右移位操作符结合赋值操作符可能会遇到一个问题：如果对 byte 或 short 值进行移位运算，得到的可能不是正确的结果。它们会先被提升为 int 类型，进行右移操作，然后在被赋回给原来的变量时被截断，这时得到结果是 -1。下面是一个示例：

```java
// operators/URShift.java
// 无符号右移测试

public class URShift {
  public static void main(String[] args) {
    int i = -1;
    System.out.println(Integer.toBinaryString(i));
    i >>>= 10;
    System.out.println(Integer.toBinaryString(i));
    long l = -1;
    System.out.println(Long.toBinaryString(l));
    l >>>= 10;
    System.out.println(Long.toBinaryString(l));
    short s = -1;
    System.out.println(Integer.toBinaryString(s));
    s >>>= 10;
    System.out.println(Integer.toBinaryString(s));
    byte b = -1;
    System.out.println(Integer.toBinaryString(b));
    b >>>= 10;
    System.out.println(Integer.toBinaryString(b));
    b = -1;
    System.out.println(Integer.toBinaryString(b));
    System.out.println(Integer.toBinaryString(b>>>10));
  }
}
```

```
/* 输出：
111111111111111111111111111111111
11111111111111111111111
1111111111111111111111111111111111111111111111111111111111111111
1111111111111111111111111111111111111111111111111111111111111111
11111111111111111111111111111111
11111111111111111111111111111111
11111111111111111111111111111111
11111111111111111111111111111111
11111111111111111111111111111111
111111111111111111111111
*/
```

在最后一个移位运算中，结果没有赋回给 b，而是直接打印了出来，所以是正确的。

下面这个示例演示了所有涉及位操作的操作符：

```java
// operators/BitManipulation.java
// 使用按位操作符
import java.util.*;

public class BitManipulation {
  public static void main(String[] args) {
    Random rand = new Random(47);
    int i = rand.nextInt();
    int j = rand.nextInt();
    printBinaryInt("-1", -1);
    printBinaryInt("+1", +1);
    int maxpos = 2147483647;
    printBinaryInt("maxpos", maxpos);
    int maxneg = -2147483648;
    printBinaryInt("maxneg", maxneg);
    printBinaryInt("i", i);
    printBinaryInt("~i", ~i);
    printBinaryInt("-i", -i);
    printBinaryInt("j", j);
    printBinaryInt("i & j", i & j);
    printBinaryInt("i | j", i | j);
    printBinaryInt("i ^ j", i ^ j);
    printBinaryInt("i << 5", i << 5);
    printBinaryInt("i >> 5", i >> 5);
    printBinaryInt("(~i) >> 5", (~i) >> 5);
    printBinaryInt("i >>> 5", i >>> 5);
    printBinaryInt("(~i) >>> 5", (~i) >>> 5);

    long l = rand.nextLong();
    long m = rand.nextLong();
    printBinaryLong("-1L", -1L);
```

```
      printBinaryLong("+1L", +1L);
      long ll = 9223372036854775807L;
      printBinaryLong("maxpos", ll);
      long lln = -9223372036854775808L;
      printBinaryLong("maxneg", lln);
      printBinaryLong("l", l);
      printBinaryLong("~l", ~l);
      printBinaryLong("-l", -l);
      printBinaryLong("m", m);
      printBinaryLong("l & m", l & m);
      printBinaryLong("l | m", l | m);
      printBinaryLong("l ^ m", l ^ m);
      printBinaryLong("l << 5", l << 5);
      printBinaryLong("l >> 5", l >> 5);
      printBinaryLong("(~l) >> 5", (~l) >> 5);
      printBinaryLong("l >>> 5", l >>> 5);
      printBinaryLong("(~l) >>> 5", (~l) >>> 5);
  }
  static void printBinaryInt(String s, int i) {
    System.out.println(
      s + ", int: " + i + ", binary:\n   " +
      Integer.toBinaryString(i));
  }
  static void printBinaryLong(String s, long l) {
    System.out.println(
      s + ", long: " + l + ", binary:\n    " +
      Long.toBinaryString(l));
  }
}
```

```
/* 输出（前 32 行）:
-1, int: -1, binary:
    11111111111111111111111111111111
+1, int: 1, binary:
    1
maxpos, int: 2147483647, binary:
    1111111111111111111111111111111
maxneg, int: -2147483648, binary:
    10000000000000000000000000000000
i, int: -1172028779, binary:
    10111010001001000100001010010101
~i, int: 1172028778, binary:
    1000101110110110111101101101010
-i, int: 1172028779, binary:
    1000101110110110111101101101011
j, int: 1717241110, binary:
    1100110010110110000010100010110
i & j, int: 570425364, binary:
    100010000000000000000000010100
i | j, int: -25213033, binary:
    11111110011111110100001110010111
```

```
 i ^ j, int: -595638397, binary:
    11011100011111110100011110000011
 i << 5, int: 1149784736, binary:
    1000100100010001001010010100000
 i >> 5, int: -36625900, binary:
    11111101110100010010010000010100
 (~i) >> 5, int: 36625899, binary:
    10001011101101110111101011
 i >>> 5, int: 97591828, binary:
    101110100010010010000010100
 (~i) >>> 5, int: 36625899, binary:
    10001011101101110111101011
                    ...
*/
```

程序末尾有两个方法：printBinaryInt() 和 printBinaryLong()。它们分别接受 int 类型和 long 类型的参数，然后输出其二进制格式，并附有说明文字。上面的示例不但演示了 int 和 long 的所有按位操作，还展示了 int 和 long 的最小值、最大值、正 1 值和负 1 值的二进制形式，这样你就可以了解它们大概的样子。注意最高位表示符号：0 表示正，1 表示负。可以参考上面示例中 int 部分的输出。

数字的二进制表示形式被称为"有符号的二进制补码"。

4.11 三元操作符

三元操作符也叫**条件操作符**，它比较特别，因为有三个操作数。不过它的确是操作符，因为它最终会生成一个结果值，这与下一章中将介绍的普通 if-else 语句不同。 三元表达式形式如下：

```
boolean-exp ? value0 : value1
```

如果 boolean-exp 运行的结果为 true，value0 就会被执行，其结果会被当作这个三元操作符的结果值。如果 boolean-exp 的结果为 false，value1 就会被执行，其结果同样会被当作最终结果。

你也可以使用下一章介绍的普通的 if-else 语句，但三元操作符更加简洁。该操作符源于 C 语言，尽管 C 语言引以为傲的就是它的简洁，且三元操作符引入的部分原因可能就是提高编程效率，但经常使用的话还是要多加小心，因为它很容易产生可读性差的代码。

三元操作符与 if-else 不同，它会产生一个值。下面是一个对两者进行比较的示例：

```java
// operators/TernaryIfElse.java

public class TernaryIfElse {
  static int ternary(int i) {
    return i < 10 ? i * 100 : i * 10;
  }
  static int standardIfElse(int i) {
    if(i < 10)
      return i * 100;
    else
      return i * 10;
  }
  public static void main(String[] args) {
    System.out.println(ternary(9));
    System.out.println(ternary(10));
    System.out.println(standardIfElse(9));
    System.out.println(standardIfElse(10));
  }
}
/* 输出:
900
100
900
100
*/
```

与不用三元操作符的 standardlfElse() 方法里的代码相比，ternary() 显得更加紧凑，但 standardlfElse() 更易于理解，而且也没多打很多字。所以在选择使用三元操作符时需要仔细思量——它主要用于从两个值中选择一个给变量赋值的场景。

4.12 字符串操作符 + 和 +=

Java 中的字符串操作符有一种特殊用法：正如你所看到的那样，+ 和 += 操作符都可以连接字符串。这种用法感觉十分自然，尽管这并不符合它们的传统使用方式。

对 C++ 来说这个功能看起来还不错，因此它引入了操作符重载（operator overloading），允许 C++ 程序员为几乎所有的操作符添加新含义。遗憾的是，操作符重载在和 C++ 的一些其他限制结合后，变成了一个相当复杂的特性，使得程序员不容易将它们设计到自己的类中。尽管 Java 如果要实现操作符重载的话肯定比 C++ 中的简单许多（就像 C# 语言所演示的那种简单直接的操作符重载），它仍然被认为过于复杂，所以 Java 程序员无法像 C++ 和 C# 程序员那样实现自己的重载操作符。

如果表达式以一个字符串开头，则其后的所有操作数都必须是字符串类型的（编译器会自动把双引号里的字符序列转换成字符串）：

```java
// operators/StringOperators.java

public class StringOperators {
  public static void main(String[] args) {
```

```
    int x = 0, y = 1, z = 2;
    String s = "x, y, z ";
    System.out.println(s + x + y + z);
    // 将 x 转为字符串
    System.out.println(x + " " + s);
    s += "(summed) = "; // 拼接操作符
    System.out.println(s + (x + y + z));
    // Integer.toString() 的简化版:
    System.out.println("" + x);
  }
}
```

```
/* 输出:
x, y, z 012
0 x, y, z
x, y, z (summed) = 3
0
*/
```

注意第一个语句的输出是 012,而不是对整数求和得到的 3。这是因为 Java 编译器将 x、
y 和 z 转换为它们的字符串表示形式，然后进行了拼接，而不是先将它们相加。第二个打
印语句将前面的变量转换为字符串类型，因此字符串转换并不取决于先后顺序。最后，你
会看到 += 操作符将一个字符串拼接到变量 s 后，使用括号来控制表达式执行的顺序，因
此表达式先对 int 类型的变量进行了求和，然后才显示了结果。

注意 main() 方法里的最后一个示例：你有时会看到一个空的字符串后跟一个 + 和一
个基本类型，这是执行类型转换的一种方式，这样就不用调用更麻烦的显式方法（此处为
Integer.toString()）。

4.13 使用操作符时常犯的错误

使用操作符时一个常犯的错误是，即使你对表达式的执行方式不确定，也不愿意使用
括号。这个问题在 Java 中也存在。

C 和 C++ 中一个极其常见的错误如下所示：

```
while(x = y) {
  // ...
}
```

在这里，程序员显然是想测试是否相等（ == ）而不是赋值。在 C 和 C++ 中，如果 y
非零，则这里的结果将始终为 true，你可能会得到一个无限循环。在 Java 中，这个表达
式的执行结果不是 boolean 类型，但编译器需要一个 boolean 类型。而且因为 Java 中无法
自动将 int 类型转为 boolean 类型，所以编译器会直接显示一个编译时错误，让你在运行
程序之前就能发现问题。因此，这种错误在 Java 中不会发生。（唯一不会得到编译时错误
的情况是 x 和 y 都是 boolean 类型，此时 x = y 是一个合法的表达式，而在前面的示例中，
这可能是一个错误。）

C 和 C++ 中的一个类似问题是，在应该使用逻辑操作符的时候使用了按位 "与" 和按位 "或" 操作符。按位 "与" 和按位 "或" 使用了一个字符（& 或 |），而逻辑 "与" 和逻辑 "或" 使用了两个字符（&& 和 ||）。就像 = 和 == 一样，在应该输入两个字符的地方输入了一个字符的错误很容易发生。在 Java 中，编译器防止了这种情况的发生，它不会让你在不适合的地方随意使用某个操作符。

4.14 类型转换操作符

类型转换的英文单词（cast）原意有 "浇铸模具" 的意思。在适当的时候，Java 会自动将一种类型的数据更改为另一种类型的数据。例如，将整数值赋给浮点变量的时候，编译器就会自动将 int 类型转换为 float 类型。类型转换机制使得这类转换清晰明确，还可以在无法自动转换的时候进行强制类型转换。

要对某个值执行类型转换，可以将希望得到的数据类型放在括号内，置于该值的左边。如下所示：

```java
// operators/Casting.java

public class Casting {
  public static void main(String[] args) {
    int i = 200;
    long lng = (long)i;
    lng = i; // 宽化，因此不需要强制类型转换
    long lng2 = (long)200;
    lng2 = 200;
    // 一个窄化转型
    i = (int)lng2; // 需要强制类型转换
  }
}
```

你既可以对数值进行类型转换，也可以对变量进行类型转换。类型转换可能是多余的，例如，编译器在必要的时候会自动将 int 类型提升到 long 类型。但你仍然可以做多余的类型转换来表明你的观点，或仅仅使代码更清晰。在其他情况下，可能只有先进行类型转换，代码才能正常编译。

在 C 和 C++ 中，类型转换让人头痛。但是在 Java 中，类型转换则比较安全。不过，执行被称为**窄化转型**（narrowing conversion）的操作时，就有可能面临信息丢失的危险。窄化转型就是说，将能容纳更多信息的数据类型转换成无法容纳那么多信息的数据类型。此时，编译器会要求我们进行强制类型转换，意在提醒我们："这可能是一个危险的操作，如果的确要这么做，你必须显式地进行类型转换。" 而对于宽化转型（widening conversion），则不必显式地进行类型转换，因为新类型可以容纳比原来的类型更多的信息，而不会造成任何信息的丢失。

Java 可以把任何基本类型转换成别的基本类型，但 boolean 除外，它不允许进行任何类型的转换处理。"类"类型（class type）也不允许进行类型转换。将一种类型转换成另一种类型需要采用特殊的方法（后面会讲到，对象可以在它的类型所属**族群**里进行类型转换。例如，"橡树"可以转型为"树"，反之亦然。但不能把它转换成外部的类型，比如"石头"）。

4.14.1 截尾和舍入

在执行窄化转型时，你必须注意截尾与舍入问题。比如，如果将一个浮点值转换为整型，Java 会如何处理？将 29.7 转换为 int，结果是 30 还是 29？下面的示例中给出了答案：

```
// operators/CastingNumbers.java
// 将 float 或 double 转型为整型值时会发生什么

public class CastingNumbers {
  public static void main(String[] args) {
    double above = 0.7, below = 0.4;
    float fabove = 0.7f, fbelow = 0.4f;
    System.out.println("(int)above: " + (int)above);
    System.out.println("(int)below: " + (int)below);
    System.out.println("(int)fabove: " + (int)fabove);
    System.out.println("(int)fbelow: " + (int)fbelow);
  }
}
```

```
/* 输出:
(int)above: 0
(int)below: 0
(int)fabove: 0
(int)fbelow: 0
*/
```

答案是将 float 或 double 转型为整型值时，总是对该数值执行截尾。如果想要对结果进行舍入，就需要使用 java.lang.Math 中的 round() 方法：

```
// operators/RoundingNumbers.java
// 对 float 和 double 进行舍入

public class RoundingNumbers {
  public static void main(String[] args) {
    double above = 0.7, below = 0.4;
    float fabove = 0.7f, fbelow = 0.4f;
    System.out.println(
      "Math.round(above): " + Math.round(above));
    System.out.println(
      "Math.round(below): " + Math.round(below));
    System.out.println(
      "Math.round(fabove): " + Math.round(fabove));
```

```
/* 输出:
Math.round(above): 1
Math.round(below): 0
Math.round(fabove): 1
Math.round(fbelow): 0
*/
```

```
    System.out.println(
      "Math.round(fbelow): " + Math.round(fbelow));
  }
}
```

round() 方法属于 java.lang 的一部分，因此在使用时不需要额外地导入包。

4.14.2　提升

如果对小于 int 类型的基本数据类型（即 char、byte 或者 short）执行算术运算或按位运算，运算执行前这些值就会被自动提升为 int，结果也是 int 类型。如果要把结果赋值给较小的类型，就必须使用强制类型转换（由于把值赋给了较小的类型，可能会出现信息丢失）。通常，表达式里出现的最大的数据类型决定了表达式最终结果的数据类型。如果将一个 float 类型的值与一个 double 类型的值相乘，结果就是 double 类型。如果将一个 int 值和一个 long 值相加，则结果为 long 类型。

4.15　Java 没有 sizeof()

在 C 和 C++ 中，sizeof() 操作符会告诉你给数据项分配的字节数。这些语言使用 sizeof() 的最大原因是可移植性。不同的数据类型在不同机器上可能有不同的大小，所以在做一些与数据大小有关的运算时，程序员必须知道这些类型有多大。例如，一台计算机可能用 32 位来保存整数，而另一台计算机用 16 位保存。在第一台机器中程序就可以保存更大的值。可以想象，可移植性是一个让 C 和 C++ 程序员颇为头痛的问题。

Java 不需要 sizeof() 操作符来处理可移植性，因为所有的数据类型在所有机器中的大小都是相同的。我们不必考虑这种程度的可移植性——它已经被设计在语言里了。

4.16　操作符小结

下面这个示例展示了哪些基本数据类型能用于哪些特定的操作符。基本上这是一个不断重复的示例，只是每次使用了不同的基本数据类型。程序能正常编译，因为那些会导致编译失败的行已经用 //- 注释掉了。

```
// operators/AllOps.java
// 对每个基本数据类型都测试一遍所有操作符
// 以此显示哪些能被 Java 编译器所接受

public class AllOps {
  // boolean 类型测试
```

（转右栏）

```
void f(boolean b) {}
void boolTest(boolean x, boolean y) {
  // 算术操作符:
  //- x = x * y;
  //- x = x / y;
  //- x = x % y;
```

（下转第 77 页）

（上接第 76 页）

```
    //- x = x + y;
    //- x = x - y;
    //- x++;
    //- x--;
    //- x = +y;
    //- x = -y;
    // 关系操作符和逻辑操作符：
    //- f(x > y);
    //- f(x >= y);
    //- f(x < y);
    //- f(x <= y);
    f(x == y);
    f(x != y);
    f(!y);
    x = x && y;
    x = x || y;
    // 按位操作符：
    //- x = ~y;
    x = x & y;
    x = x | y;
    x = x ^ y;
    //- x = x << 1;
    //- x = x >> 1;
    //- x = x >>> 1;
    // 复合赋值：
    //- x += y;
    //- x -= y;
    //- x *= y;
    //- x /= y;
    //- x %= y;
    //- x <<= 1;
    //- x >>= 1;
    //- x >>>= 1;
    x &= y;
    x ^= y;
    x |= y;
    // 类型转换：
    //- char c = (char)x;
    //- byte b = (byte)x;
    //- short s = (short)x;
    //- int i = (int)x;
    //- long l = (long)x;
    //- float f = (float)x;
    //- double d = (double)x;
  }
  void charTest(char x, char y) {
    // 算术操作符：
    x = (char)(x * y);
    x = (char)(x / y);
    x = (char)(x % y);
    x = (char)(x + y);
    x = (char)(x - y);
```

（转右栏）

```
    x++;
    x--;
    x = (char) + y;
    x = (char) - y;
    // 关系操作符与逻辑操作符：
    f(x > y);
    f(x >= y);
    f(x < y);
    f(x <= y);
    f(x == y);
    f(x != y);
    //- f(!x);
    //- f(x && y);
    //- f(x || y);
    // 按位操作符：
    x= (char)~y;
    x = (char)(x & y);
    x  = (char)(x | y);
    x = (char)(x ^ y);
    x = (char)(x << 1);
    x = (char)(x >> 1);
    x = (char)(x >>> 1);
    // 复合赋值：
    x += y;
    x -= y;
    x *= y;
    x /= y;
    x %= y;
    x <<= 1;
    x >>= 1;
    x >>>= 1;
    x &= y;
    x ^= y;
    x |= y;
    // 类型转换：
    //- boolean bl = (boolean)x;
    byte b = (byte)x;
    short s = (short)x;
    int i = (int)x;
    long l = (long)x;
    float f = (float)x;
    double d = (double)x;
  }
  void byteTest(byte x, byte y) {
    // 算术操作符：
    x = (byte)(x* y);
    x = (byte)(x / y);
    x = (byte)(x % y);
    x = (byte)(x + y);
    x = (byte)(x - y);
    x++;
    x--;
```

（下转第 78 页）

（上接第77页）

```
        x = (byte) + y;
        x = (byte) - y;
        // 关系操作符与逻辑操作符:
        f(x > y);
        f(x >= y);
        f(x < y);
        f(x <= y);
        f(x == y);
        f(x != y);
        //- f(!x);
        //- f(x && y);
        //- f(x || y);
        // 按位操作符:
        x = (byte)~y;
        x = (byte)(x & y);
        x = (byte)(x | y);
        x = (byte)(x ^ y);
        x = (byte)(x << 1);
        x = (byte)(x >> 1);
        x = (byte)(x >>> 1);
        // 复合赋值:
        x += y;
        x -= y;
        x *= y;
        x /= y;
        x %= y;
        x <<= 1;
        x >>= 1;
        x >>>= 1;
        x &= y;
        x ^= y;
        x |= y;
        // 类型转换:
        //- boolean bl = (boolean)x;
        char c = (char)x;
        short s = (short)x;
        int i = (int)x;
        long l = (long)x;
        float f = (float)x;
        double d = (double)x;
    }
    void shortTest(short x, short y) {
        // 算术操作符:
        x = (short)(x * y);
        x = (short)(x / y);
        x = (short)(x % y);
        x = (short)(x + y);
        x = (short)(x - y);
        x++;
        x--;
        x = (short) + y;
        x = (short) - y;
```

（转右栏）

```
        // 关系操作符与逻辑操作符:
        f(x > y);
        f(x >= y);
        f(x < y);
        f(x <= y);
        f(x == y);
        f(x != y);
        //- f(!x);
        //- f(x && y);
        //- f(x || y);
        // 按位操作符:
        x = (short) ~ y;
        x = (short)(x & y);
        x = (short)(x | y);
        x = (short)(x ^ y);
        x = (short)(x << 1);
        x = (short)(x >> 1);
        x = (short)(x >>> 1);
        // 复合赋值:
        x += y;
        x -= y;
        x *= y;
        x /= y;
        x %= y;
        x <<= 1;
        x >>= 1;
        x >>>= 1;
        x &= y;
        x ^= y;
        x |= y;
        // 类型转换:
        //- boolean bl = (boolean)x;
        char c = (char)x;
        byte b = (byte)x;
        int i = (int)x;
        long l = (long)x;
        float f = (float)x;
        double d = (double)x;
    }
    void intTest(int x, int y) {
        // 算术操作符:
        x = x * y;
        x = x / y;
        x = x % y;
        x = x + y;
        x = x - y;
        x++;
        x--;
        x = +y;
        x = -y;
        // 关系操作符与逻辑操作符:
        f(x > y);
```

（下转第79页）

（上接第78页）

```
        f(x >= y);
        f(x < y);
        f(x <= y);
        f(x == y);
        f(x != y);
        //- f(!x);
        //- f(x && y);
        //- f(x || y);
        // 按位操作符:
        x = ~y;
        x = x & y;
        x = x | y;
        x = x ^ y;
        x = x << 1;
        x = x >> 1;
        x = x >>> 1;
        // 复合赋值:
        x += y;
        x -= y;
        x *= y;
        x /= y;
        x %= y;
        x <<= 1;
        x >>= 1;
        x >>>= 1;
        x &= y;
        x ^= y;
        x |= y;
        // 类型转换:
        //- boolean bl = (boolean)x;
        char c = (char)x;
        byte b = (byte)x;
        short s = (short)x;
        long l = (long)x;
        float f = (float)x;
        double d = (double)x;
    }
    void longTest(long x, long y) {
        // 算术操作符:
        x = x * y;
        x = x / y;
        x = x % y;
        x = x + y;
        x = x - y;
        x++;
        x--;
        x = +y;
        x = -y;
        // 关系操作符与逻辑运算符:
        f(x > y);
        f(x >= y);
        f(x < y);
```

（转右栏）

```
        f(x <= y);
        f(x == y);
        f(x != y);
        //- f(!x);
        //- f(x && y);
        //- f(x || y);
        // 按位操作符:
        x = ~y;
        x = x & y;
        x = x | y;
        x = x ^ y;
        x = x << 1;
        x = x >> 1;
        x = x >>> 1;
        // 复合赋值:
        x += y;
        x -= y;
        x *= y;
        x /= y;
        x %= y;
        x <<= 1;
        x >>= 1;
        x >>>= 1;
        x &= y;
        x ^= y;
        x |= y;
        // 类型转换:
        //- boolean bl = (boolean)x;
        char c = (char)x;
        byte b = (byte)x;
        short s = (short)x;
        int i = (int)x;
        float f = (float)x;
        double d = (double)x;
    }
    void floatTest(float x, float y) {
        // 算术操作符:
        x = x * y;
        x = x / y;
        x = x % y;
        x = x + y;
        x = x - y;
        x++;
        x--;
        x = +y;
        x = -y;
        // 关系操作符与逻辑操作符:
        f(x > y);
        f(x >= y);
        f(x < y);
        f(x <= y);
        f(x == y);
```

（下转第80页）

（上接第 79 页）

```
        f(x != y);
        //- f(!x);
        //- f(x && y);
        //- f(x || y);
        // 按位操作符：
        //- x = ~y;
        //- x = x & y;
        //- x = x | y;
        //- x = x ^ y;
        //- x = x << 1;
        //- x = x >> 1;
        //- x = x >>> 1;
        // 复合赋值：
        x += y;
        x -= y;
        x *= y;
        x /= y;
        x %= y;
        //- x <<= 1;
        //- x >>= 1;
        //- x >>>= 1;
        //- x &= y;
        //- x ^= y;
        //- x |= y;
        // 类型转换：
        //- boolean bl = (boolean)x;
        char c = (char)x;
        byte b = (byte)x;
        short s = (short)x;
        int i = (int)x;
        long l = (long)x;
        double d = (double)x;
    }
    void doubleTest(double x, double y) {
        // 算术操作符：
        x = x * y;
        x = x / y;
        x = x % y;
        x = x + y;
        x = x - y;
        x++;
        x--;
```

（转右栏）

```
        x = +y;
        x = -y;
        // 关系操作符与逻辑操作符：
        f(x > y);
        f(x >= y);
        f(x < y);
        f(x <= y);
        f(x == y);
        f(x != y);
        //- f(!x);
        //- f(x && y);
        //- f(x || y);
        // 按位操作符：
        //- x = ~y;
        //- x = x & y;
        //- x = x | y;
        //- x = x ^ y;
        //- x = x << 1;
        //- x = x >> 1;
        //- x = x >>> 1;
        // 复合赋值：
        x += y;
        x -= y;
        x *= y;
        x /= y;
        x %= y;
        //- x <<= 1;
        //- x >>= 1;
        //- x >>>= 1;
        //- x &= y;
        //- x ^= y;
        //- x |= y;
        // 类型转换：
        //- boolean bl = (boolean)x;
        char c = (char)x;
        byte b = (byte)x;
        short s = (short)x;
        int i = (int)x;
        long l = (long)x;
        float f = (float)x;
    }
}
```

注意 boolean 类型是有限制的。我们只能赋予它 true 和 false 值，并测试它是真还是假，但不能将 boolean 值相加，或对 boolean 值执行其他任何运算。

在 char、byte 和 short 中，你可以看到算术操作符对数据类型的提升效果。对这些类型进行任何算术运算，都会获得一个 int 结果，如果想把这个结果赋给原来的类型，则必须显式地进行类型转换（窄化转型可能会造成信息丢失）。对于 int 值则不需要进行类型转化，因为所有数据都已经是 int 类型的了。但不要误以为一切都是安全的，如果对两个足够大的 int 数值执行乘法运算，结果可能会溢出。下面这个示例展示了这一点：

```java
// operators/Overflow.java
// 惊讶吧! Java 允许溢出

public class Overflow {
  public static void main(String[] args) {
    int big = Integer.MAX_VALUE;
    System.out.println("big = " + big);
    int bigger = big * 4;
    System.out.println("bigger = " + bigger);
  }
}
```

```
/* 输出:
big = 2147483647
bigger = -4
*/
```

这里编译器不会有错误提示或警告信息，运行时也不会出现异常。

对于 char、byte 或者 short，复合赋值并不需要类型转换。尽管它们都会做类型提升，并获得与直接算术运算相同的结果。而省略类型转换肯定使代码更简洁了。

除 boolean 类型以外，任何基本类型都可以转换为其他基本类型。再次提醒，当某种类型转换成一种较小的类型时，你必须了解窄化转型的效果，否则可能会在类型转换过程中不知不觉地丢失了信息。

4.17　总结

如果你有任何类似 C 风格的编程语言经验，会发现 Java 的操作符与它们十分类似，对你来说没有任何学习难度。

控制流

> 程序控制自己的世界，并做出选择。在 Java 中，我们通
> 过执行控制语句来做出选择。

Java 继承了 C 语言的所有执行控制语句，如果你以前用
过 C 或 C++，这里的内容应该非常熟悉。大多数过程式编程
语言有某些形式的控制语句，它们之间经常存在交集。Java
控制流相关的关键字包括 if-else、while、do-while、for、
return、break 以及选择语句 switch。不过 Java 并不支持备
受诟病的 goto 语句（尽管它仍然是解决某些特定问题的最简
便办法）。在 Java 中，你仍然可以使用类似 goto 那样的跳转，
但是比其他语言里的 goto 多了很多限制。

5.1 true 和 false

所有的条件语句都利用条件表达式的真假来决定执行路
径。例如，a==b 就是一个条件表达式。它用条件操作符 == 来
判断 a 是否等于 b。该表达式返回 true 或 false。如果你要打
印条件表达式的执行结果，展示的将是代表布尔值的字符串

"true" 或 "false"：

```
public class TrueFalse {
  public static void main(String[] args) {
    System.out.println(1 == 1);
    System.out.println(1 == 2);
  }
}
```

```
/* 输出:
true
false
*/
```

上一章中介绍的所有关系操作符都可以用来构造条件语句。注意 Java 不允许将数字当作布尔值使用，虽然这在 C 和 C++ 里是允许的（在这两种语言里，"真"是非零值，"假"是零值）。如果想在布尔测试中使用一个非布尔值，比如语句 if(a)，那你必须先用条件表达式将其转换成布尔值，就像 if(a!=0) 这样。

5.2　if-else

if-else 语句是最基本的控制程序流程的方式。其中 else 是可选的，所以 if-else 语句有如下两种使用方式：

```
if(Boolean-expression)
    statement
```

或

```
if(Boolean-expression)
    statement
else
    statement
```

布尔表达式必须生成一个布尔结果，上面的 statement 指的是用分号结尾的简单语句，或复合语句——用花括号包围起来的一组简单语句。只要提及 statement 这个词，指的就是简单语句或复合语句。

下面这个 test() 方法就是 if-else 的一个例子。它用来识别你猜测的数是大于、小于还是等于目标数：

```
// control/IfElse.java
public class IfElse {
  static int result = 0;
  static void test(int testval, int target) {
    if(testval > target)
      result = +1;
    else if(testval < target)          // [1]
      result = -1;
```

```
    else
      result = 0; // Match
  }
  public static void main(String[] args) {
    test(10, 5);
    System.out.println(result);
    test(5, 10);
    System.out.println(result);
    test(5, 5);
    System.out.println(result);
  }
}
```

```
/* 输出:
1
-1
0
*/
```

[1] else if 并非新的关键字，只不过是一个 else 后面紧跟一个新的 if 语句。

尽管 Java 与它之前的 C 和 C++ 一样，都是"格式自由"的语言，但通常还是将语句的主体部分进行缩进，这样能方便读者识别控制流语句的开始与结束。

5.3 迭代语句

while、do-while 和 for 用来控制循环，它们也叫作**迭代语句**（iteration statement）。迭代语句会重复执行，直到起控制作用的**布尔表达式**结果变为 false。while 循环的格式如下：

```
while(Boolean-expression)
    statement
```

在循环刚开始时会计算一次布尔表达式的值，而在下一次迭代之前会再计算一次。

下面的例子会一直生成随机数，直到满足特定条件为止：

```
// control/WhileTest.java
// 演示 while 循环
public class WhileTest {
  static boolean condition() {
    boolean result = Math.random() < 0.99;
    System.out.print(result + ", ");
    return result;
  }
  public static void main(String[] args) {
    while(condition())
      System.out.println("Inside 'while'");
    System.out.println("Exited 'while'");
  }
}
```

```
/* 输出（最开始和最后的 5 行）：
true, Inside 'while'
true, Inside 'while'
true, Inside 'while'
true, Inside 'while'
true, Inside 'while'
..._____..._____..._____..._____...
true, Inside 'while'
true, Inside 'while'
true, Inside 'while'
true, Inside 'while'
false, Exited 'while'
*/
```

condition() 方法使用了 Math 库里的静态方法 random()。该方法会生成一个范围为 0~1（包括 0，但不包括 1）的 double 值。返回的结果是一个布尔值，通过比较操作符 < 产生。while 条件表达式的意思是"重复执行循环里的主体语句，直到 condition() 方法返回 false"。

5.3.1　do-while

do-while 语句的格式如下：

```
do
  statement
while(Boolean-expression);
```

while 和 do-while 的唯一的区别是 do-while 中的语句至少会执行一次，即便表达式的第一次计算结果就是 false。而在 while 中，如果条件表达式第一次得出的值就是 false，则它的语句根本不会执行。在日常使用中，while 要比 do-while 更常用一些。

5.3.2　for

for 循环可能是最常用的迭代形式，这种循环在第一次迭代前会先进行初始化，然后再进行条件测试。在每次迭代结束后，还会有某些形式的"步进"。for 循环的格式如下：

```
for(initialization; Boolean-expression; step)
  statement
```

上面的初始化表达式（initialization）、布尔表达式（Boolean-expression）和步进（step）都可以为空。每次迭代前会测试布尔表达式。只要结果是 false，就不再循环，而是执行跟在 for 循环后面的语句。每次循环结束，都会执行一次步进。

for 循环常用于执行"计数"任务：

```java
// control/ListCharacters.java
// 展示所有的小写 ASCII 字母
public class ListCharacters {
  public static void main(String[] args) {
    for(char c = 0; c < 128; c++)
      if(Character.isLowerCase(c))
        System.out.println("value: " + (int)c +
          " character: " + c);
  }
}
```

```
/* 输出（前 10 行）：
value: 97 character: a
value: 98 character: b
value: 99 character: c
value: 100 character: d
value: 101 character: e
value: 102 character: f
value: 103 character: g
value: 104 character: h
value: 105 character: i
value: 106 character: j
                     ...
*/
```

注意变量 c 是在使用时被定义的，它发生在 for 循环的控制表达式里，而不是在 main() 方法开始的地方。c 的作用域就是 for 循环控制的语句范围内。

像 C 这种传统的过程式语言要求所有变量都在程序开始的地方定义。当编译器创建它们的时候，会为这些变量分配空间。而在 Java 和 C++ 中，你可以把变量声明分散在整个程序里，在真正需要的时候才定义。这样的编程风格更自然，也更易于理解。[①]

上面的程序使用了 java.lang.Character 包装器类，它不仅可以把 char 基本类型的值包装进对象，还提供了其他一些有用的工具。这里用到的静态方法 isLowerCase() 可以检测出相关字符是否为小写字母。

5.3.3　逗号操作符

逗号**操作符**不是**逗号分隔符**，逗号分隔符用来分隔定义和方法参数，而 Java 里唯一用到逗号操作符的地方就是 for 循环的控制表达式。在控制表达式的初始化和步进部分，都可以使用一系列由逗号分隔的语句，而这些语句会按先后顺序执行。

通过使用逗号操作符，你可以在 for 语句里定义多个变量，但它们必须是相同的类型。

```java
// control/CommaOperator.java
public class CommaOperator {
  public static void main(String[] args) {
    for(int i = 1, j = i + 10; i < 5; i++, j = i * 2) {
```

---

① 在早期的语言中，设计者所做的大量决定是为了让编译器开发者的工作更轻松。而在现代语言中，大多数设计决策是为了让编程语言的使用者工作更轻松，尽管有时会有妥协——这一般最终会成为语言设计者的遗憾。

```
      System.out.println("i = " + i + " j = " + j);
    }
  }
}
```

```
/* 输出:
i = 1 j = 11
i = 2 j = 4
i = 3 j = 6
i = 4 j = 8
*/
```

以上 for 语句里的 int 参数定义包括 i 和 j, 在初始化部分可以定义**同一个类型**的任意数量的变量。在控制表达式里定义多个变量的能力只限于 for 循环, 在其他任何选择或迭代语句中都不能使用这种方式。

在初始化和步进部分, 语句都是按先后顺序执行的。

5.4 for-in 语法

Java 5 引入了一种更加简洁的 for 语法, 可以用于数组和容器 (这部分内容会在第 12 章和第 21 章中进一步讲解)。这种语法有时候叫作 "增强的 for" (enhanced for)。大部分文档中直接将其称为 foreach 语法, 但 Java 8 里又增加了一个我们经常使用的 forEach() 方法。这样的术语使用起来容易混淆, 因此我找了点儿依据, 就直接称这种语法为 for-in (比如在 Python 中, 实际上的语法就是 for x in sequence, 所以这样的称呼是有合理的先例的)。请记住, 你可能会在不同的地方看到它的不同叫法。

for-in 语句会自动为你生成每一项元素, 这样你就不需要创建 int 变量来对这个元素构成的序列进行计数。假设有一个 float 数组, 你想要选取该数组中的每一个元素:

```
// control/ForInFloat.java
import java.util.*;
public class ForInFloat {
  public static void main(String[] args) {
    Random rand = new Random(47);
    float[] f = new float[10];
    for(int i = 0; i < 10; i++)
      f[i] = rand.nextFloat();
    for(float x : f)
      System.out.println(x);
  }
}
```

```
/* 输出:
0.72711575
0.39982635
0.5309454
0.0534122
0.16020656
0.57799757
0.18847865
0.4170137
0.51660204
0.73734957
*/
```

这个数组是用旧式的 for 循环来填充的, 因为在填充时必须按索引访问。下面这行代码中使用的就是 for-in 语法：

```
for(float x : f) {
```

这条语句定义了一个 float 类型的变量 x，然后会将数组 f 里的每一个元素按顺序赋给 x。

任何返回了数组的方法都可以使用 for-in。例如，String 类有一个 toCharArray() 方法，它返回了一个 char 数组，因此你可以很容易地迭代字符串里的所有字符：

```
// control/ForInString.java
public class ForInString {
  public static void main(String[] args) {
    for(char c : "An African Swallow".toCharArray())
      System.out.print(c + " ");
  }
}
/* 输出：
A n   A f r i c a n   S w a l l o w
*/
```

在第 12 章中你会看到，for-in 还可以用于任何 Iterable 对象。

许多 for 语句会在一个整数值序列中步进，就像下面这样：

```
for(int i = 0; i < 100; i++)
```

对于这些语句，for-in 语法不起作用，因为你需要先创建一个 int 数组。为了简化这些任务，我在 onJava.Range 包里创建了一个 range() 方法，它会自动生成合适的数组。

第 7 章会介绍静态引入（static import），不过现在你就可以直接使用这个库，而不需要了解具体的细节。你可以在 import 这一行看到 static import 语法：

```
// control/ForInInt.java
import static onjava.Range.*;
public class ForInInt {
  public static void main(String[] args) {
    for(int i : range(10)) // 0~9
      System.out.print(i + " ");
    System.out.println();
    for(int i : range(5, 10)) // 5~9
      System.out.print(i + " ");
    System.out.println();
    for(int i : range(5, 20, 3)) // 5~20, 步进 3
      System.out.print(i + " ");
    System.out.println();
    for(int i : range(20, 5, -3)) // 倒计时
/* 输出：
0 1 2 3 4 5 6 7 8 9
5 6 7 8 9
5 8 11 14 17
20 17 14 11 8
*/
```

```
      System.out.print(i + " ");
    System.out.println();
  }
}
```

range() 方法已经被重载（overloaded），重载表示方法名相同但具有不同的参数列表（你很快就会学到重载）。range() 方法的第一种重载形式是从 0 开始产生值，直到范围的上限，但不包括这个上限。第二种形式是从第一个参数值开始产生值，直到比第二个参数值小为止。第三种形式有一个步进值，它每次增加的步幅为该值。在第四种形式中可以倒计时。range() 其实就是一个简化版的**生成器**，本书稍后会介绍它。

range() 方法让我们可以在更多的地方使用 for-in 语法，因此可以说提高了可读性。

注意 System.out.print() 不会生成换行，你可以在一行里输出相关内容。

for-in 语法不仅方便代码的编写，更重要的是让代码更容易阅读，它表明了你打算做什么（获取数组中的每一个元素），而不是给出如何做的实现细节（"我创建了一个索引，用来选取数组里的每个元素"）。本书更提倡使用 for-in 语法。

5.5 return

Java 中有多个关键字表示无条件分支，即这个分支无须任何测试即可执行。这些关键字包括 return、break、continue，还有一种跳转到标签语句（labeled statement）的方式，它与其他语言中的 goto 类似。

return 关键字有两种用途：它可以指定一个方法的返回值（如果不存在就返回 void），还会导致当前的方法退出，并且返回这个值。我们可以通过改写 IfElse.java 里的 test() 方法来利用这些优点：

```java
// control/TestWithReturn.java
public class TestWithReturn {
  static int test(int testval, int target) {
    if(testval > target)
      return +1;
    if(testval < target)
      return -1;
    return 0; // 相等
  }
  public static void main(String[] args) {
    System.out.println(test(10, 5));
    System.out.println(test(5, 10));
    System.out.println(test(5, 5));
```

```
/* 输出:
1
-1
0
*/
```

```
  }
}
```

这里不需要加上 else，因为这个方法在执行了 return 后就不会继续了。

如果在一个返回了 void 的方法中没有 return 语句，那么该方法的结尾处会有一个隐含的 return，所以方法里并不一定会有一个 return 语句。但是如果你的方法声明了它将返回一个非 void 的值，那就必须确保每一条代码路径都会返回一个值。

5.6 break 和 continue

在任何迭代语句的主体部分，都可以使用 break 和 continue 来控制循环流程。break 会直接退出循环，不再执行循环里的剩余语句。continue 则会停止执行当前的迭代，然后退回循环开始位置执行下一次迭代。

下面是一个在 for 和 while 循环中使用 break 和 continue 的例子：

```java
// control/BreakAndContinue.java
// break 和 continue 关键字
import static onjava.Range.*;
public class BreakAndContinue {
  public static void main(String[] args) {
    for(int i = 0; i < 100; i++) {        // [1]
      if(i == 74) break; // 跳出 for 循环
      if(i % 9 != 0) continue; // 下次迭代
      System.out.print(i + " ");
    }
    System.out.println();
    // 使用 for-in:
    for(int i : range(100)) {             // [2]
      if(i == 74) break; // 跳出 for 循环
      if(i % 9 != 0) continue; // 下次迭代
      System.out.print(i + " ");
    }
    System.out.println();
    int i = 0;
    // 一个 "无限循环":
    while(true) {                         // [3]
      i++;
      int j = i * 27;
      if(j == 1269) break; // 跳出循环
      if(i % 10 != 0) continue; // 调到循环顶部
      System.out.print(i + " ");
    }
  }
}
/* 输出:
0 9 18 27 36 45 54 63 72
0 9 18 27 36 45 54 63 72
10 20 30 40
*/
```

[1] i 的值永远不会达到 100，这是因为一旦 i 等于 74，break 语句就会中断循环。通常只有在不知道中断条件何时发生时，才会这样使用 break。只要 i 不能被 9 整除，continue 语句就会返回到循环的开头再继续执行（因此这会让 i 值增加）。如果能够整除，值就被打印出来。

[2] for-in 语句产生了相同的结果。

[3] 这个"无限"的 while 循环会一直执行，因为它的条件表达式结果总是 true，不过 break 语句会中止循环。注意代码里的 continue 语句只是把执行流程移到了循环的开头，而没有执行 continue 之后的任何内容，因此 i 值只有被 10 整除时才会打印。输出结果中之所以显示 0，是因为 0%9 等于 0。

无限循环的另一种形式是 for(;;)。编译器同等对待 while(true) 和 for(;;)，所以具体选用哪个取决于你的编程习惯。

5.7　臭名昭著的 goto

编程语言从一开始就有 goto 关键字。甚至可以说，goto 是汇编语言里程序控制的起源："若条件 A 成立，则跳到这里；否则跳到那里"。如果阅读编译器最终生成的汇编代码，你就会发现程序控制流中包含了许多跳转。（Java 编译器会生成自己的"汇编代码"，但这个代码运行在 Java 虚拟机上，而不是直接运行在 CPU 硬件上。）

goto 是在源码级别上进行的跳转，这给它带来了坏名声。如果一个程序总是从一个地方跳到另一个地方，难道不应该有其他更好的方式来重组代码，让它的控制流不这么不可控吗？随着 Edsger Dijkstra 的著名论文 "Go To Statement Considered Harmful" 的发表，goto 开始失宠了。自那以后，抨击 goto 变成了时尚，提倡废弃这个关键字的人则急着找证据。

正如很多相似情况下的典型做法，遵守中庸之道是最富有成效的。真正的问题并不在于 goto 本身，而在于滥用 goto。在极少数场景下，goto 实际上是组织控制流最好的方式。

尽管 goto 是 Java 中的一个保留字，但 Java 中并没有使用它——Java 没有 goto。不过 Java 也有一些类似于跳转的操作，这些操作与 break 和 continue 关键字有关。它们不是跳转，而只是中断循环的一种方式。之所以和 goto 一起讨论，是因为它们使用了相同的机制：标签。

标签是以冒号结尾的标识符：

```
label1:
```

在 Java 中，放置标签的唯一地方是正好在迭代语句之前。"正好"的意思就是，不要在标签和迭代之间插入任何语句。在迭代之前使用标签的唯一原因是，你要在这个迭代里再嵌套一个迭代或一个 switch（很快就会学到它）。这是因为 break 和 continue 通常只会中断当前循环，但和标签一起用时，它们可以中断这个嵌套的循环，直接跳转到标签所在的位置：

```
label1:
outer-iteration {
  inner-iteration {
    // ...
    break;          // [1]
    // ...
    continue;       // [2]
    // ...
    continue label1; // [3]
    // ...
    break label1;    // [4]
  }
}
```

[1] 这里的 break 中断内部迭代，回到外部迭代。

[2] 这里的 continue 中断当前执行，回到内部迭代的开始位置。

[3] 这里的 continue label1 会同时中断内部迭代**以及**外部迭代，直接跳到 label1 处，然后它实际上会重新进入外部迭代开始继续执行。

[4] 这里的 break label1 也会中断所有迭代，跳回到 label1 处，不过它并不会重新进入外部迭代。它实际是完全跳出了两个迭代。

带标签的 break 和带标签的 continue 也可以用于 for 循环：

```
// control/LabeledFor.java
// for 循环里带标签的 break 和带标签的 continue
public class LabeledFor {
  public static void main(String[] args) {
    int i = 0;
    outer: // 此处不能有语句
    for(; true ;) { // 无限循环
      inner: // 此处不能有语句
      for(; i < 10; i++) {
        System.out.println("i = " + i);
        if(i == 2) {
          System.out.println("continue");
          continue;
        }
```

```
        if(i == 3) {
          System.out.println("break");
          i++; // 否则 i 不会递增
          break;
        }
        if(i == 7) {
          System.out.println("continue outer");
          i++; // 否则 i 不会递增
          continue outer;
        }
        if(i == 8) {
          System.out.println("break outer");
          break outer;
        }
        for(int k = 0; k < 5; k++) {
          if(k == 3) {
            System.out.println("continue inner");
            continue inner;
          }
        }
      }
    }
    // 此处不能有标签
  }
}
```

```
/* 输出:
i = 0
continue inner
i = 1
continue inner
i = 2
continue
i = 3
break
i = 4
continue inner
i = 5
continue inner
i = 6
continue inner
i = 7
continue outer
i = 8
break outer
*/
```

注意 break 中断了 for 循环，而 for 循环在执行到末尾之前，它的递增表达式不会执行。因为 break 导致递增表达式被跳过，所以我们在 i == 3 的分支下直接执行递增运算。i == 7 的分支也是这样，continue outer 语句会跳到外部循环顶部，并且跳过内部循环的递增表达式执行，因此我们在这里也进行了直接递增。

如果没有 break outer 语句，我们就没有办法从内部循环直接跳出外部循环。这是因为 break 本身只能中断最内层的循环（continue 也是一样）。

如果要在中断循环的同时退出方法，直接用 return 就可以了。

下面这个例子展示了 while 循环里的带标签的 break 和带标签的 continue：

```java
// control/LabeledWhile.java
// while 循环里带标签的 break 和带标签的 continue
public class LabeledWhile {
  public static void main(String[] args) {
    int i = 0;
    outer:
    while(true) {
      System.out.println("Outer while loop");
      while(true) {
        i++;
```

```
            System.out.println("i = " + i);
            if(i == 1) {
              System.out.println("continue");
              continue;
            }
            if(i == 3) {
              System.out.println("continue outer");
              continue outer;
            }
            if(i == 5) {
              System.out.println("break");
              break;
            }
            if(i == 7) {
              System.out.println("break outer");
              break outer;
            }
          }
        }
      }
    }
```

```
/* 输出:
Outer while loop
i = 1
continue
i = 2
i = 3
continue outer
Outer while loop
i = 4
i = 5
break
Outer while loop
i = 6
i = 7
break outer
*/
```

同样的规则也适用于 while。

1. 普通的 continue 会跳到最内层循环的起始处，并继续执行。

2. 带标签的 continue 会跳到对应标签的位置，并重新进入这个标签后面的循环。

3. 普通的 break 会"跳出循环的底部"，也就是跳出当前循环。

4. 带标签的 break 会跳出标签所指的循环。

一定要记住，在 Java 里使用标签的**唯一**理由就是你用到了嵌套循环，而且你需要使用 break 或 continue 来跳出多层的嵌套。

带标签的 break 和 continue 是较少使用的试验性功能，在此前的编程语言中几乎没有先例。

Dijkstra 在他的论文 "Go To Statement Considered Harmful" 中，特别反对使用的是标签，而非 goto。他观察到，在一个程序里随着标签的增多，错误的数量也跟着上升 [1]，并且标签和 goto 也使得程序难以分析。注意 Java 的标签不会有这些问题，因为它被限定了应用场景，不能通过点对点跳转的方式改变程序的控制流程。通过限制一个语言特性的使用，我们反而使其更加有用。

---

[1] 请注意，这似乎是一个很难证明的断言，并且很可能是属于"相关–因果关系"认知谬误的一个例子。

5.8 switch

switch 有时也叫作选择语句。根据整数表达式的值，switch 语句从多个代码片段中选择一个去执行。通常它的格式如下：

```
switch(integral-selector) {
  case integral-value1 : statement; break;
  case integral-value2 : statement; break;
  case integral-value3 : statement; break;
  case integral-value4 : statement; break;
  case integral-value5 : statement; break;
  // ...
  default: statement;
}
```

其中，**整数选择器**（integral-selector）是一个能生成整数值的表达式，switch 将这个表达式的结果与每个**整数值**（integral-value）相比较。如果发现相等，就执行**对应的语句**（单条语句或多条语句，不要求使用花括号包围）。若没有发现相等，就执行**默认**（default）**语句**。

注意上面的定义里每个 case 都用一个 break 结尾，它会让执行流程跳到 switch 主体的末尾。示例展示的是创建 switch 语句的常规方式，但 break 是可选的。如果省略，后面的 case 语句也会被执行，直到遇到一个 break。尽管你通常不会想要这种行为，但对有经验的程序员来说这可能会有用处。注意最后的 default 语句里没有 break，这是因为 default 语句执行完的地方，本来就是 break 跳转的目的地。如果觉得对编程风格而言这很重要，你可以在 default 语句的末尾放置一个 break，这不会有任何影响。

switch 语句是一种实现多路选择（即从多个不同执行路径中挑选）的干净简洁的方式。但在 Java 7 之前，它的选择器执行结果必须是整数值，比如 int 或 char。对非整数类型（在 Java 7 及之后的版本中，字符串也可以用作选择器），你只能使用一系列的 if 语句。在下一章的末尾，你会了解到 enum 能帮忙缓解这种限制，因为 enum 可以轻松地和 switch 结合使用。

下面这个例子会随机生成英文字母，并判断它们是元音还是辅音：

```
// control/VowelsAndConsonants.java
// 展示 switch 语句
import java.util.*;
public class VowelsAndConsonants {
  public static void main(String[] args) {
    Random rand = new Random(47);
```

```
    for(int i = 0; i < 100; i++) {          /* 输出（前 13 行）：
      int c = rand.nextInt(26) + 'a';       y, 121: Sometimes vowel
      System.out.print((char)c + ", " + c + ": ");  n, 110: consonant
      switch(c) {                           z, 122: consonant
        case 'a':                           b, 98: consonant
        case 'e':                           r, 114: consonant
        case 'i':                           n, 110: consonant
        case 'o':                           y, 121: Sometimes vowel
        case 'u': System.out.println("vowel");  g, 103: consonant
                  break;                     c, 99: consonant
        case 'y':                           f, 102: consonant
        case 'w': System.out.println("Sometimes vowel");  o, 111: vowel
                  break;                     w, 119: Sometimes vowel
        default:  System.out.println("consonant");  z, 122: consonant
      }                                                        ...
    }                                       */
}
```

Random.nextInt(26) 会产生一个 0~25 范围内的值，所以你只需要加上一个偏移量 a，就能生成小写字母。在 case 语句中，使用单引号包围的字符也能生成用于比较的整数值。

注意这些 case 语句是怎么"堆叠"在一起，从而为一段特定代码形成多重匹配的。将 break 语句置于这段特殊代码的末尾十分重要，否则控制流程就会直接下移，继续执行后面的 case 语句。

在以下语句中：

```
int c = rand.nextInt(26) + 'a';
```

Random.nextInt() 产生了一个 0~25 范围内的随机 int 值，然后和 a 的值相加。这表示 a 会自动转换为 int，以执行加法操作。

如果想把 c 当作字符来打印，则必须将它转型为 char，否则将输出整数值。

5.9 字符串作为选择器

Java 7 的 switch 选择器不但可以使用整数值，还添加了使用字符串的能力。以下示例显示了在一组候选的 String 类型中做出选择的旧方式，以及使用 switch 的新方式：

```
// control/StringSwitch.java
public class StringSwitch {
  public static void main(String[] args) {
    String color = "red";
    // 旧方式：使用 if-then
```

```java
    if("red".equals(color)) {
      System.out.println("RED");
    } else if("green".equals(color)) {
      System.out.println("GREEN");
    } else if("blue".equals(color)) {
      System.out.println("BLUE");
    } else if("yellow".equals(color)) {
      System.out.println("YELLOW");
    } else {
      System.out.println("Unknown");
    }
    // 新方式：在 switch 中使用字符串
    switch(color) {
      case "red":
        System.out.println("RED");
        break;
      case "green":
        System.out.println("GREEN");
        break;
      case "blue":
        System.out.println("BLUE");
        break;
      case "yellow":
        System.out.println("YELLOW");
        break;
      default:
        System.out.println("Unknown");
        break;
    }
  }
}
```

```
/* 输出:
RED
RED
*/
```

一旦你理解了 switch，这个语法就是一个逻辑扩展，可以让你的代码更简洁、更易于理解和维护。

作为第二个使用字符串的 switch 例子，让我们重新回顾一下 Math.random()。它是否产生一个 0~1 范围内的值？其中包不包括值"1"？用数学术语来说，它是 (0,1)、[0,1]、(0,1]还是 [0,1)？（方括号的意思是"包括"，圆括号的意思是"不包括"。）

这里有一个可能会提供答案的测试程序。所有命令行参数都是作为字符串对象传递的，因此我们可以将参数作为 switch 的选择器来决定做什么。这里有个问题：用户可能不提供任何参数，因此如果索引 args 数组，则可能会导致程序失败。为了解决这个问题，先检查数组的长度。如果为零，就使用一个空字符串，否则选择 args 数组里的第一个元素：

```java
// control/RandomBounds.java
// Math.random() 能生成 0.0 和 1.0 吗
// {java RandomBounds lower}
```

```
import onjava.*;
public class RandomBounds {
  public static void main(String[] args) {
    new TimedAbort(3);
    switch(args.length == 0 ? "" : args[0]) {
      case "lower":
        while(Math.random() != 0.0)
          ; // 持续尝试
        System.out.println("Produced 0.0!");
        break;
      case "upper":
        while(Math.random() != 1.0)
          ; // 持续尝试
        System.out.println("Produced 1.0!");
        break;
      default:
        System.out.println("Usage:");
        System.out.println("\tRandomBounds lower");
        System.out.println("\tRandomBounds upper");
        System.exit(1);
    }
  }
}
```

如果要运行程序，输入以下任意一条命令：

```
java RandomBounds lower
```

或者

```
java RandomBounds upper
```

使用 onjava 包中的 TimedAbort 类，程序会在 3 秒后中止，因此看起来 Math.random() 不会生成 0.0 或 1.0。但这正是这种实验可能具有欺骗性的地方。如果你考虑 0~1 范围内双精度浮点数的数量，通过实验生成一个值的可能性会超出一台计算机的使用寿命，甚至是实验者的寿命。其实 0.0 是包含在 Math.random() 的输出中的，而 1.0 没有。用数学术语表示就是 [0,1)。你一定要仔细分析自己的实验并了解它们的局限性。

5.10 总结

本章探索了大多数编程语言具有的基本功能。现在你已经做好了准备，可以开始迈进面向对象和函数式编程的世界了。第 6 章将讨论与对象初始化和清理相关的重要问题，第 7 章则讲解实现隐藏的基本概念。

初始化和清理

> ‘不安全’的编程是导致编程成本高昂的罪魁祸首之一。

初始化（initialization）和**清理**（cleanup）正是导致“不安全”编程的两个因素。许多 C 程序的错误都源于程序员忘记初始化变量。特别是使用依赖库时，用户可能不知道如何初始化库的组件，甚至不知道必须要初始化它们。清理也需要特别关注，因为当你不再使用一个元素时，就不再关注，所以很容易就会忘记它。如此一来，这个元素使用的资源会一直被占用，结果就是资源很容易被耗尽（尤其是内存）。

C++ 引入了**构造器**（constructor）的概念，它是在创建对象时被自动调用的特殊方法。Java 也采用了构造器，并且还提供了一个**垃圾收集器**（garbage collector）。当不再使用内存资源的时候，垃圾收集器会自动将其释放。本章讨论初始化和清理的问题，以及 Java 对它们的支持。

6.1 用构造器保证初始化

想象一下，你为自己编写的每个类都创建了一个 initialize() 方法，方法名暗示了在使用类的对象之前，应该先调用它。这意味着用户必须记得主动调用此方法。在 Java 中，类的设计者可以通过编写构造器来确保每个对象的初始化。如果一个类有构造器，创建对象时 Java 就会自动调用它，此时用户还不能访问这个对象。这样就保证了初始化。

接下来的挑战就是如何命名这个方法。这里有两个问题：第一，这个方法使用的任何名字都有可能与类里某个成员的名字相冲突；第二，编译器负责调用构造器，所以它必须始终知道应该调用哪个方法。C++ 语言采用的方案看起来最简单也最合乎逻辑，所以 Java 也采用了这个方案：构造器的名字就是类的名字。考虑到在初始化期间这个方法要被自动调用，这个方案看起来也就合情合理。

下面是一个带有构造器的简单类：

```java
// housekeeping/SimpleConstructor.java
// 一个简单构造器的演示

class Rock {
  Rock() { // 这个就是构造器
    System.out.print("Rock ");
  }
}
/* 输出:
Rock Rock Rock Rock Rock Rock Rock Rock Rock Rock
*/

public class SimpleConstructor {
  public static void main(String[] args) {
    for(int i = 0; i < 10; i++)
      new Rock();
  }
}
```

当创建对象时：

```java
new Rock();
```

给对象分配存储空间，然后调用这个类的构造器。构造器会保证这个对象在可用前就已经正确地初始化了。

请注意，方法首字母小写的编程风格并不适用于构造器，因为构造器的名字必须与类的名字**完全**匹配。

在 C++ 中，不带参数的构造器叫作**默认构造器**（default constructor）。这个术语在 Java 出现之前就已经使用了很多年，但不知道出于什么原因，Java 设计者决定使用术语无参构造器（no-arg constructor）。我觉得这很别扭，而且也没必要，所以我不愿意使用这个术语，而打算继续使用默认构造器。不过 Java 8 引入了 default 来作为方法定义的关键字，这可能会造成混淆。幸运的是，Java 文档已经开始使用术语**零参数构造器**（zero-argument constructor）[①]。

和任何方法一样，构造器也可以传入参数来指定如何创建对象。前面的示例可以很容易地修改成让构造器接受一个参数：

```java
// housekeeping/SimpleConstructor2.java
// 构造器可以有参数

class Rock2 {
  Rock2(int i) {
    System.out.print("Rock " + i + " ");
  }
}

public class SimpleConstructor2 {
  public static void main(String[] args) {
    for(int i = 0; i < 8; i++)
      new Rock2(i);
  }
}
/* 输出:
Rock 0 Rock 1 Rock 2 Rock 3 Rock 4 Rock 5 Rock 6 Rock 7
*/
```

如果类 Tree 有一个构造器，它接受一个表示树高度的整数参数，你可以像这样创建一个 Tree 对象：

```
Tree t = new Tree(12);  // 12 英尺的树（1 英尺约合 30.48 厘米）
```

如果 Tree(int) 是唯一的构造器，编译器就不会让你以任何其他方式创建 Tree 对象。

构造器消除了初始化相关的很多问题，并使代码更易于阅读。例如，在前面的代码片段中，并没有对 initialize() 方法的显式调用，这种显式调用会在概念上分离初始化与创建。在 Java 中，创建和初始化是统一的概念，两者缺一不可。

构造器是一类特殊的方法，它没有返回类型。这与返回类型为空（void）明显不同。对于空返回类型来说，方法不会返回任何内容，但这个方法的开发者还可以选择把返回类型定义为其他的（比如 Integer 或 String）。而构造器没有返回类型，并且你也别无选择。注意 new 表达式确实返回了新建对象的引用。

---

① 为符合中文术语惯例，后续仍翻译为无参构造器。——译者注

6.2　方法重载

在任何编程语言中，命名都是非常重要的特性。当创建对象时，你就为对应的存储区域取了一个名字。方法是对动作的命名。你通过名字来引用所有的对象、字段和方法。精心挑选的名字会创建一个更容易被人们理解和修改的系统。这很像写散文，最终目的都是与读者沟通。

将人类语言中的细微差别映射到编程语言时常常会出现问题。通常来说，同一个词可以表达几种不同的含义，这就是**重载**（overloaded）。重载很有用，尤其是在涉及细微差别时。比如，我们说"洗衬衫""洗车"和"给狗洗澡"。如果一定要说"用洗衬衫的方法洗衬衫""用洗车的方法洗车"和"用给狗洗澡的方法给狗洗澡"，这样是很愚蠢的，听众不需要对所执行的动作做出任何明确的区分。大多数人类语言具有冗余性，即使遗漏了几个单词，你仍然可以确定其含义。你不需要让每个东西都有唯一标识符，因为可以从上下文语境中推断出它的含义。

大多数编程语言（尤其是 C 语言）要求每个方法都要有一个唯一标识符（在这些语言中通常叫作**函数**）。所以你不能有一个叫作 print() 的函数来打印整数，还有另一个叫作 print() 的函数来打印浮点数——每个函数都需要一个唯一的名字。

在 Java（和 C++）中，必须要有方法名重载的另一个因素是构造器。因为构造器的名字是由类名预先确定的，所以只能有一个构造器名字。但是这样的话，如何用不同的方式创建对象呢？例如，你设计了一个类，它可以通过默认方式来初始化，也可以通过从文件里读取信息来初始化。这时你需要两个构造器，一个是无参构造器，另一个是有一个字符串参数的构造器，这个字符串参数表示一个文件名，用来初始化对象。两者都是构造器，它们必须要有相同的名字——类的名字。因此，如果允许具有不同参数类型的方法有相同的名字，那就必须要有**方法重载**。方法重载对于构造器是必需的，但也可以用于其他任何方法，用法同样简单。

下面这个例子同时展示了重载构造器和重载方法：

```java
// housekeeping/Overloading.java
// 同时有构造器重载和普通方法重载

class Tree {
  int height;
  Tree() {
    System.out.println("Planting a seedling");
    height = 0;
  }
```

```
  Tree(int initialHeight) {
    height = initialHeight;
    System.out.println("Creating new Tree that is " +
      height + " feet tall");
  }
  void info() {
    System.out.println(
      "Tree is " + height + " feet tall");
  }
  void info(String s) {
    System.out.println(
      s + ": Tree is " + height + " feet tall");
  }
}

public class Overloading {
  public static void main(String[] args) {
    for(int i = 0; i < 5; i++) {
      Tree t = new Tree(i);
      t.info();
      t.info("overloaded method");
    }
    // 调用重载构造器:
    new Tree();
  }
}
/* 输出:
Creating new Tree that is 0 feet tall
Tree is 0 feet tall
overloaded method: Tree is 0 feet tall
Creating new Tree that is 1 feet tall
Tree is 1 feet tall
overloaded method: Tree is 1 feet tall
Creating new Tree that is 2 feet tall
Tree is 2 feet tall
overloaded method: Tree is 2 feet tall
Creating new Tree that is 3 feet tall
Tree is 3 feet tall
overloaded method: Tree is 3 feet tall
Creating new Tree that is 4 feet tall
Tree is 4 feet tall
overloaded method: Tree is 4 feet tall
Planting a seedling
*/
```

创建 Tree 对象的时候，既可以不含参数来表示一个没有高度的幼苗，也可以把树的高度作为参数来表示一棵成长中的树木。要实现这一点，需要一个无参构造器，还有一个采用现有高度作为参数的构造器。

你可能还想用多种方式调用 info() 方法。比如，想显示额外信息的话，可以用 info(String) 方法。不想显示任何额外信息的话，就用 info() 方法。如果对明显相同的概念使用不同的名字，那一定会让人感觉很奇怪。而通过方法重载，我们就可以为两者使用相同的名字了。

6.2.1　区分重载的方法

如果不同的方法具有相同的名字，Java 怎样才能知道你指的是哪个方法？有一个简单的规则：每个重载方法必须有独一无二的参数类型列表。

稍加思考就知道这是合理的。对于同名的两个方法，除了它们参数的类型，我们还能如何把它们区分开来？

就算仅仅是参数顺序不同也足以区分两个方法，不过我们通常不会采用这种方式，因为它会产生难以维护的代码：

```java
// housekeeping/OverloadingOrder.java
// 根据参数顺序来重载方法

public class OverloadingOrder {
  static void f(String s, int i) {
    System.out.println("String: " + s + ", int: " + i);
  }
  static void f(int i, String s) {
    System.out.println("int: " + i + ", String: " + s);
  }
  public static void main(String[] args) {
    f("String first", 11);
    f(99, "Int first");
  }
}
/* 输出:
String: String first, int: 11
int: 99, String: Int first
*/
```

上面两个 f() 方法虽然具有相同的参数，但顺序不同，这就足以将它们区分开来。

6.2.2 使用基本类型的重载

基本类型可以从较小类型自动提升到较大类型，这个过程与重载相结合后可能会让人迷惑。下面这个示例就展示了将基本类型传递给重载方法时会发生什么：

```java
// housekeeping/PrimitiveOverloading.java
// 基本类型提升与重载

public class PrimitiveOverloading {
  void f1(char x) { System.out.print("f1(char) "); }
  void f1(byte x) { System.out.print("f1(byte) "); }
  void f1(short x) { System.out.print("f1(short) "); }
  void f1(int x) { System.out.print("f1(int) "); }
  void f1(long x) { System.out.print("f1(long) "); }
  void f1(float x) { System.out.print("f1(float) "); }
  void f1(double x) { System.out.print("f1(double) "); }

  void f2(byte x) { System.out.print("f2(byte) "); }
  void f2(short x) { System.out.print("f2(short) "); }
  void f2(int x) { System.out.print("f2(int) "); }
  void f2(long x) { System.out.print("f2(long) "); }
  void f2(float x) { System.out.print("f2(float) "); }
  void f2(double x) { System.out.print("f2(double) "); }
```

```
void f3(short x) { System.out.print("f3(short) "); }
void f3(int x) { System.out.print("f3(int) "); }
void f3(long x) { System.out.print("f3(long) "); }
void f3(float x) { System.out.print("f3(float) "); }
void f3(double x) { System.out.print("f3(double) "); }

void f4(int x) { System.out.print("f4(int) "); }
void f4(long x) { System.out.print("f4(long) "); }
void f4(float x) { System.out.print("f4(float) "); }
void f4(double x) { System.out.print("f4(double) "); }

void f5(long x) { System.out.print("f5(long) "); }
void f5(float x) { System.out.print("f5(float) "); }
void f5(double x) { System.out.print("f5(double) "); }

void f6(float x) { System.out.print("f6(float) "); }
void f6(double x) { System.out.print("f6(double) "); }

void f7(double x) { System.out.print("f7(double) "); }

void testConstVal() {
  System.out.print("5: ");
  f1(5);f2(5);f3(5);f4(5);f5(5);f6(5);f7(5);
  System.out.println();
}
void testChar() {
  char x = 'x';
  System.out.print("char: ");
  f1(x);f2(x);f3(x);f4(x);f5(x);f6(x);f7(x);
  System.out.println();
}
void testByte() {
  byte x = 0;
  System.out.print("byte: ");
  f1(x);f2(x);f3(x);f4(x);f5(x);f6(x);f7(x);
  System.out.println();
}
void testShort() {
  short x = 0;
  System.out.print("short: ");
  f1(x);f2(x);f3(x);f4(x);f5(x);f6(x);f7(x);
  System.out.println();
}
void testInt() {
  int x = 0;
  System.out.print("int: ");
  f1(x);f2(x);f3(x);f4(x);f5(x);f6(x);f7(x);
  System.out.println();
}
void testLong() {
  long x = 0;
  System.out.print("long: ");
```

```
    f1(x);f2(x);f3(x);f4(x);f5(x);f6(x);f7(x);
    System.out.println();
  }
  void testFloat() {
    float x = 0;
    System.out.print("float: ");
    f1(x);f2(x);f3(x);f4(x);f5(x);f6(x);f7(x);
    System.out.println();
  }
  void testDouble() {
    double x = 0;
    System.out.print("double: ");
    f1(x);f2(x);f3(x);f4(x);f5(x);f6(x);f7(x);
    System.out.println();
  }
  public static void main(String[] args) {
    PrimitiveOverloading p =
      new PrimitiveOverloading();
    p.testConstVal();
    p.testChar();
    p.testByte();
    p.testShort();
    p.testInt();
    p.testLong();
    p.testFloat();
    p.testDouble();
  }
}
```

```
/* 输出:
5: f1(int) f2(int) f3(int) f4(int) f5(long) f6(float) f7(double)
char: f1(char) f2(int) f3(int) f4(int) f5(long) f6(float) f7(double)
byte: f1(byte) f2(byte) f3(short) f4(int) f5(long) f6(float) f7(double)
short: f1(short) f2(short) f3(short) f4(int) f5(long) f6(float) f7(double)
int: f1(int) f2(int) f3(int) f4(int) f5(long) f6(float) f7(double)
long: f1(long) f2(long) f3(long) f4(long) f5(long) f6(float) f7(double)
float: f1(float) f2(float) f3(float) f4(float) f5(float) f6(float) f7(double)
double: f1(double) f2(double) f3(double) f4(double) f5(double) f6(double)
f7(double)
*/
```

常量值 5 是 int 类型的，因此如果有重载方法的参数是 int 类型，它就会被调用。在其他情况下，如果传入数据的类型小于方法中参数的类型，传入数据的类型就会被提升。char 类型略微有些不同：如果它没有找到精确匹配，它会被提升为 int 类型。

如果传入的数据类型比重载方法的参数类型更大，会出现什么情况？下面的例子给出了答案：

```
// housekeeping/Demotion.java
// 基本类型降级

public class Demotion {
  void f1(double x) {
    System.out.println("f1(double)");
  }
  void f2(float x) { System.out.println("f2(float)"); }
  void f3(long x) { System.out.println("f3(long)"); }
  void f4(int x) { System.out.println("f4(int)"); }
  void f5(short x) { System.out.println("f5(short)"); }
  void f6(byte x) { System.out.println("f6(byte)"); }
  void f7(char x) { System.out.println("f7(char)"); }

  void testDouble() {
    double x = 0;
    System.out.println("double argument:");
    f1(x);
    f2((float)x);
    f3((long)x);
    f4((int)x);
    f5((short)x);
    f6((byte)x);
    f7((char)x);
  }
  public static void main(String[] args) {
    Demotion p = new Demotion();
    p.testDouble();
  }
}
```

```
/* 输出:
double argument:
f1(double)
f2(float)
f3(long)
f4(int)
f5(short)
f6(byte)
f7(char)
*/
```

如果传入数据的类型比方法参数的类型更宽，就必须使用窄化转型，否则编译器会报错。

6.2.3　通过返回值区分重载方法

你可能会想："为什么只通过参数列表来区分重载方法？为什么不根据方法的返回值来区分？"比如下面定义的两个方法虽然具有相同的名字和参数，但很容易就能通过返回值区分开来：

```
void f() {}
int f() { return 1; }
```

只有编译器能从上下文中明确地判断出语句的含义，这种方式才是可行的。比如在 int x = f() 中，x 的类型能够告诉编译器，我们想要调用哪个版本的 f()，但还可以调用 f() 并忽略它的返回值。这被称为**调用方法的副作用**，此时我们不关心返回值，而只是想要方法调用的其他效果。因此，如果这样调用方法：

```
f();
```

此时 Java 如何确定应该调用哪个 f()？阅读代码的人又该如何理解它呢？由于存在这些问题，我们不能使用返回值类型来区分重载方法。

6.3　无参构造器

如前所述，无参构造器（又叫"默认构造器"或"零参数构造器"）是没有参数的构造器，用于创建"默认对象"。如果你创建了一个没有构造器的类，编译器会自动为这个类添加一个无参构造器。例如：

```java
// housekeeping/DefaultConstructor.java

class Bird {}

public class DefaultConstructor {
  public static void main(String[] args) {
    Bird b = new Bird(); // 默认!
  }
}
```

语句

```java
new Bird()
```

创建了一个新对象，并调用其无参构造器，尽管你并没有明确定义它。没有无参构造器的话，就没有方法可以用来创建对象。不过如果你已经定义了一个构造器，无论是否有参数，编译器都**不会**再帮你自动创建一个无参构造器了：

```java
// housekeeping/NoSynthesis.java

class Bird2 {
  Bird2(int i) {}
  Bird2(double d) {}
}

public class NoSynthesis {
  public static void main(String[] args) {
    //- Bird2 b = new Bird2(); // 没有无参构造器
    Bird2 b2 = new Bird2(1);
    Bird2 b3 = new Bird2(1.0);
  }
}
```

如果使用语句

```
new Bird2()
```

编译器会提示找不到匹配的构造器。这就好比，如果你没有提供任何构造器，编译器就会认为"你肯定需要**一个**构造器，所以让我给你添加一个吧"；但是如果你已经提供了一个构造器，编译器就会认为"你已经有了一个构造器，所以你知道自己在做什么；如果你没有提供无参构造器，那是因为你不想要它"。

6.4　this 关键字

对于同一类型的两个对象 a 和 b，如何才能让这两个对象分别调用方法 peel()：

```java
// housekeeping/BananaPeel.java

class Banana { void peel(int i) { /* ... */ } }

public class BananaPeel {
  public static void main(String[] args) {
    Banana a = new Banana(),
           b = new Banana();
    a.peel(1);
    b.peel(2);
  }
}
```

如果我们只有一个 peel() 方法，那这个方法如何知道自己是被对象 a 还是对象 b 调用的？

编译器是做了一些幕后工作的，所以你才可以如以上示例那样编写代码。方法 peel() 其实有一个隐藏参数，位于所有显式参数之前，代表着被操作对象的引用。所以，上述两个方法的调用就变成了这样：

```java
Banana.peel(a, 1);
Banana.peel(b, 2);
```

这是内部的表示形式，你不能这样编写代码，并试图通过编译，但它可以让你了解一些内部实际发生的事情。

假设你想在一个方法里获得对当前对象的引用。但该引用是由编译器隐式传入的——它不在参数列表中。不过 Java 提供了一个很方便的关键字：this。this 关键字只能在非静态方法中使用。当你想在方法里调用对象时，直接使用 this 就可以了，因为它表示对

该对象的引用。可以像使用任何其他对象引用一样使用 this。如果从类的一个方法中调用
该类的另一个方法，那就没必要使用 this，直接调用即可。当前方法里的 this 引用会自
动应用于同一类中的其他方法。因此，可以这样写：

```java
// housekeeping/Apricot.java

public class Apricot {
  void pick() { /* ... */ }
  void pit() { pick(); /* ... */ }
}
```

在 pit() 里面，你也**可以**使用 this.pick()，但没有必要。[1] 编译器会自动帮你添加。
当需要明确指出当前对象的引用时，才使用 this 关键字。例如，它经常用在 return 语句中，
来返回对当前对象的引用：

```java
// housekeeping/Leaf.java
// this 关键字的简单使用

public class Leaf {
  int i = 0;
  Leaf increment() {
    i++;
    return this;
  }
  void print() {
    System.out.println("i = " + i);
  }
  public static void main(String[] args) {
    Leaf x = new Leaf();
    x.increment().increment().increment().print();
  }
}
```

```
/* 输出：
i = 3
*/
```

increment() 方法通过 this 关键字返回了当前对象的引用，所以可以很容易地对同一
个对象执行多个操作。

this 关键字还可以将当前对象传递给另一个方法：

```java
// housekeeping/PassingThis.java

class Person {
  public void eat(Apple apple) {
```

---

[1] 有些人会痴迷于把 this 放在每个方法调用和字段引用的前面，认为可以使代码"更清晰、更明确"。不
要这样做。我们使用高级语言是有原因的，它们可以帮助我们处理这些细节。如果在不必要的时候使用
了 this，就会让所有阅读代码的人感到困惑和烦恼，因为他们阅读的其他代码**不会**在每个地方都使用
this。大家都认为 this 应该只出现在必要的地方。遵循一致且直观的编程风格可以节省时间和金钱。

```
      Apple peeled = apple.getPeeled();
      System.out.println("Yummy");
  }
}

class Peeler {
  static Apple peel(Apple apple) {
    // ……削皮
    return apple; // 削皮后的
  }
}

class Apple {
  Apple getPeeled() { return Peeler.peel(this); }
}

public class PassingThis {
  public static void main(String[] args) {
    new Person().eat(new Apple());
  }
}
```

```
/* 输出:
Yummy
*/
```

Apple 需要调用 Peeler.peel() 方法，这是一个外部的工具方法，用来执行出于某种原因必须在 Apple 外部进行的操作（或许是因为这个外部方法可以用于许多不同的类，这样你就不用编写重复的代码了）。要将自身传递给外部方法，Apple 就必须使用 this 关键字。

6.4.1　在构造器中调用构造器

当一个类里有多个构造器时，有时会希望从一个构造器里调用另一个构造器，以避免重复的代码。可以使用 this 关键字进行此类调用。

通常情况下，当提及 this 时，指的是"这个对象"或"当前对象"，并且 this 本身表示对当前对象的引用。在构造器中，如果在 this 后加了参数列表，那么就有了不同的含义，它会显式调用与该参数列表匹配的构造器。以下是一个调用其他构造器的直接方式：

```
// housekeeping/Flower.java
// 使用 this 调用构造器

public class Flower {
  int petalCount = 0;
  String s = "initial value";
  Flower(int petals) {
    petalCount = petals;
    System.out.println(
      "Constructor w/ int arg only, petalCount= "
      + petalCount);
  }
```

```
/* 输出:
Constructor w/ int arg only, petalCount= 47
String & int args
Zero-argument constructor
petalCount = 47 s = hi
*/
```

```
Flower(String ss) {
  System.out.println(
    "Constructor w/ String arg only, s = " + ss);
  s = ss;
}
Flower(String s, int petals) {
  this(petals);
  //- this(s); // 不能同时调用两个构造器
  this.s = s; // this 的另一种用法
  System.out.println("String & int args");
}
Flower() {
  this("hi", 47);
  System.out.println("Zero-argument constructor");
}
void printPetalCount() {
  //- this(11); // 不能用在非构造器里
  System.out.println(
    "petalCount = " + petalCount + " s = "+ s);
}
public static void main(String[] args) {
  Flower x = new Flower();
  x.printPetalCount();
}
}
```

构造器 Flower(String s, int petals) 表明，虽然可以使用 this 调用另一个构造器，但不能同时调用两个。此外，构造器调用必须出现在方法的最开始部分，否则编译器会报错。

这个例子还展示了 this 的另一种用法。参数 s 和成员数据 s 名字相同，所以会产生歧义。这时可以使用 this.s 来表示成员数据。你会经常在 Java 代码里看到这种写法，本书的许多地方也是这样写的。

在 printPetalCount() 方法里无法调用构造器，编译器禁止在非构造器的普通方法里调用构造器。

6.4.2 static 的含义

了解了 this 关键字后，就可以更全面地理解将一个方法设为 static 意味着什么：这种方法没有 this。你不能从静态（static）方法内部调用非静态方法 [①]（反过来倒是可以的）。你可以在没有创建对象的时候，直接通过类本身调用一个静态方法。事实上这

[①] 一种可能的情况是，你将对象的引用传递给静态方法（静态方法也可以创建自己的对象）。然后，可以通过引用（实际上就是 this）来调用非静态方法并访问非静态字段。但在这种场景中你其实只需要创建一个普通的非静态方法即可。

正是静态方法的主要用途。静态方法有点像全局方法。不过 Java 中不允许使用全局方法，一个类里的静态方法可以访问其他静态方法和静态字段。

有些人认为静态方法不符合面向对象的思想，因为它们确实具有全局方法的语义。使用静态方法时，你不会向对象发送消息，因为没有 this。这个批评很合理，如果发现自己**经常**使用静态方法，你就应该重新考虑一下自己的设计了。然而，static 有它的实用之处，有时你真的需要它，所以关于它是否是"正确的 OOP"就留给理论家们来争辩吧。

6.5 清理：终结和垃圾收集

程序员都知道初始化的重要性，但常常会忘记清理也同样重要。毕竟，谁要清理一个 int 呢？但用完一个对象后就弃之不顾，这样做可能并不安全。Java 确实有垃圾收集器来回收不再使用的对象内存。但也有特殊场景：假设你的对象在不使用 new 的情况下分配了一块"特殊"内存。垃圾收集器只知道如何释放由 new 分配的内存，所以它不知道如何释放对象的这块"特殊"内存。为了处理这种情况，Java 允许你在类中定义一个名为 finalize() 的方法。

我们希望的工作原理是这样的：当垃圾收集器准备释放对象占用的资源时，它首先调用 finalize() 方法，并且只在下一次垃圾收集时才会回收这个对象的内存。因此如果使用了 finalize()，它能让你在垃圾收集时执行一些重要的清理工作。

finalize() 是一个潜在的编程陷阱，因为一些程序员，特别是 C++ 程序员，刚开始可能会将它误认为 C++ 中的**析构函数**，这个函数在对象被销毁时总是会被调用。在这里区分 C++ 和 Java 很重要，因为在 C++ 中，（在没有缺陷的程序中）**对象一定要被销毁**。而在 Java 中，对象并不总是被垃圾收集。或者换句话说：

- 你的对象可能不会被垃圾收集；
- 垃圾收集不是析构。

在你回收某个对象之前，如果要执行一些操作，那你必须自己去执行。Java 没有析构函数或类似的概念，因此你必须创建一个普通方法来执行这个清理。例如，假设在创建对象的过程中，它会在屏幕上绘制自己。如果没有明确地从屏幕上擦除它的图像，它可能永远不会被清理。如果在 finalize() 中加入了某种擦除功能，那么当对象被垃圾收集并调用 finalize() 时（并不能保证一定会发生），图像将先从屏幕上被擦除。但如果这并没有发生，图像就会保留。

你也许会发现对象的存储空间一直没有被释放，这是因为你的程序在运行过程中，从来没有达到耗尽存储空间的程度。如果程序执行结束，并且垃圾收集器一直没有释放任何对象的存储空间，那么在程序退出时这些存储空间会全部返回给操作系统。这个策略是恰当的，因为垃圾收集本身是有一些开销的，如果没有做过垃圾收集，那就不用承担这部分开销了。

6.5.1　finalize() 的作用

到这里你应该已经知道，不能将 finalize() 作为一个通用的清理方法来用，那它到底有什么用处呢？

这就和要记住的第三点有关了：

- 垃圾收集仅与内存有关。

也就是说，垃圾收集器存在的唯一原因就是回收程序里不再使用的内存。所以任何与垃圾收集相关的活动，特别是 finalize() 方法，都必须与内存及其释放相关。

这是否意味着，如果一个对象里包含其他对象，就要在 finalize() 方法里显式释放这些对象？不是这样的，垃圾收集器会释放所有对象的内存，而不管对象是如何创建的。finalize() 的使用仅限于一种特殊情况：对象以某种方式分配存储空间，而不是通过创建对象来分配。但在 Java 中一切都是对象，那这种情况怎么可能发生？

看起来之所以要有 finalize() 方法，是因为你可能没有使用 Java 中的通用方式来分配内存，而是采用了类似 C 语言的机制。这主要通过**本地方法**来实现，它可以在 Java 代码里调用非 Java 代码。Java 里的本地方法目前只支持 C 和 C++，但这些语言可以调用其他语言的代码，所以实际上 Java 可以调用任何代码。在非 Java 代码里，可能会调用 C 的 malloc() 系列函数来分配存储空间，此时除非明确调用了 free() 方法，否则该存储空间不会被释放，从而导致内存泄漏。free() 是一个 C 和 C++ 函数，所以需要在 finalize() 里通过本地方法来调用。

读到这里你可能觉得自己不会经常使用 finalize()。[1] 的确是这样的，这里不适合进行普通的清理工作。那普通的清理工作应该在哪里执行呢？

---

[1] Joshua Bloch 在 *Effective Java Programming Language Guide* 一书的 "Item 6: Avoid finalizers" 一节中有更进一步的说明："终结器是不可预测的，常常很危险，而且基本上是不必要的。"

6.5.2　你必须执行清理

要清理一个对象，用户必须在需要清理时调用清理方法。这听起来很简单，但它与 C++ 中析构函数的概念有点冲突。在 C++ 中，所有对象都会被销毁。或者更确切地说，所有对象都应该被销毁。如果 C++ 对象是作为本地对象创建的（即在栈上创建——这在 Java 中是不可能的），则销毁发生在创建对象的作用域的右花括号处。如果对象是使用 new 创建的（就像在 Java 中一样），那么当程序员调用 C++ 操作符 delete（在 Java 中不存在）时，析构函数会被调用。如果 C++ 程序员忘记调用 delete，则析构函数不会被调用，这时就会出现内存泄漏，而且对象的其他部分也不会被清理。这种错误很难追踪，这也是让程序员从 C++ 迁移到 Java 的令人信服的原因之一。

相反，Java 不允许创建本地对象，你必须始终使用 new。在 Java 里没有用于释放对象的 delete 操作符，因为垃圾收集器会自动释放存储空间。甚至可以简单地认为，由于有了垃圾收集，Java 就不需要析构函数了。然而随着学习的深入，你会发现垃圾收集器的存在并没有消除对析构函数的需求或完全代替它的作用（永远不要直接调用 finalize()，这不是一个解决方案）。除了内存释放之外，如果想要执行其他的清理工作，你仍然需要在 Java 中显式调用适当的方法：这相当于 C++ 的析构函数，但没有那么方便。

记住，无论是垃圾收集还是终结操作，都不保证一定会发生。如果 JVM 没有面临内存耗尽的情况，它可能不会浪费时间去执行垃圾收集来恢复内存。

6.5.3　终止条件

通常情况下，我们不能依赖 finalize()，而是必须创建单独的"清理"方法，并显式调用它们。这样看起来，finalize() 只对一些非常罕见的特殊场景的内存清理有用。不过 finalize() 还有一个有趣的用法，它不依赖于每次都被调用。这就是对象**终止条件** [①] 的验证。

当你不再使用某个对象时，也就是当它可以被清理时，该对象应该处于可以安全释放其内存的状态。例如，如果对象代表一个打开的文件，那么在对象被垃圾收集之前，程序员应该关闭该文件。如果对象的任何部分没有被正确清理，程序中就有了一个很难被发现的错误。finalize() 方法最终能发现这个问题，即使它并不总是被调用。如果其中一个终结操作正好揭示了这个错误，那你就会发现问题，这才是我们真正关心的。

下面是一个使用它的简单示例：

---

① Bill Venners 在他和我一起举办的讲座中创造了这个术语。

```java
// housekeeping/TerminationCondition.java
// 使用 finalize() 来检查对象是否被正确清理
import onjava.*;

class Book {
  boolean checkedOut = false;
  Book(boolean checkOut) {
    checkedOut = checkOut;
  }
  void checkIn() {
    checkedOut = false;
  }
  @SuppressWarnings("deprecation")
  @Override public void finalize() {
    if(checkedOut)
      System.out.println("Error: checked out");
    // 通常情况下你也需要这么做:
    // super.finalize(); // 调用基类版本
  }
}

public class TerminationCondition {
  public static void main(String[] args) {
    Book novel = new Book(true);
    // 正确清理:
    novel.checkIn();
    // 没有清理就丢掉了该对象的引用:
    new Book(true);
    // 强制垃圾收集和终结操作:
    System.gc();
    new Nap(1); // 延迟 1 秒
  }
}
/* 输出:
Error: checked out
*/
```

本例的终止条件要求所有的 Book 对象必须在被垃圾收集之前签入（check in），但 main() 方法里没有执行图书的签入操作。如果没有 finalize() 来验证终止条件，这里的错误很难被发现。

这个示例展示了 @Override 的使用。@ 表示**注解**，注解提供了代码的额外信息。这里它告诉编译器，你不是不小心重新定义了每个对象都有的 finalize() 方法——你知道自己在做什么。编译器会确保方法名字没有拼错，并且该方法确实存在于基类中。注解对读者来说也是一个提醒。@Override 是在 Java 5 中引入的，并在 Java 7 中进行了修改，本书中我也一直在使用它。

这里还使用了 @SuppressWarnings("deprecation") 注解，它可以禁止 JDK 8 以上的版本在编译时提示警告信息，即在这些版本里 finalize() 已不再被正式支持。虽然你仍然可以使用它，但并不推荐（这表示 Java 设计者承认了他们没有理解这些问题，而且在这门语言里提供 finalize() 是一个错误。你会在本书中看到更多这样的内容）。

注意 System.gc() 用于强制进行终结操作。但即使不这么做，通过重复执行程序（假设程序会分配大量的内存而导致垃圾收集的执行），也极有可能会发现错误的 Book 对象。

如果 finalize() 的基类版本做了一些重要的事情，可以使用 super 调用它，如同你在 Book.finalize() 中看到的那样。它之所以被注释掉是因为这里需要异常处理，而我们还没有介绍这部分内容。

6.5.4 垃圾收集器的工作原理

如果以前用过的编程语言在堆上分配对象的成本十分高昂，你可能很自然地认为 Java 在堆上分配所有内容（基本类型除外）的方案代价也很高。然而，垃圾收集器可以显著提高对象创建的速度。乍一听这可能有点奇怪——存储的释放会影响存储的分配——但这的确是一些 Java 虚拟机（JVM）的工作方式，这意味着在 Java 中为堆对象分配存储几乎和其他语言在栈上分配存储一样快。

例如，你可以把 C++ 的堆想象成一个院子，其中每个对象都有自己的地盘。这个地盘在一段时间以后可能被废弃，需要重新使用。在某些 JVM 中，Java 的堆是不同的：它更像是一条传送带，每次分配新对象时都会向前移动。这意味着对象存储的分配非常快。"堆指针"只是简单地向前移动到尚未分配的区域，因此它实际上与 C++ 的栈分配相同。（当然记录分配情况的簿记工作会有一些额外的开销，但这和查找存储的开销不可相提并论）。

你可能会意识到，堆实际上不是传送带，如果这样对待它，就会导致内存开始分页调度（paging）——通过将它移入和移出磁盘，让内存看起来比实际的要多。分页会显著影响性能。最终，在创建了足够多的对象后，内存资源会被耗尽。这里的关键就在于垃圾收集器的介入和垃圾收集。垃圾收集的同时，它还会压缩堆中的所有对象，这样就可以很方便地将"堆指针"移到靠近传送带起点的位置，从而尽量避免缺页错误（page fault）。垃圾收集器在分配存储空间的同时会将对象重新排列，由此实现一个高速的、有无限空闲空间的堆模型。

了解其他系统中垃圾收集的工作方式，可以让我们更好地理解 Java 中的垃圾收集。**引用计数**（reference counting）是一种简单但缓慢的垃圾收集技术。在这个方案里，每个对象都包含一个引用计数器，并且每次该对象被引用时，引用计数都会增加。每次引用离开作用域或设置为 null 时，引用计数都会减少。管理引用计数是在程序整个生命周期中都存在的一个小而恒定的开销。垃圾收集器遍历整个对象列表，当它找到引用计数为零的对象时，就会释放该存储空间（不过引用计数方案通常会在计数变为零时立即释放对象）。引用计数的一个缺点是，如果对象循环引用彼此，就算变成了垃圾，它们的引用计数可能仍不是零。定位这种自引用的对象组需要垃圾收集器做大量额外的工作。引用计数通常用于解释垃圾收集的一种工作方式，但它似乎并没有出现在任何 JVM 实现中。

更快的方案不使用引用计数，而是基于这样一个想法：任何没有被废弃的对象最终都能追溯到存在于栈或静态存储中的引用。这个引用链可能会穿过多个对象层次。因此，如果你从栈和静态存储区开始遍历所有引用，你就能找到所有存活的对象。对找到的每个引用，你还要跟踪它指向的对象，然后跟踪**那个**对象中的所有引用，依次反复进行，直到找到了源于这个栈或静态存储中引用的所有对象。你遍历的每个对象都必须是存活的。注意，这样的话，废弃的自引用对象组就不会产生问题了——它们根本找不到，因此自动成为垃圾。

在这种方式下，JVM 使用了一种自适应的垃圾收集方案，至于如何处理找到的存活对象，则取决于当前使用的垃圾收集算法。其中一种算法是"停止 – 复制"（stop-and-copy）。这意味程序首先停止（这不是后台收集方案），原因很明显。然后，将所有存活对象从一个堆复制到另一个堆，剩下的就都是垃圾。另外，当对象被复制到新堆中时，它们紧挨着打包，因此新堆十分紧凑（并且允许我们像前面描述的那样，将新堆尾部空出来，从头开始分配存储空间）。

当一个对象从一个地方移动到另一个地方时，所有指向该对象的引用都必须修改。从栈或静态存储区到对象这个链条上遍历出的引用可以立即更改，但在遍历过程中可能会有新出现的指向此对象的其他引用。这些引用在找到时就会被修复（想象一张将旧地址映射到新地址的表）。

有两个问题使这些所谓的"复制收集器"效率低下。第一个问题是，你需要有两个堆，然后在这两个独立的堆之间来回复制内存，这比实际需要多了一倍内存。一些 JVM 解决这个问题的方式是，按需要将堆划分成块，复制动作发生在块之间。

第二个问题是复制过程本身。一旦程序变得稳定，它可能很少产生垃圾，甚至没有。尽管如此，复制收集器仍会将所有内存从一个地方复制到另一个地方，这是一种浪费。为了防止这种情况，一些 JVM 检测到没有新垃圾产生后，会切换到不同的垃圾收集算法（这就是"自适应"）。这种垃圾收集算法叫"标记 – 清除"（mark-and-sweep），Sun 公司 JVM 的早期版本一直在使用这个算法。对于一般用途，"标记 – 清除"算法相当慢，但是在垃圾很少或没有的时候，它的速度就很快了。

"标记－清除"算法遵循相同的逻辑，即从栈和静态存储开始，遍历所有引用以查找存活对象。每当它找到一个存活对象，就会给该对象设置一个标志——此时尚未开始收集。只有在标记过程完成后才会进行清除。在清除过程中，没有标记的对象被释放，但不会发生复制，因此如果收集器想压缩堆里的碎片，就需要通过重新排列对象来实现。

"停止－复制"指的是这种类型的垃圾收集不是在后台完成的；相反，程序会在垃圾收集发生时停止。在 Oracle 的文献里，你会发现许多资料将垃圾收集描述为低优先级的后台进程，但早期版本的 JVM 并没有以这种方式实现垃圾收集。相反，垃圾收集器在内存不足时会停止程序，"标记－清除"也一样。

如前文所述，此处的 JVM 里，内存以较大的块（block）的形式分配。如果给一个特别大的对象分配内存，它会得到自己的块。严格的"停止－复制"需要将每个存活对象都从旧堆复制到新堆，然后才能释放旧堆，这意味着需要大量的内存。有了块之后，垃圾收集通常可以将对象直接复制到废弃的块里。每个块都有一个**代数**（generation count）来跟踪它是否还活着。通常，只压缩自上次垃圾收集以来创建的块。如果块在某处被引用，它的代数就会增加。这种方式可以很方便地处理正常情况下的大量短期临时对象。垃圾收集器会周期性地进行全面清理——不过大对象仍然不会被复制（只是增加它们的代数），包含小对象的块会被复制和压缩。JVM 会监控垃圾收集的效率，如果所有对象都很稳定，垃圾收集器效率很低的话，它会切换到"标记－清除"算法。同样，JVM 会跟踪标记和清除的效果，如果堆里开始出现很多碎片，它会切换回"停止－复制"算法。这就是"自适应"部分的用武之地，因此我们才会得到这么个啰唆的称呼："自适应的、分代的、停止－复制、标记－清除"垃圾收集器。

JVM 中有许多附加技术可以提升速度。其中特别重要的一项就是"即时（just-in-time，JIT）编译器"，它与加载器的操作有关。即时编译器会将程序部分或全部编译为本地机器码，这样就不需要 JVM 的解释，从而运行得更快。当需要加载一个类时（通常是第一次创建该类的对象时），会先定位 .class 文件，然后将该类的字节码加载到内存中。这时候可以简单地让即时编译器编译所有代码，但这样做有两个缺点：它需要更多的时间，而这个时间会在程序的整个生命周期中累积起来；另外就是增加了可执行文件的大小（字节码比扩展的 JIT 代码要紧凑得多），这可能会导致分页，从而减缓程序的运行速度。另一种方法是**惰性评估**（lazy evaluation），这意味着除非必要，否则不会对代码进行即时编译。因此，永远不会执行的代码可能永远不会被即时编译。最近 JDK 中的 Java HotSpot 技术就采用了类似的方法，每次执行时都会通过即时编译器编译部分代码，因此执行的代码越多，速度就越快。

6.6 成员初始化

Java 会不遗余力地保证变量在使用之前被正确初始化。对于方法的局部变量，这种保证以编译时错误的形式出现。所以如果代码这样写：

```
void f() {
  int i;
  i++;
}
```

你会收到一条错误消息，指出 i 可能未初始化。编译器可以给 i 一个默认值，但未初始化的局部变量更有可能是程序员的失误，而默认值会掩盖这一点。强制程序员提供初始化值更有可能避免错误。

然而，如果类的字段是基本类型的话，情况就会有所不同。正如在第 3 章中所看到的那样，类的每个基本类型字段都会获得一个初始值。下面的程序可以验证这一点，并显示了这个值：

```
// housekeeping/InitialValues.java
// 显示默认初始值

public class InitialValues {
  boolean t;
  char c;
  byte b;
  short s;
  int i;
  long l;
  float f;
  double d;
  InitialValues reference;
  void printInitialValues() {
    System.out.println("Data type   Initial value");
    System.out.println("boolean     " + t);
    System.out.println("char        [" + c + "]");
    System.out.println("byte        " + b);
    System.out.println("short       " + s);
    System.out.println("int         " + i);
    System.out.println("long        " + l);
    System.out.println("float       " + f);
    System.out.println("double      " + d);
    System.out.println("reference   " + reference);
```

```
/* 输出:
Data type   Initial value
boolean     false
char        [NUL]
byte        0
short       0
int         0
long        0
float       0.0
double      0.0
reference   null
*/
```

```
  }
  public static void main(String[] args) {
    new InitialValues().printInitialValues();
  }
}
```

即使未指定值，类的字段也会自动被初始化（char 值为零，我的输出验证系统将其转换为 NUL）。所以至少不会有使用未初始化变量的危险。

当在类中定义了一个对象引用而不将其初始化时，这个引用就会被赋予一个特殊值 null。

指定初始化

如何给一个变量赋初始值呢？一种直接的方法就是在类中定义变量时分配值。以下代码更改了类 InitialValues 中的字段定义，直接提供了初始值：

```
// housekeeping/InitialValues2.java
// 提供了明确的初始值

public class InitialValues2 {
  boolean bool = true;
  char ch = 'x';
  byte b = 47;
  short s = 0xff;
  int i = 999;
  long lng = 1;
  float f = 3.14f;
  double d = 3.14159;
}
```

也可以用同样的方式初始化非基本类型的对象。如果 Depth 是一个类，你可以创建一个变量，然后这样初始化：

```
// housekeeping/Measurement.java
class Depth {}

public class Measurement {
  Depth d = new Depth();
  // ...
}
```

如果没有给 d 一个初始值就尝试使用它，会得到一个叫作**异常**（exception）的运行时错误（第 15 章中会介绍）。

还可以通过调用方法来提供初始值：

```
// housekeeping/MethodInit.java
public class MethodInit {
  int i = f();
  int f() { return 11; }
}
```

这个方法可以有参数，但这些参数必须是已经初始化了的。因此，可以这样写：

```
// housekeeping/MethodInit2.java
public class MethodInit2 {
  int i = f();
  int j = g(i);
  int f() { return 11; }
  int g(int n) { return n * 10; }
}
```

但不能这样写：

```
// housekeeping/MethodInit3.java
public class MethodInit3 {
  //- int j = g(i); // 非法的前向引用
  int i = f();
  int f() { return 11; }
  int g(int n) { return n * 10; }
}
```

编译器对前向引用（forward referencing）发出了告警，这里的问题和初始化顺序有关，而不是程序的编译方式。

这种初始化方法简单明了，但有个限制：类 InitialValues 的每个对象都会有相同的初始值。有时候这正是你想要的，但有时你可能需要更大的灵活性。

6.7 构造器初始化

可以用构造器来执行初始化，这为编程带来了更大的灵活性，让你可以在运行时调用方法来设置初始值。不过这并不会阻止自动初始化的执行，因为它是在构造器执行前就发生了的。因此，如果这样写：

```
// housekeeping/Counter.java
public class Counter {
  int i;
  Counter() { i = 7; }
  // ...
}
```

i 先被自动初始化为 0，然后被构造器初始化为 7。对于所有的基本类型和对象引用都是如此，包括那些在定义时就显式初始化了的。出于这个原因，编译器不会强制你在构造器的某个特定位置或使用之前对元素进行初始化——因为初始化已经得到了保证。

6.7.1 初始化顺序

类中的变量定义顺序决定了初始化的顺序。即使分散到方法定义之间，变量定义仍然会在任何方法（包括构造器）调用之前就被初始化。例如：

```java
// housekeeping/OrderOfInitialization.java
// 演示初始化顺序

// 当调用构造器来创建一个 Window 对象时
// 会看到一个消息
class Window {
  Window(int marker) {
    System.out.println("Window(" + marker + ")");
  }
}

class House {
  Window w1 = new Window(1); // 在构造器之前
  House() {
    // 提示已经在构造器里
    System.out.println("House()");
    w3 = new Window(33); // 重新初始化 w3
  }
  Window w2 = new Window(2); // 在构造器之后
  void f() { System.out.println("f()"); }
  Window w3 = new Window(3); // 在尾部
}

public class OrderOfInitialization {
  public static void main(String[] args) {
    House h = new House();
    h.f(); // 提示构造过程结束
  }
}
```

```
/* 输出:
Window(1)
Window(2)
Window(3)
House()
Window(33)
f()
*/
```

在 House 中，Window 对象的定义被故意分散到方法之间，以证明它们都会在构造器或其他任何事情发生之前就执行初始化。此外，w3 在构造器中被重新初始化。

输出显示 w3 引用被初始化了两次：一次在构造器调用之前，另一次在构造器调用期间（第一个对象被丢弃，因此稍后可能会被垃圾收集）。这看起来可能效率不高，但它保证了正确的初始化。试想，如果定义了一个重载的构造器，它没有初始化 w3，而 w3 定义时也没有指定默认的初始化值，程序运行时会产生什么后果呢？

6.7.2　静态数据的初始化

无论创建了多少对象，静态数据都只有一份存储空间。static 关键字不能用于局部变量，而仅适用于字段（成员变量）。如果一个字段是 static 的基本类型，并且没有初始化，那它就会获得基本类型的标准初始值。如果它是一个对象引用，则默认初始值为 null。

如果将静态数据的初始化放在定义时，采取的方式和非静态变量没有什么不同。

下面的示例显示了 static 何时被初始化：

```java
// housekeeping/StaticInitialization.java
// 在类定义里指定初始化值

class Bowl {
  Bowl(int marker) {
    System.out.println("Bowl(" + marker + ")");
  }
  void f1(int marker) {
    System.out.println("f1(" + marker + ")");
  }
}

class Table {
  static Bowl bowl1 = new Bowl(1);
  Table() {
    System.out.println("Table()");
    bowl2.f1(1);
  }
  void f2(int marker) {
    System.out.println("f2(" + marker + ")");
  }
  static Bowl bowl2 = new Bowl(2);
}

class Cupboard {
  Bowl bowl3 = new Bowl(3);
  static Bowl bowl4 = new Bowl(4);
  Cupboard() {
    System.out.println("Cupboard()");
    bowl4.f1(2);
  }
  void f3(int marker) {
    System.out.println("f3(" + marker + ")");
  }
  static Bowl bowl5 = new Bowl(5);
}

public class StaticInitialization {
  public static void main(String[] args) {
```

```
/* 输出:
Bowl(1)
Bowl(2)
Table()
f1(1)
Bowl(4)
Bowl(5)
Bowl(3)
Cupboard()
f1(2)
main creating new Cupboard()
Bowl(3)
Cupboard()
f1(2)
main creating new Cupboard()
Bowl(3)
Cupboard()
f1(2)
f2(1)
f3(1)
*/
```

```
        System.out.println("main creating new Cupboard()");
        new Cupboard();
        System.out.println("main creating new Cupboard()");
        new Cupboard();
        table.f2(1);
        cupboard.f3(1);
    }
    static Table table = new Table();
    static Cupboard cupboard = new Cupboard();
}
```

Bowl 代码里的提示信息揭示了一个类的创建过程，Table 和 Cupboard 类把 Bowl 类型的静态字段分散到各处定义。注意 Cupboard 类还在 static 定义之前创建了一个非静态的 bowl3。

输出显示了 static 初始化仅在必要时发生。如果不创建 Table 对象并且也不引用 Table.bowl1 或 Table.bowl2，则 Bowl 类型的静态字段 bowl1 和 bowl2 永远都不会被创建。它们仅在第一个 Table 对象创建（或第一次访问静态数据）时被初始化。之后，这些静态对象不会被重新初始化。

初始化的顺序是从静态字段开始（如果它们还没有被先前的对象创建触发初始化的话），然后是非静态字段。可以从输出中看到这一点。要执行静态的 main() 方法，必须先加载 StaticInitialization 类，然后初始化它的静态字段 table 和 cupboard，这会导致它们对应的类被加载，并且因为它们都包含了静态的 Bowl 对象，所以 Bowl 也被加载。因此，这个特定程序中所有的类都在 main() 方法开始执行前加载。通常情况下并非如此，这是因为常见的程序中不会像此例那样通过 static 将所有内容链接在一起。

为了总结对象创建的过程，假设有一个名为 Dog 的类。

1. 尽管没有显式使用 static 关键字，但构造器实际上也是静态方法。因此，第一次创建类型为 Dog 的对象时，或者第一次访问类 Dog 的静态方法或静态字段时，Java 解释器会搜索类路径来定位 Dog.class 文件。

2. 当 Dog.class 被加载后（这将创建一个 Class 对象，后面会介绍），它的所有静态初始化工作都会执行。因此，静态初始化只在 Class 对象首次加载时发生一次。

3. 当使用 new Dog() 创建对象时，构建过程首先会在堆上为 Dog 对象分配足够的存储空间。

4. 这块存储空间会被清空，然后自动将该 Dog 对象中的所有基本类型设置为其默认

值（数值类型的默认值是 0，boolean 和 char 则是和 0 等价的对应值），而引用会被设置为
null。

5. 执行所有出现在字段定义处的初始化操作。

6. 执行构造器。正如将在第 8 章中看到的，这实际上可能涉及相当多的动作，尤其是
在涉及继承时。

6.7.3　显式的静态初始化

Java 允许在一个类里将多个静态初始化语句放在一个特殊的"静态子句"里（有时
称为**静态块**）。它看起来像这样：

```java
// housekeeping/Spoon.java
public class Spoon {
  static int i;
  static {
    i = 47;
  }
}
```

尽管看起来有点像一个方法，但它只是在 static 关键字后加了一段代码。这段代码
和其他静态初始化语句一样，只执行一次：第一次创建该类的对象时，或第一次访问该类
的静态成员时（即使从未创建过该类的对象）。例如：

```java
// housekeeping/ExplicitStatic.java
// 静态子句里的显式静态初始化

class Cup {
  Cup(int marker) {
    System.out.println("Cup(" + marker + ")");
  }
  void f(int marker) {
    System.out.println("f(" + marker + ")");
  }
}

class Cups {
  static Cup cup1;
  static Cup cup2;
  static {
    cup1 = new Cup(1);
    cup2 = new Cup(2);
  }
  Cups() {
    System.out.println("Cups()");
  }
```

```
  }

public class ExplicitStatic {
  public static void main(String[] args) {
    System.out.println("Inside main()");
    Cups.cup1.f(99);                // [1]
  }
  // static Cups cups1 = new Cups();  // [2]
  // static Cups cups2 = new Cups();  // [2]
}
```

```
/* 输出:
Inside main()
Cup(1)
Cup(2)
f(99)
*/
```

无论是通过方式 [1] 访问静态对象 cup1，还是注释掉方式 [1] 并取消方式 [2] 的注释来运行，Cups 的静态初始化动作都会发生。如果把方式 [1] 和方式 [2] 同时注释掉，Cups 的静态初始化动作就不会发生。此外，方式 [2] 运行一次还是两次无关紧要，静态初始化动作只会发生一次。

6.7.4　非静态实例初始化

Java 提供了一种称为实例初始化（instance initialization）的类似语法，用于初始化每个对象的非静态变量。下面是一个例子：

```
// housekeeping/Mugs.java
// 实例初始化

class Mug {
  Mug(int marker) {
    System.out.println("Mug(" + marker + ")");
  }
}

public class Mugs {
  Mug mug1;
  Mug mug2;
  {                                    // [1]
    mug1 = new Mug(1);
    mug2 = new Mug(2);
    System.out.println("mug1 & mug2 initialized");
  }
  Mugs() {
    System.out.println("Mugs()");
  }
  Mugs(int i) {
    System.out.println("Mugs(int)");
  }
  public static void main(String[] args) {
    System.out.println("Inside main()");
    new Mugs();
    System.out.println("new Mugs() completed");
```

```
/* 输出:
Inside main()
Mug(1)
Mug(2)
mug1 & mug2 initialized
Mugs()
new Mugs() completed
Mug(1)
Mug(2)
mug1 & mug2 initialized
Mugs(int)
new Mugs(1) completed
*/
```

```
      new Mugs(1);
      System.out.println("new Mugs(1) completed");
  }
}
```

[1] 除了缺少 static 关键字外，实例初始化子句看起来与静态初始化子句完全相同。此语法对于支持**匿名内部类**的初始化是必需的（参见第 11 章），但也可以用来保证无论调用哪个显式的构造器，某些操作都会发生。

从输出可以看到，实例初始化子句在构造器之前执行。

6.8　数组初始化

数组是一个对象序列或基本类型序列，其中含有的元素类型相同，用一个标识符名字打包在一起。数组通过方括号**索引操作符**（indexing operator）[ ] 来定义和使用。要定义一个数组引用，在类型名字后面加上空方括号即可：

```
int[] a1;
```

也可以将方括号置于标识符后面，效果是一样的：

```
int a1[];
```

这种格式符合 C 和 C++ 程序员的习惯。然而，前一种格式可能更合理，因为它表示这个类型是"一个 int 数组"。本书采用了这种格式。

编译器不允许指定数组的大小。这让我们又回到了"引用"的问题上。你现在所拥有的只是对数组的引用（你已经为该引用分配了足够的存储空间），并没有为数组对象本身分配任何空间。要为数组对象分配存储空间，就必须编写一个初始化表达式。对于数组，初始化可以出现在代码中的任何位置，但也可以使用一种特殊的初始化表达式，它只能在创建数组的地方出现。这个特殊的初始化是一组用花括号括起来的值。在这种情况下，编译器负责存储的分配（相当于使用 new）：

```
int[] a1 = { 1, 2, 3, 4, 5 };
```

那为什么要在没有数组的时候定义一个数组引用呢？

```
int[] a2;
```

在 Java 中可以将一个数组赋值给另一个数组，因此可以这样写：

```
a2 = a1;
```

其实真正所做的只是复制了一个引用，如下所示：

```java
// housekeeping/ArraysOfPrimitives.java

public class ArraysOfPrimitives {
  public static void main(String[] args) {
    int[] a1 = { 1, 2, 3, 4, 5 };
    int[] a2;
    a2 = a1;
    for(int i = 0; i < a2.length; i++)
      a2[i] += 1;
    for(int i = 0; i < a1.length; i++)
      System.out.println("a1[" + i + "] = " + a1[i]);
  }
}
/* 输出：
a1[0] = 2
a1[1] = 3
a1[2] = 4
a1[3] = 5
a1[4] = 6
*/
```

a1 被赋了一个初始值，但 a2 没有；a2 稍后被数组 a1 赋值。这里 a2 和 a1 其实是同一个数组的不同别名，因此通过 a2 所做的更改可以在 a1 中看到。

所有数组都有一个固有成员（无论它们是对象数组还是基本类型数组），可以通过它来查询数组中有多少元素，但不能对其进行修改。这个成员就是 length。与 C 和 C++ 一样，Java 中的数组从元素 0 开始计数，因此可以索引的最大下标数是 length - 1。如果越界，C 和 C++ 会默默地接受，并允许你访问所有内存，这是许多臭名昭著的错误的根源。而 Java 则会通过抛出运行时错误（即**异常**）来保护你免受此类问题的影响。[①]

6.8.1 动态数组创建

如果在编写程序时不知道数组中需要多少个元素，那该怎么办？只需使用 new 来创建数组中的元素即可。即使是基本类型数组，也可以使用 new 来创建（new 不能创建一个非数组的基本类型）：

```java
// housekeeping/ArrayNew.java
// 使用 new 创建数组
import java.util.*;

public class ArrayNew {
  public static void main(String[] args) {
    int[] a;
```

---

① 当然，检查每次数组访问需要花费时间和更多代码，而且无法将其关闭，这意味着如果数组访问发生在关键时刻，它们可能会导致程序效率低下。基于网络安全和程序员生产力的考虑，Java 的设计者认为这种折中是值得的。尽管你可能会认为，自己可以写出数组访问效率更高的代码，但这是在浪费时间，因为自动编译时和运行时的优化都会加速数组的访问。

```
        Random rand = new Random(47);
        a = new int[rand.nextInt(20)];
        System.out.println("length of a = " + a.length);
        System.out.println(Arrays.toString(a));
    }
}
```

```
/* 输出:
length of a = 18
[0, 0, 0, 0, 0, 0, 0, 0, 0, 0, 0, 0, 0, 0, 0, 0, 0, 0]
*/
```

数组的大小是通过 `Random.nextInt()` 方法随机生成的，该方法会产生一个介于 0 和方法参数之间的值。由于这种随机性，显然数组的创建实际上是发生在运行时的。此外，程序的输出显示了数组里的基本类型元素会自动初始化为空值（对于数值类型和 char 是 0，对于 boolean 则是 false）。

`Arrays.toString()` 方法属于 `java.util` 标准库，它会生成一维数组的可打印版本。

数组也可以在同一语句里定义和初始化：

```
int[] a = new int[rand.nextInt(20)];
```

这是执行此操作的首选方式，应该尽量这样使用。

如果创建了一个非基本类型数组，其实就是创建了一个引用数组。比如包装类型 `Integer`，它是一个类而不是基本类型：

```
// housekeeping/ArrayClassObj.java
// 创建一个非基本类型的对象数组
import java.util.*;

public class ArrayClassObj {
  public static void main(String[] args) {
    Random rand = new Random(47);
    Integer[] a = new Integer[rand.nextInt(20)];
    System.out.println("length of a = " + a.length);
    for(int i = 0; i < a.length; i++)
      a[i] = rand.nextInt(500); // 自动装箱
    System.out.println(Arrays.toString(a));
  }
}
```

```
/* 输出:
length of a = 18
[55, 193, 361, 461, 429, 368, 200, 22, 207, 288, 128,
51, 89, 309, 278, 498, 361, 20]
*/
```

这里，即便使用了 new 来创建数组之后：

```
Integer[] a = new Integer[rand.nextInt(20)];
```

它还只是一个引用数组，直到通过自动装箱为数组里的每个引用本身初始化了一个 Integer 对象之后，这个数组的初始化才真正结束：

```
a[i] = rand.nextInt(500);
```

如果忘记创建对象，那么在试图使用数组里的引用时，会因值为空而在运行时抛出异常。

也可以用花括号包围列表来初始化对象数组。有两种形式：

```
// housekeeping/ArrayInit.java
// 数组初始化:
import java.util.*;

public class ArrayInit {
  public static void main(String[] args) {          /* 输出:
    Integer[] a = {1,  2, 3, };                      [1, 2, 3]
    Integer[] b = new Integer[]{ 1,  2, 3,  };       [1, 2, 3]
    System.out.println(Arrays.toString(a));          */
    System.out.println(Arrays.toString(b));
  }
}
```

两个数组都使用了自动装箱将 int 自动转换为 Integer。在这两种形式下，初始值列表的最后一个逗号都是可选的（此功能可以让维护长列表更容易）。

虽然第一种形式（定义了 a）很有用，但局限性更大，它只能用在定义数组的时候。可以在任何地方使用第二种形式（定义了 b），甚至在方法调用中也可以。例如，可以创建一个 String 对象数组，传递给另一个类的 main() 方法，使它可以不用命令行参数来调用：

```
// housekeeping/DynamicArray.java
// 数组初始化

public class DynamicArray {
  public static void main(String[] args) {
    Other.main(new String[]{ "fiddle", "de", "dum" });    /* 输出:
  }                                                         fiddle de dum
}                                                           */

class Other {
  public static void main(String[] args) {
    for(String s : args)
      System.out.print(s + " ");
```

```
    }
  }
```

Other.main() 的数组参数是在方法调用时创建的，因此甚至可以在调用时提供可替换的参数。

6.8.2 可变参数列表

Java 提供了类似于 C 语言**可变参数列表**（variable argument list，在 C 中简称为 varargs）的功能，让你来创建和调用有可变参数的方法。这包括数量可变的参数以及未知类型的参数。由于所有类最终都继承自公共根类 Object（随着本书的深入，关于这个主题你将了解更多），因此可以创建一个接受 Object 数组的方法，并像下面这样调用它：

```
// housekeeping/VarArgs.java
// 使用数组语法来创建可变参数列表

class A {}

public class VarArgs {
  static void printArray(Object[] args) {
    for(Object obj : args)
      System.out.print(obj + " ");
    System.out.println();
  }
  public static void main(String[] args) {
    printArray(new Object[]{
      47, (float) 3.14, 11.11});
    printArray(new Object[]{"one", "two", "three" });
    printArray(new Object[]{new A(), new A(), new A()});
  }
}
```

```
/* 输出:
47 3.14 11.11
one two three
A@19e0bfd A@139a55 A@1db9742
*/
```

printArray() 方法接受一个 Object 数组，然后使用 for-in 语法逐步遍历数组并打印每个元素。Java 标准库里的类会产生有意义的输出，但此处创建的对象打印了类名，后跟一个 @ 符号和十六进制数字。因此，如果没有为自己的类定义 toString() 方法（这将在本书后面讲解），可以看到默认行为就是打印类名和对象的地址。

在 Java 5 之前，我们会经常看到用这样的代码来生成可变参数列表。从 Java 5 开始，你可以使用省略号来定义一个可变参数列表，就像在 printArray() 里看到的那样：

```
// housekeeping/NewVarArgs.java
// 使用省略号来定义一个可变参数列表

public class NewVarArgs {
  static void printArray(Object... args) {
```

```
      for(Object obj : args)
        System.out.print(obj + " ");
      System.out.println();
    }
    public static void main(String[] args) {
      // 可以传递单个元素:
      printArray(47, (float) 3.14, 11.11);
      printArray(47, 3.14F, 11.11);
      printArray("one", "two", "three");
      printArray(new A(), new A(), new A());
      // 或者数组:
      printArray((Object[])new Integer[]{ 1, 2, 3, 4 });
      printArray(); // 空参列表也是可以的
    }
  }
```

```
/* 输出:
47 3.14 11.11
47 3.14 11.11
one two three
A@19e0bfd A@139a55 A@1db9742
1 2 3 4
*/
```

有了可变参数，就不需要再显式使用数组语法了——当使用省略号时，编译器会自动为你填充。你得到的仍然是一个数组，这就是 printArray() 能够使用 for-in 来遍历数组的原因。不过它不仅仅是从元素列表到数组的自动转换。注意程序中的倒数第二行，其中一个 Integer 数组（使用自动装箱创建）被转换为一个 Object 数组（以消除编译器警告），并传递给了 printArray()。显然，编译器认为这已经是一个数组，并不会对其进行任何转换。因此，如果你有一组元素，可以将它们作为列表传递。如果你已经有一个数组，该方法可以将它们作为可变参数列表来接受。

程序的最后一行显示，可以将 0 个参数传递给可变参数列表。当有可选的尾随参数时，这很有用:

```
// housekeeping/OptionalTrailingArguments.java

public class OptionalTrailingArguments {
  static void f(int required, String... trailing) {
    System.out.print("required: " + required + " ");
    for(String s : trailing)
      System.out.print(s + " ");
    System.out.println();
  }
  public static void main(String[] args) {
    f(1, "one");
    f(2, "two", "three");
    f(0);
  }
}
```

```
/* 输出:
required: 1 one
required: 2 two three
required: 0
*/
```

这个例子还显示了如何使用一个指定的、非 Object 类型的可变参数列表。示例方法里所有的可变参数都必须是 String 类型。我们可以在可变参数列表中使用任何类型的参数，包括基本类型。下面的示例展示了可变参数列表变成数组的情形，如果列表中没有任何内容，则它会转变成一个大小为零的数组：

```java
// housekeeping/VarargType.java

public class VarargType {
  static void f(Character... args) {
    System.out.print(args.getClass());
    System.out.println(" length " + args.length);
  }
  static void g(int... args) {
    System.out.print(args.getClass());
    System.out.println(" length " + args.length);
  }
  public static void main(String[] args) {
    f('a');
    f();
    g(1);
    g();
    System.out.println("int[]: " +
      new int[0].getClass());
  }
}
/* 输出:
class [Ljava.lang.Character; length 1
class [Ljava.lang.Character; length 0
class [I length 1
class [I length 0
int[]: class [I
*/
```

getClass() 方法是 Object 的一部分，将在第 19 章中进行全面探讨。它会生成一个对象的类，当打印这个类时，你会看到一个表示该类类型的编码字符串。前导的 [表示这是后面紧随的类型的数组。I 表示基本类型 int。为了再次确认，我在最后一行创建了一个 int 数组并打印了它的类型。这证实了使用可变参数列表不依赖于自动装箱，这个示例实际上用的就是基本类型。

当然，可变参数列表与自动装箱机制可以和谐共处，比如：

```java
// housekeeping/AutoboxingVarargs.java

public class AutoboxingVarargs {
  public static void f(Integer... args) {
    for(Integer i : args)
      System.out.print(i + " ");
    System.out.println();
  }
  public static void main(String[] args) {
    f(1, 2);
    f(4, 5, 6, 7, 8, 9);
    f(10, 11, 12);
  }
}
/* 输出:
1 2
4 5 6 7 8 9
10 11 12
*/
```

注意，可以在单个参数列表中将类型混合在一起，自动装箱机制会有选择地将 int 参数提升为 Integer。

可变参数列表使重载过程变得更复杂了，尽管乍一看它似乎足够安全：

```java
// housekeeping/OverloadingVarargs.java

public class OverloadingVarargs {
  static void f(Character... args) {
    System.out.print("first");
    for(Character c : args)
      System.out.print(" " + c);
    System.out.println();
  }
  static void f(Integer... args) {
    System.out.print("second");
    for(Integer i : args)
      System.out.print(" " + i);
    System.out.println();
  }
  static void f(Long... args) {
    System.out.println("third");
  }
  public static void main(String[] args) {
    f('a', 'b', 'c');
    f(1);
    f(2, 1);
    f(0);
    f(0L);
    //- f(); // 无法编译——有歧义
  }
}
/* 输出:
first a b c
second 1
second 2 1
second 0
third
*/
```

在每种情况下，编译器都使用自动装箱来匹配重载的方法，然后调用最具体的匹配方法。

但是当不带参数调用 f() 时，编译器就不知道该调用哪一个了。虽然抛出这个错误是可以理解的，但它可能会让程序员感到意外。

你可能试图通过给下面某个方法添加非可变参数来解决这个问题：

```java
// housekeeping/OverloadingVarargs2.java
// {WillNotCompile}

public class OverloadingVarargs2 {
  static void f(float i, Character... args) {
    System.out.println("first");
  }
  static void f(Character... args) {
```

```
    System.out.print("second");
  }
  public static void main(String[] args) {
    f(1, 'a');
    f('a', 'b');
  }
}
```

{WillNotCompile} 注释标签会把该文件排除在本书的 Gradle 构建之外。

如果你手动编译它，就会看到如下所示的错误消息：

```
OverloadingVarargs2.java:14: error: reference to f is ambiguous
 f('a', 'b');
 \^
 both method f(float,Character...) in OverloadingVarargs2 and method
f(Character...) in OverloadingVarargs2 match
1 error
```

如果你给这两个方法都添加一个非可变参数，就没有问题了：

```
// housekeeping/OverloadingVarargs3.java

public class OverloadingVarargs3 {
  static void f(float i, Character... args) {
    System.out.println("first");
  }
  static void f(char c, Character... args) {
    System.out.println("second");
  }
  public static void main(String[] args) {
    f(1, 'a');
    f('a', 'b');
  }
}
```

```
/* 输出:
first
second
*/
```

根据经验，你应该只在其中一个重载方法上使用可变参数列表，或者压根儿就不使用它。

6.9 枚举类型

Java 5 中添加了 enum 关键字，它看似一个很小的特性，但当你把元素组合起来并使用一组**枚举类型**来表示时，它会让编程变得更加轻松。以前，你需要创建一组整型常量值，但它并没有自然地将取值范围限制在这个集合中，因此风险更大且更难使用。枚举类型是非常普遍的需求，C、C++ 和许多其他语言一直都有这个功能。在 Java 5 之前，程序员如果想要正确实现 enum 效果，就不得不了解很多细节并且使用时要非常小心。现在 Java 也有了 enum，它的功能比你在 C/C++ 中用到的要全面得多。下面是一个简单的例子：

```
// housekeeping/Spiciness.java

public enum Spiciness {
  NOT, MILD, MEDIUM, HOT, FLAMING
}
```

这里会创建一个名为 Spiciness 的枚举类型，它包含了 5 个命名值。因为枚举类型的实例是常量，所以按照惯例都是大写的（如果一个名字中有多个单词，它们之间用下划线分隔）。

要使用 enum，只需要创建一个该类型的引用，并将其分配给某个实例：

```
// housekeeping/SimpleEnumUse.java

public class SimpleEnumUse {
  public static void main(String[] args) {
    Spiciness howHot = Spiciness.MEDIUM;
    System.out.println(howHot);
  }
}
```
```
/* 输出:
MEDIUM
*/
```

创建 enum 时，编译器会自动添加一些有用的功能。例如，它添加了一个 toString() 方法，来方便地显示 enum 实例的名字，这就是上面的打印语句能够产生这个输出的原因。编译器还添加了一个 ordinal() 方法，来表示特定 enum 常量的声明顺序，以及一个静态的 values() 方法，它按照声明顺序生成一个 enum 常量值的数组：

```
// housekeeping/EnumOrder.java

public class EnumOrder {
  public static void main(String[] args) {
    for(Spiciness s : Spiciness.values())
      System.out.println(
        s + ", ordinal " + s.ordinal());
  }
}
```
```
/* 输出:
NOT, ordinal 0
MILD, ordinal 1
MEDIUM, ordinal 2
HOT, ordinal 3
FLAMING, ordinal 4
*/
```

尽管 enum 似乎是一种新的数据类型，但这个关键字只是在生成枚举类时触发了编译器的一些操作，因此在很大程度上你可以将 enum 视作其他任何类来处理。事实上，enum 的确是一个类，并且有自己的方法。

enum 有一个很好的特性，就是可以在 switch 语句中使用：

```
// housekeeping/Burrito.java

public class Burrito {
  Spiciness degree;
  public Burrito(Spiciness degree) {
    this.degree = degree;
  }
  public void describe() {
    System.out.print("This burrito is ");
    switch(degree) {
      case NOT:    System.out.println(
                      "not spicy at all.");
                   break;
      case MILD:
      case MEDIUM: System.out.println("a little hot.");
                   break;
      case HOT:
      case FLAMING:
      default:     System.out.println("maybe too hot.");
    }
  }
  public static void main(String[] args) {
    Burrito plain = new Burrito(Spiciness.NOT),
    greenChile = new Burrito(Spiciness.MEDIUM),
    jalapeno = new Burrito(Spiciness.HOT);
    plain.describe();
    greenChile.describe();
    jalapeno.describe(
    );
  }
}
```

```
/* 输出:
This burrito is not spicy at all.
This burrito is a little hot.
This burrito is maybe too hot.
*/
```

switch 旨在从一组有限的可能值中进行选择，因此它和 enum 正是理想的组合。注意示例中 enum 名字是如何更清晰地表达我们的意图的。

通常，你可以把 enum 当作另一种创建数据类型的方法，然后直接将所得到的类型拿来使用即可。这就是关键——你无须过多考虑它们。在引入 enum 之前，你需要付出很多努力才能创建一个可以安全使用的类似功能。

这些介绍足以让你理解和使用基本的 enum，我们将在进阶卷第 1 章中进行更深入的研究。

6.10 新特性：局部变量类型推断

JDK 11 提供了一个用来简化局部变量定义的特性。它最先在 JDK 10 中添加，但随后在 JDK 11 中进行了改进。在一个局部定义中（即在方法内部），编译器可以自动发现类型。

这就是**类型推断**（type inference），我们可以通过 var 关键字启用它：

```java
// housekeeping/TypeInference.java
// {NewFeature} 从 JDK 11 开始

class Plumbus {}

public class TypeInference {
  void method() {
    // 显式类型:
    String hello1 = "Hello";
    // 类型推断:
    var hello = "Hello!";
    // 用户定义的类型也起作用:
    Plumbus pb1 = new Plumbus();
    var pb2 = new Plumbus();
  }
  // 静态方法里也可以启用:
  static void staticMethod() {
    var hello = "Hello!";
    var pb2 = new Plumbus();
  }
}

class NoInference {
  String field1 = "Field initialization";
  // var field2 = "Can't do this";
  // void method() {
  //   var noInitializer; // No inference data
  //   var aNull = null;  // No inference data
  // }
  // var inferReturnType() {
  //   return "Can't infer return type";
  // }
}
```

{NewFeature} 注释标签会从基于 JDK 8 的 Gradle 构建中排除这个示例。

在 method() 中，我们比较了（经典的）显式类型规范与 var 方式。使用 var 时，我们仍然可以从初始化值中看到类型是 String 或 Plumbus，而不需要添加冗余的类型规范。

静态方法也允许类型推断。

NoInference 类显示了使用 var 时的一些限制。你不能在字段上使用类型推断，即使看起来我们已经有了足够的信息来推断。如果你不提供任何初始化数据，或者提供了 null，编译器就没有可以推断类型的信息，因此无法推断出变量 noInitializer 和 aNull 的类型。inferReturnType() 方法的定义方式也不被允许，即使编译器似乎有足够的信息来确定方法的返回类型。

类型推断不能用于方法的参数。首先来说，Java 不支持**默认参数**（default argument），因此也就无法提供类型推断所需的初始化值。

类型推断十分适合 for 循环：

```
// housekeeping/ForTypeInference.java
// {NewFeature} 从 JDK 11 开始

public class ForTypeInference {
  public static void main(String[] args) {
    for(var s : Spiciness.values())
      System.out.println(s);
  }
}
```

```
/* 输出：
NOT
MILD
MEDIUM
HOT
FLAMING
*/
```

将类型推断作为基本概念而创建的语言——如 Kotlin 和 Scala——允许在任何可能有意义的地方进行类型推断，而 Java 则受到向后兼容性问题的限制。使用这个新功能的最佳方法，可能是在任何你认为可以的地方尝试它，并让编译器或你的 IDE 来提示是否可以这样用。

6.11 总结

构造器，这个如此精巧的初始化机制，应该让你强烈体会到了编程语言里初始化的重要性。C++ 的发明者 Bjarne Stroustrup 在设计该语言时，关于 C 的生产力，他观察到的第一个现象是，变量初始化不当导致了很大一部分的编程问题。这种类型的错误很难发现，类似的问题也出现在不正确的清理中。Java 的构造器可以**保证**正确的初始化和清理（编译器不允许在没有正确调用构造器的情况下创建对象），因此给了我们完全的控制权，而且用起来也很安全。

在 C++ 中，"析构"非常重要，因为使用 new 创建的对象必须显式销毁。在 Java 中，垃圾收集器会自动为所有对象释放内存，因此 Java 中等效的清理方法在大多数时候不是必需的（但如果需要，你就必须自己动手）。在不需要类似析构函数行为的情况下，Java 的垃圾收集器极大地简化了编程工作，并在管理内存方面增加了急需的安全性。一些垃圾收集器甚至可以清理其他资源，如图形和文件句柄。不过，垃圾收集器确实增加了运行时成本，由于 Java 解释器曾经比较缓慢，因此人们很难正确看待这种开销。尽管 Java 的性能随着时间推移而显著提高，但速度问题仍然是它涉足某些特定编程领域的障碍。

由于要保证所有对象都被创建，构造器实际上比这里讨论的更复杂。特别是当使用**组合**或**继承**来创建新类时，这种保证依然成立，因此需要一些额外的语法来提供支持。你将在后面的章节中了解组合、继承以及它们如何影响构造器。

实现隐藏

> **"** 访问控制（或实现隐藏）是关于'最初的实现并不好'的。**"**

O N J A V A

所有优秀的作家——包括那些编写软件的人——都知道一件作品只有经过重写才会变得更好，有时候甚至需要多次重写。如果你将一段代码放在那里，过段时间回头再看，可能会发现一种更好的实现方式。**重构**（refactoring）的主要动机之一，就是重写已经能正常工作的代码，提升其可读性、可理解性和可维护性 [①]。

但是，在这种修改和完善代码的愿望中，也存在着压力。通常总会有一些消费者（即**客户程序员**）依赖于你的代码的某些方面保持不变。你想改变自己的代码，而他们则希望它保持不变。因此，面向对象设计的一个主要考虑是"将变化

[①] 参考 Martin Fowler 的《重构：改善既有代码的设计》一书。偶尔有人会反对重构，认为代码只要可以正常运行就很好了，重构它们无异于浪费时间。这种思维方式的问题在于，项目中的大部分时间和金钱不是消耗在最初的编程阶段，而是维护阶段。因此，使代码更容易理解就意味着节省了大量的金钱。

的事物与保持不变的事物分离"。

这对库(library)而言尤为重要。库的用户必须能够依赖他们所使用的部分,并且知道如果有新版本出现,也不必重写他们的代码。另外,库的创建者必须能够自由地修改和完善自己的代码,并能确保客户端代码不会受到这些更改的影响。

这可以通过约定来实现。例如,库开发者必须同意在修改库中的类时不删除现有方法,否则会破坏客户程序员的代码,使情况变得更为复杂。就拿字段来说,库开发者如何知道客户程序员访问了哪些字段?对于仅用于实现类但不提供给客户程序员直接使用的方法也是如此。如果库开发者想要删除旧实现并使用新实现,该怎么办?更改这些成员中的任何一个都可能会破坏客户程序员的代码。因此,库开发者束手束脚,无法更改任何内容。

为了解决这个问题,Java 提供了**访问权限修饰符**(access specifier)来允许库开发者说明哪些是对客户程序员可用的,哪些是不可用的。访问控制级别从"最多访问"到"最少访问"依次是:public、protected、**包内访问**(package access,没有关键字)和 private。根据上一段文字,你可能会认为,作为库设计者,你会尽可能将所有内容保持为"私有"(private),而仅公开你希望客户程序员使用的方法。一般来说的确应该这样做,尽管对于那些使用其他语言(尤其是 C 语言)编程并且习惯于不受任何访问限制的人来说,这通常与他们的直觉相悖。

不过,虽然有了组件库的概念,以及对什么人可以访问这些组件的控制,但仅仅有这些还不够,仍然存在如何将组件捆绑成一个内聚的库单元的问题。这是由 Java 中的 package 关键字控制的,类是在同一个包中还是在单独的包中,会影响到访问权限修饰符。因此,在本章中,你将首先学习如何将库组件放入包中,之后你就会理解访问权限修饰符的完整含义了。

7.1　package:库单元

一个包(package)包含了一组类,这些类通过同一个**命名空间**(namespace)组织在了一起。

例如,标准 Java 发行版里有一个工具库,放在了命名空间 java.util 下。它里面有一个类 ArrayList,使用这个类的一种方式就是指定全名 java.util.ArrayList。

```
// hiding/FullQualification.java

public class FullQualification {
```

```
public static void main(String[] args) {
  java.util.ArrayList list =
    new java.util.ArrayList();
}
}
```

这样写很快就会让程序变得冗长，因此你可以改用 import 关键字。如果想导入单个类，可以在 import 语句中指明这个类：

```
// hiding/SingleImport.java
import java.util.ArrayList;

public class SingleImport {
  public static void main(String[] args) {
    ArrayList list = new ArrayList();
  }
}
```

现在你就可以不受限制地使用 ArrayList 了。但 java.util 中的其他类仍然不能直接使用。要导入所有内容，可以使用 "*"，正如在本书其余示例中看到的那样：

```
import java.util.*;
```

我们之所以要导入，是为了提供一种管理命名空间的机制。所有类成员的名字都是相互隔离的。类 A 中的方法 f() 不会与类 B 中具有相同签名的方法 f() 发生冲突。但是类名呢？假设你编写了一个 Stack 类，打算部署在一台机器上，但这台机器已经部署了一个别人编写的 Stack 类，这时该怎么办？由于存在这种潜在的名称冲突，我们就需要完全控制 Java 中的命名空间。为了实现这一点，我们为每个类创建了一个唯一的标识符组合。

到目前为止，大多数示例存在于单个文件中，并且只为本地使用而设计，因此它们没有考虑包名问题。但是，没有包名的示例仍在包中："未命名包"或"默认包"。这当然是一种选择，为了简单起见，本书其余的部分都尽可能使用这种方式。但是，如果你计划编写在同一台机器上对其他 Java 程序友好的库或程序，则必须要考虑如何防止类名冲突。

一个 Java 源代码文件就是一个**编译单元**（有时也称为**转译单元**）。每个编译单元必须有一个以 .java 结尾的文件名。在编译单元内，可以有一个 public 类，它必须与文件同名（包括大小写，但不包括 .java 文件扩展名）。每个编译单元中只能有一个 public 类；否则，编译器会报错。如果该编译单元中有其他类，则在该包之外是看不到它们的，这是因为它们不是 public 的，而只是主 public 类的支持类（support class）。

7.1.1　代码组织

当编译一个 .java 文件时，文件中的每个类都会有一个输出文件。输出文件的名字就是其在 .java 文件中对应的类的名字，但扩展名为 .class。因此，你可以从少量的 .java 文件中得到相当多的 .class 文件。如果使用编译型语言写过程序，你可能习惯于编译器输出一个中间形式（通常是 obj 文件），然后使用链接器（linker）或库生成器（librarian，用来创建库）将它与其他同类文件打包在一起，以创建一个可执行文件。Java 不是这样的。在Java 中一个可运行程序就是一堆 .class 文件，可以使用 jar 归档器将它们打包并压缩成一个 Java 档案文件（JAR）。Java 解释器负责查找、加载和解释这些文件。

库就是一组这样的类文件（.class 文件）。每个源文件通常都有一个 public 类和任意数量的非 public 类，因此每个源文件都有一个公共组件。如果想让这些组件都属于一个命名空间，可以使用 package 关键字。

如果使用 package 语句，那它必须出现在文件中的第一个非注释处。当你这样写：

```
package hiding;
```

就表示这个编译单元是名为 hiding 的库的一部分。换句话说，这个编译单元中的public 类名称处于 hiding 命名空间的保护伞下，任何想要使用该名称的人，都必须完全指定名称或将 import 关键字与 hiding 结合使用，就像前面演示的那样。（注意，Java 包的命名规则是全部使用小写字母，即使有中间词也一样。）

例如，假设文件名是 MyClass.java。这意味着该文件中只能有一个 public 类，并且该类的名称必须是 MyClass（包括大小写）：

```
// hiding/mypackage/MyClass.java
package hiding.mypackage;

public class MyClass {
  // ...
}
```

现在，如果有人想使用 MyClass 或 hiding.mypackage 里的任何其他 public 类，就必须用 import 关键字来使 hiding.mypackage 中的名称可用。另一种方式是提供完全限定的名称：

```
// hiding/QualifiedMyClass.java

public class QualifiedMyClass {
  public static void main(String[] args) {
```

```
    hiding.mypackage.MyClass m =
      new hiding.mypackage.MyClass();
  }
}
```

关键字 import 使其更加简洁：

```
// hiding/ImportedMyClass.java
import hiding.mypackage.*;

public class ImportedMyClass {
  public static void main(String[] args) {
    MyClass m = new MyClass();
  }
}
```

package 和 import 关键字将单个全局命名空间分隔开，这样名称就不会发生冲突了。

7.1.2 创建独一无二的包名

你可能会注意到，因为一个包并不会真正被"打包"到一个文件中，并且一个包可以由许多 .class 文件组成，所以情况可能会变得有点混乱。为了防止发生这种情况，一种合乎逻辑的做法是将特定包下的所有 .class 文件放在一个目录中；也就是说，让操作系统的分层文件结构为你所用。这是 Java 解决混乱问题的一种方式，在稍后介绍 jar 工具时你会看到另一种方式。

将包文件收集到单个子目录中解决了另外两个问题：创建唯一的包名，以及找到那些可能隐藏在某个目录结构中的类。这是通过将 .class 文件的路径编码为 package 名称来实现的。按照惯例，package 名称的第一部分是类创建者的反向的因特网域名。因为因特网域名是唯一的，所以如果你遵循了这个约定，你的 package 名称也是唯一的，这样就不会有名称冲突了。如果你没有自己的域名，则必须编造一个不容易和别人重复的组合（例如你的名字和姓氏）来创建独特的包名称。如果你已决定开始发布 Java 代码，那么稍微花点力气去获得一个域名还是很值得的。

这个技巧的第二部分是将 package 名称解析为你机器上的一个目录，这样当 Java 解释器需要加载一个 .class 文件时，它就可以定位到该 .class 文件所在的目录。首先，它找到环境变量 CLASSPATH[①]（通过操作系统设置，有时可以用安装 Java 的程序或你机器上的 Java 工具来设置）。CLASSPATH 包含了一个或多个目录，用作查找 .class 文件的根目录。从根目录开始，解释器把包名里的每个点替换成斜杠，从而在 CLASSPATH 根目录下生成一

———
① 在引用环境变量时，使用大写字母（例如 CLASSPATH）。

个路径名（所以 package foo.bar.baz 变成了 foo\bar\baz 或 foo/bar/baz，或其他什么东西，具体取决于你的操作系统）。然后将其与 CLASSPATH 中各个不同的根目录项连接起来。Java 解释器就在这些目录里查找你所创建类的 .class 文件。（它还会搜索与自己所在位置相关的一些标准目录。）

为了理解这一点，以我的域名 MindviewInc.com 为例。将其顺序颠倒并全部小写，com.mindviewinc 就为我的类建立了唯一的全局名称。（com、edu、org 等扩展名以前在 Java 包中是大写的，但 Java 2 做了更改，所以现在整个包名都是小写的了。）如果我决定创建一个 simple 库，可以将这个包名进一步细分，得到下面的包名：

```
package com.mindviewinc.simple;
```

这个包名就可以用作下面两个文件的命名空间，用来保护它们了：

```
// com/mindviewinc/simple/Vector.java
// 创建一个包
package com.mindviewinc.simple;

public class Vector {
  public Vector() {
    System.out.println("com.mindviewinc.simple.Vector");
  }
}
```

如前所述，package 语句必须是文件中的第一行非注释代码。第二个文件看起来很相似：

```
// com/mindviewinc/simple/List.java
// 创建一个包
package com.mindviewinc.simple;

public class List {
  public List() {
    System.out.println("com.mindviewinc.simple.List");
  }
}
```

这两个文件都放在我的机器上下面这个子目录里：

```
C:\DOC\Java\com\mindviewinc\simple
```

（本书每个文件的第一个注释行指明了该文件在源代码树中的目录位置，它是给本书的自动代码提取工具使用的。）

如果你沿此路径往回看，会看到包名 com.mindviewinc.simple，但是路径的第一部分呢？它由 CLASSPATH 环境变量提供。在我的机器上，部分 CLASSPATH 看起来是这样的：

```
CLASSPATH=.;D:\JAVA\LIB;C:\DOC\Java
```

CLASSPATH 里可以包含许多可供选择的搜索路径。

但是，使用 JAR 文件时会有所不同。你必须将 JAR 文件的实际名称放在类路径中，而不仅仅是它所在的路径。因此，对于名为 grape.jar 的 JAR 文件，你的类路径应该包括：

```
CLASSPATH=.;D:\JAVA\LIB;C:\flavors\grape.jar
```

一旦类路径正确设置，你就可以将下面的文件放在任何目录中了：

```java
// hiding/LibTest.java
// 使用库
import com.mindviewinc.simple.*;

public class LibTest {
  public static void main(String[] args) {
    Vector v = new Vector();
    List l = new List();
  }
}
```

```
/* 输出：
com.mindviewinc.simple.Vector
com.mindviewinc.simple.List
*/
```

当编译器遇到用来引入 simple 库的 import 语句时，它就开始在 CLASSPATH 指定的目录中搜索，寻找子目录 com/mindviewinc/simple，然后再寻找对应名称的编译文件（对 Vector 来说是 Vector.class，对 List 来说是 List.class）。注意，Vector 和 List 里的类和所需的方法都必须是 public 的。

设置 CLASSPATH 对 Java 新手来说是一种折磨（刚开始对我来说是这样的），后来的 JDK 版本变得更聪明了一些。你会发现安装 Java 的时候，即使不设置 CLASSPATH，也可以编译运行基本的 Java 程序。但是，要编译和运行本书的各个示例（可从 https://github.com/BruceEckel/OnJava8-examples 获得），你必须将本书解压后的代码树的根目录添加到你的 CLASSPATH 里（gradlew 命令会管理它自己的 CLASSPATH，所以如果你不想使用 Gradle，而是打算直接运行 javac 和 java 命令，只需要设置 CLASSPATH 即可）。

冲突

如果通过 * 导入的两个库里包含了相同的名称，会发生什么情况？例如，假设一个程序这样写：

```java
import com.mindviewinc.simple.*;
import java.util.*;
```

java.util.* 也包含一个 Vector 类，因此这可能会导致潜在的冲突。但只要你不编写实际会导致冲突的代码，一切就都没有问题——这样是合理的，否则你可能需要进行大量编程，以防止永远不会发生的冲突了。

如果你尝试这样创建一个 Vector，冲突确实会发生：

```
Vector v = new Vector();
```

这里指的是哪个 Vector 类？编译器不知道，读者也不知道。所以编译器会报错并强迫你明确指定。对于标准 Java 里的 Vector 类，你这样写：

```
java.util.Vector v = new java.util.Vector();
```

这与 CLASSPATH 一起完全指定了这个 Vector 类的位置，所以这时就不需要 import java.util.* 语句了，除非还使用了 java.util 中的其他内容。

你还可以使用单类导入形式来防止冲突，只要你不在同一个程序中使用两个相冲突的名称（在这种情况下，你必须回退到完全指定名称的形式）。

7.1.3　定制工具库

有了这些知识，你就可以创建自己的工具库来减少或消除重复代码了。

通常，我会使用我的反向域名来打包这样的工具程序，例如 com.mindviewinc.util，但为了简化和减少视觉干扰，我将本书的工具程序包名简化为 onjava。

举例来说，这里是第 5 章中介绍过的 range() 方法。它为简单整数序列中使用 for-in 语法提供了便利：

```java
// onjava/Range.java
// 创建用整数初始化的数组
package onjava;

public class Range {
  // 创建序列 [start, ..., end)，按步长增加
  public static
  int[] range(int start, int end, int step) {
    if (step == 0)
      throw new
        IllegalArgumentException("Step cannot be zero");
    int sz = Math.max(0, step >= 0 ?
        (end + step - 1 - start) / step
      : (end + step + 1 - start) / step);
    int[] result = new int[sz];
    for(int i = 0; i < sz; i++)
```

```
    result[i] = start + (i * step);
  return result;
} // 生成一个序列 [start, ..., end]
public static int[] range(int start, int end) {
  return range(start, end, 1);
}
// 生成一个序列 [0, ..., n]
public static int[] range(int n) {
  return range(0, n);
}
}
```

Range.java 必须位于从 CLASSPATH 开始的一个目录中，然后继续进入 onjava 目录。编译后，可以用 import static 语句来让这些方法在系统中的任何地方都能使用。以下是一些基本测试，用来验证它是否正常工作：

```
// onjava/TestRange.java
//Range.java 的基本测试
import static onjava.Range.*;
import java.util.Arrays;

public class TestRange {
  private static void show(int[] rng) {
    System.out.println(Arrays.toString(rng));
  }
  public static void main(String[] args) {
    show(range(10, 21, 3));
    show(range(21, 10, -3));
    show(range(-5, 5, -3));
    show(range(-5, 5, 3));
    show(range(10, 21));
    show(range(10));
  }
}
/* 输出：
[10, 13, 16, 19]
[21, 18, 15, 12]
[]
[-5, -2, 1, 4]
[10, 11, 12, 13, 14, 15, 16, 17, 18, 19, 20]
[0, 1, 2, 3, 4, 5, 6, 7, 8, 9]
*/
```

从现在开始，每当你创建了一个有用的新工具，就可以将其添加到自己的库里。你将在本书中看到更多组件添加到 onjava 库中。

7.1.4 用 import 来改变行为

Java 缺少的一个功能是 C 语言的**条件编译**（conditional compilation），你可以通过更改一个开关设置来获得不同的行为，而无须更改任何其他代码。Java 没有提供这一功能，可能是因为它在 C 语言中最常用于解决跨平台问题：根据目标平台来编译代码的不同部分。Java 旨在自动跨平台，因此不需要这样的功能。

但是，条件编译还有其他用途。一个很常见的用法是调试代码。调试功能在开发过程中启用，而在发布的产品里禁用。你可以通过更改导入的 package，将程序中使用的代码从调试版本更改为生产版本，从而实现这个功能。这一技术可用于任何类型的条件代码。

7.1.5　关于包的忠告

当创建一个包并给其命名时，你就隐式地指定了目录结构。这个包必须位于其名称指定的目录中，并且该目录必须可以从 CLASSPATH 开始搜索到。一开始尝试使用 package 关键字可能会有点沮丧，因为除非遵守包名和路径名之间的对应规则，否则会收到许多让人难以理解的运行时错误消息，提示无法找到特定的类，即使该类就在同一目录中。如果你收到这样的消息，请尝试注释掉 package 语句，如果这样程序就能正常运行的话，你就会知道问题出在哪里了。

注意，编译后的代码通常放在和源代码不同的目录中。这是许多项目的标准做法，集成开发环境通常会自动处理。我们仍然要保证 JVM 能够通过 CLASSPATH 找到编译后代码的路径。

7.2　Java 访问权限修饰符

Java 访问权限修饰符包括 public、protected 和 private，它们放在类中成员定义的前面，包括字段和方法。每个访问权限修饰符仅控制对该特定定义的访问。

如果不提供访问权限修饰符，则表示"包访问权限"。因此，无论如何，任何事物都有某些形式的访问控制。在接下来的几节里，你将了解到各种访问权限。

7.2.1　包访问

本章之前的所有示例都只使用了 public 修饰符，或者没有使用修饰符（即**默认访问权限**）。默认访问权限没有关键字，通常称为**包访问权限**（有时称为"友好访问权限"）。这意味着当前包中的所有其他类都可以访问该成员。对于此包之外的所有类，该成员显示为 private。一个编译单元（即一个文件）只能属于一个包，所以一个编译单元中的所有类都可以通过包访问权限来相互访问。

包访问权限将相关的类分组到一个包中，以便它们可以轻松地交互。包中的类可以访问该包里具有包访问权限的成员，因此你"拥有"了该包中的代码。只有你拥有的代码才能对你拥有的其他代码进行包访问，这是合理的。包访问权限是将类分组到一个包中的原因之一。在许多语言里，你可以任意组织文件中的定义方式，但在 Java 中，你必须以合理的方式组织它们。另外，如果有的类不应该访问当前包中定义的类的话，你可能需要排除它。

类控制着哪些代码可以访问其成员。来自另一个包的代码不能只是因为说了一句"嗨，我是 Bob 的朋友"，就能看到 Bob 的 protected、包访问权限和 private 成员。授予成员访问权限的唯一方法如下所示。

1. 将成员设为 public，这样任何地方的任何人都可以访问它。

2. 通过去掉访问权限修饰符来授予成员包访问权限，并将其他类放在同一个包中，这样该包中的其他类就可以访问该成员了。

3. 正如你在第 8 章会看到的，当引入继承时，通过继承而来的类（子类）可以访问父类的 protected 成员以及 public 成员（但不能访问 private 成员）。只有当两个类在同一个包中时，它才可以访问父类的包访问权限成员。但现在不必担心继承和 protected。

4. 提供可以读取和更改值的访问器（accessor）和修改器（mutator）方法（也称为"get/set"方法）。

7.2.2　public：接口访问权限

当使用 public 关键字时，就意味着紧跟在 public 后面的成员声明对于所有人都是可用的，尤其是对于使用该库的客户程序员。假设你定义了一个包含以下编译单元的 dessert 包：

```java
// hiding/dessert/Cookie.java
// 创建一个库
package hiding.dessert;

public class Cookie {
  public Cookie() {
   System.out.println("Cookie constructor");
  }
  void bite() { System.out.println("bite"); }
}
```

记住，Cookie.java 生成的类文件必须置于名为 dessert 的子目录中，该子目录位于 hiding 目录下（表示本书的第 7 章），而 hiding 目录必须位于 CLASSPATH 指定的路径之一里。不要错误地认为 Java 会始终将当前目录视为搜索的起点之一。如果 CLASSPATH 中没有指定"."作为路径之一，Java 就不会在当前目录里查找。

现在可以创建一个程序来使用 Cookie 了：

```
// hiding/Dinner.java
// 使用库
import hiding.dessert.*;

public class Dinner {
  public static void main(String[] args) {
    Cookie x = new Cookie();
    //- x.bite(); // 无法访问
  }
}
```

```
/* 输出:
Cookie constructor
*/
```

你可以创建一个 Cookie 对象，因为它的构造函数是 public 的，而且类也是 public 的
（稍后将进一步介绍 public 类的概念）。然而，bite() 方法在 Dinner.java 中是不可访问的，
因为 bite() 只提供了在包 dessert 中的访问，所以编译器会阻止你使用它。

默认包

你可能会惊讶地发现以下代码可以编译，尽管它看起来似乎违反了规则：

```
// hiding/Cake.java
// 在一个不同的编译单元访问类

class Cake {
  public static void main(String[] args) {
    Pie x = new Pie();
    x.f();
  }
}
```

```
/* 输出:
Pie.f()
*/
```

下面的代码是处于相同目录中的第二个文件：

```
// hiding/Pie.java
// 另一个类

class Pie {
  void f() { System.out.println("Pie.f()"); }
}
```

乍一看这两个文件好像完全不相关，但 Cake 能够创建一个 Pie 对象并调用它的 f() 方
法（注意 CLASSPATH 中必须有 "." 才能编译）。你通常可能会认为 Pie 和 f() 具有包访问权限，
因此不能用于 Cake。它们确实有包访问权——这是正确的。它们在 Cake.java 中可用是因
为它们都在同一目录中，并且没有明确的包名。Java 将这样的文件看作属于该目录的"默
认包"的隐含部分，因此它们为该目录中所有其他文件提供了包访问权限。

7.2.3　private：你无法访问它

private 关键字意味着，除了包含该成员的类之外，其他任何类都不能访问，当然在该
类的方法内部也能访问。同一个包中的其他类无法访问 private 成员，因此这就好像你故意
将类与自己隔离。不过从另一方面来说，一个包由几个人合作创建的可能性也并非不存在。
使用 private 的话，就可以自由更改该成员，而不必担心它会影响同一个包中的另一个类。

默认的包访问权限通常已经提供了足够的隐藏。记住，使用该类的客户程序员是无法
访问包访问权限成员的。这是比较合理的，因为默认的包访问权限是你通常使用的访问权
限（如果你忘记添加任何访问控制，则会默认获得该访问权限）。因此，你通常会考虑的
是，哪些成员需要公开访问权限来给客户程序员调用。最初你可能认为自己不会经常使用
private 关键字，因为没有它好像也可以正常工作。但是，坚持使用 private 是十分重要的，
尤其在涉及多线程的情况下（正如你将在进阶卷第 5 章中看到的那样）。

下面是一个使用 private 的例子：

```java
// hiding/IceCream.java
// 演示 private 关键字

class Sundae {
  private Sundae() {}
  static Sundae makeASundae() {
    return new Sundae();
  }
}

public class IceCream {
  public static void main(String[] args) {
    //- Sundae x = new Sundae();
    Sundae x = Sundae.makeASundae();
  }
}
```

上面的示例显示了一个 private 大显身手的场景：控制对象的创建方式，并防止特定
的构造器（或所有构造器）被调用。在这个例子中，你不能通过它的构造器来创建一个
Sundae 对象；相反，你必须调用 makeASundae() 方法来做这件事[①]。

只要能确定是类的"辅助"方法，这个方法就可以设为 private，以确保在包的其他
地方不会意外地使用它，从而让自己无法再更改或删除。将方法指定为 private 让你保留
了这些选择。

---

① 这里还有另一个效果：无参构造器是唯一定义的构造器，并且它是 private 的，因此这就阻止了该类的
继承（稍后会介绍这个主题）。

对于类中的 private 字段也是如此。除非你必须要公开底层实现（可能性比你以为的要小），否则就将字段设为 private。然而，仅仅因为一个对象的引用在类中是 private 的，并不意味着其他对象不能拥有对同一个对象的 public 引用。（请参阅进阶卷第 2 章了解别名问题。）

7.2.4 protected：继承访问权限

要理解 protected 访问权限修饰符，就需要提前做些准备。首先，注意在第 8 章介绍继承之前，你即使不理解这一节的内容也可以继续阅读本书。但为了完整起见，这里是 protected 的一个简要说明和相关示例。

protected 关键字处理的是**继承**的概念，它利用一个现有类——我们叫作**基类**（base class）——并在不修改现有类的情况下向该类添加新成员，还可以改变该类现有成员的行为。为了继承一个类，你需要声明自己的新类扩展（extends）了现有类，如下所示：

```
class Foo extends Bar {
```

类定义的其余部分看起来都是一样的。

如果你创建了一个新包，并需要继承另一个包中的类，那么唯一可以访问的成员是这个类的 public 成员。当然如果继承同一个包中的类，就可以操作所有的包访问权限成员了。有时候基类的创建者想要把特定成员的访问权限赋给子类，而不是所有的类，这时候 protected 就可以发挥作用了。protected 还提供了包访问权，也就是说，同一包中的其他类也可以访问 protected 元素。

如果你回顾文件 Cookie.java，就会知道下面的类不能调用包访问权限成员 bite()：

```
// hiding/ChocolateChip.java
// 无法在另一个包里调用包访问权限的成员
import hiding.dessert.*;

public class ChocolateChip extends Cookie {
  public ChocolateChip() {
    System.out.println("ChocolateChip constructor");
  }
  public void chomp() {
    //- bite(); // 无法访问 bite
  }
  public static void main(String[] args) {
    ChocolateChip x = new ChocolateChip();
    x.chomp();
  }
}

/* 输出：
Cookie constructor
ChocolateChip constructor
*/
```

如果类 Cookie 中存在一个方法 bite()，那么这个方法也存在于任何继承 Cookie 的类中。但是 bite() 只具有包访问权限并且位于另一个包中，因此无法在当前包中使用它。你可以将其修改为 public，但这样的话每个人就都可以访问它了，这也许不是你想要的。如果按如下方式更改类 Cookie：

```java
// hiding/cookie2/Cookie.java
package hiding.cookie2;

public class Cookie {
  public Cookie() {
    System.out.println("Cookie constructor");
  }
  protected void bite() {
    System.out.println("bite");
  }
}
```

这样任何继承 Cookie 的类都可以访问 bite()：

```java
// hiding/ChocolateChip2.java
import hiding.cookie2.*;

public class ChocolateChip2 extends Cookie {
  public ChocolateChip2() {
   System.out.println("ChocolateChip2 constructor");
  }
  public void chomp() { bite(); } // protected 方法
  public static void main(String[] args) {
    ChocolateChip2 x = new ChocolateChip2();
    x.chomp();
  }
}
```

```
/* 输出：
Cookie constructor
ChocolateChip2 constructor
bite
*/
```

这时尽管 bite() 也有包访问权限，但它不是 public 的。

7.2.5　包访问权限与公共构造器

当定义一个具有包访问权限的类时，你可以给它一个 public 构造器，此时编译器不会提示任何错误：

```java
// hiding/packageaccess/PublicConstructor.java
package hiding.packageaccess;

class PublicConstructor {
  public PublicConstructor() {}
}
```

如果运行 Checkstyle 这样的工具，它会指出这是虚假陈述，并且从技术上讲这样定义类是错误的。你实际上无法从包外部访问这个所谓的 public 构造器：

```
// hiding/CreatePackageAccessObject.java
// {WillNotCompile}
import hiding.packageaccess.*;

public class CreatePackageAccessObject {
  public static void main(String[] args) {
    new PublicConstructor();
  }
}
```

如果手动编译此文件，你将看到一个编译器错误消息：

```
CreatePackageAccessObject.java:6: error:
PublicConstructor is not public in hiding.packageaccess;
cannot be accessed from outside package
    new PublicConstructor();
      ^
1 error
```

因此，在只有包访问权限的类中声明一个 public 构造器，实际上并不会使这个构造器成为 public 的，编译器应该在声明处将其标记为一个错误。

7.3　接口和实现

访问控制常常被称为**实现隐藏**。将数据和方法包装在类中，并与实现隐藏相结合，称为**封装**（encapsulation）[①]。其结果就是具有特征和行为的数据类型。

出于两个重要的原因，访问权限控制在数据类型的内部设置了访问边界。第一个原因是确定客户程序员可以使用和不可以使用的内容。你在这个结构里创建自己的内部机制，而不必担心客户程序员会不小心将这个内部机制视为他们可以使用的接口的一部分。

这直接引出了第二个原因：将接口与实现分离。如果在一组程序里使用了该结构，客户程序员除了将消息发送到 public 接口之外什么都不能做，这样你就可以自由地更改任何非 public 的代码（例如包访问权限、protected 或 private），而不会破坏客户端代码。

为了清楚起见，你可能喜欢这样一种创建类的风格：将 public 成员放在开头，后面依次跟着 protected 成员、包访问权限成员和 private 成员。这样做的好处是类的使用者可以从上往下读，首先看到的是对他们最为重要的 public 成员（因为它们可以在文件外访

---

① 然而，人们经常只单独将实现隐藏称为封装。

问），遇到非 public 成员的时候就可以停止阅读，因为它们是内部实现的一部分：

```
// hiding/OrganizedByAccess.java

public class OrganizedByAccess {
  public void pub1() { /* ... */ }
  public void pub2() { /* ... */ }
  public void pub3() { /* ... */ }
  private void priv1() { /* ... */ }
  private void priv2() { /* ... */ }
  private void priv3() { /* ... */ }
  private int i;
  // ...
}
```

这样做仅仅使得代码阅读起来稍微容易一些，因为接口和实现仍然混合在一起。也就是说，你仍然可以看到源代码（即实现），因为它就在类中。此外，Javadoc 支持的注释文档功能降低了代码可读性对客户程序员的重要程度。向类的使用者显示接口实际上是类浏览器的工作，该工具显示了所有可用的类以及可以用它们做什么（即哪些成员可用）。在 Java 中，JDK 文档提供了与类浏览器相同的作用。

7.4 类的访问权限

访问权限修饰符还决定了库**内部**的哪些类可以提供给用户使用。如果你希望客户程序员能使用某个类，在整个类定义时使用 public 关键字即可。这样甚至可以控制客户程序员能否创建该类的对象。

要控制对类的访问，访问权限修饰符必须出现在关键字 class 之前：

```
public class Widget {
```

如果库的名称是 hiding，则任何客户程序员都可以通过以下方式访问 Widget：

```
import hiding.Widget;
```

或者

```
import hiding.*;
```

不过这里还有一些额外的限制。

每个编译单元（文件）都只能有一个 public 类。这里的设计思想是，每个编译单元都有一个由该 public 类表示的公共接口。它可以根据需要拥有任意数量的包访问权限的类。

编译单元中如果有多个 public 类，则会产生编译时错误。

public 类的名称必须与包含编译单元的文件名完全匹配，包括大小写。所以对于 Widget，文件名必须是 Widget.java，而不是 widget.java 或 WIDGET.java。同样，如果你不这么做，就会产生编译时错误。

尽管不常见，但编译单元里可以没有 public 类。这时你可以随意命名文件（不过随意命名会给阅读和维护代码的人带来困扰）。

如果你在 hiding 包里有一个类，只是用来完成 Widget 或 hiding 中的一些 public 类的任务，那要怎么做呢？你不想花力气为客户程序员创建文档，认为以后可能会彻底改变原来的方案，而且会删除现在的这个类，代之以不同的类。为了实现这种灵活性，并确保没有客户程序员依赖隐藏在 hiding 包中的特定实现细节，你可以移除类的 public 关键字，来赋予它包访问权限。

当创建包访问权限的类时，将类的字段设为 private 仍然是有意义的——你应该始终尽可能地将字段设为 private——但通常来说，给方法赋予和类相同的权限（包访问权限）是合理的。具有包访问权限的类通常仅在包内使用，因此只有在受到强制要求的场景下，才应该将此类的方法设为 public，至于什么时候处于这些场景中，编译器会提示你的。

请注意，类不能是 private（这将使除该类之外的任何类都无法访问它）或 protected 的 [1]。因此，对于类访问权限，只有两种选择：包访问权限和 public。如果想要防止对该类的访问，可以将其所有的构造器都设为 private，从而禁止其他人创建该类的对象，而你则可以在这个类的静态方法中创建对象：

```java
// hiding/Lunch.java
// 演示类的访问权限修饰符，通过私有的构造器
// 让类的对象创建保持私有

class Soup1 {
  private Soup1() {}
  public static Soup1 makeSoup() {          // [1]
    return new Soup1();
  }
}

class Soup2 {
  private Soup2() {}
  private static Soup2 ps1 = new Soup2();   // [2]
```

---

[1] 实际上，内部类可以是 private 的或 protected 的，但这是特殊情况。这些主题在第 11 章中会介绍。

```
  public static Soup2 access() {
    return ps1;
  }
  public void f() {}
}

// 每个文件只能有一个public类:
public class Lunch {
  void testPrivate() {
    // 不能这么做，构造器是私有的
    //- Soup1 soup = new Soup1();
  }
  void testStatic() {
    Soup1 soup = Soup1.makeSoup();
  }
  void testSingleton() {
    Soup2.access().f();
  }
}
```

你可以像方式 [1] 那样通过静态方法来创建对象，也可以像方式 [2] 那样创建一个静态对象，并在用户请求时返回这个对象的引用。

到目前为止，大多数方法返回 void 或基本类型，因此方式 [1] 中的定义乍一看可能让人有点迷惑。方法名（makeSoup）之前的单词 Soup1 表示该方法返回的是什么。以前我们通常用 void，这意味着不返回任何内容。但你也可以返回对象的引用，就像示例中展示的那样。这个方法返回了一个 Soup1 类对象的引用。

Soup1 和 Soup2 展示了如何通过将所有构造器设为 pirvate 来阻止直接创建类的对象。记住，如果你没有明确创建至少一个构造器，无参构造器（没有参数的构造函数）就会自动创建。如果我们自己编写了无参构造器，它就不会自动创建。通过将它设为 private，没有人可以创建该类的对象。但是其他人要如何使用这个类呢？前面的示例提供了两种方式。Soup1 创建了一个静态方法，用来生成 Soup1 的新对象并返回对它的引用。如果想要在返回之前对 Soup1 执行额外的操作，或者计算一下 Soup1 对象生成的数量（可能是为了限制它们的多少），这种方式就十分有用了。

Soup2 使用了所谓的**设计模式**（design pattern）。我们使用的这个特定模式称为**单例模式**（Singleton），因为它从始至终都只有一个对象被创建。Soup2 类的对象是作为 Soup2 的静态 private 成员被创建的，所以有且仅有一个，并且只能通过 public 方法 access() 来获取它。

7.5　新特性：模块

在 JDK 9 之前，Java 程序会依赖整个 Java 库。这意味着即使最简单的程序也带有大量从未使用过的库代码。如果你使用了组件 A，那么 Java 语言没有提供任何支持来告诉编译器，组件 A 依赖了哪些其他组件。如果没有这些信息，编译器唯一能做的就是将整个 Java 库包含在内。

还有一个更重要的问题。尽管包访问似乎提供了有效的隐藏，使类不能在该包外使用，但还是可以使用反射（参见第 19 章）来规避它。多年来，一些 Java 程序员一直在访问部分底层的 Java 库组件，而这些库组件从未打算要被外部直接使用。这些程序员的代码与隐藏的组件耦合了起来。这意味着 Java 库设计者无法在不破坏用户代码的情况下修改这些组件，这极大地阻碍了对 Java 库的改进。为了解决第二个问题，库组件需要一个对外部程序员完全不可用的选项。

JDK 9 最终引入了**模块**（module），它解决了这两个问题。Java 库设计者现在可以将代码清晰地划分为模块，这些模块以编程的方式指定它们所依赖的每个模块，并定义导出哪些组件以及哪些组件完全不可用。

JDK 9 的 Jigsaw 项目 [①] 将 JDK 库拆分为一百多个**平台模块**。现在，当使用库组件时，你会仅仅获得该组件的模块及其依赖项，不会有不使用的模块。如果想继续使用隐藏的库组件，你必须启用"逃生舱口"（escape hatch），它清楚地表明你这样做违反了库的预期设计，因此将来如果因为更新这个隐藏组件（甚至完全删除）而引起任何破坏，都要由你自己来负责。

需要使用一些新的命令行标识来探索这个新的模块系统。要显示所有可用的模块，在命令提示符下运行以下命令：

```
java --list-modules
```

它会产生这样的输出：

```
java.base@11
java.compiler@11
java.datatransfer@11
java.desktop@11
java.instrument@11
```

---

① JDK 通过不同的项目来进行开发，比如 Jigsaw 项目实现了模块化，Amber 项目关注 Java 语言的小改动和生产力提升，Valhalla 项目更侧重于 JVM 的改进。具体可参考 OpenJDK 官网。——译者注

```
java.logging@11
java.management@11
java.management.rmi@11
java.naming@11
java.net.http@11
...
```

@11 表示正在使用的 JDK 的版本，当引用模块时该信息不需要包括在内。要查看模块的内容，例如 base，请在命令提示符下运行：

```
java --describe-module java.base
```

输出如下：

```
java.base@11
exports java.io
exports java.lang
exports java.lang.annotation
exports java.lang.invoke
exports java.lang.module
exports java.lang.ref
exports java.lang.reflect
exports java.math
exports java.net
exports java.net.spi
exports java.nio
...
uses java.text.spi.DateFormatSymbolsProvider
uses sun.util.locale.provider.LocaleDataMetaInfo
uses java.time.chrono.Chronology
uses java.nio.channels.spi.AsynchronousChannelProvider
uses sun.text.spi.JavaTimeDateTimePatternProvider
...
provides java.nio.file.spi.FileSystemProvider with
  jdk.internal.jrtfs.JrtFileSystemProvider
...
qualified exports sun.security.timestamp to jdk.jartool
qualified exports sun.security.validator to jdk.jartool
qualified exports jdk.internal.org.xml.sax to jdk.jfr
qualified exports sun.security.provider.certpath to java.naming
qualified exports sun.security.tools to jdk.jartool
...
contains sun.text
contains sun.text.bidi
contains sun.text.normalizer
contains sun.text.resources
contains sun.text.resources.cldr
contains sun.text.spi
contains sun.util
contains sun.util.calendar
```

```
contains sun.util.locale
contains sun.util.resources.cldr
contains sun.util.spi
```

这可以让你大概了解模块给 Java 库带来的是什么样的组件结构。

你也可以将模块系统用于自己的应用程序。在撰写本书时，对于大多数项目而言，收益似乎并没有高于所付出的努力。你可以在不使用模块的情况下继续编写应用程序，这样仍然可以受益于标准 Java 库的模块化。

如果你正在编写自己的库，并且它足够大和复杂的话，你可能需要投入精力学习使用模块系统来实现它。而对于除了大型第三方库之外的任何项目，在不使用模块的情况下构建就可以了。

7.6 总结

界限在任何关系中都很重要，所有相关方都应该遵守。当创建了一个库时，你就与该库的使用者——客户程序员——建立了一种关系，这些使用者是另外的一些程序员，他们使用你的库来构建应用程序或更大的库。

如果没有规则，客户程序员就可以对库里的所有成员做任何事情，即使你可能并不希望他们直接操作某些成员。在这种情况下，所有一切都是公开的。

本章研究了类如何生成，以方便构建库：首先，介绍了一组类是如何被打包到一个库里的；其次，介绍了类是如何控制对其成员的访问的。

据估计，用 C 语言开发的项目，当代码量达到 5 万 ~10 万行时就会出现问题，因为 C 语言只有单一的命名空间，这时候名称就开始冲突，导致额外的管理开销。而在 Java 中，通过 package 关键字、包命名方案和 import 关键字，你可以完全控制名称，因此很容易避免名称冲突的问题。

控制对成员的访问权限有两个原因。第一个原因是让用户远离他们不应该接触的部分。这部分对于类的内部操作是必需的，但并不属于客户程序员所需接口的一部分。因此，将这些方法和字段设为 private，对客户程序员而言也是一种服务，因为这样的话他们就可以轻松地了解到什么对他们重要，什么又是他们可以忽略的。这简化了他们对类的理解。

访问权限控制的第二个（也是最重要的）原因是，让库设计者可以改变类的内部实现，而不必担心会影响到客户程序员。例如，你最初可能以某种方式构建一个类，然后发现如果重构代码的话，可以提供更快的速度。如果接口和实现被明确分离并加以保护的话，你就可以实现这一点，而不必强迫客户程序员重写他们的代码。访问权限控制确保客户程序员不会依赖于类的底层实现。

当有能力改变底层实现时，你不仅有了改进设计的自由，还有了犯错误的自由。无论如何仔细地规划和设计，你都会犯错误。知道所犯错误造成的影响比较小的话，你会更有实验精神，学得更快，也能更快地完成自己的项目。

类的公共接口是用户真正看到的，因此这一部分在分析和设计期间正确实现是最重要的。即便如此，你仍然有改变的余地。如果刚开始没有设计出正确的接口，你可以添加更多方法，只要不删除客户程序员已经在代码里使用的任何方法。

注意，访问权限控制侧重于库开发者和该库的外部客户之间的关系，这也是一种通信方式。不过有很多情况并非如此。例如，你自己编写所有的代码，或者你与一个小团队密切合作，而且所有的内容都放在同一个包中。这些情况是另一种不同的通信方式，严格遵守访问权限规则可能不是最佳选择。默认的（包）访问权限可能就够用了。

复用

> 代码复用是面向对象编程里最引人注目的特性之一。

在像 C 这样的过程型语言中，"复用"通常意味着"复制代码"，这在任何语言中都很容易做到，但效果并不好。与 Java 中的所有事物一样，这个问题的解决方案也是围绕着类展开的。你可以通过创建新类来复用代码，直接在新类里使用其他人已经构建和调试过的类，而不必再从头开始编写它们。

这个方法的诀窍在于，如何在不污染现有代码的情况下使用它们。在本章中，你将看到实现此目的的两种方法。第一种方法很简单：在新类中创建现有类的对象。这称为**组合**（composition），因为新类由现有类的对象组合而成。你复用的是代码的功能，而不是其形式。

第二种方法更微妙一些，它创建了一个可以视为现有类**类型**的新类。甚至可以毫不夸张地说，它直接复制了现有类的形式，然后向其中添加代码，而没有修改现有类。这种技术叫作**继承**（inheritance），它的大部分工作是由编译器完成的。继承是面向对象编程的基石之一，我们会在下一章进一步探讨它的含义。

对于组合和继承而言，许多语法和行为都是相似的（这是合理的，因为它们都是从现有类型中创建新类型的方法）。在本章中，你将学习这些代码复用机制。

8.1 组合语法

我们在前面的示例中已经多次使用了组合，将对象引用放在新类中即可。例如，假设你想要一个对象，它包含了多个字符串对象、几个基本类型以及另一个类的对象。对于非基本类型的对象，需要将其引用放入新类中，但基本类型就可以直接定义：

```java
// reuse/SprinklerSystem.java
// 使用组合来复用代码

class WaterSource {
  private String s;
  WaterSource() {
    System.out.println("WaterSource()");
    s = "Constructed";
  }
  @Override public String toString() { return s; }
}

public class SprinklerSystem {
  private String valve1, valve2, valve3, valve4;
  private WaterSource source = new WaterSource();
  private int i;
  private float f;
  @Override public String toString() {
    return
      "valve1 = " + valve1 + " " +
      "valve2 = " + valve2 + " " +
      "valve3 = " + valve3 + " " +
      "valve4 = " + valve4 + "\n" +
      "i = " + i + " " + "f = " + f + " " +
      "source = " + source;                 // [1]
  }
  public static void main(String[] args) {
    SprinklerSystem sprinklers = new SprinklerSystem();
    System.out.println(sprinklers);
  }
}
/* 输出:
WaterSource()
valve1 = null valve2 = null valve3 = null valve4 = null
i = 0 f = 0.0 source = Constructed
*/
```

在上面两个类定义的方法中，有一个是特殊的：toString()。每个非基本类型的对象都有一个 toString() 方法，它会在一些特殊情况下被调用，比如当编译器需要一个字符串，但有的是一个对象时。因此，在代码行 [1] 中，编译器看到你尝试将 String 类型（"source ="）和 WaterSource 对象相拼接。因为只能将一个字符串拼接到另一个字符串，所以它表示"我将通过调用 toString() 方法来将 source 对象变成一个字符串"。然后它就可以拼接这两个字符串，并将生成的字符串传递给 System.out.println()。如果想要在自己创建的类中实现这种行为，只需要编写一个 toString() 方法即可。

注解 @Override 用在 toString() 方法上，来让编译器确保我们实现了正确的重写。@Override 是可选的，但它有助于验证有没有拼写错误（或更详细地说,有没有拼错大小写），或有没有犯一些其他的常见错误。

正如第 3 章所述，类中的基本类型字段会自动初始化为零。而对象引用被初始化为 null，如果试图调用其中任何一个对象的方法，你会得到一个异常（exception），它表示运行时错误。不过很方便的是，你仍然可以打印一个 null 引用而不会抛出异常。

编译器并不是简单地为每个引用创建一个默认对象，这一点是合理的，因为这在许多情况下会产生不必要的开销。初始化引用有下列 4 种方式。

1. 在定义对象时。这意味着它们将始终在调用构造器之前被初始化。

2. 在该类的构造器中。

3. 在对象实际使用之前。这通常称为延迟初始化（lazy initialization）。在对象创建成本高昂且不需要每次都创建的情况下，它可以减少开销。

4. 使用实例初始化。

以下是这 4 种方式的示例：

```java
// reuse/Bath.java
// 使用组合进行构造器初始化

class Soap {
  private String s;
  Soap() {
    System.out.println("Soap()");
    s = "Constructed";
  }
  @Override public String toString() { return s; }
}

public class Bath {
  private String // 在定义时初始化
```

```
      s1 = "Happy",
      s2 = "Happy",
      s3, s4;
  private Soap castile;
  private int i;
  private float toy;
  public Bath() {
    System.out.println("Inside Bath()");
    s3 = "Joy";
    toy = 3.14f;
    castile = new Soap();
  }
  // 实例初始化
  { i = 47; }
  @Override public String toString() {
    if(s4 == null) // 延迟初始化
      s4 = "Joy";
    return
    "s1 = " + s1 + "\n" +
    "s2 = " + s2 + "\n" +
    "s3 = " + s3 + "\n" +
    "s4 = " + s4 + "\n" +
    "i = " + i + "\n" +
    "toy = " + toy + "\n" +
    "castile = " + castile;
  }
  public static void main(String[] args) {
    Bath b = new Bath();
    System.out.println(b);
  }
}
```

```
/* 输出：
Inside Bath()
Soap()
s1 = Happy
s2 = Happy
s3 = Joy
s4 = Joy
i = 47
toy = 3.14
castile = Constructed
*/
```

在构造器 Bath() 里，任何初始化发生之前会先执行一条语句。当没有在定义处初始化时，就无法保证在给一个对象引用发送消息之前，它已经执行过任何初始化了——如果尝试调用未初始化的对象引用的方法，它会抛出一个运行时异常。

当调用 toString() 时，它会为 s4 赋值，因此所有字段都会在使用前被正确初始化。

8.2 继承语法

继承是所有面向对象语言不可或缺的一个组成部分。其实当创建一个类时，总是在继承。除非明确指定了要继承某个类，否则将隐式继承 Java 的标准根类 Object。

组合的语法直观明了，但继承使用了一种特殊的语法。当继承时，你是在表示"这个新类就像那个旧类"。你需要在类主体的左花括号之前声明这一点，这通过关键字 extends 以及后面跟着的**基类**名称来实现。这样做时，你会自动获得基类中的所有字段和方法。下面是一个示例：

```java
// reuse/Detergent.java
// 继承的语法与属性

class Cleanser {
  private String s = "Cleanser";
  public void append(String a) { s += a; }
  public void dilute() { append(" dilute()"); }
  public void apply() { append(" apply()"); }
  public void scrub() { append(" scrub()"); }
  @Override public String toString() { return s; }
  public static void main(String[] args) {
    Cleanser x = new Cleanser();
    x.dilute(); x.apply(); x.scrub();
    System.out.println(x);
  }
}

public class Detergent extends Cleanser {
  // 修改方法:
  @Override public void scrub() {
    append(" Detergent.scrub()");
    super.scrub(); // 调用基类版本
  }
  // 向接口里添加方法
  public void foam() { append(" foam()"); }
  // 测试新类
  public static void main(String[] args) {
    Detergent x = new Detergent();
    x.dilute();
    x.apply();
    x.scrub();
    x.foam();
    System.out.println(x);
    System.out.println("Testing base class:");
    Cleanser.main(args);
  }
}
/* 输出:
Cleanser dilute() apply() Detergent.scrub() scrub() foam()
Testing base class:
Cleanser dilute() apply() scrub()
*/
```

这个程序展示了 Java 的许多特性。首先，在 Cleanser 类的 append() 方法中，我们使用 += 操作符把字符串拼接到 s，此操作符（连同 +）是 Java 设计者为处理字符串对象而重载的操作符之一。

其次，Cleanser 和 Detergent 都包含一个 main() 方法。可以为每个类都创建一个

main()，来进行简单的测试。当测试完成后，也不需要删除 main()，可以将其保留以供后续测试。即使一个程序中有很多类，唯一运行的 main() 也只会是在命令行中调用的那个。所以在此例中，运行 java Detergent 命令时，会调用 Detergent.main()。尽管 Cleanser 不是一个公共类，但也可以运行 java Cleanser 来调用 Cleanser.main()。因此即使一个类只有包访问权限，也可以访问它的 public main() 方法。

在这个示例里，Detergent.main() 显式调用了 Cleanser.main()，并将从命令行获得的参数传递给了它（当然，你也可以传递任何字符串数组）。

Cleanser 中的所有方法都是 public 的。记住，如果省略访问权限修饰符，则该成员的权限默认是包访问权限，仅允许包内的成员进行访问。因此，在这个包内，如果没有访问权限修饰符，任何人都可以使用这些方法。例如 Detergent 就没有问题。但是，如果来自其他包的类要继承 Cleanser，那它就只能访问 public 成员。因此，考虑到继承，作为一般规则，应该将所有字段设为 private，将所有方法设为 public（稍后你将学到，protected 成员也允许子类访问）。在特定情况下，你必须进行调整，但一般来说这是一个有用的指导方针。

Cleanser 在其接口中有一组方法：append()、dilute()、apply()、scrub() 和 toString()。因为 Detergent 继承了 Cleanser（通过 extends 关键字），所以它的接口就自动获得了这些方法，即使并没有在 Detergent 中显式定义它们。因此，可以将继承视作对类的复用。

正如在 scrub() 中看到的那样，可以使用基类中定义的方法并对其进行修改。在这个示例中，你可能想从新版本的方法里调用继承来的基类方法。但是在 scrub() 中不能简单地调用 scrub()，因为这会产生递归调用。为了解决这个问题，Java 提供了 super 关键字，来指代当前类继承的"超类"（基类）。因此，表达式 super.scrub() 调用了基类版本的 scrub() 方法。

在继承时，并不局限于只使用基类的方法。你还可以向子类中添加新方法，其方式与在类中添加任意方法一样：只需定义它即可。foam() 方法就是一个例子。

在 Detergent.main() 中可以看到，对于一个 Detergent 对象，你不仅可以调用 Cleanser 的所有可用方法，也可以调用 Detergent 里的所有可用方法（例如 foam()）。

初始化基类

现在涉及两个类：基类和子类。想象一下子类产生的对象，这可能会令人困惑。从外部看，新类与基类具有相同的接口，或许还有一些额外的方法和字段。但是继承不只是复制基类的接口这么简单。当创建子类对象时，它里面包含了一个基类的**子对象**（subobject）。这个子对象与直接通过基类创建的对象是一样的。只是从外面看，基类的子对象被包裹在了子类的对象中。

正确初始化基类的子对象至关重要，我们只有一种方法可以保证这一点：在子类构造器中调用基类构造器来执行初始化，它具有执行基类初始化所需的全部信息和权限。Java 会自动在子类构造器中插入对基类构造器的调用。以下示例通过 3 个继承层级展示了这一点：

```java
// reuse/Cartoon.java
// 继承时调用构造器

class Art {
  Art() {
    System.out.println("Art constructor");
  }
}

class Drawing extends Art {
  Drawing() {
    System.out.println("Drawing constructor");
  }
}

public class Cartoon extends Drawing {
  public Cartoon() {
    System.out.println("Cartoon constructor");
  }
  public static void main(String[] args) {
    Cartoon x = new Cartoon();
  }
}
/* 输出:
Art constructor
Drawing constructor
Cartoon constructor
*/
```

构造过程是从基类"向外"进行的，因此基类在子类构造器可以访问它之前就被初始化了。即使没有为 Cartoon 创建构造器，编译器也会为它合成一个可以调用基类构造器的无参构造器。可以试着删除 Cartoon 的构造器来验证是不是这样的。

带参数的构造器

前面的示例里都是无参构造器；也就是说，它们没有参数。编译器很容易调用它们，因为不需要考虑传递什么参数。如果基类没有无参构造器，或者如果你必须要调用具有参数的基类构造器，那么就要使用 super 关键字和相应的参数列表，来显式调用基类构造器：

```java
// reuse/Chess.java
// 继承、构造器和参数
```

```
class Game {
  Game(int i) {
    System.out.println("Game constructor");
  }
}

class BoardGame extends Game {
  BoardGame(int i) {
    super(i);
    System.out.println("BoardGame constructor");
  }
}

public class Chess extends BoardGame {
  Chess() {
    super(11);
    System.out.println("Chess constructor");
  }
  public static void main(String[] args) {
    Chess x = new Chess();
  }
}
```

```
/* 输出：
Game constructor
BoardGame constructor
Chess constructor
*/
```

如果不在 BoardGame 的构造器中显式调用基类的构造器，编译器会报错，表示它找不到形式为 Game() 的构造器。另外，对基类构造器的调用必须是子类构造器的第一个操作（否则编译器会通过报错来提示）。

8.3　委托

虽然 Java 里没有提供直接支持，但除了组合和继承外，还有第三种关系叫作**委托**（delegation）。它介于继承和组合之间，之所以这么说是因为你将成员对象放在正在构建的类中（类似组合），但同时又在新类里公开了成员对象的所有方法（类似继承）。例如，一艘太空船需要一个控制模块：

```
// reuse/SpaceShipControls.java

public class SpaceShipControls {
  void up(int velocity) {}
  void down(int velocity) {}
  void left(int velocity) {}
  void right(int velocity) {}
  void forward(int velocity) {}
  void back(int velocity) {}
  void turboBoost() {}
}
```

构造太空船的一种方式是使用继承：

```java
// reuse/DerivedSpaceShip.java

public class
DerivedSpaceShip extends SpaceShipControls {
  private String name;
  public DerivedSpaceShip(String name) {
    this.name = name;
  }
  @Override public String toString() {
    return name;
  }
  public static void main(String[] args) {
    DerivedSpaceShip protector =
        new DerivedSpaceShip("NSEA Protector");
    protector.forward(100);
  }
}
```

然而，DerivedSpaceShip 并非真正的 SpaceShipControls 类型，即使你可以"告诉"一个 DerivedSpaceShip 调用 forward() 方法。更准确地说，一艘太空船中包含了 SpaceShipControls，同时 SpaceShipControls 中的所有方法也都在太空船中暴露给了外部。委托解决了以下难题：

```java
// reuse/SpaceShipDelegation.java

public class SpaceShipDelegation {
  private String name;
  private SpaceShipControls controls =
    new SpaceShipControls();
  public SpaceShipDelegation(String name) {
    this.name = name;
  }
  // 委托方法：
  public void back(int velocity) {
    controls.back(velocity);
  }
  public void down(int velocity) {
    controls.down(velocity);
  }
  public void forward(int velocity) {
    controls.forward(velocity);
  }
  public void left(int velocity) {
    controls.left(velocity);
  }
  public void right(int velocity) {
    controls.right(velocity);
  }
```

```
    public void turboBoost() {
      controls.turboBoost();
    }
    public void up(int velocity) {
      controls.up(velocity);
    }
    public static void main(String[] args) {
      SpaceShipDelegation protector =
        new SpaceShipDelegation("NSEA Protector");
      protector.forward(100);
    }
  }
```

方法调用被转发到了内部的 controls 对象，因此这里得到的接口与使用继承得到的是相同的。但是，这里可以更好地控制委托，因为你可以选择仅提供成员对象中的部分方法。

尽管 Java 语言不支持委托，但开发工具通常支持。例如，上面的示例就是用 JetBrains Idea 集成开发工具自动生成的。

8.4　组合与继承相结合

你会经常同时用到组合和继承。以下示例显示了使用继承和组合来创建类，并进行必要的构造器初始化：

```java
// reuse/PlaceSetting.java
// 组合与继承相结合

class Plate {
  Plate(int i) {
    System.out.println("Plate constructor");
  }
}

class DinnerPlate extends Plate {
  DinnerPlate(int i) {
    super(i);
    System.out.println("DinnerPlate constructor");
  }
}

class Utensil {
  Utensil(int i) {
    System.out.println("Utensil constructor");
  }
}

class Spoon extends Utensil {
```

```
    Spoon(int i) {
      super(i);
      System.out.println("Spoon constructor");
    }
  }

  class Fork extends Utensil {
    Fork(int i) {
      super(i);
      System.out.println("Fork constructor");
    }
  }

  class Knife extends Utensil {
    Knife(int i) {
      super(i);
      System.out.println("Knife constructor");
    }
  }

  // 一种做事情的惯用法
  class Custom {
    Custom(int i) {
      System.out.println("Custom constructor");
    }
  }

  public class PlaceSetting extends Custom {
    private Spoon sp;
    private Fork frk;
    private Knife kn;
    private DinnerPlate pl;
    public PlaceSetting(int i) {
      super(i + 1);
      sp = new Spoon(i + 2);
      frk = new Fork(i + 3);
      kn = new Knife(i + 4);
      pl = new DinnerPlate(i + 5);
      System.out.println("PlaceSetting constructor");
    }
    public static void main(String[] args) {
      PlaceSetting x = new PlaceSetting(9);
    }
  }
```

```
/* 输出:
Custom constructor
Utensil constructor
Spoon constructor
Utensil constructor
Fork constructor
Utensil constructor
Knife constructor
Plate constructor
DinnerPlate constructor
PlaceSetting constructor
*/
```

尽管编译器会强制你初始化基类，并要求在构造器一开头就执行，但它不会监督你是否的确初始化了成员对象。

请注意这些类分离得多么清晰。你甚至不需要方法的源代码就可以复用它们。最多只需要导入一个包就可以了（对于继承和组合来说都是如此）。

8.4.1 确保正确的清理

Java 没有 C++ 中**析构函数**的概念，析构函数会在对象被销毁时自动调用。之所以没有这个概念，原因可能是在 Java 中，我们一般只是简单地忘记对象而不是销毁它们，从而允许垃圾收集器在需要时回收其内存。

通常这工作得很好，但有时你的类可能会在其生命周期中执行一些需要清理的活动。第 6 章中解释过，我们不知道垃圾收集器什么时候被调用，甚至它是否被调用。所以如果想为某个类清理一些东西，你必须明确地编写一个特殊的方法来完成它，并确保客户程序员知晓他们需要调用这个方法。除此之外——如第 15 章所述——你必须将此类清理活动放在 `finally` 子句里，以预防异常的出现。

思考如下示例，这里有一个能在屏幕上绘制图像的计算机辅助设计系统：

```java
// reuse/CADSystem.java
// 确保正确的初始化
// {java reuse.CADSystem}
package reuse;

class Shape {
  Shape(int i) {
    System.out.println("Shape constructor");
  }
  void dispose() {
    System.out.println("Shape dispose");
  }
}

class Circle extends Shape {
  Circle(int i) {
    super(i);
    System.out.println("Drawing Circle");
  }
  @Override void dispose() {
    System.out.println("Erasing Circle");
    super.dispose();
  }
}

class Triangle extends Shape {
  Triangle(int i) {
    super(i);
    System.out.println("Drawing Triangle");
  }
  @Override void dispose() {
    System.out.println("Erasing Triangle");
    super.dispose();
  }
```

```
  }
class Line extends Shape {
  private int start, end;
  Line(int start, int end) {
    super(start);
    this.start = start;
    this.end = end;
    System.out.println(
      "Drawing Line: " + start + ", " + end);
  }
  @Override void dispose() {
    System.out.println(
      "Erasing Line: " + start + ", " + end);
    super.dispose();
  }
}

public class CADSystem extends Shape {
  private Circle c;
  private Triangle t;
  private Line[] lines = new Line[3];
  public CADSystem(int i) {
    super(i + 1);
    for(int j = 0; j < lines.length; j++)
      lines[j] = new Line(j, j*j);
    c = new Circle(1);
    t = new Triangle(1);
    System.out.println("Combined constructor");
  }
  @Override public void dispose() {
    System.out.println("CADSystem.dispose()");
    // 清理顺序与初始化顺序相反：
    t.dispose();
    c.dispose();
    for(int i = lines.length - 1; i >= 0; i--)
      lines[i].dispose();
    super.dispose();
  }
  public static void main(String[] args) {
    CADSystem x = new CADSystem(47);
    try {
      // 代码与异常处理……
    } finally {
      x.dispose();
    }
  }
}
```

```
/* 输出:
Shape constructor
Shape constructor
Drawing Line: 0, 0
Shape constructor
Drawing Line: 1, 1
Shape constructor
Drawing Line: 2, 4
Shape constructor
Drawing Circle
Shape constructor
Drawing Triangle
Combined constructor
CADSystem.dispose()
Erasing Triangle
Shape dispose
Erasing Circle
Shape dispose
Erasing Line: 2, 4
Shape dispose
Erasing Line: 1, 1
Shape dispose
Erasing Line: 0, 0
Shape dispose
Shape dispose
*/
```

这个系统中的一切都是某种 Shape 类型（它本身是一种 Object 类型，因为它隐式继承了这个根类）。每个类不仅都重写了 Shape 的 dispose() 方法，而且还使用了 super 关键字调用了该方法的基类版本。特定的 Shape 类——Circle、Triangle 和 Line——都有用来"绘制"的构造器,不过在对象生命周期内调用的任何方法,都可能会做一些需要清理的事情。每个类都有自己的 dispose() 方法,来将非内存相关的事物恢复到对象存在之前的状态。

在 main() 方法中有两个你没见过的关键字,第 15 章中会对此进行详细解释:try 和 finally。try 关键字表示后面的代码块(由花括号来限定)是一个**保护区域**,这意味着它会被特殊处理。其中一个特殊处理就是,无论 try 代码块如何退出,该保护区域之后的 finally 子句始终都会执行(有了异常处理,就可能以多种非常规的方式退出 try 代码块)。这里,finally 子句表示,"无论发生了什么,总是为 x 调用 dispose() 方法"。

在清理方法中(本例中为 dispose()),还需要注意基类与成员对象两者之间清理方法的调用顺序,以防止某个子对象依赖于另一个。首先执行自己的类的所有特定清理工作,其顺序同创建顺序相反。(这通常要求基类元素仍然存活。)然后调用基类的清理方法,如上述示例所示。

在很多情况下,清理并不是问题,只需要让垃圾收集器完成它的工作就可以了。但必须执行显式清理时,你就需要多留心和多注意了,因为在垃圾收集方面可以依靠的并不多。垃圾收集器可能永远不会被调用,如果被调用,它也可以按照自己想要的任何顺序回收对象。除了内存回收之外,你不能依赖垃圾收集。如果想要执行清理,请创建自己的清理方法,不要使用 finalize()。

8.4.2　名称隐藏

如果 Java 基类的方法名称被多次重载,则在子类中重新定义该方法名称不会隐藏任何基类版本。无论方法是在子类还是在基类中定义,重载都有效:

```java
// reuse/Hide.java
// 在子类中重载基类方法并不会隐藏基类版本

class Homer {
  char doh(char c) {
    System.out.println("doh(char)");
    return 'd';
  }
  float doh(float f) {
    System.out.println("doh(float)");
    return 1.0f;
  }
}

class Milhouse {}
```

```
class Bart extends Homer {
  void doh(Milhouse m) {
    System.out.println("doh(Milhouse)");
  }
}

public class Hide {
  public static void main(String[] args) {
    Bart b = new Bart();
    b.doh(1);
    b.doh('x');
    b.doh(1.0f);
    b.doh(new Milhouse());
  }
}
```

```
/* 输出:
doh(float)
doh(char)
doh(float)
doh(Milhouse)
*/
```

Homer 的所有重载方法都可以在 Bart 中使用，即使 Bart 引入了一个新的重写方法。正如你将在下一章中看到的那样，使用与基类完全相同的签名和返回类型来重写同名方法更为常见，否则就可能会令人困惑。

Java 5 的 @Override 注解并不是关键字，但可以像关键字一样使用。当你打算重写一个方法时，可以选择添加这个注解，如果不小心对方法进行了重载而不是重写，编译器就会产生一个错误消息：

```
// reuse/Lisa.java
// {WillNotCompile}

class Lisa extends Homer {
  @Override void doh(Milhouse m) {
    System.out.println("doh(Milhouse)");
  }
}
```

{WillNotCompile} 标签会将文件从本书的 Gradle 构建中排除，但如果手动编译它，就会看到：

```
method does not override a method from its superclass
```

这样 @Override 注解就防止了意外重载。

8.5 选择组合还是继承

组合和继承都会将子对象放置在新类中（组合是显式执行此操作，而继承是隐式执行）。你可能想知道两者之间的区别，以及如何在两者之间做出选择。

当希望在新类中使用现有类的功能而不是其接口时，应该使用组合。也就是说，在新类中嵌入一个对象（通常是 private）来实现自己的特性。新类的用户看到的是新类定义的接口，而不是嵌入对象的接口。

对于新类里通过组合得到的成员，有时候允许类的使用者直接访问它们是合理的。为此，可以将成员对象设为 public（你可以将其视为一种"半委托"）。成员对象隐藏自己的实现，所以这种做法是安全的。当用户了解到你正在组装一堆组件时，会更容易理解你的接口。car 对象就是一个很好的例子：

```java
// reuse/Car.java
// 使用公共对象来实现组合

class Engine {
  public void start() {}
  public void rev() {}
  public void stop() {}
}

class Wheel {
  public void inflate(int psi) {}
}

class Window {
  public void rollup() {}
  public void rolldown() {}
}

class Door {
  public Window window = new Window();
  public void open() {}
  public void close() {}
}

public class Car {
  public Engine engine = new Engine();
  public Wheel[] wheel = new Wheel[4];
  public Door
    left = new Door(),
    right = new Door(); // 双门车
  public Car() {
    for(int i = 0; i < 4; i++)
      wheel[i] = new Wheel();
  }
  public static void main(String[] args) {
    Car car = new Car();
    car.left.window.rollup();
    car.wheel[0].inflate(72);
  }
}
```

汽车的组合是问题分析的一部分（而不是底层设计的一部分）。将成员设为 public 有助于客户程序员理解如何使用该类，并为该类的创建者减少了代码复杂性。但是要记住，这是一种特殊情况。通常来说应该将字段设为 private。

当使用继承时，你通过现有的类来生成它的一个特殊版本。这通常意味着对通用类进行定制，使它可以用于特定需求。稍加思考你就会发现，用一个"交通工具"对象来组合成一部"汽车"是毫无意义的——汽车并不包含交通工具，它**是**一种交通工具。继承是用来表示"is-a"关系的，而组合是用来表示"has-a"关系的。

8.6　protected 关键字

现在你已经了解了继承，关键字 protected 就变得有意义了。理想情况下，private 关键字就足够了。但在实际项目中，有时尽管会对外部世界隐藏一些东西，但还是希望子类的成员能访问它们。

protected 关键字是对实用主义的一个认可。它像是在说："就类的用户而言，这是 private 的，但对继承该类的任何类或同一包中的其他类来说，它是可用的。"（protected 还提供包访问权限。）

尽管可以创建 protected 字段，但最好的方法是将字段设置为 private，并始终保留更改底层实现的权利。然后，你可以通过 protected 方法来控制类继承者的访问权限：

```java
// reuse/Orc.java
// protected 关键字

class Villain {
  private String name;
  protected void set(String nm) { name = nm; }
  Villain(String name) { this.name = name; }
  @Override public String toString() {
    return "I'm a Villain and my name is " + name;
  }
}

public class Orc extends Villain {
  private int orcNumber;
  public Orc(String name, int orcNumber) {
    super(name);
    this.orcNumber = orcNumber;
  }
  public void change(String name, int orcNumber) {
    set(name); // 方法可用，因为是 protected 的
    this.orcNumber = orcNumber;
```

```
  }
  @Override public String toString() {
    return "Orc " + orcNumber + ": " + super.toString();
  }
  public static void main(String[] args) {
    Orc orc = new Orc("Limburger", 12);
    System.out.println(orc);
    orc.change("Bob", 19);          /* 输出:
    System.out.println(orc);        Orc 12: I'm a Villain and my name is Limburger
  }                                 Orc 19: I'm a Villain and my name is Bob
}                                   */
```

change() 方法可以访问 set() 方法，因为它是 protected 的。注意 Orc 的 toString()
方法是根据 toString() 的基类版本定义的。

8.7　向上转型

继承最重要的方面不是它为新类提供了方法，而是它可以表达新类和基类之间的关系。
这种关系可以概括为 "新类是现有类的一种类型"。

这种描述并非只是一种解释继承的新奇方式——它直接由语言支持。例如，考虑一个
名为 Instrument 的基类——它代表乐器，以及一个名为 Wind 的子类。因为继承保证了基
类中的所有方法在子类中也可用，所以发送给基类的任何消息也都可以发送给子类。如果
Instrument 类有一个 play() 方法，那么 Wind 乐器也会有。这意味着你可以说 Wind 对象也
是一种 Instrument，这没有任何问题。以下示例显示了编译器如何支持此概念：

```
// reuse/Wind.java
// 继承和向上转型

class Instrument {
  public void play() {}
  static void tune(Instrument i) {
    // ...
    i.play();
  }
}

// Wind 对象也是 instrument, 因为它们有相同的接口:
public class Wind extends Instrument {
  public static void main(String[] args) {
    Wind flute = new Wind();
    Instrument.tune(flute); // 向上转型
  }
}
```

tune() 方法接受一个 Instrument 引用。然而，在 Wind.main() 中，tune() 方法被传递了一个 Wind 引用。鉴于 Java 对类型检查很讲究，这里接受一种类型的方法竟然可以很容易地接受另一种类型，这似乎很奇怪，直到你意识到 Wind 对象也是一个 Instrument 对象，而且 tune() 在 Instrument 里调用的任何方法，都一定会存在于 Wind 中。tune() 中的代码对 Instrument 和 Instrument 的任何子类都起作用，这种将 Wind 引用转换为 Instrument 引用的行为称为**向上转型**（upcasting）。

该术语是基于类继承图的传统绘制方式而来的：根类在页面顶部，向下绘制（当然，也可以用任何你觉得有用的方式来绘图）。Wind.java 的继承图如图 8-1 所示。

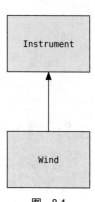

从子类型转换为基类型会在继承图里向上移动，因此通常称为向上转型。向上转型总是安全的，因为你是从更具体的类型转为更通用的类型。也就是说，子类是基类的超集。它可能包含比基类更多的方法，但肯定**至少**会包含基类中的所有方法。在向上转型期间，类接口只能丢失方法，不能获得方法。这就是为什么编译器允许向上转型，而无须任何显式的转型或其他特殊符号。

图 8-1

你还可以执行向上转型的反向操作，即**向下转型**（downcasting），但这涉及一个难题，我们会在下一章和第 19 章中进一步解释。

再论组合与继承

在面向对象编程中，创建和使用代码最有可能的方式是，将数据和方法一起打包到一个类中，然后使用该类的对象。你也会通过组合使用现有类来构建新类。你还可能会使用继承，不过尽管在教授面向对象编程时继承得到了很多重视，但这并不意味着你要尽可能使用它。相反，只有当继承能明显发挥作用时，才应该谨慎地使用它。确定是使用组合还是继承的最清晰方法之一，就是询问是否需要从新类向上转型到基类。如果必须向上转型，则继承是必要的，但如果不是，那就要再仔细想想自己是否的确需要继承。下一章提供了使用向上转型的最令人信服的理由之一，但如果记得问一下"我需要向上转型吗"，你会有一个很好的工具，来帮你在组合和继承之间做出选择。

8.8 final 关键字

Java 的 final 关键字在不同的上下文环境里含义可能会略有不同，但一般来说，它表示"这是无法更改的"。阻止更改可能出于两个原因：设计或效率。由于这两个原因很不一样，因此 final 关键字可能会被误用。

本节余下部分讨论了三个可以使用 final 的地方：数据、方法和类。

8.8.1 final 数据

许多编程语言有某种方法来告诉编译器某块数据是"恒定的"。常量之所以有用，有两个原因：

1. 它可以是一个永远不会改变的**编译时常量**；
2. 它可以是在运行时初始化的值，而你不希望它被更改。

对编译时常量来说，编译器可以将常量值"折叠"到计算中；也就是说，计算可以在编译时进行，这节省了一些运行时开销。在 Java 里，这些常量必须是基本类型，并用 final 关键字表示。在定义常量时必须提供一个值。

一个既是 static 又是 final 的字段只会分配一块不能改变的存储空间。

当 final 关键字与对象引用而非基本类型一起使用时，其含义可能会令人困惑。对于基本类型，final 使其值恒定不变，但对于对象引用，final 使**引用**恒定不变。一旦引用被初始化为一个对象，它就永远不能被更改为指向另一个对象了。但是，对象本身是可以修改的。Java 没有提供使对象恒定不变的方法。（但是，你可以编写类，使对象具有恒定不变的效果。）这个限制同样适用于数组，它们也是对象。

下面是一个演示 final 字段的示例：

```
// reuse/FinalData.java
// final 字段的效果
import java.util.*;

class Value {
  int i; // 包访问权限
  Value(int i) { this.i = i; }
}

public class FinalData {
  private static Random rand = new Random(47);
  private String id;
  public FinalData(String id) { this.id = id; }
  // 可以是编译时常量：
  private final int valueOne = 9;
  private static final int VALUE_TWO = 99;
  // 典型的公共常量：
  public static final int VALUE_THREE = 39;
```

```
/* 输出：
fd1: i4 = 15, INT_5 = 18
Creating new FinalData
fd1: i4 = 15, INT_5 = 18
fd2: i4 = 13, INT_5 = 18
*/
```

```
  // 这些不能作为编译时常量:
  private final int i4 = rand.nextInt(20);
  static final int INT_5 = rand.nextInt(20);
  private Value v1 = new Value(11);
  private final Value v2 = new Value(22);
  private static final Value VAL_3 = new Value(33);
  // 数组:
  private final int[] a = { 1, 2, 3, 4, 5, 6 };
  @Override public String toString() {
    return id + ": " + "i4 = " + i4
      + ", INT_5 = " + INT_5;
  }
  public static void main(String[] args) {
    FinalData fd1 = new FinalData("fd1");
    //- fd1.valueOne++; // 错误: 值无法修改
    fd1.v2.i++; // 对象非恒定不变
    fd1.v1 = new Value(9); // OK -- not final
    for(int i = 0; i < fd1.a.length; i++)
      fd1.a[i]++; // 对象非恒定不变
    //- fd1.v2 = new Value(0); // 错误:
    //- fd1.VAL_3 = new Value(1); // 引用不能修改
    //- fd1.a = new int[3];
    System.out.println(fd1);
    System.out.println("Creating new FinalData");
    FinalData fd2 = new FinalData("fd2");
    System.out.println(fd1);
    System.out.println(fd2);
  }
}
```

valueOne 和 VALUE_TWO 是具有编译时值的 final 基本类型，因此它们都可以用作编译时常量，并且没有什么重大区别。VALUE_THREE 是更典型的定义常量的方式：public 表示它可以在包外使用，static 强调只有一个，final 表示它是一个常量。

按照惯例，具有常量初始值的 final static 基本类型（即编译时常量）全部使用大写字母命名，单词之间用下划线分隔（就像 C 常量一样，它也是该命名风格的起源地）。

即使某字段是 final 的，也并不意味着它的值在编译时就是已知的。这可以通过 i4 和 INT_5 来证明，它们通过在运行时使用随机生成的数值来初始化。示例的这一部分还显示了将 final 值设为静态或非静态之间的区别。只有当这些值的初始化操作发生在运行时，这种差异才会出现，这是因为编译器对编译时值的处理方式相同（因此编译时的初始化差异可能会被优化掉）。当你运行程序时，差异就显示出来了。注意，fd1 和 fd2 的 i4 值是不同的，但创建第二个 FinalData 对象并没有改变 INT_5 的值。这是因为它是静态的，只会在加载时初始化一次，而不是每次创建新对象时都初始化。

变量 v1~VAL_3 展示了 final 引用的含义。正如在 main() 中看到的那样，v2 是 final 的并不意味着不能改变它的值。这是因为它是一个引用，final 只是意味着你不能将 v2 重新绑定到一个新对象上。同样的含义也适用于数组，它只不过是另一种引用（我不知道有什么方法可以让数组引用自身成为 final）。把引用设为 final 看起来好像没有把基本类型设为 final 有用。

1. 空白 final

空白 final 是没有初始值的 final 字段。编译器会确保在使用前初始化这个空白 final 字段。这样类中的 final 字段就可以对每个对象来说都不同，同时还保持了其不可变的特性：

```java
// reuse/BlankFinal.java
// 空白 final 字段

class Poppet {
  private int i;
  Poppet(int ii) { i = ii; }
}

public class BlankFinal {
  private final int i = 0; // 初始化了的 final
  private final int j; // 空白 final
  private final Poppet p; // 空白 final 引用
  // 空白 final 字段必须在构造器里初始化
  public BlankFinal() {
    j = 1; // 初始化空白 final
    p = new Poppet(1); // 初始化空白 final 引用
  }
  public BlankFinal(int x) {
    j = x; // 初始化空白 final
    p = new Poppet(x); // 初始化空白 final 引用
  }
  public static void main(String[] args) {
    new BlankFinal();
    new BlankFinal(47);
  }
}
```

对 final 执行赋值的操作只能发生在两个地方：要么在字段定义处使用表达式进行赋值，要么在每个构造器中。这保证了 final 字段在使用前总是被初始化。

2. final 参数

可以通过在参数列表中进行声明来创建 final 参数。这意味着在方法内部不能更改参数引用指向的内容：

```
// reuse/FinalArguments.java
// 在方法参数中使用 final

class Gizmo {
  public void spin() {}
}

public class FinalArguments {
  void with(final Gizmo g) {
    //- g = new Gizmo(); // Illegal -- g is final
  }
  void without(Gizmo g) {
    g = new Gizmo(); // OK -- g not final
    g.spin();
  }
  // void f(final int i) { i++; } // 不能更改
  // 对一个 final 基本类型只能执行读操作
  int g(final int i) { return i + 1; }
  public static void main(String[] args) {
    FinalArguments bf = new FinalArguments();
    bf.without(null);
    bf.with(null);
  }
}
```

f() 和 g() 方法展示了当基本类型参数为 final 时会发生什么：可以读取这个参数，但不能修改它。此功能主要用于将数据传递给匿名内部类，你将在第 11 章中学习它。

8.8.2　final 方法

使用 final 方法的原因有两个。第一个原因是在方法上放置一个"锁"，这样就可以防止继承类通过重写来改变该方法的含义。这样做一般是出于设计原因，比如你想要确保在继承期间使方法的行为保持不变。

过去建议使用 final 方法的第二个原因是效率。在 Java 的早期实现中，如果创建了一个 final 方法，编译器可以将任何对该方法的调用转换为**内联调用**（inline call）。当编译器看到 final 方法调用时，它可以（自行决定）跳过正常的方法调用方式，通过复制方法体中实际代码的副本来代替方法调用。而正常的方法调用方式则是插入代码来执行方法调用的机制（将参数压入栈，跳到方法代码处并执行，然后跳回并清除栈上的参数，最后处理返回值）。这节省了方法调用的开销。当然，如果一个方法很大，这种内联方式就会让你的代码开始膨胀，你可能不会看到内联带来的性能提升，因为调用和返回中的任何速度提升，都可能被在方法内花费的时间所抵消。

在相对较早的时候，JVM（特别是 hotspot 相关技术）就开始检测这些情况，并会优化掉额外的间接访问。长期以来，Java 都不鼓励使用 final 来进行优化。你应该让编译器和 JVM 来处理效率问题，只有在想明确防止重写的情况下才创建一个 final 方法 [①]。

final 和 private

类中的任何 private 方法都是隐式的 final。这是因为你不能访问一个 private 方法，也不能重写它。我们可以将 final 修饰符添加到 private 方法中，但它不会赋予该方法任何额外的意义。

这可能会令人困惑，因为如果尝试重写 private 方法（隐含是 final 的），似乎是可以的，并且编译器也不会给出错误消息。

```java
// reuse/FinalOverridingIllusion.java
// 这里只是看起来可以重写一个 private 或 private final 方法

class WithFinals {
  // 和不使用 final 没什么区别
  private final void f() {
    System.out.println("WithFinals.f()");
  }
  // 自动就是 final 的:
  private void g() {
    System.out.println("WithFinals.g()");
  }
}

class OverridingPrivate extends WithFinals {
  private final void f() {
    System.out.println("OverridingPrivate.f()");
  }
  private void g() {
    System.out.println("OverridingPrivate.g()");
  }
}

class OverridingPrivate2 extends OverridingPrivate {
  public final void f() {
    System.out.println("OverridingPrivate2.f()");
  }
  public void g() {
    System.out.println("OverridingPrivate2.g()");
  }
}

public class FinalOverridingIllusion {
```

```
/* 输出:
OverridingPrivate2.f()
OverridingPrivate2.g()
*/
```

[①] 不要陷入过早优化的诱惑之中。如果你的系统可以工作但速度太慢，那么通过 final 关键字来修复的效果是值得怀疑的。不过对系统进行分析能有助于提高程序的速度。

```
public static void main(String[] args) {
    OverridingPrivate2 op2 = new OverridingPrivate2();
    op2.f();
    op2.g();
    // 你可以向上转型
    OverridingPrivate op = op2;
    // 但你不能调用这些方法:
    //- op.f();
    //- op.g();
    // 这里也一样:
    WithFinals wf = op2;
    //- wf.f();
    //- wf.g();
    }
}
```

　　"重写"只有在方法是基类接口的一部分时才会发生。也就是说，必须能将一个对象向上转型为其基类类型并能调用与其相同的方法（下一章中你会更理解这一点）。如果一个方法是 private 的，它就不是基类接口的一部分。它只是隐藏在类中的代码，只不过恰好具有相同的名称而已。即使在子类中创建了具有相同名称的 public、protected 或包访问权限的方法，它与基类中这个相同名称的方法也没有任何联系。你并没有重写该方法，只不过是创建了一个新的方法。private 方法是不可访问的，并且可以有效地隐藏自己，因此除了定义它的类的代码组织之外，它不会影响任何事情。

　　请注意，在上面的示例中使用 @Override 可以产生能指出这个错误的有用消息。

8.8.3　final 类

　　将整个类定义为 final 时（通过在其定义前加上 final 关键字），就阻止了该类的所有继承。这样做是因为，出于某种原因，你希望自己对这个类的设计永远不要被修改；或者出于安全考虑，你不希望它有子类。

```
// reuse/Jurassic.java
// 将整个类设为 final

class SmallBrain {}

final class Dinosaur {
    int i = 7;
    int j = 1;
    SmallBrain x = new SmallBrain();
    void f() {}
}

//- class Further extends Dinosaur {}
```

```
// 错误：不能继承 final 类 Dinosaur

public class Jurassic {
  public static void main(String[] args) {
    Dinosaur n = new Dinosaur();
    n.f();
    n.i = 40;
    n.j++;
  }
}
```

final 类的字段可以是 final，也可以不是，根据个人选择而定。无论类是否定义为 final，相同的规则都适用于字段的 final 定义。然而，由于 final 类禁止继承，它的所有**方法**都是隐式 final 的，因为无法重写它们。你可以在 final 类的方法中包含 final 修饰符，但它不会添加任何意义。

8.8.4　关于 final 的忠告

在设计类时将方法设为 final 似乎是明智的。你可能会觉得没有人想要重写这个方法。有时的确是这样的。

但要当心你所做的假设。一般来说，很难预测一个类是如何被复用的，尤其对通用类来说更是如此。如果你将一个方法定义为 final，则可能会阻止其他程序员的项目通过继承来复用你的类，而这只是因为你无法想象它会被那样使用。

Java 的标准库就是一个很好的例子。特别值得一提的是 Java 1.0/1.1 中很常用的 Vector 类。如果不是因为以效率的名义（这几乎肯定是一种错觉），将所有方法都设为 final，那么它可能会更有用。很容易就能想到，人们可能会继承和重写这样一个有用的基础类。但 Java 的设计者不知何故，认为这不合适。这挺有讽刺意味的，原因有二。首先 Stack 继承了 Vector，它表示 Stack 是一个 Vector，从逻辑上来说这就不太对。不管怎么说，连 Java 的设计者自己都有一个需要继承 Vector 的场景。当他们以这种方式创建 Stack 时，就应该意识到将 Vector 里的方法设为 final 过于严格了。

其次，Vector 的许多最重要的方法，例如 addElement() 和 elementAt()，都是同步的。进阶卷第 5 章表明，这会带来显著的性能开销，可能会抹去 final 带来的任何收益。程序员总是无法正确地猜测优化应该发生在哪里，而此例更强化了这个观点。这么笨拙的设计，居然进了标准库，使大家都不得不想办法来应付，实在是太可惜了。幸运的是，现代的 Java 集合库用 ArrayList 取代了 Vector，它的行为更加合理。不幸的是，仍然有新代码使用旧的集合库，包括 Vector。

Hashtable 是另一个重要的 Java 1.0/1.1 标准库类（后来被 HashMap 取代），它没有任何 final 方法。正如本书其他地方提到的，很明显不同的类是由不同的人设计的。这里的又一个证据就是，和 Vector 中的方法名称相比，Hashtable 中的方法名称要简洁得多。这正是那种不应该让库使用者明显注意到的事情。当事情不一致时，它只会让用户做更多的工作——这是对设计和代码演练价值的又一赞歌。

8.9　初始化及类的加载

在更传统的语言中，程序是作为启动过程的一部分一次性加载的。接着是初始化，然后程序开始运行。这些语言中的初始化过程必须小心控制，以确保静态成员的初始化顺序不会造成麻烦。例如在 C++ 中，如果一个静态成员期望另一个静态成员在初始化之前就能使用，那么就会出现问题。

Java 没有这个问题，因为它采用了不同的加载方式。这也是 Java 里变得更加容易的众多操作之一，因为在 Java 里一切都是对象。请记住，每个类的编译代码都存在于自己的单独文件中。只有在需要它的代码的时候才会加载该文件。一般可以认为"类的代码在第一次使用时才加载"。这通常是在构造该类的第一个对象时，但在访问静态字段或静态方法时也会触发加载。尽管没有显式指定 static 关键字，但构造器也是一个静态方法。所以准确地说，当一个类的任何静态成员被访问时，都会触发它的加载。

静态初始化也发生在初次使用之时。所有静态对象和静态代码块都在加载时按文本顺序（在类定义中编写它们的顺序）初始化。静态成员只初始化一次。

继承与初始化

了解整个初始化的过程，包括继承，有助于我们全面了解所发生的事情。考虑以下示例：

```java
// reuse/Beetle.java
// 初始化的全过程

class Insect {
  private int i = 9;
  protected int j;
  Insect() {
    System.out.println("i = " + i + ", j = " + j);
    j = 39;
  }
  private static int x1 =
    printInit("static Insect.x1 initialized");
```

```
/* 输出：
static Insect.x1 initialized
static Beetle.x2 initialized
Beetle constructor
i = 9, j = 0
Beetle.k initialized
k = 47
j = 39
*/
```

```
    static int printInit(String s) {
      System.out.println(s);
      return 47;
    }
  }

  public class Beetle extends Insect {
    private int k = printInit("Beetle.k initialized");
    public Beetle() {
      System.out.println("k = " + k);
      System.out.println("j = " + j);
    }
    private static int x2 =
      printInit("static Beetle.x2 initialized");
    public static void main(String[] args) {
      System.out.println("Beetle constructor");
      Beetle b = new Beetle();
    }
  }
```

当你运行 java Beetle 时，首先会尝试访问静态方法 Beetle.main()，所以加载器会去 Beetle.class 文件中找到 Beetle 类的编译代码。在加载它的代码时，加载器注意到有一个基类，然后它就会去加载基类。无论是否创建该基类的对象，都会发生这种情况。（可以尝试注释掉对象创建来验证一下。）

如果基类又有自己的基类，那么第二个基类也将被加载，以此类推。接下来，会执行根基类（本例中为 Insect）中的静态初始化，然后是下一个子类，以此类推。这很重要，因为子类的静态初始化可能依赖于基类成员的正确初始化。

现在所有必要的类都已加载，因此可以创建对象了。首先，该对象中的所有基本类型都被设为其默认值，并且对象引用被设为 null——这通过将对象中的内存设置为二进制零来一步实现。然后调用基类构造器。这里的调用是自动的，但也可以通过 super 关键字来指定基类构造器的调用（需要作为 Beetle 构造器中的第一个操作）。基类构造器以与子类构造器相同的顺序经历相同的过程。基类构造器完成后，子类的实例变量按文本顺序初始化。最后，执行子类构造器的其余部分。

8.10　总结

继承和组合都从现有类型里创建新类型。组合复用现有类型作为新类型底层实现的一部分，继承复用接口。

通过继承，子类具有了基类接口，因此它可以向上转型为基类，这对多态来说至关重要，你将在下一章中学习。

尽管在面向对象编程中非常强调继承，但当开始设计时，一般应该优先选择使用组合（也有可能是委托），并且仅在确实必要时才使用继承。组合往往更灵活。此外，通过对成员类型使用附加的继承技巧，你可以在运行时更改这些成员对象的确切类型，从而也更改了其行为。因此可以说，你能在运行时更改组合对象的行为。

在设计系统时，你的目标是找到或创建一组类，其中每个类都有特定的用途，既不太大（包含太多功能以至于难以复用），也不太小（不添加新功能就不能使用它）。如果设计变得过于复杂，可以将现有对象分解成更小的部分来添加更多对象，这通常会有所帮助。

当开始设计系统时，请记住程序开发是一个渐进的过程，就像人类的学习一样。它依赖于实验。就算已经尽了最大努力去分析，但当开始一个项目时，你仍然不会知道所有的答案。如果一开始就将你的项目"发展"成一个有机的、进化的生命体，而不是像建造玻璃墙的摩天大楼一样进行一次性施工，你将获得更大的成功和更直接的反馈。继承和组合是面向对象编程中的两个最基本的工具，它们可以允许你进行此类实验。

多态

> 有人问我：'求教，巴贝奇先生，如果您把错误的数字输
> 入机器，会得到正确的答案吗？'我无法正确地理解引发
> 此类问题的那种概念上的混淆。"
>
> ——查尔斯·巴贝奇 (1791—1871)

ON JAVA

　　除数据抽象和继承外，多态（polymorphism）是面向对象编程语言的第三个基本特性。

　　多态提供了另一个维度的接口与实现分离，将**做什么**与**怎么做**解耦。多态改善了代码的组织结构和可读性，并且还能创建**可扩展**的程序，这些程序无论是在项目的开始阶段，还是在需要添加新功能时，都能持续演化及成长。

　　封装通过组合特征和行为来创建新的数据类型。隐藏实现通过把实现细节设为 private 来分离接口与实现。这种组织机制对具有过程化程序设计背景的人来说很容易理解。但是多态是根据**类型**（type）来解耦的。在前一章中，继承能够使你将对象视为它自己的类型**或**它的基类型（base type）。这样就可以将许多类型（继承自相同的基类型）视为一种类型，并且让一段代码同等地适用于所有这些不同的类型。多态方法调用允许一种类型表现出与另一种相似类型之间的区别，

只要它们都继承自相同的基类型即可。通过基类来调用不同子类的相同方法，从而实现行为上的区别，这样就表现出了多态方法调用的差异性。

在本章中，通过简单的示例，你将从基础开始学习多态（也称为**动态绑定**、**后期绑定**或**运行时绑定**），这些示例中去除了与多态无关的所有内容。

9.1 再论向上转型

在前一章中，你看到了如何将对象当成它自己的类型或其基类型来用。获取对象引用并将其当作基类型的引用称为**向上转型**，因为继承层次结构是以基类在顶部的方式绘制的。

这样就出现了一个问题，这个问题可以在下面的乐器示例中体现出来。其中一些示例使用了 Note，因此我们首先在包中创建一个单独的 Note 枚举：

```
// polymorphism/music/Note.java
// 用来在乐器中演奏的音符
package polymorphism.music;

public enum Note {
  MIDDLE_C, C_SHARP, B_FLAT; // Etc.
}
```

enum 在第 6 章中有介绍。

在这里，管乐器（Wind）是一种乐器（Instrument）：

```
// polymorphism/music/Instrument.java
package polymorphism.music;

class Instrument {
  public void play(Note n) {
    System.out.println("Instrument.play()");
  }
}
```

因此 Wind 可以继承 Instrument：

```
// polymorphism/music/Wind.java
package polymorphism.music;

// Wind 对象是一种 Instrument
// 因为它们有相同的接口：
public class Wind extends Instrument {
  // 重新定义接口方法：
  @Override public void play(Note n) {
    System.out.println("Wind.play() " + n);
```

```
      }
    }
```

方法 Music.tune() 接受一个 Instrument 引用，但也可以接受任何继承了 Instrument 的类：

```
// polymorphism/music/Music.java
// 继承与向上转型
// {java polymorphism.music.Music}
package polymorphism.music;

public class Music {
  public static void tune(Instrument i) {
    // ...
    i.play(Note.MIDDLE_C);
  }
  public static void main(String[] args) {
    Wind flute = new Wind();
    tune(flute); // 向上转型
  }
}
```

```
/* 输出:
Wind.play() MIDDLE_C
*/
```

在 main() 方法中，你会看到一个 Wind 引用传递给了 tune()，不需要任何强制类型转换。这是可以接受的——Instrument 中的接口必定存在于 Wind 中，因为 Wind 继承了 Instrument。从 Wind 向上转型到 Instrument 可以"缩小"该接口，但不会小于 Instrument 的完整接口。

忘记对象类型

Music.java 看起来似乎有点奇怪。为什么有人会故意忘记对象的类型呢？这种"遗忘"正是向上转型时发生的事情，如果 tune() 将 Wind 引用作为其参数，似乎会更直观。这样就引出了一个要点：如果这样做了，你就需要为系统里每种类型的 Instrument 编写一个新的 tune() 方法。假设遵循此逻辑来添加 Stringed 和 Brass 这两种乐器：

```
// polymorphism/music/Music2.java
// 使用重载而不是向上转型
// {java polymorphism.music.Music2}
package polymorphism.music;

class Stringed extends Instrument {
  @Override public void play(Note n) {
    System.out.println("Stringed.play() " + n);
  }
}

class Brass extends Instrument {
```

```
    @Override public void play(Note n) {
      System.out.println("Brass.play() " + n);
    }
  }

public class Music2 {
  public static void tune(Wind i) {
    i.play(Note.MIDDLE_C);
  }
  public static void tune(Stringed i) {
    i.play(Note.MIDDLE_C);
  }
  public static void tune(Brass i) {
    i.play(Note.MIDDLE_C);
  }
  public static void main(String[] args) {
    Wind flute = new Wind();
    Stringed violin = new Stringed();
    Brass frenchHorn = new Brass();
    tune(flute); // 没有向上转型
    tune(violin);
    tune(frenchHorn);
  }
}
```

```
/* 输出:
Wind.play() MIDDLE_C
Stringed.play() MIDDLE_C
Brass.play() MIDDLE_C
*/
```

这样做行得通，但有一个主要缺点：必须为添加的每个新 Instrument 类编写特定类型的方法。这首先意味着更多的编程工作，但也意味着如果想要添加像 tune() 这样的新方法，或新类型的 Instrument，你还有很多工作要做。另外，如果忘记重载你自己的某个方法，编译器不会进行提示，这样类型处理的整个过程就变得难以管理。

编写一个以基类为参数的方法，而不用担心任何特定的子类，这样不是更好吗？也就是说，忘记子类的存在，只编写与基类打交道的代码，这样不是很好吗？

这正是多态所能够实现的。然而，大多数具有过程化程序设计背景的程序员在理解多态的工作方式时会遇到些麻烦。

9.2 难点

运行一下程序，我们就可以发现 Music.java 的难理解之处。方法产生的输出是 Wind. play()，这显然是我们所期望的，但它能这样运行似乎是没有道理的。请观察一下这个 tune() 方法：

```
public static void tune(Instrument i) {
  // ...
```

```
    i.play(Note.MIDDLE_C);
}
```

它接收一个 Instrument 引用。那么编译器怎么可能知道这个 Instrument 引用在这里指的是 Wind,而不是 Brass 或 Stringed?编译器是不知道的。为了更深入地了解这个问题,有必要研究一下绑定(binding)这个主题。

9.2.1　方法调用绑定

将一个方法调用和一个方法体关联起来的动作称为**绑定**。在程序运行之前执行绑定(如果存在编译器和链接器的话,由它们来实现),称为**前期绑定**。你之前可能没有听说过这个术语,因为在面向过程语言中默认就是前期绑定的。例如,在 C 语言中只有一种方法调用,那就是前期绑定。

上述程序之所以令人困惑,主要是由于前期绑定。这是因为当编译器只有一个 Instrument 引用时,它无法知道哪个才是要调用的正确方法。

解决这个问题的方案称为**后期绑定**,这意味着绑定发生在运行时,并基于对象的类型。后期绑定也称为**动态绑定**或运行时绑定。当一种语言实现后期绑定时,必须有某种机制在运行时来确定对象的类型,并调用恰当的方法。也就是说,编译器仍然不知道对象的类型,但方法调用机制能找到并调用正确的方法体。后期绑定机制因语言而异,但可以想象,必须要将某种类型信息放在对象里。

Java 中的所有方法绑定都是后期绑定,除非方法是 static 或 final 的 (private 方法隐式为 final)。这意味着通常不需要你来决定是否要执行后期绑定——它会自动发生。

为什么要把一个方法声明为 final 的呢? 如上一章所述,它可以防止其他人重写该方法。也许更重要的是,它有效地"关闭"了动态绑定;或者更确切地说,它告诉编译器自己不需要动态绑定。这让编译器可以为 final 方法的调用生成更为高效的代码。但在大多数情况下,它不会对程序的整体性能产生什么影响,因此最好仅将 final 用作设计决策,而不是尝试用它提高性能。

9.2.2　产生正确的行为

一旦知道了 Java 中的所有方法绑定都是后期绑定,并以多态方式发生,你就可以编写只与基类打交道的代码了,并且知道所有的子类都可以使用这个相同的代码来正确工作。或者换句话说,你"向一个对象发送了一条消息,该对象自行判断应该去做什么事情"。

经典的面向对象示例使用的是"形状"。这个例子很容易形象化，但不幸的是，它会让新手程序员误以为面向对象编程只是用来做图形编程的，当然事实并非如此。

"形状"示例有一个名为 Shape（形状）的基类和各种子类:Circle（圆形）、Square（正方形）、Triangle（三角形）等。这个例子之所以如此有效是因为，"圆形是一种形状"这个例子浅显易懂。图 9-1 显示了它们的关系:

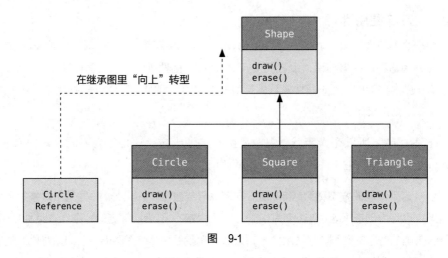

图　9-1

向上转型可以像下面这条语句这么简单:

```
Shape s = new Circle();
```

这将创建一个 Circle 对象，并把得到的引用立即赋值给一个 Shape。这样做看似错误（将一种类型赋值给另一种类型），然而实际上是没有问题的，因为通过继承，Circle 就是一种 Shape。因此编译器认可该语句，并且不会产生错误消息。

假设你调用一个基类的方法（它在子类中已经被重写）:

```
s.draw();
```

同样，你可能会认为调用的是 Shape 的 draw()，因为这毕竟是一个 Shape 引用，编译器怎么可能知道要执行其他操作？然而，由于后期绑定（多态），Circle.draw() 被正确地调用了。

下面的示例以稍微不同的方式对其进行了说明。首先，创建一个可复用的 Shape 类型的库。基类 Shape 为所有继承它的子类建立了通用的接口——所有形状都可以绘制和擦除:

```
// polymorphism/shape/Shape.java
package polymorphism.shape;

public class Shape {
  public void draw() {}
  public void erase() {}
}
```

子类可以重写这些定义，为每种特定类型的形状提供独特的行为：

```
// polymorphism/shape/Circle.java
package polymorphism.shape;

public class Circle extends Shape {
  @Override public void draw() {
    System.out.println("Circle.draw()");
  }
  @Override public void erase() {
    System.out.println("Circle.erase()");
  }
}
// polymorphism/shape/Square.java
package polymorphism.shape;

public class Square extends Shape {
  @Override public void draw() {
    System.out.println("Square.draw()");
  }
  @Override public void erase() {
    System.out.println("Square.erase()");
  }
}
// polymorphism/shape/Triangle.java
package polymorphism.shape;

public class Triangle extends Shape {
  @Override public void draw() {
    System.out.println("Triangle.draw()");
  }
  @Override public void erase() {
    System.out.println("Triangle.erase()");
  }
}
```

RandomShapes 是一种"工厂"，每次调用它的 get() 方法时，都会生成一个随机创建的 Shape 对象的引用。注意，向上转型发生在 return 语句中，每个 return 语句获取一个对 Circle、Square 或 Triangle 的引用，然后将其作为 Shape 类型从 get() 中返回。所以每当你调用 get() 时，其实没有机会看到它到底是什么特定类型，因为你总是得到一个普通的 Shape 引用：

```java
// polymorphism/shape/RandomShapes.java
// 一个随机产生形状的工厂
package polymorphism.shape;
import java.util.*;

public class RandomShapes {
  private Random rand = new Random(47);
  public Shape get() {
    switch(rand.nextInt(3)) {
      default:
      case 0: return new Circle();
      case 1: return new Square();
      case 2: return new Triangle();
    }
  }
  public Shape[] array(int sz) {
    Shape[] shapes = new Shape[sz];
    // 用各种形状填满数组
    for(int i = 0; i < shapes.length; i++)
      shapes[i] = get();
    return shapes;
  }
}
```

array() 方法分配并填充了一个 Shape 对象的数组, 然后用在了这里的 for-in 表达式中:

```java
// polymorphism/Shapes.java
// Polymorphism in Java
import polymorphism.shape.*;

public class Shapes {
  public static void main(String[] args) {
    RandomShapes gen = new RandomShapes();
    // 执行多态方法调用
    for(Shape shape : gen.array(9))
      shape.draw();
  }
}
```

```
/* 输出:
Triangle.draw()
Triangle.draw()
Square.draw()
Triangle.draw()
Square.draw()
Triangle.draw()
Square.draw()
Triangle.draw()
Circle.draw()
*/
```

main() 方法通过调用 array() 生成了一个 Shape 引用的数组, 然后对数组进行了遍历, 其中这里的引用是通过 RandomShapes.get() 方法来生成的。现在你知道了自己有一些 Shape 引用, 但不知道任何更具体的东西(编译器也不知道)。但是, 当逐步遍历这个数组并为每个元素调用 draw() 时, 特定于某个类型的正确行为竟然神奇地发生了, 正如你在运行程序时从输出中看到的那样。

随机创建形状的目的就是让大家认识到，编译器不需要任何可以让它在编译时进行正确调用的特殊信息。所有对 draw() 的调用都是通过动态绑定进行的。

9.2.3 可扩展性

现在让我们回到乐器的示例上。由于多态机制，你可以向系统中添加任意数量的新类型，而无须更改 tune() 方法。在一个设计良好的 OOP 程序中，你的许多方法将遵循 tune() 的模型，即只与基类接口通信。这样的程序是可扩展的，因为你可以通过继承公共基类来得到新的数据类型，从而添加新功能。操作基类接口的方法不需要做任何更改来适应新类。

考虑一下，如果你在乐器示例的基类中添加更多方法以及几个新类，会发生什么呢（见图 9-2）？

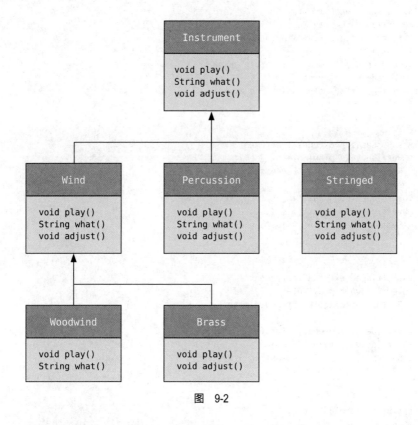

图 9-2

所有这些新类都可以与旧的、未修改过的 tune() 方法一起正常工作。即使 tune() 在一个单独的文件中并且有新方法被添加到 Instrument 的接口里，tune() 仍然可以正常工作，甚至不重新编译也可以。下面是这个类图的具体实现：

```java
// polymorphism/music3/Music3.java
// 一个可扩展的程序
// {java polymorphism.music3.Music3}
package polymorphism.music3;
import polymorphism.music.Note;

class Instrument {
  void play(Note n) {
    System.out.println("Instrument.play() " + n);
  }
  String what() { return "Instrument"; }
  void adjust() {
    System.out.println("Adjusting Instrument");
  }
}

class Wind extends Instrument {
  @Override void play(Note n) {
    System.out.println("Wind.play() " + n);
  }
  @Override String what() { return "Wind"; }
  @Override void adjust() {
    System.out.println("Adjusting Wind");
  }
}

class Percussion extends Instrument {
  @Override void play(Note n) {
    System.out.println("Percussion.play() " + n);
  }
  @Override String what() { return "Percussion"; }
  @Override void adjust() {
    System.out.println("Adjusting Percussion");
  }
}

class Stringed extends Instrument {
  @Override void play(Note n) {
    System.out.println("Stringed.play() " + n);
  }
  @Override String what() { return "Stringed"; }
  @Override void adjust() {
    System.out.println("Adjusting Stringed");
  }
}

class Brass extends Wind {
  @Override void play(Note n) {
    System.out.println("Brass.play() " + n);
  }
  @Override void adjust() {
    System.out.println("Adjusting Brass");
```

```
    }
  }

class Woodwind extends Wind {
  @Override void play(Note n) {
    System.out.println("Woodwind.play() " + n);
  }
  @Override String what() { return "Woodwind"; }
}

public class Music3 {
  // 并不关心类型, 所以添加到系统的新类型仍然正常工作:
  public static void tune(Instrument i) {
    // ...
    i.play(Note.MIDDLE_C);
  }
  public static void tuneAll(Instrument[] e) {
    for(Instrument i : e)
      tune(i);
  }
  public static void main(String[] args) {
    // 在数组填充时会向上转型:
    Instrument[] orchestra = {
      new Wind(),
      new Percussion(),
      new Stringed(),
      new Brass(),
      new Woodwind()
    };
    tuneAll(orchestra);
  }
}
```

```
/* 输出:
Wind.play() MIDDLE_C
Percussion.play() MIDDLE_C
Stringed.play() MIDDLE_C
Brass.play() MIDDLE_C
Woodwind.play() MIDDLE_C
*/
```

新方法是 what()，它返回了一个对类进行描述的字符串，以及 adjust()，它提供了一些调整乐器的途径。

在 main() 中，当你向 orchestra 数组中填充一些具体的乐器时，这些乐器会自动向上转型为 Instrument。

tune() 方法完全不了解周围发生的任何代码变更，但它仍然可以正常工作。这正是多态应该提供的。更改代码不会对程序不该受到影响的部分造成破坏。换句话说，多态是程序员"将变化的事物与不变的事物分离"的一项重要技术。

9.2.4　陷阱："重写" private 方法

如下所示，你可能无意中尝试这样去做：

```
// polymorphism/PrivateOverride.java
// 试图重写一个 private 方法
// {java polymorphism.PrivateOverride}
package polymorphism;

public class PrivateOverride {
  private void f() {
    System.out.println("private f()");
  }
  public static void main(String[] args) {
    PrivateOverride po = new Derived();
    po.f();
  }
}

class Derived extends PrivateOverride {
  public void f() { System.out.println("public f()"); }
}
```

```
/* 输出:
private f()
*/
```

你可能会很自然地认为输出应该为 "public f()"，但 private 方法自动就是 final 的，并且对子类也是隐藏的。所以 Derived 的 f() 在这里是一个全新的方法。它甚至没有重载，因为 f() 的基类版本在 Derived 中是不可见的。

这样的结果就是，只有非 private 的方法可以被重写，但要注意重写 private 方法的假象，它不会产生编译器警告，但也不会执行你可能期望的操作。为了清楚起见，请在子类中使用与基类 private 方法不同的名称。

如果使用了 @Override 注解，那么这个问题就会被检测出来：

```
// polymorphism/PrivateOverride2.java
// 使用 @Override 来检测意外重写
// {WillNotCompile}
package polymorphism;

public class PrivateOverride2 {
  private void f() {
    System.out.println("private f()");
  }
  public static void main(String[] args) {
    PrivateOverride2 po = new Derived2();
    po.f();
  }
}

class Derived2 extends PrivateOverride2 {
  @Override public void f() {
    System.out.println("public f()");
  }
}
```

编译器会提示如下错误信息：

```
error: method does not override or
implement a method from a supertype
```

9.2.5 陷阱：字段与静态方法

一旦你了解了多态，你可能会开始认为一切都可以多态地发生。但是，只有普通的方法调用可以是多态的。例如，如果直接访问一个字段，则该访问会在编译时解析：

```java
// polymorphism/FieldAccess.java
// 字段的直接访问是在编译时确定的

class Super {
  public int field = 0;
  public int getField() { return field; }
}

class Sub extends Super {
  public int field = 1;
  @Override public int getField() { return field; }
  public int getSuperField() { return super.field; }
}

public class FieldAccess {
  public static void main(String[] args) {
    Super sup = new Sub(); // 向上转型
    System.out.println("sup.field = " + sup.field +
      ", sup.getField() = " + sup.getField());
    Sub sub = new Sub();
    System.out.println("sub.field = " +
      sub.field + ", sub.getField() = " +
      sub.getField() +
      ", sub.getSuperField() = " +
      sub.getSuperField());
  }
}
/* 输出:
sup.field = 0, sup.getField() = 1
sub.field = 1, sub.getField() = 1, sub.getSuperField()
= 0
*/
```

当 Sub 对象向上转型为 Super 引用时，任何字段访问都会被编译器解析，因此不是多态的。在此示例中，Super.field 和 Sub.field 被分配了不同的存储空间。因此，Sub 实际上包含两个被称为 field 的字段：它自己的字段和它从 Super 继承的字段。然而，当你在 Sub 中引用 field 时，Super 版本并不是默认的那个。要获得 Super 的 field，必须明确地说 super.field。

尽管这看起来可能是一个令人困惑的问题，但在实践中很少遇到这种情况。一方面，我们通常会将所有字段设为 private，因此不会直接访问它们，而只会作为调用方法的副作用。另一方面，我们一般不会为基类字段和子类字段指定相同的名称，因为这会造成混淆。

如果一个方法是静态的，那它的行为就不会是多态的：

```java
// polymorphism/StaticPolymorphism.java
// 静态方法不是多态的

class StaticSuper {
  public static String staticGet() {
    return "Base staticGet()";
  }
  public String dynamicGet() {
    return "Base dynamicGet()";
  }
}

class StaticSub extends StaticSuper {
  public static String staticGet() {
    return "Derived staticGet()";
  }
  @Override public String dynamicGet() {
    return "Derived dynamicGet()";
  }
}

public class StaticPolymorphism {
  public static void main(String[] args) {
    StaticSuper sup = new StaticSub(); // 向上转型
    System.out.println(StaticSuper.staticGet());
    System.out.println(sup.dynamicGet());
  }
}
/* 输出:
Base staticGet()
Derived dynamicGet()
*/
```

静态方法与类相关联，而不是与单个对象相关联。

9.3 构造器和多态

通常来说，构造器不同于其他类型的方法，当涉及多态时也是如此。尽管构造器不是多态的（它们实际上是静态方法，但 static 声明是隐式的），理解构造器在复杂层次结构和多态中的工作方式很重要。这种理解将帮助你避免令人苦恼的纠结。

9.3.1 构造器的调用顺序

构造器的调用顺序在第 6 章及第 8 章中简要讨论过，但那是在介绍多态之前。

基类的构造器总是在子类的构造过程中被调用。初始化会在继承层次结构里自动向上移动，因此每个基类的构造器都会被调用。这是有道理的，因为构造器有一项特殊的工作：确保对象的正确构建。字段通常是 private 的，因此一般必须假设子类只能访问自己的成员，而不能访问基类的成员。只有基类构造器具有足够的信息和权限来初始化它自己的成员。因此，必须调用所有构造器；否则，将无法正确构造整个对象。这就是编译器会对子类的每个构造部分强制执行基类构造器调用的原因。如果你没有在子类构造器代码中显式调用基类构造器，它将隐式调用基类的无参构造器。如果没有无参构造器，编译器会报错。（在一个类没有任何构造器的情况下，编译器会为它自动合成一个无参构造器。）

下面的示例中展示了组合、继承和多态对构造顺序的影响：

```java
// polymorphism/Sandwich.java
// 构造器调用顺序
// {java polymorphism.Sandwich}
package polymorphism;

class Meal {
  Meal() { System.out.println("Meal()"); }
}

class Bread {
  Bread() { System.out.println("Bread()"); }
}

class Cheese {
  Cheese() { System.out.println("Cheese()"); }
}

class Lettuce {
  Lettuce() { System.out.println("Lettuce()"); }
}

class Lunch extends Meal {
  Lunch() { System.out.println("Lunch()"); }
}

class PortableLunch extends Lunch {
  PortableLunch() {
    System.out.println("PortableLunch()");
  }
}

public class Sandwich extends PortableLunch {
  private Bread b = new Bread();
  private Cheese c = new Cheese();
  private Lettuce l = new Lettuce();
  public Sandwich() {
```

```
/* 输出：
Meal()
Lunch()
PortableLunch()
Bread()
Cheese()
Lettuce()
Sandwich()
*/
```

```
    System.out.println("Sandwich()");
  }
  public static void main(String[] args) {
    new Sandwich();
  }
}
```

此示例基于其他类创建了一个复杂的类。每个类都有一个声明自己的构造器。重要的类是 Sandwich，它体现了三个层次的继承（四个，如果算上来自 Object 的隐式继承）和三个成员对象。

Sandwich 对象创建时的输出显示，一个复杂对象的构造器调用顺序如下。

1. 基类的构造器被调用，递归地重复此步骤，一直到构造层次结构的根。根类先被构造，然后是下一个子类，以此类推，直到最底层的子类。

2. 然后按声明的顺序来初始化成员。

3. 最后执行子类构造器的方法体。

构造器的调用顺序很重要。继承时，你已经知道了基类的所有信息，并且可以访问基类的任何 public 和 protected 成员。这意味着在子类中，你可以假设基类的所有成员都是有效的。在一个正常的方法中，构造过程肯定已经发生了，所以对象所有部分的所有成员也都被构造好了。

在构造器中，你必须能确定所有成员都已构建。保证这一点的唯一方法是首先调用基类的构造器。这样，当在子类构造器中时，基类中可以访问的所有成员就都已初始化了。为了让所有成员在构造器内都是有效的，只要有可能，你就应该在类中的定义处（例如，前面示例中的 b、c 和 l）来初始化所有的成员对象，这些成员对象通过组合引入到了类里。如果你遵循了这种做法，就会有助于确保当前对象的所有基类成员和自身的成员对象都正常初始化。

不幸的是，这并不能包括所有的情况，你将在下一节中看到这一点。

9.3.2　继承与清理

当使用组合和继承来创建一个新类时，大多数时候不用担心清理。子对象通常可以留给垃圾收集器来处理。如果确实有清理的需要，你必须用心地为自己的新类创建一个 dispose() 方法（它是我在这里选择使用的名称，你可能会想出更好的）。在继承时，如果有任何特殊清理必须作为垃圾收集的一部分，那么就应该在子类中重写 dispose() 方法以执行该操作。当在子类中重写 dispose() 时，记住调用基类版本的 dispose() 很重要，否

多态

则基类的清理就不会发生：

```
// polymorphism/Frog.java
// 清理与继承
// {java polymorphism.Frog}
package polymorphism;

class Characteristic {
  private String s;
  Characteristic(String s) {
    this.s = s;
    System.out.println("Creating Characteristic " + s);
  }
  protected void dispose() {
    System.out.println("disposing Characteristic " + s);
  }
}

class Description {
  private String s;
  Description(String s) {
    this.s = s;
    System.out.println("Creating Description " + s);
  }
  protected void dispose() {
    System.out.println("disposing Description " + s);
  }
}

class LivingCreature {
  private Characteristic p =
    new Characteristic("is alive");
  private Description t =
    new Description("Basic Living Creature");
  LivingCreature() {
    System.out.println("LivingCreature()");
  }
  protected void dispose() {
    System.out.println("LivingCreature dispose");
    t.dispose();
    p.dispose();
  }
}

class Animal extends LivingCreature {
  private Characteristic p =
    new Characteristic("has heart");
  private Description t =
    new Description("Animal not Vegetable");
  Animal() { System.out.println("Animal()"); }
  @Override protected void dispose() {
    System.out.println("Animal dispose");
```

```
      t.dispose();
      p.dispose();
      super.dispose();
  }
}

class Amphibian extends Animal {
  private Characteristic p =
    new Characteristic("can live in water");
  private Description t =
    new Description("Both water and land");
  Amphibian() {
    System.out.println("Amphibian()");
  }
  @Override protected void dispose() {
    System.out.println("Amphibian dispose");
    t.dispose();
    p.dispose();
    super.dispose();
  }
}

public class Frog extends Amphibian {
  private Characteristic p =
    new Characteristic("Croaks");
  private Description t = new Description("Eats Bugs");
  public Frog() { System.out.println("Frog()"); }
  @Override protected void dispose() {
    System.out.println("Frog dispose");
    t.dispose();
    p.dispose();
    super.dispose();
  }
  public static void main(String[] args) {
    Frog frog = new Frog();
    System.out.println("Bye!");
    frog.dispose();
  }
}
/* 输出:
Creating Characteristic is alive
Creating Description Basic Living Creature
LivingCreature()
Creating Characteristic has heart
Creating Description Animal not Vegetable
Animal()
Creating Characteristic can live in water
Creating Description Both water and land
Amphibian()
```

```
Creating Characteristic Croaks
Creating Description Eats Bugs
Frog()
Bye!
Frog dispose
disposing Description Eats Bugs
disposing Characteristic Croaks
Amphibian dispose
disposing Description Both water and land
disposing Characteristic can live in water
Animal dispose
disposing Description Animal not Vegetable
disposing Characteristic has heart
LivingCreature dispose
disposing Description Basic Living Creature
disposing Characteristic is alive
*/
```

这里层次结构中的每个类都包含类型为 Characteristic 和 Description 的成员对象，它们也必须被销毁。处置顺序应该与初始化顺序相反，以防子对象依赖于其他对象。对于字段，这意味着与声明顺序相反（因为字段是按声明顺序初始化的）。对于基类（遵循 C++ 中析构函数的形式），首先执行子类清理，然后是基类清理。这是因为子类在清理时可能会调用基类中的一些方法，这些方法可能需要基类组件处于存活状态，因此不能过早地销毁它们。输出显示了 Frog 对象的所有部分都是按照与创建顺序相反的顺序进行销毁的。

虽然通常不必执行清理工作，但当选择执行该操作时，就必须要小心和谨慎。

Frog 对象拥有它的成员对象。它创建它们，并且知道只要自己还存活着，这些成员对象就也要能正常工作，所以它知道什么时候对成员对象进行 dispose()。但是，如果其中某个成员对象被其他对象所共享，则问题会变得更加复杂，此时就不能简单地调用 dispose()。在这里，可能需要使用**引用计数**来跟踪访问共享对象的对象数量。下面是相关的示例：

```java
// polymorphism/ReferenceCounting.java
// 清理共享的对象

class Shared {
  private int refcount = 0;
  private static long counter = 0;
  private final long id = counter++;
  Shared() {
    System.out.println("Creating " + this);
  }
```

```
  public void addRef() { refcount++; }
  protected void dispose() {
    if(--refcount == 0)
      System.out.println("Disposing " + this);
  }
  @Override public String toString() {
    return "Shared " + id;
  }
}

class Composing {
  private Shared shared;
  private static long counter = 0;
  private final long id = counter++;
  Composing(Shared shared) {
    System.out.println("Creating " + this);
    this.shared = shared;
    this.shared.addRef();
  }
  protected void dispose() {
    System.out.println("disposing " + this);
    shared.dispose();
  }
  @Override public String toString() {
    return "Composing " + id;
  }
}

public class ReferenceCounting {
  public static void main(String[] args) {
    Shared shared = new Shared();
    Composing[] composing = {
      new Composing(shared),
      new Composing(shared),
      new Composing(shared),
      new Composing(shared),
      new Composing(shared)
    };
    for(Composing c : composing)
      c.dispose();
  }
}
```

```
/* 输出：
Creating Shared 0
Creating Composing 0
Creating Composing 1
Creating Composing 2
Creating Composing 3
Creating Composing 4
disposing Composing 0
disposing Composing 1
disposing Composing 2
disposing Composing 3
disposing Composing 4
Disposing Shared 0
*/
```

static long counter 会跟踪创建的 Shared 实例的数量，它还为 id 提供了值。counter 的类型是 long 而不是 int，以防止溢出（这里之所以这么做，只是因为它是一个良好实践，在本书的任何示例中都不太可能发生计数器溢出）。id 是 final 的，因为一旦初始化就不应更改其值。

当在你的类里使用共享对象时，必须记住调用 addRef()，而 dispose() 方法会跟踪引用计数并决定何时才实际执行清理。这种技术使用时需要加倍小心，但如果正在共享的对象需要清理，那么你就没有太多的选择了。

9.3.3　构造器内部的多态方法行为

构造器调用的层次结构带来了一个难题。对于正在构造的对象，如果在构造器中调用它的动态绑定方法，会发生什么？

在普通方法内部，动态绑定调用是在运行时解析的，这是因为对象不知道它是属于该方法所在的类还是其子类。

如果在构造器内调用动态绑定方法，就会用到该方法被重写后的定义。但是，这个调用的效果可能相当出乎意料，因为这个被重写的方法是在对象完全构造之前被调用的。这可能会带来一些难以发现的错误。

从概念上讲，构造器的工作是创建对象（这并非是一件寻常的工作）。在构造器中，整个对象可能还只是部分形成——只能知道基类对象是已初始化的。如果构造器还只是处于构建对象的过程中，并且该对象是构造器所属类的子类对象，则当前构造器在调用时，其子类对象还没有被全部初始化。然而，动态绑定的方法调用可以"向外"进入继承层次结构中。它可以调用子类中的方法。如果在构造器中执行此操作，则可以调用尚未初始化的成员的方法——这肯定会导致灾难。

这就是问题所在：

```java
// polymorphism/PolyConstructors.java
// 构造器和多态
// 不会生成你所期望的结果

class Glyph {
  void draw() { System.out.println("Glyph.draw()"); }
  Glyph() {
    System.out.println("Glyph() before draw()");
    draw();
    System.out.println("Glyph() after draw()");
  }
}

class RoundGlyph extends Glyph {
  private int radius = 1;
  RoundGlyph(int r) {
    radius = r;
    System.out.println(
      "RoundGlyph.RoundGlyph(), radius = " + radius);
  }
```

```
  @Override void draw() {
    System.out.println(
      "RoundGlyph.draw(), radius = " + radius);
  }
}

public class PolyConstructors {
  public static void main(String[] args) {
    new RoundGlyph(5);
  }
}
```

```
/* 输出:
Glyph() before draw()
RoundGlyph.draw(), radius = 0
Glyph() after draw()
RoundGlyph.RoundGlyph(), radius = 5
*/
```

Glyph.draw() 是为重写而设计的，这个重写发生在 RoundGlyph 中。但是 Glyph 构造器调用了这个方法，而这个调用实际上是对 RoundGlyph.draw() 的调用，这似乎是我们的目的。输出显示，当 Glyph 的构造器调用 draw() 时，radius 的值甚至不是默认的初始值 1，而是 0。这可能会导致在屏幕上只绘制一个点或什么都不绘制。你只能干瞪眼，并试图找出程序无法正常运行的原因。

前面所描述的初始化顺序还不是很完整，而这正是解开这一谜团的关键。实际的初始化过程如下所示。

1. 在发生任何其他事情之前，为对象分配的存储空间会先被初始化为二进制零。

2. 如前面所述的那样调用基类的构造器。此时被重写的 draw() 方法会被调用（是的，这发生在 RoundGlyph 构造器被调用**之前**），由于第 1 步的缘故，此时会发现 radius 值为零。

3. 按声明的顺序来初始化成员。

4. 子类构造器的主体代码被执行。

这样做有一个好处：一切至少都会初始化为零（或对于特定数据类型来说，任何与零等价的值），而不仅仅是被视为垃圾。这包括通过组合嵌入在类中的对象引用，这些引用默认为 null。因此，如果忘记初始化该引用，在运行时就会出现异常。当查看输出时，如果其他所有内容都为零，这通常是问题的一个线索。

另一方面，你应该对这个程序的结果感到震惊。你做了一件完全合乎逻辑的事情，它的运行结果却是一个不可思议的错误，并且编译器也没有任何错误提示（在这种情况下，C++ 会产生更合理的行为）。像这样的错误很容易被忽略，并且需要很长时间才能发现。

因此，编写构造器时有一个很好的准则："用尽可能少的操作使对象进入正常状态，如果可以避免的话，请不要调用此类中的任何其他方法。"只有基类中的 final 方法可以在构造器中安全调用（这也适用于 private 方法，它们默认就是 final 的）。这些方法不能被重写，因此不会产生这种令人惊讶的问题。你可能并不总是遵循此准则，但是应该朝这个方向努力。

9.4 协变返回类型

Java 5 添加了**协变返回类型**（covariant return type），这表示子类中重写方法的返回值可以是基类方法返回值的**子类型**：

```java
// polymorphism/CovariantReturn.java

class Grain {
  @Override public String toString() {
    return "Grain";
  }
}

class Wheat extends Grain {
  @Override public String toString() {
    return "Wheat";
  }
}

class Mill {
  Grain process() { return new Grain(); }
}

class WheatMill extends Mill {
  @Override Wheat process() {
    return new Wheat();
  }
}

public class CovariantReturn {
  public static void main(String[] args) {
    Mill m = new Mill();
    Grain g = m.process();
    System.out.println(g);
    m = new WheatMill();
    g = m.process();
    System.out.println(g);
  }
}
/* 输出:
Grain
Wheat
*/
```

Java 5 与其之前版本的主要区别在于，其之前版本强制要求 process() 的重写版本返回 Grain，而不能是 Wheat，即使 Wheat 继承自 Grain，因而也是一个合法的返回类型。协变返回类型允许更具体的 Wheat 返回类型。

9.5　用继承进行设计

一旦学习了多态，似乎一切就都应该被继承，因为多态是一个如此巧妙的工具。但这会给你的设计增加负担。事实上，如果在使用现有类创建新类时首先选择继承，事情可能会变得不必要地复杂。

更好的方法是先选择组合，尤其是在不清楚到底使用哪种方法时。组合不会强制我们的程序设计使用继承层次结构。组合也更加灵活，因为在使用组合时可以动态选择类型（以及随之而来的行为），而继承则要求在编译时就知道确切的类型。以下示例说明了这一点：

```java
// polymorphism/Transmogrify.java
// 通过组合动态的改变对象的行为（状态设计模式）

class Actor {
  public void act() {}
}

class HappyActor extends Actor {
  @Override public void act() {
    System.out.println("HappyActor");
  }
}

class SadActor extends Actor {
  @Override public void act() {
    System.out.println("SadActor");
  }
}

class Stage {
  private Actor actor = new HappyActor();
  public void change() { actor = new SadActor(); }
  public void performPlay() { actor.act(); }
}

public class Transmogrify {
  public static void main(String[] args) {
    Stage stage = new Stage();
    stage.performPlay();
    stage.change();
    stage.performPlay();
  }
}
```

```
/* 输出:
HappyActor
SadActor
*/
```

Stage 对象包含了一个 Actor 的引用，它被初始化为一个 HappyActor 对象。这意味着 performPlay() 方法会产生特定的行为。因为引用可以在运行时重新绑定到不同的对象，所以可以将 actor 中的引用替换为对 SadActor 对象的引用，这样 performPlay() 产生的行为也随之改变。因此你就在运行时获得了动态灵活性（这也称为**状态模式**）。相反，你不能在运行时决定以不同的方式来继承，这必须在编译期间就完全确定下来。

一条通用的准则是，"使用继承来表达行为上的差异，使用字段来表达状态上的变化"。在前面的例子中，两者都用到了：通过继承得到了两个不同的类来表达 act() 方法的差异，而 Stage 使用组合来允许其状态发生改变。在这里，状态的改变恰好导致了行为的变化。

9.5.1　替换与扩展

创建继承层次结构的最简洁方法似乎是采用"纯粹"的方式。也就是说，只有来自基类的方法会在子类中被重写，如图 9-3 所示。

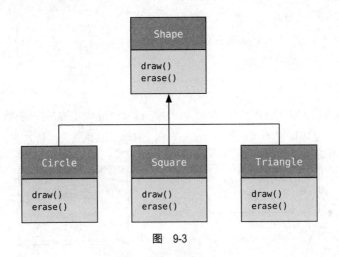

图　9-3

这可以称为纯粹的"is-a"关系，因为类的接口确定了它是什么。继承保证了任何子类都具有基类的全部接口，绝对不会少。如果你按照这个图来设计，子类的接口也**不会比基类的多**。

这种"纯替换"意味着子类对象可以完美地替换基类，并且在使用它们时也不需要知道有关子类的任何额外信息（见图 9-4）。

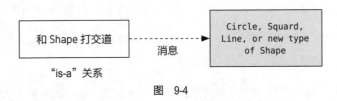

图　9-4

也就是说，基类可以接收任何发送给子类的消息，因为两者具有完全相同的接口。你所要做的就是从子类向上转型，然后再也不需要知道正在处理的对象的确切类型。一切都是通过多态来完成的。

当这样考虑时，似乎纯粹的"is-a"关系是唯一明智的方式，其他任何设计都显示了思维上的混乱，而且从定义上来讲就是错误的。这其实也是一个陷阱。一旦开始以这种方式思考，你就会发现扩展接口（不幸的是，关键字 extends 似乎在鼓励我们这样做）是解决特定问题的完美方案。这可以称为"is-like-a"的关系，因为子类像（like）基类——它具有与其相同的基本接口——但它还具有通过额外方法实现的其他特性（见图 9-5）。

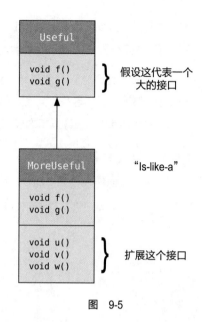

图　9-5

虽然这也是一种有用且明智的方法（取决于具体情况），但它有一个缺点。子类中接口的扩展部分在基类中是不可用的，因此一旦向上转型，就无法调用新方法了（见图 9-6）。

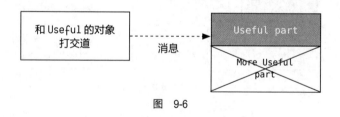

图　9-6

如果不向上转型，就不会有任何问题，但你经常会遇到必须重新确定对象确切类型的情况，以便可以访问该类型的扩展方法。下一节说明了这是如何做到的。

9.5.2　向下转型与反射

因为**向上转型**（在继承层次结构中向上移动）会丢失特定类型的信息，所以我们自然就可以通过**向下转型**（downcast）来重新获取类型信息，即在继承层次结构中向下移动。

我们知道向上转型总是安全的，因为基类不可能有比子类更多的接口。因此，通过基类接口发送的每条消息都能保证被子类接受。

然而对于向下转型来说，我们并不知道这些。比如我们不知道一个形状实际上是不是一个圆形。它也可以是三角形、正方形或其他类型。

要解决这个问题，必须有某种方法来保证向下转型是正确的，这样就不会意外地转换为错误的类型，然后给对象发送它无法接受的消息。那将是不安全的。

在某些语言（如 C++）中，必须执行特殊操作才能获得类型安全的向下转型，但在 Java 中，**每个**转型都会被检查！因此，即使看起来只是在执行一个普通的带括号的强制转型，但在运行时会检查此强制转型，以确保它实际上是你期望的类型。如果不是，则会抛出一个 ClassCastException 错误。这种在运行时检查类型的行为是 Java **反射**（reflection）的一部分。以下示例里展示了一些基本的反射行为：

```java
// polymorphism/Reflect.java
// {ThrowsException}

class Useful {
  public void f() {}
  public void g() {}
}

class MoreUseful extends Useful {
  @Override public void f() {}
  @Override public void g() {}
  public void u() {}
  public void v() {}
  public void w() {}
}

public class Reflect {
  public static void main(String[] args) {
    Useful[] x = {
      new Useful(),
      new MoreUseful()
    };
    x[0].f();
    x[1].g();
    // 编译时错误：无法在 Useful 中发现方法：
    //- x[1].u();
    ((MoreUseful)x[1]).u(); // 向下转型 / 反射
    ((MoreUseful)x[0]).u(); // 抛出异常
  }
}
```

```
/* 输出：
___[ Error Output ]___
Exception in thread "main"
java.lang.ClassCastException: Useful cannot be cast to MoreUseful
        at Reflect.main(Reflect.java:28)
*/
```

正如之前的示意图中所示，MoreUseful 扩展了 Useful 的接口。因为它是继承的，所以它也可以向上转型为 Useful。你会在 main() 方法的数组 x 的初始化中看到这种情况。数组中的两个对象都属于 Useful 类，因此你可以调用两者的 f() 方法和 g() 方法，但如果尝试调用 u()（仅存在于 MoreUseful 中），你就会收到一个编译时错误消息。

如果想访问 MoreUseful 对象的扩展接口，可以尝试向下转型，如果类型正确就会成功，否则会得到一个 ClassCastException 异常。你无须为此异常编写任何特殊代码，因为它表示一个程序员犯的错误，它可能发生在程序中的任何位置。{ThrowsException} 注释标签告诉本书的构建系统，该程序在执行时会抛出异常。

反射并不仅仅包括简单的转型。例如，在向下转型之前，有一种方法可以确认正在处理的类型。第 19 章专门讨论了 Java 反射的方方面面。

9.6　总结

多态意味着"不同的形式"。在面向对象编程中，我们拥有来自基类的相同接口，以及使用该接口的不同形式：动态绑定方法的不同版本。

在本章中可以看到，如果不使用数据抽象和继承，就不可能理解甚至创建多态的示例。多态是一种不能孤立看待的特性（如 switch 这样的语句则是可以的），而只能作为类的关系这个全景中的一部分，与其他特性协同工作。

为了在程序中有效地使用多态，以及面向对象的技术，你需要扩展自己的编程视野，让它不仅包括单个类的成员和消息，还有类之间的共性以及它们彼此之间的关系。虽然这需要付出巨大的努力，但这样做是非常值得的。它会带来更快的程序开发、更好的代码组织、可扩展的程序和更容易维护的代码。

但是请记住，多态可能会被过度使用。请分析自己的代码并确保这样做确实值得。

接口

> 接口和抽象类提供了一种更加结构化的方式来分离接口与实现。

接口和抽象类在编程语言中并不常见，例如，C++ 仅间接支持这些概念。Java 中存在的对应关键字表明，其设计者认为这些思想足够重要，值得提供对它们的直接支持。

首先，我们将介绍**抽象类**（abstract class），它介于普通类和接口之间。尽管你的第一反应是创建接口，但在构建具有字段和未实现方法的类时，抽象类是重要且必需的工具。你不能总是使用纯接口。

10.1 抽象类和抽象方法

在上一章的所有"乐器"示例中，基类 Instrument 中的方法都是"哑"（dummy）方法。调用这些方法是不明智的，因为 Instrument 的目的是为它的子类创建一个公共接口。

在这些示例中，创建此通用接口的唯一原因是，不同的子类型可以用不同的方式来表示这个接口。它建立了一种基本形式，这样你就可以抽象出所有子类的共同之处。换言之，Instrument 可称为**抽象基类**，或简称为抽象类。

对于像 Instrument 这样的抽象类，其对象几乎总是没有意义的。我们创建抽象类，是想通过一个公共接口来操作一组类。因此 Instrument 仅表示接口，而不是特定的实现，仅创建一个 Instrument 对象并没有什么意义，所以你可能想阻止用户这样做。我们可以让 Instrument 中的所有方法都产生错误，但这样做会拖延到运行时才报错，并且需要用户进行可靠的详尽测试。通常最好在编译时就能发现这些问题。

为此，Java 提供了一种称为**抽象方法**（abstract method）的机制 [①]。这是一个不完整的方法，它只有一个声明，没有方法体。以下是抽象方法声明的语法：

```java
abstract void f();
```

包含抽象方法的类称为**抽象类**。如果一个类包含一个或多个抽象方法，则该类必须被定义为抽象类，否则编译器会产生错误消息。

```java
// interfaces/Basic.java

abstract class Basic {
  abstract void unimplemented();
}
```

如果抽象类不完整，那么当试图创建该类的对象时会发生什么？答案是你无法安全地创建抽象类的对象，因此会收到来自编译器的错误消息。这样就保证了抽象类的纯粹，不用担心它会被误用。

```java
// interfaces/AttemptToUseBasic.java
// {WillNotCompile}

public class AttemptToUseBasic {
  Basic b = new Basic();
  // 错误：Basic 是抽象的，不能实例化
}
```

如果一个新类型继承了抽象类，并希望能生成自己的对象，那它必须为基类中的所有抽象方法提供方法定义。如果不这样做（你可能会选择不这样做），那么子类也是抽象的，编译器将强制你使用 abstract 关键字来限定这个子类。

```java
// interfaces/Basic2.java
```

---

① 对于 C++ 程序员，这类似于 C++ 的纯虚函数（pure virtual function）。

```
abstract class Basic2 extends Basic {
  int f() { return 111; }
  abstract void g();
  // 仍然没有实现 unimplemented()
}
```

一个抽象类可以不包含任何抽象方法。如果一个类并不需要包含抽象方法，但同时还想阻止对它的任何实例化，这时将其定义为抽象类就很有用了。

```
// interfaces/AbstractWithoutAbstracts.java

abstract class Basic3 {
  int f() { return 111; }
  // 没有抽象方法
}

public class AbstractWithoutAbstracts {
  // Basic3 b3 = new Basic3();
  // 错误：Basic3 是抽象的，不能实例化
}
```

要想创建一个可实例化的类，继承抽象类后需要为所有的抽象方法提供定义：

```
// interfaces/Instantiable.java

abstract class Uninstantiable {
  abstract void f();
  abstract int g();
}

public class Instantiable extends Uninstantiable {
  @Override void f() { System.out.println("f()"); }
  @Override int g() { return 22; }
  public static void main(String[] args) {
    Uninstantiable ui = new Instantiable();
  }
}
```

注意 @Override 的使用。即使没有这个注解，只要没有使用相同的方法名称或方法签名，抽象机制仍能发现你没有实现抽象方法，并产生一个编译时错误。因此，你可以有理有据地争辩说，@Override 在这里是多余的。但 @Override 可以给读者提示，表明这个方法是被重写了的——我认为这很有用，所以即使编译器会在没有它的情况下也提示错误，我还是会使用 @Override。

请记住，默认的访问权限是“友好的”（friendly，即包访问权限）。你很快就会了解到，接口自动将其方法设为了 public。事实上，接口里只允许有 public 方法，如果不提供访

问权限修饰符，它的方法默认不是"友好的"，而是 public 的。抽象类则几乎对访问权限没有什么限制：

```
// interfaces/AbstractAccess.java

abstract class AbstractAccess {
  private void m1() {}
  // private abstract void m1a(); // 非法
  protected void m2() {}
  protected abstract void m2a();
  void m3() {}
  abstract void m3a();
  public void m4() {}
  public abstract void m4a();
}
```

不允许使用 private abstract 是有道理的，因为在 AbstractAccess 的任何子类中都不可能给这样的方法提供一个合法的定义。

上一章的 Instrument 类可以很容易地改成一个抽象类。抽象类并不会强制要求其所有方法都是抽象的，因此只需要将部分方法声明为 abstract 就可以了，如图 10-1 所示。

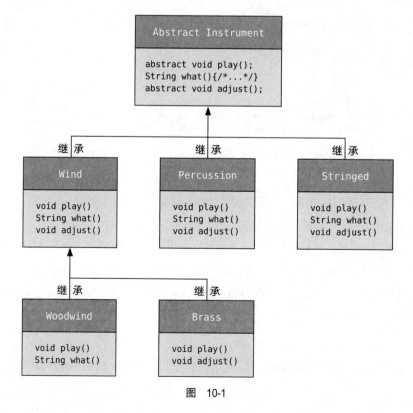

图 10-1

下面是改用抽象类和方法实现的管弦乐队示例：

```java
// interfaces/music4/Music4.java
// 抽象类和抽象方法
// {java interfaces.music4.Music4}
package interfaces.music4;
import polymorphism.music.Note;

abstract class Instrument {
  private int i; // 该变量在每个对象里都会被分配存储
  public abstract void play(Note n);
  public String what() { return "Instrument"; }
  public abstract void adjust();
}

class Wind extends Instrument {
  @Override public void play(Note n) {
    System.out.println("Wind.play() " + n);
  }
  @Override public String what() { return "Wind"; }
  @Override public void adjust() {
    System.out.println("Adjusting Wind");
  }
}

class Percussion extends Instrument {
  @Override public void play(Note n) {
    System.out.println("Percussion.play() " + n);
  }
  @Override public String what() {
    return "Percussion";
  }
  @Override public void adjust() {
    System.out.println("Adjusting Percussion");
  }
}

class Stringed extends Instrument {
  @Override public void play(Note n) {
    System.out.println("Stringed.play() " + n);
  }
  @Override public String what() { return "Stringed"; }
  @Override public void adjust() {
    System.out.println("Adjusting Stringed");
  }
}

class Brass extends Wind {
  @Override public void play(Note n) {
    System.out.println("Brass.play() " + n);
  }
  @Override public void adjust() {
```

```java
      System.out.println("Adjusting Brass");
  }
}

class Woodwind extends Wind {
  @Override public void play(Note n) {
    System.out.println("Woodwind.play() " + n);
  }
  @Override public String what() { return "Woodwind"; }
}

public class Music4 {
  // 不关心类型，所以加入系统的新类型也能工作
  static void tune(Instrument i) {
    // ...
    i.play(Note.MIDDLE_C);
  }
  static void tuneAll(Instrument[] e) {
    for(Instrument i : e)
      tune(i);
  }
  public static void main(String[] args) {
    // 在数组填充期间会向上转型
    Instrument[] orchestra = {
      new Wind(),
      new Percussion(),
      new Stringed(),
      new Brass(),
      new Woodwind()
    };
    tuneAll(orchestra);
  }
}
/* 输出:
Wind.play() MIDDLE_C
Percussion.play() MIDDLE_C
Stringed.play() MIDDLE_C
Brass.play() MIDDLE_C
Woodwind.play() MIDDLE_C
*/
```

除了 Instrument，这个示例并没有什么变化。

抽象类和抽象方法很有用，因为它们明确了类的抽象性，并告诉用户和编译器自己的预期用途。抽象类还是有用的重构工具，它能让你轻松地在继承层次结构中向上移动通用方法。

10.2 接口定义

我们使用关键字 interface 来定义接口。“接口”这个词在本书中很常见。就像“类”一样。除非特别提到关键字 interface，否则我会直接用“接口”一词指代。

在 Java 8 之前，接口更容易描述，因为它只允许使用抽象方法，看起来是这样的：

```
// interfaces/PureInterface.java
// Java 8 之前的接口是这样的：

public interface PureInterface {
  int m1();
  void m2();
  double m3();
}
```

这里甚至不需要在方法上使用 abstract 关键字——因为它们在接口中，Java 知道它们不能有方法体（你仍然可以添加 abstract 关键字，但这只会让人觉得你不懂接口，使自己尴尬）。

所以，在 Java 8 之前，我们可以这样说：

interface 关键字创建了一个完全抽象的类，它不代表任何实现。接口描述了一个类应该是什么样子和做什么的，而不是应该如何做。它确定了方法名、参数列表和返回类型，但不提供方法主体。接口只提供一种形式，并且除了某些受限制的情况外，它通常不提供实现。

对于一个接口来说，它其实是在表示"所有实现了这个特定接口的类看起来都像这样"。因此，任何使用了特定接口的代码都知道可以为该接口调用哪些方法，仅此而已。所以接口是用来在类之间建立"协议"的（一些面向对象编程语言有 protocol 关键字，可以做同样的事情）。

Java 8 中的接口变得有点混乱，因为 Java 8 允许默认方法和静态方法——随着对本书学习的深入，你会理解这么做的原因。接口的基本概念仍然成立，即它更多的是一个类型的概念，而不是实现。

接口和抽象类之间最显著的区别可能是两者的惯用方式。接口通常暗示"类的类型"或作为形容词来使用，例如 Runnable 或 Serializable，而抽象类通常是类层次结构的一部分，并且是"事物的类型"，例如 String 或 Instrument。

要创建接口，请使用 interface 关键字而不是 class 关键字。与类一样，你可以在 interface 关键字之前添加 public 关键字（但前提是该接口定义在同名文件中）。如果去掉 public 关键字，你将获得包访问权限，这样的话该接口就只能在同一个包内使用。

接口也可以包含字段，但这些字段是隐式的 static 和 final。

要创建一个符合特定接口（或一组接口）的类，请使用 implements 关键字，它表示"接口只是定义了它看起来是怎样的，但现在我要声明它是如何工作的"。除此之外，它看起来像继承。

```java
// interfaces/ImplementingAnInterface.java

interface Concept { // 包访问
  void idea1();
  void idea2();
}

class Implementation implements Concept {
  @Override public void idea1() {
    System.out.println("idea1");
  }
  @Override public void idea2() {
    System.out.println("idea2");
  }
}
```

你可以选择将接口中的方法显式声明为 public，但即使不显式声明，它们也是 public 的。所以当实现一个接口时，来自接口的方法必须被定义为 public。否则，它们将默认为包访问权限，导致在继承期间降低了方法的可访问性，而这是 Java 编译器不允许的。

与 abstract 类一样，在实现接口时也可以使用 @Override。它可以防止意外重载，还可以提示读者实现的是哪些接口方法。

10.2.1 默认方法

Java 8 为 default 关键字找到了一个额外的用途（以前只在 switch 语句和注解中使用）。当在接口内使用时，default 关键字所修饰的方法会创建一个方法体；如果实现了这个接口的类没有提供该方法的定义，就用这个方法体来代替。

默认方法比抽象类上的方法更受限制，但非常有用，我们将在第 14 章中看到这一点。

让我们通过下面这个接口看看它是如何工作的：

```java
// interfaces/AnInterface.java

interface AnInterface {
  void firstMethod();
  void secondMethod();
}
```

可以用通常的方式来实现这个接口：

```java
// interfaces/AnImplementation.java

public class AnImplementation implements AnInterface {
```

```
  @Override public void firstMethod() {
    System.out.println("firstMethod");
  }
  @Override public void secondMethod() {
    System.out.println("secondMethod");
  }
  public static void main(String[] args) {
    AnInterface i = new AnImplementation();
    i.firstMethod();
    i.secondMethod();
  }
}
```
```
/* 输出:
firstMethod
secondMethod
*/
```

如果将另一个方法 newMethod() 添加到 AnInterface 中，并且没有在 AnImplementation 中为该方法提供实现，编译器就会抛出如下错误：

```
AnImplementation.java:3: error: AnImplementation is
not abstract and does not override abstract method
newMethod() in AnInterface
public class AnImplementation implements AnInterface {
       ^
1 error
```

如果使用 default 关键字来为 newMethod() 提供默认定义，则使用该接口的所有旧代码都可以继续工作，不用做任何变动，而新代码则可以调用 newMethod()：

```
// interfaces/InterfaceWithDefault.java

interface InterfaceWithDefault {
  void firstMethod();
  void secondMethod();
  default void newMethod() {
    System.out.println("newMethod");
  }
}
```

default 关键字允许我们在接口中实现方法——在 Java 8 之前这是不行的。

```
// interfaces/Implementation2.java

public class Implementation2
implements InterfaceWithDefault {
  @Override public void firstMethod() {
    System.out.println("firstMethod");
  }
  @Override public void secondMethod() {
    System.out.println("secondMethod");
  }
  public static void main(String[] args) {
    InterfaceWithDefault i =
```
```
/* 输出:
firstMethod
secondMethod
newMethod
*/
```

```
    new Implementation2();
  i.firstMethod();
  i.secondMethod();
  i.newMethod();
  }
}
```

尽管 newMethod() 在 Implementation2 中没有定义，但它现在是可用的。

添加默认方法的一个令人信服的原因是，它允许向现有接口中添加方法，而不会破坏已经在使用该接口的所有代码。默认方法有时也称为防御方法（defender method）或虚拟扩展方法（virtual extension method）。

在 JDK 9 中，接口里的 default 和 static 方法都可以是 private 的。

10.2.2 多重继承

多重继承意味着一个类可以从多个基类型继承特性和功能。

在最初设计 Java 时，C++ 中的多重继承正面临着严厉的批评。Java 严格来说是一种单继承语言：只能继承一个类（或抽象类）。你可以实现任意数量的接口，但在 Java 8 之前，接口没有什么包袱——它只是描述了其方法是什么样的。

多年后的今天，通过默认方法，Java 拥有了多重继承的一些特性。将接口与默认方法结合，意味着我们可以结合来自多个基类型的行为。因为接口仍然不允许包含字段（接口里只有静态字段，并不适用于我们这里讨论的场景），所以字段仍然只能来自单个基类或抽象类。也就是说，你不能拥有状态的多重继承。下面是它的示例：

```
// interfaces/MultipleInheritance.java
import java.util.*;

interface One {
  default void first() { System.out.println("first"); }
}

interface Two {
  default void second() {
    System.out.println("second");
  }
}

interface Three {
  default void third() { System.out.println("third"); }
}
```

```
class MI implements One, Two, Three {}

public class MultipleInheritance {
  public static void main(String[] args) {
    MI mi = new MI();
    mi.first();
    mi.second();
    mi.third();
  }
}
```

```
/* 输出:
first
second
third
*/
```

现在我们可以做一些在 Java 8 之前做不到的事情：组合多个来源的实现。只要所有基类方法都有不同的名称和参数列表，代码就能正常工作。如果没有，就会收到编译时错误消息：

```
// interfaces/MICollision.java
import java.util.*;

interface Bob1 {
  default void bob() {
    System.out.println("Bob1::bob");
  }
}

interface Bob2 {
  default void bob() {
    System.out.println("Bob2::bob");
  }
}

// class Bob implements Bob1, Bob2 {}
/* 产生:
error: class Bob inherits unrelated defaults
for bob() from types Bob1 and Bob2
class Bob implements Bob1, Bob2 {}
^
1 error
*/

interface Sam1 {
  default void sam() {
    System.out.println("Sam1::sam");
  }
}

interface Sam2 {
  default void sam(int i) {
    System.out.println(i * 2);
  }
}
```

```
// 这里能正常工作是因为参数列表不同
class Sam implements Sam1, Sam2 {}

interface Max1 {
  default void max() {
    System.out.println("Max1::max");
  }
}

interface Max2 {
  default int max() { return 47; }
}

// class Max implements Max1, Max2 {}
/* 产生:
error: types Max2 and Max1 are incompatible;
both define max(), but with unrelated return types
class Max implements Max1, Max2 {}
^
1 error
*/
```

在 Sam 类中，两个 sam() 方法具有相同的名称，但它们的方法签名是唯一的——签名包括名称和参数类型，编译器用它来区分不同的方法。但是，正如 Max 类所示，返回类型不是方法签名的一部分，因此不能用于区分两个方法。

要解决这个问题，就必须重写冲突的方法：

```
// interfaces/Jim.java
import java.util.*;

interface Jim1 {
  default void jim() {
    System.out.println("Jim1::jim");
  }
}

interface Jim2 {
  default void jim() {
    System.out.println("Jim2::jim");
  }
}

public class Jim implements Jim1, Jim2 {
  @Override public void jim() {
    Jim2.super.jim();
  }
  public static void main(String[] args) {
    new Jim().jim();
  }
}
```

```
/* 输出:
Jim2::jim
*/
```

当然，你可以将 jim() 重新定义为任何东西，但通常会使用 super 关键字来选择一个基类实现，就像上面所示的那样。

10.2.3 接口中的静态方法

Java 8 还可以在接口中包含静态方法。这允许我们在接口里包含逻辑上属于它的实用程序。这些实用程序通常是像 runOps() 这种操作该接口的方法，或者 show() 这样的通用工具：

```java
// onjava/Operation.java
package onjava;

public interface Operation {
  void execute();
  static void runOps(Operation... ops) {
    for(Operation op : ops)
      op.execute();
  }
  static void show(String msg) {
    System.out.println(msg);
  }
}
```

runOps() 是**模板方法**（Template Method）设计模式的一个例子，在进阶卷第 8 章中有描述。runOps() 使用可变参数列表，因此我们可以根据需要传递任意数量的 Operation 参数，并按顺序运行它们，如 main() 方法所示：

```java
// interfaces/MetalWork.java
import onjava.Operation;

class Heat implements Operation {
  @Override public void execute() {
    Operation.show("Heat");
  }
}

public class MetalWork {
  public static void main(String[] args) {
    // 必须在静态上下文中定义才能使用方法引用
    Operation twist = new Operation() {
      public void execute() {
        Operation.show("Twist");
      }
    };
    Operation.runOps(
      new Heat(),                    // [1]
      new Operation() {              // [2]
        public void execute() {
          Operation.show("Hammer");
```

```
/* 输出:
Heat
Hammer
Twist
Anneal
*/
```

```
        }
    },
    twist::execute,                   // [3]
    () -> Operation.show("Anneal")    // [4]
  );
 }
}
```

在这里，可以看到创建 Operation 的不同方式。

[1] 常规类 Heat。

[2] 匿名类。

[3] 方法引用。

[4] Lambda 表达式——需要最少的代码。

此功能是一项改进，因为它允许将静态方法放在更合适的位置。

10.2.4 作为接口的 Instrument

让我们使用接口来更新乐器的示例，如图 10-2 所示。

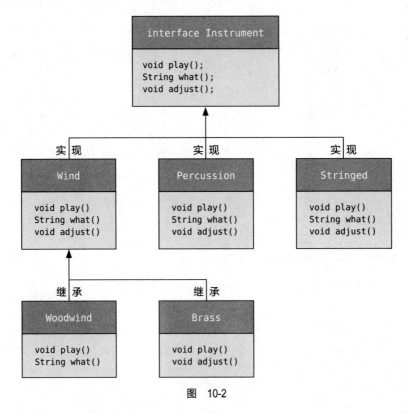

图 10-2

    Woodwind 类和 Brass 类表明,一旦实现了一个接口,这个实现就变成了一个可以用常规方式扩展的普通类。

    由于接口的工作方式,Instrument 中的任何方法都没有被明确定义为 public,但无论如何它们都自动就是 public 的。play() 和 adjust() 都使用了 default 关键字来定义。在 Java 8 之前,这两个定义必须在每个实现中重复,这样很明显既多余又烦人:

```java
// interfaces/music5/Music5.java
// {java interfaces.music5.Music5}
package interfaces.music5;
import polymorphism.music.Note;

interface Instrument {
  // 编译时常量
  int VALUE = 5; // static & final
  default void play(Note n) {  // 自动就是 public 的
    System.out.println(this + ".play() " + n);
  }
  default void adjust() {
    System.out.println("Adjusting " + this);
  }
}

class Wind implements Instrument {
  @Override public String toString() {
    return "Wind";
  }
}

class Percussion implements Instrument {
  @Override public String toString() {
    return "Percussion";
  }
}

class Stringed implements Instrument {
  @Override public String toString() {
    return "Stringed";
  }
}

class Brass extends Wind {
  @Override public String toString() {
    return "Brass";
  }
}

class Woodwind extends Wind {
  @Override public String toString() {
    return "Woodwind";
  }
}
```

```
public class Music5 {
  // 不关心类型，因此添加到系统的新类型可以正常工作：
  static void tune(Instrument i) {
    // ...
    i.play(Note.MIDDLE_C);
  }
  static void tuneAll(Instrument[] e) {
    for(Instrument i : e)
      tune(i);
  }
  public static void main(String[] args) {
    // 填充数组时会自动向上转型：
    Instrument[] orchestra = {
      new Wind(),
      new Percussion(),
      new Stringed(),
      new Brass(),
      new Woodwind()
    };
    tuneAll(orchestra);
  }
}
```

```
/* 输出：
Wind.play() MIDDLE_C
Percussion.play() MIDDLE_C
Stringed.play() MIDDLE_C
Brass.play() MIDDLE_C
Woodwind.play() MIDDLE_C
*/
```

这个版本的示例还有另一个更改：what() 方法更改为 toString()。之所以这样修改，是因为该方法的用途。toString() 是根类 Object 的一部分，因此不必出现在接口里。

请注意，不管是向上转型到常规类 Instrument，还是抽象类 Instrument，或者接口 Instrument，行为都是一样的。事实上，tune() 方法里没有任何信息来说明 Instrument 是常规类、抽象类还是接口。

10.3 抽象类与接口

特别是在 Java 8 中添加了默认方法后，在抽象类和接口中如何选择变得有些令人困惑。表 10-1 可以将它们清楚地区分开来。

表 10-1

特 性	接 口	抽 象 类
组合	可以在新类中组合多个接口	只能继承一个抽象类
状态	不能包含字段（静态字段除外，但它们不支持对象状态）	可以包含字段，非抽象方法可以引用这些字段
默认方法与抽象方法	默认方法不需要在子类型里实现，它只能引用接口里的方法（字段不行）	抽象方法必须在子类型里实现
构造器	不能有构造器	可以有构造器
访问权限控制	隐式的 public	可以为 protected 或包访问权限

抽象类仍然是一个类，因此如果被创建的新类所继承，则该抽象类就应该是唯一被继承的类。在创建新类的过程中可以实现多个接口。

一个经验法则是"在合理的范围内尽可能抽象"。因此，和抽象类相比，我们更偏向于使用接口。当必须使用抽象类的时候，你自然就会知道。除非必需，否则两个都不要使用。大多数情况下，常规类就可以解决问题，如果不能，可以再使用接口或抽象类。

10.4 完全解耦

当方法与类而不是接口配合使用时，你就只能使用该类或其子类。如果想将该方法应用于不在这个继承层次结构的类上，那你就束手无策了。而接口大大放宽了这种限制，因此可以编写更多可复用的代码。

例如，假设有一个 Processor 类，它有两个方法 name() 和 process()。process() 接受输入，修改后再输出。你可以继承此类来创建不同类型的 Processor。这里，这些 Processor 类型修改了字符串对象（注意返回类型可以是协变的，但参数类型不行）：

```java
// interfaces/Applicator.java
import java.util.*;

class Processor {
  public String name() {
    return getClass().getSimpleName();
  }
  public Object process(Object input) {
    return input;
  }
}

class Upcase extends Processor {
  @Override // 协变返回
  public String process(Object input) {
    return ((String)input).toUpperCase();
  }
}

class Downcase extends Processor {
  @Override
  public String process(Object input) {
    return ((String)input).toLowerCase();
  }
}

class Splitter extends Processor {
  @Override
```

```
  public String process(Object input) {
    // split()方法把一个字符串分为几部分
    return Arrays.toString(((String)input).split(" "));
  }
}

public class Applicator {
  public static void apply(Processor p, Object s) {
    System.out.println("Using Processor " + p.name());
    System.out.println(p.process(s));
  }
  public static void main(String[] args) {
    String s =
      "We are such stuff as dreams are made on";
    apply(new Upcase(), s);
    apply(new Downcase(), s);
    apply(new Splitter(), s);
  }
}
/* 输出:
Using Processor Upcase
WE ARE SUCH STUFF AS DREAMS ARE MADE ON
Using Processor Downcase
we are such stuff as dreams are made on
Using Processor Splitter
[We, are, such, stuff, as, dreams, are, made, on]
*/
```

Applicator.apply()方法接受任何类型的 Processor，将其应用到一个 Object 并打印结果。可以创建这样一个方法，它根据传递的参数对象来表现出不同的行为，这就是**策略**（Strategy）设计模式。方法包含了算法的固定部分，而策略包含了变化的部分。策略是你传入的对象，其中包含代码。这里 Processor 对象是策略，main()方法里显示了应用于字符串 s 的三种策略。

split()方法是 String 类的一部分。它接受一个字符串对象并使用参数作为边界符将其拆分，然后返回一个 String[]。这里用它可以更简便地创建 String 数组。

现在假设你发现了一组电子过滤器，它们看起来可能适合 Applicator.apply()方法：

```
// interfaces/filters/Waveform.java
package interfaces.filters;

public class Waveform {
  private static long counter;
  private final long id = counter++;
  @Override public String toString() {
    return "Waveform " + id;
  }
}
// interfaces/filters/Filter.java
```

```java
package interfaces.filters;

public class Filter {
  public String name() {
    return getClass().getSimpleName();
  }
  public Waveform process(Waveform input) {
    return input;
  }
}

// interfaces/filters/LowPass.java
package interfaces.filters;

public class LowPass extends Filter {
  double cutoff;
  public LowPass(double cutoff) {
    this.cutoff = cutoff;
  }
  @Override
  public Waveform process(Waveform input) {
    return input; // 哑处理（dummy processing）
  }
}

// interfaces/filters/HighPass.java
package interfaces.filters;

public class HighPass extends Filter {
  double cutoff;
  public HighPass(double cutoff) {
    this.cutoff = cutoff;
  }
  @Override
  public Waveform process(Waveform input) {
    return input;
  }
}

// interfaces/filters/BandPass.java
package interfaces.filters;

public class BandPass extends Filter {
  double lowCutoff, highCutoff;
  public BandPass(double lowCut, double highCut) {
    lowCutoff = lowCut;
    highCutoff = highCut;
  }
  @Override
  public Waveform process(Waveform input) {
    return input;
  }
}
```

Filter 与 Processor 具有相同的接口元素，但因为 Filter 类的创建者并不知道你可能想把它当 Processor 来使用，所以它没有继承 Processor，这样你就不能在 Applicator. apply() 方法里使用 Filter 了，即使它能正常工作。基本上，Applicator.apply() 和 Processor 之间的耦合超过了所需的程度，这阻止了 Applicator.apply() 代码的复用——在它本可以被复用的时候。另外请注意，输入和输出参数都是 Waveform。

但是，如果 Processor 是一个接口，那么约束就足够宽松，你就可以复用参数为该接口类型的 Applicator.apply() 方法了。以下是 Processor 和 Applicator 的修改版本：

```java
// interfaces/interfaceprocessor/Processor.java
package interfaces.interfaceprocessor;

public interface Processor {
  default String name() {
    return getClass().getSimpleName();
  }
  Object process(Object input);
}
// interfaces/interfaceprocessor/Applicator.java
package interfaces.interfaceprocessor;

public class Applicator {
  public static void apply(Processor p, Object s) {
    System.out.println("Using Processor " + p.name());
    System.out.println(p.process(s));
  }
}
```

复用代码的第一种方法是，调用者可以编写符合这个接口的类，如下所示：

```java
// interfaces/interfaceprocessor/StringProcessor.java
// {java interfaces.interfaceprocessor.StringProcessor}
package interfaces.interfaceprocessor;
import java.util.*;

interface StringProcessor extends Processor {
  @Override
  String process(Object input);        // [1]
  String S =                           // [2]
  "If she weighs the same as a duck, " +
  "she's made of wood";
  static void main(String[] args) {    // [3]
    Applicator.apply(new Upcase(), S);
    Applicator.apply(new Downcase(), S);
    Applicator.apply(new Splitter(), S);
  }
}
```

```
class Upcase implements StringProcessor {
  @Override // 协变返回
  public String process(Object input) {
    return ((String)input).toUpperCase();
  }
}

class Downcase implements StringProcessor {
  @Override
  public String process(Object input) {
    return ((String)input).toLowerCase();
  }
}

class Splitter implements StringProcessor {
  @Override
  public String process(Object input) {
    return Arrays.toString(((String)input).split(" "));
  }
}
```

```
/* 输出:
Using Processor Upcase
IF SHE WEIGHS THE SAME AS A DUCK, SHE'S MADE OF WOOD
Using Processor Downcase
if she weighs the same as a duck, she's made of wood
Using Processor Splitter
[If, she, weighs, the, same, as, a, duck,, she's, made,
of, wood]
*/
```

[1] 这个声明是不必要的，如果删除它，编译器也不会提示错误。但它能指出方法的返回值从 Object 协变为 String。

[2] 字段 s 自动是 static 和 final 的，因为它是在接口内定义的。

[3] 你甚至可以在接口中定义一个 main() 方法。

在这里，这种处理方式是有效的。但是你经常会遇到无法修改类的情况。以上面的电子过滤器为例，库一般是被发现而不是被创建的。在这些情况下，可以使用**适配器**（Adapter）设计模式。在适配器里，编写代码来通过已有的接口生成需要的接口，如下所示：

```
// interfaces/interfaceprocessor/FilterProcessor.java
// {java interfaces.interfaceprocessor.FilterProcessor}
package interfaces.interfaceprocessor;
import interfaces.filters.*;

class FilterAdapter implements Processor {
  Filter filter;
  FilterAdapter(Filter filter) {
    this.filter = filter;
```

```
  }
  @Override
  public String name() { return filter.name(); }
  @Override
  public Waveform process(Object input) {
    return filter.process((Waveform)input);
  }
}

public class FilterProcessor {
  public static void main(String[] args) {
    Waveform w = new Waveform();
    Applicator.apply(
      new FilterAdapter(new LowPass(1.0)), w);
    Applicator.apply(
      new FilterAdapter(new HighPass(2.0)), w);
    Applicator.apply(
      new FilterAdapter(new BandPass(3.0, 4.0)), w);
  }
}
```

```
/* 输出:
Using Processor LowPass
Waveform 0
Using Processor HighPass
Waveform 0
Using Processor BandPass
Waveform 0
*/
```

在使用适配器的实现方式里，FilterAdapter 构造器通过你拥有的 Filter 接口，来生成一个你需要的 Processor 接口的对象。你可能还会注意到 FilterAdapter 类中使用了委托。

协变允许我们从 process() 里产生一个 Waveform，而不仅仅是一个 Object。

接口与实现的解耦允许我们将一个接口应用于多个不同的实现，因此代码更具可复用性。

10.5 组合多个接口

因为接口根本没有实现，也就是说，没有与接口关联的存储，所以也就没有什么可以阻止多个接口组合在一起（见图 10-3）。这是很有用的，因为有时你想说，"一个 x 是一个 a，同时也是一个 b 和一个 c"。

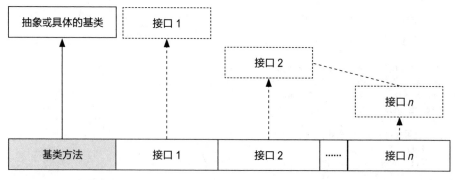

图　10-3

在一个子类里，Java 并没有强制要求其基类是抽象的或具体的（即没有抽象方法）。如果**确实**是从非接口里继承，则只能继承一个。其余的所有基元素（base element）都必须是接口。将所有的接口名称放在 implements 关键字后面，并用逗号分隔它们。你可以拥有任意数量的接口。可以向上转型到每个接口，因为每个接口都是一个独立的类型。下面的示例显示了将一个具体类与几个接口相结合来生成一个新类：

```java
// interfaces/Adventure.java
// Multiple interfaces

interface CanFight {
  void fight();
}

interface CanSwim {
  void swim();
}

interface CanFly {
  void fly();
}

class ActionCharacter {
  public void fight() {}
}

class Hero extends ActionCharacter
    implements CanFight, CanSwim, CanFly {
  @Override public void swim() {}
  @Override public void fly() {}
}

public class Adventure {
  public static void t(CanFight x) { x.fight(); }
  public static void u(CanSwim x) { x.swim(); }
  public static void v(CanFly x) { x.fly(); }
  public static void w(ActionCharacter x) { x.fight(); }
  public static void main(String[] args) {
    Hero h = new Hero();
    t(h); // 当作一个 CanFight 类型
    u(h); // 当作一个 CanSwim 类型
    v(h); // 当作一个 CanFly 类型
    w(h); // 当作一个 ActionCharacter 类型
  }
}
```

Hero 将具体类 ActionCharacter 与接口 CanFight、CanSwim 和 CanFly 结合在一起。当以这种方式将具体类与接口结合时，具体类必须在前面，然后才是接口（否则编译器会报错）。

fight() 的签名在接口 CanFight 和类 ActionCharacter 中是相同的，并且在 Hero 中没有提供 fight() 的定义。你可以扩展一个接口，但是你的接口并非只有一个。当创建一个对象时，所有的定义必须都已经存在。尽管 Hero 没有明确提供 fight() 的定义，但继承的 ActionCharacter 提供了。因此，我们可以创建 Hero 对象。

Adventure 提供了四个方法，它们的参数类型是各种接口和具体类。当创建一个 Hero 对象时，它可以被传递给这些方法中的任何一个，这意味着它会依次向上转型到每个接口。由于 Java 接口的设计方式，这些方法无须程序员做任何特别处理就能正常工作。

请记住，前面的示例揭示了使用接口的核心原因之一：向上转型为多个基类型（以及这样做所提供的灵活性）。但是，使用接口的第二个原因与使用抽象基类相同：防止客户程序员创建此类的对象，并明确这只是一个接口。

这就带来了一个问题：应该使用接口还是抽象类？如果可以在没有任何方法定义或成员变量的情况下创建基类，那么就使用接口而非抽象类。事实上，如果你认为某个类可以作为基类的话，也就可以考虑把它设计成接口（在 10.11 节中会重新讨论这个主题）。

10.6 通过继承来扩展接口

可以使用继承轻松地向接口里添加新的方法声明，也可以通过继承将多个接口组合成一个新接口。在这两种情况下，都会获得一个新接口，如下例所示：

```java
// interfaces/HorrorShow.java
// 通过继承来扩展接口

interface Monster {
  void menace();
}

interface DangerousMonster extends Monster {
  void destroy();
}

interface Lethal {
  void kill();
}

class DragonZilla implements DangerousMonster {
  @Override public void menace() {}
  @Override public void destroy() {}
}

interface Vampire extends DangerousMonster, Lethal {
```

```
    void drinkBlood();
}

class VeryBadVampire implements Vampire {
  @Override public void menace() {}
  @Override public void destroy() {}
  @Override public void kill() {}
  @Override public void drinkBlood() {}
}

public class HorrorShow {
  static void u(Monster b) { b.menace(); }
  static void v(DangerousMonster d) {
    d.menace();
    d.destroy();
  }
  static void w(Lethal l) { l.kill(); }
  public static void main(String[] args) {
    DangerousMonster barney = new DragonZilla();
    u(barney);
    v(barney);
    Vampire vlad = new VeryBadVampire();
    u(vlad);
    v(vlad);
    w(vlad);
  }
}
```

DangerousMonster 是对 Monster 简单扩展后产生的一个新接口。DragonZilla 实现了它。

Vampire 中使用的语法仅在继承接口时有效。通常，只能将 extends 用于单个类，但是在构建新接口时，extends 可以关联多个父接口（base interface）。注意接口名称用逗号分隔。

组合接口时的名称冲突

实现多个接口时有一个小陷阱。在前面的例子中，CanFight 和 ActionCharacter 都有一个完全相同的 void Fight() 方法。完全相同的方法不是问题，但如果方法的签名或返回类型不同呢？下面是一个示例：

```
// interfaces/InterfaceCollision.java

interface I1 { void f(); }
interface I2 { int f(int i); }
interface I3 { int f(); }
class C { public int f() { return 1; } }

class C2 implements I1, I2 {
```

```
  @Override
  public void f() {}
  @Override
  public int f(int i) { return 1; } // 重载
}

class C3 extends C implements I2 {
  @Override
  public int f(int i) { return 1; } // 重载
}

class C4 extends C implements I3 {
  // 完全相同，没有问题:
  @Override public int f() { return 1; }
}

// 方法只有返回类型不同
//- class C5 extends C implements I1 {}
//- interface I4 extends I1, I3 {}
```

之所以出现问题，是因为重写、实现和重载令人不快地混合在一起。此外，重载方法不能只有返回类型不同。当最后两行取消注释时，错误消息说明了一切:

```
error: C5 is not abstract and does not override abstract
  method f() in I1
  class C5 extends C implements I1 {}

error: types I3 and I1 are incompatible; both define f(),
  but with unrelated return types
  interface I4 extends I1, I3 {}
```

将接口组合在一起时，在不同接口中使用相同的方法名称通常会导致代码可读性较差。应该努力避免这种情况。

10.7　适配接口

引入接口最令人信服的原因之一是，可以允许同一接口有多个实现。在简单的情况下，它的体现形式可以是一个接受接口的方法，调用者实现该接口并将其对象传递给该方法。

因此，接口的一个常见用途就是前面提到的策略设计模式。你编写一个执行某些操作的方法，该方法接受指定的接口作为参数。你基本上是在表示"可以用这个方法来操作任何对象，只要这个对象遵循我的接口"。这使你的方法更加灵活、通用，并且可复用性也更高。

例如，Scanner 类的构造器（在第 18 章会介绍更多信息）接受一个 Readable 接口作为参数。你会发现 Readable 不是 Java 标准库中任何其他方法的参数，它是专门为 Scanner 创建的，因此 Scanner 就不用将其参数限制为特定的类。这样，Scanner 可以处理更多的类型。如果创建了一个新类并希望它可以和 Scanner 类一起使用，那么让它实现 Readable 接口就可以了，如下所示：

```java
// interfaces/RandomStrings.java
// 通过实现接口来适配方法
import java.nio.*;
import java.util.*;

public class RandomStrings implements Readable {
  private static Random rand = new Random(47);
  private static final char[] CAPITALS =
    "ABCDEFGHIJKLMNOPQRSTUVWXYZ".toCharArray();
  private static final char[] LOWERS =
    "abcdefghijklmnopqrstuvwxyz".toCharArray();
  private static final char[] VOWELS =
    "aeiou".toCharArray();
  private int count;
  public RandomStrings(int count) {
    this.count = count;
  }
  @Override public int read(CharBuffer cb) {
    if(count-- == 0)
      return -1; // 表示输入已经结束
    cb.append(CAPITALS[rand.nextInt(CAPITALS.length)]);
    for(int i = 0; i < 4; i++) {
      cb.append(VOWELS[rand.nextInt(VOWELS.length)]);
      cb.append(LOWERS[rand.nextInt(LOWERS.length)]);
    }
    cb.append(" ");
    return 10; // 添加的字符串
  }
  public static void main(String[] args) {
    Scanner s = new Scanner(new RandomStrings(10));
    while(s.hasNext())
      System.out.println(s.next());
  }
}
```

```
/* 输出：
Yazeruyac
Fowenucor
Goeazimom
Raeuuacio
Nuoadesiw
Hageaikux
Ruqicibui
Numasetih
Kuuuuozog
Waqizeyoy
*/
```

Readable 接口只需要实现 read() 方法（注意 @Override 是如何突出这个方法的）。在 read() 中，可以向参数 CharBuffer 中添加数据（有多种实现方法，请参阅 CharBuffer 文档），或者当没有更多输入时返回 -1。

假设有一个类型还没有实现 Readable，如何能使它与 Scanner 一起工作？下面是一个生成随机浮点数的示例：

```java
// interfaces/RandomDoubles.java
import java.util.*;

public interface RandomDoubles {
  Random RAND = new Random(47);
  default double next() { return RAND.nextDouble(); }
  static void main(String[] args) {
    RandomDoubles rd = new RandomDoubles() {};
    for(int i = 0; i < 7; i ++)
      System.out.print(rd.next() + " ");
  }
}
/* 输出:
0.7271157860730044 0.5309454508634242
0.16020656493302599 0.18847866977771732
0.5166020801268457 0.2678662084200585
0.2613610344283964
*/
```

同样，我们可以使用适配器模式，但在这里我们通过实现两个接口来创建适配的类。因此，使用 interface 关键字提供的多重继承，我们生成了一个新的类，它同时实现了 RandomDoubles 和 Readable：

```java
// interfaces/AdaptedRandomDoubles.java
// 使用继承创建适配器
import java.nio.*;
import java.util.*;

public class AdaptedRandomDoubles
implements RandomDoubles, Readable {
  private int count;
  public AdaptedRandomDoubles(int count) {
    this.count = count;
  }
  @Override public int read(CharBuffer cb) {
    if(count-- == 0)
      return -1;
    String result = Double.toString(next()) + " ";
    cb.append(result);
    return result.length();
  }
  public static void main(String[] args) {
    Scanner s =
      new Scanner(new AdaptedRandomDoubles(7));
    while(s.hasNextDouble())
      System.out.print(s.nextDouble() + " ");
  }
}
/* 输出:
0.7271157860730044 0.5309454508634242
0.16020656493302599 0.18847866977771732
0.5166020801268457 0.2678662084200585
0.2613610344283964
*/
```

因为任何现有类都可以通过这种方式添加接口，所以这意味着把接口作为参数的方法可以让任何类都适应它。这就是不使用类而使用接口的威力。

10.8　接口中的字段

接口中的任何字段都自动是 static 和 final 的，因此接口是创建一组常量值的便捷工具。在 Java 5 之前，如果想产生与 C 或 C++ 里枚举相同的效果，这是唯一的方法。所以在 Java 5 之前你会看到像这样的代码：

```
// interfaces/Months.java
// 使用接口创建一组常量值

public interface Months {
  int
    JANUARY = 1, FEBRUARY = 2, MARCH = 3,
    APRIL = 4, MAY = 5, JUNE = 6, JULY = 7,
    AUGUST = 8, SEPTEMBER = 9, OCTOBER = 10,
    NOVEMBER = 11, DECEMBER = 12;
}
```

请注意，Java 里具有常量初始值的 static final 字段的命名全部使用大写字母（用下划线分隔单个标识符中的多个单词）。接口中的字段自动为 public，因此不需要显式指定。

从 Java 5 开始，我们有了更强大、更灵活的 enum 关键字，因此有时你会希望使用它而不是接口来保存一组常量。可以在进阶卷第 1 章找到有关 enum 的更多信息。

初始化接口中的字段

接口中定义的字段不能是"空白的 final"，但它们可以用非常量表达式初始化。例如：

```
// interfaces/RandVals.java
// 用非常量初始化表达式来初始化接口
import java.util.*;

public interface RandVals {
  Random RAND = new Random(47);
  int RANDOM_INT = RAND.nextInt(10);
  long RANDOM_LONG = RAND.nextLong() * 10;
  float RANDOM_FLOAT = RAND.nextLong() * 10;
  double RANDOM_DOUBLE = RAND.nextDouble() * 10;
}
```

这些字段都是静态的，所以它们会在类第一次加载时被初始化，首次访问该接口的任何字段都会触发这个加载。下面是一个简单的测试：

```
// interfaces/TestRandVals.java

public class TestRandVals {
  public static void main(String[] args) {
    System.out.println(RandVals.RANDOM_INT);
    System.out.println(RandVals.RANDOM_LONG);
    System.out.println(RandVals.RANDOM_FLOAT);
    System.out.println(RandVals.RANDOM_DOUBLE);
  }
}
```

```
/* 输出:
8
-32032247016559954
-8.5939291E18
5.779976127815049
*/
```

这些字段不是接口的一部分。这些值存储在该接口的静态存储区中。

10.9 嵌套接口

接口可以嵌套在类和其他接口中。这呈现了几个有趣的特性:

```
// interfaces/nesting/NestingInterfaces.java
// {java interfaces.nesting.NestingInterfaces}
package interfaces.nesting;

class A {
  interface B {
    void f();
  }
  public class BImp implements B {
    @Override public void f() {}
  }
  private class BImp2 implements B {
    @Override public void f() {}
  }
  public interface C {
    void f();
  }
  class CImp implements C {
    @Override public void f() {}
  }
  private class CImp2 implements C {
    @Override public void f() {}
  }
  private interface D {
    void f();
  }
  private class DImp implements D {
    @Override public void f() {}
  }
  public class DImp2 implements D {
    @Override public void f() {}
  }
```

```
  public D getD() { return new DImp2(); }
  private D dRef;
  public void receiveD(D d) {
    dRef = d;
    dRef.f();
  }
}

interface E {
  interface G {
    void f();
  }
  // 多余的 public:
  public interface H {
    void f();
  }
  void g();
  // 接口内不能用 private
  //- private interface I {}
}

public class NestingInterfaces {
  public class BImp implements A.B {
    @Override public void f() {}
  }
  class CImp implements A.C {
    @Override public void f() {}
  }
  // private 的接口只能在定义的类里实现:
  //- class DImp implements A.D {
  //-   public void f() {}
  //- }
  class EImp implements E {
    @Override public void g() {}
  }
  class EGImp implements E.G {
    @Override public void f() {}
  }
  class EImp2 implements E {
    @Override public void g() {}
    class EG implements E.G {
      @Override public void f() {}
    }
  }
  public static void main(String[] args) {
    A a = new A();
    // 无法访问 A.D:
    //- A.D ad = a.getD();
    // 只能返回 A.D:
    //- A.DImp2 di2 = a.getD();
    // 无法访问该接口的方法
    //- a.getD().f();
```

```
    // 另一个 A 才能处理 getD():
    A a2 = new A();
    a2.receiveD(a.getD());
  }
}
```

在类中嵌套接口的语法相当明显。就像非嵌套接口一样，它们可以具有 public 或包访问权限的可见性。

另外这里有个不易理解之处：接口也可以是 private 的，如 A.D 中所示（嵌套接口和嵌套类使用相同的限定语法）。private 的嵌套接口有什么好处？你可能会猜测，它只能作为 DImp 中的私有内部类来实现，但是 A.DImp2 表明它也可以作为 public 类来实现。不过 A.DImp2 在使用时只能被视为自身的类型，你不能提及它实现了 private 的接口 D。所以实现了 private 接口的话，可以在不添加任何类型信息的情况下，限定该接口中的方法定义（也就是说，不允许任何向上转型）。

方法 getD() 让我们进一步陷入困境，这与 private 接口有关：它是一个 public 方法，但返回了一个 private 接口的引用。可以对这个方法的返回值做些什么？在 main() 里我们多次尝试使用该返回值，但都失败了。该返回值必须传递给一个有权使用它的对象——这里是另一个 A，它可以通过 receiveD() 方法使用这个返回值。

接口 E 表明，接口之间也可以嵌套。然而，关于接口的规则——特别是所有接口元素必须是 public 的——在这里是严格执行的，所以嵌套在另一个接口中的接口自动为 public 的，不能设为 private。

NestingInterfaces 展示了实现嵌套接口的各种方式。特别要注意的是，当实现一个接口时，并不需要实现嵌套在其中的接口。此外，private 接口不能在它们的定义类之外实现。

初看起来，这些特性好像仅仅是为了语法一致性而添加的，但我通常发现，一旦了解了一个特性，你就会经常发现它的有用之处。

10.10 接口和工厂

接口是通向多个实现的网关，如果想生成适合某个接口的对象，一种典型的方式是**工厂方法**（Factory Method）设计模式。你不是直接调用构造器，而是在工厂对象上调用创建方法，它可以产生接口实现。这样，理论上，你的代码与接口实现完全隔离，从而可以透明地将一种实现替换为另一种实现。下面是一个示例，展示了工厂方法的结构：

```
// interfaces/Factories.java

interface Service {
  void method1();
  void method2();
}

interface ServiceFactory {
  Service getService();
}

class Service1 implements Service {
  Service1() {} // 包访问权限
  @Override public void method1() {
    System.out.println("Service1 method1");
  }
  @Override public void method2() {
    System.out.println("Service1 method2");
  }
}

class Service1Factory implements ServiceFactory {
  @Override public Service getService() {
    return new Service1();
  }
}

class Service2 implements Service {
  Service2() {} // 包访问权限
  @Override public void method1() {
    System.out.println("Service2 method1");
  }
  @Override public void method2() {
    System.out.println("Service2 method2");
  }
}

class Service2Factory implements ServiceFactory {
  @Override public Service getService() {
    return new Service2();
  }
}

public class Factories {
  public static void
  serviceConsumer(ServiceFactory fact) {
    Service s = fact.getService();
    s.method1();
    s.method2();
  }
  public static void main(String[] args) {
    serviceConsumer(new Service1Factory());
```

```
/* 输出:
Service1 method1
Service1 method2
Service2 method1
Service2 method2
*/
```

```
    // 服务是完全可以互换的:
    serviceConsumer(new Service2Factory());
  }
}
```

如果没有工厂方法，你的代码必须在某处指定创建 Service 的确切类型，以调用相应的构造器。

为什么要添加这种额外的间接层？一个常见的原因是创建框架。假设你正在创建一个系统来玩游戏，例如想要在同一个棋盘上玩国际象棋和跳棋：

```java
// interfaces/Games.java
// 一个使用了工厂方法的游戏框架

interface Game { boolean move(); }
interface GameFactory { Game getGame(); }

class Checkers implements Game {
  private int moves = 0;
  private static final int MOVES = 3;
  @Override public boolean move() {
    System.out.println("Checkers move " + moves);
    return ++moves != MOVES;
  }
}

class CheckersFactory implements GameFactory {
  @Override
  public Game getGame() { return new Checkers(); }
}

class Chess implements Game {
  private int moves = 0;
  private static final int MOVES = 4;
  @Override public boolean move() {
    System.out.println("Chess move " + moves);
    return ++moves != MOVES;
  }
}

class ChessFactory implements GameFactory {
  @Override
  public Game getGame() { return new Chess(); }
}

public class Games {
  public static void playGame(GameFactory factory) {
    Game s = factory.getGame();
    while(s.move())
      ;
```

```
/* 输出:
Checkers move 0
Checkers move 1
Checkers move 2
Chess move 0
Chess move 1
Chess move 2
Chess move 3
*/
```

```
  }
  public static void main(String[] args) {
    playGame(new CheckersFactory());
    playGame(new ChessFactory());
  }
}
```

如果 Games 类代表了一段复杂的代码，这种方式意味着你可以在不同类型的游戏中复用该代码。可以想象，更加复杂的游戏可以从这种模式中受益。

在下一章中，你将看到实现工厂方法的更优雅的方式，那就是使用匿名内部类。

10.11　新特性：接口的 private 方法

随着 default 和 static 方法引入接口，我们可以在接口中编写方法的代码了，但同时可能不想让这些方法成为 public 的。在 Old 类中，fd() 和 fs() 分别是 default 和 static 方法。这些方法只被 f() 和 g() 调用，所以我们希望它们是 private 的：

```
// interfaces/PrivateInterfaceMethods.java
// {NewFeature} 从 JDK 9 开始

interface Old {
  default void fd() {
    System.out.println("Old::fd()");
  }
  static void fs() {
    System.out.println("Old::fs()");
  }
  default void f() {
    fd();
  }
  static void g() {
    fs();
  }
}

class ImplOld implements Old {}

interface JDK9 {
  private void fd() { // 自动是 default 的
    System.out.println("JDK9::fd()");
  }
  private static void fs() {
    System.out.println("JDK9::fs()");
  }
  default void f() {
    fd();
```

```
  }
  static void g() {
    fs();
  }
}

class ImplJDK9 implements JDK9 {}

public class PrivateInterfaceMethods {
  public static void main(String[] args) {
    new ImplOld().f();
    Old.g();
    new ImplJDK9().f();
    JDK9.g();
  }
}
```

```
/* 输出:
Old::fd()
Old::fs()
JDK9::fd()
JDK9::fs()
*/
```

类 JDK9 使用了 JDK 9 里最终确定的特性，将 fd() 和 fs() 转换为 private 方法。注意，fd() 不再需要 default 关键字，因为变成 private 后自动就是 default 的了。

10.12　新特性：密封类和密封接口

枚举创建了一个只有固定数量实例的类。JDK 17 最终确定引入了密封（sealed）类和密封接口，因此基类或接口可以限制自己能派生出哪些类。这让我们可以对一组固定种类的值进行建模：

```
// interfaces/Sealed.java
// {NewFeature} 从 JDK 17 开始

sealed class Base permits D1, D2 {}

final class D1 extends Base {}
final class D2 extends Base {}
// 非法:
// final class D3 extends Base {}
```

如果尝试继承未在 permits 子句中列出的子类，比如 D3，则编译器会产生错误。在这里，除了 D1 和 D2 之外，不能有任何其他子类。因此，我们可以确保自己编写的任何代码都只需要考虑 D1 和 D2。

还可以密封接口和抽象类：

```
// interfaces/SealedInterface.java
// {NewFeature} 从 JDK 17 开始
```

```
sealed interface Ifc permits Imp1, Imp2 {}
final class Imp1 implements Ifc {}
final class Imp2 implements Ifc {}

sealed abstract class AC permits X {}
final class X extends AC {}
```

如果所有的子类都定义在同一个文件中，则不需要 permits 子句：

```
// interfaces/SameFile.java
// {NewFeature} 从 JDK 17 开始

sealed class Shape {}
final class Circle extends Shape {}
final class Triangle extends Shape {}
```

permits 子句允许我们在单独的文件中定义子类：

```
// interfaces/SealedPets.java
// {NewFeature} Since JDK 17
sealed class Pet permits Dog, Cat {}

// interfaces/SealedDog.java
// {NewFeature} Since JDK 17
final class Dog extends Pet {}

// interfaces/SealedCat.java
// {NewFeature} Since JDK 17
final class Cat extends Pet {}
```

sealed 类的子类只能通过下面的某个修饰符来定义。

- final：不允许有进一步的子类。

- sealed：允许有一组密封子类。

- non-sealed：一个新关键字，允许未知的子类来继承它。

sealed 的子类保持了对层次结构的严格控制：

```
// interfaces/SealedSubclasses.java
// {NewFeature} 从 JDK 17 开始

sealed class Bottom permits Level1 {}
sealed class Level1 extends Bottom permits Level2 {}
sealed class Level2 extends Level1 permits Level3 {}
final class Level3 extends Level2 {}
```

注意，一个 sealed 类必须至少有一个子类。

一个 sealed 的基类无法阻止 non-sealed 的子类的使用，因此可以随时放开限制：

```
// interfaces/NonSealed.java
// {NewFeature} 从 JDK 17 开始

sealed class Super permits Sub1, Sub2 {}
final class Sub1 extends Super {}
non-sealed class Sub2 extends Super {}
class Any1 extends Sub2 {}
class Any2 extends Sub2 {}
```

Sub2 允许任意数量的子类，因此它似乎放开了对可以创建的类型的控制。但是，我们还是严格限制了 sealed 类 Super 的直接子类。也就是说，Super 仍然只能有直接子类 Sub1 和 Sub2。

JDK 16 的 record 也可以用作接口的密封实现。因为 record 是隐式的 final，所以它们不需要在前面加 final 关键字：

```
// interfaces/SealedRecords.java
// {NewFeature} 从 JDK 17 开始

sealed interface Employee
  permits CLevel, Programmer {}
record CLevel(String type)
  implements Employee {}
record Programmer(String experience)
  implements Employee {}
```

编译器会阻止我们从密封层次结构中向下转型为非法类型：

```
// interfaces/CheckedDowncast.java
// {NewFeature} 从 JDK 17 开始

sealed interface II permits JJ {}
final class JJ implements II {}
class Something {}

public class CheckedDowncast {
  public void f() {
    II i = new JJ();
    JJ j = (JJ)i;
    // Something s = (Something)i;
    // error: incompatible types: II cannot
    // be converted to Something
  }
}
```

可以在运行时使用 getPermittedSubclasses() 方法来发现允许的子类：

```
// interfaces/PermittedSubclasses.java
// {NewFeature} 从 JDK 17 开始

sealed class Color permits Red, Green, Blue {}
final class Red extends Color {}
final class Green extends Color {}
final class Blue extends Color {}

public class PermittedSubclasses {
  public static void main(String[] args) {
    for(var p: Color.class.getPermittedSubclasses())
      System.out.println(p.getSimpleName());
  }
}
```

```
/* 输出:
Red
Green
Blue
*/
```

sealed 类和接口最引人注目的用法将在进阶卷第 1 章的末尾介绍，其中包括新引入的模式匹配特性。

10.13　总结

我们可能很容易就会觉得接口是好的，因此总是选择接口而不是具体的类。几乎任何要创建一个类的场景，都可以创建一个接口和一个工厂来代替。

许多人受到了这种诱惑，只要有可能就创建接口和工厂。这里的逻辑似乎是，你可能会用到不同的实现，因此应该始终添加这层抽象。这是一种过早的设计优化。

任何抽象都应该由真正的需求来驱动。接口应该是在必要时用来重构的东西，而不是在任何地方都多加一个间接层级，进而带来额外的复杂性。这种额外的复杂性影响很大，如果你让某人在克服这种复杂性上花费时间，而他最终却发现你添加接口只不过是为了"以防万一"，而非出于什么令人信服的其他理由——那好吧，如果我看到这样的设计，就会开始质疑这个人做过的其他所有设计。

一个比较恰当的指导方针是"优先使用类而不是接口"。从类开始设计，如果很明显接口是必要的，那么就重构。接口是一个很好的工具，但它很容易被滥用。

11

内部类

" 定义在另一个类中的类称为内部类。 "

ON JAVA

利用内部类，你可以将逻辑上存在关联的类组织在一起，而且可以控制一个类在另一个类内的可见性。不过内部类和组合明显不同，理解这一点非常重要。

内部类乍一看像一种简单的代码隐藏机制：将代码放在其他类的内部。不过你会学到，内部类的作用不仅限于此。它了解包围它的类，并能与之通信，而且利用内部类编写的代码更优雅、更清晰，尽管并非总是如此（此外，Java 8 的lambda 表达式和方法引用也减少了对内部类的一些需求）。

刚接触内部类的时候，你会感觉它看起来很奇怪，需要一些时间才能在设计中自如地使用它们。也许很难直接判断是否需要使用内部类，但在介绍内部类的基本语法和语义之后，11.8 节会开始阐述其优势。

本章的剩余部分会更加详尽地探讨内部类的语法。这些特性是为了语言的完备性而设计的，但是你未必会用到，至少一开始不会。所以你目前需要的可能就是本章前面的部分，至于更详细的讨论，则可以当作参考资料。

11.1 创建内部类

和你预想的一样，创建内部类的方式就是把类定义放在一个包围它的类之中。

```
// innerclasses/Parcel1.java
// 创建内部类

public class Parcel1 {
  class Contents {
    private int i = 11;
    public int value() { return i; }
  }
  class Destination {
    private String label;
    Destination(String whereTo) {
      label = whereTo;
    }
    String readLabel() { return label; }
  }
  // 在 Parcel1 内，使用内部类看上去
  // 就和使用任何其他类一样
  public void ship(String dest) {
    Contents c = new Contents();
    Destination d = new Destination(dest);
    System.out.println(d.readLabel());
  }
  public static void main(String[] args) {
    Parcel1 p = new Parcel1();
    p.ship("Tasmania");
  }
}
```

```
/* 输出:
Tasmania
*/
```

在 ship() 内使用时，这些内部类看上去和普通类没什么不同。表面上唯一的区别是，这些名字都是嵌套在 Parcel1 之中的。

更普遍的情况是，外部类有一个方法，该方法返回一个指向内部类的引用，正如在 to() 和 contents() 方法中看到的那样。

```
// innerclasses/Parcel2.java
// 返回一个指向内部类的引用

public class Parcel2 {
  class Contents {
    private int i = 11;
```

```
    public int value() { return i; }
  }
  class Destination {
    private String label;
    Destination(String whereTo) {
      label = whereTo;
    }
    String readLabel() { return label; }
  }
  public Destination to(String s) {
    return new Destination(s);
  }
  public Contents contents() {
    return new Contents();
  }
  public void ship(String dest) {
    Contents c = contents();
    Destination d = to(dest);
    System.out.println(d.readLabel());
  }
  public static void main(String[] args) {
    Parcel2 p = new Parcel2();
    p.ship("Tasmania");
    Parcel2 q = new Parcel2();
    // 定义指向内部类的引用:
    Parcel2.Contents c = q.contents();
    Parcel2.Destination d = q.to("Borneo");
  }
}
```

```
/* 输出:
Tasmania
*/
```

要在外部类的非静态方法之外的任何地方创建内部类的对象，必须像在 main() 中看到的那样，将对象的类型指定为 OuterClassName.InnerClassName。

11.2 到外部类的链接

到目前为止，内部类看上去就是一种名称隐藏和代码组织机制，虽然有用，但算不上惊艳。不过这里还有个奥妙之处。当创建一个内部类时，这个内部类的对象中会隐含一个链接，指向用于创建该对象的外围对象。通过该链接，无须任何特殊条件，内部类对象就可以访问外围对象的成员。此外，内部类拥有对外围对象所有元素的访问权。

```
// innerclasses/Sequence.java
// 保存一个对象序列

interface Selector {
  boolean end();
  Object current();
  void next();
```

```
  }
public class Sequence {
  private Object[] items;
  private int next = 0;
  public Sequence(int size) {
    items = new Object[size];
  }
  public void add(Object x) {
    if(next < items.length)
      items[next++] = x;
  }
  private class SequenceSelector implements Selector {
    private int i = 0;
    @Override
    public boolean end() { return i == items.length; }
    @Override
    public Object current() { return items[i]; }
    @Override
    public void next() { if(i < items.length) i++; }
  }
  public Selector selector() {
    return new SequenceSelector();
  }
  public static void main(String[] args) {
    Sequence sequence = new Sequence(10);
    for(int i = 0; i < 10; i++)
      sequence.add(Integer.toString(i));
    Selector selector = sequence.selector();
    while(!selector.end()) {
      System.out.print(selector.current() + " ");
      selector.next();
    }
  }
}
/* 输出:
0 1 2 3 4 5 6 7 8 9
*/
```

Sequence 是以类的形式包装起来的定长 Object 数组。可以调用 add() 向序列末尾增加一个新的 Object（如果还有空间）。要取得 Sequence 中的每一个对象，可以使用名为 Selector 的接口。这是**迭代器**（Iterator）设计模式的一个例子，我们会在第 12 章进一步学习。通过 Selector，可以检查是否到了 Sequence 的末尾（end()），访问当前 Object（current()），以及移动到下一个 Object（next()）。因为 Selector 是一个接口，所以其他类可以用自己的方式实现该接口，而且其他方法可以以该接口为参数，来创建更通用的代码。

这里 SequenceSelector 是一个提供了 Selector 功能的 private 类。在 main() 中，我们可以看到创建了一个 Sequence 对象，之后向其中加入了一些 String 对象。然后通过调用 selector()，生成了一个 Selector 对象，它被用于在 Sequence 中移动和选择每个元素。

乍一看，SequenceSelector 的创建就和另一个内部类一样。但是仔细研究一下，注意 end()、current() 和 next() 这些方法中的每一个都用到了 items，这个引用并不是 SequenceSelector 的一部分，而是外围对象的一个 private 字段。然而，内部类可以访问外围对象的所有方法和字段，就好像拥有它们一样。这非常方便，我们在前面的示例中也看到了。

因此，内部类可以自动访问外围类的所有成员。这是怎么做到的呢？对于负责创建内部类对象的特定外围类对象而言，内部类对象偷偷地获取了一个指向它的引用。然后，当你要访问外围类的成员时，该引用会被用于选择相应的成员。幸运的是，编译器会为你处理所有这些细节，但是现在你可以看到，内部类的对象只能与其外围类的对象关联创建（当内部类为非 static 时）。内部类的对象在构造时，需要一个指向外围类对象的引用，如果编译器无法访问这个引用，它就会报错。不过这种情况大多不需要程序员干预。

11.3　使用 .this 和 .new

要生成外部类对象的引用，可以使用外部类的名字，后面加上句点和 this。这样生成的引用会自动具有正确的类型，而且是可以在编译时确定并检查的，所以没有任何运行时开销。下面的示例演示了如何使用 .this。

```java
// innerclasses/DotThis.java
// 访问外部类对象

public class DotThis {
  void f() { System.out.println("DotThis.f()"); }
  public class Inner {
    public DotThis outer() {
      return DotThis.this;
      // 如果直接写 "this"，引用的会是 Inner 的 "this"
    }
  }
  public Inner inner() { return new Inner(); }
  public static void main(String[] args) {
    DotThis dt = new DotThis();
    DotThis.Inner dti = dt.inner();
    dti.outer().f();
  }
}
/* 输出:
DotThis.f()
*/
```

有时我们想让其他某个对象来创建它的某个内部类的对象。要实现这样的功能，可以

使用 .new 语法，在 new 表达式中提供指向其他外部类对象的引用，就像下面这样：

```
// innerclasses/DotNew.java
// 使用 .new 语法直接创建一个内部类的对象

public class DotNew {
  public class Inner {}
  public static void main(String[] args) {
    DotNew dn = new DotNew();
    DotNew.Inner dni = dn.new Inner();
  }
}
```

要直接创建内部类的对象，你可能会以为，要遵循和前面同样的形式，使用外部类的名字 DotNew，然而事实并非如此。我们要使用外部类的**对象**来创建内部类的对象，正如我们在示例代码中所看到的那样。这也解决了内部类的名字作用域问题，所以我们**不用** dn.new DotNew.Inner()（确实也不能用）。

下面是 .new 应用于"Parcel"的示例：

```
// innerclasses/Parcel3.java
// 使用 .new 来创建内部类的实例

public class Parcel3 {
  class Contents {
    private int i = 11;
    public int value() { return i; }
  }
  class Destination {
    private String label;
    Destination(String whereTo) { label = whereTo; }
    String readLabel() { return label; }
  }
  public static void main(String[] args) {
    Parcel3 p = new Parcel3();
    // 必须使用外部类的实例
    // 来创建内部类的实例:
    Parcel3.Contents c = p.new Contents();
    Parcel3.Destination d =
      p.new Destination("Tasmania");
  }
}
```

除非已经有了一个外部类的对象，否则创建内部类对象是不可能的。这是因为内部类的对象会暗中连接到用于创建它的外部类对象。然而，如果你创建的是**嵌套类**（static 修饰的内部类），它就不需要指向外部类对象的引用。

11.4 内部类和向上转型

当需要向上转型为基类，特别是接口时，内部类就更有吸引力了。（从实现某个接口的对象生成一个该接口类型的引用，其效果和向上转型为某个基类在本质上是一样的。）这是因为，内部类（接口的实现）对外部而言可以是不可见、不可用的，这便于隐藏实现。外部获得的只是一个指向基类或接口的引用。

我们可以为前面的示例创建接口：

```java
// innerclasses/Destination.java
public interface Destination {
  String readLabel();
}
```

```java
// innerclasses/Contents.java
public interface Contents {
  int value();
}
```

现在 Contents 和 Destination 表示可供客户程序员使用的接口。记住，接口会自动将其所有成员设置为 public 的。

当得到一个指向基类或接口的引用时，你可能甚至无法找出其确切的类型，如下例所示。

```java
// innerclasses/TestParcel.java

class Parcel4 {
  private class PContents implements Contents {
    private int i = 11;
    @Override public int value() { return i; }
  }
  protected final class
  PDestination implements Destination {
    private String label;
    private PDestination(String whereTo) {
      label = whereTo;
    }
    @Override
    public String readLabel() { return label; }
  }
  public Destination destination(String s) {
    return new PDestination(s);
  }
  public Contents contents() {
```

```
      return new PContents();
  }
}

public class TestParcel {
  public static void main(String[] args) {
    Parcel4 p = new Parcel4();
    Contents c = p.contents();
    Destination d = p.destination("Tasmania");
    // 非法——不能访问 private 类:
    //- Parcel4.PContents pc = p.new PContents();
  }
}
```

在 Parcel4 中，内部类 PContents 是 private 的，所以只有 Parcel4 能访问它。普通类（非内部类）无法声明为 private 的或 protected 的，它们只能被给予 public 或包访问权限。

PDestination 是 protected 的，所以它只能被 Parcel4、相同包中的类（因为 protected 也给予了包访问权限），以及 Parcel4 的子类访问。这意味着客户程序员对这些成员的了解是有限的，对它们的访问权也是有限的。事实上，你甚至不能向下转型为 private 的内部类（除非有继承关系，否则也不能向下转型为 protected 的内部类），因为无法访问其名字，就像在 TestParcel 中看到的那样。

private 内部类为类的设计者提供了一种方式，可以完全阻止任何与类型相关的编码依赖，并且可以完全隐藏实现细节。此外，从客户程序员的角度来看，因为无法访问 public 接口之外的任何方法，所以接口的扩展对他们而言并没有什么用处。这也为 Java 编译器提供了一个生成更高效代码的机会。

11.5　在方法和作用域中的内部类

到目前为止，你所看到的都是内部类的典型用法。一般而言，你会编写或读到的内部类都很简单，并不难理解。不过内部类的语法中还有很多更难理解的技术。

内部类可以在一个方法内或者任何一个作用域内创建。这么做有两个理由：

1. 正如先前所演示的，你要实现某种接口，以便创建和返回一个引用；
2. 你在解决一个复杂的问题，在自己的解决方案中创建了一个类来辅助，但是你不想让它公开。

在下面的示例中，我们可以修改前面的代码来使用：

1. 在方法中定义的类；
2. 在方法中的某个作用域内定义的类；
3. 实现某个接口的**匿名类**；
4. 这样的匿名类——它继承了拥有非默认构造器的类；
5. 执行字段初始化的匿名类；
6. 它通过实例初始化来执行构造（匿名内部类不可能有构造器）的匿名类。

第一个示例演示了如何在一个方法的作用域内（而不是在另一个类的作用域内）创建一个完整的类。这叫作**局部内部类**。

```java
// innerclasses/Parcel5.java
// 将一个类嵌入在方法中

public class Parcel5 {
  public Destination destination(String s) {
    final class PDestination implements Destination {
      private String label;
      private PDestination(String whereTo) {
        label = whereTo;
      }
      @Override
      public String readLabel() { return label; }
    }
    return new PDestination(s);
  }
  public static void main(String[] args) {
    Parcel5 p = new Parcel5();
    Destination d = p.destination("Tasmania");
  }
}
```

PDestination 类是 destination() 的一部分，而不是 Parcel5 的一部分。因此，PDestination 在 destination() 外无法访问。在 return 语句中的向上转型意味着destination() 中只传出了一个指向 Destination 接口的引用。PDestination 类的名字被放在了 destination() 中这一事实，并不意味着一旦 destination() 方法返回，得到的PDestination 就不是一个合法的对象了。

在同一子目录下的每个类内，你都可以使用类标识符 PDestination 来命名内部类，而不会产生名字冲突。

接下来看看如何在任何作用域内嵌入一个内部类：

```
// innerclasses/Parcel6.java
// 将一个类嵌入到某个作用域内

public class Parcel6 {
  private void internalTracking(boolean b) {
    if(b) {
      class TrackingSlip {
        private String id;
        TrackingSlip(String s) {
          id = s;
        }
        String getSlip() { return id; }
      }
      TrackingSlip ts = new TrackingSlip("slip");
      String s = ts.getSlip();
    }
    // 这里不能使用，已经出了作用域:
    //- TrackingSlip ts = new TrackingSlip("x");
  }
  public void track() { internalTracking(true); }
  public static void main(String[] args) {
    Parcel6 p = new Parcel6();
    p.track();
  }
}
```

TrackingSlip 类被嵌入了一个 if 语句的作用域内。这并不是说该**类**的创建是有条件的，它会和其他所有代码一起编译。然而，它在定义它的作用域之外是不可用的。除此之外，它看上去就像普通的类一样。

11.6 匿名内部类

下一个示例看上去有点奇怪：

```
// innerclasses/Parcel7.java
// 返回匿名内部类的一个实例

public class Parcel7 {
  public Contents contents() {
    return new Contents() { // 插入类定义
      private int i = 11;
      @Override
      public int value() { return i; }
    }; // 分号是必需的
  }
  public static void main(String[] args) {
    Parcel7 p = new Parcel7();
    Contents c = p.contents();
```

```
    }
  }
```

contents() 方法将返回值的创建和用于表示该返回值的类的定义结合了起来。此外，这个类没有名字——它是匿名的。看起来你正在创建一个 Contents 对象，但是在到达分号之前，你说："等等，我想插入一个类定义。"

这个奇怪的语法，意思是"创建一个继承自 Contents 的匿名类的对象"。通过 new 表达式返回的引用会被自动地向上转型为一个 Contents 引用。匿名内部类语法是以下代码的简略形式：

```
// innerclasses/Parcel7b.java
// Parcel7.java 的扩充版本

public class Parcel7b {
  class MyContents implements Contents {
    private int i = 11;
    @Override
    public int value() { return i; }
  }
  public Contents contents() {
    return new MyContents();
  }
  public static void main(String[] args) {
    Parcel7b p = new Parcel7b();
    Contents c = p.contents();
  }
}
```

在这个匿名内部类中，Contents 是用无参构造器创建的。如果基类需要带一个参数的构造器，应该这么做：

```
// innerclasses/Parcel8.java
// 调用基类构造器

public class Parcel8 {
  public Wrapping wrapping(int x) {
    // 基类构造器调用:
    return new Wrapping(x) { // [1]
      @Override
      public int value() {
        return super.value() * 47;
      }
    }; // [2]
  }
  public static void main(String[] args) {
    Parcel8 p = new Parcel8();
```

```
    Wrapping w = p.wrapping(10);
  }
}
```

[1] 将适当的参数传给基类构造器。

[2] 匿名内部类末尾的分号并不是用来标记类体的结束。相反，它标记表达式的结束，而该表达式恰好包含了这个匿名类。因此，它和分号在其他地方的用法没什么不同。

尽管 Wrapping 是一个带有实现的普通类，但是它也被用作其子类的公共"接口"：

```
// innerclasses/Wrapping.java
public class Wrapping {
  private int i;
  public Wrapping(int x) { i = x; }
  public int value() { return i; }
}
```

为体现变化，在这个例子中，Wrapping 的构造器需要一个参数。

也可以在定义匿名类中的字段时执行初始化：

```
// innerclasses/Parcel9.java

public class Parcel9 {
  // 要在匿名内部类中使用，
  // 参数必须是最终变量，或者"实际上的最终变量"
  public Destination destination(final String dest) {
    return new Destination() {
      private String label = dest;
      @Override
      public String readLabel() { return label; }
    };
  }
  public static void main(String[] args) {
    Parcel9 p = new Parcel9();
    Destination d = p.destination("Tasmania");
  }
}
```

如果你正在定义一个匿名类，而且一定要用到一个在该匿名类之外定义的对象，编译器要求参数引用用 final 修饰，或者是"实际上的最终变量"（也就是说，在初始化之后它永远不会改变，所以它可以被视为 final 的），就像你在 destination() 的参数中看到的那样。这里不写 final 也没有任何问题，但把它写上当作提醒通常更好。

如果只是要给一个字段赋值，这个示例中的方法就很好。但是如果必须执行某个类似构造器的动作，该怎么办呢？因为匿名类没有名字，所以不可能有命名的构造器。借助**实**

例初始化，我们可以在效果上为匿名内部类创建一个构造器，就像这样：

```java
// innerclasses/AnonymousConstructor.java
// 为匿名内部类创建一个构造器

abstract class Base {
  Base(int i) {
    System.out.println("Base constructor, i = " + i);
  }
  public abstract void f();
}

public class AnonymousConstructor {
  public static Base getBase(int i) {
    return new Base(i) {
      { System.out.println(
        "Inside instance initializer"); }
      @Override
      public void f() {
        System.out.println("In anonymous f()");
      }
    };
  }
  public static void main(String[] args) {
    Base base = getBase(47);
    base.f();
  }
}
/* 输出:
Base constructor, i = 47
Inside instance initializer
In anonymous f()
*/
```

这里变量 i 并不是必须为最终变量。尽管 i 被传给了匿名类的基类构造器，但是在该匿名类内部，它并没有被直接使用到。

下面是带实例初始化的"Parcel"形式。注意 destination() 的参数必须是最终变量，或者是"实际上的最终变量"，因为它们在匿名类内部被用到：

```java
// innerclasses/Parcel10.java
// 使用"实例初始化"来执行匿名内部类的构造

public class Parcel10 {
  public Destination
  destination(final String dest, final float price) {
    return new Destination() {
      private int cost;
      // 为每个对象执行实例初始化:
      {
        cost = Math.round(price);
        if(cost > 100)
          System.out.println("Over budget!");
      }
      private String label = dest;
```

```
    @Override
    public String readLabel() { return label; }
  };
}
public static void main(String[] args) {
  Parcel10 p = new Parcel10();
  Destination d = p.destination("Tasmania", 101.395F);
}
}
```

```
/* 输出:
Over budget!
*/
```

我们在实例初始化操作内可用看到一段代码，也就是 if 语句，它们不能作为字段初始化的一部分来执行。所以在效果上，实例初始化部分就是匿名内部类的构造器。不过它也有局限性——我们无法重载实例初始化部分，所以只能有一个这样的构造器。

与普通的继承相比，匿名内部类有些局限性，因为它们要么是扩展一个类，要么是实现一个接口，但是两者不可兼得。而且就算要实现接口，也只能实现一个。

11.7   嵌套类

如果不需要内部类对象和外部类对象之间的连接，可以将内部类设置为 static 的。我们通常称之为**嵌套类**。要理解 static 应用于内部类时的含义，请记住，普通内部类对象中隐式地保留了一个引用，指向创建该对象的外部类对象。对于 static 的内部类来说，情况就不是这样了。嵌套类意味着：

1. 不需要一个外部类对象来创建嵌套类对象；
2. 无法从嵌套类对象内部访问非 static 的外部类对象。

从另一方面来看，嵌套类和普通内部类还有些不同。普通内部类的字段和方法，只能放在类的外部层次中，所以普通内部类中不能有 static 数据、static 字段，也不能包含嵌套类。但是嵌套类中可以包含所有这些内容：

```
// innerclasses/Parcel11.java
// 嵌套类 (static 的内部类)

public class Parcel11 {
  private static class
  ParcelContents implements Contents {
    private int i = 11;
    @Override
    public int value() { return i; }
  }
  protected static final class ParcelDestination
  implements Destination {
```

```
    private String label;
    private ParcelDestination(String whereTo) {
      label = whereTo;
    }
    @Override
    public String readLabel() { return label; }
    // 嵌套类可以包含其他静态元素
    public static void f() {}
    static int x = 10;
    static class AnotherLevel {
      public static void f() {}
      static int x = 10;
    }
  }
  public static Destination destination(String s) {
    return new ParcelDestination(s);
  }
  public static Contents contents() {
    return new ParcelContents();
  }
  public static void main(String[] args) {
    Contents c = contents();
    Destination d = destination("Tasmania");
  }
}
```

在 main() 中并不需要 Parcel11 对象；相反，我们使用选择 static 成员的普通语法来调用方法，这些方法返回指向 Contents 和 Destination 类型的引用。

普通内部类（非 static 的）可以使用特殊的 this 引用来创建指向外部类对象的连接。而嵌套类没有特殊的 this 引用，这使它和 static 方法类似。

11.7.1　接口中的类

嵌套类可以是接口的一部分。放到接口中的任何类都会自动成为 public 和 static 的。因为类是 static 的，所以被嵌套的类只是放在了这个接口的命名空间内。甚至可以在内部类内实现包围它的这个接口，就像这样：

```
// innerclasses/ClassInInterface.java
// {java ClassInInterface$Test}

public interface ClassInInterface {
  void howdy();
  class Test implements ClassInInterface {
    @Override
    public void howdy() { System.out.println("Howdy!");
  }
  public static void main(String[] args) {
```

```
/* 输出：
Howdy!
*/
```

```
    new Test().howdy(); }
  }
}
```

当你要创建供某个接口的所有不同实现使用的公用代码时，将一个类嵌入这个接口中会非常方便。

本书前面曾建议在每个类中都写一个 main()，用来测试这个类。这样做有个潜在的缺点，测试设施会暴露在交付的产品中。如果这是个问题，可以使用一个嵌套类来存放测试代码：

```
// innerclasses/TestBed.java
// 将测试代码放到一个嵌套类中
// {java TestBed$Tester}

public class TestBed {
  public void f() { System.out.println("f()"); }
  public static class Tester {
    public static void main(String[] args) {
      TestBed t = new TestBed();
      t.f();
    }
  }
}
```

```
/* 输出:
f()
*/
```

这会生成一个叫 TestBed$Tester 的独立的类（要运行这个程序，可以执行 java TestBed$Tester，但如果是在 UNIX/Linux 系统上，就必须对 $ 进行转义）。可以使用这个类来做测试，但是不必将其包含在交付的产品中。可以在打包之前删除 TestBed$Tester.class。

11.7.2　从多层嵌套的内部类中访问外部成员

一个内部类被嵌套多少层并不重要。它可以透明地访问包含它的所有类的所有成员，如下面的代码所示：

```
// innerclasses/MultiNestingAccess.java
// 被嵌套的类可以访问各层外部类中的所有成员

class MNA {
  private void f() {}
  class A {
    private void g() {}
    public class B {
      void h() {
        g();
        f();
      }
```

```
    }
  }
}
public class MultiNestingAccess {
  public static void main(String[] args) {
    MNA mna = new MNA();
    MNA.A mnaa = mna.new A();
    MNA.A.B mnaab = mnaa.new B();
    mnaab.h();
  }
}
```

可以注意到，`private` 方法 g() 和 f() 无须任何条件就可以调用。这个例子也演示了当你在一个不同的类中创建对象时，创建多层嵌套的内部类对象的基本语法。`.new` 语法会得到正确的作用域，所以不必在调用构造器时限定类的名字。

11.8 为什么需要内部类

你已经看到了很多描述内部类工作方式的语法和语义，但这并没有回答"为什么需要内部类"这个问题。为什么 Java 的设计者要费尽心思地增加这个基本的语言特性呢？

通常情况下，内部类继承自某个类或实现某个接口，内部类中的代码会操作用以创建该内部类对象的外部类对象。内部类提供了进入其外部类的某种窗口。

内部类的核心问题是，如果只需要一个指向某个接口的引用，那为什么不直接让外部类实现这个接口呢？答案是"如果你只需要这个，那就这么做"。那么到底是让内部类来实现接口，还是让外部类来实现同样的接口，区别在哪里呢？答案是，我们并不是总能享受到接口的便捷性，有时还要处理多个实现。因此，之所以要引入内部类，最令人信服的理由如下：

每个内部类都可以独立地继承自一个实现。因此，外部类是否已经继承了某个实现，对内部类并没有限制。

如果没有内部类提供的这种事实上能继承多个具体类或**抽象类**的能力，有些设计或编程问题会非常棘手。所以从某种角度上讲，内部类完善了多重继承问题的解决方案。接口解决了一部分问题，但内部类实际上支持了"多重实现继承"。也就是说，内部类实际上支持我们继承多个非接口类型。

为了更详细地了解这一点，请考虑这样一种情况：在一个类内必须以某种形式实现两个接口。由于接口的灵活性，你有两个选择：一个单独的类或一个内部类。

```
// innerclasses/mui/MultiInterfaces.java
// 一个类可以以两种方式实现多个接口
// {java innerclasses.mui.MultiInterfaces}
package innerclasses.mui;

interface A {}
interface B {}

class X implements A, B {}

class Y implements A {
  B makeB() {
    // 匿名内部类:
    return new B() {};
  }
}

public class MultiInterfaces {
  static void takesA(A a) {}
  static void takesB(B b) {}
  public static void main(String[] args) {
    X x = new X();
    Y y = new Y();
    takesA(x);
    takesA(y);
    takesB(x);
    takesB(y.makeB());
  }
}
```

这里假定无论哪种方式，我们的代码结构都是有逻辑意义的。你通常会从问题的本质中得到某种启发，知道应该使用单独的类还是内部类。但是如果没有任何其他限制，从实现的角度看，前面示例中的方法并没有太大区别，都可以用。

如果使用的是抽象类或具体类，而不是接口，而且你的类必须以某种方式实现这两者，那就只能使用内部类了：

```
// innerclasses/MultiImplementation.java
// 对于具体类或抽象类，内部类可以产生 "多重实现继承" 的效果
// {java innerclasses.MultiImplementation}
package innerclasses;

class D {}
abstract class E {}

class Z extends D {
  E makeE() { return new E() {}; }
}
```

```java
public class MultiImplementation {
  static void takesD(D d) {}
  static void takesE(E e) {}
  public static void main(String[] args) {
    Z z = new Z();
    takesD(z);
    takesE(z.makeE());
  }
}
```

如果不需要解决"多重实现继承"问题，你可以用其他任何你能想象到的方式来编码，不需要内部类。但是有了内部类，我们就可以获得如下这些额外的功能。

1. 内部类可以有多个实例，每个实例都有自己的状态信息，独立于外围类对象的信息。

2. 一个外围类中可以有多个内部类，它们可以以不同方式实现同一个接口，或者继承同一个类。接下来很快会给出一个示例。

3. 内部类对象的创建时机不与外围类对象的创建捆绑到一起。

4. 内部类不存在可能引起混淆的"is-a"关系；它是独立的实体。

举个例子，如果 Sequence.java 没有使用内部类，你会说"一个 Sequence 是一个 Selector"，而且对于某个特定的 Sequence，你只能使用一种 Selector。你可以轻松地使用另一种方法，即 reverseSelector()，得到一个在序列中从后往前移动的 Selector。这种灵活性只在内部类中才有。

11.8.1　闭包与回调

闭包（closure）是一个可调用的对象，它保留了来自它被创建时所在的作用域的信息。从这个定义中，可以看到内部类是面向对象的闭包，因为它不仅包含外围类对象（"它被创建时所在的作用域"）的每一条信息，而且它自动持有着对整个外围类对象的引用。它有权操作外部对象中的所有成员，甚至是 private 成员。

在 Java 8 之前，要生成类似闭包的行为，唯一的方法是通过内部类。现在 Java 8 中有了 lambda 表达式，它也有闭包行为，但语法更漂亮、更简洁，我们将在第 13 章中学习。尽管与内部类闭包相比，你应该首选 lambda 表达式，但是因为你可能会接触使用了内部类方式的 Java 8 之前的代码，所以理解它仍然是有必要的。

人们认为 Java 应该包含某种指针机制，一个最有说服力的论据就是支持**回调**（callback）。通过回调，我们可以给其他某个对象提供一段信息，以支持它在之后的某个时间点调用回原始的对象中。这个概念非常强大，在本书后面我们会看到。然而，如果回调是用指针实现的，我们只能寄希望于程序员操作正确，不要误用指针。正如你所看到的，Java 往往会更为谨慎，所以并没有在语言中引入指针。

通过内部类来提供闭包是很好的解决方案，比指针更灵活，也更安全。下面是一个示例：

```java
// innerclasses/Callbacks.java
// 使用内部类支持回调
// {java innerclasses.Callbacks}
package innerclasses;

interface Incrementable {
  void increment();
}

// 只实现这个接口非常简单:
class Callee1 implements Incrementable {
  private int i = 0;
  @Override public void increment() {
    i++;
    System.out.println(i);
  }
}

class MyIncrement {
  public void increment() {
    System.out.println("Other operation");
  }
  static void f(MyIncrement mi) { mi.increment(); }
}

// 如果我们的类必须以其他某种方式实现 increment(),
// 则必须使用内部类:
class Callee2 extends MyIncrement {
  private int i = 0;
  @Override public void increment() {
    super.increment();
    i++;
    System.out.println(i);
  }
  private class Closure implements Incrementable {
    @Override public void increment() {
      // 需要指定调用外围类方法, 否则会无限递归:
      Callee2.this.increment();
    }
  }
  Incrementable getCallbackReference() {
    return new Closure();
  }
}
```

```
class Caller {
  private Incrementable callbackReference;
  Caller(Incrementable cbh) {
    callbackReference = cbh;
  }
  void go() { callbackReference.increment(); }
}

public class Callbacks {
  public static void main(String[] args) {
    Callee1 c1 = new Callee1();
    Callee2 c2 = new Callee2();
    MyIncrement.f(c2);
    Caller caller1 = new Caller(c1);
    Caller caller2 =
      new Caller(c2.getCallbackReference());
    caller1.go();
    caller1.go();
    caller2.go();
    caller2.go();
  }
}
```

```
/* 输出:
Other operation
1
1
2
Other operation
2
Other operation
3
*/
```

这个示例展示了在外围类中实现接口和在内部类中实现接口的进一步区别。就代码而言，Callee1 显然是更简单的解决方案。Callee2 继承自 MyIncrement，而 MyIncrement 已经有一个不同 increment() 方法，它所做的事情并不是 Incrementable 接口所期望的。当 MyIncrement 被继承到 Callee2 中时，increment() 不能再为满足 Incrementable 接口的需要而重写，所以我们只能使用内部类来提供单独的实现。还要注意的是，当创建内部类时，并没有增加或修改外围类的接口。

除了 getCallbackReference()，Callee2 中的成员都是 private 的。要想建立与外部世界的**任何**连接，接口 Incrementable 都是必不可少的。在这里你可以看到接口是如何支持接口与实现完全分离的。

内部类 Closure 实现了 Incrementable，用来提供一个指回 Callee2 中的钩子，但这是一个安全的钩子。不管是谁获得这个 Incrementable 引用，都只能调用 increment()，没有其他能力（因此不像指针那样可能会失去控制）。

Caller 的构造器接受一个 Incrementable 引用（不过可以在任何时候捕获回调引用），在之后的某个时刻，使用该引用"回调"进入 Callee 类中。

回调的价值在于其灵活性——你可以在运行时动态地决定调用哪些方法。例如，在用户界面中，经常到处都是回调，以实现 GUI 功能。

11.8.2　内部类与控制框架

接下来要讲解的内容，我称之为**控制框架**（control framework），在这里可以看到内部类的一个更具体的示例。

应用框架（application framework）是为解决某一特定类型的问题而设计的一个类或一组类。要应用某个应用框架，通常要继承一个或多个类，并重写某些方法。应用框架提供了通用的解决方案，我们在重写方法中编写的代码可以通过定制来解决特定的问题。这是**模板方法**（Template Method）设计模式的一个例子。模板方法包含算法的基本结构，它会调用一个或多个可重写的方法来完成算法的动作。设计模式将变化的事物与保持不变的事物分离开来，这里模板方法就是保持不变的事物，而可重写的方法则是变化的事物。

控制框架是一种特殊类型的应用框架，主要是为了满足对事件做出响应这样的需求。主要对事件做出响应的系统叫**事件驱动系统**（event-driven system）。应用程序编程中的一个常见问题就是图形用户界面（GUI），它几乎完全是事件驱动的。

为了了解内部类是如何简化控制框架的创建和使用的，考虑一个这样的框架，其工作就是当事件"就绪"（ready）时执行相应事件。尽管"就绪"可以指代任何事物，但在这里它就是基于时间的。接下来要演示的是一个控制框架，对于所控制的事物，该框架中并没有包含与之相关的特定信息。这是通过继承来实现的，相关信息在重写算法的 action() 部分时提供。

下面是用于描述任何控制事件的接口。它是一个 abstract 类，而不是实际的接口，因为默认的行为是基于时间来执行控制的。因此，其中包含了部分实现：

```java
// innerclasses/controller/Event.java
// 用于任何控制事件的公共方法
package innerclasses.controller;
import java.time.*; // Java 8 时间类

public abstract class Event {
  private Instant eventTime;
  protected final Duration delayTime;
  public Event(long millisecondDelay) {
    delayTime = Duration.ofMillis(millisecondDelay);
    start();
  }
  public void start() { // 可以重启
    eventTime = Instant.now().plus(delayTime);
  }
  public boolean ready() {
    return Instant.now().isAfter(eventTime);
```

```
}
public abstract void action();
}
```

构造器会获取你希望 Event 运行的时间（从对象创建时开始计时，以毫秒计算），然后调用 start()，该方法会取得当前时间，再加上延迟时间，从而生成事件将要发生的时间。这里 start() 被实现为一个单独的方法，而不是直接实现在构造器中。通过这种方式，就可以在事件执行完毕之后重启定时器，从而可以复用 Event 对象。例如，如果想要一个重复执行的事件，可以在自己的 action() 方法内调用 start()。

ready() 告诉我们何时可以运行 action() 方法。不过我们可以在子类中重写 ready()，让 Event 基于时间以外的因素来触发。

接下来编写用于管理和触发事件的真正的控制框架。Event 对象被保存在一个 List<Event>（读作 List of Event）类型的集合对象中，在第 12 章中你会学到与集合相关的更多知识。现在你只需要知道，add() 用于将一个 Event 添加到 List 的末尾，size() 用于得到 List 中实体的数量，for-in 语法用于连续地从 List 中取得 Event，remove() 方法则用于从 List 中移除指定的 Event。

```java
// innerclasses/controller/Controller.java
// 用于控制系统的可复用框架
package innerclasses.controller;
import java.util.*;

public class Controller {
  // 用 java.util 中的一个类来保存 Event 对象：
  private List<Event> eventList = new ArrayList<>();
  public void addEvent(Event c) { eventList.add(c); }
  public void run() {
    while(eventList.size() > 0)
      // 创建一个副本，这样在选择列表
      // 中的元素时就不会改动列表了：
      for(Event e : new ArrayList<>(eventList))
        if(e.ready()) {
          System.out.println(e);
          e.action();
          eventList.remove(e);
        }
  }
}
```

run() 方法循环遍历 eventList 的一个副本，寻找准备就绪的（ready()）、可以运行的 Event 对象。对找到的每一个符合要求的对象，它会使用该对象的 toString() 方法来打印其信息，然后调用其 action() 方法，最后将其从列表中移除。

到目前为止，你对一个 Event 到底是**干什么**的还是一无所知。这正是这种设计的关键所在，就是它如何"将变化的事物与保持不变的事物分离开来"。或者用我的话来说，"变化向量"（vector of change）就是各种 Event 对象的不同动作，我们通过创建不同的 Event 子类来表达不同的动作。

这就是内部类的用武之地了。内部类允许以下事项。

1. 控制框架的整个实现是在一个单独的类内创建的，从而封装了关于该实现的所有独特之处。内部类用来表达解决问题所必需的多种不同的 action()。

2. 内部类可以避免这种实现变得过于笨拙，因为我们很容易访问外围类的任何成员。如果没有这种能力，代码可能会不好用，以至于你不得不去寻找替代方案。

考虑这个控制框架的一个特定实现，比如控制温室的功能。每个动作都是完全不同的：控制灯光、水、恒温器的开关，以及响铃和重启系统。控制框架在设计上就能轻松地隔离不同的代码。内部类支持在一个类内实现同一基类 Event 的多个派生版本。对于每一类动作，我们可以继承一个新的 Event 内部类，并在 action() 的实现中编写控制代码。

作为常见的应用框架，GreenhouseControls 类继承自 Controller：

```java
// innerclasses/GreenhouseControls.java
// 这里生成了控制系统的一个具体应用, 所有代码在一个类中
// 内部类允许我们为每类事件封装不同功能

import innerclasses.controller.*;

public class GreenhouseControls extends Controller {
  private boolean light = false;
  public class LightOn extends Event {
    public LightOn(long delayTime) {
      super(delayTime);
    }
    @Override public void action() {
      // 将硬件控制代码放在这里,
      // 实际上打开灯
      light = true;
    }
    @Override public String toString() {
      return "Light is on";
    }
  }
  public class LightOff extends Event {
    public LightOff(long delayTime) {
      super(delayTime);
    }
    @Override public void action() {
```

```
    // 将硬件控制代码放在这里，
    // 实际上关上灯
    light = false;
  }
  @Override public String toString() {
    return "Light is off";
  }
}
private boolean water = false;
public class WaterOn extends Event {
  public WaterOn(long delayTime) {
    super(delayTime);
  }
  @Override public void action() {
    // 将硬件控制代码放在这里
    water = true;
  }
  @Override public String toString() {
    return "Greenhouse water is on";
  }
}
public class WaterOff extends Event {
  public WaterOff(long delayTime) {
    super(delayTime);
  }
  @Override public void action() {
    // 将硬件控制代码放在这里
    water = false;
  }
  @Override public String toString() {
    return "Greenhouse water is off";
  }
}
private String thermostat = "Day";
public class ThermostatNight extends Event {
  public ThermostatNight(long delayTime) {
    super(delayTime);
  }
  @Override public void action() {
    // 将硬件控制代码放在这里
    thermostat = "Night";
  }
  @Override public String toString() {
    return "Thermostat on night setting";
  }
}
public class ThermostatDay extends Event {
  public ThermostatDay(long delayTime) {
    super(delayTime);
  }
  @Override public void action() {
    // 将硬件控制代码放在这里
```

```
      thermostat = "Day";
    }
    @Override public String toString() {
      return "Thermostat on day setting";
    }
  }
  // action()的一个例子，向事件列表中插入一个新的相同事件：
  public class Bell extends Event {
    public Bell(long delayTime) {
      super(delayTime);
    }
    @Override public void action() {
      addEvent(new Bell(delayTime.toMillis()));
    }
    @Override public String toString() {
      return "Bing!";
    }
  }
  public class Restart extends Event {
    private Event[] eventList;
    public
    Restart(long delayTime, Event[] eventList) {
      super(delayTime);
      this.eventList = eventList;
      for(Event e : eventList)
        addEvent(e);
    }
    @Override public void action() {
      for(Event e : eventList) {
        e.start(); // 重新运行每个事件
        addEvent(e);
      }
      start(); // 重新运行该事件
      addEvent(this);
    }
    @Override public String toString() {
      return "Restarting system";
    }
  }
  public static class Terminate extends Event {
    public Terminate(long delayTime) {
      super(delayTime);
    }
    @Override
    public void action() { System.exit(0); }
    @Override public String toString() {
      return "Terminating";
    }
  }
}
```

注意，light、water 和 thermostat 都属于外围类 GreenhouseControls，然而内部类不

需要限定条件或特殊权限就能访问所有这些字段。此外，action() 方法通常会涉及某种硬件控制。

大多数 Event 类看起来很像，但是 Bell 和 Restart 则比较特殊。Bell 控制响铃，然后向事件列表中加入一个新的 Bell 对象，这样之后就可以再次响铃了。可以注意到，内部类和多重继承**非常像**：Bell 和 Restart 拥有 Event 的所有方法，而且看上去也拥有外围类 GreenhouseControls 的所有方法。

Restart 中有一个 Event 对象数组，它会将其添加到控制器中。因为 Restart 也是一个 Event 对象，所以同样可以在 Restart.action() 中添加一个 Restart 对象，这样系统就可以定期重启了。

下面的类是这样配置系统的：创建一个 GreenhouseControls 对象，然后加入各种不同的 Event 对象。这是**命令**（Command）设计模式的一个例子——eventList 中的每个对象都是被封装为对象的请求：

```java
// innerclasses/GreenhouseController.java
// 配置和执行温室系统
import innerclasses.controller.*;

public class GreenhouseController {
  public static void main(String[] args) {
    GreenhouseControls gc = new GreenhouseControls();
    // 也可以从文本文件中解析配置信息，
    // 而不是使用代码：
    gc.addEvent(gc.new Bell(900));
    Event[] eventList = {
      gc.new ThermostatNight(0),
      gc.new LightOn(200),
      gc.new LightOff(400),
      gc.new WaterOn(600),
      gc.new WaterOff(800),
      gc.new ThermostatDay(1400)
    };
    gc.addEvent(gc.new Restart(2000, eventList));
    gc.addEvent(
      new GreenhouseControls.Terminate(5000));
    gc.run();
  }
}
```

```
/* 输出：
Thermostat on night setting
Light is on
Light is off
Greenhouse water is on
Greenhouse water is off
Bing!
Thermostat on day setting
Bing!
Restarting system
Thermostat on night setting
Light is on
Light is off
Greenhouse water is on
Bing!
Greenhouse water is off
Thermostat on day setting
Bing!
Restarting system
Thermostat on night setting
Light is on
Light is off
Bing!
Greenhouse water is on
Greenhouse water is off
Terminating
*/
```

这个类的作用是初始化系统，并加入所有适当的事件。Restart 事件会重复运行，而且它每次都会将 eventList 加载到 GreenhouseControls 对象中。

如果从文件中读取事件，而不是硬编码，则会更为灵活。

通过这个示例，你应该进一步认识到了内部类的价值，特别是将其用于控制框架之中时。

11.9　继承内部类

因为内部类的构造器必须附着到一个指向其包围类的对象的引用上，所以当你要继承内部类时，事情就稍微有点复杂了。问题在于，这个"秘密"的引用**必须**初始化，然而在子类中并没有默认的对象供其附着。你必须使用一种特殊的语法来明确地指出这种关联：

```java
// innerclasses/InheritInner.java
// 继承一个内部类

class WithInner {
  class Inner {}
}

public class InheritInner extends WithInner.Inner {
  //- InheritInner() {} // 不能编译
  InheritInner(WithInner wi) {
    wi.super();
  }
  public static void main(String[] args) {
    WithInner wi = new WithInner();
    InheritInner ii = new InheritInner(wi);
  }
}
```

InheritInner 只继承了内部类，而不是外围类。但是当需要创建构造器时，默认构造器是行不通的，只传递一个指向其包围类对象的引用是不够的。除此之外，还必须在构造器内使用如下语法：

```java
enclosingClassReference.super();
```

这样就提供了必需的引用，然后程序才能编译通过。

11.10　内部类可以被重写吗

先在某个外围类中创建一个内部类，然后新创建一个类，使其继承该外围类，并在其中重新定义之前的内部类，这会发生什么呢？换句话说，是否有可能"重写"整个内部类？这看上去像一个很强大的概念，但是把内部类当成外围类中的其他方法一样重写，并没有什么实际意义。

```java
// innerclasses/BigEgg.java
// 内部类不能像方法一样被重写

class Egg {
  private Yolk y;
  protected class Yolk {
    public Yolk() {
      System.out.println("Egg.Yolk()");
    }
  }
  Egg() {
    System.out.println("New Egg()");
    y = new Yolk();
  }
}

public class BigEgg extends Egg {
  public class Yolk {
    public Yolk() {
      System.out.println("BigEgg.Yolk()");
    }
  }
  public static void main(String[] args) {
    new BigEgg();
  }
}
/* 输出:
New Egg()
Egg.Yolk()
*/
```

无参构造器是由编译器自动合成的，这里调用了基类的无参构造器。你可能会认为，因为创建了一个 BigEgg，所以应该使用 Yolk 的"重写"版本，但事实并非如此，正如你从输出中看到的那样。

当继承外围类时，内部类并没有额外的特殊之处。这两个内部类是完全独立的实体，分别在自己的命名空间中。然而，显式地继承某个内部类也是可以的：

```java
// innerclasses/BigEgg2.java
// 正确继承内部类

class Egg2 {
  protected class Yolk {
    public Yolk() {
      System.out.println("Egg2.Yolk()");
    }
    public void f() {
      System.out.println("Egg2.Yolk.f()");
```

```
    }
  }
  private Yolk y = new Yolk();
  Egg2() { System.out.println("New Egg2()"); }
  public void insertYolk(Yolk yy) { y = yy; }
  public void g() { y.f(); }
}

public class BigEgg2 extends Egg2 {
  public class Yolk extends Egg2.Yolk {
    public Yolk() {
      System.out.println("BigEgg2.Yolk()");
    }
    @Override public void f() {
      System.out.println("BigEgg2.Yolk.f()");
    }
  }
  public BigEgg2() { insertYolk(new Yolk()); }
  public static void main(String[] args) {
    Egg2 e2 = new BigEgg2();
    e2.g();
  }
}
```

```
/* 输出：
Egg2.Yolk()
New Egg2()
Egg2.Yolk()
BigEgg2.Yolk()
BigEgg2.Yolk.f()
*/
```

现在 BigEgg2.Yolk 明确地继承了 Egg2.Yolk，而且重写了其方法。insertYolk() 方法允许 BigEgg2 将它的 Yolk 对象向上转型为 Egg2 中的 y 引用，所以当 g() 调用 y.f() 时，用到的是 f() 的重写版本。对 Egg2.Yolk() 的第二次调用，是 BigEgg2.Yolk 调用基类构造器时触发的。当 g() 被调用时，会用到 f() 的重写版本。

11.11　局部内部类

前面曾提到过，内部类也可以在代码块内创建，通常是在方法体内。局部内部类不能使用访问权限修饰符，因为它不是外围类的组成部分，但是它可以访问当前代码块中的常量，以及外围类中的所有成员。下面通过一个示例来对比一下局部内部类和匿名内部类的创建：

```
// innerclasses/LocalInnerClass.java
// 保存一个对象序列

interface Counter {
  int next();
}

public class LocalInnerClass {
  private int count = 0;
  Counter getCounter(final String name) {
```

```
    // 一个局部内部类:
    class LocalCounter implements Counter {
      LocalCounter() {
        // 局部内部类可以有一个构造器
        System.out.println("LocalCounter()");
      }
      @Override public int next() {
        System.out.print(name); // 访问局部的 final 变量
        return count++;
      }
    }
    return new LocalCounter();
  }
  // 使用匿名内部类实现同样的功能:
  Counter getCounter2(final String name) {
    return new Counter() {
      // 匿名内部类不能有具名的构造器,
      // 只有一个实例初始化部分
      {
        System.out.println("Counter()");
      }
      @Override public int next() {
        System.out.print(name); // 访问局部 final 变量
        return count++;
      }
    };
  }
  public static void main(String[] args) {
    LocalInnerClass lic = new LocalInnerClass();
    Counter
      c1 = lic.getCounter("Local inner "),
      c2 = lic.getCounter2("Anonymous inner ");
    for(int i = 0; i < 5; i++)
      System.out.println(c1.next());
    for(int i = 0; i < 5; i++)
      System.out.println(c2.next());
  }
}
/* 输出:
LocalCounter()
Counter()
Local inner 0
Local inner 1
Local inner 2
Local inner 3
Local inner 4
Anonymous inner 5
Anonymous inner 6
Anonymous inner 7
Anonymous inner 8
Anonymous inner 9
*/
```

Counter 返回的是序列中的下一个值。这里采用了两种实现方式,一种是局部内部类（LocalCounter）,另一种是匿名内部类（getCounter2() 的返回值）。二者的行为和功能是一样的。局部内部类的名字在方法外是无法使用的。局部内部类允许我们定义具名的构造器以及重载版本,而匿名类只能使用实例初始化。

注意,局部内层类允许我们创建该类的**多个**对象,而匿名内部类通常用于返回该类的**一个**实例。

11.12　内部类标识符

在编译完成后，每个类都会生成一个 .class 文件，其中保存着有关如何创建该类型对象的所有信息。在加载时，每个类文件会产生一个叫作 Class 对象的元类（meta-class）。

你可能猜到了，内部类也会生成 .class 文件，以包含其 Class 对象所需的信息。这些文件 / 类的命名遵循一个公式：外围类的名字，加上 $，再加上内部类的名字。例如，LocalInnerClass.java 创建的 .class 文件包括：

```
Counter.class
LocalInnerClass$1.class
LocalInnerClass$1LocalCounter.class
LocalInnerClass.class
```

如果内部类是匿名的，编译器会以数字作为内部类标识符。如果内部类嵌套在其他内部类之内，它们的名字会被附加到其外围类标识符和 $ 之后。

这种生成内部名称的方案既简单又直接。[①] 它也非常稳健，可以处理大多数情况。这是 Java 的标准命名机制，所以生成的文件自动是平台无关的。（请注意，为了让内部类正常工作，Java 编译器会以各种各样的方式修改你的内部类。）

11.13　总结

与我们在很多面向对象编程语言中看到的概念相比，接口和内部类更为复杂。例如，C++ 中就没有这样的概念。将这两者结合起来，就能解决 C++ 尝试用多重继承（multiple inheritance, MI）特性来解决的问题。然而，C++ 中的多重继承使用起来相当困难，与之相比，Java 的接口和内部类用起来更方便。

尽管这些特性本身还算简单，但是就像多态性一样，如何使用这些特性是一个设计问题。随着时间的推移，你会更善于识别在什么情况下应该使用接口或内部类，抑或是两者一起使用。但是此时此刻，你至少应该熟悉其语法和语义。随着在使用中不断见到这些语言特性，你最终会把它们内化在自己的心里。

[①] 另一方面，$ 是 UNIX shell 的一个元字符，因此在列出 .class 文件时，有时会遇到麻烦。作为一家基于 UNIX 的公司，Sun 出现这样的问题真是有点奇怪。我猜公司团队并没有考虑这个问题，而是认为你会自然而然地关注源代码文件。

集合

> 如果对象的数量是固定的，而且这些对象的生命周期都是
> 已知的，那么这样的程序是相当简单的。

一般来说，我们的程序总是会根据某些在运行时才能知道的条件来创建新的对象。我们无法提前知道所需对象的数量，甚至不知道它们的确切类型。为解决这个普遍的编程问题，我们必须能够随时随地创建任意数量的对象。因为无法知道实际需要多少个对象，所以就不能依靠创建具名引用来持有每一个对象：

```
MyType aReference;
```

大多数语言提供了某种方法来解决这个基本问题。Java有几种方法来持有对象（更确切地说，是指向对象的引用）。编译器支持的类型是数组，前面已经讨论过。数组是持有一组对象的最高效的方式，而且要持有一组基本类型数据的话，数组也是不二之选。但是，数组的大小是固定的。更常见的情况是，在编程的时候我们并不知道需要多少个对象，或者我们需要更高级的方式来保存对象，因此大小固定这一点就

很有局限性了。

java.util 库有相当完整的一组**集合类**（collection class）来解决这个问题，其中基本的类型是 List、Set、Queue 和 Map。这些类型也叫作**容器类**（container class），但本书中会使用 Java 库所用的术语。集合类提供了一些持有对象的高级方法，并解决了相当多的问题。

不同的集合类有不同的特性，比如 Set 对于值相同的对象只会保存一个，而 Map 是一个关联数组，可以将对象和其他对象关联起来。除了这些独特之处，Java 集合类还有一大共性，那就是都可以自动调整大小。因此，和数组不同的是，我们可以在集合类中放入任意多个对象，而不用担心它应该是多大。

尽管集合类在 Java 中没有直接的关键字支持，①但它们是能够极大增强我们编程能力的基本工具。本章中，你将学到关于 Java 集合类库的基本应用知识，我们会重点介绍典型用法。这里我们将专注于会在日常编程中使用的那些集合类。进阶卷第 3 章中将介绍其他集合类，以及关于其功能和用法的更多细节。

12.1 泛型和类型安全的集合

使用 Java 5 之前的集合类，问题之一是编译器允许向集合中插入不正确的类型。例如，考虑一个 Apple 对象的集合，它使用了基本的主力集合类 ArrayList。现在可以把 ArrayList 看作"一个能自动扩展的数组"。使用 ArrayList 非常简单直接：创建一个 ArrayList,用 add() 插入对象，用 get() 加索引访问其中的对象（和使用数组时所做的一样，只不过不需要方括号）。②ArrayList 还有一个 size() 方法，告诉我们已经添加了多少个元素，所以我们不会无意间因为索引越界而引发错误（即抛出一个**运行时异常**。异常将在第 15 章介绍）。

在以下示例中，Apple 和 Orange 都被加入了该集合，然后又被取出来。正常情况下，Java 编译器会给出警告，因为这个示例没有使用泛型。这里使用了一个特殊的**注解**来忽略警告信息。注解以 @ 符号开头，可以接受一个参数。示例中的注解是 @SuppressWarnings,其参数 unchecked 指示只有"unchecked"警告应该被忽略（进阶卷第 4 章会更详细地介绍 Java 注解）。

---

① 很多语言，像 Perl、Python 和 Ruby 等，提供了对集合的原生支持。
② 这里适合使用操作符重载。C++ 和 C# 的集合类使用操作符重载提供了更干净的语法。

```
// collections/ApplesAndOrangesWithoutGenerics.java
// 简单集合类的使用（忽略编译器警告）
// {ThrowsException}
import java.util.*;

class Apple {
  private static long counter;
  private final long id = counter++;
  public long id() { return id; }
}

class Orange {}

public class ApplesAndOrangesWithoutGenerics {
  @SuppressWarnings("unchecked")
  public static void main(String[] args) {
    ArrayList apples = new ArrayList();
    for(int i = 0; i < 3; i++)
      apples.add(new Apple());
    // 向 apples 中加入一个 Orange 也不会出问题：
    apples.add(new Orange());
    for(Object apple : apples) {
      ((Apple) apple).id();
      // Orange 只有在运行时才会被检测出来
    }
  }
}
```

```
/* 输出:
___[ Error Output ]___
Exception in thread "main"
java.lang.ClassCastException: Orange cannot be cast to
Apple
        at ApplesAndOrangesWithoutGenerics.main(ApplesA
ndOrangesWithoutGenerics.java:23)
*/
```

Apple 类和 Orange 类是截然不同的。除了都是 Object 之外，二者没有任何共同之处。（记住，如果一个类没有显式地说明继承自哪个类，它会自动继承 Object。）因为 ArrayList 持有的是 Object，所以我们不仅可以使用 ArrayList 的 add() 方法将 Apple 对象加入到该集合中，还可以将 Orange 对象加入其中，而且在编译时或运行时都不会报错。当使用 ArrayList 的 get() 方法取出我们认为是 Apple 的对象时，我们得到的是一个指向 Object 的引用，还必须将其转型为 Apple。所以在调用 Apple 的 id() 方法之前，我们必须用括号将整个表达式包起来，以强制进行转型，否则将发生语法错误。

在运行时，如果你尝试将其中的 Orange 对象转型为 Apple，就会看到如上面的示例输出所示的错误。

在第 20 章中你会了解，**创建**使用 Java 泛型的类可能会非常复杂。然而**使用**提前定义好的泛型类则相当简单。例如，要定义一个用来持有 Apple 对象的 ArrayList，我们应该写 ArrayList<Apple>，而不是只写 ArrayList。尖括号包围着的是**类型参数**（可以有多个），它指定了这个集合实例中可以保存的类型。

借助泛型，就可以在**编译时**防止将错误类型的对象加入某个集合中。[①] 下面还是之前的示例，只不过使用了泛型：

```java
// collections/ApplesAndOrangesWithGenerics.java
import java.util.*;

public class ApplesAndOrangesWithGenerics {
  public static void main(String[] args) {
    ArrayList<Apple> apples = new ArrayList<>();
    for(int i = 0; i < 3; i++)
      apples.add(new Apple());
    // 编译时错误:
    // apples.add(new Orange());
    for(Apple apple : apples) {
      System.out.println(apple.id());
    }
  }
}
/* 输出:
0
1
2
*/
```

在定义 apples 的表达式的右侧，出现了 new ArrayList<>()。因为有钻石形状的 <> 符号，所以它有时也叫作"钻石语法"。在 Java 7 之前，我们事实上必须在表达式的两侧重复写出类型声明，就像这样：

```java
ArrayList<Apple> apples = new ArrayList<Apple>();
```

随着类型变得越来越复杂，这种重复类型声明所产生的代码会相当混乱，难以阅读。程序员们观察到，所有的信息都可以在左侧得到，因此没有理由任由编译器强迫我们在右侧再写一遍。即使是在这么窄的应用范围之内，这种对类型推断的要求也被 Java 语言团队注意到了。

在 ArrayList 的定义中指定了类型之后，编译器会阻止我们将 Orange 加入 apples 中，所以这变成了编译时错误，不再是运行时错误。

有了泛型，从 List 中获取对象时，就无须进行转型了。因为 List 知道它所持有的类型，所以调用 get() 时，它会为我们执行转型。因此，借助泛型，我们不仅知道编译器会检查

---

① 在第 20 章的末尾会探讨这个问题是否有那么糟糕。不过，第 20 章还将介绍，Java 泛型的用处远不止提供类型安全的集合这么简单。

放入集合中的对象的类型，而且在使用集合中的对象时，语法也更简洁了。

当指定了某种类型作为泛型参数时，我们并不是只能放入该类型的对象。在泛型的情况下，向上转型也可以像在其他类型中那样起作用：

```java
// collections/GenericsAndUpcasting.java
import java.util.*;

class GrannySmith extends Apple {}
class Gala extends Apple {}
class Fuji extends Apple {}
class Braeburn extends Apple {}

public class GenericsAndUpcasting {
  public static void main(String[] args) {
    ArrayList<Apple> apples = new ArrayList<>();
    apples.add(new GrannySmith());
    apples.add(new Gala());
    apples.add(new Fuji());
    apples.add(new Braeburn());
    for(Apple apple : apples)
      System.out.println(apple);
  }
}
```

```
/* 输出:
GrannySmith@19e0bfd
Gala@139a55
Fuji@1db9742
Braeburn@106d69c
*/
```

因此，对于指定持有 Apple 对象的集合而言，可以将 Apple 的子类型加入其中。

以上输出是由 Object 的默认的 toString() 方法生成的，它会打印类名，后面跟着的是该对象哈希码的无符号十六进制表示（由 hashCode() 方法生成）。进阶卷附录 C 会详细介绍哈希码。

新特性：类型推断和泛型

第 6 章引入了"局部变量类型推断"一节，这是 JDK 10/11 加入的特性。方便的是，这个特性也可以用来简化涉及泛型的定义。所以 ArrayList<Apple> 的定义可以写得更加简洁：

```java
// collections/GenericTypeInference.java
// {NewFeature} 从 JDK 11 开始
import java.util.*;

public class GenericTypeInference {
  void old() {
    ArrayList<Apple> apples = new ArrayList<>();
  }
  void modern() {
    var apples = new ArrayList<Apple>();
  }
```

```
  void pitFall() {
    var apples = new ArrayList<>();
    apples.add(new Apple());
    apples.get(0); // 作为普通的 Object 类型返回
  }
}
```

注意，`modern()` 中定义右侧的钻石语法（`<>`）被显式的 `<Apple>` 替换掉了，这样编译器就有足够的信息来执行类型推断了。

替换现有代码中的钻石语法，在某些地方可能产生一个问题，就像在 `pitFall()` 中看到的那样。直接用 `pitFall()` 中的 `var` 替换 `old()` 中左侧的 `ArrayList<Apple>`，可以成功编译。`<>` 变成了 `<Object>`，这不是我们想要的，但是编译器没有报错。我们可以成功地把一个 `Apple` 添加到这个 `ArrayList` 中。但是在代码中的其他某个地方，当我们想从 apples 中取出元素时，它们是作为普通的 `Object` 类型返回的，而不是具体的 `Apple` 类型。你或许能从编译器消息中发现问题，但是在处理复杂的代码库时，要发现问题可能就有很多挑战了。

12.2 基本概念

Java 集合类库是用来"持有对象"的，而且从设计上讲，它可以分为两个不同的概念，表示为库的两个基本接口。

1. Collection：一个由单独元素组成的序列，而且这些元素要符合一条或多条规则。List 必须按照元素插入顺序来保存它们；Set 中不能存在重复元素；而 Queue 则要按照**排队规则**来输出元素（通常与元素被插入的顺序相同）。

2. Map：一组键值对象对，使用键来查找值。ArrayList 使用一个数值来查找某个对象，所以在某种意义上它将数值与对象关联在了一起。而 Map 使用**另一个对象**来查找某个对象。它也被称作**关联数组**，因为它将对象与其他对象关联在了一起；或者被称作**字典**，这是因为它使用一个键对象来查找一个值对象，就像我们在字典中使用一个单词来查找其定义一样。Map 是非常强大的编程工具。

尽管并非总是如此，但在理想情况下，我们编写的大部分代码在与这些接口打交道，只有在创建时才需要指明所使用的确切类型。因此，可以像下面这样创建一个 List：

```
List<Apple> apples = new ArrayList<>();
```

注意，和之前示例中的处理方式不同，ArrayList 被向上转型为 List。使用这个接口的目的是，当我们决定修改实现时，只需要修改创建的地方，就像这样：

```
List<Apple> apples = new LinkedList<>();
```

因此，我们通常会创建一个具体类的对象，将其向上转型为相应的接口，然后就在其余的代码中使用该接口。

这种方法并不总能行得通，因为有些类有额外的功能。例如，LinkedList 就有 List 接口中没有的额外方法，而 TreeMap 也有 Map 接口中没有的方法。如果需要使用这些方法，就不能将其向上转型为更通用的接口。

序列是持有一组对象的一种方式，而 Collection 接口就是序列概念的一般化。下面是一个简单的示例：填充一个保存 Integer 对象的 Collection（这里是用 ArrayList 表示的），然后打印生成的集合中的每一个元素。

```java
// collections/SimpleCollection.java
import java.util.*;

public class SimpleCollection {
  public static void main(String[] args) {
    Collection<Integer> c = new ArrayList<>();      /* 输出:
    for(int i = 0; i < 10; i++)                      0, 1, 2, 3, 4, 5, 6, 7, 8, 9,
      c.add(i); // 自动装箱                           */
    for(Integer i : c)
      System.out.print(i + ", ");
  }
}
```

因为这个示例只使用了 Collection 接口中定义的方法，所以继承自该接口的类的任何对象都可以正常工作。不过 ArrayList 是最基本的序列类型。

顾名思义，add() 方法是要将一个新元素放入 Collection 中。然而，文档对该方法的说明则非常谨慎："确保这个 Collection 中包含指定元素。"这是考虑到 Set 的含义：只有元素不存在的时候才会将其放入。而对于 ArrayList，或者是任何一种 List，add() 的意义总是"放进去"，因为 List 不会关心元素是不是有重复。

所有的 Collection 都可以使用 for-in 语法遍历，如上面的代码所示。在本章的后续部分，我们会学习一个叫"迭代器"的更灵活的概念。

12.3 添加一组元素

java.util 中的 Arrays 和 Collections 类都包含了一些工具方法，用于向一个 Collection 中添加一组元素。Arrays.asList() 方法可以接受一个数组，或者一个用逗号分隔的元素列表（使用可变参数），并将其转换为一个 List 对象。Collections.addAll() 方法接受一个 Collection 对象、一个数组，或者一个用逗号分隔的列表，将其中所有的元素都添加到这个 Collection 中。下面你会看到这两个方法，以及更传统的、所有 Collection 类型都具有的 addAll() 方法：

```java
// collections/AddingGroups.java
// 向 Collection 对象中添加一组元素
import java.util.*;

public class AddingGroups {
  public static void main(String[] args) {
    Collection<Integer> collection =
      new ArrayList<>(Arrays.asList(1, 2, 3, 4, 5));
    Integer[] moreInts = { 6, 7, 8, 9, 10 };
    collection.addAll(Arrays.asList(moreInts));
    // 运行快很多，但是我们无法以这种方式构建 Collection：
    Collections.addAll(collection, 11, 12, 13, 14, 15);
    Collections.addAll(collection, moreInts);
    // 生成一个底层为数组的列表：
    List<Integer> list = Arrays.asList(16,17,18,19,20);
    list.set(1, 99); // OK———修改元素
    // list.add(21); // 运行时错误；底层的数组不能调整大小
  }
}
```

Collection 的构造器可以接受另一个 Collection，用于对自己进行初始化，因此可以使用 Arrays.asList() 来生成用于该构造器的输入。不过 Collections.addAll() 运行起来要快得多，而且构造一个没有元素的 Collection 之后调用 Collections.addAll() 这种方式也很简单，所以推荐使用这种方式。

Collection.addAll() 方法只能接受另一个 Collection 对象作为参数，所以不如 Arrays.asList() 或 Collections.addAll() 灵活，因为这两个方法使用了可变参数列表。

也可以直接使用 Arrays.asList() 的输出，将其当作一个 List，但它的底层实现用的是数组，大小无法调整。如果要在这样的列表中添加（add()）或删除（remove()）元素，这些操作会尝试修改数组的大小，所以会出现"Unsupported Operation"（不支持的操作）运行时错误：

```java
// collections/AsListInference.java
import java.util.*;

class Snow {}
class Powder extends Snow {}
class Light extends Powder {}
```

```
class Heavy extends Powder {}
class Crusty extends Snow {}
class Slush extends Snow {}

public class AsListInference {
  public static void main(String[] args) {
    List<Snow> snow1 = Arrays.asList(
      new Crusty(), new Slush(), new Powder());
    //- snow1.add(new Heavy()); // 异常

    List<Snow> snow2 = Arrays.asList(
      new Light(), new Heavy());
    //- snow2.add(new Slush()); // 异常

    List<Snow> snow3 = new ArrayList<>();
    Collections.addAll(snow3,
      new Light(), new Heavy(), new Powder());
    snow3.add(new Crusty());

    // 以显式类型参数说明作为提示
    List<Snow> snow4 = Arrays.<Snow>asList(
      new Light(), new Heavy(), new Slush());
    //- snow4.add(new Powder()); // 异常
  }
}
```

在 snow4 中，注意 Arrays.asList() 中的提示，它告诉编译器 Arrays.asList() 所生成的 List 类型实际所保存的目标类型应该是什么。这被称作"显式类型参数说明"。

12.4 打印集合

我们必须使用 Arrays.toString() 来为数组生成可以打印的表示，但是集合类不需要任何帮助，就能很漂亮地完成打印。下面是一个示例，其中也介绍了一些基本的 Java 集合类：

```
// collections/PrintingCollections.java
// 自动打印自身的 Collection
import java.util.*;

public class PrintingCollections {
  static Collection
  fill(Collection<String> collection) {
    collection.add("rat");
    collection.add("cat");
    collection.add("dog");
    collection.add("dog");
    return collection;
  }
```

```
/* 输出:
[rat, cat, dog, dog]
[rat, cat, dog, dog]
[rat, cat, dog]
[cat, dog, rat]
[rat, cat, dog]
{rat=Fuzzy, cat=Rags, dog=Spot}
{cat=Rags, dog=Spot, rat=Fuzzy}
{rat=Fuzzy, cat=Rags, dog=Spot}
*/
```

```
    static Map fill(Map<String, String> map) {
      map.put("rat", "Fuzzy");
      map.put("cat", "Rags");
      map.put("dog", "Bosco");
      map.put("dog", "Spot");
      return map;
    }
    public static void main(String[] args) {
      System.out.println(fill(new ArrayList<>()));
      System.out.println(fill(new LinkedList<>()));
      System.out.println(fill(new HashSet<>()));
      System.out.println(fill(new TreeSet<>()));
      System.out.println(fill(new LinkedHashSet<>()));
      System.out.println(fill(new HashMap<>()));
      System.out.println(fill(new TreeMap<>()));
      System.out.println(fill(new LinkedHashMap<>()));
    }
  }
```

这里演示了 Java 集合类库的两种主要类型。其区别在于集合中的每个"槽"（slot）内持有的条目数。Collection 在每个槽内只保存一个条目，包括：List，以指定顺序保存一组条目；Set，同样的条目只能加入一个；Queue，只能在集合的一端插入对象，而在另一端移除对象（就该示例而言，队列只是另一种看待序列的方式，所以这里并没有演示）。Map 在每个槽内持有两个对象，即**键**和与之关联的**值**。

默认的打印行为是通过每个集合的 toString() 方法提供的，生成的结果可读性非常好。打印的时候，Collection 的内容会用方括号包起来，元素之间用逗号分隔；Map 的内容则会用花括号包起来，键和值用等号来关联（键在左侧，值在右侧）。

第一个 fill() 方法适用于所有的 Collection 类型，这些都实现了用来添加新元素的 add() 方法。

ArrayList 和 LinkedList 都是 List 类型，从输出可以看出，它们都是以插入顺序保存元素的。两者的不同之处不仅是对于特定类型的操作在性能上有差别，而且 LinkedList 包含的操作也多于 ArrayList。在本章后面的部分，我们会更详细地探讨。

HashSet、TreeSet 和 LinkedHashSet 都是 Set 类型。从输出可以发现，对于相同的条目，Set 只会保存一个，而且不同的 Set 实现会以不同方式保存元素。HashSet 使用了一种相当复杂的方式存储元素，进阶卷第 3 章中会介绍。现在你只需要知道，这种技术是检索元素最快的方式，因此存储顺序看起来没有实际意义（我们往往只关心某个元素是不是 Set 的成员，顺序并不重要）。如果存储顺序非常重要，可以使用 TreeSet，它会以升序保存对象；或使用 LinkedHashSet，它会按照添加顺序来保存对象。

Map（也称作**关联数组**）使用**键**来查找对象，就像一个简单的数据库。被关联的对象称作**值**。假设有一个 Map，将美国的每个州名和它的首府关联在了一起。如果想知道俄亥俄州（Ohio）的首府，那么就以 Ohio 为键来查找，几乎就像使用数组索引一样。正是因为这样的行为，所以对于相同的键，Map 只接受一个。

Map.put(key, value) 的作用是添加一个值（value，就是我们想要的），并将其与一个键（key，我们用它来查找）关联起来。Map.get(key) 会得到与这个键（key）关联的值。上面的示例只是添加了键值对，没有执行查找。我们稍后会演示。

注意，我们并没有指定或者考虑 Map 的大小，因为它会自动调整。此外，Map 也知道如何打印自身，它会表明键和值之间的关联。

这个示例使用了三种基本风格的 Map：HashMap、TreeMap 和 LinkedHashMap。

键和值在 HashMap 之中的保存顺序不同于插入顺序，这是因为 HashMap 使用了一种非常快速的算法，而该算法会控制顺序。TreeMap 会按照键的升序来排序，LinkedHashMap 则按照插入顺序来保存键，同时保留了 HashMap 的查找速度。

12.5 List

List 承诺以特定的顺序维护元素。List 接口在 Collection 的基础上增加了一些方法，支持在 List 中间插入和移除元素。

有两种类型的 List。

- 基本的 ArrayList，擅长随机访问元素，但是在 List 的中间插入或删除元素比较慢。
- LinkedList，提供了理想的顺序访问性能，在 List 的中间插入和删除元素的成本都比较低。LinkedList 随机访问性能相对较差，但是与 ArrayList 相比提供了更多功能。

下面的示例有点超前，我们通过引入 reflection.pets 使用了第 19 章中的一个库。这个库包含了 Pet 类的继承层次结构，还有一些随机生成 Pet 对象的工具。你不需要知道所有细节，只要了解：

1. 有一个 Pet 类以及它的各种子类；
2. PetCreator.list() 会返回一个 ArrayList，其中填充的是随机选择的 Pet 对象。

```java
// collections/ListFeatures.java
import reflection.pets.*;
import java.util.*;

public class ListFeatures {
  public static void main(String[] args) {
    Random rand = new Random(47);
    List<Pet> pets = new PetCreator().list(7);
    System.out.println("1: " + pets);
    Hamster h = new Hamster();
    pets.add(h); // 自动调整大小
    System.out.println("2: " + pets);
    System.out.println("3: " + pets.contains(h));
    pets.remove(h); // 按对象移除
    Pet p = pets.get(2);
    System.out.println(
      "4: " + p + " " + pets.indexOf(p));
    Pet cymric = new Cymric();
    System.out.println("5: " + pets.indexOf(cymric));
    System.out.println("6: " + pets.remove(cymric));
    // 必须是类型精确匹配的对象
    System.out.println("7: " + pets.remove(p));
    System.out.println("8: " + pets);
    pets.add(3, new Mouse()); // 在某个索引处插入
    System.out.println("9: " + pets);
    List<Pet> sub = pets.subList(1, 4);
    System.out.println("subList: " + sub);
    System.out.println("10: " + pets.containsAll(sub));
    Collections.sort(sub); // 就地排序
    System.out.println("sorted subList: " + sub);
    // 在 containsAll() 中，顺序并不重要:
    System.out.println("11: " + pets.containsAll(sub));
    Collections.shuffle(sub, rand); // 混合一下
    System.out.println("shuffled subList: " + sub);
    System.out.println("12: " + pets.containsAll(sub));
    List<Pet> copy = new ArrayList<>(pets);
    sub = Arrays.asList(pets.get(1), pets.get(4));
    System.out.println("sub: " + sub);
    copy.retainAll(sub);
    System.out.println("13: " + copy);
    copy = new ArrayList<>(pets); // 获得一个新副本
    copy.remove(2); // 按索引移除
    System.out.println("14: " + copy);
    copy.removeAll(sub); // 仅移除类型精确匹配的对象
    System.out.println("15: " + copy);
    copy.set(1, new Mouse()); // 替换一个元素
    System.out.println("16: " + copy);
    copy.addAll(2, sub); // 在中间插入一个列表
    System.out.println("17: " + copy);
    System.out.println("18: " + pets.isEmpty());
    pets.clear(); // 移除所有元素
    System.out.println("19: " + pets);
```

```
        System.out.println("20: " + pets.isEmpty());
        pets.addAll(new PetCreator().list(4));
        System.out.println("21: " + pets);
        Object[] o = pets.toArray();
        System.out.println("22: " + o[3]);
        Pet[] pa = pets.toArray(new Pet[0]);
        System.out.println("23: " + pa[3].id());
    }
}
```

```
/* 输出:
1: [Rat, Manx, Cymric, Mutt, Pug, Cymric, Pug]
2: [Rat, Manx, Cymric, Mutt, Pug, Cymric, Pug, Hamster]
3: true
4: Cymric 2
5: -1
6: false
7: true
8: [Rat, Manx, Mutt, Pug, Cymric, Pug]
9: [Rat, Manx, Mutt, Mouse, Pug, Cymric, Pug]
subList: [Manx, Mutt, Mouse]
10: true
sorted subList: [Manx, Mouse, Mutt]
11: true
shuffled subList: [Mouse, Manx, Mutt]
12: true
sub: [Mouse, Pug]
13: [Mouse, Pug]
14: [Rat, Mouse, Mutt, Pug, Cymric, Pug]
15: [Rat, Mutt, Cymric, Pug]
16: [Rat, Mouse, Cymric, Pug]
17: [Rat, Mouse, Mouse, Pug, Cymric, Pug]
18: false
19: []
20: true
21: [Rat, Manx, Cymric, Mutt]
22: Mutt
23: 14
*/
```

打印行都编了号，这样输出就可以和源代码关联起来了。第一个输出行显示的是原始的 Pet 列表。与数组不同的是，List 可以在创建之后添加或移除元素，而且可以自己调整大小。这正是它的基本价值所在——一个可修改的序列。在输出行 2 中可以看到加入一个 Hamster 的结果——对象被追加到了该列表的末尾。

可以使用 contains() 方法来确定某个对象是否在该列表中。要移除一个对象，可以将该对象的引用传给 remove() 方法。此外，利用指向某个对象的引用，也可以使用

indexOf() 方法获得该对象在 List 中的索引编号，如输出行 4 所示。

当需要确定某个元素是否在 List 中，查找某个元素的索引编号，以及按照引用从 List 中删除某个元素时，都会用到 equals() 方法（它是根类 Object 的组成部分）。每个 Pet 都被定义为一个独特的对象，因此即便列表中已经有两个 Cymric，如果再创建一个新的 Cymric 对象，然后将其传给 indexOf()，结果会是 -1（说明没有找到）。尝试移除（remove()）这个对象，则会返回 false。对于其他的类，equals() 的定义可能有所不同，比如拿 String 类来说，如果两个 String 的内容相同，则它们是等价的。所以为了避免这种意外，应该意识到 List 的行为会随 equals() 行为的改变而改变。

输出行 7 和 8 表明成功地从 List 中移除了一个精确匹配的对象。

如输出行 9 及其前面的代码所示，可以在 List 中间插入元素，但这带来了一个问题：对于 LinkedList 来说，在列表中间执行插入和删除操作的成本很低（除非是像这个例子中这样随机访问到列表中的某个地方），但是对于 ArrayList 来说，成本就很高了。这是不是就意味着，永远不要在 ArrayList 中间插入元素，如果需要就切换为 LinkedList 呢？并非如此，这只是意味着，我们需要意识到这个问题，如果开始在 ArrayList 中间执行多次插入，并且程序开始变慢，那么或许应该看一下 List 的实现，它可能就是罪魁祸首（发现此类瓶颈的最佳方式是使用分析器）。优化是个棘手的问题，最好的策略就是在不得不担心之前先不去管它（尽管理解这个问题总是好事）。

subList() 方法可以轻松创建较大列表的一个片段，将其再传给较大列表的 containsAll() 方法，结果自然是 true。注意，顺序并不重要，从输出行 11 和 12 中可以看到，在 sub 上调用名字很直观的 Collections.sort() 和 Collections.shuffle() 方法，并不影响 containsAll() 的结果。subList() 所生成的列表，其底层还是原始列表。因此，对返回列表的修改会在原始列表中体现出来，反之亦然。

retainAll() 方法实际上是求"交集"的操作，在上面的示例中，它会保留既在 copy 中又在 sub 中的所有元素。此外，所产生的行为也依赖于 equals() 方法。

输出行 14 演示了使用索引移除某个元素的结果，这样比通过对象引用来移除更为明确，因为使用索引时不用担心 equals() 方法的行为。

removeAll() 方法的运行也是基于 equals() 方法的。顾名思义，它会从列表中删除参数 List 中包含的所有对象。

set() 方法这个命名有点遗憾，因为人们有可能将其与 Set 类混淆，用"replace"来命名或许更好。这是因为它的作用就是用第二个参数替换第一个参数所指定的索引处的元素。

输出行 17 表明，List 有一个重载的 addAll() 方法，可以将一个新列表插入原始列表的中间，而不是只能借助 Collection 中的 addAll() 方法将其追加到原始列表末尾。

输出行 18~20 演示了 isEmpty() 和 clear() 方法的效果。

输出行 22 和 23 演示了如何使用 toArray() 将任意 Collection 转换为一个数组。这是一个重载方法，其无参版本会返回一个 Object 数组，但是如果我们向重载的版本传递一个目标类型的数组，它就会生成指定类型的数组（假设通过了类型检查）。如果参数数组太小，以至于无法将所有对象保存在这个 List 中（这个示例中就是这样的情况），toArray() 方法会创建一个大小适当的新数组。Pet 对象有一个 id() 方法，我们看到该方法在所生成数组的一个对象上被调用了。

12.6　Iterator

不管是哪种集合，都必须有某种方法来插入元素，并将它们再次取出。毕竟这就是集合的主要工作——持有事物。在 List 中，add() 是插入元素的一种方法，get() 是取出元素的一种方法。

当我们开始在更高层次上思考时，就会发现这样做有个缺点：要使用集合，就必须针对它的确切类型来编写程序。乍一看并不是很糟，但是如果你一开始是针对 List 编写的代码，然后发现同样的代码用在 Set 上会很方便，那你应该怎么做呢？或者假设你一开始就想编写一段通用的代码，它不知道或并不关心所处理的集合的类型，那么这段代码是不是不用重写就能用于不同类型的集合呢？

迭代器（也是一种设计模式）的概念实现了这种抽象。迭代器是一个对象，它可以在序列中移动，并用来选择该序列中的每个对象，而使用它的程序员不用知道或者关心序列的底层结构。此外，迭代器通常是所谓的**轻量级对象**，创建成本很低。因为这个原因，我们经常会发现迭代器有一些看起来很奇怪的限制。例如，Java 的 Iterator 只能向一个方向移动。除了下面几点，我们对迭代器能做的事情不多。

- 使用 iterator() 方法让 Collection 返回一个 Iterator。这个迭代器将准备好返回序列中的第一个元素。
- 使用 next() 方法获得序列中的下一个对象。

- 使用 hasNext() 方法检查序列中是否还有更多对象。
- 使用 remove() 方法删除该迭代器最近返回的元素。

为了观察其工作方式，让我们再次使用第 19 章的 Pet 工具：

```
// collections/SimpleIteration.java
import reflection.pets.*;
import java.util.*;

public class SimpleIteration {
  public static void main(String[] args) {
    List<Pet> pets = new PetCreator().list(12);
    Iterator<Pet> it = pets.iterator();
    while(it.hasNext()) {
      Pet p = it.next();
      System.out.print(p.id() + ":" + p + " ");
    }
    System.out.println();
    // 如果情况允许的话，这种方式更简单:
    for(Pet p : pets)
      System.out.print(p.id() + ":" + p + " ");
    System.out.println();
    // 迭代器也可以用来删除元素:
    it = pets.iterator();
    for(int i = 0; i < 6; i++) {
      it.next();
      it.remove();
    }
    System.out.println(pets);
  }
}
/* 输出:
0:Rat 1:Manx 2:Cymric 3:Mutt 4:Pug 5:Cymric 6:Pug
7:Manx 8:Cymric 9:Rat 10:EgyptianMau 11:Hamster
0:Rat 1:Manx 2:Cymric 3:Mutt 4:Pug 5:Cymric 6:Pug
7:Manx 8:Cymric 9:Rat 10:EgyptianMau 11:Hamster
[Pug, Manx, Cymric, Rat, EgyptianMau, Hamster]
*/
```

有了 Iterator 就不用再为集合中元素的数量操心了，hasNext() 和 next() 会为我们处理。

如果只是在 List 中向前遍历，不打算修改 List 对象本身，我们会发现 for-in 语法更简洁。

Iterator 也可以删除由 next() 产生的最后一个元素，这意味着在调用 remove() 之前必须调用 next()。[1]

---

[1] remove() 是所谓的"可选"方法（还有其他这样的方法），这意味着不是所有的 Iterator 实现都必须实现它。这个主题会在进阶卷第 3 章中介绍。不过标准 Java 库中的集合实现了 remove()，所以在阅读进阶卷第 3 章之前，你不用担心这个问题。

对集合中的每个对象执行一个操作的这种想法非常强大，在本书中随处可见。

现在考虑创建一个与具体的集合类型无关的 display() 方法：

```java
// collections/CrossCollectionIteration.java
import reflection.pets.*;
import java.util.*;

public class CrossCollectionIteration {
  public static void display(Iterator<Pet> it) {
    while(it.hasNext()) {
      Pet p = it.next();
      System.out.print(p.id() + ":" + p + " ");
    }
    System.out.println();
  }
  public static void main(String[] args) {
    List<Pet> pets = new PetCreator().list(8);
    LinkedList<Pet> petsLL = new LinkedList<>(pets);
    HashSet<Pet> petsHS = new HashSet<>(pets);
    TreeSet<Pet> petsTS = new TreeSet<>(pets);
    display(pets.iterator());
    display(petsLL.iterator());
    display(petsHS.iterator());
    display(petsTS.iterator());
  }
}
/* 输出:
0:Rat 1:Manx 2:Cymric 3:Mutt 4:Pug 5:Cymric 6:Pug
7:Manx
0:Rat 1:Manx 2:Cymric 3:Mutt 4:Pug 5:Cymric 6:Pug
7:Manx
0:Rat 1:Manx 2:Cymric 3:Mutt 4:Pug 5:Cymric 6:Pug
7:Manx
5:Cymric 2:Cymric 7:Manx 1:Manx 3:Mutt 6:Pug 4:Pug
0:Rat
*/
```

display() 没有包含与它所遍历的序列类型相关的任何信息。这显示出了 Iterator 的真正威力：能够将序列的遍历操作与序列的底层结构分离。因此，我们有时候会说，迭代器**统一了对集合的访问**。

使用 Iterable 接口，我们可以为前面的示例编写一个更干净的版本。Iterable 描述了"任何可以产生一个迭代器的东西"：

```java
// collections/CrossCollectionIteration2.java
import reflection.pets.*;
import java.util.*;

public class CrossCollectionIteration2 {
  public static void display(Iterable<Pet> ip) {
    Iterator<Pet> it = ip.iterator();
```

```
      while(it.hasNext()) {
        Pet p = it.next();
        System.out.print(p.id() + ":" + p + " ");
      }
      System.out.println();
    }
    public static void main(String[] args) {
      List<Pet> pets = new PetCreator().list(8);
      LinkedList<Pet> petsLL = new LinkedList<>(pets);
      HashSet<Pet> petsHS = new HashSet<>(pets);
      TreeSet<Pet> petsTS = new TreeSet<>(pets);
      display(pets);
      display(petsLL);
      display(petsHS);
      display(petsTS);
    }
}
```

```
/* 输出:
0:Rat 1:Manx 2:Cymric 3:Mutt 4:Pug 5:Cymric 6:Pug
7:Manx
0:Rat 1:Manx 2:Cymric 3:Mutt 4:Pug 5:Cymric 6:Pug
7:Manx
0:Rat 1:Manx 2:Cymric 3:Mutt 4:Pug 5:Cymric 6:Pug
7:Manx
5:Cymric 2:Cymric 7:Manx 1:Manx 3:Mutt 6:Pug 4:Pug
0:Rat
*/
```

这里所有的类都实现了 Iterable 接口，所以现在 display() 调用起来明显更简单了。

ListIterator

ListIterator 是 Iterator 的一种更为强大的子类型，只有 List 类才会生成。尽管 Iterator 只能向前移动，但是 ListIterator 可以双向移动。它还可以生成相对于迭代器在列表中指向的当前位置的下一个和上一个元素的索引，并且可以使用 set() 方法替换它所访问过的最后一个元素。通过调用 listIterator()，我们可以生成一个指向 List 开始位置的 ListIterator。还可以通过调用 listIterator(n) 来生成一个指向列表中索引为 n 的元素处的 ListIterator。下面的示例演示了这些能力：

```java
// collections/ListIteration.java
import reflection.pets.*;
import java.util.*;

public class ListIteration {
  public static void main(String[] args) {
    List<Pet> pets = new PetCreator().list(8);
    ListIterator<Pet> it = pets.listIterator();
    while(it.hasNext())
      System.out.print(it.next() +
        ", " + it.nextIndex() +
        ", " + it.previousIndex() + "; ");
    System.out.println();
```

```
    // 反向:
    while(it.hasPrevious())
      System.out.print(it.previous().id() + " ");
    System.out.println();
    System.out.println(pets);
    it = pets.listIterator(3);
    while(it.hasNext()) {
      it.next();
      it.set(new PetCreator().get());
    }
    System.out.println(pets);
  }
}
```

```
/* 输出:
Rat, 1, 0; Manx, 2, 1; Cymric, 3, 2; Mutt, 4, 3; Pug,
5, 4; Cymric, 6, 5; Pug, 7, 6; Manx, 8, 7;
7 6 5 4 3 2 1 0
[Rat, Manx, Cymric, Mutt, Pug, Cymric, Pug, Manx]
[Rat, Manx, Cymric, Rat, Rat, Rat, Rat, Rat]
*/
```

PetCreator.get() 方法用来替换 List 中从位置 3 开始向前的所有 Pet 对象。

12.7 LinkedList

和 ArrayList 一样，LinkedList 实现了基本的 List 接口。但是与 ArrayList 相比，它在 List 中间执行插入和删除操作的效率更高，不过随机访问操作的表现要差一些。

LinkedList 还添加了一些可以使其用作栈、队列或双端队列（deque）的方法。有些方法只是其他方法的别名，或者稍微有点不同的变种，只是为了特定使用场景而起了更常见的名字（特别是在 Queue 中）。

- getFirst() 和 element() 是完全相同的，它们都返回列表的头部（第一个元素），而并不移除它，如果 List 为空，则抛出 NoSuchElementException。peek() 和这两个方法稍有不同，如果列表为空，它会返回 null。

- removeFirst() 和 remove() 也是完全相同的，它们都会移除并返回列表的头，对于空列表则抛出 NoSuchElementException。poll() 稍有不同，如果列表为空，它会返回 null。

- addFirst() 在列表的开头插入一个元素。

- offer() 和 add() 以及 addLast() 相同，都是向列表的尾部插入一个元素。

- removeLast() 移除并返回列表中的最后一个元素。

下面的示例演示了这些特性的基本异同点。它没有重复 ListFeatures.java 所演示的行为。

```java
// collections/LinkedListFeatures.java
import reflection.pets.*;
import java.util.*;

public class LinkedListFeatures {
  public static void main(String[] args) {
    LinkedList<Pet> pets =
      new LinkedList<>(new PetCreator().list(5));
    System.out.println(pets);
    // 完全相同
    System.out.println(
      "pets.getFirst(): " + pets.getFirst());
    System.out.println(
      "pets.element(): " + pets.element());
    // 仅当列表为空时存在区别:
    System.out.println("pets.peek(): " + pets.peek());
    // 完全相同；移除并返回第一个元素:
    System.out.println(
      "pets.remove(): " + pets.remove());
    System.out.println(
      "pets.removeFirst(): " + pets.removeFirst());
    // 仅当列表为空时存在区别:
    System.out.println("pets.poll(): " + pets.poll());
    System.out.println(pets);
    pets.addFirst(new Rat());
    System.out.println("After addFirst(): " + pets);
    pets.offer(new PetCreator().get());
    System.out.println("After offer(): " + pets);
    pets.add(new PetCreator().get());
    System.out.println("After add(): " + pets);
    pets.addLast(new Hamster());
    System.out.println("After addLast(): " + pets);
    System.out.println(
      "pets.removeLast(): " + pets.removeLast());
  }
}
/* 输出:
[Rat, Manx, Cymric, Mutt, Pug]
pets.getFirst(): Rat
pets.element(): Rat
pets.peek(): Rat
pets.remove(): Rat
pets.removeFirst(): Manx
pets.poll(): Cymric
[Mutt, Pug]
After addFirst(): [Rat, Mutt, Pug]
After offer(): [Rat, Mutt, Pug, Rat]
After add(): [Rat, Mutt, Pug, Rat, Rat]
After addLast(): [Rat, Mutt, Pug, Rat, Rat, Hamster]
pets.removeLast(): Hamster
*/
```

PetCreator.list() 的结果被传给 LinkedList 的构造器，用来填充这个列表。如果观察一下 Queue 接口，会发现 element()、offer()、peek()、poll() 和 remove() 这些方法都被添加到了 LinkedList 中，所以它就可以作为 Queue 的一个实现了。Queue 的完整示例将在本章稍后给出。

12.8　Stack

栈（stack）是一个"后进先出"（LIFO）的集合。它有时被称作**下推栈**，因为不管我们最后"压入"的是什么，它都会第一个"弹出"。人们经常用放在弹簧支架上的餐盘来类比：最后放入的餐盘最先被拿出来使用。

Java 1.0 就提供了 Stack 类，结果这个类的设计非常糟糕。不过因为要向后兼容，所以我们永远也无法摆脱 Java 过去的设计错误了。Java 6 加入了 ArrayDeque，提供了直接实现栈功能的方法：

```java
// collections/StackTest.java
import java.util.*;

public class StackTest {
  public static void main(String[] args) {
    Deque<String> stack = new ArrayDeque<>();
    for(String s : "My dog has fleas".split(" "))
      stack.push(s);
    while(!stack.isEmpty())
      System.out.print(stack.pop() + " ");
  }
}
```

```
/* 输出：
fleas has dog My
*/
```

尽管它在各方面的表现都像栈，但是我们仍然必须把它声明为 Deque。假设有一个名为 Stack 的类，这样逻辑就更清楚了：

```java
// onjava/Stack.java
// 内置了 ArrayDeque 的一个 Stack 类
package onjava;
import java.util.Deque;
import java.util.ArrayDeque;

public class Stack<T> {
  private Deque<T> storage = new ArrayDeque<>();
  public void push(T v) { storage.push(v); }
  public T peek() { return storage.peek(); }
  public T pop() { return storage.pop(); }
  public boolean isEmpty() { return storage.isEmpty(); }
  @Override public String toString() {
    return storage.toString();
```

```
  }
}
```

这里使用泛型给出了最简单可行的一个 Stack 类的定义。类名后面的 <T> 告诉编译器这是一个**参数化的类型**，并且类型参数为 T，当这个类被使用时，它会被替换为实际类型。基本可以这样理解：我们定义了一个持有 T 类型对象的 Stack。Stack 是使用 ArrayDeque 实现的，它也持有 T 类型对象。注意，push() 接受一个 T 类型的对象，而 peek() 和 pop() 返回一个 T 类型的对象。peek() 方法用于提供栈顶元素，并不把它从栈顶移走，而 pop() 则移除并返回顶端元素。

如果只想要栈的行为，继承在这里就不合适了，因为这样会得到一个具有 ArrayDeque 的其余所有方法的类（在进阶卷第 3 章中你会看到，这正是 Java 1.0 的设计者在创建 java.util.Stack 时所犯的错误）。使用组合，我们可以选择暴露哪些方法，以及如何为它们命名。

我们将使用与 StackTest.java 相同的代码来说明这个新的 Stack 类：

```
// collections/StackTest2.java
import onjava.*;

public class StackTest2 {
  public static void main(String[] args) {
    Stack<String> stack = new Stack<>();
    for(String s : "My dog has fleas".split(" "))
      stack.push(s);
    while(!stack.isEmpty())
      System.out.print(stack.pop() + " ");
  }
}
```

```
/* 输出:
fleas has dog My
*/
```

要在自己的代码中使用这个 Stack，在创建对象时必须完整指定包名，或者（在创建类时）把类名改掉，否则很可能会与 java.util 中的 Stack 冲突。比如，如果我们在上面的代码示例中导入了 java.util.*，则必须使用包名来防止冲突：

```
// collections/StackCollision.java

public class StackCollision {
  public static void main(String[] args) {
    onjava.Stack<String> stack = new onjava.Stack<>();
    for(String s : "My dog has fleas".split(" "))
      stack.push(s);
    while(!stack.isEmpty())
      System.out.print(stack.pop() + " ");
    System.out.println();
```

```
    java.util.Stack<String> stack2 =
      new java.util.Stack<>();
    for(String s : "My dog has fleas".split(" "))
      stack2.push(s);
    while(!stack2.empty())
      System.out.print(stack2.pop() + " ");
  }
}
```

```
/* 输出:
fleas has dog My
fleas has dog My
*/
```

虽然已经有 java.util.Stack 存在，但是 ArrayDeque 带来了一个更好的 Stack，所以更为可取。

也可以使用显式导入来控制首选的 Stack 实现：

```
import onjava.Stack;
```

这样任何对 Stack 的引用就都会选择 onjava 版本，如果要选择 java.util.Stack，则必须使用全限定名。

12.9 Set

Set 中不允许出现重复的对象值。对于等价对象的实例，如果尝试添加多个，那么 Set 会阻止。Set 最常见的用法就是测试成员身份，所以我们可以很轻松地询问某个对象是否在 Set 中。正因如此，查找通常是 Set 最重要的操作，所以我们通常会选择一个 HashSet 的实现，它针对快速查找做了优化。

Set 与 Collection 有相同的接口，所以不像 List 的两种类型那样有额外的功能。相反，Set 就是一个 Collection，只是行为不同。（这就是继承和多态的理想使用场景：表现不同的行为。）Set 根据对象的"值"来确定成员身份，更复杂的主题会在进阶卷第 3 章中介绍。

下面的示例代码使用了一个持有 Integer 对象的 HashSet。

```
// collections/SetOfInteger.java
import java.util.*;

public class SetOfInteger {
  public static void main(String[] args) {
    Random rand = new Random(47);
    Set<Integer> intset = new HashSet<>();
    for(int i = 0; i < 10000; i++)
      intset.add(rand.nextInt(30));
    System.out.println(intset);
  }
}
```

```
/* 输出：
[0, 1, 2, 3, 4, 5, 6, 7, 8, 9, 10, 11, 12, 13, 14, 15,
16, 17, 18, 19, 20, 21, 22, 23, 24, 25, 26, 27, 28, 29]
*/
```

我们生成了 10 000 个 0~29 范围内的数，并将其添加到这个 Set 中，所以不难想象，每个值都会重复很多次。然而我们看到的是，每个值都只有一个实例出现在了结果中。

在早期的 Java 版本中，HashSet 输出的顺序没有明显的规律可循。HashSet 使用**哈希**来提升速度，进阶卷第 3 章中将介绍哈希。HashSet 所维护的顺序与 TreeSet 或 LinkedHashSet 不同，因为每种实现存储元素的方式不同。TreeSet 将元素排序存储在红黑树数据结构中，而 HashSet 使用的是哈希函数。LinkedHashSet 也使用哈希来提升查找速度，但看起来是使用链表按照插入顺序来维护元素的。显然，哈希算法变了，现在示例代码中输出的 Integer 是有序的。然而我们不应该依赖这种行为。

```java
// collections/SetOfString.java
import java.util.*;

public class SetOfString {
  public static void main(String[] args) {
    Set<String> colors = new HashSet<>();
    for(int i = 0; i < 100; i++) {
      colors.add("Yellow");
      colors.add("Blue");
      colors.add("Red");
      colors.add("Red");
      colors.add("Orange");
      colors.add("Yellow");
      colors.add("Blue");
      colors.add("Purple");
    }
    System.out.println(colors);
  }
}
/* 输出：
[Red, Yellow, Blue, Purple, Orange]
*/
```

这些 String 对象看上去并没有排序。如果要给输出结果排序，一种方法是使用 TreeSet 来代替 HashSet：

```java
// collections/SortedSetOfString.java
import java.util.*;

public class SortedSetOfString {
  public static void main(String[] args) {
    Set<String> colors = new TreeSet<>();
```

```
    for(int i = 0; i < 100; i++) {
      colors.add("Yellow");
      colors.add("Blue");
      colors.add("Red");
      colors.add("Red");
      colors.add("Orange");
      colors.add("Yellow");
      colors.add("Blue");
      colors.add("Purple");
    }
    System.out.println(colors);
  }
}
```

```
/* 输出:
[Blue, Orange, Purple, Red, Yellow]
*/
```

最常见的操作之一是使用 contains() 来测试 Set 成员身份，但也有像维恩图这样的操作，你可能在小学就学过：

```
// collections/SetOperations.java
import java.util.*;

public class SetOperations {
  public static void main(String[] args) {
    Set<String> set1 = new HashSet<>();
    Collections.addAll(set1,
      "A B C D E F G H I J K L".split(" "));
    set1.add("M");
    System.out.println("H: " + set1.contains("H"));
    System.out.println("N: " + set1.contains("N"));
    Set<String> set2 = new HashSet<>();
    Collections.addAll(set2, "H I J K L".split(" "));
    System.out.println(
      "set2 in set1: " + set1.containsAll(set2));
    set1.remove("H");
    System.out.println("set1: " + set1);
    System.out.println(
      "set2 in set1: " + set1.containsAll(set2));
    set1.removeAll(set2);
    System.out.println(
      "set2 removed from set1: " + set1);
    Collections.addAll(set1, "X Y Z".split(" "));
    System.out.println(
      "'X Y Z' added to set1: " + set1);
  }
}
```

```
/* 输出:
H: true
N: false
set2 in set1: true
```

```
set1: [A, B, C, D, E, F, G, I, J, K, L, M]
set2 in set1: false
set2 removed from set1: [A, B, C, D, E, F, G, M]
'X Y Z' added to set1: [A, B, C, D, E, F, G, M, X, Y,
Z]
*/
```

方法的名称都是不言自明的，而且 JDK 文档中还有更多介绍。

产生一个没有重复元素的列表有时非常有用。例如，假设我们想列出上面的 SetOperations.java 文件中的所有单词，使用本书后面会介绍的 java.nio.file.Files. readAllLines() 方法，可以打开一个文件，将内容读入到一个 List<String> 中，每个 String 是输入文件中的一行：

```
// collections/UniqueWords.java
import java.util.*;
import java.nio.file.*;

public class UniqueWords {
  public static void
  main(String[] args) throws Exception {
    List<String> lines = Files.readAllLines(
      Paths.get("SetOperations.java"));
    Set<String> words = new TreeSet<>();
    for(String line : lines)
      for(String word : line.split("\\W+"))
        if(word.trim().length() > 0)
          words.add(word);
    System.out.println(words);
  }
}
/* 输出:
[A, B, C, Collections, D, E, F, G, H, HashSet, I, J, K,
L, M, N, Output, Set, SetOperations, String, System, X,
Y, Z, add, addAll, added, args, class, collections,
contains, containsAll, false, from, import, in, java,
main, new, out, println, public, remove, removeAll,
removed, set1, set2, split, static, to, true, util,
void]
*/
```

我们依次处理文件中的每一行，以正则表达式 \\W+ 为参数，使用 String.split() 将其分解为单词。这个正则表达式意味着会在一个或多个（+）**非文字**字母上分隔。正则表达式会在第 18 章介绍。所产生的每个单词都被加到了 words 这个 Set 中。因为它是

TreeSet，所以结果是有序的。这里的排序是按**字典顺序**进行的，所以大写字母和小写字母会被划分到不同的组中。如果想按照**字母顺序**排序，可以把 String.CASE_INSENSITIVE_ORDER 这个 Comparator（**比较器**是用来建立顺序关系的对象）传递给 TreeSet 的构造器：

```java
// collections/UniqueWordsAlphabetic.java
// 生成一个有序列表
import java.util.*;
import java.nio.file.*;

public class UniqueWordsAlphabetic {
  public static void
  main(String[] args) throws Exception {
    List<String> lines = Files.readAllLines(
      Paths.get("SetOperations.java"));
    Set<String> words =
      new TreeSet<>(String.CASE_INSENSITIVE_ORDER);
    for(String line : lines)
      for(String word : line.split("\\W+"))
        if(word.trim().length() > 0)
          words.add(word);
    System.out.println(words);
  }
}
/* 输出:
[A, add, addAll, added, args, B, C, class, collections,
contains, containsAll, D, E, F, false, from, G, H,
HashSet, I, import, in, J, java, K, L, M, main, N, new,
out, Output, println, public, remove, removeAll,
removed, Set, set1, set2, SetOperations, split, static,
String, System, to, true, util, void, X, Y, Z]
*/
```

Comparator 将在第 21 章详细介绍。

12.10　Map

能够将对象映射到其他对象，这是解决编程问题的一种强有力的方法。例如，考虑编写一个程序，来检测 Java 的 Random 类的随机性。理想情况下，Random 可以产生完美的数值分布，但为了验证这一点，我们必须生成大量的随机数，然后计算落入不同区间的数的数量。Map 很容易解决这个问题。这里键就是 Random 生成的数，值就是该数出现的次数：

```java
// collections/Statistics.java
// HashMap 的简单演示
import java.util.*;

public class Statistics {
```

```java
public static void main(String[] args) {
  Random rand = new Random(47);
  Map<Integer, Integer> m = new HashMap<>();
  for(int i = 0; i < 10000; i++) {
    // 生成一个0~20范围内的数:
    int r = rand.nextInt(20);
    Integer freq = m.get(r);              // [1]
    m.put(r, freq == null ? 1 : freq + 1);
  }
  System.out.println(m);
}
/* 输出:
{0=481, 1=502, 2=489, 3=508, 4=481, 5=503, 6=519,
7=471, 8=468, 9=549, 10=513, 11=531, 12=521, 13=506,
14=477, 15=497, 16=533, 17=509, 18=478, 19=464}
*/
```

[1] 自动装箱机制将随机生成的 int 转换为可用于 HashMap 的 Integer 引用（我们不能在集合类中使用基本类型）。如果集合中尚不存在该键，get() 返回 null（意味着该数字是第一次被找到）。否则，get() 会返回与该键关联的 Integer 值，并将其增加 1（自动装箱简化了表达式，但事实上 int 和 Integer 之间的转换仍然是要进行的）。

接下来，我们将使用一个 String 描述信息来查找 Pet 对象。这里也演示了如何使用 containsKey() 和 containsValue() 来检查一个 Map，看看其中是否包含某个键或某个值。

```java
// collections/PetMap.java
import reflection.pets.*;
import java.util.*;

public class PetMap {
  public static void main(String[] args) {
    Map<String, Pet> petMap = new HashMap<>();
    petMap.put("My Cat", new Cat("Molly"));
    petMap.put("My Dog", new Dog("Ginger"));
    petMap.put("My Hamster", new Hamster("Bosco"));
    System.out.println(petMap);
    Pet dog = petMap.get("My Dog");
    System.out.println(dog);
    System.out.println(petMap.containsKey("My Dog"));
    System.out.println(petMap.containsValue(dog));
  }
}
/* 输出:
{My Dog=Dog Ginger, My Cat=Cat Molly, My
Hamster=Hamster Bosco}
Dog Ginger
true
true
*/
```

类似于数组和 Collection，Map 也很容易扩展为多维；我们可以创建一个值为 Map 的 Map（那些 Map 的值可以是其他集合，甚至是其他 Map）。因此，将集合组合起来快速生成强大的数据结构非常容易。例如，假设要记录拥有多个宠物的人，我们所需要的只是一个 Map<Person, List<Pet>>：

```java
// collections/MapOfList.java
// {java collections.MapOfList}
package collections;
import reflection.pets.*;
import java.util.*;

public class MapOfList {
  public static final Map<Person, List< ? extends Pet>>
    petPeople = new HashMap<>();
  static {
    petPeople.put(new Person("Dawn"),
      Arrays.asList(
        new Cymric("Molly"),
        new Mutt("Spot")));
    petPeople.put(new Person("Kate"),
      Arrays.asList(new Cat("Shackleton"),
        new Cat("Elsie May"), new Dog("Margrett")));
    petPeople.put(new Person("Marilyn"),
      Arrays.asList(
        new Pug("Louie aka Louis Snorkelstein Dupree"),
        new Cat("Stanford"),
        new Cat("Pinkola")));
    petPeople.put(new Person("Luke"),
      Arrays.asList(
        new Rat("Fuzzy"), new Rat("Fizzy")));
    petPeople.put(new Person("Isaac"),
      Arrays.asList(new Rat("Freckly")));
  }
  public static void main(String[] args) {
    System.out.println("People: " + petPeople.keySet());
    System.out.println("Pets: " + petPeople.values());
    for(Person person : petPeople.keySet()) {
      System.out.println(person + " has:");
      for(Pet pet : petPeople.get(person))
        System.out.println("    " + pet);
    }
  }
}
/* 输出：
People: [Person Dawn, Person Kate, Person Isaac, Person
Marilyn, Person Luke]
Pets: [[Cymric Molly, Mutt Spot], [Cat Shackleton, Cat
Elsie May, Dog Margrett], [Rat Freckly], [Pug Louie aka
```

```
Louis Snorkelstein Dupree, Cat Stanford, Cat Pinkola],
[Rat Fuzzy, Rat Fizzy]]
Person Dawn has:
    Cymric Molly
    Mutt Spot
Person Kate has:
    Cat Shackleton
    Cat Elsie May
    Dog Margrett
Person Isaac has:
    Rat Freckly
Person Marilyn has:
    Pug Louie aka Louis Snorkelstein Dupree
    Cat Stanford
    Cat Pinkola
Person Luke has:
    Rat Fuzzy
    Rat Fizzy
*/
```

Map 可以返回一个包含其所有键的 Set，包含其所有值的 Collection，或者包含其键值对的 Set。keySet() 会生成一个 Set，包含 petPeople 中的所有键，我们在 for-in 语句中用它来遍历整个 Map。

12.11 新特性：记录（record）类型

一旦接触过 Map，很容易对所有可以使用它的方式感到兴奋。不过有一个障碍。要让一个类的对象可以用作 Map（或 Set）中的键，我们必须为这个类定义两个函数：equals() 和 hashCode()。写对很难，如果以后要修改这个类的话，还很容易破坏它们，这就使得将这样的对象用作 Map 或 Set 中的键更难了。

JDK 16 最终增加了 record 关键字。record 定义的是希望成为**数据传输对象**（也叫**数据载体**）的类。当使用 record 关键字时，编译器会自动生成：

- 不可变的字段
- 一个规范的构造器
- 每个元素都有的访问器方法
- equals()
- hashCode()
- toString()

通过如下示例，我们可以看到每个功能：

```java
// collections/BasicRecord.java
// {NewFeature} 从 JDK 16 开始
import java.util.*;

record Employee(String name, int id) {}

public class BasicRecord {
  public static void main(String[] args) {
    var bob = new Employee("Bob Dobbs", 11);
    var dot = new Employee("Dorothy Gale", 9);
    // bob.id = 12; // 错误:
    // id 在 Employee 中的访问权限为 private
    System.out.println(bob.name()); // 访问器
    System.out.println(bob.id()); // 访问器
    System.out.println(bob); // toString()
    // Employee 可以用做 Map 中的键:
    var map = Map.of(bob, "A", dot, "B");
    System.out.println(map);
  }
}
/* 输出:
Bob Dobbs
11
Employee[name=Bob Dobbs, id=11]
{Employee[name=Dorothy Gale, id=9]=B, Employee[name=Bob Dobbs, id=11]=A}
*/
```

对于大多数 record，我们只需给它一个名字和参数，不需要在定义体中添加任何东西。这将自动创建**规范的构造器**，就是在 main() 中的前两行代码调用的那个。它还创建了内部的 private final 字段 name 和 id。构造器会根据其参数列表来初始化这些字段。不能向 record 中添加字段，只能将其定义在头部。不过可以加入静态的方法、字段和初始化器。

通过 record 的参数列表定义的每个属性都会自动获得自己的访问器，如我们在调用中看到的 bob.name() 和 bob.id()。Java 的设计者们没有继续使用过时的 JavaBean 中的实践——把访问器叫作 getName() 和 getId()，我个人很欣赏这一点。

从输出可以看到，record 还创建了一个不错的 toString() 方法。因为 record 会创建合理定义的 hashCode() 和 equals()，所以 Employee 可以用作一个 Map 中的键。当这个 Map 被显示时，toString() 会生成可读性非常好的结果。

如果以后决定增加、减少或改变已定义的 record 中的一个字段，Java 可以确保其结果仍能正常工作。这种可修改性是使 record 价值如此之大的原因之一。

record 可以定义方法，但是这些方法只能**读取**字段，因为这些字段会自动成为最终变量：

```java
// collections/FinalFields.java
// {NewFeature} 从 JDK 16 开始
import java.util.*;

record FinalFields(int i) {
  int timesTen() { return i * 10; }
  // void tryToChange() { i++; } // 错误:
  // 不能给最终变量 i 赋值
}
```

记录可以由其他对象组成，包括其他记录：

```java
// collections/ComposedRecord.java
// {NewFeature} 从 JDK 16 开始

record Company(Employee[] e) {}

// class Conglomerate extends Company {}
// 错误: 不能继承 final 的 Company
```

我们不能继承 record，因为它隐含为 final 的（而且不能为 abstract 的）。此外，record 也不能继承其他类。然而，record 可以实现 interface：

```java
// collections/ImplementingRecord.java
// {NewFeature} 从 JDK 16 开始

interface Star {
  double brightness();
  double density();
}

record RedDwarf(double brightness) implements Star {
  @Override public double density() { return 100.0; }
}
```

编译器会强制我们提供一个 density() 的定义，但是它并不会因为 brightness() 报错。这是因为，record 会为其 brightness 参数生成一个访问器，而这个访问器正好匹配接口 Star 中的 brightness()。

record 可以嵌套在类中，也可以在某个方法内定义：

```java
// collections/NestedLocalRecords.java
// {NewFeature} 从 JDK 16 开始
```

```
public class NestedLocalRecords {
  record Nested(String s) {}
  void method() {
    record Local(String s) {}
  }
}
```

嵌套和局部的 record 隐含都是静态的。

尽管规范的构造器会被根据 record 的参数自动创建出来，但是我们可以使用一个**紧凑构造器**（compact constructor）来添加构造器行为，它看上去像一个构造器，但是没有参数列表：

```
// collections/CompactConstructor.java
// {NewFeature} 从 JDK 16 开始

record Point(int x, int y) {
  void assertPositive(int val) {
    if(val < 0)
      throw new IllegalArgumentException("negative");
  }
  Point { // 紧凑：没有参数列表
    assertPositive(x);
    assertPositive(y);
  }
}
```

紧凑构造器通常用于验证参数。也可以修改字段的初始化值：

```
// collections/PlusTen.java
// {NewFeature} 从 JDK 16 开始

record PlusTen(int x) {
  PlusTen {
    x += 10;
  }
  // 对字段的调整只能在构造器中进行。
  // 像下面这样仍然是不合法的：
  // void mutate() { x += 10; }
  public static void main(String[] args) {
    System.out.println(new PlusTen(10));
  }
}
```

```
/* 输出:
PlusTen[x=20]
*/
```

尽管这看起来好像是在修改 final 值，但是编译器实际上会为 x 创建一个中间的占位符，然后在构造器的最后执行一次赋值，将结果赋值给 this.x。

如果有必要，我们可以使用普通构造器语法替换掉规范构造器：

```
// collections/NormalConstructor.java
// {NewFeature} 从 JDK 16 开始

record Value(int x) {
  Value(int x) { // 带有参数列表
    this.x = x; // 必须显式初始化
  }
}
```

这看起来有点奇怪。构造器必须精确复制这个 record 的签名，包括标识符的名字——我们不能像 Value(int initValue) 这样定义它。此外，record Value(int x) 会生成一个名为 x 的 final 字段，当使用非紧凑构造器时，这个字段**不会被初始化**，所以如果这个构造器不初始化 this.x，则会出现编译时错误。幸运的是，只有极少数情况才会用到 record 的这种普通构造器。如果一定要写一个构造器，那几乎总是紧凑形式，会为我们处理字段的初始化。

要复制一个 record，必须显式地将所有字段都传给其构造器：

```
// collections/CopyRecord.java
// {NewFeature} 从 JDK 16 开始

record R(int a, double b, char c) {}

public class CopyRecord {
  public static void main(String[] args) {
    var r1 = new R(11, 2.2, 'z');
    var r2 = new R(r1.a(), r1.b(), r1.c());
    System.out.println(r1.equals(r2));
  }
}
```

```
/* 输出:
true
*/
```

创建 record，编译器会为其生成 equals() 方法，这个方法可以确保副本与其原来的对象是等同的。

在类似结构的用处在其他语言中得到证明之后，record 加到了 Java 中。加入 record 之后，所消除的样板代码和错误的数量相当显著。record 也提升了代码的可读性，而且过去程序员会相当抗拒加入实现类似功能的类，但是现在他们会毫不犹豫地加入 record 类型。

12.12 Queue

队列（queue）是一个典型的**先进先出**（FIFO）的集合。换言之，我们在一端放入，在另一端拿出来，放入的顺序和取出的顺序是一样的。队列常用来将对象从程序的一个区域可靠地转移到另一个区域。队列在"并发编程"中特别重要,因为它们可以安全地将对象从一个任务转移到另一个任务,我们将在进阶卷第 3 章中介绍。

LinkedList 实现了 Queue 接口,提供了支持队列行为的方法,因此 LinkedList 可以作为 Queue 的一种实现来使用。通过将 LinkedList 向上转型为 Queue,这个示例使用了 Queue 接口特有的方法:

```java
// collections/QueueDemo.java
// 将 LinkedList 向上转型为 Queue
import java.util.*;

public class QueueDemo {
  public static void printQ(Queue queue) {
    while(queue.peek() != null)
      System.out.print(queue.remove() + " ");
    System.out.println();
  }
  public static void main(String[] args) {
    Queue<Integer> queue = new LinkedList<>();
    Random rand = new Random(47);
    for(int i = 0; i < 10; i++)
      queue.offer(rand.nextInt(i + 10));
    printQ(queue);
    Queue<Character> qc = new LinkedList<>();
    for(char c : "Brontosaurus".toCharArray())
      qc.offer(c);
    printQ(qc);
  }
}
/* 输出:
8 1 1 1 5 14 3 1 0 1
B r o n t o s a u r u s
*/
```

offer() 是 Queue 特有的方法之一,负责在队列尾部插入一个元素,如果无法插入则返回 false。peek() 和 element() 都会返回队列的头部元素,**不会将其从队列中删除**,但是如果队列为空,peek() 会返回 null,而 element() 会抛出 NoSuchElementException。poll() 和 remove() 会将头部元素从队列中删除,然后返回。但是如果队列为空,poll() 会返回 null,而 remove() 会抛出 NoSuchElementException。

自动装箱机制自动地把 nextInt() 返回的 int 类型结果转换为 queue 所需的 Integer 对象,把 char c 转换为 qc 所需的 Character 对象。Queue 使得我们无法访问 LinkedList 的方法,而只有在这个接口中定义的方法才能访问,因此我们就不那么想使用 LinkedList 的方法了(事实上可以将 queue 转换回 LinkedList,但是不建议这么做)。

Queue 特有的方法提供了完整且独立的功能。也就是说,虽然 Queue 继承了 Collection,但是不需要 Collection 中的任何方法,我们就有了一个可用的 Queue 了。

PriorityQueue

先进先出（FIFO）描述了最典型的**排队规则**。排队规则决定的是，给定队列中的一组元素，哪一个元素先出来。先进先出是说，下一个元素应该是在队列中等待时间最久的那个。

优先级队列是说，下一个要拿出的元素是需求最强烈的元素（最高优先级）。例如在机场，所乘飞机即将起飞的乘客应该优先从队列中出来。如果我们构建了一个消息系统，那么有些消息要比其他消息更重要，而且无论它们是什么时候到达的，都应该尽快处理。Java 5 中添加了 PriorityQueue，为这种行为提供了一个自动化的实现。

当我们调用 offer() 方法将一个对象放到 PriorityQueue 上时，这个对象会在排序之后放入队列中。[①]默认的排序方法使用的是对象在队列中的**自然顺序**，但我们可以通过提供自己的 Comparator 来修改顺序。PriorityQueue 确保，当调用 peek()、poll() 或 remove() 时，我们得到的是优先级最高的元素。

创建一个配合 Integer、String 或 Character 等内置类型使用的 PriorityQueue 非常简单。在下面的示例中，第一组值是和前面的示例完全一样的随机值，可以看出它们从 PriorityQueue 中出来的顺序有所不同。

```java
// collections/PriorityQueueDemo.java
import java.util.*;

public class PriorityQueueDemo {
  public static void main(String[] args) {
    PriorityQueue<Integer> priorityQueue =
      new PriorityQueue<>();
    Random rand = new Random(47);
    for(int i = 0; i < 10; i++)
      priorityQueue.offer(rand.nextInt(i + 10));
    QueueDemo.printQ(priorityQueue);

    List<Integer> ints = Arrays.asList(25, 22, 20,
      18, 14, 9, 3, 1, 1, 2, 3, 9, 14, 18, 21, 23, 25);
    priorityQueue = new PriorityQueue<>(ints);
    QueueDemo.printQ(priorityQueue);
    priorityQueue = new PriorityQueue<>(
        ints.size(), Collections.reverseOrder());
    priorityQueue.addAll(ints);
    QueueDemo.printQ(priorityQueue);

    String fact = "EDUCATION SHOULD ESCHEW OBFUSCATION";
    List<String> strings =
```

---

① 这实际上依赖于实现。优先级队列通常会在插入时排序（维护一个堆），但也有可能是在删除时选择最重要的元素。如果对象在队列中等待时，其优先级可能改变，算法的选择可能就非常重要了。

```
      Arrays.asList(fact.split(""));
    PriorityQueue<String> stringPQ =
      new PriorityQueue<>(strings);
    QueueDemo.printQ(stringPQ);
    stringPQ = new PriorityQueue<>(
      strings.size(), Collections.reverseOrder());
    stringPQ.addAll(strings);
    QueueDemo.printQ(stringPQ);

    Set<Character> charSet = new HashSet<>();
    for(char c : fact.toCharArray())
      charSet.add(c); // Autoboxing
    PriorityQueue<Character> characterPQ =
      new PriorityQueue<>(charSet);
    QueueDemo.printQ(characterPQ);
  }
}
```

```
/* 输出:
0 1 1 1 1 3 5 8 14
1 1 2 3 3 9 9 14 14 18 18 20 21 22 23 25 25
25 25 23 22 21 20 18 18 14 14 9 9 3 3 2 1 1
      A A B C C C D D E E E F H H I I L N N O O O O S S
S T T U U U W
W U U U T T S S S O O O O N N L I I H H F E E E D D C C
C B A A
  A B C D E F H I L N O S T U W
*/
```

值可以重复，最小的值优先级最高（如果是 String，空格也会被看作值，而且优先级高于字母）。可以使用 Comparator 对象来修改排序方式，在第三个调用 PriorityQueue <Integer> 构造器的地方，以及第二个调用 PriorityQueue<String> 构造器的地方，都使用了 Collections.reverseOrder() 生成的反向 Comparator。

最后一部分添加了一个 HashSet，来消除重复的 Character。

Integer、String 和 Character 之所以能配合 PriorityQueue 使用，是因为这些类已经有自然顺序。如果想在 PriorityQueue 中使用我们自己的类，就必须包含额外的用来生成自然顺序的功能，或者提供自己的 Comparator。进阶卷第 3 章中有一个更复杂的例子来说明这一点。

12.13　Collection 和 Iterator 的对比

Collection 是所有序列集合共同的根接口。可以认为它是一个为表示其他接口之间的共性而出现的"附属接口"。此外，java.util.AbstractCollection 类提供了 Collection 的一个默认实现，所以我们可以创建 AbstractCollection 的新子类，避免不必要的代码重复。

支持使用这样一个接口的理由是，它可以创建更通用的代码。通过面向接口而不是面向实现来编写代码，我们的代码可以应用于更多对象类型。[①]因此，如果我们编写一个以 Collection 为参数的方法，那么该方法可以应用于任何实现了 Collection 的类型，这样实现了 Collection 的新类也可以配合我们的方法使用。C++ 标准库的集合类没有公共基类，集合之间的共性是通过迭代器实现的。在 Java 中，看上去遵循 C++ 的方式比较明智——使用迭代器而非 Collection 来表示集合之间的共性。但是，因为在 Java 中实现 Collection 也就意味着提供了 iterator() 方法，所以这两种方式其实是绑在一起了。

```java
// collections/InterfaceVsIterator.java
import reflection.pets.*;
import java.util.*;

public class InterfaceVsIterator {
  public static void display(Iterator<Pet> it) {
    while(it.hasNext()) {
      Pet p = it.next();
      System.out.print(p.id() + ":" + p + " ");
    }
    System.out.println();
  }
  public static void display(Collection<Pet> pets) {
    for(Pet p : pets)
      System.out.print(p.id() + ":" + p + " ");
    System.out.println();
  }
  public static void main(String[] args) {
    List<Pet> petList = new PetCreator().list(8);
    Set<Pet> petSet = new HashSet<>(petList);
    Map<String, Pet> petMap = new LinkedHashMap<>();
    String[] names = ("Ralph, Eric, Robin, Lacey, " +
      "Britney, Sam, Spot, Fluffy").split(", ");
    for(int i = 0; i < names.length; i++)
      petMap.put(names[i], petList.get(i));
    display(petList);
    display(petSet);
    display(petList.iterator());
    display(petSet.iterator());
    System.out.println(petMap);
    System.out.println(petMap.keySet());
    display(petMap.values());
    display(petMap.values().iterator());
  }
}
```

---

① 有些人提倡为类中每一种可能的方法组合创建一个接口，有时是为每个类。但是我认为，相比于方法组合的机械复制，接口应该有更多意义，所以我倾向于在看到接口能带来的价值时再创建。

```
/* 输出:
0:Rat 1:Manx 2:Cymric 3:Mutt 4:Pug 5:Cymric 6:Pug
7:Manx
0:Rat 1:Manx 2:Cymric 3:Mutt 4:Pug 5:Cymric 6:Pug
7:Manx
0:Rat 1:Manx 2:Cymric 3:Mutt 4:Pug 5:Cymric 6:Pug
7:Manx
0:Rat 1:Manx 2:Cymric 3:Mutt 4:Pug 5:Cymric 6:Pug
7:Manx
{Ralph=Rat, Eric=Manx, Robin=Cymric, Lacey=Mutt,
Britney=Pug, Sam=Cymric, Spot=Pug, Fluffy=Manx}
[Ralph, Eric, Robin, Lacey, Britney, Sam, Spot, Fluffy]
0:Rat 1:Manx 2:Cymric 3:Mutt 4:Pug 5:Cymric 6:Pug
7:Manx
0:Rat 1:Manx 2:Cymric 3:Mutt 4:Pug 5:Cymric 6:Pug
7:Manx
*/
```

display() 的这两个版本都可以配合 Map 对象以及 Collection 的子类型使用。Collection 和 Iterator 都实现了解耦，display() 方法不再需要理解底层集合的特定实现。请注意，display(Collection) 的实现使用了 for-in 语句，写出的代码更简洁一点。

当实现一个不是 Collection 的外部类时，让它实现 Collection 接口可能很困难或很麻烦，这时 Iterator 就有优势了。例如，如果通过继承一个持有 Pet 对象的类来创建一个 Collection 实现，那么必须实现 Collection 的所有方法，即使在 display() 方法内并不会使用它们。尽管这可以通过继承 AbstractCollection 轻松完成，但是无论如何，我们还是不得不实现 iterator() 及 size()，提供 AbstractCollection 中没有实现、却被该类的其他方法使用了的那些方法。

```java
// collections/CollectionSequence.java
import reflection.pets.*;
import java.util.*;

public class CollectionSequence
extends AbstractCollection<Pet> {
  private Pet[] pets = new PetCreator().array(8);
  @Override
  public int size() { return pets.length; }
  @Override public Iterator<Pet> iterator() {
    return new Iterator<Pet>() {              // [1]
      private int index = 0;
      @Override public boolean hasNext() {
        return index < pets.length;
      }
```

```
      @Override
      public Pet next() { return pets[index++]; }
      @Override
      public void remove() { // 未实现
        throw new UnsupportedOperationException();
      }
    };
  }
  public static void main(String[] args) {
    CollectionSequence c = new CollectionSequence();
    InterfaceVsIterator.display(c);
    InterfaceVsIterator.display(c.iterator());
  }
}
```

```
/* 输出:
0:Rat 1:Manx 2:Cymric 3:Mutt 4:Pug 5:Cymric 6:Pug
7:Manx
0:Rat 1:Manx 2:Cymric 3:Mutt 4:Pug 5:Cymric 6:Pug
7:Manx
*/
```

remove() 方法是一个"可选的操作",进阶卷第 3 章中会介绍。这里没必要实现它,如果调用的话,它会抛出异常。

[1] 因为 iterator() 返回 Iterator<Pet>,我们可能会认为,匿名内部类定义可以使用钻石语法,而且 Java 可以推断出类型。但是这里行不通,类型推断的能力仍然非常有限。

这个示例表明,如果实现 Collection,那么也要实现 iterator()。而且与继承 AbstractCollection 相比,只实现 iterator() 所需要的工作并没减少太多。然而,如果我们的类已经继承了另一个类,那就不能再继承 AbstractCollection 了。在这种情况下,要实现 Collection,就必须实现该接口中的所有方法。先继承,再添加创建迭代器的能力,这样就容易多了:

```
// collections/NonCollectionSequence.java
import reflection.pets.*;
import java.util.*;

class PetSequence {
  protected Pet[] pets = new PetCreator().array(8);
}

public class NonCollectionSequence extends PetSequence {
  public Iterator<Pet> iterator() {
    return new Iterator<Pet>() {
      private int index = 0;
      @Override public boolean hasNext() {
```

```
      return index < pets.length;
    }
    @Override
    public Pet next() { return pets[index++]; }
    @Override
    public void remove() { // 未实现
      throw new UnsupportedOperationException();
    }
  };
  }
  public static void main(String[] args) {
    NonCollectionSequence nc =
      new NonCollectionSequence();
    InterfaceVsIterator.display(nc.iterator());
  }
}
```

```
/* 输出:
0:Rat 1:Manx 2:Cymric 3:Mutt 4:Pug 5:Cymric 6:Pug
7:Manx
*/
```

生成一个 Iterator，是将序列与处理序列的方法连接起来的耦合性最低的方式，与实现 Collection 相比，这样做对序列类的约束要少得多。

12.14　for-in 和迭代器

到目前为止，for-in 语法主要用于数组，但是该语法也可以配合任何 Collection 对象使用。事实上我们已经在使用 ArrayList 时看过一些示例，下面是一个更通用的证明：

```java
// collections/ForInCollections.java
// 所有集合类可以配合 for-in 使用
import java.util.*;

public class ForInCollections {
  public static void main(String[] args) {
    Collection<String> cs = new LinkedList<>();
    Collections.addAll(cs,
      "Take the long way home".split(" "));
    for(String s : cs)
      System.out.print("'" + s + "' ");
  }
}
```

```
/* 输出:
'Take' 'the' 'long' 'way' 'home'
*/
```

由于 cs 是一个 Collection，因此这段代码表明，能配合 for-in 使用是所有 Collection 对象的特性。

其原理是，Java 5 引入了一个叫作 Iterable 的接口，该接口所包含的 iterator() 方法会生成一个 Iterator。for-in 使用这个 Iterable 接口来遍历序列。因此，如果我们创建了任何一个实现 Iterable 接口的类，都可以将其用于 for-in 语句中：

```java
// collections/IterableClass.java
// 任何实现 Iterable 接口的类可以配合 for-in 使用
import java.util.*;

public class IterableClass implements Iterable<String> {
  protected String[] words = ("And that is how " +
    "we know the Earth to be banana-shaped."
    ).split(" ");
  @Override public Iterator<String> iterator() {
    return new Iterator<String>() {
      private int index = 0;
      @Override public boolean hasNext() {
        return index < words.length;
      }
      @Override
      public String next() { return words[index++]; }
      @Override
      public void remove() { // 未实现
        throw new UnsupportedOperationException();
      }
    };
  }
  public static void main(String[] args) {
    for(String s : new IterableClass())
      System.out.print(s + " ");
  }
}
/* 输出:
And that is how we know the Earth to be banana-shaped.
*/
```

iterator() 返回的是实现了 Iterator<String> 的匿名内部类的一个实例，通过它可以获得数组中的每一个单词。在 main() 中可以看到，IterableClass 确实可以用在 for-in 语句中。

Java 5 中的很多类实现了 Iterable 接口，主要是所有的 Collection 类（但是不包含 Map）。例如，这段代码会显示所有的操作系统环境变量：

```java
// collections/EnvironmentVariables.java
// {VisuallyInspectOutput}
import java.util.*;

public class EnvironmentVariables {
```

```
    public static void main(String[] args) {
      for(Map.Entry entry: System.getenv().entrySet()) {
        System.out.println(entry.getKey() + ": " +
          entry.getValue());
      }
    }
  }
```

System.getenv()[①] 返回一个 Map，entrySet() 会生成由 Map.Entry 元素组成的一个 Set，而 Set 实现了 Iterable 接口，所以可以用于 for-in 循环。

for-in 语句可以配合数组或任何实现了 Iterable 接口的类使用，但这并不是说数组也自动实现了 Iterable，也不存在任何自动装箱操作。

```
// collections/ArrayIsNotIterable.java
import java.util.*;

public class ArrayIsNotIterable {
  static <T> void test(Iterable<T> ib) {
    for(T t : ib)
      System.out.print(t + " ");
  }
  public static void main(String[] args) {
    test(Arrays.asList(1, 2, 3));
    String[] strings = { "A", "B", "C" };
    // 数组可以配合 for-in 使用，但是并没有实现 Iterable 接口：
    //- test(strings);
    // 必须显式地将其转换为 Iterable：
    test(Arrays.asList(strings));
  }
}
```

```
/* 输出：
1 2 3 A B C
*/
```

尝试将数组当作一个 Iterable 参数来传递会失败。这里不会自动转换为 Iterable，必须手动处理。

适配器方法惯用法

如果有一个实现了 Iterable 接口的类，而我们想让这个类以不止一种方式用在 for-in 语句中，那该如何处理呢？例如，假设我们想正向或反向遍历一个单词列表。如果继承这个类，并覆盖其 iterator() 方法，那么这样的结果是我们替换了现有方法，仍然没有选择的余地。

有一种我称之为**适配器方法**（Adapter Method）的惯用法。"适配器"部分来自设计

---

① 这在 Java 5 之前是没有的，因为它与操作系统耦合得太紧密，会破坏"编写一次，到处运行"的原则。它能被加进来，也说明 Java 的设计者更务实了。

模式，因为我们必须提供一个满足 for-in 语句要求的特定接口。当已经有一个接口，而我们需要另一个时，可以编写一个适配器来解决这个问题。这里，我们想为默认的前向迭代器**加入**生成反向迭代器的能力，所以不能覆盖原来的方法。相反，我们添加了一个生成 Iterable 对象的方法，这个对象之后可用于 for-in 语句。在这个示例中可以看到，这样就能够提供多种方式供 for-in 语句使用。

```java
// collections/AdapterMethodIdiom.java
// "适配器方法惯用法"，提供了更多 Iterable 对象
// 用于 for-in 语句
import java.util.*;

class ReversibleArrayList<T> extends ArrayList<T> {
  ReversibleArrayList(Collection<T> c) {
    super(c);
  }
  public Iterable<T> reversed() {
    return new Iterable<T>() {
      public Iterator<T> iterator() {
        return new Iterator<T>() {
          int current = size() - 1;
          @Override public boolean hasNext() {
            return current > -1;
          }
          @Override
          public T next() { return get(current--); }
          @Override
          public void remove() { // 未实现
            throw new UnsupportedOperationException();
          }
        };
      }
    };
  }
}

public class AdapterMethodIdiom {
  public static void main(String[] args) {
    ReversibleArrayList<String> ral =
      new ReversibleArrayList<>(
        Arrays.asList("To be or not to be".split(" ")));
    // 通过 iterator() 获得原始的迭代器
    for(String s : ral)
      System.out.print(s + " ");
    System.out.println();
    // 使用我们选择的迭代方式
    for(String s : ral.reversed())
      System.out.print(s + " ");
  }
}
```

```
/* 输出:
To be or not to be
be to not or be To
*/
```

在 main() 中，如果将 ral 对象放在 for-in 语句中，得到的是默认的前向迭代器。但是如果在对象上调用 reversed()，则会产生不同的行为。

使用这种方法，可以向 IterableClass.java 示例中添加两个适配器方法：

```java
// collections/MultiIterableClass.java
// 添加几个适配器方法
import java.util.*;

public class MultiIterableClass extends IterableClass {
  public Iterable<String> reversed() {
    return new Iterable<String>() {
      public Iterator<String> iterator() {
        return new Iterator<String>() {
          int current = words.length - 1;
          @Override public boolean hasNext() {
            return current > -1;
          }
          @Override public String next() {
            return words[current--];
          }
          @Override
          public void remove() { // 未实现
            throw new UnsupportedOperationException();
          }
        };
      }
    };
  }
  public Iterable<String> randomized() {
    return new Iterable<String>() {
      public Iterator<String> iterator() {
        List<String> shuffled =
          new ArrayList<>(Arrays.asList(words));
        Collections.shuffle(shuffled, new Random(47));
        return shuffled.iterator();
      }
    };
  }
  public static void main(String[] args) {
    MultiIterableClass mic = new MultiIterableClass();
    for(String s : mic.reversed())
      System.out.print(s + " ");
    System.out.println();
    for(String s : mic.randomized())
      System.out.print(s + " ");
    System.out.println();
    for(String s : mic)
      System.out.print(s + " ");
  }
}
```

```
/* 输出:
banana-shaped. be to Earth the know we how is that And
is banana-shaped. Earth that how the be And we know to
And that is how we know the Earth to be banana-shaped.
*/
```

注意第二个方法 randomized() 并没有创建自己的 Iterator，它返回的是打乱顺序后的 List 的 Iterator。

输出表明，Collections.shuffle() 方法不会影响原始的数组，而只会打乱 shuffled 中引用的顺序。这只是因为 randomized() 方法围绕 Arrays.asList() 的结果包装了一个 ArrayList。如果我们直接将 Arrays.asList() 生成的 List 打乱顺序，它会修改底层的数组，就像下面这样：

```java
// collections/ModifyingArraysAsList.java
import java.util.*;

public class ModifyingArraysAsList {
  public static void main(String[] args) {
    Random rand = new Random(47);
    Integer[] ia = { 1, 2, 3, 4, 5, 6, 7, 8, 9, 10 };
    List<Integer> list1 =
      new ArrayList<>(Arrays.asList(ia));
    System.out.println("Before shuffling: " + list1);
    Collections.shuffle(list1, rand);
    System.out.println("After shuffling: " + list1);
    System.out.println("array: " + Arrays.toString(ia));

    List<Integer> list2 = Arrays.asList(ia);
    System.out.println("Before shuffling: " + list2);
    Collections.shuffle(list2, rand);
    System.out.println("After shuffling: " + list2);
    System.out.println("array: " + Arrays.toString(ia));
  }
}
/* 输出:
Before shuffling: [1, 2, 3, 4, 5, 6, 7, 8, 9, 10]
After shuffling: [4, 6, 3, 1, 8, 7, 2, 5, 10, 9]
array: [1, 2, 3, 4, 5, 6, 7, 8, 9, 10]
Before shuffling: [1, 2, 3, 4, 5, 6, 7, 8, 9, 10]
After shuffling: [9, 1, 6, 3, 7, 2, 5, 10, 4, 8]
array: [9, 1, 6, 3, 7, 2, 5, 10, 4, 8]
*/
```

在第一种情况下，`Arrays.asList()` 的输出被传递给 `ArrayList` 构造器，这会创建一个引用了 `ia` 的元素的 `ArrayList`。打乱这些引用的顺序不会修改数组。然而，如果直接使用 `Arrays.asList(ia)` 的结果，打乱顺序的操作会修改 `ia` 的顺序。需要注意的是，`Arrays.asList()` 产生的 `List` 对象，会使用原来的底层数组作为其物理实现。如果你修改这个 `List`，而又不希望改动原来的数组，那就将其复制到另一个集合中。

12.15　总结

Java 提供了很多持有对象的方式。

1. 数组将数字索引与对象关联起来。它会持有已知类型的对象，所以当查找对象时，我们不必对结果进行类型转换。数组可以是多维的，也可以持有基本类型的数据。尽管我们可以在运行时创建数组，但是一旦创建，数组的大小是不能改变的。

2. `Collection` 保存单个元素，而 `Map` 保存的是关联的键值对。利用 Java 泛型，可以指定保存在集合中的对象的类型，这样就不会将错误的类型放入集合中了，而且将其取出时也不用对元素进行类型转换。随着加入更多元素，`Collection` 和 `Map` 都会自动调整自身大小。集合不能保存基本类型的数据，但是基本类型的包装器类型可以保存在集合中，而且自动装箱机制可以处理基本类型与其包装器类型之间的来回转换。

3. 类似于数组，`List` 也将数字索引与对象关联起来，所以数组和 `List` 都是有序集合。

4. 如果要执行大量的随机访问，应该使用 `ArrayList`；但是如果要在列表中间执行大量的插入和删除操作，则应该使用 `LinkedList`。

5. 队列和栈的行为都是通过 `LinkedList` 提供的。

6. `Map` 将**对象**而非整型值与其他对象关联起来。`HashMap` 是为快速访问设计的，而 `TreeMap` 将它的键以有序方式保存，所以不如 `HashMap` 快。`LinkedHashMap` 按照元素的插入顺序来保存，但是通过哈希提供了快速访问能力。

7. 对于相同元素，`Set` 只保存一个。`HashSet` 提供了最快的查找速度，而 `TreeSet` 会以有序方式保存元素。`LinkedHashSet` 按照元素插入顺序来保存。

8. 不要在新代码中使用 `Vector`、`Hashtable` 和 `Stack` 等遗留类。

我们来看一下 Java 集合类的简化图（见图 12-1，这里没有列出抽象类或遗留组件）。图中只包含了常见的接口和类。

虚线框代表接口，实线框是普通（具体）类。最常用的集合使用加粗的实线框来表示。

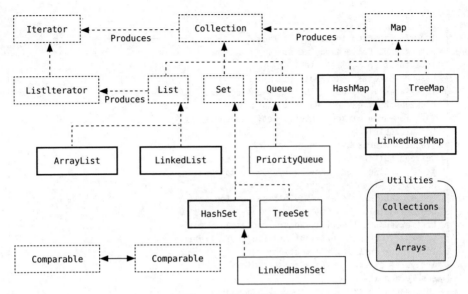

图 12-1　简单集合分类

从图 12-1 中可以看到，实际上只有四个基本的集合组件——Map、List、Set 和 Queue，而且每个组件只有两到三个实现（java.util.concurrent 实现的 Queue 没有包含在这个图中）。

带有"Produces"说明的箭头表示，一个类可以生成箭头所指的类的对象。例如，Map 可以生成 Collection，而 Collection 可以生成 Iterator。List 可以生成 ListIterator，也可以生成普通的 Iterator，因为 List 继承了 Collection。

下面的示例演示了各个类的不同方法。实际代码来自第 20 章，这里只是调用该方法来产生输出。输出也表明了每个类或接口所实现的接口。

```java
// collections/CollectionDifferences.java
import onjava.*;

public class CollectionDifferences {
  public static void main(String[] args) {
    CollectionMethodDifferences.main(args);
  }
}

/* 输出:
Collection: [add, addAll, clear, contains, containsAll,
equals, forEach, hashCode, isEmpty, iterator,
parallelStream, remove, removeAll, removeIf, retainAll,
size, spliterator, stream, toArray]
```

```
Interfaces in Collection: [Iterable]
Set extends Collection, adds: []
Interfaces in Set: [Collection]
HashSet extends Set, adds: []
Interfaces in HashSet: [Set, Cloneable, Serializable]
LinkedHashSet extends HashSet, adds: []
Interfaces in LinkedHashSet: [Set, Cloneable,
Serializable]
TreeSet extends Set, adds: [headSet,
descendingIterator, descendingSet, pollLast, subSet,
floor, tailSet, ceiling, last, lower, comparator,
pollFirst, first, higher]
Interfaces in TreeSet: [NavigableSet, Cloneable,
Serializable]
List extends Collection, adds: [replaceAll, get,
indexOf, subList, set, sort, lastIndexOf, listIterator]
Interfaces in List: [Collection]
ArrayList extends List, adds: [trimToSize,
ensureCapacity]
Interfaces in ArrayList: [List, RandomAccess,
Cloneable, Serializable]
LinkedList extends List, adds: [offerFirst, poll,
getLast, offer, getFirst, removeFirst, element,
removeLastOccurrence, peekFirst, peekLast, push,
pollFirst, removeFirstOccurrence, descendingIterator,
pollLast, removeLast, pop, addLast, peek, offerLast,
addFirst]
Interfaces in LinkedList: [List, Deque, Cloneable,
Serializable]
Queue extends Collection, adds: [poll, peek, offer,
element]
Interfaces in Queue: [Collection]
PriorityQueue extends Queue, adds: [comparator]
Interfaces in PriorityQueue: [Serializable]
Map: [clear, compute, computeIfAbsent,
computeIfPresent, containsKey, containsValue, entrySet,
equals, forEach, get, getOrDefault, hashCode, isEmpty,
keySet, merge, put, putAll, putIfAbsent, remove,
replace, replaceAll, size, values]
HashMap extends Map, adds: []
Interfaces in HashMap: [Map, Cloneable, Serializable]
LinkedHashMap extends HashMap, adds: []
Interfaces in LinkedHashMap: [Map]
SortedMap extends Map, adds: [lastKey, subMap,
comparator, firstKey, headMap, tailMap]
Interfaces in SortedMap: [Map]
TreeMap extends Map, adds: [descendingKeySet,
navigableKeySet, higherEntry, higherKey, floorKey,
subMap, ceilingKey, pollLastEntry, firstKey, lowerKey,
headMap, tailMap, lowerEntry, ceilingEntry,
```

```
descendingMap, pollFirstEntry, lastKey, firstEntry,
floorEntry, comparator, lastEntry]
Interfaces in TreeMap: [NavigableMap, Cloneable,
Serializable]
*/
```

除了 TreeSet，所有 Set 都与 Collection 拥有完全相同的接口。尽管 List 需要来自 Collection 的方法，但是 List 和 Collection 明显不同。另一方面，Queue 接口中的方法是自成一体的，在实现 Queue 功能时，不需要 Collection 中的方法。Map 和 Collection 之间唯一的交集是，Map 可以使用 entrySet() 和 values() 方法生成 Collection。

请注意标记接口 java.util.RandomAccess，ArrayList 用到了它，但是 LinkedList 没有。它用于为算法提供信息，算法可以根据特定的 List 来动态改变其行为。

从面向对象的层次结构看，这种组织方式有点奇怪。然而随着你对 java.util 中的集合类有了更深入的了解（特别是在进阶卷第 3 章中介绍的），你会发现更多问题，而不只是略显奇怪的继承结构。设计集合类库总是存在各种困难，我们要满足往往存在冲突的不同诉求。所以要准备好在这里或那里做出一些妥协。

尽管存在这些问题，但是 Java 集合类仍然是日常可以使用的基础工具，能让我们的程序更简单、更强大和更高效。你可能需要花点儿时间来适应 Java 集合类库的某些方面，但我认为你会发现自己能很快掌握这个库中的类。

13

函数式编程

" 函数式编程语言处理代码片段就像处理数据一样简单。尽管 Java 并非函数式语言，但是 Java 8 的 lambda 表达式和方法引用允许我们以函数式风格编程。 "

ON JAVA

在计算机时代的早期，内存既稀缺又珍贵。几乎所有人都用汇编语言编程。人们知道编译器，但是很少有人会考虑到编译器的代码生成不够高效——它们会生成很多手写汇编代码时根本不会有的字节！

为了让程序适应有限的内存，程序员往往会在**程序执行时**修改内存中的代码，使程序做些不一样的事情，来节省代码空间。这就是所谓的**自修改代码**技术，而且只要程序小到可以只需要少部分人就能维护所有晦涩难懂的汇编代码，让它运行起来多半不是什么大问题。

内存越来越便宜，处理器也越来越快。C 语言出现了，而且它被大多数汇编语言程序员认为是"高级语言"。其他人发现，C 语言可以大大提升他们的工作效率。而且在使用 C 语言时，创建自修改代码仍然不是那么困难。

随着硬件越来越便宜，程序的规模和复杂性也不断增加。单单是让程序工作起来就已经变得很困难了。我们想方设法地让代码更加一致和易懂。就其最纯粹的形式而言，自修改代码已被证明是非常糟糕的想法，因为很难完全确定这些代码是在做什么。测试它们也很困难——我们是在测试输出，测试还在改变的代码，测试修改的过程，还是其他呢？

然而，使用代码以某种方式操纵其他代码这种想法仍然非常吸引人，只要有某种方法使其更加安全即可。

从代码创建、维护和可靠性的角度来看，这个想法很有吸引力。试想一下，我们不是从零开始编写大量代码，而是从现有的、可以理解的、经过良好测试的、可靠的小代码片段开始。然后将它们组合在一起，创建新的代码。这难道不会让我们更有效率，同时也能创造出更稳健的代码吗？

这就是**函数式编程**（functional programming, FP）的意义所在。通过整合现有代码来产生新的功能，而不是从零开始编写所有内容，由此我们会得到更可靠的代码，而且实现起来更快。这个理论看起来是成立的，至少在某些情况下如此。在发展过程中，函数式语言设计出了优秀的语法，一些非函数式语言也借用了。

我们也可以这样认为：

面向对象编程抽象数据，而函数式编程抽象行为。

纯函数式语言在安全方面做出了更多努力。它规定了额外的约束条件，即所有的数据必须是**不可变**的：设置一次，永不改变。函数会接受值，然后产生新值，但是绝对不会修改自身之外的任何东西（包括其参数或该函数作用域之外的元素）。有了这一保证，我们知道不会再有任何由所谓的"副作用"引起的 bug，因为函数只是创建并返回了一个结果，别的什么都没做。

更妙的是，"不可变对象和无副作用"这一编程范式解决了并行编程（当程序的不同部分同时在多个处理器上运行时）中最基本和最棘手的问题之一——"可变的共享状态"问题。"可变的共享状态"意味着，运行在不同处理器上的代码的不同部分，可能会同时尝试修改同一块内存（谁会成功？没有人知道）。如果函数绝对不会修改现有值，而只是生成新值——这是纯函数式语言的定义——那么就不可能存在对内存的竞争。因此，纯函数式语言经常被当作并行编程问题的解决方案，当然也有其他可行的解决方案。

请注意，函数式语言背后还有许多动机，而描述这些动机可能会令人迷惑。这往往取决于不同的视角。从"函数式语言是为并行编程准备的",到"代码可靠性",再到"代码创建和库复用",[1],原因各不相同。还要记住,支持函数式编程的理由,特别是程序员能以更快的速度创建更稳健的代码,至少在一定程度上还只是假设。我们已经看到了一些好的结果,[2]但是我们还没有证明纯函数式语言就是解决这类编程问题的最佳方法。

来自函数式编程的理念值得纳入非函数式编程语言中。例如 Python 就是这么做的,而且从中受益匪浅。Java 8 将来自函数式编程的理念加入了自己的特性中,本章接下来会介绍。

13.1　旧方式与新方式

通常情况下,方法会根据所传递的数据产生不同的结果。如果想让一个方法在每次调用时都有不同的表现呢?如果将代码传递给方法,就可以控制其行为。

以前的做法是,创建一个对象,让它的一个方法包含所需行为,然后将这个对象传递给我们想控制的方法。下面的示例演示了这一点,然后增加了 Java 8 的实现方式:方法引用和 lambda 表达式。

```java
// functional/Strategize.java

interface Strategy {
  String approach(String msg);
}

class Soft implements Strategy {
  @Override
  public String approach(String msg) {
    return msg.toLowerCase() + "?";
  }
}

class Unrelated {
  static String twice(String msg) {
    return msg + " " + msg;
  }
}

public class Strategize {
  Strategy strategy;
  String msg;
  Strategize(String msg) {
```

---

[1] 将功能黏合在一起是一种相当不同的方法,但仍然能够实现某种库。

[2] 例如,本书的一个电子书版本是用 Pandoc 制作的,而 Pandoc 就是用纯函数式语言 Haskell 编写的。

```
      strategy = new Soft();                 // [1]
      this.msg = msg;
   }
   void communicate() {
     System.out.println(strategy.approach(msg));
   }
   void changeStrategy(Strategy strategy) {
     this.strategy = strategy;
   }
   public static void main(String[] args) {
     Strategy[] strategies = {
       new Strategy() {                       // [2]
         public String approach(String msg) {
           return msg.toUpperCase() + "!";
         }
       },
       msg -> msg.substring(0, 5),            // [3]
       Unrelated::twice                       // [4]
     };
     Strategize s = new Strategize("Hello there");
     s.communicate();
     for(Strategy newStrategy : strategies) {
       s.changeStrategy(newStrategy);         // [5]
       s.communicate();                       // [6]
     }
   }
}
```

```
/* 输出:
hello there?
HELLO THERE!
Hello
Hello there Hello there
*/
```

Strategy 提供了接口，功能是通过其中唯一的 approach() 方法来承载的。通过创建不同的 Strategy 对象，我们可以创建不同的行为。

传统上，我们通过定义一个实现了 Strategy 接口的类来完成这种行为，比如 Soft。

[1] 在 Strategize 中可以看到，Soft 是默认的策略，因为它是在构造器中指定的。

[2] 更简洁、自然的方式是创建一个匿名内部类。这样仍然会存在一定数量的重复代码，而且我们总是要花点功夫才能明白这里是在使用匿名内部类。

[3] 这是 Java 8 的 **lambda 表达式**，突出的特点是用箭头 -> 将参数和函数体分隔开来。箭头右边是从 lambda 返回的表达式。这和类定义以及匿名内部类实现了同样的效果，但是代码要少得多。

[4] 这是 Java 8 的 **方法引用**，突出的特点是 ::。:: 的左边是类名或对象名，右边是方法名，但是没有参数列表。

[5] 在使用了默认的 Soft 策略之后，我们遍历数组中的所有策略，并使用 changeStrategy() 方法将每个策略放入 s 中。

[6] 现在，每次调用 communicate() 都会产生不同的行为，这取决于此时所使用的策略

"代码对象"。我们传递了行为，而不只是传递数据。[①]

在 Java 8 之前，我们已经能够通过 [1] 和 [2] 传递功能。然而，这种语法并不方便，所以只在不得已的情况下才会使用。方法引用和 lambda 表达式改变了这种状况，我们想传递功能的时候就可以传递。

13.2　lambda 表达式

lambda 表达式是使用尽可能少的语法编写的函数定义。

lambda 表达式产生的是函数，而不是类。在 Java 虚拟机（JVM）上，一切都是类，所以幕后会有各种各样的操作，让 lambda 看起来像函数。但是作为程序员，我们可以开心地假装它们"就是函数"。

lambda 表达式的语法尽可能宽松，而又恰好使其容易编写和使用。

我们在 Strategize.java 中已经见过一个 lambda 表达式，但是还有其他语法变种：

```java
// functional/LambdaExpressions.java

interface Description {
  String brief();
}

interface Body {
  String detailed(String head);
}

interface Multi {
  String twoArg(String head, Double d);
}

public class LambdaExpressions {

  static Body bod = h -> h + " No Parens!";      // [1]

  static Body bod2 = (h) -> h + " More details"; // [2]

  static Description desc = () -> "Short info";  // [3]
```

---

① 有时函数式语言将其描述为"代码即数据"。

```
  static Multi mult = (h, n) -> h + n;              // [4]

  static Description moreLines = () -> {             // [5]
    System.out.println("moreLines()");
    return "from moreLines()";
  };

  public static void main(String[] args) {
    System.out.println(bod.detailed("Oh!"));
    System.out.println(bod2.detailed("Hi!"));
    System.out.println(desc.brief());
    System.out.println(mult.twoArg("Pi! ", 3.14159));
    System.out.println(moreLines.brief());
  }
}
```

```
/* 输出:
Oh! No Parens!
Hi! More details
Short info
Pi! 3.14159
moreLines()
from moreLines()
*/
```

我们从 3 个接口开始，每个接口中都有一个方法（你很快就能理解其意义了）。不过为了演示 lambda 表达式的语法，每个方法的参数数量不同。

任何 lambda 表达式的基本语法如下所示：

1. 参数；

2. 后面跟 ->，你可以将其读作"产生"（produces）；

3. -> 后面的都是方法体。

[1] 只有一个参数，可以只写这个参数，不写括号。不过这是一种特殊情况。

[2] 通常情况是用括号将参数包裹起来。为了一致性，在单个参数时也可以使用括号，尽管这并不常见。

[3] 在没有参数的情况下，**必须**使用括号来指示空的参数列表。

[4] 在有多个参数的情况下，将它们放在使用括号包裹起来的参数列表内。

到目前为止，所有 lambda 表达式的方法体都是一行。方法体中表达式的结果会自动成为 lambda 表达式的返回值，这里使用 return 关键字是不合法的。这是 lambda 表达式简化描述功能的语法的又一种方式。

[5] 如果 lambda 表达式需要多行代码，则必须将这些代码行放到花括号中。这种情况下又需要使用 return 从 lambda 表达式生成一个值了。

与匿名内部类相比，lambda 表达式生成的代码通常可读性更好，所以本书中会尽可能使用它们。

递归

递归意味着一个函数调用了自身。在 Java 中也可以编写递归的 lambda 表达式，但是有一点要注意：这个 lambda 表达式必须被赋值给一个静态变量或一个实例变量，否则会出现编译错误。我们分别创建一个示例来说明每种情况。

这两个示例都使用了一个同样的接口，其方法接受 int 参数，并返回 int：

```
// functional/IntCall.java

interface IntCall {
  int call(int arg);
}
```

整数 n 的**阶乘**是所有小于等于 n 的正整数的乘积。阶乘函数是一个常见的递归示例：

```
// functional/RecursiveFactorial.java

public class RecursiveFactorial {
  static IntCall fact;
  public static void main(String[] args) {
    fact = n -> n == 0 ? 1 : n * fact.call(n - 1);
    for(int i = 0; i <= 10; i++)
      System.out.println(fact.call(i));
  }
}
```

```
/* 输出：
1
1
2
6
24
120
720
5040
40320
362880
3628800
*/
```

这里 fact 是一个静态变量。注意这里使用了三元选择操作符。递归函数会不断调用自身，直到 n == 0。所有的递归函数都有某种**停止条件**，否则将无限递归，直到耗尽栈空间并产生异常。

请注意，不能在定义的时候像这样来初始化 fact：

```
static IntCall fact = n -> n == 0 ? 1 : n * fact.call(n - 1);
```

尽管这样的期望非常合理，但是对于 Java 编译器而言处理起来太复杂了，所以会产生编译错误。

可以用一个递归的 lambda 表达式来实现斐波那契数列（Fibonacci sequence），这次使用的是实例变量，用构造器来初始化：

```
// functional/RecursiveFibonacci.java

public class RecursiveFibonacci {
  IntCall fib;
  RecursiveFibonacci() {
    fib = n -> n == 0 ? 0 :
               n == 1 ? 1 :
               fib.call(n - 1) + fib.call(n - 2);
  }
  int fibonacci(int n) { return fib.call(n); }
  public static void main(String[] args) {
    RecursiveFibonacci rf = new RecursiveFibonacci();
    for(int i = 0; i <= 10; i++)
      System.out.println(rf.fibonacci(i));
  }
}
```

```
/* 输出:
0
1
1
2
3
5
8
13
21
34
55
*/
```

斐波那契数列从第三项开始，每一项都等于前两项之和。

13.3 方法引用

Java 8 方法引用指向的是方法，没有之前 Java 版本的历史包袱。方法引用是用类名或对象名，后面跟 ::[1]，然后跟方法名：

```
// functional/MethodReferences.java

interface Callable {                        // [1]
  void call(String s);
}

class Describe {
  void show(String msg) {                   // [2]
    System.out.println(msg);
  }
}

public class MethodReferences {
  static void hello(String name) {          // [3]
    System.out.println("Hello, " + name);
  }
  static class Description {
    String about;
    Description(String desc) { about = desc; }
    void help(String msg) {                 // [4]
      System.out.println(about + " " + msg);
    }
```

----

① 这个语法来自 C++。

```
  }
  static class Helper {
    static void assist(String msg) {          // [5]
      System.out.println(msg);
    }
  }
  public static void main(String[] args) {
    Describe d = new Describe();
    Callable c = d::show;                      // [6]
    c.call("call()");                          // [7]

    c = MethodReferences::hello;               // [8]
    c.call("Bob");

    c = new Description("valuable")::help;      // [9]
    c.call("information");

    c = Helper::assist;                        // [10]
    c.call("Help!");
  }
}
```

```
/* 输出:
call()
Hello, Bob
valuable information
Help!
*/
```

[1] 我们从只包含一个方法的接口开始（还是那样，一会儿你就知道它的重要性了）。

[2] show() 的**签名**（参数类型和返回类型）和 Callable 中 call() 的签名一致。

[3] hello() 的签名也和 call() 一致。

[4] help() 是静态内部类中的一个非静态方法。

[5] assist() 是静态内部类中的一个静态方法。

[6] 我们将 Describe 对象的一个方法引用赋值给了一个 Callable，Callable 中没有 show() 方法，只有一个 call() 方法。然而，Java 似乎对这种看似奇怪的赋值并没有意见，因为这个方法引用的签名和 Callable 中的 call() 方法一致。

[7] 现在可以通过调用 call() 来调用 show()，因为 Java 将 call() 映射到了 show() 上。

[8] 这是一个静态方法引用。

[9] 这是 [6] 的另一个版本：对某个活跃对象上的方法的方法引用，有时叫作"绑定方法引用"（bound method reference）。

[10] 最后，获得静态内部类中的静态方法的方法引用，看起来就像在 [8] 处的外部类版本。

这还不是一个非常详尽的示例，我们很快就会看到方法引用的所有变种。

13.3.1 Runnable

Runnable 接口在 java.lang 包中，所以不需要 import。它也遵从特殊的单方法接口格式：

其 run() 方法没有参数，也没有返回值。所以我们可以将 lambda 表达式或方法引用用作 Runnable：

```java
// functional/RunnableMethodReference.java
// 使用 Runnable 接口的方法引用

class Go {
  static void go() {
    System.out.println("Go::go()");
  }
}

public class RunnableMethodReference {
  public static void main(String[] args) {

    new Thread(new Runnable() {
      public void run() {
        System.out.println("Anonymous");
      }
    }).start();

    new Thread(
      () -> System.out.println("lambda")
    ).start();

    new Thread(Go::go).start();
  }
}
```

```
/* 输出:
Anonymous
lambda
Go::go()
*/
```

Thread 对象接受一个 Runnable 作为其构造器参数，它有一个 start() 方法会调用 run()。注意，示例代码中的 3 种情形，只有匿名内部类需要提供名为 run() 的方法。

13.3.2　未绑定方法引用

未绑定方法引用（unbound method reference）指的是尚未关联到某个对象的普通（非静态）方法。对于未绑定引用，必须先提供对象，然后才能使用：

```java
// functional/UnboundMethodReference.java
// 未绑定对象的方法引用

class X {
  String f() { return "X::f()"; }
}

interface MakeString {
  String make();
}

interface TransformX {
```

```
    String transform(X x);
}

public class UnboundMethodReference {
  public static void main(String[] args) {
    // MakeString ms = X::f;             // [1]
    TransformX sp = X::f;
    X x = new X();
    System.out.println(sp.transform(x));    // [2]
    System.out.println(x.f()); // 效果相同
  }
}
```

```
/* 输出:
X::f()
X::f()
*/
```

到目前为止，我们看到的对方法的引用，与其关联接口的签名是相同的。在 [1] 处，我们尝试对 X 中的 f() 做同样的事情，将其赋值给 MakeString。编译器会报错，提示"无效方法引用"（invalid method reference），即使 make() 的签名和 f() 相同。问题在于，这里事实上还涉及另一个（隐藏的）参数：我们的老朋友 this。如果没有一个可供附着的 X 对象，就无法调用 f()。因此，X::f 代表的是一个未绑定方法引用，因为它没有"绑定到"某个对象。

为解决这个问题，我们需要一个 X 对象，所以我们的接口事实上还需要一个额外的参数，如 TransformX 中所示。如果将 X::f 赋值给一个 TransformX，Java 会开心地接受。我们必须再做一次心理调节：在未绑定引用的情况下，**函数式方法**（接口中的单一方法）的签名与方法引用的签名不再完全匹配。这样做有一个很好的理由，那就是我们需要一个对象，让方法在其上调用。

在 [2] 处的结果有点儿像"脑筋急转弯"。我们接受了未绑定引用，然后以 X 为参数在其上调用了 transform()，最终以某种方式调用了 x.f()。Java 知道它必须接受第一个参数，事实上就是 this，并在它的上面调用该方法。

如果方法有更多参数，只要遵循第一个参数取的是 this 这种模式：

```
// functional/MultiUnbound.java
// 有多个参数的未绑定方法

class This {
  void two(int i, double d) {}
  void three(int i, double d, String s) {}
  void four(int i, double d, String s, char c) {}
}

interface TwoArgs {
  void call2(This athis, int i, double d);
```

```
}

interface ThreeArgs {
  void call3(This athis, int i, double d, String s);
}

interface FourArgs {
  void call4(
    This athis, int i, double d, String s, char c);
}

public class MultiUnbound {
  public static void main(String[] args) {
    TwoArgs twoargs = This::two;
    ThreeArgs threeargs = This::three;
    FourArgs fourargs = This::four;
    This athis = new This();
    twoargs.call2(athis, 11, 3.14);
    threeargs.call3(athis, 11, 3.14, "Three");
    fourargs.call4(athis, 11, 3.14, "Four", 'Z');
  }
}
```

为了说明问题，这里把类命名为 This，把函数式方法的第一个参数命名为 athis，但是你应该选择其他名字，以防在生产代码中引起混淆。

13.3.3　构造器方法引用

我们也可以捕获对某个构造器的引用，之后通过该引用来调用那个构造器。

```
// functional/CtorReference.java

class Dog {
  String name;
  int age = -1; // For "unknown"
  Dog() { name = "stray"; }
  Dog(String nm) { name = nm; }
  Dog(String nm, int yrs) { name = nm; age = yrs; }
}

interface MakeNoArgs {
  Dog make();
}

interface Make1Arg {
  Dog make(String nm);
}

interface Make2Args {
  Dog make(String nm, int age);
}
```

```
public class CtorReference {
  public static void main(String[] args) {
    MakeNoArgs mna = Dog::new;          // [1]
    Make1Arg m1a = Dog::new;            // [2]
    Make2Args m2a = Dog::new;           // [3]

    Dog dn = mna.make();
    Dog d1 = m1a.make("Comet");
    Dog d2 = m2a.make("Ralph", 4);
  }
}
```

Dog 有 3 个构造器，几个函数式接口中的 make() 方法反映了构造器的参数列表（make() 方法可以有不同的名字）。

注意我们在 [1]、[2] 和 [3] 中是如何使用 Dog::new 的。所有这 3 个构造器都只有一个名字：::new。但是在每种情况下，构造器引用被赋值给了不同的接口，编译器可以从接口来推断使用哪个构造器。

编译器可以看到，调用这里的函数式接口方法（这个示例中的 make()）意味着调用构造器。

13.4 函数式接口

方法引用和 lambda 表达式都必须赋值，而这些赋值都需要类型信息，让编译器确保类型的正确性。尤其是 lambda 表达式，又引入了新的要求。考虑如下代码：

```
x -> x.toString()
```

我们看到返回类型必须是 String，但是 x 是什么类型呢？因为 lambda 表达式包含了某种形式的**类型推断**（编译器推断出类型的某些信息，而不需要程序员显式指定），所以编译器必须能够以某种方式推断出 x 的类型。

下面是第二个示例：

```
(x, y) -> x + y
```

现在 x 和 y 可以是支持 + 操作符的任何类型，包括两种不同的数值类型，或者是一个 String 和某个能够自动转换为 String 的其他类型（这包括了大部分类型）。但是在 lambda 表达式被赋值之后，编译器就必须确定 x 和 y 的精确类型并生成正确的代码了。

同样的情况也适用于方法引用。假设想把

```
System.out::println
```

传递给正在编写的一个方法，那么方法的参数应该是什么类型呢？

为解决这个问题，Java 8 引入了包含一组接口的 java.util.function，这些接口是 lambda 表达式和方法引用的目标类型。每个接口都只包含一个抽象方法，叫作**函数式方法**。

当编写接口时，这种"函数式方法"模式可以使用 @FunctionalInterface 注解来强制实施：

```java
// functional/FunctionalAnnotation.java

@FunctionalInterface
interface Functional {
  String goodbye(String arg);
}

interface FunctionalNoAnn {
  String goodbye(String arg);
}

/*
@FunctionalInterface
interface NotFunctional {
  String goodbye(String arg);
  String hello(String arg);
}
产生报错信息：
NotFunctional is not a functional interface
multiple non-overriding abstract methods
found in interface NotFunctional
*/

public class FunctionalAnnotation {
  public String goodbye(String arg) {
    return "Goodbye, " + arg;
  }
  public static void main(String[] args) {
    FunctionalAnnotation fa =
      new FunctionalAnnotation();
    Functional f = fa::goodbye;
    FunctionalNoAnn fna = fa::goodbye;
    // Functional fac = fa; // 不兼容
    Functional fl = a -> "Goodbye, " + a;
    FunctionalNoAnn fnal = a -> "Goodbye, " + a;
  }
}
```

@FunctionalInterface 注解是可选的。Java 会将 main() 中的 Functional 和 FunctionalNoAnn 都看作函数式接口。在 NotFunctional 的定义中，我们可以看到 @FunctionalInterface 的价值：如果接口中的方法多于一个，则会产生一条编译错误信息。

仔细看一下 f 和 fna 的定义中发生了什么。Functional 和 FunctionalNoAnn 定义了接口。然而被赋值给它们的只是方法 goodbye。首先，goodbye 只是一个方法，而不是类。其次，它甚至不是实现了这里定义的某个接口的类中的方法。这是 Java 8 增加的一个小魔法：如果我们将一个方法引用或 lambda 表达式赋值给某个函数式接口（而且类型可以匹配），那么 Java 会调整这个赋值，使其匹配目标接口。而在底层，Java 编译器会创建一个实现了目标接口的类的实例，并将我们的方法引用或 lambda 表达式包裹在其中。

使用了 @FunctionalInterface 注解的接口也叫作**单一抽象方法**（Single Abstract Method，SAM）类型。

尽管 FunctionalAnnotation 确实符合 Functional 的模式，但是如果我们像在 fac 的定义中那样，试图把 FunctionalAnnotation 直接赋值给一个 Functional，Java 是不允许的。这也符合我们的预期，因为它没有显式地实现 Functional。唯一令人惊喜的是，Java 8 允许我们将函数赋值给接口，使得语法更好、更简单。

java.util.function 旨在创建一套足够完备的目标接口，这样一般情况下我们就不需要定义自己的接口了。接口的数量有了明显的增长，这主要是由于基本类型的缘故。如果理解命名模式，一般来说通过名字就可以了解特定的接口是做什么的。下面是基本的命名规则。

1. 如果接口只处理对象，而非基本类型，那就会用一个直截了当的名字，像 Function、Consumer 和 Predicate 等。参数类型会通过泛型添加。

2. 如果接口接受一个基本类型的参数，则会用名字的第一部分来表示，例如 LongConsumer、DoubleFunction 和 IntPredicate 等接口类型。基本的 Supplier 类型是个例外。

3. 如果接口返回的是基本类型的结果，则会用 To 来表示，例如 ToLongFunction<T> 和 IntToLongFunction。

4. 如果接口返回的类型和参数类型相同，则会被命名为 Operator。UnaryOperator 用于表示一个参数，BinaryOperator 用于表示两个参数。

5. 如果接口接受一个参数并返回 boolean，则会被命名为 Predicate。

6. 如果接口接受两个不同类型的参数，则名字中会有一个 Bi（比如 BiPredicate）。

表 13-1 中描述了 `java.util.function` 中的目标类型（例外情况会指出来），帮助你推断所需要的函数式接口：

表 13-1

特　点	函数式方法命名 [a]	用　法
没有参数；没有返回值	Runnable (java.lang) run()	Runnable
没有参数；可以返回任何类型	Supplier get() getAstype()	Supplier<T> BooleanSupplier IntSupplier LongSupplier DoubleSupplier
没有参数；可以返回任何类型	Callable (java.util.concurrent) call()	Callable<V>
一个参数；没有返回值	Consumer accept()	Consumer<T> IntConsumer LongConsumer DoubleConsumer
两个参数的 Consumer	BiConsumer accept()	BiConsumer<T,U>
两个参数的 Consumer；第一个参数是引用，第二个参数是基本类型	ObjtypeConsumer accept()	ObjIntConsumer<T> ObjLongConsumer<T> ObjDoubleConsumer<T>
一个参数；返回值为不同类型	Function apply() Totype & typeTotype: applyAstype()	Function<T,R> IntFunction<R> LongFunction<R> DoubleFunction<R> ToIntFunction<T> ToLongFunction<T> ToDoubleFunction<T> IntToLongFunction IntToDoubleFunction LongToIntFunction LongToDoubleFunction DoubleToIntFunction DoubleToLongFunction
一个参数；返回值为相同类型	UnaryOperator apply()	UnaryOperator<T> IntUnaryOperator LongUnaryOperator DoubleUnaryOperator
两个相同类型的参数；返回值也是相同类型	BinaryOperator apply()	BinaryOperator<T> IntBinaryOperator LongBinaryOperator DoubleBinaryOperator
两个相同类型的参数；返回 int	Comparator (java.util) compare()	Comparator<T>
两个参数；返回 boolean	Predicate test()	Predicate<T> BiPredicate<T,U> IntPredicate LongPredicate DoublePredicate
基本类型的参数；返回值也是基本类型	typeTotypeFunction applyAstype()	IntToLongFunction IntToDoubleFunction LongToIntFunction LongToDoubleFunction DoubleToIntFunction DoubleToLongFunction
两个参数；不同类型	Bi+ 操作名（方法名会变化）	BiFunction<T,U,R> BiConsumer<T,U> BiPredicate<T,U> ToIntBiFunction<T,U> ToLongBiFunction<T,U> ToDoubleBiFunction<T,U>

a 表中的 "type" 会根据具体情况替换为相应类型名。——译者注

可以看到，`java.util.function` 在创建时做了一些设计选择。例如，为什么没有 `IntComparator`、`LongComparator` 和 `DoubleComparator`？有 `BooleanSupplier`，但是没有其他代表 Boolean 的接口。有通用的 `BiConsumer`，但是没有用于 `int`、`long` 和 `double` 等所有变种的 `BiConsumer`（我其实能够认同设计者的选择）。这些是疏忽，还是有人认为那些变种被用到的机会太少？他们又是如何得出这样的结论的呢？

还可以看到，基本类型给 Java 增加了多少复杂性。出于对效率的考虑，它们被包含

在了 Java 的第一个版本中，而效率问题很快就得以缓解了。现在，在这门语言的生命周期内，我们只能忍受一个糟糕的语言设计选择所带来的后果。

下面这个示例列举了可用于 lambda 表达式的所有不同的 Function 变种：

```java
// functional/FunctionVariants.java
import java.util.function.*;

class Foo {}

class Bar {
  Foo f;
  Bar(Foo f) { this.f = f; }
}

class IBaz {
  int i;
  IBaz(int i) {
    this.i = i;
  }
}

class LBaz {
  long l;
  LBaz(long l) {
    this.l = l;
  }
}

class DBaz {
  double d;
  DBaz(double d) {
    this.d = d;
  }
}

public class FunctionVariants {
  static Function<Foo,Bar> f1 = f -> new Bar(f);
  static IntFunction<IBaz> f2 = i -> new IBaz(i);
  static LongFunction<LBaz> f3 = l -> new LBaz(l);
  static DoubleFunction<DBaz> f4 = d -> new DBaz(d);
  static ToIntFunction<IBaz> f5 = ib -> ib.i;
  static ToLongFunction<LBaz> f6 = lb -> lb.l;
  static ToDoubleFunction<DBaz> f7 = db -> db.d;
  static IntToLongFunction f8 = i -> i;
  static IntToDoubleFunction f9 = i -> i;
  static LongToIntFunction f10 = l -> (int)l;
  static LongToDoubleFunction f11 = l -> l;
  static DoubleToIntFunction f12 = d -> (int)d;
  static DoubleToLongFunction f13 = d -> (long)d;
```

```
  public static void main(String[] args) {
    Bar b = f1.apply(new Foo());
    IBaz ib = f2.apply(11);
    LBaz lb = f3.apply(11);
    DBaz db = f4.apply(11);
    int i = f5.applyAsInt(ib);
    long l = f6.applyAsLong(lb);
    double d = f7.applyAsDouble(db);
    l = f8.applyAsLong(12);
    d = f9.applyAsDouble(12);
    i = f10.applyAsInt(12);
    d = f11.applyAsDouble(12);
    i = f12.applyAsInt(13.0);
    l = f13.applyAsLong(13.0);
  }
}
```

我们尝试让这些 lambda 表达式生成能匹配签名的最简单的代码。在某些情况下，必须执行类型转换，否则编译器会报截断错误。

main() 中的每条测试演示了 Function 接口中不同种类的 apply 方法。每个方法都会调用其关联的 lambda 表达式。

方法引用有自己的魔法：

```
// functional/MethodConversion.java
import java.util.function.*;

class In1 {}
class In2 {}

public class MethodConversion {
  static void accept(In1 i1, In2 i2) {
    System.out.println("accept()");
  }
  static void someOtherName(In1 i1, In2 i2) {
    System.out.println("someOtherName()");
  }
  public static void main(String[] args) {
    BiConsumer<In1,In2> bic;

    bic = MethodConversion::accept;
    bic.accept(new In1(), new In2());

    bic = MethodConversion::someOtherName;
    // bic.someOtherName(new In1(), new In2()); // 不行
    bic.accept(new In1(), new In2());
  }
}
```

```
/* 输出:
accept()
someOtherName()
*/
```

查阅 BiConsumer 的文档，会看到它的函数式方法是 accept()。确实，如果将我们的方法命名为 accept()，它可以用作方法引用。但如果给它起个完全不同的名字，比如 someOtherName()，只要参数类型和返回类型与 BiConsumer 的 accept() 相同，也是没问题的。

因此，当使用函数式接口时，名字并不重要，重要的只有参数类型和返回类型。Java 会将我们起的名字映射到接口的函数式方法上。要调用我们的方法，就要调用这个函数式方法的名字（在这个示例中是 accept()），而不是我们的方法的名字。

现在来看一下可用于方法引用的所有基于类的函数式接口（也就是不涉及基本类型的那些）。这次我们仍然创建了能匹配函数式接口签名的最简单方法：

```java
// functional/ClassFunctionals.java
import java.util.*;
import java.util.function.*;

class AA {}
class BB {}
class CC {}

public class ClassFunctionals {
  static AA f1() { return new AA(); }
  static int f2(AA aa1, AA aa2) { return 1; }
  static void f3(AA aa) {}
  static void f4(AA aa, BB bb) {}
  static CC f5(AA aa) { return new CC(); }
  static CC f6(AA aa, BB bb) { return new CC(); }
  static boolean f7(AA aa) { return true; }
  static boolean f8(AA aa, BB bb) { return true; }
  static AA f9(AA aa) { return new AA(); }
  static AA f10(AA aa1, AA aa2) { return new AA(); }
  public static void main(String[] args) {
    Supplier<AA> s = ClassFunctionals::f1;
    s.get();
    Comparator<AA> c = ClassFunctionals::f2;
    c.compare(new AA(), new AA());
    Consumer<AA> cons = ClassFunctionals::f3;
    cons.accept(new AA());
    BiConsumer<AA,BB> bicons = ClassFunctionals::f4;
    bicons.accept(new AA(), new BB());
    Function<AA,CC> f = ClassFunctionals::f5;
    CC cc = f.apply(new AA());
    BiFunction<AA,BB,CC> bif = ClassFunctionals::f6;
    cc = bif.apply(new AA(), new BB());
    Predicate<AA> p = ClassFunctionals::f7;
    boolean result = p.test(new AA());
    BiPredicate<AA,BB> bip = ClassFunctionals::f8;
    result = bip.test(new AA(), new BB());
    UnaryOperator<AA> uo = ClassFunctionals::f9;
```

```
    AA aa = uo.apply(new AA());
    BinaryOperator<AA> bo = ClassFunctionals::f10;
    aa = bo.apply(new AA(), new AA());
  }
}
```

注意，每个方法的名称可以是任意的（比如 f1()、f2() 等），但是正如我们刚才看到的，一旦方法引用被赋值给某个函数式接口，就可以调用与这个接口关联的函数式方法了。在这个示例中，这些方法是 get()、compare()、accept()、apply() 和 test()。

13.4.1　带有更多参数的函数式接口

java.util.function 中的接口毕竟是有限的。比如有一个 BiFunction，但也仅此而已了。如果我们需要用于 3 个参数的函数接口呢？因为那些接口相当直观，所以看一下 Java 库的源代码，然后编写我们自己的接口也很容易：

```
// functional/TriFunction.java

@FunctionalInterface
public interface TriFunction<T, U, V, R> {
    R apply(T t, U u, V v);
}
```

下面用一个简短的测试来验证它是否能工作：

```
// functional/TriFunctionTest.java

public class TriFunctionTest {
  static int f(int i, long l, double d) { return 99; }
  public static void main(String[] args) {
    TriFunction<Integer, Long, Double, Integer> tf =
      TriFunctionTest::f;
    tf = (i, l, d) -> 12;
  }
}
```

方法引用和 lambda 表达式我们都做了测试。

13.4.2　解决缺乏基本类型函数式接口的问题

我们重新研究一下 BiConsumer，看看如何创建 java.util.function 中没有提供的，涉及 int、long 和 double 等基本类型的函数式接口：

```
// functional/BiConsumerPermutations.java
import java.util.function.*;
```

```
public class BiConsumerPermutations {
  static BiConsumer<Integer, Double> bicid = (i, d) ->
    System.out.format("%d, %f%n", i, d);
  static BiConsumer<Double, Integer> bicdi = (d, i) ->
    System.out.format("%d, %f%n", i, d);
  static BiConsumer<Integer, Long> bicil = (i, l) ->
    System.out.format("%d, %d%n", i, l);
  public static void main(String[] args) {
    bicid.accept(47, 11.34);
    bicdi.accept(22.45, 92);
    bicil.accept(1, 11L);
  }
}
```

```
/* 输出:
47, 11.340000
92, 22.450000
1, 11
*/
```

为了显示效果更佳，这里使用了 System.out.format()，它和 System.out.println() 很像，但是提供了更多显示选项。%f 表示将 d 当作一个浮点值，而 %d 表示 i 是一个整型值。此处也可以包含空格，而且除非我们写上 %n，否则不会增加新行。它也接受用传统的 \n 来表示换行，但是 %n 可以自动跨平台，这是使用 format() 的另一个理由。

这个示例简单地使用了适合的包装器类型，而自动装箱和自动拆箱会处理基本类型及其包装器类型之间的来回转换。我们也可以在其他函数式接口中使用包装器类型，比如 Function，而不是提前定义好各种变种：

```
// functional/FunctionWithWrapped.java
import java.util.function.*;

public class FunctionWithWrapped {
  public static void main(String[] args) {
    Function<Integer, Double> fid = i -> (double)i;
    IntToDoubleFunction fid2 = i -> i;
  }
}
```

如果没有使用类型转换，则会出现编译错误："Integer 无法转换为 Double（Integer cannot be converted to Double）。"然而 IntToDoubleFunction 版本就没有这样的问题。Java 库中 IntToDoubleFunction 的代码是这样的：

```
@FunctionalInterface
public interface IntToDoubleFunction {
  double applyAsDouble(int value);
}
```

因为直接编写 Function<Integer,Double> 就能得到可行的方案，所以很明显，存在函数式接口的基本类型变种的唯一原因，就是防止在传递参数和返回结果时涉及自动装箱和自动拆箱。也就是说，为了性能。

似乎可以有把握地猜测，之所以有些函数式接口类型有定义，而有些没有，是根据预计的使用频率决定的。

当然，如果因为缺少基本类型的函数式接口，导致性能真的成了问题，我们也可以很容易地编写自己的接口（参考 Java 库源代码），不过这成为性能瓶颈的可能性极小。

13.5 高阶函数

"高阶函数"这名字听起来很吓人，不过看一下定义：

高阶函数只是一个能接受函数作为参数或能把函数当返回值的函数。

先来看看把函数当作返回值的情况：

```
// functional/ProduceFunction.java
import java.util.function.*;

interface
FuncSS extends Function<String, String> {}    // [1]

public class ProduceFunction {
  static FuncSS produce() {
    return s -> s.toLowerCase();              // [2]
  }
  public static void main(String[] args) {
    FuncSS f = produce();
    System.out.println(f.apply("YELLING"));
  }
}
```

```
/* 输出:
yelling
*/
```

这里 produce() 就是高阶函数。

[1] 使用继承，可以轻松地为专门的接口创建一个别名。

[2] 有了 lambda 表达式，在方法中创建并返回一个函数简直不费吹灰之力。

要接受并使用函数，方法必须在其参数列表中正确地描述函数类型：

```
// functional/ConsumeFunction.java
import java.util.function.*;

class One {}
class Two {}

public class ConsumeFunction {
  static Two consume(Function<One,Two> onetwo) {
    return onetwo.apply(new One());
  }
```

```
  public static void main(String[] args) {
    Two two = consume(one -> new Two());
  }
}
```

当我们要根据所接受的函数生成一个新函数时，就特别有意思了：

```
// functional/TransformFunction.java
import java.util.function.*;

class I {
  @Override public String toString() { return "I"; }
}

class O {
  @Override public String toString() { return "O"; }
}

public class TransformFunction {
  static Function<I,O> transform(Function<I,O> in) {
    return in.andThen(o -> {
      System.out.println(o);
      return o;
    });
  }
  public static void main(String[] args) {
    Function<I,O> f2 = transform(i -> {
      System.out.println(i);
      return new O();
    });
    O o = f2.apply(new I());
  }
}
```

```
/* 输出：
I
O
*/
```

这里，transform() 会生成一个与所传入函数签名相同的函数，不过我们可以生成自己喜欢的任何函数。

这里使用了 Function 接口中的一个叫作 andThen() 的默认（default）方法，该方法是专门为操作函数而设计的。顾名思义，andThen() 会在 in 函数调用**之后**调用（还有一个 compose() 方法，它会在 in 函数之前应用新函数）。要附加上一个 andThen() 函数，只需要将该函数作为参数传递。从 transform() 传出的是一个新函数，它将 in 的动作和 andThen() 参数的动作结合了起来。

13.6 闭包

在上一节的 ProduceFunction.java 示例中，我们从方法返回了一个 lambda 表达式。

这个示例把事情简化了，但是围绕着返回 lambda，还有些问题我们必须研究。这些问题可以用术语**闭包**（closure）来概括。闭包非常重要，因为它们使生成函数变简单了。

考虑一个更复杂的 lambda 表达式，它使用了其函数作用域之外的变量。当返回该函数时，会发生什么呢？也就是说，当我们调用这个函数时，它所引用的"外部"变量会变成什么呢？如果语言不能自动解决这个问题，那就是很大的挑战了。如果语言能解决这个问题，我们就说这门语言是支持闭包的。我们也可以称其支持**词法作用域**（lexically scoped），这里还涉及一个叫作**变量捕获**（variable capture）的术语。Java 8 提供了虽然有限但还算可以的闭包支持，我们将通过一些简单的示例来研究。

首先来看一个会返回函数的方法，而该函数会访问一个对象字段和一个方法参数：

```java
// functional/Closure1.java
import java.util.function.*;

public class Closure1 {
  int i;
  IntSupplier makeFun(int x) {
    return () -> x + i++;
  }
}
```

进一步考虑，这样使用 i 并不是很大的挑战，因为在我们调用 makeFun() 之后，这个对象很可能还存在。确实，对于有现存函数以这种方式绑定的对象，垃圾收集器几乎肯定会保留着它。[1] 当然，如果我们对同一个对象调用多次 makeFun()，最终就会有多个函数全部共享同样的 i 的存储空间：

```java
// functional/SharedStorage.java
import java.util.function.*;

public class SharedStorage {
  public static void main(String[] args) {
    Closure1 c1 = new Closure1();
    IntSupplier f1 = c1.makeFun(0);
    IntSupplier f2 = c1.makeFun(0);
    IntSupplier f3 = c1.makeFun(0);
    System.out.println(f1.getAsInt());
    System.out.println(f2.getAsInt());
    System.out.println(f3.getAsInt());
  }
}
/* 输出:
0
1
2
*/
```

每次调用 getAsInt() 都会让 i 增加，这表明存储空间是共享的。

---

[1] 我并没有测试过这种语句。

如果 i 是 makeFun() 中的局部变量，又会怎么样呢？正常情况下，makeFun() 执行完毕，i 也就消失了。然而这时仍然可以编译：

```
// functional/Closure2.java
import java.util.function.*;

public class Closure2 {
  IntSupplier makeFun(int x) {
    int i = 0;
    return () -> x + i;
  }
}
```

makeFun() 返回的 IntSupplier 是在 i 和 x 之上构建的闭包，所以当我们调用所返回的函数时，这两个变量都是有效的。然而请注意，这里没有像 Closure1.java 中那样增加 i。尝试增加它，会出现编译错误：

```
// functional/Closure3.java
// {WillNotCompile}
import java.util.function.*;

public class Closure3 {
  IntSupplier makeFun(int x) {
    int i = 0;
    // x++ 或 i++ 都不可以：
    return () -> x++ + i++;
  }
}
```

编译器会对 x 和 i 重复报同一个错误：

```
local variables referenced from a lambda
expression must be final or effectively final
```

显然，如果我们把 x 和 i 标记为最终变量，就行得通了，因为无论哪个我们都无法增加了：

```
// functional/Closure4.java
import java.util.function.*;

public class Closure4 {
  IntSupplier makeFun(final int x) {
    final int i = 0;
    return () -> x + i;
  }
}
```

但是在 x 和 i 不是最终变量时，为什么 Closure2.java 就可以工作呢？"实际上的最终变量"（effectively final），其意义就出现在这里了。这个术语是为 Java 8 创建的，它的意思是，虽然我们没有显式地将一个变量声明为最终变量，但是仍然可以用最终变量的方式来对待它，只要不修改它即可。如果一个局部变量的初始值从不改变，它就是"实际上的最终变量"。

如果 x 和 i 在所返回的函数中没有被修改，但是在方法中的其他地方被修改了，编译器仍然会将其当作错误。每个自增操作都会产生一条错误消息：

```java
// functional/Closure5.java
// {WillNotCompile}
import java.util.function.*;

public class Closure5 {
  IntSupplier makeFun(int x) {
    int i = 0;
    i++;
    x++;
    return () -> x + i;
  }
}
```

所谓"实际上的最终变量"，意味着我们可以在变量声明前面加上 final 关键字，而不用修改其余代码。它实际上就是 final 的，我们只是懒得说而已。

实际上我们可以这样修复 Closure5.java 中的问题：在闭包中使用 x 和 i 之前，先将其赋值给最终变量。

```java
// functional/Closure6.java
import java.util.function.*;

public class Closure6 {
  IntSupplier makeFun(int x) {
    int i = 0;
    i++;
    x++;
    final int iFinal = i;
    final int xFinal = x;
    return () -> xFinal + iFinal;
  }
}
```

因为在赋值之后我们并不会修改 iFinal 和 xFinal，所以这里使用 final 是多余的。

如果使用的是引用呢？我们把 int 改为 Integer：

```
// functional/Closure7.java
// { 无法通过编译 }
import java.util.function.*;

public class Closure7 {
  IntSupplier makeFun(int x) {
    Integer i = 0;
    i = i + 1;
    return () -> x + i;
  }
}
```

编译器还是很聪明的，能看到 i 被修改了。因为包装器类型可能会被特殊对待，所以让我们用 List 试一下：

```
// functional/Closure8.java
import java.util.*;
import java.util.function.*;

public class Closure8 {
  Supplier<List<Integer>> makeFun() {
    final List<Integer> ai = new ArrayList<>();
    ai.add(1);
    return () -> ai;
  }
  public static void main(String[] args) {
    Closure8 c7 = new Closure8();
    List<Integer>
      l1 = c7.makeFun().get(),
      l2 = c7.makeFun().get();
    System.out.println(l1);
    System.out.println(l2);
    l1.add(42);
    l2.add(96);
    System.out.println(l1);
    System.out.println(l2);
  }
}
```

```
/* 输出:
[1]
[1]
[1, 42]
[1, 96]
*/
```

这次成功了：我们修改了 List 的内容而没有产生编译错误。看这个示例的输出，确实看起来很安全，因为每次调用 makeFun() 时，都会创建并返回一个全新的 ArrayList——这意味着它没有被共享，所以每个生成的闭包都有自己独立的 ArrayList，不会互相干扰。

注意，这里将 ai 声明为最终变量了，不过对这个示例而言，把 final 拿掉，结果也是一样的（试试吧！）。final 关键字应用于对象引用，只是说这个对象引用不能被重新赋值，并不是说我们不能修改对象本身。

看一下 Closure7.java 和 Closure8.java 之间的区别，我们可以发现，Closure7.java 实际上对 i 进行了重新赋值。这可能就是引发"实际上的最终变量"错误消息的元凶：

```java
// functional/Closure9.java
// 无法通过编译
import java.util.*;
import java.util.function.*;

public class Closure9 {
  Supplier<List<Integer>> makeFun() {
    List<Integer> ai = new ArrayList<>();
    ai = new ArrayList<>(); // Reassignment
    return () -> ai;
  }
}
```

重新赋值确实引发了那条编译错误消息。如果我们只修改所指向的对象，Java 会接受。只要没有其他人得到对该对象的引用，这可能是安全的。否则就意味着有不止一个实体可以修改该对象，情况会变得非常混乱。[①]

然而，如果现在回头看 Closure1.java，还有一个未解之谜。i 的修改并没有引发编译错误。而它既不是最终变量，也不是"实际上的最终变量"。这是因为 i 是外围类的成员，这样做当然是安全的（除了这一事实：我们正在创建会共享可变内存的多个函数）。确实，你可以争辩说这种情况下并没有发生变量捕获。而且可以确定的是，Closure3.java 的报错信息特别提到了**局部**变量。因此，这个规则并不是像说"任何在 lambda 表达式之外定义的变量都必须是最终变量或实际上的最终变量"那么简单。相反，我们必须从**被捕获的变量**是"实际上的最终变量"这个角度来考虑。如果它是某个对象中的一个字段，那么它会有独立的生命周期，并不需要任何特殊的捕获，以便在之后这个 lambda 表达式被调用时，变量仍然存在。

内部类作为闭包

可以用一个匿名内部类来重复我们的示例：

```java
// functional/AnonymousClosure.java
import java.util.function.*;

public class AnonymousClosure {
  IntSupplier makeFun(int x) {
    int i = 0;
    // 同样的规则适用于:
```

① 在进阶卷第 5 章，这一点有更大的意义。那时你会明白，修改共享变量不是线程安全的。

```
    // i++; // 并非"实际上的最终变量"
    // x++; // 同上
    return new IntSupplier() {
      public int getAsInt() { return x + i; }
    };
  }
}
```

结果证明，只要有内部类，就会有闭包（Java 8 只是让闭包实现起来更容易了）。在 Java 8 之前，x 和 i 必须显式地声明为最终变量。而到了 Java 8，内部类的规则也放宽了，可以包含"实际上的最终变量"。

13.7 函数组合

函数组合基本上就是说，将多个函数结合使用，以创建新的函数，这通常被认为是函数式编程的一部分。在 TransformFunction.java 中我们已经见过一个使用 andThen() 的函数组合的示例。java.util.function 中的一些接口也包含了支持函数组合的方法（见表 13-2）。[①]

表 13-2

组合方法	支持的接口
andThen(argument) 先执行原始操作，再执行参数操作	Function BiFunction Consumer BiConsumer IntConsumer LongConsumer DoubleConsumer UnaryOperator IntUnaryOperator LongUnaryOperator DoubleUnaryOperator BinaryOperator
compose(argument) 先执行参数操作，再执行原始操作	Function UnaryOperator IntUnaryOperator LongUnaryOperator DoubleUnaryOperator
and(argument) 对原始谓词和参数谓词执行短路逻辑与（AND）计算	Predicate BiPredicate IntPredicate LongPredicate DoublePredicate
or(argument) 对原始谓词和参数谓词执行短路逻辑或（OR）计算	Predicate BiPredicate IntPredicate LongPredicate DoublePredicate
negate() 所得谓词为该谓词的逻辑取反	Predicate BiPredicate IntPredicate LongPredicate DoublePredicate

以下示例使用了来自 Function 的 compose() 和 andThen()：

```
// functional/FunctionComposition.java
import java.util.function.*;

public class FunctionComposition {
  static Function<String, String>
    f1 = s -> {
      System.out.println(s);
      return s.replace('A', '_');
    },
```

```
/* 输出:
AFTER ALL AMBULANCES
_fter _ll _mbul_nces
*/
```

---

① 接口之所以能够支持方法，这是因为它们是 Java 8 引入的默认方法，下一章将介绍。

```
      f2 = s -> s.substring(3),
      f3 = s -> s.toLowerCase(),
      f4 = f1.compose(f2).andThen(f3);
  public static void main(String[] args) {
    System.out.println(
      f4.apply("GO AFTER ALL AMBULANCES"));
  }
}
```

这里的重点是，我们创建了一个新函数 f4，它几乎可以像任何其他函数一样使用 apply() 来调用。[①]

当 f1 得到 String 时，字符串的前 3 个字符已经被 f2 剥离了。这是因为对 compose(f2) 的调用意味着 f2 会在 f1 之前被调用。

以下示例演示了 Predicate（谓词）的逻辑运算：

```
// functional/PredicateComposition.java
import java.util.function.*;
import java.util.stream.*;

public class PredicateComposition {
  static Predicate<String>
    p1 = s -> s.contains("bar"),          /* 输出:
    p2 = s -> s.length() < 5,             foobar
    p3 = s -> s.contains("foo"),          foobaz
    p4 = p1.negate().and(p2).or(p3);      */
  public static void main(String[] args) {
    Stream.of("bar", "foobar", "foobaz", "fongopuckey")
      .filter(p4)
      .forEach(System.out::println);
  }
}
```

p4 接受所有的谓词，并将其组合成一个更复杂的谓词。我们可以这样理解："如果这个 String 不包含 'bar' 并且长度小于 5，或者其中包含 'foo'，则结果为 true。"

在 main() 中我使了一点小手段，借用了下一章的内容，语法才会这样清晰。首先我创建了一个 String 对象的"流"（一个序列），然后将其中的每一个对象交给 filter() 操作。filter() 使用我们的 p4 谓词来决定将流中的每一个对象保留还是放弃。最后，forEach() 会在每个保留下来的对象上应用 println 方法引用。

[①] 有些语言支持组合而成的函数完全像其他函数一样调用，例如 Python。但这是 Java，我们就有什么用什么吧。

可以从输出中看到 p4 是怎么工作的：任何带有"foo"的字符串都得以保留，即使其长度大于 5。"fongopuckey"确实不包含"bar"，但是它太长了，所以不能保留下来。

13.8 柯里化和部分求值

柯里化（Currying）是以其发明者之一的 Haskell Curry 的姓氏命名的。而 Haskell Curry 也可能是唯一一位姓氏和名字都被用来命名重要事物的计算机科学家，**Haskell 编程语言**就是以他的名字命名的。柯里化的意思是，将一个接受多个参数的函数转变为一系列只接受一个参数的函数。

```java
// functional/CurryingAndPartials.java
import java.util.function.*;

public class CurryingAndPartials {
  // 未柯里化:
  static String uncurried(String a, String b) {
    return a + b;
  }
  public static void main(String[] args) {
    // 柯里化函数:
    Function<String, Function<String, String>> sum =
      a -> b -> a + b;                         // [1]

    System.out.println(uncurried("Hi ", "Ho"));

    Function<String, String>
      hi = sum.apply("Hi ");                   // [2]
    System.out.println(hi.apply("Ho"));

    // 部分应用:
    Function<String, String> sumHi =
      sum.apply("Hup ");
    System.out.println(sumHi.apply("Ho"));
    System.out.println(sumHi.apply("Hey"));
  }
}
/* 输出:
Hi Ho
Hi Ho
Hup Ho
Hup Hey
*/
```

[1] 这一行不太好懂，有一连串箭头。而且请注意，在函数接口声明中，Function 中有另一个 Function 作为其第二个参数。

[2] 柯里化的目的是能够通过提供一个参数来创建一个新函数，所以我们现在有了一个"参数化函数"和剩下的"自由参数"。实际上，我们从一个接受两个参数的函数开始，最后变成了一个单参数的函数。

还可以再添加一层，对接受三个参数的函数进行柯里化：

```java
// functional/Curry3Args.java
import java.util.function.*;

public class Curry3Args {
  public static void main(String[] args) {
    Function<String,
      Function<String,
        Function<String, String>>> sum =
          a -> b -> c -> a + b + c;
    Function<String,
      Function<String, String>> hi =
        sum.apply("Hi ");
    Function<String, String> ho =
      hi.apply("Ho ");
    System.out.println(ho.apply("Hup"));
  }
}
```

```
/* 输出:
Hi Ho Hup
*/
```

对于每一层级联箭头，我们都要在其类型声明外再包裹另一个 Function。

当处理基本类型和装箱时，可以使用适当的函数式接口：

```java
// functional/CurriedIntAdd.java
import java.util.function.*;

public class CurriedIntAdd {
  public static void main(String[] args) {
    IntFunction<IntUnaryOperator>
      curriedIntAdd = a -> b -> a + b;
    IntUnaryOperator add4 = curriedIntAdd.apply(4);
    System.out.println(add4.applyAsInt(5));
  }
}
```

```
/* 输出:
9
*/
```

我们可以在网上找到更多的柯里化示例。它们通常是用其他语言编写的，而不是 Java，但是如果你理解了基本概念，用 Java 改写应该也非常容易。

13.9 纯函数式编程

我们通过一些训练，在没有函数式支持的语言中（哪怕是像 C 这样原始的语言），也可以编写出纯函数式的程序。相较而言，Java 要更容易些，但是我们必须仔细设计，让所有的内容都是 final 的，并确保所有的方法和函数都没有副作用。因为 Java 本质上**并不是**不可变语言，所以如果我们犯了错误，编译器是帮不上忙的。

有一些第三方工具可以帮助我们 [1]，但是使用像 Scala 或 Kotlin 这样的语言也许更容易，因为它们天生就是为支持函数式编程而设计的。借助这些语言，我们可以将项目的一部分用 Java 编写，而如果必须以纯函数式风格编写的话，其他部分则可以用 Scala（需要一些训练）或 Kotlin。尽管在进阶卷第 5 章中你会看到 Java 确实支持并行，但是如果并行是项目的核心部分，可以考虑至少在项目的一部分中使用 Scala 或 Kotlin 这样的语言。

13.10　总结

lambda 表达式和方法引用不是将 Java 变成函数式语言，而是提供了对函数式编程风格的更多支持。这是对 Java 的巨大改进，因为这样可以支持编写更简洁、更干净、更易懂的代码。下一章将介绍它们是如何支持**流**的。如果你像我一样，你会喜欢流的。

大部分 Java 程序员对像 Kotlin 和 Scala 等新的、更为函数式的语言感到焦虑，同时对它们的特性又有点羡慕。lambda 表达式和方法引用这些特性可能会满足他们的需求，同时也可能会阻止 Java 程序员转而使用那些语言（或者至少在他们仍然决定迁移时，让他们能有更好的准备）。

然而，lambda 表达式和方法引用远非完美，我们要永远承受 Java 设计者在语言诞生初期的草率决定所导致的代价。最后，lambda 在 Java 中并非一等公民。这并不意味着 Java 8 没有大的改进，但它确实意味着，像许多 Java 特性一样，最终会有一个让你感到不爽的临界点。

随着学习曲线的上升，记住：你可以从像 NetBeans、IntelliJ IDEA 和 Eclipse 这样的 IDE 中得到帮助。针对何时可以使用 lambda 表达式或方法引用，它们能提供建议（而且往往会为你重写代码）。

---

[1] 例如 Immutables 和 Mutability Detector。

流

> 集合优化了对象的存储。而流（stream）与对象的成批处理有关。

流是一个与任何特定的存储机制都没有关系的元素序列。事实上，我们说流"没有存储"。

不同于在集合中遍历元素，使用流的时候，我们是从一个管道中抽取元素，并对它们进行操作。这些管道通常会被串联到一起，形成这个流上的一个操作管线。

大多数时候，我们将对象存储在一个集合中是为了处理它们，所以你会发现，自己编程的重点将从集合转向流。

流的一个核心优点是，它们能使我们的程序更小，也更好理解。当配合流使用时，lambda 表达式和方法引用就发挥出其威力了。流大大提升了 Java 8 的吸引力。

例如，假设我们想按照有序方式显示随机选择的 5~20 范围内的、不重复的 int 数。因为要对它们进行排序，所以我们可能会把注意力放在选择一个有序的集合上，并基于这样的集合来解决问题。但是借助流，只需要说明想做什么即可：

```java
// streams/Randoms.java
import java.util.*;

public class Randoms {
  public static void main(String[] args) {
    new Random(47)
    .ints(5, 20)
    .distinct()
    .limit(7)
    .sorted()
    .forEach(System.out::println);
  }
}
```

```
/* 输出：
6
10
13
16
17
18
19
*/
```

我们先为 Random 对象设置一个种子（这样程序每次运行都会得到相同的结果）。ints() 方法会生成一个流，该方法有多个重载版本，其中两个参数的版本可以设置所生成值的上下界。这里生成了一个由随机的 int 组成的流。我们使用**中间流操作** distinct() 去掉重复的值，再使用 limit() 选择前 7 个值。然后我们告诉它，希望元素是有序的（sorted()）。最后，我们想显示每一个条目，所以使用了 forEach()，它会根据我们传递的函数，在每个流对象上执行一个操作。这里我们传递了一个方法引用 System.out::println，用于将每个条目显示在控制台上。

注意，Randoms.java 没有声明任何变量。流可以对有状态的系统进行建模，而不需要使用赋值或可变数据，这一点会非常有用。

声明式编程是一种编程风格，我们说明想要完成**什么**（what），而不是指明**怎么做**（how），这就是我们在函数式编程中看到的。显然命令式编程理解起来要更困难：

```java
// streams/ImperativeRandoms.java
import java.util.*;

public class ImperativeRandoms {
  public static void main(String[] args) {
    Random rand = new Random(47);
    SortedSet<Integer> rints = new TreeSet<>();
    while(rints.size() < 7) {
      int r = rand.nextInt(20);
      if(r < 5) continue;
      rints.add(r);
    }
    System.out.println(rints);
  }
}
```

```
/* 输出：
[7, 8, 9, 11, 13, 15, 18]
*/
```

在 Randoms.java 中，我们根本不需要定义任何变量，但是这里有 3 个变量：rand、rints 和 r。nextInt() 没有设置下界的选项，这使得代码更复杂了：它内置的下界总是零，所以不可避免会生成额外的值，我们也就不得不将那些小于 5 的从中过滤掉。

不难发现，我们必须仔细研究这段代码，才能弄清楚到底发生了什么，而在 Randoms.java 中，代码就**告诉**了我们它在做什么。这种清晰的表达是应该使用 Java 8 的流的最有说服力的原因之一。

像在 ImperativeRandoms.java 中这样显式地编写迭代机制，称为**外部迭代**。而在 Randoms.java 中，我们看不到任何这样的机制，所以这被称为**内部迭代**，这是流编程的一个核心特性。内部迭代产生的代码不仅可读性更好，而且更容易利用多处理器：通过放宽对具体迭代方式的控制，我们可以将其交给某种并行化机制。进阶卷第 5 章会介绍这一点。

流的另一个重要方面是**惰性求值**，这意味着它们只在绝对必要时才会被求值。我们可以把流想象成一个"延迟列表"。因为**延迟求值**，所以流使我们可以表示非常大的（甚至是无限大的）序列，而不用考虑内存问题。

14.1 Java 8 对流的支持

Java 的设计者们面临一个难题。他们有一套现有的库，不仅用在了 Java 库本身之中，还用在了用户编写的无数代码之中。他们如何将流这个新的基本概念整合到现有的库中呢？

在类似 Random 这样简单的例子中，只需添加更多方法即可。只要不修改现有方法，遗留代码就不受干扰。

最大的挑战来自使用了接口的库。因为我们想将集合转换为流，所以集合类是至关重要的一部分。但如果向接口中加入新方法，就会破坏每一个实现了该接口，但是没有实现这个新方法的类。

Java 8 引入的解决方案是接口中的默认（default）方法，这在第 10 章中已经介绍过。有了默认方法，Java 的设计者们可以将流方法硬塞进现有的类中，而且他们几乎把我们可能需要的每个操作都添加进去了。这些操作可分为三种类型：创建流、修改流元素（**中间操作**）和消费流元素（**终结操作**）。最后一种类型的操作往往意味着收集一个流的元素（通常是将其放进某个集合）。

下面依次看看每种类型的操作。

14.2　流的创建

使用 Stream.of()，可以轻松地将一组条目变成一个流（Bubble 会在本章后面定义）：

```java
// streams/StreamOf.java
import java.util.stream.*;

public class StreamOf {
  public static void main(String[] args) {
    Stream.of(
      new Bubble(1), new Bubble(2), new Bubble(3))
      .forEach(System.out::println);
    Stream.of("It's ", "a ", "wonderful ",
      "day ", "for ", "pie!")
      .forEach(System.out::print);
    System.out.println();
    Stream.of(3.14159, 2.718, 1.618)
      .forEach(System.out::println);
  }
}
/* 输出:
Bubble(1)
Bubble(2)
Bubble(3)
It's a wonderful day for pie!
3.14159
2.718
1.618
*/
```

此外，每个 Collection 都可以使用 stream() 方法来生成一个流：

```java
// streams/CollectionToStream.java
import java.util.*;
import java.util.stream.*;

public class CollectionToStream {
  public static void main(String[] args) {
    List<Bubble> bubbles = Arrays.asList(
      new Bubble(1), new Bubble(2), new Bubble(3));
    System.out.println(
      bubbles.stream()
        .mapToInt(b -> b.i)
        .sum());

    Set<String> w = new HashSet<>(Arrays.asList(
      "It's a wonderful day for pie!".split(" ")));
    w.stream()
    .map(x -> x + " ")
    .forEach(System.out::print);
    System.out.println();

    Map<String, Double> m = new HashMap<>();
    m.put("pi", 3.14159);
    m.put("e", 2.718);
    m.put("phi", 1.618);
    m.entrySet().stream()
/* 输出:
6
a pie! It's for wonderful day
phi: 1.618
e: 2.718
pi: 3.14159
*/
```

```
    .map(e -> e.getKey() + ": " + e.getValue())
    .forEach(System.out::println);
  }
}
```

在创建了一个 List<Bubble> 之后，只需要调用一下 stream() 这个所有集合类都有的方法。中间的 map() 操作接受流中的每个元素，在其上应用一个操作来创建一个新的元素，然后将这个新元素沿着流继续传递下去。普通的 map() 接受对象并生成对象，但是当希望输出流持有的是数值类型的值时，map() 还有一些特殊的版本。这里 mapToInt() 将一个对象流转变成了一个包含 Integer 的 IntStream。对于 Float 和 Double，也有名字类似的操作。

为了定义 w，我们取一个 String，并应用 split() 函数，该函数会根据其参数分割这个 String。稍后你会看到，这个参数可以很复杂，不过这里只是让这个函数在空格处分割。

为了从 Map 集合生成一个流，我们首先调用 entrySet() 来生成一个对象流，其中每个对象都包含着一个键和与其关联的值，然后再使用 getKey() 和 getValue() 将其分开。

14.2.1　随机数流

Random 类已经得到增强，有一组可以生成流的方法：

```
// streams/RandomGenerators.java
import java.util.*;
import java.util.stream.*;

public class RandomGenerators {
  public static <T> void show(Stream<T> stream) {
    stream
      .limit(4)
      .forEach(System.out::println);
    System.out.println("++++++++");
  }
  public static void main(String[] args) {
    Random rand = new Random(47);
    show(rand.ints().boxed());
    show(rand.longs().boxed());
    show(rand.doubles().boxed());
    // 控制上下边界：
    show(rand.ints(10, 20).boxed());
    show(rand.longs(50, 100).boxed());
    show(rand.doubles(20, 30).boxed());
    // 控制流的大小：
    show(rand.ints(2).boxed());
    show(rand.longs(2).boxed());
    show(rand.doubles(2).boxed());
```

```
/* 输出：
-1172028779
1717241110
-2014573909
229403722
++++++++
2955289354441303771
3476817843704654257
-8917117694134521474
4941259272818818752
++++++++
0.2613610344283964
0.0508673570556899
0.8037155449603999
0.7620665811558285
++++++++
16
10
11
12
++++++++
```

```
    // 控制流的大小和边界:
    show(rand.ints(3, 3, 9).boxed());
    show(rand.longs(3, 12, 22).boxed());
    show(rand.doubles(3, 11.5, 12.3).boxed());
  }
}
```

```
65
99
54
58
++++++++
29.86777681078574
24.83968447804611
20.09247112332014
24.046793846338723
++++++++
1169976606
1947946283
++++++++
2970202997824602425
-2325326920272830366
++++++++
0.7024254510631527
0.6648552384607359
++++++++
6
7
7
++++++++
17
12
20
++++++++
12.27872414236691
11.732085449736195
12.196509449817267
++++++++
*/
```

为消除冗余代码,上面的示例创建了泛型方法 show(Stream<T> stream)(这里有点偷懒,在介绍泛型的章节之前使用了该特性,不过回报是值得的)。类型参数 T 可以是任何东西,所以使用 Integer、Long 和 Double 都可以。然而,Random 类只会生成 int、long 和 double 等基本类型的值。幸运的是,boxed() 流操作会自动将基本类型转换为其对应的包装器类型,这就使得 show() 能够接受这个流。

我们可以使用 Random 来创建一个用以提供任何一组对象的 Supplier。下面是一个代码示例,读取以下的文本文件,生成 String 对象。

```
// streams/Cheese.dat
Not much of a cheese shop really, is it?
Finest in the district, sir.
And what leads you to that conclusion?
```

Well, it's so clean.
It's certainly uncontaminated by cheese.

我们使用 Files 类把一个文件中的所有文本行都读入到一个 List<String> 中:

```java
// streams/RandomWords.java
import java.util.*;
import java.util.stream.*;
import java.util.function.*;
import java.io.*;
import java.nio.file.*;

public class RandomWords implements Supplier<String> {
  List<String> words = new ArrayList<>();
  Random rand = new Random(47);
  RandomWords(String fname) throws IOException {
    List<String> lines =
      Files.readAllLines(Paths.get(fname));
    // 跳过第一行:
    for(String line : lines.subList(1, lines.size())) {
      for(String word : line.split("[ .?,]+"))
        words.add(word.toLowerCase());
    }
  }
  @Override public String get() {
    return words.get(rand.nextInt(words.size()));
  }
  @Override public String toString() {
    return words.stream()
      .collect(Collectors.joining(" "));
  }
  public static void
  main(String[] args) throws Exception {
    System.out.println(
      Stream.generate(new RandomWords("Cheese.dat"))
        .limit(10)
        .collect(Collectors.joining(" ")));
  }
}
```

```
/* 输出:
it shop sir the much cheese by conclusion district is
*/
```

这里可以看到 split() 的一个稍微复杂一些的用法。在构造器中,每一行(line)或是在空格处分割,或是在方括号内定义的任何标点符号处分割。右方括号后的 + 表示"前面的事物可以出现一次或多次"。

你会注意到,构造器在其循环中使用了命令式编程(外部迭代)。在后面的例子中,你将看到我们是如何连循环也消除掉的。这种旧有的形式并不是特别糟糕,但是在任何地方都使用流的感觉往往会更好。

在 toString() 和 main() 中可以看到 collect() 操作，它会根据其参数将所有的流元素组合起来。当我们使用 Collectors.joining() 时，得到的结果是一个 String，每个元素都会以 joining() 的参数分隔。还有其他很多 Collectors，可以生成不同的结果。

在 main() 中，我们提前看到了 Stream.generate()，它可以接受任何的 Supplier<T>，并生成一个由 T 类型的对象组成的流。

14.2.2　int 类型的区间范围

IntStream 类提供了一个 range() 方法，可以生成一个流——由 int 值组成的序列。这在编写循环时非常方便：

```java
// streams/Ranges.java
import static java.util.stream.IntStream.*;

public class Ranges {
  public static void main(String[] args) {
    // 传统方式:
    int result = 0;
    for(int i = 10; i < 20; i++)
      result += i;
    System.out.println(result);

    // for-in 搭配一个区间范围:
    result = 0;
    for(int i : range(10, 20).toArray())
      result += i;
    System.out.println(result);

    // 使用流:
    System.out.println(range(10, 20).sum());
  }
}
/* 输出:
145
145
145
*/
```

main() 中演示的第一种方法就是编写 for 循环的传统方式。在第二种方法中，我们创建了一个 range()，并将其变为一个可以用在 for-in 语句中的数组。然而，如果你能做到的话，最好像第三种方法那样完全用流来实现。在每一种情况下，我们都要对这个区间范围内的整数值进行求和，而且非常方便的是，正好有一个用于流的 sum() 操作。

注意，IntStream.range() 不如 onjava.Range.range() 灵活。因为后者有一个可选的第三个参数——**步长**（step），所以它生成的区间范围步长可以大于 1，并且也可以从高到低计数。

为了取代简单的 for 循环，这里有一个 repeat() 工具函数：

```
// onjava/Repeat.java
package onjava;
import static java.util.stream.IntStream.*;

public class Repeat {
  public static void repeat(int n, Runnable action) {
    range(0, n).forEach(i -> action.run());
  }
}
```

这样生成的循环可以说更简洁了：

```
// streams/Looping.java
import static onjava.Repeat.*;

public class Looping {
  static void hi() { System.out.println("Hi!"); }
  public static void main(String[] args) {
    repeat(3, () -> System.out.println("Looping!"));
    repeat(2, Looping::hi);
  }
}
```

```
/* 输出：
Looping!
Looping!
Looping!
Hi!
Hi!
*/
```

然而把 repeat() 放到自己的代码中，还要向别人解释，这么做可能并不值得。它看起来像一个相当透明的工具，但是这取决于你的团队和公司的工作方式。

14.2.3 generate()

RandomWords.java 用到了 Supplier\<T> 和 Stream.generate()。下面是第二个示例：

```
// streams/Generator.java
import java.util.*;
import java.util.function.*;
import java.util.stream.*;
```

```
/* 输出：
YNZBRNYGCFOWZNTCQRGSEGZMMJMROE
*/
```

```
public class Generator implements Supplier<String> {
  Random rand = new Random(47);
  char[] letters =
    "ABCDEFGHIJKLMNOPQRSTUVWXYZ".toCharArray();
  @Override public String get() {
    return "" + letters[rand.nextInt(letters.length)];
  }
  public static void main(String[] args) {
    String word = Stream.generate(new Generator())
      .limit(30)
      .collect(Collectors.joining());
    System.out.println(word);
  }
}
```

我们使用 Random.nextInt() 来选择字母表中的大写字母。其参数告诉它可以接受的最大随机数,这样就不会超出数组边界了。

如果想创建一个由完全相同的对象组成的流,只需要将一个生成这些对象的 lambda 表达式传给 generate():

```java
// streams/Duplicator.java
import java.util.stream.*;

public class Duplicator {
  public static void main(String[] args) {
    Stream.generate(() -> "duplicate")
      .limit(3)
      .forEach(System.out::println);
  }
}
/* 输出:
duplicate
duplicate
duplicate
*/
```

下面是 Bubble 类,本章前面的示例中曾用过。注意,它包含了自己的静态生成器方法:

```java
// streams/Bubble.java
import java.util.function.*;

public class Bubble {
  public final int i;
  public Bubble(int n) { i = n; }
  @Override public String toString() {
    return "Bubble(" + i + ")";
  }
  private static int count = 0;
  public static Bubble bubbler() {
    return new Bubble(count++);
  }
}
```

因为 bubbler() 与 Supplier<Bubble> 接口兼容,所以我们可以将其方法引用传给 Stream.generate():

```java
// streams/Bubbles.java
import java.util.stream.*;

public class Bubbles {
  public static void main(String[] args) {
    Stream.generate(Bubble::bubbler)
      .limit(5)
      .forEach(System.out::println);
  }
}
/* 输出:
Bubble(0)
Bubble(1)
Bubble(2)
Bubble(3)
Bubble(4)
*/
```

这是创建单独的工厂方法的一个替代方案。从很多方面来说,它更整洁,但这只是代码风格和代码组织的问题——你总是可以创建一个完全不同的工厂类。

14.2.4 iterate()

Stream.iterate() 从一个种子开始（第一个参数），然后将其传给第二个参数所引用的方法。其结果被添加到这个流上，并且保存下来作为下一次 iterate() 调用的第一个参数，以此类推。我们可以通过迭代生成一个斐波那契数列（你在上一章见过这个数列）：

```java
// streams/Fibonacci.java
import java.util.stream.*;

public class Fibonacci {
  int x = 1;
  Stream<Integer> numbers() {
    return Stream.iterate(0, i -> {
      int result = x + i;
      x = i;
      return result;
    });
  }
  public static void main(String[] args) {
    new Fibonacci().numbers()
      .skip(20) // 不使用前 20 个
      .limit(10) // 然后从中取 10 个
      .forEach(System.out::println);
  }
}
/* 输出:
6765
10946
17711
28657
46368
75025
121393
196418
317811
514229
*/
```

斐波那契数列将数列中的最后**两个**元素相加，生成下一个元素。iterate() 只会记住结果（result），所以必须使用 x 来记住另一个元素。

在 main() 中，我们使用了 skip() 操作，这个之前没有介绍过。它会直接丢弃由其参数指定的相应数目的流元素。这里丢弃了前 20 个。

14.2.5 流生成器

在**生成器**（Builder）设计模式中，我们创建一个生成器对象，为它提供多段构造信息，最后执行"生成"（build）动作。Stream 库提供了这样一个 Builder。这里回顾一下读取文件并将其转为单词流的过程：

```java
// streams/FileToWordsBuilder.java
import java.io.*;
import java.nio.file.*;
import java.util.stream.*;

public class FileToWordsBuilder {
```

```
Stream.Builder<String> builder = Stream.builder();
public FileToWordsBuilder(String filePath)
throws Exception {
  Files.lines(Paths.get(filePath))
    .skip(1) // 跳过开头的注释行
    .forEach(line -> {
      for(String w : line.split("[ .?,]+"))
        builder.add(w);
    });
}
Stream<String> stream() { return builder.build(); }
public static void
main(String[] args) throws Exception {
  new FileToWordsBuilder("Cheese.dat").stream()
    .limit(7)
    .map(w -> w + " ")
    .forEach(System.out::print);
}
}
```

```
/* 输出:
Not much of a cheese shop really
*/
```

注意，构造器添加了文件中的所有单词（除了第一行，这是一个包含了文件路径信息的注释），但是它没有调用 build()。这意味着，只要不调用 stream()，就可以继续向 builder 对象中添加单词。如果希望这个类更完整的话，可以加入一个标志来查看 build() 是否已经被调用，加入一个方法在可能的情况下继续添加单词。如果在调用 build() 之后还尝试向 Stream.Builder 中添加单词，则会产生异常。

14.2.6 Arrays

Arrays 类中包含了名为 stream() 的静态方法，可以将数组转换为流。可以重写 interfaces/MetalWork.java 中的 main()，创建一个流，并在每个元素上应用 execute()：

```
// streams/MetalWork2.java
import java.util.*;
import onjava.Operation;

public class MetalWork2 {
  public static void main(String[] args) {
    Arrays.stream(new Operation[] {
      () -> Operation.show("Heat"),
      () -> Operation.show("Hammer"),
      () -> Operation.show("Twist"),
      () -> Operation.show("Anneal")
    }).forEach(Operation::execute);
  }
}
```

```
/* 输出:
Heat
Hammer
Twist
Anneal
*/
```

new Operation[] 表达式动态地创建了一个由 Operation 对象组成的类型化数组。

stream() 方法也可以生成 IntStream、LongStream 和 DoubleStream：

```java
// streams/ArrayStreams.java
import java.util.*;
import java.util.stream.*;

public class ArrayStreams {
  public static void main(String[] args) {
    Arrays.stream(
      new double[] { 3.14159, 2.718, 1.618 })
      .forEach(n -> System.out.format("%f ", n));
    System.out.println();
    Arrays.stream(new int[] { 1, 3, 5 })
      .forEach(n -> System.out.format("%d ", n));
    System.out.println();
    Arrays.stream(new long[] { 11, 22, 44, 66 })
      .forEach(n -> System.out.format("%d ", n));
    System.out.println();
    // 选择一个子区间:
    Arrays.stream(
      new int[] { 1, 3, 5, 7, 15, 28, 37 }, 3, 6)
      .forEach(n -> System.out.format("%d ", n));
  }
}
```

```
/* 输出:
3.141590 2.718000 1.618000
1 3 5
11 22 44 66
7 15 28
*/
```

最后一次调用 stream()，使用了两个额外的参数：第一个告诉 stream() 从数组的哪个位置开始选择元素，第二个告诉它在哪里停止。每个不同类型的 stream() 方法都有这个版本。

14.2.7　正则表达式

Java 的**正则表达式**（regular expression）会在第 18 章介绍。Java 8 向 java.util.regex.Pattern 类中加入了一个新方法 splitAsStream()，它接受一个字符序列，并根据我们传入的公式将其分割为一个流。这里有一个约束：splitAsStream() 的输入应该是一个 CharSequence，所以我们不能将一个流传到 splitAsStream() 中。

再来看看将文件转为单词的过程。这一次，我们先使用流将文件转入一个单独的 String，然后再使用**正则表达式**将这个 String 切割到一个单词流中：

```java
// streams/FileToWordsRegexp.java
import java.io.*;
import java.nio.file.*;
import java.util.stream.*;
import java.util.regex.Pattern;

public class FileToWordsRegexp {
```

```java
private String all;
public FileToWordsRegexp(String filePath)
throws Exception {
  all = Files.lines(Paths.get(filePath))
    .skip(1) // 跳过第一行的注释信息
    .collect(Collectors.joining(" "));
}
public Stream<String> stream() {
  return Pattern
    .compile("[ .,?]+").splitAsStream(all);
}
public static void
main(String[] args) throws Exception {
  FileToWordsRegexp fw =
    new FileToWordsRegexp("Cheese.dat");
  fw.stream()
    .limit(7)
    .map(w -> w + " ")
    .forEach(System.out::print);
  fw.stream()
    .skip(7)
    .limit(2)
    .map(w -> w + " ")
    .forEach(System.out::print);
}
}
```

```
/* 输出:
Not much of a cheese shop really is it
*/
```

构造器读取文件中的所有行（又一次跳过了第一行的注释信息），转到一个单独的 String 中。现在，当我们调用 stream() 时，和以前一样，我们得到了一个流。但不同的是，我们可以回过头来多次调用 stream()，每次都从保存的 String 创建一个新的流。这里的不足是，整个文件都要存储在内存中。大部分情况下，这可能不是问题，但会导致我们无法利用流的以下优势。

1. 它们"不需要存储"。当然，它们事实上需要一些内部存储，但只是这个序列的一小部分而已，与容纳整个序列所需的空间完全不是一回事儿。

2. 它们是惰性求值的。

幸运的是，我们稍后将看到如何解决这个问题。

14.3 中间操作

这些操作从一个流中接收对象，并将对象作为另一个流送出后端，以连接到其他操作。

14.3.1 跟踪与调试

peek() 操作就是用来辅助调试的。它允许我们查看流对象而不修改它们：

```
// streams/Peeking.java

class Peeking {
  public static void
  main(String[] args) throws Exception {
    FileToWords.stream("Cheese.dat")
      .skip(21)
      .limit(4)
      .map(w -> w + " ")
      .peek(System.out::print)
      .map(String::toUpperCase)
      .peek(System.out::print)
      .map(String::toLowerCase)
      .forEach(System.out::print);
  }
}
/* 输出:
Well WELL well it IT it s S s so SO so
*/
```

我们稍后会给出 FileToWords 的定义，但其作用和我们已经看到的版本是一样的：生成一个由 String 对象组成的流。在它们通过管线时，我们调用了 peek()，偷偷看了一眼。

因为 peek() 接受的是一个遵循 Consumer 函数式接口的函数，这样的函数没有返回值，所以也就不可能用不同的对象替换掉流中的对象。我们只能"看看"这些对象。

14.3.2 对流元素进行排序

我们在 Randoms.java 中看到过以默认的比较方式使用 sorted() 进行排序的情况。还有一种接受 Comparator 参数的 sorted() 形式：

```
// streams/SortedComparator.java
import java.util.*;

public class SortedComparator {
  public static void
  main(String[] args) throws Exception {
    FileToWords.stream("Cheese.dat")
      .skip(10)
      .limit(10)
      .sorted(Comparator.reverseOrder())
      .map(w -> w + " ")
      .forEach(System.out::print);
  }
}
/* 输出:
you what to the that sir leads in district And
*/
```

可以传入一个 lambda 函数作为 sorted() 的参数，不过也有预先定义好的 Comparator，这里就使用了一个逆转"自然顺序"的。

14.3.3　移除元素

- distinct()：在 Randoms.java 中，distinct() 移除了流中的重复元素。与创建一个 Set 来消除重复元素相比，使用 distinct() 要省力得多。
- filter(Predicate)：过滤操作只保留符合特定条件的元素，也就是传给参数（即**过滤函数**），结果为 true 的那些元素。

在以下示例中，过滤函数 isPrime() 会检测素数：

```java
// streams/Prime.java
import java.util.stream.*;
import static java.util.stream.LongStream.*;

public class Prime {
  public static boolean isPrime(long n) {
    return rangeClosed(2, (long)Math.sqrt(n))
      .noneMatch(i -> n % i == 0);
  }
  public LongStream numbers() {
    return iterate(2, i -> i + 1)
      .filter(Prime::isPrime);
  }
  public static void main(String[] args) {
    new Prime().numbers()
      .limit(10)
      .forEach(n -> System.out.format("%d ", n));
    System.out.println();
    new Prime().numbers()
      .skip(90)
      .limit(10)
      .forEach(n -> System.out.format("%d ", n));
  }
}
/* 输出：
2 3 5 7 11 13 17 19 23 29
467 479 487 491 499 503 509 521 523 541
*/
```

rangeClosed() 包含了上界值。如果没有任何一个取余操作的结果为 0，则 noneMatch() 操作返回 true。如果有任何一个计算结果等于 0，则返回 false。noneMatch() 会在第一次失败之后退出，而不会把后面的所有计算都尝试一遍。

14.3.4　将函数应用于每个流元素

- map(Function)：将 Function 应用于输入流中的每个对象，结果作为输出流继续传递。

- mapToInt(ToIntFunction)：同上，不过结果放在一个 IntStream 中。

- mapToLong(ToLongFunction)：同上，不过结果放在一个 LongStream 中。

- mapToDouble(ToDoubleFunction)：同上，不过结果放在一个 DoubleStream 中。

这里我们将不同的 Function 映射（map()）到了一个由 String 组成的流中：

```java
// streams/FunctionMap.java
import java.util.*;
import java.util.stream.*;
import java.util.function.*;

class FunctionMap {
  static String[] elements = { "12", "", "23", "45" };
  static Stream<String> testStream() {
    return Arrays.stream(elements);
  }
  static void
  test(String descr, Function<String, String> func) {
    System.out.println(" ---( " + descr + " )---");
    testStream()
      .map(func)
      .forEach(System.out::println);
  }
  public static void main(String[] args) {

    test("add brackets", s -> "[" + s + "]");

    test("Increment", s -> {
      try {
        return Integer.parseInt(s) + 1 + "";
      } catch(NumberFormatException e) {
        return s;
      }
    });

    test("Replace", s -> s.replace("2", "9"));

    test("Take last digit", s -> s.length() > 0 ?
      s.charAt(s.length() - 1) + "" : s);
  }
}
/* 输出：
 ---( add brackets )---
[12]
[]
[23]
[45]
 ---( Increment )---
13
24
46
 ---( Replace )---
19
93
45
 ---( Take last digit )---
2
3
5
*/
```

在 "Increment" 这项测试中，我们使用了 Integer.parseInt()，尝试将 String 转为 Integer。如果这个 String 不能被表示为 Integer，则会抛出 NumberFormatException，这时我们就把原始的 String 放到输出流中。

在上面的示例中，map() 将一个 String 映射到了另一个 String，但是没有理由要求生成的类型必须与输入的类型相同，所以可以在这里改变这个流的类型。下面是一个示例：

```
// streams/FunctionMap2.java
// 不同的输入和输出类型
import java.util.*;
import java.util.stream.*;

class Numbered {
  final int n;
  Numbered(int n) { this.n = n; }
  @Override public String toString() {
    return "Numbered(" + n + ")";
  }
}

class FunctionMap2 {
  public static void main(String[] args) {
    Stream.of(1, 5, 7, 9, 11, 13)
      .map(Numbered::new)
      .forEach(System.out::println);
  }
}
```

```
/* 输出:
Numbered(1)
Numbered(5)
Numbered(7)
Numbered(9)
Numbered(11)
Numbered(13)
*/
```

我们接受的是 int，然后使用构造器 Numbered::new 将其转变为 Numbered。

如果 Function 生成的结果类型是某种数值类型，必须使用相应的 mapTo 操作来代替：

```
// streams/FunctionMap3.java
// 生成数值类型的输出流
import java.util.*;
import java.util.stream.*;

class FunctionMap3 {
  public static void main(String[] args) {
    Stream.of("5", "7", "9")
      .mapToInt(Integer::parseInt)
      .forEach(n -> System.out.format("%d ", n));
    System.out.println();
    Stream.of("17", "19", "23")
      .mapToLong(Long::parseLong)
      .forEach(n -> System.out.format("%d ", n));
    System.out.println();
    Stream.of("17", "1.9", ".23")
      .mapToDouble(Double::parseDouble)
      .forEach(n -> System.out.format("%f ", n));
  }
}
```

```
/* 输出:
5 7 9
17 19 23
17.000000 1.900000 0.230000
*/
```

遗憾的是，Java 的设计者们没有在这门语言设计之初就努力消除基本类型。

14.3.5 在应用 map() 期间组合流

假设有一个由传入元素组成的流，我们正在其上应用一个 map() 函数，这个函数有一些功能上的独特优势,但是存在一个问题:它生成的是一个流。换句话说,我们想要的是一个由元素组成的流,但生成了一个由元素流组成的流。

flatMap() 会做两件事:接受生成流的函数,并将其应用于传入元素(就像 map() 所做的那样),然后再将每个流"扁平化"处理,将其展开为元素。所以传出来的就都是元素了。

- flatMap(Function):当 Function 生成的是一个流时使用。
- flatMapToInt(Function):当 Function 生成的是一个 IntStream 时使用。
- flatMapToLong(Function):当 Function 生成的是一个 LongStream 时使用。
- flatMapToDouble(Function):当 Function 生成的是一个 DoubleStream 时使用。

为了了解它是如何工作的,我们虚构了一个用于 map 的没有实际意义的函数,它接受一个 Integer,生成由 String 组成的流:

```java
// streams/StreamOfStreams.java
import java.util.stream.*;

public class StreamOfStreams {
  public static void main(String[] args) {
    Stream.of(1, 2, 3)
      .map(i -> Stream.of("Gonzo", "Kermit", "Beaker"))
      .map(e-> e.getClass().getName())
      .forEach(System.out::println);
  }
}
/* 输出:
java.util.stream.ReferencePipeline$Head
java.util.stream.ReferencePipeline$Head
java.util.stream.ReferencePipeline$Head
*/
```

我们天真地希望得到一个 String 流,但得到的是一个由指向其他流的"头"组成的流。可以用 flatMap() 轻松地解决这个问题:

```java
// streams/FlatMap.java
import java.util.stream.*;

public class FlatMap {
  public static void main(String[] args) {
    Stream.of(1, 2, 3)
      .flatMap(
        i -> Stream.of("Gonzo", "Fozzie", "Beaker"))
      .forEach(System.out::println);
  }
}
/* 输出:
Gonzo
Fozzie
Beaker
Gonzo
Fozzie
Beaker
Gonzo
Fozzie
Beaker
*/
```

所以从这个映射返回的每个流都会被自动扁平化处理，展开为组成这个流的 String 元素。

下面是另一个示例。我们从一个整数值组成的流开始，然后使用其中的每一个来创建很多随机数：

```java
// streams/StreamOfRandoms.java
import java.util.*;
import java.util.stream.*;

public class StreamOfRandoms {
  static Random rand = new Random(47);
  public static void main(String[] args) {
    Stream.of(1, 2, 3, 4, 5)
      .flatMapToInt(i -> IntStream.concat(
        rand.ints(0, 100).limit(i), IntStream.of(-1)))
      .forEach(n -> System.out.format("%d ", n));
  }
}
/* 输出:
58 -1 55 93 -1 61 61 29 -1 68 0 22 7 -1 88 28 51 89 9 -1
*/
```

示例中引入了 concat()，它会按照参数的顺序将两个流组合到一起。所以，在每个由随机的 Integer 组成的流的末尾，这里添加了一个 -1 作为标记。因此，我们可以看到最终的流确实是由一组被扁平化处理的流组合而来的。

因为 rand.ints() 会生成一个 IntStream，所以这里必须使用 flatMap()、concat() 和 of() 的特殊的 Integer 版本。

再来看一下将一个文件分解为单词流的任务。我们上次打交道的 FileToWordsRegexp.java 存在一个问题，就是需要将整个文件都读入到一个由文本行组成的 List 中，这也就需要对应的存储空间。而我们真正想要的是创建一个不需要中间存储的单词流。这正是 flatMap() 所要解决的问题：

```java
// streams/FileToWords.java
import java.nio.file.*;
import java.util.stream.*;
import java.util.regex.Pattern;

public class FileToWords {
  public static Stream<String> stream(String filePath)
  throws Exception {
    return Files.lines(Paths.get(filePath))
      .skip(1) // 跳过第一行的注释信息
```

```
        .flatMap(line ->
          Pattern.compile("\\W+").splitAsStream(line));
    }
}
```

stream()现在成了一个静态方法，因为它自己就可以完成整个流的创建过程。

注意这里的正则表达式模式使用的是 \\W+。\\W 意味着一个"非单词字符"，而 + 意味着"一个或多个"。小写形式 \\w 指的是"单词字符"。

我们之前遇到的问题是，Pattern.compile().splitAsStream() 生成的结果是一个流，这意味着在由文本行组成的输入流上调用 map()，会生成一个由单词流组成的流，而这时我们需要的只是一个单词流而已。幸运的是，flatMap() 可以将元素流组成的流扁平化，将其变为由元素组成的一个简单流。或者，我们可以使用 String.split()，它会生成一个数组，然后使用 Arrays.stream() 将其转为流：

```
.flatMap(line -> Arrays.stream(line.split("\\W+")))
```

因为现在得到的是一个真正的流（而不是像 FileToWordsRegexp.java 中那样，先将文件中的内容存储到一个集合中，然后基于这个集合创建的流），所以每当我们想要一个新的流时，都必须从头创建，因为它无法复用：

```
// streams/FileToWordsTest.java
import java.util.stream.*;

public class FileToWordsTest {
  public static void
  main(String[] args) throws Exception {
    FileToWords.stream("Cheese.dat")
      .limit(7)
      .forEach(s -> System.out.format("%s ", s));
    System.out.println();
    FileToWords.stream("Cheese.dat")
      .skip(7)
      .limit(2)
      .forEach(s -> System.out.format("%s ", s));
  }
}
```

```
/* 输出：
Not much of a cheese shop really
is it
*/
```

这里，System.out.format() 中的 %s 说明参数是一个 String。

14.4 Optional 类型

在研究终结操作之前，我们必须考虑一个问题：如果我们向流中请求对象，但是流中什么都没有，这时会发生什么呢？我们喜欢把流连接成"快乐通道"(happy path)[①]，并假设没有什么会中断它。然而在流中放入一个 null 就能轻松破坏掉它。有没有某种我们可以使用的对象，既可以作为流元素来占位，也可以在我们要找的元素不存在时友好地告知我们（也就是说，不会抛出异常）？

这个想法被实现为 Optional 类型。某些标准的流操作会返回 Optional 对象，因为它们不能确保所要的结果一定存在。这些流操作列举如下。

- findFirst() 返回包含第一个元素的 Optional。如果这个流为空，则返回 Optional.empty。

- findAny() 返回包含任何元素的 Optional，如果这个流为空，则返回 Optional.empty。

- max() 和 min() 分别返回包含流中最大值或最小值的 Optional。如果这个流为空，则返回 Optional.empty。

- reduce() 的一个版本，它并不以一个"identity"对象作为其第一个参数（在 reduce() 的其他版本中，"identity"对象会成为默认结果，所以不会有结果为空的风险），它会将返回值包在一个 Optional 中。

- 对于数值化的流 IntStream、LongStream 和 DoubleStream，average() 操作将其结果包在一个 Optional 中，以防流为空的情况。

下面是所有这些操作在空流上的简单测试：

```java
// streams/OptionalsFromEmptyStreams.java
import java.util.*;
import java.util.stream.*;

class OptionalsFromEmptyStreams {
  public static void main(String[] args) {
    System.out.println(Stream.<String>empty()
      .findFirst());
    System.out.println(Stream.<String>empty()
      .findAny());
    System.out.println(Stream.<String>empty()
      .max(String.CASE_INSENSITIVE_ORDER));
    System.out.println(Stream.<String>empty()
      .min(String.CASE_INSENSITIVE_ORDER));
    System.out.println(Stream.<String>empty()
      .reduce((s1, s2) -> s1 + s2));
```

```
/* 输出:
Optional.empty
Optional.empty
Optional.empty
Optional.empty
Optional.empty
OptionalDouble.empty
*/
```

---

① 在软件开发中，"happy path"指的是没有异常或错误情形发生的默认场景。这里的原文可以认为有双关之意，"path"还可以指把流连接起来形成的通道。——译者注

```
        System.out.println(IntStream.empty()
          .average());
    }
}
```

这时不会因为流是空的而抛出异常，而是会得到一个 Optional.empty 对象。Optional 有一个 toString() 方法，可以显示有用的信息。

注意，空流是通过 Stream.<String>empty() 创建的。如果只用了 Stream.empty() 而没有任何上下文信息，那么 Java 不知道它应该是什么类型的，而这种语法解决了该问题。如果编译器有足够的上下文信息，就像下面这样：

```
Stream<String> s = Stream.empty();
```

那么它可以推断出 empty() 调用的类型。

这个示例演示了 Optional 的两个基本动作：

```
// streams/OptionalBasics.java
import java.util.*;
import java.util.stream.*;

class OptionalBasics {
  static void test(Optional<String> optString) {       /* 输出：
    if(optString.isPresent())                           Epithets
      System.out.println(optString.get());              Nothing inside!
    else                                                */
      System.out.println("Nothing inside!");
  }
  public static void main(String[] args) {
    test(Stream.of("Epithets").findFirst());
    test(Stream.<String>empty().findFirst());
  }
}
```

我们接收到一个 Optional 时，首先要调用 isPresent()，看看里面是不是有东西。如果有，再使用 get() 来获取。

14.4.1　便捷函数

有很多便捷函数，可用于获取 Optional 中的数据，它们简化了上面"先检查再处理所包含对象"的过程。

- ifPresent(Consumer)：如果值存在，则用这个值来调用 Consumer，否则什么都不做。
- orElse(otherObject)：如果对象存在，则返回这个对象，否则返回 otherObject。

- orElseGet(Supplier)：如果对象存在，则返回这个对象，否则返回使用 Supplier
  函数创建的替代对象。
- orElseThrow(Supplier)：如果对象存在，则返回这个对象，否则抛出一个使用
  Supplier 函数创建的异常。

下面简单演示一下这些便捷函数：

```java
// streams/Optionals.java
import java.util.*;
import java.util.stream.*;
import java.util.function.*;

public class Optionals {
  static void basics(Optional<String> optString) {
    if(optString.isPresent())
      System.out.println(optString.get());
    else
      System.out.println("Nothing inside!");
  }
  static void ifPresent(Optional<String> optString) {
    optString.ifPresent(System.out::println);
  }
  static void orElse(Optional<String> optString) {
    System.out.println(optString.orElse("Nada"));
  }
  static void orElseGet(Optional<String> optString) {
    System.out.println(
      optString.orElseGet(() -> "Generated"));
  }
  static void orElseThrow(Optional<String> optString) {
    try {
      System.out.println(optString.orElseThrow(
        () -> new Exception("Supplied")));
    } catch(Exception e) {
      System.out.println("Caught " + e);
    }
  }
  static void test(String testName,
    Consumer<Optional<String>> cos) {
    System.out.println(" === " + testName + " === ");
    cos.accept(Stream.of("Epithets").findFirst());
    cos.accept(Stream.<String>empty().findFirst());
  }
  public static void main(String[] args) {
    test("basics", Optionals::basics);
    test("ifPresent", Optionals::ifPresent);
    test("orElse", Optionals::orElse);
    test("orElseGet", Optionals::orElseGet);
    test("orElseThrow", Optionals::orElseThrow);
  }
}
```

```
/* 输出:
 === basics ===
Epithets
Nothing inside!
 === ifPresent ===
Epithets
 === orElse ===
Epithets
Nada
 === orElseGet ===
Epithets
Generated
 === orElseThrow ===
Epithets
Caught java.lang.Exception: Supplied
*/
```

test() 方法通过接受一个匹配所有示例方法的 Consumer，可以避免代码重复。

Optionals::orElseThrow() 使用 catch 来捕捉 Java 库函数 Optional::orElseThrow() 抛出的异常。第 15 章会详细介绍异常。

14.4.2 创建 Optional

当需要自己编写生成 Optional 的代码时，有如下三种可以使用的静态方法。

- empty()：返回一个空的 Optional。
- of(value)：如果已经知道这个 value 不是 null，可以使用该方法将其包在一个 Optional 中。
- ofNullable(value)：如果不知道这个 value 是不是 null，使用这个方法。如果 value 为 null，它会自动返回 Optional.empty，否则会将这个 value 包在一个 Optional 中。

在以下示例中可以看到这些方法是如何工作的：

```
// streams/CreatingOptionals.java
import java.util.*;
import java.util.stream.*;
import java.util.function.*;

class CreatingOptionals {
  static void
  test(String testName, Optional<String> opt) {
    System.out.println(" === " + testName + " === ");
```

```
    System.out.println(opt.orElse("Null"));
  }
  public static void main(String[] args) {
    test("empty", Optional.empty());
    test("of", Optional.of("Howdy"));
    try {
      test("of", Optional.of(null));
    } catch(Exception e) {
      System.out.println(e);
    }
    test("ofNullable", Optional.ofNullable("Hi"));
    test("ofNullable", Optional.ofNullable(null));
  }
}
```

```
/* 输出:
 === empty ===
Null
 === of ===
Howdy
java.lang.NullPointerException
 === ofNullable ===
Hi
 === ofNullable ===
Null
*/
```

如果试图通过向 of() 传递 null 来创建 Optional，它会抛出空指针异常。ofNullable()
可以优雅地处理 null，所以它看起来是最安全的一个。

14.4.3　Optional 对象上的操作

有三种方法支持对 Optional 进行事后处理，所以如果你的流管线生成了一个
Optional，你可以在最后再做一项处理。

- filter(Predicate)：将 Predicate 应用于 Optional 的内容，并返回其结果。如果
  Optional 与 Predicate 不匹配，则将其转换为 empty。如果 Optional 本身已经是
  empty，则直接传回。
- map(Function)：如果 Optional 不为 empty，则将 Function 应用于 Optional 中包含
  的对象，并返回结果。否则传回 Optional.empty。
- flatMap(Function)：和 map() 类似，但是所提供的映射函数会将结果包在 Optional
  中，这样 flatMap() 最后就不会再做任何包装了。

数值化的 Optional 上没有提供这些操作。

对于普通的流 filter() 而言，如果 Predicate 返回 false，它会将元素从流中删除。
但是对于 Optional.filter() 而言，如果 Predicate 返回 false，它不会删除元素，但是会
将其转化为 empty。下面这个示例探索了 filter() 的用法：

```
// streams/OptionalFilter.java
import java.util.*;
import java.util.stream.*;
import java.util.function.*;

class OptionalFilter {
```

```
static String[] elements = {
  "Foo", "", "Bar", "Baz", "Bingo"
};
static Stream<String> testStream() {
  return Arrays.stream(elements);
}
static void
test(String descr, Predicate<String> pred) {
  System.out.println(" ---( " + descr + " )---");
  for(int i = 0; i <= elements.length; i++) {
    System.out.println(
      testStream()
        .skip(i)
        .findFirst()
        .filter(pred));
  }
}
public static void main(String[] args) {
  test("true", str -> true);
  test("false", str -> false);
  test("str != \"\"", str -> str != "");
  test("str.length() == 3", str -> str.length() == 3);
  test("startsWith(\"B\")",
       str -> str.startsWith("B"));
}
}
```

```
/* 输出:
 ---( true )---
Optional[Foo]
Optional[]
Optional[Bar]
Optional[Baz]
Optional[Bingo]
Optional.empty
 ---( false )---
Optional.empty
Optional.empty
Optional.empty
Optional.empty
Optional.empty
Optional.empty
 ---( str != "" )---
Optional[Foo]
Optional.empty
Optional[Bar]
Optional[Baz]
Optional[Bingo]
Optional.empty
 ---( str.length() == 3 )---
Optional[Foo]
Optional.empty
Optional[Bar]
Optional[Baz]
Optional.empty
Optional.empty
 ---( startsWith("B") )---
Optional.empty
Optional.empty
Optional[Bar]
Optional[Baz]
Optional[Bingo]
Optional.empty
*/
```

尽管输出看上去像是一个流,但是要特别注意 test() 中的 for 循环。每次进入 for 循环,它都会重新获得一个流,并跳过用 for 循环的索引设置的元素数,这就使其看上去像流中的连续元素。然后它执行 findFirst(),获得剩余元素的中的第一个,它会被包在一个 Optional 中返回。

和常见的 for 循环不同的是,这个索引没有用 i < elements.length 来限制,而是用了 i <= elements.length,所以最后一个元素事实上会超出这个流。方便的是,这会自动变成一个 Optional.empty,我们在每个测试的最后都能看到。

类似于 map()，Optional.map() 会应用一个函数，但是在 Optional 的情况下，只有当 Optional 不为 empty 时，它才会应用这个映射函数。它也会提取 Optional 所包含的对象，并将其交给映射函数：

```java
// streams/OptionalMap.java
import java.util.*;
import java.util.stream.*;
import java.util.function.*;

class OptionalMap {
  static String[] elements = { "12", "", "23", "45" };
  static Stream<String> testStream() {
    return Arrays.stream(elements);
  }
  static void
  test(String descr, Function<String, String> func) {
    System.out.println(" ---( " + descr + " )---");
    for(int i = 0; i <= elements.length; i++) {
      System.out.println(
        testStream()
          .skip(i)
          .findFirst() // 生成一个 Optional
          .map(func));
    }
  }
  public static void main(String[] args) {

    // 如果 Optional 不为 empty, 在将其传给
    // 函数时, map() 首先会提取 Optional 中
    // 的对象:

    test("Add brackets", s -> "[" + s + "]");

    test("Increment", s -> {
      try {
        return Integer.parseInt(s) + 1 + "";
      } catch(NumberFormatException e) {
        return s;
      }
    });

    test("Replace", s -> s.replace("2", "9"));

    test("Take last digit", s -> s.length() > 0 ?
      s.charAt(s.length() - 1) + "" : s);
  }
  // 在函数完成后, map() 会先把结果
  // 包在一个 Optional 中, 然后返回
}
/* 输出:
 ---( Add brackets )---
Optional[[12]]
Optional[[]]
Optional[[23]]
Optional[[45]]
Optional.empty
 ---( Increment )---
Optional[13]
Optional[]
Optional[24]
Optional[46]
Optional.empty
 ---( Replace )---
Optional[19]
Optional[]
Optional[93]
Optional[45]
Optional.empty
 ---( Take last digit )---
Optional[2]
Optional[]
Optional[3]
Optional[5]
Optional.empty
*/
```

映射函数的结果会被自动地包在一个 Optional 中。正如我们所看到的，遇到

Optional.empty 会直接通过，不在其上应用映射函数。

Optional 的 flatMap() 被应用于已经会生成 Optional 的映射函数，所以 flatMap() 不会像 map() 那样把结果包在 Optional 中：

```java
// streams/OptionalFlatMap.java
import java.util.*;
import java.util.stream.*;
import java.util.function.*;

class OptionalFlatMap {
  static String[] elements = { "12", "", "23", "45" };
  static Stream<String> testStream() {
    return Arrays.stream(elements);
  }
  static void test(String descr,
    Function<String, Optional<String>> func) {
    System.out.println(" ---( " + descr + " )---");
    for(int i = 0; i <= elements.length; i++) {
      System.out.println(
        testStream()
          .skip(i)
          .findFirst()
          .flatMap(func));
    }
  }
  public static void main(String[] args) {

    test("Add brackets",
        s -> Optional.of("[" + s + "]"));

    test("Increment", s -> {
      try {
        return Optional.of(
          Integer.parseInt(s) + 1 + "");
      } catch(NumberFormatException e) {
        return Optional.of(s);
      }
    });

    test("Replace",
      s -> Optional.of(s.replace("2", "9")));

    test("Take last digit",
      s -> Optional.of(s.length() > 0 ?
        s.charAt(s.length() - 1) + ""
        : s));
  }
}
/* 输出:
 ---( Add brackets )---
Optional[[12]]
Optional[[]]
Optional[[23]]
Optional[[45]]
Optional.empty
 ---( Increment )---
Optional[13]
Optional[]
Optional[24]
Optional[46]
Optional.empty
 ---( Replace )---
Optional[19]
Optional[]
Optional[93]
Optional[45]
Optional.empty
 ---( Take last digit )---
Optional[2]
Optional[]
Optional[3]
Optional[5]
Optional.empty
*/
```

和 map() 类似，flatMap() 会获得非 empty 的 Optional 中的对象，并将其交给映射函数。

它们唯一的区别是，flatMap() 不会将结果包在 Optional 中，因为这个事映射函数已经做了。在上面的示例中，我已经明确地在每个映射函数内做了包装，但显然 Optional.flatMap() 是为已经能够自己生成 Optional 的函数设计的。

14.4.4　由 Optional 组成的流

假设有一个可能会生成 null 值的生成器。如果使用这个生成器创建了一个流，我们自然想将这些元素包在 Optional 中。它看上去应该是这样的：

```java
// streams/Signal.java
import java.util.*;
import java.util.stream.*;
import java.util.function.*;

public class Signal {
  private final String msg;
  public Signal(String msg) { this.msg = msg; }
  public String getMsg() { return msg; }
  @Override public String toString() {
    return "Signal(" + msg + ")";
  }
  static Random rand = new Random(47);
  public static Signal morse() {
    switch(rand.nextInt(4)) {
      case 1: return new Signal("dot");
      case 2: return new Signal("dash");
      default: return null;
    }
  }
  public static Stream<Optional<Signal>> stream() {
    return Stream.generate(Signal::morse)
      .map(signal -> Optional.ofNullable(signal));
  }
}
```

当使用这个流时，我们必须弄清楚如何获得 Optional 中的对象：

```java
// streams/StreamOfOptionals.java
import java.util.*;
import java.util.stream.*;

public class StreamOfOptionals {
  public static void main(String[] args) {
    Signal.stream()
      .limit(10)
      .forEach(System.out::println);
    System.out.println(" ---");
    Signal.stream()
      .limit(10)
```

```
/* 输出：
Optional[Signal(dash)]
Optional[Signal(dot)]
Optional[Signal(dash)]
Optional.empty
Optional.empty
Optional[Signal(dash)]
Optional.empty
Optional[Signal(dot)]
```

```
      .filter(Optional::isPresent)
      .map(Optional::get)
      .forEach(System.out::println);
  }
}
```

```
Optional[Signal(dash)]
Optional[Signal(dash)]
---
Signal(dot)
Signal(dot)
Signal(dash)
Signal(dash)
*/
```

这里我使用了 filter()，只保留非 empty 的 Optional，然后通过 map() 调用 get() 来获得包在其中的对象。因为每种情况都需要我们来决定"没有值"的含义，所以我们通常需要针对每种应用采取不同的方法。

14.5 终结操作

这些操作接受一个流，并生成一个最终结果。它们不会再把任何东西发给某个后端的流。因此，终结操作总是我们在一个管线内可以做的最后一件事。

14.5.1 将流转换为一个数组

- toArray()：将流元素转换到适当类型的数组中。
- toArray(generator)：generator 用于在特定情况下分配自己的数组存储。

如果流操作生成的内容必须以数组形式使用，这就很有用了。例如，假设我们想获得随机数，同时希望以流的形式复用它们，这样我们每次得到的都是相同的流。我们可以将其保存在一个数组中，来实现这个目的。

```java
// streams/RandInts.java
package streams;
import java.util.*;
import java.util.stream.*;

public class RandInts {
  private static int[] rints =
    new Random(47).ints(0, 1000).limit(100).toArray();
  public static IntStream rands() {
    return Arrays.stream(rints);
```

由 100 个 0~1000 范围内的 int 类型随机数组成的流，被转换成了一个数组，并存储在 rints 中，这样每次调用 rands() 就能重复获得相同的流了。

14.5.2　在每个流元素上应用某个终结操作

- forEach(Consumer)：这种用法我们已经看到过很多次了——以 System. out::println 作为 Consumer 函数。
- forEachOrdered(Consumer)：这个版本确保 forEach 对元素的操作顺序是原始的流的顺序。

第一种形式被明确地设计为可以以任何顺序操作元素，这只有在引入 parallel() 操作时才有意义。我们在进入进阶卷第 5 章之前不会深入研究这个问题，不过可以先简单介绍一下：parallel() 让 Java 尝试在多个处理器上执行操作。它可以做到这一点，正是因为使用了流——它可以将流分割为多个流（通常情况是，每个处理器一个流），并在不同的处理器上运行每个流。因为我们使用的是内部迭代，而不是外部迭代，所以这种情况是可能的。

在你对看似简单的 parallel() 感到跃跃欲试之前，我要先提醒一下，它使用起来是相当复杂的，所以在进入进阶卷第 5 章之前，先不要着急。

可以通过在一个示例中引入 parallel() 来了解 forEachOrdered(Consumer) 的作用和必要性：

```java
// streams/ForEach.java
import java.util.*;
import java.util.stream.*;
import static streams.RandInts.*;

public class ForEach {
  static final int SZ = 14;
  public static void main(String[] args) {
    rands().limit(SZ)
      .forEach(n -> System.out.format("%d ", n));
    System.out.println();
    rands().limit(SZ)
      .parallel()
      .forEach(n -> System.out.format("%d ", n));
    System.out.println();
    rands().limit(SZ)
      .parallel()
      .forEachOrdered(n -> System.out.format("%d ", n));
  }
}
/* 输出:
258 555 693 861 961 429 868 200 522 207 288 128 551 589
551 589 861 555 288 128 429 207 693 200 258 522 868 961
258 555 693 861 961 429 868 200 522 207 288 128 551 589
*/
```

这里将 sz 分离出来,以便尝试不同的大小。然而,即使 sz 为 14 这个值,也已经产生有意思的结果了。在第一个流中,我们没有使用 parallel(),所以结果的显示顺序就是它们从 rands() 中出现的顺序。第二个流引入了 parallel(),即便是这么小的一个流,我们也可以看到输出的顺序和之前不一样了。这是因为有多个处理器在处理这个问题,而且如果多次运行这个程序,你会发现每一次的输出还会有所不同,原因在于多个处理器同时处理这个问题所带来的不确定性因素。

最后一个流仍然使用了 parallel(),但是又使用 forEachOrdered() 来强制结果回到原始的顺序。因此,对于非 parallel() 的流,使用 forEachOrdered() 不会有任何影响。

14.5.3　收集操作

- collect(Collector):使用这个 Collector 将流元素累加到一个结果集合中。
- collect(Supplier, BiConsumer, BiConsumer):和上面类似,但是 Supplier 会创建一个新的结果集合,第一个 BiConsumer 是用来将下一个元素包含到结果中的函数,第二个 BiConsumer 用于将两个值组合起来。

我们仅仅看到了 Collectors 对象的几个示例。如果看一下 java.util.stream.Collectors 的文档,你会发现其中的一些对象相当复杂。例如,我们可以将流元素收集到任何特定种类的集合中。假设想把我们的条目最终放到一个 TreeSet 中,由此使它们总是有序的。在 Collectors 中没有特定的 toTreeSet() 方法,但是可以使用 Collectors.toCollection(),并将任何类型的 Collection 的构造器引用传给它。下面的程序提取文件中的单词放到 TreeSet 中:

```java
// streams/TreeSetOfWords.java
import java.util.*;
import java.nio.file.*;
import java.util.stream.*;

public class TreeSetOfWords {
  public static void
  main(String[] args) throws Exception {
    Set<String> words2 =
      Files.lines(Paths.get("TreeSetOfWords.java"))
        .flatMap(s -> Arrays.stream(s.split("\\W+")))
        .filter(s -> !s.matches("\\d+")) // 不要数字
        .map(String::trim)
        .filter(s -> s.length() > 2)
        .limit(100)
        .collect(Collectors.toCollection(TreeSet::new));
    System.out.println(words2);
  }
}
```

```
/* 输出:
[Arrays, Collectors, Exception, Files, Output, Paths,
Set, String, System, TreeSet, TreeSetOfWords, args,
class, collect, file, filter, flatMap, get, import,
java, length, limit, lines, main, map, matches, new,
nio, numbers, out, println, public, split, static,
stream, streams, throws, toCollection, trim, util,
void, words2]
*/
```

Files.lines() 打开 Path 所指向的文件，并将其变为由文本行组成的 Stream。它的下一行代码以一个或多个非单词字符（\\W+）为边界来分割这些文本行，这里生成的数组通过 Arrays.stream() 变为 Stream，然后其结果又被展开映射回一个由单词组成的 Stream。matches(\\d+) 会找到并删除**全是**数字的 String（注意 words2 可以通过）。接下来使用 String.trim() 去除周围可能存在的任何空白，使用 filter() 过滤掉长度小于 3 的单词，而且只接受流中的前 100 个单词，最后把这些单词放到一个 TreeSet 中。

可以从某个流生成一个 Map：

```
// streams/MapCollector.java
import java.util.*;
import java.util.stream.*;

class Pair {
  public final Character c;
  public final Integer i;
  Pair(Character c, Integer i) {
    this.c = c;
    this.i = i;
  }
  public Character getC() { return c; }
  public Integer getI() { return i; }
  @Override public String toString() {
    return "Pair(" + c + ", " + i + ")";
  }
}

class RandomPair {
  Random rand = new Random(47);
  // 一个无限大的迭代器，指向随机生成的大写字母:
  Iterator<Character> capChars = rand.ints(65,91)
    .mapToObj(i -> (char)i)
    .iterator();
  public Stream<Pair> stream() {
    return rand.ints(100, 1000).distinct()
      .mapToObj(i -> new Pair(capChars.next(), i));
```

```
/* 输出:
{688=W, 309=C, 293=B, 761=N, 858=N, 668=G, 622=F,
751=N}
*/
```

```
    }
  }

public class MapCollector {
  public static void main(String[] args) {
    Map<Integer, Character> map =
      new RandomPair().stream()
        .limit(8)
        .collect(
          Collectors.toMap(Pair::getI, Pair::getC));
    System.out.println(map);
  }
}
```

Pair 是一个基本的数据对象，保存着 c 和 i 的值。RandomPair 的核心是 stream()
方法，它会生成一个 Pair 流。其中的 Pair 对象是由随机生成的大写字母与随机生成的
100 ～ 1000 范围内的整数值组成的值对。

capChars 是一个会生成大写字母的 Iterator<Character>。capChars 的定义从一个流开
始，这个流由随机生成的位于 65 和 91 之间（即大写字母对应的 ASCII 值）的 int 组成。
mapToObj() 用于将这些 int 转为 char，它们会通过自动装箱变为 Character。

stream() 方法创建了一个 100 ～ 1000 范围内的、不重复的 int 组成的流。然后我们
使用 mapToObj() 将 capChars 迭代器的输出和这些 int 组合起来，用以生成一个由我们想要
的 Pair 对象组成的流。

main() 使用的是 Collectors.toMap() 的最简单形式，它只需要从流中取出键和值的函
数（还有其他形式，其中之一是接受一个可以处理键碰撞的函数）。

大多数情况下，如果看一下 java.util.stream.Collectors，就能找到一个满足我们要
求的预定义 Collector。找不到的情况只是极少数，这时候可以使用 collect() 的第二种形
式。下面的示例演示了第二种形式的基本情况：

```
// streams/SpecialCollector.java
import java.util.*;
import java.util.stream.*;

public class SpecialCollector {
  public static void
  main(String[] args) throws Exception {
    ArrayList<String> words =
      FileToWords.stream("Cheese.dat")
        .collect(ArrayList::new,
                 ArrayList::add,
                 ArrayList::addAll);
```

```
/* 输出：
cheese
cheese
*/
```

```
  words.stream()
    .filter(s -> s.equals("cheese"))
    .forEach(System.out::println);
  }
}
```

我们通常不需要第二种形式，所以对它的进一步探索就留作一个更高级的练习了。

14.5.4 组合所有的流元素

- reduce(BinaryOperator)：使用 BinaryOperator 来组合所有的流元素。因为这个流可能为空，所以返回的是一个 Optional。

- reduce(identity, BinaryOperator)：和上面一样，但是将 identity 用作这个组合的初始值。因此，即使这个流是空的，我们仍然能得到 identity 作为结果。

- reduce(identity, BiFunction, BinaryOperator)：这个更复杂（所以我们不会介绍），但是之所以把它列在这里，是因为它可能更高效。可以通过组合显式的 map() 和 reduce() 操作来更简单地表达这样的需求。

下面是一个有意设计的示例，用以演示 reduce()：

```
// streams/Reduce.java
import java.util.*;
import java.util.stream.*;

class Frobnitz {
  int size;
  Frobnitz(int sz) { size = sz; }
  @Override public String toString() {
    return "Frobnitz(" + size + ")";
  }
  // 生成器:
  static Random rand = new Random(47);
  static final int BOUND = 100;
  static Frobnitz supply() {
    return new Frobnitz(rand.nextInt(BOUND));
  }
}

public class Reduce {
  public static void main(String[] args) {
    Stream.generate(Frobnitz::supply)
      .limit(10)
      .peek(System.out::println)
      .reduce((fr0, fr1) -> fr0.size < 50 ? fr0 : fr1)
      .ifPresent(System.out::println);
  }
}
```

```
/* 输出:
Frobnitz(58)
Frobnitz(55)
Frobnitz(93)
Frobnitz(61)
Frobnitz(61)
Frobnitz(29)
Frobnitz(68)
Frobnitz(0)
Frobnitz(22)
Frobnitz(7)
Frobnitz(29)
*/
```

Frobnitz 包含了自己的生成器,叫作 supply()。我们可以把一个方法引用传给 Stream.generate(),因为它与 Supplier<Frobnitz> 是签名兼容的(这种签名兼容叫作**结构一致性**)。我们在使用 reduce() 时,没有提供作为"初始值"的第一个参数,这意味着它会生成一个 Optional。只有当结果不是 empty 时,Optional.ifPresent() 方法才会调用 Consumer<Frobnitz>(之所以 println 能够符合,是因为它可以通过 toString() 将 Frobnitz 转化为一个 String)。

lambda 表达式中的第一个参数 fr0 是上次调用这个 reduce() 时带回的结果,第二个参数 fr1 是来自流中的新值。

reduce() 中的 lambda 表达式使用了一个三元选择操作符,如果 fr0 的 size 小于 50,就接受 fr0,否则就接受 fr1,也就是序列中的下一个元素。作为结果,我们得到的是流中**第一个** size 小于 50 的 Frobnitz——一旦找到了一个这样的对象,它就会抓住不放,哪怕还会出现其他候选。尽管这个约束相当奇怪,但它确实让我们对 reduce() 有了更多的了解。

14.5.5 匹配

- allMatch(Predicate):当使用所提供的 Predicate 检测流中的元素时,如果**每一个**元素都得到 true,则返回 true。在遇到第一个 false 时,会短路计算。也就是说,在找到一个 false 之后,它不会继续计算。
- anyMatch(Predicate):当使用所提供的 Predicate 检测流中的元素时,如果有**任何一个**元素能得到 true,则返回 true。在遇到第一个 true 时,会短路计算。
- noneMatch(Predicate):当使用所提供的 Predicate 检测流中的元素时,如果**没有**元素得到 true,则返回 true。在遇到第一个 true 时,会短路计算。

我们已经在 Prime.java 中看到过 noneMatch() 的一个示例,allMatch() 和 anyMatch() 的用法几乎一样。

让我们探讨一下短路计算行为。为了创建一个消除了重复代码的 show() 方法,我们必须先找到一般化地描述所有这三种匹配操作的办法,然后将其变为一个叫作 Matcher 的接口:

```java
// streams/Matching.java
// 演示三种 Match() 操作的短路计算行为
import java.util.stream.*;
import java.util.function.*;
import static streams.RandInts.*;
```

```
interface Matcher extends
  BiPredicate<Stream<Integer>, Predicate<Integer>> {}

public class Matching {
  static void show(Matcher match, int val) {
    System.out.println(
      match.test(
        IntStream.rangeClosed(1, 9)
          .boxed()
          .peek(n -> System.out.format("%d ", n)),
        n -> n < val));
  }
  public static void main(String[] args) {
    show(Stream::allMatch, 10);
    show(Stream::allMatch, 4);
    show(Stream::anyMatch, 2);
    show(Stream::anyMatch, 0);
    show(Stream::noneMatch, 5);
    show(Stream::noneMatch, 0);
  }
}
/* 输出:
1 2 3 4 5 6 7 8 9 true
1 2 3 4 false
1 true
1 2 3 4 5 6 7 8 9 false
1 false
1 2 3 4 5 6 7 8 9 true
*/
```

BiPredicate 是一个二元谓词，这只是说，它会接受两个参数，并返回 true 或 false。第一个参数是我们要测试的数值的流，第二个参数是谓词 Predicate 本身。因为 Matcher 能匹配所有 Stream::*Match 函数的模式，所以我们可以把每一个函数传给 show()。对 match.test() 的调用会被翻译成对 Stream::*Match 函数的调用。

show() 接受一个 Matcher 和一个 val，后者表示谓词测试 n < val 中的最大数字。该方法生成了一个从 1 到 9 的 Integer 流。peek() 表明在短路发生之前测试已经走了多远。从输出中可以看到短路计算行为。

14.5.6　选择一个元素

- findFirst()：返回一个包含流中第一个元素的 Optional，如果流中没有元素，则返回 Optional.empty。

- findAny()：返回一个包含流中某个元素的 Optional，如果流中没有元素，则返回 Optional.empty。

```
// streams/SelectElement.java
import java.util.*;
import java.util.stream.*;
import static streams.RandInts.*;

public class SelectElement {
  public static void main(String[] args) {
```

```
    System.out.println(rands().findFirst().getAsInt());
    System.out.println(
      rands().parallel().findFirst().getAsInt());
    System.out.println(rands().findAny().getAsInt());
    System.out.println(
      rands().parallel().findAny().getAsInt());
  }
}
```
```
/* 输出:
258
258
258
242
*/
```

findFirst() 总是会选择流中的第一个元素，不管该流是否为并行的（即通过 parallel() 获得的流）。对于非并行的流，findAny() 会选择第一个元素（尽管从定义来看，它可以选择任何一个元素）。在这个例子中，当这个流是并行流时，findAny() 有可能选择第一个元素之外的其他元素。

如果必须选择某个流的最后一个元素，请使用 reduce()：

```
// streams/LastElement.java
import java.util.*;
import java.util.stream.*;

public class LastElement {
  public static void main(String[] args) {
    OptionalInt last = IntStream.range(10, 20)
      .reduce((n1, n2) -> n2);
    System.out.println(last.orElse(-1));
    // 非数值对象:
    Optional<String> lastobj =
      Stream.of("one", "two", "three")
        .reduce((n1, n2) -> n2);
    System.out.println(
      lastobj.orElse("Nothing there!"));
  }
}
```
```
/* 输出:
19
three
*/
```

reduce() 的参数（即 (n1, n2) -> n2）是用两个元素中的后一个替换了这两个，这样最终得到的就是流中的最后一个元素了。如果流是数值类型的，则必须使用适当的数值化 Optional 类型，否则就要像 Optional<String> 中这样使用一个类型化的 Optional。

14.5.7 获得流相关的信息

- count()：获得流中元素的数量。
- max(Comparator)：通过 Comparator 确定这个流中的"最大"元素。
- min(Comparator)：通过 Comparator 确定这个流中的"最小"元素。

String 有一个预定义的 Comparator，可以简化我们的示例：

```java
// streams/Informational.java
import java.util.stream.*;
import java.util.function.*;

public class Informational {
  public static void
  main(String[] args) throws Exception {
    System.out.println(
      FileToWords.stream("Cheese.dat").count());
    System.out.println(
      FileToWords.stream("Cheese.dat")
      .min(String.CASE_INSENSITIVE_ORDER)
      .orElse("NONE"));
    System.out.println(
      FileToWords.stream("Cheese.dat")
      .max(String.CASE_INSENSITIVE_ORDER)
      .orElse("NONE"));
  }
}
/* 输出:
32
a
you
*/
```

min() 和 max() 都会返回 Optional，这里会通过 orElse() 来获得其中的值。

获得数值化流相关的信息

- average()：就是通常的意义，获得平均值。

- max() 与 min()：这些操作不需要一个 Comparator，因为它们处理的是数值化流。

- sum()：将流中的数值累加起来。

- summaryStatistics()：返回可能有用的摘要数据。不太清楚为什么 Java 库的设计者觉得需要这个，因为我们自己可以用直接方法获得所有这些数据。

```java
// streams/NumericStreamInfo.java
import java.util.stream.*;
import static streams.RandInts.*;

public class NumericStreamInfo {
  public static void main(String[] args) {
    System.out.println(rands().average().getAsDouble());
    System.out.println(rands().max().getAsInt());
    System.out.println(rands().min().getAsInt());
    System.out.println(rands().sum());
    System.out.println(rands().summaryStatistics());
  }
}
```

```
/* 输出:
507.94
998
8
50794
IntSummaryStatistics{count=100, sum=50794, min=8,
average=507.940000, max=998}
*/
```

LongStream 和 DoubleStream 都有同样的操作。

14.6　小结

　　流改变了 Java 编程的本质，而且带来了极大的提升，还有可能防止很多 Java 程序员转向 Kotlin 和 Scala 等函数式的 JVM 语言。本书的剩余章节会尽可能使用流。

异常

> " Java 的基本哲学是'写得不好的代码无法运行'。 "

（至少我是这么认为的。）

改进错误恢复机制是增加代码稳健性的最强有力的方法之一。对于你编写的每个程序，错误恢复都是一个需要关注的基本问题，但是它在 Java 中尤其重要，因为 Java 的一个主要目标就是创建程序组件供他人使用。

捕捉[①]错误的理想时机是在编译时，也就是在你试图运行程序之前。然而，并不是所有的错误都能在编译时发现。其他问题必须在运行时通过某种正规手段来处理，这种手段应该支持这个错误的源头将适当的信息传递给知道如何正确处理该难题的某个接收者。

[①] 本章原文中用到了大量的"catch"和"caught"，译文中会加以区分，表示动作的"catch"译为"捕捉"，表示结果状态的"caught"译为"捕获"。——译者注

要创建一个稳健的系统，每个组件都必须是稳健的。

Java 使用异常提供了一个一致的错误报告模型，从而使组件可以将问题可靠地传达给客户代码。

在 Java 中，异常处理的目标是减少当前的代码量，从而使创建大型、可靠的程序更简单易行，并且这样也使我们更加确信，应用程序不会存在未处理的错误。异常不是特别难学，而且可以为我们的项目提供直接和显著的好处。

因为异常处理是 Java 报告错误的唯一正式的方式，而且是由 Java 编译器强制实施的，所以如果不学习异常处理，你的 Java 学习之路也就到此为止了。本章会教你编写代码来正确地处理异常，还会教你在自己的方法遇到麻烦时生成自己的异常。

15.1　概念

C 语言和其他较早的语言往往有多种错误处理机制，这类机制通常是通过约定建立的，而不是作为编程语言的一部分。通常情况下，我们返回一个特殊值或者设置一个标志，接收者通过查看这个值或标志，确定某个地方不对劲儿。随着时间的推移，我们意识到，使用库的程序员往往过于自信，就像这样："是的，别人的代码可能有错误，但是**我的代码不会**。"所以不出所料，他们是不会检查错误条件的（而且有时候错误条件令人摸不着头脑，以至于无法检查 [1]）。如果每次调用一个方法时，我们都**确实**非常彻底地检查了错误，那么我们的代码就会变得难以阅读。因为程序员仍然可以连哄带骗地用这些语言把系统编写出来，所以他们拒绝承认真相：他们那种处理错误的方法是创建大型、稳健和可维护的程序的主要限制。

一种解决方案是，结束自由散漫的错误处理方式，并强制实施正规手段。这实际上有很长的历史，因为**异常处理**的实现可以追溯到 20 世纪 60 年代的操作系统，甚至还可以追溯到 BASIC 语言的 "on error goto"。但是 C++ 的异常处理是基于 Ada 的，而 Java 的异常处理主要基于 C++（尽管它看起来更像 Object Pascal）。

"异常"（exception）这个词在英语中有"感到意外"的意思。当问题出现时，我们可能不知道如何处理，但是我们知道，我们不能愉快地继续下去了——我们必须停下来，而某个人或某个地方必须想办法解决问题。但是在当前的上下文中，我们没有足够的信息来解决这个问题。所以我们把问题交给更上层的上下文，那里有人能做出正确的决策。

---

[1] 举个例子，C 程序员可以查看 printf() 的返回值。

异常可以降低错误处理代码的复杂性。如果没有异常，我们就必须检查某个特定的错误并加以处理，而且可能要在程序中的多个地方进行。而有了异常，我们就不需要在方法调用的时候检查错误了，因为异常可以确保有人会捕捉它。理想情况下，我们只在一个地方处理这个问题，也就是在所谓的**异常处理程序**（exception handler）中。这可以节省代码，并将正常执行时描述我们目标的代码与出现问题时执行的代码分离开来。相较于旧的错误处理方式，如果能谨慎地使用异常，阅读、编写和调试代码都会更加清晰。

15.2　基本的异常

异常情形（exceptional condition）是指阻止当前方法或作用域继续执行的问题。区分异常情形和普通问题非常重要，所谓的普通问题是指，在当前上下文中我们有足够的信息，能够以某种方式解决这个难题。而异常情形是指，因为**在当前上下文中**我们没有必要的信息来处理这个问题，所以无法继续处理。我们所能做的就是跳出当前上下文，并将问题委托给更上层的上下文。这就是抛出异常时所发生的事情。

除法运算就是一个简单的例子。除数有可能为 0，所以检查一下这种情形就很有必要。但除数为 0 代表的是什么意思呢？在这个特定的方法中，我们尝试解决的问题的上下文之内，或许我们知道如何处理除数为 0 的情况。但如果它是一个意料之外的值，那就无法处理了，所以必须抛出一个异常，而不是沿着原来的执行路径继续处理。

当抛出一个异常时，会发生几件事。首先，异常对象会被创建出来，这一点和任何 Java 对象都一样：使用 new 创建，放在堆上。（我们无法继续的）当前执行路径停止，指向这个异常对象的引用被从当前上下文推出来。现在异常处理机制接管控制，并开始寻找可以继续执行这个程序的适当位置。这个适当位置就是"异常处理程序"，它的工作是从问题中恢复，这样程序才能要么尝试另一条路径，要么继续执行。

举个简单的抛出异常的例子，考虑一个叫作 t 的对象引用。我们可能会收到一个尚未初始化的引用，所以在使用之前要先检查一下。通过创建一个表示我们的信息的对象，并将其"抛"出当前上下文，我们可以将关于这个错误的信息发送到一个更大的上下文中。这叫作**抛出异常**，代码就像下面这样。

```
if(t == null)
  throw new NullPointerException();
```

这样就抛出了异常，它使得我们可以在当前的上下文之内不去管这个问题，然后这个问题就会在其他地方被神奇地处理掉。至于具体是**哪个地方**，稍后就能看到了。

异常使得我们可以把自己所做的每件事情都看作一个事务，而异常可以为这些事务提供保护："……在分布式计算中需要异常处理，这是事务的基本前提。事务等同于计算机中的合同法。如果有任何地方出了问题，我们将放弃整个计算。"[①] 我们也可以把异常看作一个内置的"撤销"（undo）系统，因为可以在程序中小心地设置各种恢复点。如果程序的某个地方出了问题，异常可以实现"撤销"，回到程序中某个已知的稳定点。

如果发生了不好的事情，则异常不允许程序沿着正常的路径继续执行。这是像 C 和 C++ 这样的语言中的一个实际问题。尤其是 C 语言，如果问题发生了，它没有办法强迫程序停止在某个路径上执行，所以问题可能会长时间得不到处理，最终进入一个完全不正常的状态。如果不出意外的话，异常允许我们强迫程序停下来，并告知出了什么问题，或者最好是让这个程序来处理问题，并返回到一个稳定的状态。

异常参数

和 Java 中的任何对象一样，我们总是使用 new 在堆上创建异常，它会分配存储空间并调用构造器。所有标准异常类都有两个构造器：第一个是无参构造器；第二个接受一个 String 参数，用于在异常中放置相关信息。

```
throw new NullPointerException("t = null");
```

这个 String 之后可以用各种方法提取出来，稍后你就会看到了。

关键字 throw 会产生几个有趣的结果。在用 new 创建了一个异常对象后，我们把生成的引用交给了 throw。这个对象实际上是从方法中"返回"的，尽管其类型通常不是我们设计让这个方法返回的。一个简单的方法是把异常处理看成另一种返回机制，虽然类比走得太远也会有麻烦。我们也可以通过抛出一个异常来退出正常的作用域。不管是哪种情况，都会返回一个异常对象，并退出当前的方法或作用域。

与从方法正常返回相比，其相似性也就这么多了，因为从异常返回所到达的**地方**和从正常方法调用返回所到达的地方完全不同。我们最终会进入一个适当的异常处理程序中，这里与异常被抛出的位置可能距离很远，体现在调用栈上就是很多层。

此外，我们可以抛出任何类型的 Throwable，它是异常类型的根类。我们通常会为每种不同类型的错误抛出一个不同的异常类。关于错误的信息既包含在异常对象中，又隐含在异常类的名字中，所以更大的上下文可以根据这些信息来决定如何处理我们的异常。（但是通常情况下，异常对象中仅有的信息就是异常类型的名字，对象本身不会包含任何有意义的信息。）

---

① Jim Gray，因其团队在事务方面的贡献而成为图灵奖得主，这段话出自 acmqueue 网站对他的一个采访。

15.3 捕捉异常

要弄清楚如何捕捉异常，首先必须理解**被守护区域**（guarded region）的概念。这是一段可能会产生异常的代码，后面跟着处理这些异常的代码。

15.3.1 try 块

如果我们正处于一个方法之中，并抛出了异常（或者在该方法中调用的另一个方法抛出了异常），该方法将在抛出异常的过程中退出。如果不希望退出，可以在其中设置一个特殊的块来捕捉这个异常。因为要在这里"尝试"各种方法调用，所以它称为 **try 块**。try 块是跟在关键词 try 之后的普通作用域。

```
try {
  // 可能会产生异常的代码
}
```

用类似 C 这样的不支持异常处理的语言编写的库，往往要依赖临时的机制来报告错误。如果不在每个函数调用后面直接放置错误测试代码并立即检查结果，这些机制很容易丢失信息。有了异常处理，就可以把所有内容都放在一个 try 块中，并在一个地方捕获所有异常。这意味着代码更容易编写和阅读，因为代码的正常执行目的不会被错误检查所混淆。

15.3.2 异常处理程序

被抛出的异常总是要在某个地方结束。这个"地方"就是异常处理程序，我们可以为每种异常类型编写一个。异常处理程序紧跟在 try 块之后，用关键字 catch 来表示。

```
try {
  // 可能会产生异常的代码
} catch(Type1 id1) {
  // 处理 Type1 类型的异常
} catch(Type2 id2) {
  // 处理 Type2 类型的异常
} catch(Type3 id3) {
  // 处理 Type3 类型的异常
}

// 省略其余部分
```

每个 catch 子句（异常处理程序）就像一个小方法，接受且只接受一个特定类型的参数。标识符（id1、id2 等）可以在处理程序中使用，就像方法参数一样。有时候我们从不使用这个标识符，因为异常的类型已经为处理该异常提供了足够多的信息，但是这个标识符必须放在这里。

异常处理程序必须紧跟在 try 块的后面。如果一个异常被抛出，异常处理机制会去查找参数与异常类型相匹配的第一个处理程序。然后进入 catch 子句，我们就认为这个异常被处理了。一旦 catch 子句完成，对处理程序的搜索就会停止。只有匹配的 catch 子句才会执行，它不像 switch 语句那样每个 case 之后都需要一个 break，以避免执行其余的 case。

请注意，在 try 块中，许多不同的方法调用可能会产生相同的异常，但我们只需要一个针对这种类型的处理程序。

终止与恢复

在异常处理理论中，有两种基本模型。Java 支持**终止模型**（termination）[1]，在这种情况下，我们假设错误是如此严重，以至于无法返回到异常发生的地方。抛出异常的人断定情况已经无法挽回，而且他们也**不想**再回来了。

另一种称为**恢复模型**（resumption）。它意味着异常处理程序有望通过某些工作来修正这种情况，然后重新尝试出现问题的方法，假定第二次可以成功。如果想要使用恢复模型，这意味着我们仍然希望在处理完异常后继续执行。

如果想在 Java 中获得类似恢复模型的行为，当遇到错误时不要抛出异常，而是要调用某个能修复这个问题的方法。或者，把我们的 try 块放在一个 while 循环中，不断地重新进入这个 try 块，直到结果令人满意。

从历史上看，有些操作系统支持恢复模型的异常处理，但是使用这类操作系统的程序员最终转向了使用类似终止模型的代码，跳过了恢复。因此，尽管恢复模型乍一看很有吸引力，但是在实践中不是那么有用。最主要的原因可能是它所导致的耦合：使用恢复模型的处理程序，需要知道异常是在哪里抛出的，而且要包含特定于抛出位置的非通用代码。这使得代码难以编写和维护，特别是对于那些异常可能会从很多地方产生的大型系统。

15.4 创建自己的异常

不必拘泥于使用 Java 中已有的异常。Java 的异常体系无法预见我们可能会遇到的所有错误，所以我们可以创建自己的异常，来表示自己的库可能会遇到的某个特殊问题。

---

[1] 大多数语言也是如此，包括 C++、C#、Python 和 D 等。

要创建自己的异常类，可以继承现有的异常类，最好是与我们要定义的新异常含义接近的（尽管这通常是不可能的）。创建一个新的异常类型的最简单方法就是，让编译器为我们创建无参构造器，几乎不需要任何代码。

```java
// exceptions/InheritingExceptions.java
// 创建自己的异常

class SimpleException extends Exception {}

public class InheritingExceptions {
  public void f() throws SimpleException {
    System.out.println(
      "Throw SimpleException from f()");
    throw new SimpleException();
  }
  public static void main(String[] args) {
    InheritingExceptions sed =
      new InheritingExceptions();
    try {
      sed.f();
    } catch(SimpleException e) {
      System.out.println("Caught it!");
    }
  }
}
```

```
/* 输出:
Throw SimpleException from f()
Caught it!
*/
```

编译器创建了一个无参构造器，它会自动（而且是隐式地）调用基类的无参构造器。这里我们并没有得到 SimpleException(String) 构造器，不过在实践中它用得并不多。正如我们将看到的，一个异常最重要的地方就是其类名，所以大多数时候，像这里所演示的异常是符合要求的。

这里的结果会显示在控制台上。也可以通过 System.err 将错误输出发送到**标准错误**流。将错误消息发送到这里通常是更好的选择，因为 System.out 可能会被重定向。如果将输出发送到 System.err，它就不会和 System.out 一起被重定向，用户就更有可能注意到它。

还可以创建一个异常类，使其带有接受一个 String 参数的构造器：

```java
// exceptions/FullConstructors.java

class MyException extends Exception {
  MyException() {}
  MyException(String msg) { super(msg); }
}

public class FullConstructors {
  public static void f() throws MyException {
```

```
    System.out.println("Throwing MyException from f()");
    throw new MyException();
  }
  public static void g() throws MyException {
    System.out.println("Throwing MyException from g()");
    throw new MyException("Originated in g()");
  }
  public static void main(String[] args) {
    try {
      f();
    } catch(MyException e) {
      e.printStackTrace(System.out);
    }
    try {
      g();
    } catch(MyException e) {
      e.printStackTrace(System.out);
    }
  }
}
```

```
/* 输出:
Throwing MyException from f()
MyException
        at FullConstructors.f(FullConstructors.java:11)
        at
FullConstructors.main(FullConstructors.java:19)
Throwing MyException from g()
MyException: Originated in g()
        at FullConstructors.g(FullConstructors.java:15)
        at
FullConstructors.main(FullConstructors.java:24)
*/
```

添加的代码不长：两个构造器，定义了创建 MyException 的方式。在第二个构造器中，使用 super 关键字显式调用了基类的带 String 参数的构造器。

处理程序中调用了 Throwable（Exception 类就是从它继承而来的）的一个方法：printStackTrace()。如输出所示，这会输出到达异常发生点的方法调用序列的信息。在这里，这些信息被发送到了 System.out，并自动地被捕获和显示在输出中。然而，如果调用默认的版本：

```
e.printStackTrace();
```

则这些信息会进入标准错误流。

异常与日志记录

我们可以使用 `java.util.logging` 工具将输出记录到**日志**中。基本的日志记录操作很简单，可以在这里演示一下：

```java
// exceptions/LoggingExceptions.java
// 通过 Logger 报告异常
// {ErrorOutputExpected}
import java.util.logging.*;
import java.io.*;

class LoggingException extends Exception {
  private static Logger logger =
    Logger.getLogger("LoggingException");
  LoggingException() {
    StringWriter trace = new StringWriter();
    printStackTrace(new PrintWriter(trace));
    logger.severe(trace.toString());
  }
}

public class LoggingExceptions {
  public static void main(String[] args) {
    try {
      throw new LoggingException();
    } catch(LoggingException e) {
      System.err.println("Caught " + e);
    }
    try {
      throw new LoggingException();
    } catch(LoggingException e) {
      System.err.println("Caught " + e);
    }
  }
}
/* 输出:
___[ Error Output ]___
Jan 24, 2021 8:48:54 AM LoggingException <init>
SEVERE: LoggingException
        at
LoggingExceptions.main(LoggingExceptions.java:20)

Caught LoggingException
Jan 24, 2021 8:48:54 AM LoggingException <init>
SEVERE: LoggingException
        at
LoggingExceptions.main(LoggingExceptions.java:25)

Caught LoggingException
*/
```

static Logger.getLogger() 方法创建了一个与 String 参数（通常是错误相关的包和类的名字）关联的 Logger 对象，这个对象会将其输出发送到 System.err。最简单的写入 Logger 的方式是直接调用与日志记录消息级别关联的方法，这里调用了 severe()。为了生成用于日志记录消息的 String，我们想让栈轨迹出现在异常被抛出的地方，但是 printStackTrace() 默认情况下不会生成一个 String。为获得 String，我们使用了重载的 printStackTrace()，它接受一个 java.io.PrintWriter 对象作为参数（PrintWriter 在进阶卷第 7 章中有详细解释）。如果我们把一个 java.io.StringWriter 对象传给 PrintWriter 的构造器，它可以通过调用 toString() 把输出当作一个 String 提取出来。

LoggingException 用到的方法非常方便，因为它把所有的日志基础设施都构建在了异常本身之中，因此它可以自动工作，无须客户程序员干预。然而，更常见的情况是捕捉别人的异常，并将其记录到日志中，所以我们必须在异常处理程序中生成日志信息。

```java
// exceptions/LoggingExceptions2.java
// 将捕获的异常记录到日志中
// {ErrorOutputExpected}
import java.util.logging.*;
import java.io.*;

public class LoggingExceptions2 {
  private static Logger logger =
    Logger.getLogger("LoggingExceptions2");
  static void logException(Exception e) {
    StringWriter trace = new StringWriter();
    e.printStackTrace(new PrintWriter(trace));
    logger.severe(trace.toString());
  }
  public static void main(String[] args) {
    try {
      throw new NullPointerException();
    } catch(NullPointerException e) {
      logException(e);
    }
  }
}
/* 输出:
___[ Error Output ]___
Jan 24, 2021 8:48:54 AM LoggingExceptions2 logException
SEVERE: java.lang.NullPointerException
        at
LoggingExceptions2.main(LoggingExceptions2.java:17)
*/
```

创建自己的异常的过程还可以更进一步。我们可以添加更多构造器和成员。

```java
// exceptions/ExtraFeatures.java
// 进一步装饰异常类

class MyException2 extends Exception {
  private int x;
  MyException2() {}
  MyException2(String msg) { super(msg); }
  MyException2(String msg, int x) {
    super(msg);
    this.x = x;
  }
  public int val() { return x; }
  @Override public String getMessage() {
    return "Detail Message: "+ x
      + " "+ super.getMessage();
  }
}

public class ExtraFeatures {
  public static void f() throws MyException2 {
    System.out.println(
      "Throwing MyException2 from f()");
    throw new MyException2();
  }
  public static void g() throws MyException2 {
    System.out.println(
      "Throwing MyException2 from g()");
    throw new MyException2("Originated in g()");
  }
  public static void h() throws MyException2 {
    System.out.println(
      "Throwing MyException2 from h()");
    throw new MyException2("Originated in h()", 47);
  }
  public static void main(String[] args) {
    try {
      f();
    } catch(MyException2 e) {
      e.printStackTrace(System.out);
    }
    try {
      g();
    } catch(MyException2 e) {
      e.printStackTrace(System.out);
    }
    try {
      h();
    } catch(MyException2 e) {
      e.printStackTrace(System.out);
      System.out.println("e.val() = " + e.val());
    }
  }
}
```

```
/* 输出:
Throwing MyException2 from f()
MyException2: Detail Message: 0 null
        at ExtraFeatures.f(ExtraFeatures.java:23)
        at ExtraFeatures.main(ExtraFeatures.java:37)
Throwing MyException2 from g()
MyException2: Detail Message: 0 Originated in g()
        at ExtraFeatures.g(ExtraFeatures.java:28)
        at ExtraFeatures.main(ExtraFeatures.java:42)
Throwing MyException2 from h()
MyException2: Detail Message: 47 Originated in h()
        at ExtraFeatures.h(ExtraFeatures.java:33)
        at ExtraFeatures.main(ExtraFeatures.java:47)
e.val() = 47
*/
```

这里添加了一个字段 x，同时提供了一个读取该值的方法和一个设置该值的构造器。此外，重写了 Throwable.getMessage()，以生成更有用的详细信息。getMessage() 有点像异常类的 toString()。

异常只是另一种对象，所以我们可以继续这个过程，装饰我们的异常类的功能。不过请记住，到了使用这些包的客户程序员那里，所有这些修饰可能都会失去意义，因为他们可能只会寻找被抛出的异常，仅此而已。（Java 库中的异常大部分也是这么使用的。）

15.5　异常说明

Java 鼓励人们将其方法中可能会抛出的异常告知调用该方法的客户程序员。这是比较文明的做法，因为这样调用者就可以清楚地知道编写什么样的代码来捕捉所有可能的异常。如果能拿到源代码，客户程序员就可以查阅代码，寻找 throw 语句，但是库未必会提供源代码。为避免这类问题，Java 需要用语法礼貌地告知客户程序员这个方法会抛出的异常，这样客户程序员就可以处理它们了。这就是**异常说明**（exception specification），它是方法声明的组成部分，出现在参数列表之后。

异常规范使用了一个额外的关键字 throws，后面跟着所有可能被抛出的异常的列表，所以我们的方法定义看起来就像下面这样。

```
void f() throws TooBig, TooSmall, DivZero { // ...
```

然而，如果我们写的是：

```
void f() { // ...
```

它意味着这个方法不会抛出异常（**除了**从 RuntimeException 继承而来的异常，这样的异常可以从任何地方抛出而不需要异常说明，后面会介绍）。

异常说明必须和实际情况匹配。如果方法中的代码引发了异常，但是这个方法并没有处理，编译器就会检测到并提醒我们：要么处理这个异常，要么用异常说明指出这个异常可能会从该方法中抛出。通过自上而下地强制实施异常说明，Java 保证在编译时可以提供一定程度的异常正确性。

不过有个地方可以"说谎"：我们可以声明会抛出某个异常，但实际上并没有。编译器会相信我们的话，并强制使用该方法的用户按照它确实会抛出这个异常来对待。这样做的好处是为这个异常先占个位子，以后再开始抛出，就不需要修改现有代码了。这种能力对于创建抽象基类和接口也很重要，这样它们的子类或实现就可以抛出预先定义的异常了。

这种在编译时被检查并强制实施的异常叫作**检查型异常**（checked exception）。

15.6　捕捉任何异常

通过捕捉异常类型的基类——Exception，可以创建一个能捕捉任何类型异常的处理程序。也存在其他类型的基本异常，不过 Exception 是基础，几乎所有的编程活动都与之有关。

```
catch(Exception e) {
  System.out.println("Caught an exception");
}
```

这会捕捉任何异常，所以如果使用它的话，请把它放在处理程序列表的**最后**，以避免它抢在其他任何异常处理程序之前捕获了异常。

Exception 类是所有对程序员很重要的异常类的基类，所以通过它我们不会得到关于异常的很多具体信息，但是我们可以调用来自其基类 Throwable 的方法。

以下代码用来获取详细信息，或者针对特定区域设置调整过的信息。

```
String getMessage()
String getLocalizedMessage()
```

以下代码返回 Throwable 的简短描述，如果有详细信息的话，也包含在里面。

```
String toString()
```

以下代码打印 Throwable 和 Throwable 的调用栈轨迹。调用栈显示了把我们带到异常抛出点的方法调用序列。第一个版本打印到标准错误流，第二个和第三个版本打印到我们选择的流（在进阶卷第 7 章中，我们将了解为什么会有两种类型的流）。

```
void printStackTrace()
void printStackTrace(PrintStream)
void printStackTrace(java.io.PrintWriter)
```

以下代码在这个 Throwable 对象中记录栈帧的当前状态信息。当应用会重新抛出错误或异常（很快就会讲到）时很有用。

```
Throwable fillInStackTrace()
```

此外，我们从 Throwable 的基类 Object（所有类的基类）还获得了其他一些方法。就异常而言，可能会用得上的是 getClass()，它会返回表示这个对象的类的 Class 对象。我们也可以反过来查询这个 Class 对象的名字，通过 getName() 获得的结果中包含了包信息，而通过 getSimpleName() 获得的结果只包含类名。

下面的示例演示了 Exception 类的基本方法。

```java
// exceptions/ExceptionMethods.java
// 演示 Exception 类的方法

public class ExceptionMethods {
  public static void main(String[] args) {
    try {
      throw new Exception("My Exception");
    } catch(Exception e) {
      System.out.println("Caught Exception");
      System.out.println(
        "getMessage():" + e.getMessage());
      System.out.println("getLocalizedMessage():" +
        e.getLocalizedMessage());
      System.out.println("toString():" + e);
      System.out.println("printStackTrace():");
      e.printStackTrace(System.out);
    }
  }
}
```

```
/* 输出:
Caught Exception
getMessage():My Exception
getLocalizedMessage():My Exception
toString():java.lang.Exception: My Exception
printStackTrace():
java.lang.Exception: My Exception
        at
ExceptionMethods.main(ExceptionMethods.java:7)
*/
```

可以发现每个方法都比前一个方法提供了更多信息——实际上每个方法都是前一个方法的超集。

15.6.1　多重捕捉

如果我们想以同样的方式处理一组异常，并且它们有一个共同的基类，那么直接捕捉这个基类即可。但是如果它们没有共同的基类，在 Java 7 之前，必须为每一个异常写一个 catch 子句。

```java
// exceptions/SameHandler.java

class EBase1 extends Exception {}
class Except1 extends EBase1 {}
class EBase2 extends Exception {}
class Except2 extends EBase2 {}
class EBase3 extends Exception {}
class Except3 extends EBase3 {}
class EBase4 extends Exception {}
class Except4 extends EBase4 {}

public class SameHandler {
  void x() throws Except1, Except2, Except3, Except4 {}
  void process() {}
  void f() {
    try {
      x();
    } catch(Except1 e) {
      process();
    } catch(Except2 e) {
      process();
    } catch(Except3 e) {
      process();
    } catch(Except4 e) {
      process();
    }
  }
}
```

利用 Java 7 提供的多重捕捉（multi-catch）处理程序，我们可以在一个 catch 子句中用"|"操作符把不同类型的异常连接起来：

```java
// exceptions/MultiCatch.java

public class MultiCatch {
  void x() throws Except1, Except2, Except3, Except4 {}
  void process() {}
  void f() {
    try {
      x();
    } catch(Except1 | Except2 | Except3 | Except4 e) {
      process();
    }
  }
}
```

或者选择其他组合方式：

```java
// exceptions/MultiCatch2.java

public class MultiCatch2 {
  void x() throws Except1, Except2, Except3, Except4 {}
  void process1() {}
  void process2() {}
  void f() {
    try {
      x();
    } catch(Except1 | Except2 e) {
      process1();
    } catch(Except3 | Except4 e) {
      process2();
    }
  }
}
```

这个特性有助于编写更清晰的代码。

15.6.2　栈轨迹

printStackTrace() 提供的信息也可以使用 getStackTrace() 直接访问。这个方法会返回一个由栈轨迹元素组成的数组，每个元素表示一个栈帧。元素 0 是栈顶，而且它是序列中的最后一个方法调用（这个 Throwable 被创建和抛出的位置）。数组中的最后一个元素和栈底则是序列中的第一个方法调用。下面是一个简单的演示。

```java
// exceptions/WhoCalled.java
// 编程访问栈轨迹信息
```

```
public class WhoCalled {
  static void f() {
    // 生成一个异常来填充栈轨迹
    try {
      throw new Exception();
    } catch(Exception e) {
      for(StackTraceElement ste : e.getStackTrace())
        System.out.println(ste.getMethodName());
    }
  }
  static void g() { f(); }
  static void h() { g(); }
  public static void main(String[] args) {
    f();
    System.out.println("*******");
    g();
    System.out.println("*******");
    h();
  }
}
```

```
/* 输出:
f
main
*******
f
g
main
*******
f
g
h
main
*/
```

这里我们只打印了方法名，你也可以打印整个 StackTraceElement，其中包含了更多信息。

15.6.3　重新抛出异常

有时我们要重新抛出刚捕获的异常，特别是当使用 Exception 来捕捉任何异常的时候。我们已经有指向当前异常的引用，所以可以重新抛出它：

```
catch(Exception e) {
  System.out.println("An exception was thrown");
  throw e;
}
```

重新抛出一个异常，会导致它进入邻近的更上层上下文中的异常处理程序。对应于同一个 try 块后面的 catch 子句仍然会被忽略。此外，关于这个异常对象的所有信息都会被保留下来，所以在更上层的上下文中捕捉具体异常类型的处理程序，可以从这个对象中提取所有信息。

如果重新抛出当前的异常，在 printStackTrace() 中打印的关于异常的信息，仍将是原来的异常抛出点的信息，而不是重新抛出异常的地方的信息。要加入新的栈轨迹信息，可以调用 fillInStackTrace()，它会返回一个 Throwable 对象，这个对象是它通过将当前栈的信息塞到原来的异常对象中而创建的，就像下面这样：

```
// exceptions/Rethrowing.java
// 演示 fillInStackTrace()

public class Rethrowing {
  public static void f() throws Exception {
    System.out.println(
      "originating the exception in f()");
    throw new Exception("thrown from f()");
  }
  public static void g() throws Exception {
    try {
      f();
    } catch(Exception e) {
      System.out.println(
        "Inside g(), e.printStackTrace()");
      e.printStackTrace(System.out);
      throw e;
    }
  }
  public static void h() throws Exception {
    try {
      f();
    } catch(Exception e) {
      System.out.println(
        "Inside h(), e.printStackTrace()");
      e.printStackTrace(System.out);
      throw (Exception)e.fillInStackTrace();
    }
  }
  public static void main(String[] args) {
    try {
      g();
    } catch(Exception e) {
      System.out.println("main: printStackTrace()");
      e.printStackTrace(System.out);
    }
    try {
      h();
    } catch(Exception e) {
      System.out.println("main: printStackTrace()");
      e.printStackTrace(System.out);
    }
  }
}

/* 输出:
originating the exception in f()
Inside g(), e.printStackTrace()
java.lang.Exception: thrown from f()
        at Rethrowing.f(Rethrowing.java:8)
```

```
            at Rethrowing.g(Rethrowing.java:12)
            at Rethrowing.main(Rethrowing.java:32)
main: printStackTrace()
java.lang.Exception: thrown from f()
            at Rethrowing.f(Rethrowing.java:8)
            at Rethrowing.g(Rethrowing.java:12)
            at Rethrowing.main(Rethrowing.java:32)
originating the exception in f()
Inside h(), e.printStackTrace()
java.lang.Exception: thrown from f()
            at Rethrowing.f(Rethrowing.java:8)
            at Rethrowing.h(Rethrowing.java:22)
            at Rethrowing.main(Rethrowing.java:38)
main: printStackTrace()
java.lang.Exception: thrown from f()
            at Rethrowing.h(Rethrowing.java:27)
            at Rethrowing.main(Rethrowing.java:38)
*/
```

fillInStackTrace() 被调用的那一行，成了这个异常的新起点。

重新抛出一个与所捕获的异常不同的异常也是可以的。这样做会得到与使用
fillInStackTrace() 类似的效果，关于这个异常的原始调用点的信息会丢失，剩下的是与
新的 throw 有关的信息。

```
// exceptions/RethrowNew.java
// 重新抛出一个与所捕获的异常不同的对象

class OneException extends Exception {
  OneException(String s) { super(s); }
}

class TwoException extends Exception {
  TwoException(String s) { super(s); }
}

public class RethrowNew {
  public static void f() throws OneException {
    System.out.println(
      "originating the exception in f()");
    throw new OneException("thrown from f()");
  }
  public static void main(String[] args) {
    try {
      try {
        f();
      } catch(OneException e) {
        System.out.println(
```

```
          "Caught in inner try, e.printStackTrace()");
        e.printStackTrace(System.out);
        throw new TwoException("from inner try");
      }
    } catch(TwoException e) {
      System.out.println(
        "Caught in outer try, e.printStackTrace()");
      e.printStackTrace(System.out);
    }
  }
}
```
```
/* 输出:
originating the exception in f()
Caught in inner try, e.printStackTrace()
OneException: thrown from f()
        at RethrowNew.f(RethrowNew.java:16)
        at RethrowNew.main(RethrowNew.java:21)
Caught in outer try, e.printStackTrace()
TwoException: from inner try
        at RethrowNew.main(RethrowNew.java:26)
*/
```

最后的异常只知道它来自内部的 try 块，而不知道它来自 f()。

不用担心之前的异常或任何异常的清理问题。它们都是用 new 创建的堆上的对象，所以垃圾收集器会自动将其清理掉。

精确地重新抛出异常

在 Java 7 之前，如果我们捕获了一个异常，那么只能重新抛出这种类型的异常。这会导致代码中出现不精确的问题，Java 7 已经修复了。所以在 Java 7 之前，以下代码是无法通过编译的。

```java
// exceptions/PreciseRethrow.java

class BaseException extends Exception {}
class DerivedException extends BaseException {}

public class PreciseRethrow {
  void catcher() throws DerivedException {
    try {
      throw new DerivedException();
    } catch(BaseException e) {
      throw e;
    }
  }
}
```

因为 catch 捕获了一个 BaseException，所以编译器会强制我们声明 catcher() throws BaseException，尽管它实际上要抛出的是更具体的 DerivedException。从 Java 7 开始，这段代码**可以**编译了，这个修复虽然很小，但很有用。

15.6.4　异常链

有时我们会捕捉一个异常并抛出另一个，但仍然保留原始异常的信息，这称为**异常链**。在 Java 1.4 之前，程序员要自己编写代码来保留原始异常的信息，但现在所有的 Throwable 子类都可以选择在构造器中接受一个 cause 对象（Throwable(String message, Throwable cause)）。这个 cause 意在作为原始的异常，尽管我们正在创建和抛出一个新异常，但是通过将它传进去，我们可以维护能追溯到源头的栈轨迹。

在 Throwable 的子类中，只有三种基本的异常类提供了带 cause 参数的构造器，它们是 Error（JVM 使用它来报告系统错误）、Exception 和 RuntimeException。要链接任何其他的异常类型，请使用 initCause() 方法而不是构造器。

下面的示例可以在运行时动态地向 DynamicFields 对象中添加数据项。

```java
// exceptions/DynamicFields.java
// 一个可以动态添加数据项的类
// 用于演示异常链

class DynamicFieldsException extends Exception {}

public class DynamicFields {
  private Object[][] fields;
  public DynamicFields(int initialSize) {
    fields = new Object[initialSize][2];
    for(int i = 0; i < initialSize; i++)
      fields[i] = new Object[] { null, null };
  }
  @Override public String toString() {
    StringBuilder result = new StringBuilder();
    for(Object[] obj : fields) {
      result.append(obj[0]);
      result.append(": ");
      result.append(obj[1]);
      result.append("\n");
    }
    return result.toString();
  }
  private int hasField(String id) {
    for(int i = 0; i < fields.length; i++)
      if(id.equals(fields[i][0]))
        return i;
    return -1;
```

```
}
private int getFieldNumber(String id)
throws NoSuchFieldException {
  int fieldNum = hasField(id);
  if(fieldNum == -1)
    throw new NoSuchFieldException();
  return fieldNum;
}
private int makeField(String id) {
  for(int i = 0; i < fields.length; i++)
    if(fields[i][0] == null) {
      fields[i][0] = id;
      return i;
    }
  // 没有空的数据项，则添加一个：
  Object[][] tmp = new Object[fields.length + 1][2];
  for(int i = 0; i < fields.length; i++)
    tmp[i] = fields[i];
  for(int i = fields.length; i < tmp.length; i++)
    tmp[i] = new Object[] { null, null };
  fields = tmp;
  // 在扩展后的 fields 上递归调用：
  return makeField(id);
}
public Object
getField(String id) throws NoSuchFieldException {
  return fields[getFieldNumber(id)][1];
}
public Object setField(String id, Object value)
throws DynamicFieldsException {
  if(value == null) {
    // 大部分异常没有支持 cause 参数的构造器，
    // 这种情况下必须使用 initCause()，
    // Throwable 的所有子类都支持这个方法
    DynamicFieldsException dfe =
      new DynamicFieldsException();
    dfe.initCause(new NullPointerException());
    throw dfe;
  }
  int fieldNumber = hasField(id);
  if(fieldNumber == -1)
    fieldNumber = makeField(id);
  Object result = null;
  try {
    result = getField(id); // 得到原来的值
  } catch(NoSuchFieldException e) {
    // 使用接受 cause 的构造器：
    throw new RuntimeException(e);
  }
  fields[fieldNumber][1] = value;
  return result;
}
```

```java
public static void main(String[] args) {
  DynamicFields df = new DynamicFields(3);
  System.out.println(df);
  try {
    df.setField("d", "A value for d");
    df.setField("number", 47);
    df.setField("number2", 48);
    System.out.println(df);
    df.setField("d", "A new value for d");
    df.setField("number3", 11);
    System.out.println("df: " + df);
    System.out.println("df.getField(\"d\") : "
      + df.getField("d"));
    Object field =
      df.setField("d", null); // 异常
  } catch(NoSuchFieldException |
        DynamicFieldsException e) {
    e.printStackTrace(System.out);
  }
}
}
```

```
/* 输出:
null: null
null: null
null: null

d: A value for d
number: 47
number2: 48

df: d: A new value for d
number: 47
number2: 48
number3: 11

df.getField("d") : A new value for d
DynamicFieldsException
        at
DynamicFields.setField(DynamicFields.java:64)
        at DynamicFields.main(DynamicFields.java:96)
Caused by: java.lang.NullPointerException
        at
DynamicFields.setField(DynamicFields.java:66)
        ... 1 more
*/
```

每个 DynamicFields 对象都包含了一个由 Object-Object 对组成的数组。第一个对象是数据项标识符(一个 String),第二个对象是数据项的值,除了不能是未装箱的基本类型,它可以是任何类型。当创建这个对象时,我们先根据自己需要多少数据项预估了一个大小。当我们调用 setField() 时,它要么通过这个名字找到一个现有的数据项,要么创建

一个新的,然后将我们的值放进去。如果空间用完了,它就会创建一个比原来长一个的数组,并将旧有的元素复制进去, 以此添加新空间。如果试图放入一个 null 值,它会创建一个 DynamicFieldsException,并使用 initCause() 来插入一个 NullPointerException 作为起因,然后抛出这个 DynamicFieldsException。

setField() 会使用 getField() 取得这个数据项位置的原来的值,并将其作为返回值,而这个过程可能会抛出一个 NoSuchFieldException。如果客户程序员调用 getField(),他们要负责处理 NoSuchFieldException,但如果这个异常是在 setField() 里面抛出的,那就是编程错误了, 所以我们会使用接受 cause 的构造器将 NoSuchFieldException 转为 RuntimeException。

可以注意到, toString() 使用了一个 StringBuilder 来构造其结果。第 18 章将介绍关于 StringBuilder 的更多知识,但是一般而言,当编写一个涉及循环的 toString() 时,我们会用到它,就像这里的情况一样。

main() 中的 catch 子句看起来很不一样,它以 "|" 操作符连接,用同一个子句处理了**两种**不同类型的异常。这个 Java 7 的特性有助于减少代码的重复,并使得指定所要捕捉的多个确切类型更容易了,而不是只能捕捉一个基类类型。我们可以通过这种方式组合众多的异常类型。

15.7 标准 Java 异常

Java 类 Throwable 描述了任何可以被当作异常抛出的事物。有两个常用的继承自 Throwable 的类型:Error 和 Exception。前者代表的是编译时错误和系统错误,除了个别极特殊的情况,我们不用关心其捕获。后者是一个基本类型,可以从任何标准的 Java 库方法、我们的方法以及运行时事故中抛出。所以, Java 程序员最关心的基本类型通常是 Exception。

要对异常类有整体的了解,最好的方法是浏览 JDK 文档。如果只是想了解一下各种异常,那就值得看一次,但是很快你会发现,除了名字不一样,一个异常和另一个异常之间并没有什么特别之处。另外,Java 中异常的数量在不断增长,把它们放在一本书中基本上是没有意义的。我们从第三方供应商那里得到的任何新库可能都会有自己的异常。重要的是理解这个概念以及如何处理这些异常。

基本思路是,异常的名字代表了所发生的问题,所以它应该是不言而喻的。异常并不是都定义在 java.lang 中，有些是为了支持诸如 util、net 和 io 等其他库而创建的，我们可以从它们的全限定类名或基类看出来。例如，所有的 I/O 异常都继承自 java.io.IOException。

特例：RuntimeException

本章的第一个示例是：

```
if(t == null)
  throw new NullPointerException();
```

如果对于传入方法中的每个引用，都要检查一下它是否为 null（我们无法知道调用者传递的引用是否合法），想想就有点可怕。幸运的是，我们不需要这样，这是 Java 为我们执行的标准运行时检查的一部分，而且如果我们在 null 引用上执行了任何调用，Java 将自动抛出一个 NullPointerException。所以上面这段代码是多余的，尽管我们可能执行其他检查来提防 NullPointerException。

这个类别有一整组的异常类型。它们总是会被 Java 自动抛出，我们不需要将其包含在异常说明中。很方便的是，它们都被放到了一个叫作 RuntimeException 的基类之下，这是继承的一个完美的示例：它建立了一个具有某些共同特征和行为的类型家族。

RuntimeException 代表的是编程错误，它包括以下错误。

1. 无法预料的错误，比如在我们控制之外的 null 引用。

2. 作为程序员，应该在代码中检查的错误（比如看到 ArrayIndexOutOfBoundsException，我们就应该注意数组的大小了）。在一个地方发生的异常，往往会变成另一个地方的问题。

这里异常对我们有巨大的好处，因为它们有助于调试。

我们从来不会在异常说明里说一个方法可能会抛出 RuntimeException（或者任何继承自 RuntimeException 的类型），因为它们是**"非检查型异常"**（unchecked exception）。因为它们指出的是 bug，会被自动处理，所以我们通常不用捕捉 RuntimeException。如果你必须检查 RuntimeException 的话，你的代码就会变得非常乱。尽管我们通常不用捕捉 RuntimeException，但是在自己的包中，我们有可能选择抛出某个 RuntimeException。

如果不捕捉这类异常，会发生什么呢？编译器不会强制我们将其放到异常说明之中，所以一个 RuntimeException 有可能层层渗透，直到进入我们的 main() 方法中，而不会被捕获。

```
// exceptions/NeverCaught.java
// 忽略 RuntimeException
// {ThrowsException}

public class NeverCaught {
  static void f() {
    throw new RuntimeException("From f()");
  }
  static void g() {
    f();
  }
  public static void main(String[] args) {
    g();
  }
}
                              /* 输出:
                              ___[ Error Output ]___
                              Exception in thread "main" java.lang.RuntimeException:
                              From f()
                                      at NeverCaught.f(NeverCaught.java:7)
                                      at NeverCaught.g(NeverCaught.java:10)
                                      at NeverCaught.main(NeverCaught.java:13)
                              */
```

如果一个 RuntimeException 一直到 main() 都没有被捕获，这个异常的 printStackTrace()
会在程序退出时被调用。

可以看到 RuntimeException（或任何从它继承而来的异常）是个特例，因为编译器不
要求将这些类型写入异常说明。输出被报告给了 System.err。

请记住，在我们的代码中，只有 RuntimeException（及其子类）类型的异常才可以忽略，
因为编译器会强制实施对所有检查型异常的处理。

不应该把 Java 异常处理当成单一用途的工具。是的，它被设计用来处理一些烦人的
运行时错误，这些错误往往是由我们的代码无法控制的因素导致的，但是对于发现编译器
无法检测的某些类型的编程错误而言，它也是非常重要的。

15.8 新特性：更好的 NullPointerException 报告机制

NullPointerException 有个令人沮丧的问题：当我们遇到这种情况时，能看到的信息
不多。JDK 15 敲定了更好的 NullPointerException 报告机制。考虑如下示例，null 被插
入一个对象链条中。

```java
// exceptions/BetterNullPointerReports.java
// {NewFeature} 从 JDK 15 开始

class A {
  String s;
  A(String s) {
    this.s = s;
  }
}

class B {
  A a;
  B(A a) {
    this.a = a;
  }
}

class C {
  B b;
  C(B b) {
    this.b = b;
  }
}

public class BetterNullPointerReports {
  public static void main(String[] args) {
    C[] ca = {
      new C(new B(new A(null))),
      new C(new B(null)),
      new C(null),
    };
    for(C c: ca) {
      try {
        System.out.println(c.b.a.s);
      } catch(NullPointerException npe) {
        System.out.println(npe);
      }
    }
  }
}
```

当使用 JDK 8 编译并运行时，几乎没什么信息：

```
null
java.lang.NullPointerException
java.lang.NullPointerException
```

然而如果使用 JDK 15 或更高版本，可以看到：

```
null
java.lang.NullPointerException: Cannot read field "s" because
```

```
"<local5>.b.a" is null
java.lang.NullPointerException: Cannot read field "a" because
"<local5>.b" is null
```

这就使得 NullPointerException 问题理解和解决起来更容易了。

15.9 使用 finally 执行清理

往往会出现这样的情况：不管 try 块中是不是抛出异常，都有一段代码必须执行。这通常是内存恢复之外的操作，因为内存恢复操作由垃圾收集器处理。为了达到这个效果，我们可以在所有异常处理程序的末尾使用一个 finally 子句①。所以，异常处理的全貌就是这样的：

```
try {
  // 被守护区域：可能会抛出 A、B 或 C 的危险活动
} catch(A a1) {
  // 情况 A 的处理程序
} catch(B b1) {
  // 情况 B 的处理程序
} catch(C c1) {
  // 情况 C 的处理程序
} finally {
  // 不管哪种情况都要执行的活动
}
```

这个程序演示了 finally 子句总会执行。

```
// exceptions/FinallyWorks.java
// finally 子句总会执行

class ThreeException extends Exception {}

public class FinallyWorks {
  static int count = 0;
  public static void main(String[] args) {
    while(true) {
      try {
        // 使用的是后缀自增操作符，第一次的结果为 0：
        if(count++ == 0)
          throw new ThreeException();
        System.out.println("No exception");
      } catch(ThreeException e) {
        System.out.println("ThreeException");
      } finally {
        System.out.println("In finally clause");
```

```
/* 输出:
ThreeException
In finally clause
No exception
In finally clause
*/
```

---

① C++ 的异常处理没有 finally 子句，因为它依赖析构函数完成这类清理操作。

```
      if(count == 2) break; // 跳出 while 循环
    }
  }
}
}
```

从输出可以看出，无论是否抛出异常，`finally` 子句都执行了。还可以看出这一事实：Java 中的异常不允许我们回退到异常被抛出的地方，正如前面所讨论的。如果把 try 块放到一个循环中，我们可以设置一个在程序继续执行之前必须满足的条件。还可以添加一个静态的计数器，或其他某种设施，让循环在放弃之前尝试几种不同的方法。这样可以提高程序的稳健性。

15.9.1 `finally` 是干什么用的

在没有垃圾收集**并且**不会自动调用析构函数的语言中，[①]`finally` 非常重要，这是因为不管在 try 块中发生了什么，它都使得程序员可以确保内存的释放。但是 Java 提供了垃圾收集，所以释放内存基本不是问题。它也没有析构函数要调用。所以在 Java 中什么时候才需要使用 `finally` 呢？

要清理内存**之外**的某些东西时，`finally` 子句是必要的。例子包括打开的文件或网络连接，画在屏幕上的东西，甚至是现实世界中的一个开关：

```java
// exceptions/Switch.java

public class Switch {
  private boolean state = false;
  public boolean read() { return state; }
  public void on() {
    state = true;
    System.out.println(this);
  }
  public void off() {
    state = false;
    System.out.println(this);
  }
  @Override public String toString() {
    return state ? "on" : "off";
  }
}
// exceptions/OnOffException1.java
public class OnOffException1 extends Exception {}
// exceptions/OnOffException2.java
```

---

① 析构函数是当对象不再使用时总会被调用的函数。我们总能确切地知道析构函数调用的时间和地点。C++ 会自动调用析构函数，而 C#（它更像 Java）有自动析构的方式。

```
public class OnOffException2 extends Exception {}
// exceptions/OnOffSwitch.java
// 为什么要使用 finally？

public class OnOffSwitch {
  private static Switch sw = new Switch();
  public static void f()
  throws OnOffException1, OnOffException2 {}
  public static void main(String[] args) {
    try {
      sw.on();
      // 可能会抛出异常的代码……
      f();
      sw.off();
    } catch(OnOffException1 e) {
      System.out.println("OnOffException1");
      sw.off();
    } catch(OnOffException2 e) {
      System.out.println("OnOffException2");
      sw.off();
    }
  }
}
```

```
/* 输出：
on
off
*/
```

此处的目标是确保当 main() 完成的时候，这个开关处于关闭状态，因此 sw.off() 被放在了 try 块和每个异常处理程序的末尾。但是程序有可能抛出某个没有在这里被捕获的异常，sw.off() 也就有可能被漏掉。然而有了 finally，try 块中的清理代码只需要放到一个地方即可：

```
// exceptions/WithFinally.java
// finally 可以确保清理

public class WithFinally {
  static Switch sw = new Switch();
  public static void main(String[] args) {
    try {
      sw.on();
      // 可能会抛出异常的代码……
      OnOffSwitch.f();
    } catch(OnOffException1 e) {
      System.out.println("OnOffException1");
    } catch(OnOffException2 e) {
      System.out.println("OnOffException2");
    } finally {
      sw.off();
    }
  }
}
```

```
/* 输出：
on
off
*/
```

不管发生什么，这里的 sw.off() 都会确保运行。

即使抛出的异常没有被当前的这组 catch 子句捕获，在异常处理机制向更高一层中继续搜索异常处理程序之前，finally 也会执行。

```java
// exceptions/AlwaysFinally.java
// finally 总会执行

class FourException extends Exception {}

public class AlwaysFinally {
  public static void main(String[] args) {
    System.out.println("Entering first try block");
    try {
      System.out.println("Entering second try block");
      try {
        throw new FourException();
      } finally {
        System.out.println("finally in 2nd try block");
      }
    } catch(FourException e) {
      System.out.println(
        "Caught FourException in 1st try block");
    } finally {
      System.out.println("finally in 1st try block");
    }
  }
}
/* 输出:
Entering first try block
Entering second try block
finally in 2nd try block
Caught FourException in 1st try block
finally in 1st try block
*/
```

当涉及 break 和 continue 语句时，finally 语句也会执行。将 finally 与带标签的 break 和 continue 配合使用，Java 中就不再需要 goto 语句了。

15.9.2　在 return 期间使用 finally

因为 finally 子句总会执行，所以在一个方法中，我们可以从多个点返回，并且仍然能够确保重要的清理工作得到执行。

```java
// exceptions/MultipleReturns.java

public class MultipleReturns {
  public static void f(int i) {
    System.out.println(
      "Initialization that requires cleanup");
```

```
    try {
      System.out.println("Point 1");
      if(i == 1) return;
      System.out.println("Point 2");
      if(i == 2) return;
      System.out.println("Point 3");
      if(i == 3) return;
      System.out.println("End");
      return;
    } finally {
      System.out.println("Performing cleanup");
    }
  }
  public static void main(String[] args) {
    for(int i = 1; i <= 4; i++)
      f(i);
  }
}
```

```
/* 输出:
Initialization that requires cleanup
Point 1
Performing cleanup
Initialization that requires cleanup
Point 1
Point 2
Performing cleanup
Initialization that requires cleanup
Point 1
Point 2
Point 3
Performing cleanup
Initialization that requires cleanup
Point 1
Point 2
Point 3
End
Performing cleanup
*/
```

输出表明，从哪里返回并不重要，finally 子句总会运行。

15.9.3　缺陷：异常丢失

遗憾的是，Java 的异常实现有一点不足。尽管异常作为程序出错的标志绝对不应忽略，但是异常有可能丢失。这种情况发生在某种特殊的 finally 子句的使用情形之下：

```
// exceptions/LostMessage.java
// 异常可能丢失的情况

class VeryImportantException extends Exception {
  @Override public String toString() {
    return "A very important exception!";
  }
}
```

```
class HoHumException extends Exception {
  @Override public String toString() {
    return "A trivial exception";
  }
}

public class LostMessage {
  void f() throws VeryImportantException {
    throw new VeryImportantException();
  }
  void dispose() throws HoHumException {
    throw new HoHumException();
  }
  public static void main(String[] args) {
    try {
      LostMessage lm = new LostMessage();
      try {
        lm.f();
      } finally {
        lm.dispose();
      }
    } catch(VeryImportantException |
            HoHumException e) {
      System.out.println(e);
    }
  }
}
```

```
/* 输出:
A trivial exception
*/
```

我们在输出中没有看到 VeryImportantException，它被 finally 子句中的 HoHumException 取代了。这是相当严重的缺陷，因为它意味着一个异常可能会完全丢失，而且是以比前面的示例更微妙、更难以察觉的方式。相比之下，C++ 会将在第一个异常被处理之前抛出第二个异常的情况视为严重的编程错误。或许 Java 未来的版本会修复这个问题（另一方面，我们通常会把任何可能抛出异常的方法——比如以上示例中的 dispose()——包在一个 try-catch 子句中）。

还有一种更简单的会丢失异常的方式，是在 finally 子句中执行 return。

```
// exceptions/ExceptionSilencer.java

public class ExceptionSilencer {
  public static void main(String[] args) {
    try {
      throw new RuntimeException();
    } finally {
      // 在 finally 块中使用 return,
      // 会把任何被抛出的异常都压制下来
      return;
```

```
      }
    }
  }
```

运行这个程序，我们会发现它没有任何输出，尽管有一个异常被抛出了。

15.10　异常的约束

在重写一个方法时，只能抛出该方法的基类版本中说明的异常。这个约束很有用，因为这意味着：能够配合基类工作的代码，可以自动地配合从这个基类派生而来的任何类的对象工作（派生是面向对象编程中的一个基本概念），异常也不例外。

下面的示例演示了在编译时施加在异常上的各种约束。

```java
// exceptions/StormyInning.java
// 重写的方法只能抛出其基类版本中说明的异常，
// 或者是以这些异常为基类派生而来的异常

class BaseballException extends Exception {}
class Foul extends BaseballException {}
class Strike extends BaseballException {}

abstract class Inning {
  Inning() throws BaseballException {}
  public void event() throws BaseballException {
    // 实际上不是必须抛出异常
  }
  public abstract void atBat() throws Strike, Foul;
  public void walk() {} // 没有抛出检查型异常
}

class StormException extends Exception {}
class RainedOut extends StormException {}
class PopFoul extends Foul {}

interface Storm {
  void event() throws RainedOut;
  void rainHard() throws RainedOut;
}

public
class StormyInning extends Inning implements Storm {
  // 可以为构造器添加新异常，但是
  // 必须处理基类构造器的异常：
  public StormyInning()
    throws RainedOut, BaseballException {}
  public StormyInning(String s)
    throws BaseballException {}
```

```
// 普通方法必须遵守基类方法的约定:
//- void walk() throws PopFoul {} // 编译错误
// 对于基类中存在的方法, 接口不能增加其异常:
//- public void event() throws RainedOut {}
// 对于基类中不存在的方法, 接口中可以自行声明:
@Override public void rainHard() throws RainedOut {}
// 即使基类版本会抛出异常,
// 我们也可以选择不抛出任何异常:
@Override public void event() {}
// 重写的方法, 可以抛出其基类版本所说明的异常的子类:
@Override public void atBat() throws PopFoul {}
public static void main(String[] args) {
  try {
    StormyInning si = new StormyInning();
    si.atBat();
  } catch(PopFoul e) {
    System.out.println("Pop foul");
  } catch(RainedOut e) {
    System.out.println("Rained out");
  } catch(BaseballException e) {
    System.out.println("Generic baseball exception");
  }
  // 派生版本没有抛出 Strike
  try {
    // 如果向上转型, 会发生什么情况?
    Inning i = new StormyInning();
    i.atBat();
    // 必须捕捉来自该方法的基类版本的异常:
  } catch(Strike e) {
    System.out.println("Strike");
  } catch(Foul e) {
    System.out.println("Foul");
  } catch(RainedOut e) {
    System.out.println("Rained out");
  } catch(BaseballException e) {
    System.out.println("Generic baseball exception");
  }
}
}
```

在 Inning 中, 我们看到构造器和 event() 方法都说它们将抛出一个异常, 但是实际上从来没有。这是合法的, 因为它会强迫用户捕捉任何可能在 event() 的重写版本中添加的异常。同样的想法也适用于抽象方法, 如你在 atBat() 中所看到的。

接口 Storm 包含两个方法, 一个 (event()) 在 Inning 中也定义了, 另一个没有。这两个方法都会抛出一个新的异常类型——RainedOut。当 StormyInning 继承了 Inning, 同时实现了 Storm 接口时, Storm 中的 event() 方法**不能**改变 Inning 中的 event() 方法的异常说明。否则在使用基类的时候, 我们就无法判断是否捕获了正确的异常, 所以这种约束是合理的。然而，如果接口中描述的方法不在基类之中，比如 rainHard()，它抛出什么异常都是没有问题的。

对异常的这些约束并不适用于构造器。StormyInning 表明，不管基类构造器抛出什么，其构造器可以抛出任何它想抛出的东西。因为基类构造器必须总是以这样或那样的方式调用（这里，无参构造器会被自动调用），所以子类构造器必须在其异常说明中声明基类构造器提到的异常。

子类构造器不能捕捉基类构造器抛出的异常。

StormyInning.walk() 之所以无法编译，是因为它抛出了一个 Inning.walk() 没有抛出的异常。如果允许这种情况，我们就可以编写出调用 Inning.walk() 而不处理任何异常的代码。然而当我们将其中的对象替换为从 Inning 派生而来的类的对象时，这个方法可能会抛出异常，我们的代码就无法工作了。通过强制子类的方法遵守基类方法的异常说明，对象的可替换性得以保持。

重写的 event() 方法表明，即使基类方法抛出了异常，其子类版本可以选择不抛出任何异常。同样，这是合理的，因为不会破坏针对基类版本会抛出异常这种情况编写的代码。类似的逻辑也适用于 atBat()，它抛出的是 PopFoul，这个异常是从 atBat() 的基类版本所抛出的 Foul 派生而来的。这样，如果我们编写的代码是处理 Inning 的，而且会调用 atBat()，我们就必须捕捉 Foul 异常。而 PopFoul 是从 Foul 派生而来的，所以异常处理程序也能捕捉 PopFoul。

最后一个值得注意的地方是在 main() 中。如果我们正在处理的就是一个 StormyInning 对象，编译器会强制我们只捕捉这个类声明会抛出的异常，但是如果将其向上转型为基类类型，编译器就会（正确地）强制我们捕捉基类声明会抛出的异常。所有这些约束都是为了产生更为稳健的代码。[①]

尽管编译器会在继承过程中强制保证异常说明的执行，但是异常说明并不是方法类型的一部分——方法类型只包括方法名字和参数类型。因此，不能依赖异常说明的不同来重载方法。此外，不能因为方法的基类版本中存在一个异常的说明，就认为它一定会存在于这个方法的子类版本中。这与继承规则不同——基类中的方法也必须存在于子类中。换句话说，在继承和重写的过程中，"异常说明"可以缩小，但是不能扩大——这与类在继承过程中的规则恰恰相反。

---

① ISO C++ 也加入了类似的约束，要求派生方法要抛出的异常与基类方法要抛出的异常相同，或是从其派生而来的。这是 C++ 真正能够在编译时检查异常说明的一种情况。

15.11　构造器

有一点非常重要，我们要经常问自己：“如果发生了异常，所有的东西都能被正确地清理吗？”大多数情况下我们是安全的，但是涉及构造器时会有一个问题。构造器会将对象置于一个安全的起始状态，但是它可能会执行某个操作，比如打开一个文件，这样的操作只有在对象使用完毕并调用一个特殊的清理方法之后才能被清理。如果在构造器内抛出了异常，这些清理行为可能就不会正确执行了。这意味着我们在编写构造器时必须特别警惕。

你可能会认为，finally 就是解决之道。但是事情没这么简单，因为 finally **每次**都会执行清理代码。如果构造器在执行过程中半途而废，它可能还没有成功创建对象的某些部分，而这些部分也会在 finally 子句中被清理。

在下面的示例中，一个叫 InputFile 的类打开了一个文件，每次读取一行。它使用了进阶卷第 7 章中将讨论的 Java 标准 I/O 库中的 FileReader 类和 BufferedReader 类。这些类很简单，理解其基本用法应该没有任何困难。

```java
// exceptions/InputFile.java
// 注意构造器中的异常
import java.io.*;

public class InputFile {
  private BufferedReader in;
  public InputFile(String fname) throws Exception {
    try {
      in = new BufferedReader(new FileReader(fname));
      // 其他可能会抛出异常的代码
    } catch(FileNotFoundException e) {
      System.out.println("Could not open " + fname);
      // 没有打开，所以不用关闭
      throw e;
    } catch(Exception e) {
      // 对于其他所有异常，都必须关闭文件
      try {
        in.close();
      } catch(IOException e2) {
        System.out.println("in.close() unsuccessful");
      }
      throw e; // 重新抛出
    } finally {
      // 不要在这里关闭！！！
    }
  }
  public String getLine() {
    String s;
```

```
    try {
      s = in.readLine();
    } catch(IOException e) {
      throw new RuntimeException("readLine() failed");
    }
    return s;
  }
  public void dispose() {
    try {
      in.close();
      System.out.println("dispose() successful");
    } catch(IOException e2) {
      throw new RuntimeException("in.close() failed");
    }
  }
}
```

InputFile 的构造器接受一个 String 参数：要打开的文件的名字。在一个 try 块内，它使用这个文件名创建了一个 FileReader。FileReader 的意义就在于我们要用它来创建一个 BufferedReader。InputFile 的好处之一就是它将这两个动作结合了起来。

如果 FileReader 的构造器没有执行成功，它会抛出 FileNotFoundException。这是不需要关闭文件的唯一一种情况，因为它没有被成功地打开。**其他**任何 catch 子句都必须关闭文件，因为进入这些 catch 子句时，文件**已经**打开了。（如果不止一个方法会抛出 FileNotFoundException，情况就更棘手了。在那种情况下，通常要将工作分解到几个 try 块中。）close() 方法也可能抛出异常，虽然它已经在一个 catch 子句中，我们仍然将其放到一个 try 块中，并添加了相应的 catch 子句——对 Java 编译器而言，只不过是又多了一对花括号。在执行完当前的操作之后，这个异常被重新抛出了，这么做是合理的，因为构造器调用失败，所以我们不希望让调用方以为"对象被成功创建，并且是有效的"。

在这个示例中，finally 子句绝对**不是**适合调用 close() 来关闭文件的地方。这是因为如果将其放到这里，每次构造器完成时，它都会关闭文件。然而我们希望的是，在 InputFile 对象使用的生命周期内，这个文件都应该是打开的。

getLine() 方法会返回一个包含文件中的下一行内容的 String。它调用的 readLine() 也可能会抛出异常，但是这里写了 catch 子句来处理，所以 getLine() 不会再抛出任何异常。在使用异常时会有一个设计问题：究竟是把异常完全放在这一层处理，还是先处理一部分，然后再将同样的异常（或不同的异常）传递下去，抑或是简单地将异常向更上层传递。如果处理得当，向上传递当然可以简化编码。在示例中，getLine() 方法将当前异常转换成了一个 RuntimeException，表示这是一个编程错误。

当不再需要 InputFile 对象时，用户必须调用 dispose() 方法。这将释放 BufferedReader 和 / 或 FileReader 对象所使用的系统资源（比如文件句柄）。我们不会在使用完 InputFile 对象之前调用它。你可能会考虑把这样的功能放入一个 finalize() 方法中，但是正如第 6 章所提到的，我们并不是总能确定 finalize() 会被调用（即使**能**确定它会被调用，也不知道**什么时候**会被调用）。这是 Java 的缺点之一：除了内存的清理之外，其他清理都不会自动发生，所以必须告知客户程序员，这应由他们自己处理。

对于可能在构造过程中抛出异常而且需要清理的类，最安全的用法是使用嵌套的 try 块。

```java
// exceptions/Cleanup.java
// 保证某个资源的正确清理

public class Cleanup {
  public static void main(String[] args) {
    try {
      InputFile in = new InputFile("Cleanup.java");
      try {
        String s;
        int i = 1;
        while((s = in.getLine()) != null)
          ; // 在这里执行一行一行的处理……
      } catch(Exception e) {
        System.out.println("Caught Exception in main");
        e.printStackTrace(System.out);
      } finally {
        in.dispose();
      }
    } catch(Exception e) {
      System.out.println(
        "InputFile construction failed");
    }
  }
}
/* 输出:
dispose() successful
*/
```

仔细看这里的逻辑：InputFile 对象的构造实际上是在自己的 try 块中。如果构造失败，就会进入外部的 catch 子句，不会调用 dispose()。然而，如果构造成功，一定要确保这个对象的清理，所以紧跟在构造操作之后，我们创建了一个新的 try 块。finally 会执行与**内部**的 try 块关联的清理。这样，如果构造失败，这个 finally 子句就不会执行了，所以它**总是**会在构造成功的前提下执行。

即使构造器不会抛出任何异常，也应该使用这种通用的清理惯用法。其基本规则是，在创建了一个需要清理的对象之后，直接跟一个 try-finally 块。

```java
// exceptions/CleanupIdiom.java
// 需要释放的对象后面必须跟一个 try-finally 块

class NeedsCleanup { // 构造不会失败
  private static long counter = 1;
  private final long id = counter++;
  public void dispose() {
    System.out.println(
      "NeedsCleanup " + id + " disposed");
  }
}

class ConstructionException extends Exception {}

class NeedsCleanup2 extends NeedsCleanup {
  // 构造可能失败:
  NeedsCleanup2() throws ConstructionException {}
}

public class CleanupIdiom {
  public static void main(String[] args) {
    // [1]:
    NeedsCleanup nc1 = new NeedsCleanup();
    try {
      // ...
    } finally {
      nc1.dispose();
    }

    // [2]:
    // 如果构造不会失败，我们可以将对象组织到一起:
    NeedsCleanup nc2 = new NeedsCleanup();
    NeedsCleanup nc3 = new NeedsCleanup();
    try {
      // ...
    } finally {
      nc3.dispose(); // 以与构造相反的顺序释放
      nc2.dispose();
    }

    // [3]:
    // 如果构造可能失败，我们必须确保每个对象的清理:
    try {
      NeedsCleanup2 nc4 = new NeedsCleanup2();
      try {
        NeedsCleanup2 nc5 = new NeedsCleanup2();
        try {
          // ...
        } finally {
          nc5.dispose();
        }
      } catch(ConstructionException e) { // nc5 的构造
```

```
/* 输出:
NeedsCleanup 1 disposed
NeedsCleanup 3 disposed
NeedsCleanup 2 disposed
NeedsCleanup 5 disposed
NeedsCleanup 4 disposed
*/
```

```
        System.out.println(e);
      } finally {
        nc4.dispose();
      }
    } catch(ConstructionException e) { // nc4 的构造
      System.out.println(e);
    }
  }
}
```

[1] 这个相当直接：在需要清理的对象后面紧跟一个 try-finally 块。如果对象构造不会失败，也就不需要 catch 子句了。

[2] 这里可以看到，对于构造不会失败的对象，多个对象的构造和清理可以分别组织到一起。

[3] 这里演示了如何处理构造可能会失败**并且**需要清理的对象。要正确处理这种情况，事情会变得很棘手，因为必须将每个构造用它自己的 try-catch 包围起来，而且每个对象的构造操作后面必须有一个 try-finally 语句块来保证清理。

异常处理如此复杂，说明应该创建不可能失败的构造器，尽管这并非总是可能的。

注意，如果 dispose() 会抛出异常，我们可能还需要额外的 try 块。基本上，我们应该仔细考虑所有的可能性，并确保正确处理每一种情况。

15.12　try-with-resources 语句

上一节的内容可能已经让你有点头疼了。考虑所有可能失败的方式，并要弄清楚应该把所有的 try-catch-finally 块放在哪里，实在让人望而生畏。要确保没有哪条故障路径会让我们的系统处于不稳定状态，这看起来很有挑战。

InputFile.java 就是一个特别棘手的例子，这是因为文件被打开了（伴随着所有可能的异常），然后它要在这个对象的生命周期之内**保持打开状态**。每次调用 getLine() 都可能引发异常，调用 dispose() 也是这样。这个示例很好地演示了事情有可能多么棘手。它也表明，我们应该尽量**避免**这样设计代码（当然，我们经常会遇到这样的情况，代码如何设计并不是我们能选择的，所以还是必须理解它）。

InputFile.java 的一个更好的设计是，在构造器中读取文件，并将其内容在内部缓存下来。这样的话，文件的打开、读取和关闭都发生在构造器中。或者，如果读取和存储文件不现实的话，也可以选择生成一个 Stream。理想情况下应该这样设计：

```
// exceptions/InputFile2.java          /* 输出:
import java.io.*;                         main(String[] args) throws IOException {
import java.nio.file.*;                  */
import java.util.stream.*;

public class InputFile2 {
  private String fname;
  public InputFile2(String fname) {
    this.fname = fname;
  }
  public
  Stream<String> getLines() throws IOException {
    return Files.lines(Paths.get(fname));
  }
  public static void
  main(String[] args) throws IOException {
    new InputFile2("InputFile2.java").getLines()
      .skip(15)
      .limit(1)
      .forEach(System.out::println);
  }
}
```

现在，getLines() 只负责打开文件并创建 Stream。

我们并不是总能这么轻易地回避该问题。有时有些对象会出现如下的情况：

1. 需要清理；
2. 需要在特定时刻清理——当走出某个作用域的时候（通过正常方式或通过异常）。

一个常见的例子是 java.io.FileInputStream（会在进阶卷第 7 章中描述）。为了正确使用它，我们必须写一些棘手的样板代码。

```
// exceptions/MessyExceptions.java
import java.io.*;

public class MessyExceptions {
  public static void main(String[] args) {
    InputStream in = null;
    try {
      in = new FileInputStream(
        new File("MessyExceptions.java"));
      int contents = in.read();
      // 处理内容
    } catch(IOException e) {
      // 处理错误
    } finally {
```

```
    if(in != null) {
      try {
        in.close();
      } catch(IOException e) {
        // 处理 close() 错误
      }
    }
  }
}
```

当 finally 子句中又有自己的 try 块时，感觉事情已经变得过于复杂了。

幸好 Java 7 引入了 try-with-resources 语法，可以很好地简化上述代码。

```java
// exceptions/TryWithResources.java
import java.io.*;

public class TryWithResources {
  public static void main(String[] args) {
    try(
      InputStream in = new FileInputStream(
        new File("TryWithResources.java"))
    ) {
      int contents = in.read();
      // 处理内容
    } catch(IOException e) {
      // 处理错误
    }
  }
}
```

在 Java 7 之前，try 后面总是要跟着一个 {，但是现在它后面可以跟一个括号定义，我们在这里创建了 FileInputStream 对象。括号中的内容叫作**资源说明头**（resource specification header）。现在 in 在这个 try 块的其余部分都是可用的。更重要的是，不管如何退出 try 块（无论是正常方式还是通过异常），都会执行与上一个示例中的 finally 子句等同的操作，但是不需要编写那么复杂棘手的代码了。这是一个重要的改进。

它是如何工作的呢？在 try-with-resources 定义子句中（也就是括号内）创建的对象必须实现 java.lang.AutoCloseable 接口，该接口只有一个方法——close()。当 Java 7 引入 AutoCloseable 时，很多接口和类也被修改了，以实现这个接口。我们在 AutoCloseable 的 Java 文档中可以看到一份清单，其中就包括 Stream 类。

```java
// exceptions/StreamsAreAutoCloseable.java
import java.io.*;
import java.nio.file.*;
```

```
import java.util.stream.*;

public class StreamsAreAutoCloseable {
  public static void
  main(String[] args) throws IOException{
    try(
      Stream<String> in = Files.lines(
        Paths.get("StreamsAreAutoCloseable.java"));
      PrintWriter outfile = new PrintWriter(
        "Results.txt");                         // [1]
    ) {
      in.skip(5)
        .limit(1)
        .map(String::toLowerCase)
        .forEachOrdered(outfile::println);
    }                                           // [2]
  }
}
```

[1] 在这里可以看到另一个特性：资源说明头可以包含多个定义，用分号隔开（最后的分号也可以接受，不过是可选的）。在这个头部定义的每个对象都将在 try 块的末尾调用其 close()。

[2] try-with-resources 的 try 块可以独立存在，没有 catch 或 finally。这里，IOException 会通过 main() 传递出去，所以不需要在 try 块的末尾捕获。

Java 5 的 Closeable 接口也被修改了，以继承 AutoCloseable，因此过去支持 Closeable 的任何东西都可以配合 try-with-resources 使用。

15.12.1 细节揭秘

为了研究 try-with-resources 的底层机制，可以创建自己的实现了 AutoCloseable 接口的类。

```
// exceptions/AutoCloseableDetails.java

class Reporter implements AutoCloseable {
  String name = getClass().getSimpleName();
  Reporter() {
    System.out.println("Creating " + name);
  }
  @Override public void close() {
    System.out.println("Closing " + name);
  }
}

class First extends Reporter {}
class Second extends Reporter {}
```

```
public class AutoCloseableDetails {
  public static void main(String[] args) {
    try(
      First f = new First();
      Second s = new Second()
    ) {
    }
  }
}
```

```
/* 输出:
Creating First
Creating Second
Closing Second
Closing First
*/
```

在退出 try 块时会调用两个对象的 close() 方法，而且会以与创建顺序相反的顺序关闭它们。这个顺序很重要，因为在这种配置情况下，Second 对象有可能会依赖 First 对象，所以如果在 Second 对象要关闭的时候 First 对象已经关闭了，Second 的 close() 可能会尝试访问 First 的某个特性，而这个特性已经不再可用。

假设我们在资源说明头定义了一个对象，它并没有实现 AutoCloseable 接口：

```
// exceptions/TryAnything.java
// {WillNotCompile}

class Anything {}

public class TryAnything {
  public static void main(String[] args) {
    try(
      Anything a = new Anything()
    ) {
    }
  }
}
```

不出所料，Java 不允许我们这么做，会给出一条编译错误信息。

如果某个构造器抛出了异常，又会怎么样呢？

```
// exceptions/ConstructorException.java

class CE extends Exception {}

class SecondExcept extends Reporter {
  SecondExcept() throws CE {
    super();
    throw new CE();
  }
}

public class ConstructorException {
```

```
  public static void main(String[] args) {
    try(
      First f = new First();
      SecondExcept s = new SecondExcept();
      Second s2 = new Second()
    ) {
      System.out.println("In body");
    } catch(CE e) {
      System.out.println("Caught: " + e);
    }
  }
}
```

```
/* 输出：
Creating First
Creating SecondExcept
Closing First
Caught: CE
*/
```

现在，在资源说明头定义了三个对象，中间的对象抛出了一个异常。正因为如此，编译器强制我们提供一个 catch 子句来捕捉构造器的异常。这意味着资源说明头实际上是被这个 try 块包围的。

不出所料，First 顺利创建，而 SecondExcept 在创建过程中抛出了一个异常。请注意，SecondExcept 的 close() 方法**没有**被调用，这是因为如果构造器失败了，我们不能假定可以在这个对象上安全地执行**任何操作**，包括关闭它在内。因为 SecondExcept 抛出了异常，所以 Second 对象 s2 从未被创建，也不会被清理。

如果构造器都不会抛出异常，但是在 try 块中可能抛出异常，编译器又会强制我们提供一个 catch 子句。

```
// exceptions/BodyException.java

class Third extends Reporter {}

public class BodyException {
  public static void main(String[] args) {
    try(
      First f = new First();
      Second s2 = new Second()
    ) {
      System.out.println("In body");
      Third t = new Third();
      new SecondExcept();
      System.out.println("End of body");
    } catch(CE e) {
      System.out.println("Caught: " + e);
    }
  }
}
```

```
/* 输出：
Creating First
Creating Second
In body
Creating Third
Creating SecondExcept
Closing Second
Closing First
Caught: CE
*/
```

注意，Third 对象永远不会得到清理。这是因为，它不是在资源说明头中创建的，所以它的清理得不到保证。这一点很重要，因为 Java 在这里没有以警告或错误的形式给出提示，所以像这样的错误很容易被漏掉。事实上，如果我们依赖某个集成开发环境将代码自动重写为使用 try-with-resources 的形式，它们（在本书撰写之时）通常只会保护所遇到的第一个对象，而忽略了其他对象。

最后，让我们看看 close() 方法会抛出异常的情况。

```java
// exceptions/CloseExceptions.java

class CloseException extends Exception {}

class Reporter2 implements AutoCloseable {
  String name = getClass().getSimpleName();
  Reporter2() {
    System.out.println("Creating " + name);
  }
  @Override
  public void close() throws CloseException {
    System.out.println("Closing " + name);
  }
}

class Closer extends Reporter2 {
  @Override
  public void close() throws CloseException {
    super.close();
    throw new CloseException();
  }
}

public class CloseExceptions {
  public static void main(String[] args) {
    try(
      First f = new First();
      Closer c = new Closer();
      Second s = new Second()
    ) {
      System.out.println("In body");
    } catch(CloseException e) {
      System.out.println("Caught: " + e);
    }
  }
}
/* 输出:
Creating First
Creating Closer
Creating Second
In body
Closing Second
Closing Closer
Closing First
Caught: CloseException
*/
```

从技术上讲，编译器并没有强制我们在这里提供一个 catch 子句，因此也可以选择让 main() 抛出 CloseException。但是，catch 子句通常是放置错误处理代码的地方。

请注意，因为这三个对象都被创建出来了，所以它们又都以相反的顺序被关闭了，即使 Closer.close() 抛出了异常。当我们考虑到这一点时，这就是我们希望发生的事情，但是如果必须自己编程实现所有的逻辑，代码可能会出现漏洞，从而导致出错。想象一下，现在有多少代码是因为程序员没有考虑清楚所有隐含的清理问题而出错的。为此，我们应该尽可能使用 try-with-resources。这个特性还能使生成的代码更干净、更容易理解，这对我们帮助很大。

15.12.2　新特性：try-with-resources 中的实际上的最终变量

最初的 try-with-resources 要求将所有被管理的变量都定义在资源说明头（即 try 后面的括号列表）之中。出于某种原因，Java 团队认为这有时会显得过于笨拙。JDK 9 增加了在 try 之前定义这些变量的能力，只要它们被显式地声明为最终变量，或者是实际上的最终变量即可。下面的示例对比了原来的 try-with-resources 语法和（可选的）JDK 9 语法。

```
// exceptions/EffectivelyFinalTWR.java
// {NewFeature} 从 JDK 9 开始
import java.io.*;

public class EffectivelyFinalTWR {
  static void old() {
    try (
      InputStream r1 = new FileInputStream(
        new File("TryWithResources.java"));
      InputStream r2 = new FileInputStream(
        new File("EffectivelyFinalTWR.java"));
    ) {
      r1.read();
      r2.read();
    } catch(IOException e) {
      // 处理异常
    }
  }
  static void jdk9() throws IOException {
    final InputStream r1 = new FileInputStream(
      new File("TryWithResources.java"));
    // 实际上的最终变量:
    InputStream r2 = new FileInputStream(
      new File("EffectivelyFinalTWR.java"));
    try (r1; r2) {
      r1.read();
      r2.read();
    }
    // r1 和 r2 仍然在作用域中
    // 访问其中的任何一个都会抛出异常:
    r1.read();
    r2.read();
```

```
      }
      public static void main(String[] args) {
        old();
        try {
          jdk9();
        } catch(IOException e) {
          System.out.println(e);
        }
      }
    }
```

```
/* 输出:
java.io.IOException: Stream Closed
*/
```

通过说明 throws IOException, jdk9() 会将异常传出来。这是因为 r1 和 r2 的定义没有像在 old() 中那样放到 try 块内。无法捕捉异常是这个新特性看起来不那么可信的一个原因。

在引用变量被 try-with-resources 释放之后再引用它们是可能的,正如我们在 jdk9() 的最后所看到的那样。编译器允许这么做,但是当我们在 try 块的外面访问 r1 或 r2 时,会触发异常。

目前还不清楚这个新特性带来的好处是不是值得我们将这种检查从编译时移到运行时,同时我们也失去了 catch 子句。完全避免使用这个特性可能是个好主意。

15.13 异常匹配

当一个异常被抛出时,异常处理系统会按照处理程序的编写顺序来寻找“最近的”那个。当找到一个匹配的处理程序时,它会认为该异常得到了处理,从而不再进行进一步的搜索。

匹配异常时,并不要求这个异常与其处理程序完全匹配。子类的对象可以匹配其基类的处理程序。

```java
// exceptions/Human.java
// 捕捉层次化异常

class Annoyance extends Exception {}
class Sneeze extends Annoyance {}

public class Human {
  public static void main(String[] args) {
    // 捕捉精确的类型:
    try {
      throw new Sneeze();
    } catch(Sneeze s) {
      System.out.println("Caught Sneeze");
    } catch(Annoyance a) {
```

```
      System.out.println("Caught Annoyance");
    }
    // 捕捉基类类型:
    try {
      throw new Sneeze();
    } catch(Annoyance a) {
      System.out.println("Caught Annoyance");
    }
  }
}
```

```
/* 输出:
Caught Sneeze
Caught Annoyance
*/
```

Sneeze 异常被它匹配的第一个 catch 子句捕获了,它是序列中的第一个。然而,如果移除第一个 catch 子句,只留下用于 Annoyance 的 catch 子句,代码仍然可以工作,因为它要捕捉的是 Sneeze 的基类。换句话说,catch(Annoyance a) 将捕捉 Annoyance 或者从它**派生而来的任何类**。这很有用,因为如果决定向一个方法中加入更多的派生异常,只要客户程序员的代码捕捉的是基类异常,那就不需要修改。

将基类异常对应的 catch 子句放在最前面,可以"屏蔽"掉子类的异常,就像这样:

```
try {
  throw new Sneeze();
} catch(Annoyance a) {
  // ...
} catch(Sneeze s) {
  // ...
}
```

编译器会生成一条报错信息,因为它看到 Sneeze 的 catch 子句永远无法到达。

15.14 其他可选方式

异常处理系统就像一个活板门,允许我们的程序放弃正常语句序列的执行。当某个"异常情形"发生时,正常的执行已经不再可能或不再可取,这个活板门就用到了。异常代表了当前方法无法处理的情形。异常处理系统之所以会被开发出来,原因在于之前的那种方法——处理每个函数调用所产生的每个可能的错误条件——太过烦琐,而且程序员根本没有那样做。由此造成的后果是他们会忽略这些错误。值得注意的是,便于程序员处理错误是异常处理的主要动机之一。

异常处理的一个重要准则是,"除非你知道该如何处理,否则不要捕捉异常"。事实上,异常处理的一个重要目标是将处理错误的代码从错误发生的地点抽离出来。这样我们就可以把自己的注意力集中到代码的某个部分上,而有关如何处理问题的代码则放到一个单独的地方。因此，我们的主线代码不会被错误处理的逻辑所干扰，而且更容易理解和维护。通过允许一个处理程序应对多个出错点，异常处理往往也能减少错误处理的代码量。

检查型异常使这种情况变得有点复杂，因为它们会强迫我们在自己可能还没有准备好如何处理错误的地方添加 catch 子句。这就导致了"吞食有害"（harmful if swallowed）的问题。

```
try {
  // ... 一些有用的操作
} catch(ObligatoryException e) {} // 大口吞下!
```

程序员们只会做最简单的事情，往往会无意间"吞食"异常，但是一旦这样做了，编译就会通过，除非我们记得复查并修正代码，否则这个异常就相当于丢失了。异常发生了，但被"吞食"后它就完全消失了。因为编译器会强迫我们马上写代码来处理这个异常，所以这看上去是最简单的解决方案，尽管这可能是我们能做的最糟糕的事情。

当我意识到自己做了这样的事情时，我感到非常震惊。在 *Thinking in Java, 2nd Edition* 中，我通过在处理程序中打印栈轨迹信息来"修复"这个问题（本章中的很多示例就使用了这种方法，看上去还是比较合适的）。尽管这对追踪异常的行为很有用，但是它仍然表明，我们并没有真正理解在代码的那个位置如何处理这个异常。这一节中我们将了解检查型异常带来的问题和并发症，以及处理这些异常时我们有哪些选择。

这个话题看起来简单，但实际上不仅复杂，而且多变。有人会站在某一边，有人会觉得正确答案（也就是他们的答案）显而易见。我认为，之所以存在这些立场，原因在于从一个像 ANSI 标准出台之前的 C 那样的弱类型语言，转变为像 C++ 或 Java 这样的强静态语言（也就是在编译时进行类型检查），其中的好处显而易见。当做出这种转变时（就像我一样），他们会觉得好处如此之大，以至于静态类型检查看上去总是大部分问题的最佳答案。我想介绍一下自己的思维演变过程，从相信静态类型检查的**绝对**价值到对此持怀疑态度。显然，它在很多时候是非常有用的，但是当它开始妨碍我们并成为一种障碍时，我们就得跨过去，只不过这条界限不是那么清晰（我最喜欢的一句格言是"所有的模型都是错误的，但有些是有用的"）。

15.14.1　历史

异常处理起源于 PL/1 和 Mesa 这样的系统中，后来又出现在 CLU、SmallTalk、Modula-3、Ada、Eiffel、C++、Python、Java 以及 Java 之后的 Ruby 和 C# 等语言中。Java 的设计和 C++ 很像，只是 Java 的设计者去掉了一些他们认为按 C++ 的方式会引发问题的地方。

为了给程序员提供一个他们更愿意使用的错误处理和恢复的框架，异常处理在 C++ 标准化的过程中很晚才被加入进来，这是由 C++ 的原作者 Bjarne Stroustrup 推动的。C++ 的异常处理模型主要来自 CLU。然而，当时也有其他语言支持异常处理：Ada、SmallTalk（这两种语言都有异常处理，但没有异常说明）和 Modula-3（既有异常处理，也有异常说明）。

在 Liskov 和 Snyder 关于这个问题的开创性论文 [1] 中，他们观察到像 C 这样以瞬态方式报告错误的语言的一个主要缺陷：

……每个调用后面都必须跟一个条件测试来确定结果是什么。这种要求导致程序难以阅读，而且效率可能也是极其低下的，结果使得程序员既不愿意发出信号（signal），也不愿意处理异常。

因此，异常处理的初衷之一是为了避免出现这种要求，但在 Java 的检查型异常之中，我们经常看到的正是这种代码。他们继续写道：

……要求把处理程序的代码文本附在引发调用的异常上，表达式会被处理程序弄得四分五裂，这会降低程序的可读性。

Stroustrup 在设计 C++ 的异常时遵循了 CLU 的方法，他指出，C++ 异常的目标是减少从错误中恢复所需的代码量。我相信他观察到了，在 C 语言中，程序员通常不会编写错误处理代码，因为这类代码的数量和位置都令人望而却步，而且会分散人的注意力。因此，他们用 C 语言编程的习惯是，忽略代码中的错误，使用调试器来追踪错误。要使用异常，就必须说服这些 C 程序员编写他们通常不会编写的"额外"代码。所以要吸引他们以更好的方式处理错误，不得不"增加"的代码量就不能太大。我认为，评价 Java 的检查型异常的效果时，必须牢记这一目标。

C++ 还从 CLU 那里借鉴了一个额外的想法：异常说明，以可编程的方式在方法签名中列出了调用该方法可能会产生的异常。异常说明实际上有两个目的。可以理解为它在说："我的代码会产生这个异常，你来处理它。"也可以理解为："我会忽略这个可能是因为我的代码而产生的异常，你来处理它。"在研究异常的机制和语法时，我们一直在关注"你来处理它"这一部分，但是这里我特别感兴趣的事实是，我们往往会忽略异常，而这是可以在异常说明中指出的。

---

[1] Barbara Liskov 和 Alan Snyder，"Exception Handling in CLU"，*IEEE Transactions on Software Engineering*，Vol. SE-5，No. 6，1979 年 11 月。

在 C++ 中，异常说明并不是函数类型信息的一部分。唯一的编译时检查是为了确保异常说明在使用上的一致性。比如，如果一个 C++ 函数或方法抛出异常，那么重载或派生的版本也必须抛出这些异常。

Java 的检查型异常包含编译时检查，以确保实际抛出的是所说明的异常，并且异常说明是完整的（它要精确地描述所有可能被抛出的异常）。相反，C++ 的异常说明只会在运行时检查。如果抛出的异常和异常说明不符，C++ 程序将调用标准库函数 unexpected()。

由于使用了模板，C++ 标准库根本没有使用异常说明。Java 中对于泛型和异常配合使用的方式也有些限制。

15.14.2　观点

首先，值得注意的是，检查型异常实际上是 Java 的发明（很明显受到了 C++ 的异常说明以及 C++ 程序员通常不屑于使用它这一事实的启发）。然而，这只是一次尝试，之后的编程语言并没有采用这样的做法。

其次，在介绍性的示例和小型的程序中，检查型异常看上去"好处很明显"。据说随着程序规模逐渐变大，一些微妙的问题就会开始出现。程序规模变大通常不是一蹴而就的，而是悄然发生的。有些语言可能不适合大型项目，但是经常用于小项目。随着项目不断变大，突然有一天我们会发现，情况已经从"可控"变成了"困难"。我想说的是，这种情况可能就是存在过多的类型检查，特别是检查型异常。

看来程序规模是个重要的因素。这是一个问题，因为大多数讨论倾向于使用小型程序来做演示。C# 的一位设计者观察到：

考查小型程序会得到这样的结论：要求异常说明，既可以提高开发人员的效率，又可以增强代码质量。但大型软件项目的经验给出了不同的结论：开发效率下降，代码质量几乎没有提高。

在提到未被捕获的异常时，CLU 的创建者认为：

我们认为，要求程序员在不能采取有意义的行动的情况下提供处理程序，这是不现实的。[①]

对于没有使用异常说明的函数声明，为什么它意味着可以抛出**任何**异常，而不是**不抛出异常，Stroustrup 在解释这个问题时说：

---

① 参见 Barbara Liskov 和 Alan Snyder 的论文 "Exception Handling in CLU"。

然而，这样就会要求每个函数都提供异常说明，这将导致大规模的重新编译，而且还会妨碍它同其他语言的交互。程序员就会想办法破坏异常处理机制，编写欺骗性的代码来压制异常。这就会给没有注意到异常的人造成一种虚假的安全感。[①]

我们已经看到过这种破坏异常处理机制的行为了，就在 Java 的检查型异常中。

Martin Fowler（《UML 精粹：标准对象建模语言简明指南》、《重构：改善既有代码的设计》和《分析模式：可复用的对象模型》的作者）给我写了下面这段话：

……总的来说，我认为异常很不错，但是 Java 的检查型异常带来的麻烦要比好处多。

我现在认为，Java 走出的重要一步是统一了错误报告模型，因此所有的错误都是使用异常来**报告**的。C++ 没有做到这一点，因为要向后兼容 C，所以直接忽略错误的旧模式仍然可用。一致地使用异常来报告错误，如果需要就可以使用异常，如果不需要就它们将传播到最上层（比如控制台）。Java 修改了 C++ 的模型，异常成为报告错误的唯一方式，这时检查型异常上的额外限制可能已经不是那么必要了。

过去我一直坚信，检查型异常和静态类型检查对于稳健的程序开发来说都是必不可少的。然而，在更为动态的语言上的直接或间接的经验[②]让我认识到，巨大的好处实际上来自以下两点。

1. 通过异常实现的统一的错误报告模型，无论编译器是否会强制程序员处理它们。
2. 类型检查，不管**什么时候**进行。只要确保类型的正确使用，至于是在编译时还是运行时实施，这并不重要。

除此之外，减少编译时对程序员的约束，对于提升开发效率也有很大的帮助。事实上，**反射**和**泛型**就是用来弥补静态类型的过度约束的，在本书中我们会看到很多示例。

有人指责我说，我在这里所说的话简直是大逆不道，我不仅会有声名扫地的风险，而且会导致更高比例的编程项目走向失败。他们坚信让编译器在编译时指出错误可以拯救我们的项目，但是更为重要的是，要认识到编译器的能力限制。我强调自动构建过程和单元测试的价值，与尝试将所有的问题都转变为语法错误相比，它们能带来更大的好处。值得牢记的是：

---

① 参见 Bjarne Stroustrup 的《C++ 程序设计语言》（第 3 版）。
② 间接的经验来自于我和很多资深的 SmallTalk 程序员的交流，直接经验则是使用 Python 的过程中积累的。

好的编程语言能帮助程序员写出好的程序。没有任何编程语言能够阻止程序员写出糟糕的程序。[①]

无论如何，Java 中去掉检查型异常的可能性微乎其微。这样的语言变化太过激进了，而且 Java 的拥护者们态度也非常强硬。Java 有完全向后兼容的历史和策略，可以感受一下：事实上所有的 Sun 软件都能运行在所有的 Sun 硬件上，无论它们有多么古老。然而，如果发现一些检查型异常妨碍了你的工作，尤其是发现自己被强制捕捉尚不知道如何处理的异常时，还是有些替代方案的。

15.14.3　把异常传递到控制台

在简单的程序中，要想在不编写大量代码的情况下保留异常，最简单的方法是将它们从 main() 中传递到控制台。比如，要打开一个文件进行读取（第 17 章将详细介绍），我们必须打开和关闭一个 FileInputStream，它会抛出异常。对于简单的程序，可以这样做（你会看到本书中的很多地方都使用了这种方法）：

```java
// exceptions/MainException.java
import java.util.*;
import java.nio.file.*;

public class MainException {
  // 把异常传递到控制台
  public static void
  main(String[] args) throws Exception {
    // 打开文件：
    List<String> lines = Files.readAllLines(
      Paths.get("MainException.java"));
    // 使用文件……
  }
}
```

main() 和任何方法一样，也可以有异常说明。这里异常的类型是 Exception，它是所有检查型异常的根类。通过将其传递给控制台，我们就不用在 main() 的方法体内编写 try-catch 子句了。（不幸的是，有些文件 I/O 可能要比这个示例中复杂得多。第 17 章和进阶卷第 7 章会进一步介绍。）

15.14.4　将"检查型异常"转换为"非检查型异常"

当编写供自己使用的简单程序时，从 main() 中抛出异常是很方便的，但这并不是通用的解决方案。真正的问题在于，在编写一个普通的方法体时，我们调用了另一个方

---

① 来自 Eiffel 语言的设计者引用的 CDL 语言的设计者 Kees Koster 的话。

法，然后我们意识到，"我不知道在这里如何处理这个异常，但是我不能把它'吞掉'，或打印一些老套的消息"。有了链式异常，一个简单的解决方案就出现了。通过将一个检查型异常传递给 RuntimeException 构造器，我们可以将其包在一个 RuntimeException 中，就像这样：

```
try {
  // ... 有用的处理
} catch(IDontKnowWhatToDoWithThisCheckedException e) {
  throw new RuntimeException(e);
}
```

这似乎是"关闭"检查型异常的理想方式：我们没有"吞掉"它，也没有将其放在方法的异常说明中，但是由于异常链的存在，我们不会丢失来自原始异常的任何信息。

这种技巧提供了一种选择，我们可以忽略异常，并使其沿着调用栈向上"冒泡"，而不需要编写 try-catch 子句和异常说明。然而，我们仍然可以使用 getCause() 来捕捉和处理特定的异常，如下所示：

```
// exceptions/TurnOffChecking.java
// "关闭"检查型异常
import java.io.*;

class WrapCheckedException {
  void throwRuntimeException(int type) {
    try {
      switch(type) {
        case 0: throw new FileNotFoundException();
        case 1: throw new IOException();
        case 2: throw new
          RuntimeException("Where am I?");
        default: return;
      }
    } catch(IOException | RuntimeException e) {
      // 改变为非检查型异常:
      throw new RuntimeException(e);
    }
  }
}

class SomeOtherException extends Exception {}

public class TurnOffChecking {
  public static void main(String[] args) {
    WrapCheckedException wce =
      new WrapCheckedException();
    // 我们可以不使用 try 块，直接调用 throwRuntimeException(),
    // 让 RuntimeException 离开这个方法:
```

```
      wce.throwRuntimeException(3);
      // 或者选择捕捉异常:
      for(int i = 0; i < 4; i++)
        try {
          if(i < 3)
            wce.throwRuntimeException(i);
          else
            throw new SomeOtherException();
        } catch(SomeOtherException e) {
            System.out.println(
              "SomeOtherException: " + e);
        } catch(RuntimeException re) {
          try {
            throw re.getCause();
          } catch(FileNotFoundException e) {
            System.out.println(
              "FileNotFoundException: " + e);
          } catch(IOException e) {
            System.out.println("IOException: " + e);
          } catch(Throwable e) {
            System.out.println("Throwable: " + e);
          }
        }
    }
}
/* 输出:
FileNotFoundException: java.io.FileNotFoundException
IOException: java.io.IOException
Throwable: java.lang.RuntimeException: Where am I?
SomeOtherException: SomeOtherException
*/
```

WrapCheckedException.throwRuntimeException() 包含了可以生成不同类型异常的代码。这些异常都被捕获并包进了 RuntimeException 对象中，所以它们又成了这些运行时异常的 cause 了。

在 TurnOffChecking 中，我们看到可以不用 try 块就调用 throwRuntimeException()，因为这个方法不会抛出任何检查型异常。不过当我们准备捕捉异常时，通过将自己的代码放在一个 try 块中，我们仍然能够捕捉任何我们想捕捉的异常。首先要捕捉所有我们明确知道的、会从 try 块内的代码中抛出的异常——在这个示例中，就是先捕捉 SomeOtherException。最后，我们捕捉 RuntimeException，并抛出 getCause() 的结果（也就是被包起来的那个原始异常）。这样就把原始的异常提取出来了，然后就可以用它们自己的 catch 子句来处理了。

将检查型异常包在 RuntimeException 之中的这种技术，本书其余部分会在适当的时候使用。另一种解决方案是创建自己的 RuntimeException 的子类。这样，它不是必须捕捉的，但想捕捉也可以。

15.15　异常使用指南

下面是使用异常的一些指导原则。

1. 尽可能使用 try-with-resources。

2. 要在恰当的层次处理问题。（除非知道怎么处理，否则不要捕捉异常。）

3. 可以使用异常来修复问题，并重新调用引发异常的方法。

4. 可以选择做好补救措施然后继续，不再重新尝试引发异常的方法。

5. 可以借助异常处理的过程计算出某个结果，以代替该方法应该生成的值。

6. 可以在当前上下文中把能做的事情都做了，然后将**相同**的异常重新抛出，使其进入更上层的上下文中。

7. 可以在当前上下文中把能做的事情都做了，然后重新抛出一个**不同**的异常，使其进入更上层的上下文中。

8. 使用异常来终止程序。

9. 使用异常来简化问题。（如果你的异常模式使问题更复杂了，用起来会非常麻烦。）

10. 使用异常让我们的库和程序更安全。（这既是为调试所做的短期投资，也是为程序的稳健性所做的长期投资。）

15.16　小结

异常是 Java 编程不可或缺的一部分，如果不知道如何处理它们，能做的事情就很有限。所以这一章介绍了异常——有很多库不处理异常就无法使用。

异常处理的优点之一就是，它使得我们可以在一个地方集中精力处理所要解决的问题，然后在另一个地方处理来自这些代码的错误。尽管异常通常被解释为允许我们在运行时**报告错误**以及**从错误中恢复**的工具，但我怀疑“恢复”能在多少情况下实现，甚至有没有可能实现。我认为这样的情况不到 10%，即便如此，其中还有相当大的比例只是将栈展开到一个已知的稳定状态，而不是真正执行了任何恢复行为。无论这是否正确，我相信“报告”功能是异常的基本价值所在。Java 坚持所有错误都要以异常的形式报告，与 C++ 等语言相比，这是一个巨大的优势。这是因为 C++ 允许我们以几种不同的方式报告错误，或者根本就不报告。有了一致的错误报告系统，意味着我们不再需要每写一段代码都要想想“会不会有错误成为漏网之鱼”（只要你不会自己把异常“吞掉”，这是重点！）。

正如我们将在后续的章节中看到的，通过将这个问题交给其他代码，哪怕是抛出一个 RuntimeException，我们的设计和实现都可以集中在更有趣和更有挑战的问题上。

异常的奇异世界

（这是写于 2011 年的一篇博客文章。）

我的朋友 James Ward 当时正试图编写一些简单易懂的 JDBC 教学示例，但是检查型异常让他屡屡受挫。他还把 Howard Lewis Ship 的文章"检查型异常的悲剧"（"The Tragedy of Checked Exceptions"）指给我看。本来应该是很简单的事情，却要克服重重难关，这让他感到沮丧。甚至在 finally 块中，他也不得不加入更多 try-catch 子句，因为关闭连接也可能引发异常。这样下去，何时才能到头呢？我们被迫克服重重阻碍，却只是为了做一点简单的事（请注意，try-with-resources 语句大大改善了这种情况）。

我们开始讨论 Go 编程语言，我对这门语言很着迷，因为 Rob Pike 等人明确提出了关于语言设计的很多基础且深刻的问题。基本上，他们会审视我们已经开始接受的关于语言的一切，然后问一下"为什么"。学习这门语言真的会引发你的思考和好奇心。

我的印象是，Go 团队决定不做任何假设，只有在明确"某个功能是必要的"的情况下，才会推动这门语言的演化。他们似乎并不担心所做的修改会破坏旧代码——他们还创建了一个重写工具，所以如果他们做了这样的修改，这个工具可以帮着重写代码。这使他们可以把语言变成一个持续的实验，以发现什么是真正必要的，而不是做**大而全的预先设计**（Big Upfront Design）。

他们做出的最有意思的决定之一是完全不考虑异常。你没看错，他们不是仅仅舍弃了检查型异常，而是舍弃了**所有**的异常。

替代方案非常简单，而且乍一看和 C 语言很像。因为 Go 从一开始就纳入了元组，所以可以轻松地从一个函数调用返回两个对象：

```
result, err := functionCall()
```

（:= 操作符让 Go 在这里定义 result 和 err，并推断出它们的类型。）

每次调用我们都会得到一个结果对象和一个错误对象。我们可以立即检查错误（这非常典型，因为如果某个操作失败了，我们不太可能轻松地进入下一步），或者稍后再检查，如果可行的话。

这乍一看很原始，是向远古时代的倒退。但是现在我发现 Go 中的这个决策是经过深思熟虑的，并值得玩味。是不是异常让我的脑子糊涂了，我才有这么简单的反应？这对 James 的问题又有什么影响呢？

我忽然想到，我一直把异常处理看作一种平行的执行路径。如果遇到异常，我们就从正常的路径跳出来，进入这个平行的执行路径，就像一个"奇异世界"（bizarro world），在这里我们不再处理我们所写的东西，而是跳来跳去，进入了 catch 和 finally 子句中。正是这一替代性执行路径的世界，引发了 James 所抱怨的问题。

James 创建了一个对象。理想情况下，对象创建不会引发潜在的异常，但是如果会的话，我们就必须捕捉。我们不得不在创建操作之后跟一个 try-finally 块来确保清理（Python 团队意识到，清理并不是一个真正的异常情形，而是一个独立的问题，所以他们创建了一个不同的语言构造——with，以避免二者混淆）。任何会引发异常的调用都会停止正常的执行路径，并（通过平行的奇异世界）跳转到 catch 子句。

关于异常有个基本的假设：将所有的错误处理代码收集起来放在代码块的末尾，而不是在错误发生的时候直接处理，能够带来某种好处。在这两种情况下，我们都会停止正常的执行，但是异常处理有一个自动机制，可以将我们从正常的执行路径中抛出来，让我们跳入奇异的平行异常世界之中，然后在正确的处理程序中又会把我们送出来。

跳入奇异世界会给 James 带来问题，而且会给所有的程序员增加更多工作：因为我们无法知道什么时候会发生什么事情（我们随时有可能滑入奇异世界），所以就必须增加一层层的 try 块，以确保不会有什么东西从裂缝中漏掉。我们最终不得不通过额外的工作来弥补异常机制（这看起来类似于为弥补共享内存并发问题所做的额外工作）。

Go 团队做了一个大胆的举动，他们对这一切提出了质疑，并说："让我们试试没有异常的情况，看看会发生什么。"是的，这意味着我们通常要在错误发生的地方处理它们，而不是把它们全部集中到 try 块的末尾。但这也意味着关于一件事情的代码都位于一个局部，也许并不是那么糟糕。这可能还意味着，我们不能将公共的错误处理代码合并到一起了（除非识别出公共的代码，并将其放到一个函数中，也不是那么糟糕）。但这肯定意味着，我们不必再担心有多个可能的执行路径，以及由此引发的各种问题了。

16

代码校验

> 你永远无法保证自己的代码是正确的。
> 你只能证明自己的代码存在问题[1]。

让我们先暂停学习语言特性，来了解一些编程的基础知识吧。具体来说，就是如何确保你的代码能正常工作。

16.1 测试

如果没有经过测试，代码就不可能正常工作。

Java（大体上[2]）是一门静态类型语言，程序员通常对这种语言提供的显式安全性过于放心，认为"如果编译器没有提示错误，那就没问题"。但是静态类型检查是一种非常有限的测试类型，它仅仅意味着编译器接受代码的语法和基本类型规则，并不意味着代码满足了程序的目标。当你获得更多编程经验后，会了解到自己的代码几乎永远无法满足这些目

---

① 你无法证明自己的代码没有问题。——译者注
② 我说"大体上"是因为可以编写出编译器无法检查的代码，如第 19 章中所示。

标。代码验证的第一步就是创建测试，来检查代码行为是否满足你的目标。

16.1.1 单元测试

这是一个将集成测试构建到你创建的所有代码里的过程，并在每次构建系统时运行这些测试。这样，构建过程不仅可以检查语法错误，还可以检查语义错误。

这里的"单元"表明测试的是一小段代码。通常，每个类都有测试，检查它所有方法的行为。而"系统"测试则不同，它检查已完成的程序是否满足了最终要求。

C 风格的编程语言，尤其是 C++，传统上更重视性能而不是编程安全。用 Java 开发程序比用 C++ 快得多（大多数情况下前者速度是后者的两倍），原因在于 Java 的安全网，即垃圾收集和改进的类型检查等功能。通过将单元测试集成到构建过程中，你可以扩展这个安全网，从而加快开发速度。当发现了设计或实现缺陷时，你还可以更轻松、更大胆地重构代码，并且通常还可以更快地推出更好的产品。

为了保证代码的正确性，我需要自动提取本书中的每个程序，然后使用适当的构建系统进行编译。当意识到这一点时，我就开启了自己的测试旅程。本书使用的构建系统是 Gradle，安装 JDK 后，输入 `gradlew compileJava` 即可编译本书的所有代码。自动提取和编译对本书代码质量的影响是如此直接和重大，它很快成为（在我看来）任何编程书的必要条件——你怎么能相信自己没有编译过的代码？我还发现可以使用搜索和替换对整本书进行彻底的更改。我知道如果自己引入了一个缺陷，代码提取器和构建系统会将其清除。

随着程序变得越来越复杂，我发现自己的系统里有一个严重的漏洞。编译程序显然是重要的第一步，而对于一本已出版的书来说，这似乎还是一个相当革命性的步骤（由于出版计划带来的压力，打开一本编程书后，经常可以发现代码缺陷）。但是，我收到了来自读者的消息，报告我的代码中存在的语义问题，而这些问题只有通过运行代码才能发现。虽然我一直知道自己的构建过程有问题，以后肯定会以令人尴尬的错误报告的形式让我难堪，但屈服于出版计划，我只是初步采取了一些不太有效的步骤，实现了一个系统来自动执行测试。

我还经常因为没有显示足够的程序输出而遭受抱怨。我需要验证程序的输出，同时在书中显示经过验证的输出。我以前的态度是，读者应该在阅读本书的同时运行程序，许多读者正是这样做的，并从中受益。然而，这种态度的一个隐藏原因是，我没有办法证明书中显示的输出是正确的。根据经验，我知道随着时间的推移会发生一些事情，导致输出不再正确（或者，一开始我的输出就是不正确的）。为了解决这个问题，我用 Python 语言创建了一个工具（你可以在下载的示例中找到这个工具）。本书中的大多数程序会产生控制台输出，该工具比较了这个输出和源代码列表末尾注释中的预期输出，这样读者就可以看到预期输出，并知道此输出已通过了构建过程的验证。

JUnit

JUnit 最初发布于 2000 年，大概是基于 Java 1.0 版本的，因此无法使用 Java 的反射机制（请参阅第 19 章）。这就导致了使用旧的 JUnit 来编写单元测试需要做很多冗余的工作。我不喜欢它的设计，因此编写了自己的单元测试框架来作为进阶卷第 4 章的示例。这个框架走向了另一个极端："尝试最简单且可行的事情。"［这是**极限编程**（XP）中的一句名言。］从那时起，JUnit 通过使用反射和注解极大地改进了自身，并大大简化了编写单元测试的过程。而使用 Java 8 后，JUnit 甚至添加了对 lambda 表达式的支持。本书使用了 JUnit5，是编写时的最新版本。

在 JUnit 的最简单用法中，可以使用 @Test 注解来表示测试的每个方法。JUnit 将这些方法识别为单独的测试，每次设置和运行一个，并采取措施来避免测试之间相互影响。

让我们尝试一个简单的示例。CountedList 继承了 ArrayList，并添加了一些信息来跟踪 CountedList 的创建数量：

```java
// validating/CountedList.java
// 跟踪自身创建的数量
package validating;
import java.util.*;

public class CountedList extends ArrayList<String> {
  private static int counter = 0;
  private int id = counter++;
  public CountedList() {
    System.out.println("CountedList #" + id);
  }
  public int getId() { return id; }
}
```

标准做法是将测试代码放在它们自己的子目录中，测试代码也必须放在包里，这样 JUnit 才能识别它们：

```java
// validating/tests/CountedListTest.java
// 使用 JUnit 来简单地测试 CountedList
package validating;
import java.util.*;
import org.junit.jupiter.api.*;
import static org.junit.jupiter.api.Assertions.*;

public class CountedListTest {
```

```
private CountedList list;
@BeforeAll
static void beforeAllMsg() {
  System.out.println(">>> Starting CountedListTest");
}
@AfterAll
static void afterAllMsg() {
  System.out.println(">>> Finished CountedListTest");
}
@BeforeEach
public void initialize() {
  list = new CountedList();
  System.out.println("Set up for " + list.getId());
  for(int i = 0; i < 3; i++)
    list.add(Integer.toString(i));
}
@AfterEach
public void cleanup() {
  System.out.println("Cleaning up " + list.getId());
}
@Test
public void insert() {
  System.out.println("Running testInsert()");
  assertEquals(list.size(), 3);
  list.add(1, "Insert");
  assertEquals(list.size(), 4);
  assertEquals(list.get(1), "Insert");
}
@Test
public void replace() {
  System.out.println("Running testReplace()");
  assertEquals(list.size(), 3);
  list.set(1, "Replace");
  assertEquals(list.size(), 3);
  assertEquals(list.get(1), "Replace");
}
// 用于简化代码的辅助方法
// 只要没有 @Test 注解，JUnit 就不会自动执行
private
void compare(List<String> lst, String[] strs) {
  assertArrayEquals(lst.toArray(new String[0]), strs);
}
@Test
public void order() {
  System.out.println("Running testOrder()");
  compare(list, new String[] { "0", "1", "2" });
}
@Test
public void remove() {
  System.out.println("Running testRemove()");
  assertEquals(list.size(), 3);
  list.remove(1);
```

```
/* 输出:
>>> Starting CountedListTest
CountedList #0
Set up for 0
Running testRemove()
Cleaning up 0
CountedList #1
Set up for 1
Running testReplace()
Cleaning up 1
CountedList #2
Set up for 2
Running testAddAll()
Cleaning up 2
CountedList #3
Set up for 3
Running testInsert()
Cleaning up 3
CountedList #4
Set up for 4
Running testOrder()
Cleaning up 4
>>> Finished CountedListTest
*/
```

```
    assertEquals(list.size(), 2);
    compare(list, new String[] { "0", "2" });
  }
  @Test
  public void addAll() {
    System.out.println("Running testAddAll()");
    list.addAll(Arrays.asList(new String[] {
      "An", "African", "Swallow"}));
    assertEquals(list.size(), 6);
    compare(list, new String[] { "0", "1", "2",
      "An", "African", "Swallow" });
  }
}
```

@BeforeAll 注解标注的方法会在任何测试执行之前运行一次。@AfterAll 注解标注的方法在所有测试执行之后运行一次。两种方法都必须是静态的。

@BeforeEach 注解标注的方法通常用于创建和初始化一组公共对象，并在每次测试之前运行。你也可以将这些初始化操作放在测试类的构造器中，不过我认为 @BeforeEach 更清晰。JUnit 为每个测试创建一个对象 [1]，以确保运行的测试之间没有副作用。不过，所有测试对应的全部对象都是提前一次性创建的（而不是在测试运行之前创建），所以使用 @BeforeEach 和构造器之间的唯一区别是，@BeforeEach 在测试之前才被调用。在大多数情况下，这不是问题，如果你愿意，也可以使用构造器方式。

如果在每次测试后必须执行清理（比如需要恢复修改过的 static 成员，需要关闭打开的文件、数据库或网络连接等），请使用 @AfterEach 注解来标注方法。

上面的示例中，每个测试都生成一个新的 CountedListTest 对象，此时会创建所有非静态的成员。然后为该测试调用 initialize() 方法，来给 list 分配一个新的 CountedList 对象，并使用字符串 "0"、"1" 和 "2" 进行初始化。

为了观察 @BeforeEach 和 @AfterEach 的行为，这些方法在测试初始化和清理时会显示有关测试的信息。

insert() 和 replace() 演示了如何编写典型的测试方法。JUnit 使用 @Test 注解来标注这些方法，并将每个方法作为测试运行。在这些方法中，你可以执行任何所需的操作，并使用 JUnit 的断言方法（均以名称"assert"开头）来验证测试的正确性（在 JUnit 文档中可以找到所有的"assert"语句）。如果断言失败，则会显示导致失败的表达式和值。通常来说这就足够了，但你也可以使用 JUnit 断言的重载版本，提供一个在断言失败时显示的字符串。

---

[1] 该对象指的是测试所在类的对象，用来运行测试。——译者注

断言语句不是必需的，也可以在没有断言的情况下运行测试，如果没有异常，就可以认为测试是成功的。

compare() 是一个"辅助方法"，它不由 JUnit 执行，而是由类中的其他测试使用。只要没有 @Test 注解，JUnit 就不会运行它，或期望它具备特定的方法签名。本例中 compare() 是 private 的，强调它只在当前测试类中使用，但它也可以是 public 的。其余的测试方法通过将重复代码重构到 compare() 里来消除冗余。

本书使用 build.gradle 文件来控制测试。要运行本章的测试，命令是：

```
gradlew validating:test
```

如果某个测试在本次构建中已经运行，Gradle 不会再次运行它。因此如果没有得到测试结果，请先运行：

```
gradlew validating:clean
```

可以使用以下命令运行本书中的所有测试：

```
gradlew test
```

虽然可以只使用最简单的 JUnit 方法，就像 CountedListTest.java 中演示的那样，但 JUnit 还包含了许多其他的测试结构，你可以在 JUnit 网站上了解它们。

JUnit 是目前最流行的 Java 单元测试框架之一，但也有其他的替代方案。你可以在网上搜索一下，看看有没有更适合自己需求的。

16.1.2　测试覆盖率的幻觉

测试覆盖率（test coverage），也称为**代码覆盖率**（code coverage），是衡量代码库的测试百分比。百分比越高，测试覆盖率越大。[1]

对于没有相关知识但处于控制地位的人来说，很容易做出只接受覆盖率为 100% 的决定。这是有问题的，因为这个数字并不是衡量测试有效性的合理标准。你可能测试了所有需要测试的内容，但只达到 65% 的测试覆盖率。如果有人要求 100% 的覆盖率，那么你就会在其余部分浪费大量时间，并且在以后向项目添加代码时浪费更多时间。

当分析未知的代码库时，测试覆盖率作为粗略的衡量标准非常有用。如果覆盖率工

---

[1] 有多种方法用于计算覆盖率，还有一篇描述 Java 代码覆盖率工具的有用文章。请到维基百科网站搜索 code coverage 以及 Java code coverage tools 查看。

具报告的值特别低（例如，小于 40%），则表明覆盖率可能不足。然而，一个非常高的值同样是可疑的，这表明对编程领域知识不足的人强迫团队做出了武断的决定。覆盖工具的最佳用途是发现代码库中未经测试的部分。但是，不要依赖覆盖率来获取测试质量相关的信息。

16.2　前置条件

前置条件（precondition）的概念来自**契约式设计**（Design By Contract, DbC），并使用了基本的**断言**（assertion）机制来实现。本节中我们首先查看 Java 中的断言，然后介绍 DbC，最后以 Google Guava 库为例来讲解。

16.2.1　断言

断言通过验证程序执行期间是否满足某些条件来提高程序的稳健性。

例如，假设在对象中有一个数值字段表示儒略历上的月份。我们知道此值必须始终在 1~12 范围内。断言可以检查这一点，并在它超出该范围时报告错误。如果在方法内部，则可以使用断言来检查参数的有效性。这些都是确保程序正确的重要测试，但它们不能在编译时检查，也不属于单元测试的范围。

1. Java 断言语法

你可以使用其他编程结构来模拟断言的效果，而对于 Java 直接提供的断言来说，它的亮点是易于编写。断言语句有两种形式：

```
assert boolean-expression;
assert boolean-expression: information-expression;
```

两者都表示"我断言这个 boolean-expression 的值是 true"。如果不是这种情况，则断言会产生一个 AssertionError 异常。它是 Throwable 的一个子类，因此不需要指定异常规范。

不幸的是，第一种断言形式产生的异常**不**包含 boolean-expression 的任何信息（这与大多数其他语言的断言机制相反）。下面是使用第一种形式断言的示例：

```
// validating/Assert1.java
// 没有信息提示的断言
// 运行时需要使用 -ea 标志:
// {java -ea Assert1}
// {ThrowsException}
```

```
public class Assert1 {
  public static void main(String[] args) {
    assert false;
  }
}
                          /* 输出:
                          ___[ Error Output ]___
                          Exception in thread "main" java.lang.AssertionError
                                  at Assert1.main(Assert1.java:9)
                          */
```

如果正常运行程序,不加任何特殊的断言标志,则什么都不会发生。你必须在运行程序时显式地启用断言。最简单的方法是使用 -ea 标志,它也可以拼写为 -enableassertions。这将运行程序并执行任何断言语句。

以上示例的输出中没有太多有用的信息。相较而言,如果使用 information-expression 形式的断言,就可以在异常栈里生成一个有用的消息。最有用的 information-expression 通常是给程序员看的字符串文本:

```
// validating/Assert2.java
// 使用 information-expression 形式的断言
// {java Assert2 -ea}
// {ThrowsException}

public class Assert2 {
  public static void main(String[] args) {
    assert false:
      "Here's a message saying what happened";
  }
}
                          /* 输出:
                          ___[ Error Output ]___
                          Exception in thread "main" java.lang.AssertionError:
                          Here's a message saying what happened
                                  at Assert2.main(Assert2.java:8)
                          */
```

information-expression 可以生成任何类型的对象,因此我们通常会构造一个更复杂的字符串,其中包含与失败断言有关的对象的值。

你还可以根据类名或包名打开和关闭断言,也就是说,可以为整个包启用或禁用断言。执行此操作的详细信息在有关断言的 JDK 文档中。在使用断言进行检测的大型项目里,如果想要打开或关闭某些断言,这个功能就非常有用。不过,日志或调试可能是获取这类信息更好的工具,它们分别在 16.4 节和 16.5 节有详细的描述。

还有另一种方法可以控制断言：以编程的方式操作 ClassLoader 对象。ClassLoader 中有几种方法允许动态启用和禁用断言，包括 setDefaultAssertionStatus()，它为之后加载的所有类设置了断言状态。所以你可以像这样静默地开启断言：

```java
// validating/LoaderAssertions.java
// 使用类加载器开启断言
// {ThrowsException}

public class LoaderAssertions {
  public static void main(String[] args) {
    ClassLoader.getSystemClassLoader()
      .setDefaultAssertionStatus(true);
    new Loaded().go();
  }
}

class Loaded {
  public void go() {
    assert false: "Loaded.go()";
  }
}
/* 输出:
___[ Error Output ]___
Exception in thread "main" java.lang.AssertionError:
Loaded.go()
        at Loaded.go(LoaderAssertions.java:15)
        at
LoaderAssertions.main(LoaderAssertions.java:9)
*/
```

这消除了运行程序时在命令行上使用 -ea 标志的需要，当然使用 -ea 标志启用断言可能同样简单。在交付独立产品时，你可能需要设置一个执行脚本，来配置其他启动参数，以便用户无论如何都可以启动程序。

不过，在程序运行时再决定是否启用断言也是有道理的。你可以使用以下静态子句完成此操作，该子句放置在系统的主类中：

```java
static {
  boolean assertionsEnabled = false;
  // 注意，此处的赋值副作用是故意造成的:
  assert assertionsEnabled = true;
  if(!assertionsEnabled)
    throw new RuntimeException("Assertions disabled");
}
```

如果启用了断言，则会执行 assert 语句，然后 assertionsEnabled 变为 true。这个断言永远不会失败,因为赋值的返回值是分配的值。如果断言未启用,则不会执行 assert 语句,然后 assertionsEnabled 就保持为 false,从而抛出异常。

2. Guava 里的断言

启用 Java 原生的断言很麻烦,因此 Guava[①] 团队添加了一个 Verify 类,提供了始终启用的替换断言。他们建议静态导入 Verify 方法:

```java
// validating/GuavaAssertions.java
// 始终启用的断言
import com.google.common.base.*;
import static com.google.common.base.Verify.*;

public class GuavaAssertions {
  public static void main(String[] args) {
    verify(2 + 2 == 4);
    try {
      verify(1 + 2 == 4);
    } catch(VerifyException e) {
      System.out.println(e);
    }
    try {
      verify(1 + 2 == 4, "Bad math");
    } catch(VerifyException e) {
      System.out.println(e.getMessage());
    }
    try {
      verify(1 + 2 == 4, "Bad math: %s", "not 4");
    } catch(VerifyException e) {
      System.out.println(e.getMessage());
    }
    String s = "";
    s = verifyNotNull(s);
    s = null;
    try {
      verifyNotNull(s);
    } catch(VerifyException e) {
      System.out.println(e.getMessage());
    }
    try {
      verifyNotNull(
        s, "Shouldn't be null: %s", "arg s");
    } catch(VerifyException e) {
      System.out.println(e.getMessage());
    }
  }
}
/* 输出:
com.google.common.base.VerifyException
Bad math
Bad math: not 4
expected a non-null reference
Shouldn't be null: arg s
*/
```

----

① Google 提供的一个被广泛使用的 Java 第三方库。——译者注

这里有两个方法，verify() 和 verifyNotNull()，它们各自又有变种方法可以提供错误消息。请注意，verifyNotNull() 的内置错误消息通常就足够了，而 verify() 则过于笼统，无法提供有用的默认错误消息。

3. 在契约式设计中使用断言

契约式设计（DbC）是由 Eiffel 语言的发明者 Bertrand Meyer 所倡导的一个概念，通过保证对象遵循某些规则来创建稳健的程序 [①]。这些规则由要解决问题的性质决定，而这超出了编译器可以验证的范围。

尽管断言没有像 Eiffel 语言那样直接实现 DbC，但它创建了一种非正式的 DbC 编程风格。

DbC 假定服务提供者与该服务的消费者或客户之间存在着明确指定的合同。在面向对象编程中，服务通常由对象提供，对象的边界——提供者和消费者之间的分界——是对象所属类的接口。当客户调用特定的公共方法时，他们期望该调用会产生某些特定的行为：对象中状态的更改，或可预测的返回值。Meyer 对这种行为的设计主旨概括如下。

1. 可以明确规定这种行为，就好像合同一样。
2. 可以通过某些运行时检查来保证这种行为，也就是他所说的**前置条件**、**后置条件**和**不变项**。

无论你是否认可第一点，大部分情况下它确实是正确的，这使得 DbC 成为一种有用的方法。（我相信，就像其他任何解决方案一样，它的有用性也存在局限。但是如果你知道这些局限，也就知道了何时可以尝试使用它。）值得特别关注的是，DbC 如何表达对特定类的约束，这是设计过程中很有价值的部分。如果你无法指定约束，那么你可能对要构建的内容了解得还不够深入。

4. 检查指令

在详细了解 DbC 之前，先考虑断言最简单的用法，Meyer 称之为**检查指令**（check instruction）。检查指令表明你确信代码运行到某一处时已经有了特定的属性。检查指令的思想是在代码中表达并非显而易见的结论，这不仅可以验证测试用例，还可以作为以后阅读代码时的文档。

做化学实验时，你可能会将一种无色透明液体滴入另一种无色透明液体，当滴入达到

---

① Bertrand Meyer 的著作《面向对象软件构造》（第 2 版）的第 11 章中详细地描述了契约式设计。

一定容量后，所有液体都变成了蓝色。仅凭这两种液体的颜色无法推断出这个结果，因其属于复杂化学反应的一部分。我们可以使用一个有用的检查指令，在滴定过程完成时，来断言所得液体为蓝色。

检查指令是对代码的宝贵补充，只要可以测试和阐明对象或程序的状态，就应该使用它。

5. 前置条件测试

前置条件确保客户（即调用此方法的代码）履行其合同部分。这几乎总是意味着在方法调用的最开始（即在该方法执行任何操作之前）检查参数，以确保它们适合在该方法中使用。你永远不知道客户会给你传递什么参数，所以前置条件检查总是一个好主意。

6. 后置条件

后置条件会测试方法的执行结果。此代码放置在方法调用的末尾，return 语句之前（如果有的话）。对于长而复杂的方法，如果需要在返回之前验证计算结果（即由于某种原因，你无法总是信任结果），后置条件检查是必不可少的。不过任何时候你都可以提供对方法结果的约束，在代码中将这些约束表示为后置条件是明智的。

7. 不变项

不变项保证了对象的状态在方法调用之间是不变的。但是，它并不限制方法在执行期间临时偏离这些保证。它只是说对象的状态信息在以下时间段会始终遵守规定的规则：

1. 进入方法后；
2. 离开方法之前。

此外，不变项是对对象构造后状态的保证。

根据这个描述，一个有效的不变项被定义为一个方法，可以命名为 invariant()，它在对象构造之后以及每个方法的开始和结束时被调用。该方法可以如此调用：

```
assert invariant();
```

这样，如果出于性能原因禁用断言，就不会产生开销。

8. 放宽 DbC 的限制

尽管 Meyer 强调了前置条件、后置条件和不变项的价值，以及在开发过程中使用这些工具的重要性，但他也承认在发布的产品中包含所有的 DbC 代码并不总是可行的。你可以根据对特定位置代码的信任程度来放宽 DbC 检查。下面是放宽 DbC 检查的顺序，从最安全到最不安全。

首先禁用每个方法开头的不变项检查，因为每个方法末尾的不变项检查就可以保证：对象的状态在每次方法调用开始时都是有效的。也就是说，你通常可以相信对象的状态不会在方法调用之间发生变化。这是一个非常安全的假设，你可以选择仅在最后编写带有不变项检查的代码。

当有合理的单元测试来验证方法的返回值时，可以禁用后置条件检查。不变项检查会观察对象的状态，因此后置条件检查仅在方法期间验证计算结果，这样的话你可以废弃后置条件检查，而采用单元测试。单元测试不会像运行时后置条件检查那样安全，但它可能已经足够了，尤其是如果你对自己的代码有信心的话。

如果确信方法体不会将对象置于无效状态，则可以禁用方法调用结束时的不变项检查。可以采用**白盒测试**（也就是使用可以访问私有字段的单元测试来验证对象状态）来验证这一点。因此，尽管它可能不如调用 `invariant( )` 有效，但还是可以将不变项检查从运行时测试"迁移"到构建时测试（通过单元测试），就像后置条件那样。

最后，不得已的话，还可以禁用前置条件检查。这是最不安全和最不明智的选择，因为虽然你了解并可以控制自己的代码，但无法控制客户传递给方法的参数。但是，在 (1) 迫切需要提高性能而分析指出前置条件检查是瓶颈的情况下，并且 (2) 你有某种合理的保证，即客户不会违反前置条件（比如客户端代码是你自己编写的），禁用前置条件检查也是可以接受的。

在禁用检查时不应该删除执行此检查的代码（只需将其注释掉）。如果发现错误，你就可以轻松恢复检查以快速发现问题。

16.2.2　DbC + 单元测试

以下示例演示了将契约式设计中的概念与单元测试相结合的效力。它通过"循环"数组实现了一个小型的先进先出（FIFO）队列。所谓的"循环"数组，就是以循环方式使用的数组，当到达数组末尾时，继续访问就又回到了数组的开头。

我们可以为这个队列做一些契约性的定义。

1. 前置条件（对 put() 来说）：不允许将空元素添加到队列中。

2. **前置条件（对 put() 来说）**：将元素放入已满的队列是非法的。

3. **前置条件（对 get() 来说）**：尝试从空队列中获取元素是非法的。

4. **后置条件（对 get() 来说）**：不能从数组中获取空元素。

5. **不变项**：队列中包含对象的区域不能有任何空元素。

6. **不变项**：队列中不包含对象的区域必须只能有空值。

下面是实现这些规则的一种方式：通过显式方法调用来实现每种类型的 DbC 元素。
首先，创建一个专用的 Exception：

```
// validating/CircularQueueException.java
package validating;

public class
CircularQueueException extends RuntimeException {
  public CircularQueueException(String why) {
    super(why);
  }
}
```

它用于报告 CircularQueue 类的错误：

```
// validating/CircularQueue.java
// 契约式设计（DbC）的演示
package validating;
import java.util.*;

public class CircularQueue {
  private Object[] data;
  private int
    in = 0, // 下一个可用的存储空间
    out = 0; // 下一个可以获取的对象
  // 是否已经回到了循环队列的开头?
  private boolean wrapped = false;
  public CircularQueue(int size) {
    data = new Object[size];
    // 构造后必须为真:
    assert invariant();
  }
  public boolean empty() {
    return !wrapped && in == out;
  }
  public boolean full() {
    return wrapped && in == out;
  }
  public boolean isWrapped() { return wrapped; }
  public void put(Object item) {
    precondition(item != null, "put() null item");
    precondition(!full(),
```

```
       "put() into full CircularQueue");
    assert invariant();
    data[in++] = item;
    if(in >= data.length) {
      in = 0;
      wrapped = true;
    }
    assert invariant();
  }
  public Object get() {
    precondition(!empty(),
      "get() from empty CircularQueue");
    assert invariant();
    Object returnVal = data[out];
    data[out] = null;
    out++;
    if(out >= data.length) {
      out = 0;
      wrapped = false;
    }
    assert postcondition(
      returnVal != null,
        "Null item in CircularQueue");
    assert invariant();
    return returnVal;
  }
  // 契约式设计的相关方法
  private static void
  precondition(boolean cond, String msg) {
    if(!cond) throw new CircularQueueException(msg);
  }
  private static boolean
  postcondition(boolean cond, String msg) {
    if(!cond) throw new CircularQueueException(msg);
    return true;
  }
  private boolean invariant() {
    // 保证在保存了对象的 data 区域不会有空值:
    for(int i = out; i != in; i = (i + 1) % data.length)
      if(data[i] == null)
        throw new CircularQueueException(
          "null in CircularQueue");
    // 保证在保存了对象的 data 区域之外只会有空值:
    if(full()) return true;
    for(int i = in; i != out; i = (i + 1) % data.length)
      if(data[i] != null)
        throw new CircularQueueException(
          "non-null outside of CircularQueue range: "
          + dump());
    return true;
  }
  public String dump() {
```

```
    return "in = " + in +
      ", out = " + out +
      ", full() = " + full() +
      ", empty() = " + empty() +
      ", CircularQueue = " + Arrays.asList(data);
  }
}
```

计数器 in 表示在数组中存储下一个对象时的位置。计数器 out 表示要获取的下一个对象的位置。wrapped 标志表示 in 已经回到了循环队列的开头，现在在 out 后面移动。当 in 和 out 重合时，队列为空（如果 wrapped 为 false）或满（如果 wrapped 为 true）。

put() 和 get() 方法调用了 precondition()、postcondition() 和 invariant()，它们是定义在类的下面部分的 private 方法。precondition() 和 postcondition() 是辅助方法，可以让代码更清晰。注意 precondition() 返回 void，因为它不与 assert 一起使用。如前所述，你通常要在代码中保留前置条件。通过将它们包装在一个 precondition() 方法调用中，可以很方便地减少或关闭这些前置条件。

postcondition() 和 invariant() 都返回一个布尔值，因此它们可以在 assert 语句中使用。之后如果出于性能原因禁用断言，那么就根本不会有方法调用。

invariant() 在对象上执行内部有效性检查。如果像 Meyer 建议的那样，在每个方法调用的开始和结束时都执行此操作，那么付出的代价会很高。不过它的价值在代码中很清楚地展示了出来，它能帮助我调试自己的实现代码。此外，如果你对实现有任何更改，invariant() 可以确保你没有破坏自己的代码。将不变项测试从方法调用移到单元测试中相当简单，因此如果你的单元测试很完善，那么就有理由相信不变项会得到遵守。

dump() 辅助方法返回一个包含所有数据的字符串，而不是直接打印数据。这为返回信息的使用提供了更多的选项。

现在可以为该类创建 JUnit 测试了：

```java
// validating/tests/CircularQueueTest.java
package validating;
import org.junit.jupiter.api.*;
import static org.junit.jupiter.api.Assertions.*;

public class CircularQueueTest {
  private CircularQueue queue = new CircularQueue(10);
  private int i = 0;
  @BeforeEach
  public void initialize() {
```

```java
    while(i < 5) // 提前加载一些数据
      queue.put(Integer.toString(i++));
}
// 支撑方法:
private void showFullness() {
  assertTrue(queue.full());
  assertFalse(queue.empty());
  System.out.println(queue.dump());
}
private void showEmptiness() {
  assertFalse(queue.full());
  assertTrue(queue.empty());
  System.out.println(queue.dump());
}
@Test
public void full() {
  System.out.println("testFull");
  System.out.println(queue.dump());
  System.out.println(queue.get());
  System.out.println(queue.get());
  while(!queue.full())
    queue.put(Integer.toString(i++));
  String msg = "";
  try {
    queue.put("");
  } catch(CircularQueueException e) {
    msg = e.getMessage();
    System.out.println(msg);
  }
  assertEquals(msg, "put() into full CircularQueue");
  showFullness();
}
@Test
public void empty() {
  System.out.println("testEmpty");
  while(!queue.empty())
    System.out.println(queue.get());
  String msg = "";
  try {
    queue.get();
  } catch(CircularQueueException e) {
    msg = e.getMessage();
    System.out.println(msg);
  }
  assertEquals(msg, "get() from empty CircularQueue");
  showEmptiness();
}
@Test
public void nullPut() {
  System.out.println("testNullPut");
  String msg = "";
  try {
```

```
      queue.put(null);
    } catch(CircularQueueException e) {
      msg = e.getMessage();
      System.out.println(msg);
    }
    assertEquals(msg, "put() null item");
  }
  @Test
  public void circularity() {
    System.out.println("testCircularity");
    while(!queue.full())
      queue.put(Integer.toString(i++));
    showFullness();
    assertTrue(queue.isWrapped());
    while(!queue.empty())
      System.out.println(queue.get());
    showEmptiness();
    while(!queue.full())
      queue.put(Integer.toString(i++));
    showFullness();
    while(!queue.empty())
      System.out.println(queue.get());
    showEmptiness();
  }
}
```

```
/* 输出:
testNullPut
put() null item
testCircularity
in = 0, out = 0, full() = true, empty() = false,
CircularQueue =
[0, 1, 2, 3, 4, 5, 6, 7, 8, 9]
0
1
2
3
4
5
6
7
8
9
in = 0, out = 0, full() = false, empty() = true,
CircularQueue =
[null, null, null, null, null, null, null, null, null,
null]
in = 0, out = 0, full() = true, empty() = false,
CircularQueue =
[10, 11, 12, 13, 14, 15, 16, 17, 18, 19]
```

```
10
11
12
13
14
15
16
17
18
19
in = 0, out = 0, full() = false, empty() = true,
CircularQueue =
[null, null, null, null, null, null, null, null, null,
null]
testFull
in = 5, out = 0, full() = false, empty() = false,
CircularQueue =
[0, 1, 2, 3, 4, null, null, null, null, null]
0
1
put() into full CircularQueue
in = 2, out = 2, full() = true, empty() = false,
CircularQueue =
[10, 11, 2, 3, 4, 5, 6, 7, 8, 9]
testEmpty
0
1
2
3
4
get() from empty CircularQueue
in = 5, out = 5, full() = false, empty() = true,
CircularQueue =
[null, null, null, null, null, null, null, null, null,
null]
*/
```

initialize() 方法加载了一些数据，因此每个测试里的 CircularQueue 都有数据。支撑方法 showFullness() 和 showEmptiness() 分别表示 CircularQueue 是满还是空。四个测试方法分别确保 CircularQueue 的某个功能正常。

注意，通过将 DbC 与单元测试相结合，你不仅可以利用它们各自的优点，而且还有一条迁移路径——你可以将一些 DbC 测试移动到单元测试中，而不是简单地禁用它们，这样你仍然能保证有某些层次的测试。

16.2.3 使用 Guava 里的前置条件

在 16.2.1 节"放宽 DbC 的限制"中，我指出前置条件是 DbC 中不应该删除的部分，因为它会检查方法参数的有效性。这是你无法控制的，因此你确实需要检查它们。由于 Java 默认禁用断言，因此最好还是使用始终验证方法参数的其他库。

Google 的 Guava 库包含了一组很好的前置条件测试，这些测试不仅易于使用，而且提供了具有描述性的良好命名。在下面的示例中，你可以看到所有这些测试的简单用法。库设计者建议静态导入这些前置条件：

```java
// validating/GuavaPreconditions.java
// 演示 Guava 的前置条件测试
import java.util.function.*;
import static com.google.common.base.Preconditions.*;

public class GuavaPreconditions {
  static void test(Consumer<String> c, String s) {
    try {
      System.out.println(s);
      c.accept(s);
      System.out.println("Success");
    } catch(Exception e) {
      String type = e.getClass().getSimpleName();
      String msg = e.getMessage();
      System.out.println(type +
        (msg == null ? "" : ": " + msg));
    }
  }
  public static void main(String[] args) {
    test(s -> s = checkNotNull(s), "X");
    test(s -> s = checkNotNull(s), null);
    test(s -> s = checkNotNull(s, "s was null"), null);
    test(s -> s = checkNotNull(
      s, "s was null, %s %s", "arg2", "arg3"), null);

    test(s -> checkArgument(s == "Fozzie"), "Fozzie");
    test(s -> checkArgument(s == "Fozzie"), "X");
    test(s -> checkArgument(s == "Fozzie"), null);
    test(s -> checkArgument(
      s == "Fozzie", "Bear Left!"), null);
    test(s -> checkArgument(
      s == "Fozzie", "Bear Left! %s Right!", "Frog"),
      null);

    test(s -> checkState(s.length() > 6), "Mortimer");
    test(s -> checkState(s.length() > 6), "Mort");
    test(s -> checkState(s.length() > 6), null);

    test(s ->
```

```
      checkElementIndex(6, s.length()), "Robert");
    test(s ->
      checkElementIndex(6, s.length()), "Bob");
    test(s ->
      checkElementIndex(6, s.length()), null);

    test(s ->
      checkPositionIndex(6, s.length()), "Robert");
    test(s ->
      checkPositionIndex(6, s.length()), "Bob");
    test(s ->
      checkPositionIndex(6, s.length()), null);

    test(s -> checkPositionIndexes(
      0, 6, s.length()), "Hieronymus");
    test(s -> checkPositionIndexes(
      0, 10, s.length()), "Hieronymus");
    test(s -> checkPositionIndexes(
      0, 11, s.length()), "Hieronymus");
    test(s -> checkPositionIndexes(
      -1, 6, s.length()), "Hieronymus");
    test(s -> checkPositionIndexes(
      7, 6, s.length()), "Hieronymus");
    test(s -> checkPositionIndexes(
      0, 6, s.length()), null);
  }
}
```

```
/* 输出:
X
Success
null
NullPointerException
null
NullPointerException: s was null
null
NullPointerException: s was null, arg2 arg3
Fozzie
Success
X
IllegalArgumentException
null
IllegalArgumentException
null
IllegalArgumentException: Bear Left!
null
IllegalArgumentException: Bear Left! Frog Right!
Mortimer
Success
Mort
```

```
IllegalStateException
null
NullPointerException
Robert
IndexOutOfBoundsException: index (6) must be less than
size (6)
Bob
IndexOutOfBoundsException: index (6) must be less than
size (3)
null
NullPointerException
Robert
Success
Bob
IndexOutOfBoundsException: index (6) must not be
greater than size (3)
null
NullPointerException
Hieronymus
Success
Hieronymus
Success
Hieronymus
IndexOutOfBoundsException: end index (11) must not be
greater than size (10)
Hieronymus
IndexOutOfBoundsException: start index (-1) must not be
negative
Hieronymus
IndexOutOfBoundsException: end index (6) must not be
less than start index (7)
null
NullPointerException
*/
```

尽管 Guava 的前置条件适用于所有类型，但我在这里只演示了 String 类型。test() 方法需要一个 Consumer<String>，因此可以将 lambda 表达式作为第一个参数传递，并将 String 作为第二个参数传递给 lambda 表达式。它先打印了 String，方便你在查看输出时定位对应的代码，然后将 String 传递给 lambda 表达式。try 块中的第二个 println() 方法仅在 lambda 表达式成功时才显示，否则会执行 catch 子句，然后显示错误信息。注意我们通过 test() 方法消除了多少重复代码。

每个前置条件都有三种不同的重载形式：没有消息的测试，带有简单 String 消息的测试，以及带有 String 及替换值的可变参数列表的测试。出于效率原因，只允许使用 %s（String 类型）替换标签。在上面的示例中，我们仅在 checkNotNull() 和 checkArgument()

里演示了这两种形式的 String 消息，但它们对所有其余的前置条件方法都是适用的。

请注意，checkNotNull() 会返回其参数，因此你可以在表达式中通过内联的方式使用它。下面的示例在构造器中使用它来防止构造包含 null 值的对象：

```java
// validating/NonNullConstruction.java
import static com.google.common.base.Preconditions.*;

public class NonNullConstruction {
  private Integer n;
  private String s;
  NonNullConstruction(Integer n, String s) {
    this.n = checkNotNull(n);
    this.s = checkNotNull(s);
  }
  public static void main(String[] args) {
    NonNullConstruction nnc =
      new NonNullConstruction(3, "Trousers");
  }
}
```

checkArgument() 使用布尔表达式来对参数进行更具体的测试，并在失败时抛出 IllegalArgumentException。checkState() 会测试对象的状态（例如，不变项检查），而不是检查参数，并在失败时抛出 IllegalStateException。

最后三个方法在失败时都抛出 IndexOutOfBoundsException。checkElementIndex() 保证其第一个参数是一个 List、String 或数组的有效元素索引，这个 List、String 或数组的大小由第二个参数指定。checkPositionIndex() 确定它的第一个参数是否在 0 和第二个参数（包括）的范围内。checkPositionIndexes() 保证 [first_arg, second_arg) 是一个 List、String 或数组的有效子范围，而这个 List、String 或数组的大小是由第三个参数指定的。

Guava 的所有前置条件方法都被重载，包括基本类型和 Object 类型。

16.3　测试驱动开发

测试驱动开发（TDD）的前提是，如果在设计和编写代码时考虑到测试，你不仅会创建可测试的代码，而且代码的设计会变得更好。总的来说，这似乎是正确的。如果在开发时想着"我将如何测试这段代码"，这会使代码变得不一样，而通常来说，"可测试"的代码"可用性"也更高。

TDD 纯粹主义者在实现新功能之前会为该功能编写测试，这称为**测试优先开发**（Test-First Development）。为了演示，考虑一个小小的实用程序示例，它反转字符串中字符的大小写。我们随意添加一些约束：字符串必须小于或等于 30 个字符，并且只能包含字母、空格、逗号和句点。

这个例子与标准的 TDD 不同，它被设计为能接受 StringInverter 的不同实现，这样可以显示当我们逐步满足测试时类的演变。为了实现这一点，StringInverter 被定义为一个 interface：

```java
// validating/StringInverter.java
package validating;

interface StringInverter {
  String invert(String str);
}
```

现在编写测试来表达我们的需求。通常情况下并不是这样编写测试的，但这里有一个特殊限制：我们想要测试 StringInverter 的多个版本的实现。为了能做到这一点，我们利用了 JUnit5 中最复杂的新特性之一：**动态测试生成**（dynamic test generation）。顾名思义，你可以编写代码在运行时生成测试，而不是自己手动编写每个测试。这带来了许多新的可能性，特别是在显式编写完整测试集可能会令人望而却步的情况下。

JUnit5 提供了多种动态生成测试的方法，但这里使用的方法可能是最复杂的。DynamicTest.stream() 方法的参数包括下列组成部分。

- 一组对象的迭代器，每组测试的对象都是不同的。该迭代器生成的对象可以是任何类型，但每次只生成一个对象，因此对于不同的多个项目，你必须人为地将它们打包成一个类型。
- 一个 Function，它从迭代器中获取对象并生成一个字符串来描述这个测试。
- 一个 Consumer，它接受来自迭代器的对象，并包含了基于该对象的测试代码。

在这个例子中，所有本来会被复制的代码都被合并到了 testVersions() 中。迭代器生成的对象是 StringInverter 的不同实现，这些不同实现演示了我们是如何一步步添加新功能，最终满足所有测试要求的：

```java
// validating/tests/DynamicStringInverterTests.java
package validating;
import java.util.*;
import java.util.function.*;
import java.util.stream.*;
import org.junit.jupiter.api.*;
import static org.junit.jupiter.api.Assertions.*;
import static org.junit.jupiter.api.DynamicTest.*;
```

```
class DynamicStringInverterTests {
  // 组合操作来防止重复代码:
  Stream<DynamicTest> testVersions(String id,
    Function<StringInverter, String> test) {
    List<StringInverter> versions = Arrays.asList(
      new Inverter1(), new Inverter2(),
      new Inverter3(), new Inverter4());
    return DynamicTest.stream(
      versions.iterator(),
      inverter -> inverter.getClass().getSimpleName(),
      inverter -> {
        System.out.println(
          inverter.getClass().getSimpleName() +
            ": " + id);
        try {
          if(test.apply(inverter) != "fail")
            System.out.println("Success");
        } catch(Exception | Error e) {
          System.out.println(
            "Exception: " + e.getMessage());
        }
      }
    );
  }
  String isEqual(String lval, String rval) {
    if(lval.equals(rval))
      return "success";
    System.out.println("FAIL: " + lval + " != " + rval);
    return "fail";
  }
  @BeforeAll
  static void startMsg() {
    System.out.println(
      ">>> Starting DynamicStringInverterTests <<<");
  }
  @AfterAll
  static void endMsg() {
    System.out.println(
      ">>> Finished DynamicStringInverterTests <<<");
  }
  @TestFactory
  Stream<DynamicTest> basicInversion1() {
    String in =  "Exit, Pursued by a Bear.";
    String out = "eXIT, pURSUED BY A bEAR.";
    return testVersions(
      "Basic inversion (should succeed)",
      inverter -> isEqual(inverter.invert(in), out)
    );
  }
  @TestFactory
  Stream<DynamicTest> basicInversion2() {
```

```
      return testVersions(
        "Basic inversion (should fail)",
        inverter -> isEqual(inverter.invert("X"), "X"));
  }
  @TestFactory
  Stream<DynamicTest> disallowedCharacters() {
    String disallowed = ";-_()*&^%$#@!~`0123456789";
    return testVersions(
      "Disallowed characters",
      inverter -> {
        String result = disallowed.chars()
          .mapToObj(c -> {
            String cc = Character.toString((char)c);
            try {
              inverter.invert(cc);
              return "";
            } catch(RuntimeException e) {
              return cc;
            }
          }).collect(Collectors.joining(""));
        if(result.length() == 0)
          return "success";
        System.out.println("Bad characters: " + result);
        return "fail";
      }
    );
  }
  @TestFactory
  Stream<DynamicTest> allowedCharacters() {
    String lowcase = "abcdefghijklmnopqrstuvwxyz ,.";
    String upcase =  "ABCDEFGHIJKLMNOPQRSTUVWXYZ ,.";
    return testVersions(
      "Allowed characters (should succeed)",
      inverter -> {
        assertEquals(inverter.invert(lowcase), upcase);
        assertEquals(inverter.invert(upcase), lowcase);
        return "success";
      }
    );
  }
  @TestFactory
  Stream<DynamicTest> lengthNoGreaterThan30() {
    String str = "xxxxxxxxxxxxxxxxxxxxxxxxxxxxxxxxx";
    assertTrue(str.length() > 30);
    return testVersions(
      "Length must be less than 31 (throws exception)",
      inverter -> inverter.invert(str)
    );
  }
  @TestFactory
  Stream<DynamicTest> lengthLessThan31() {
    String str = "xxxxxxxxxxxxxxxxxxxxxxxxxxxxxxxx";
```

```
    assertTrue(str.length() < 31);
    return testVersions(
      "Length must be less than 31 (should succeed)",
      inverter -> inverter.invert(str)
    );
  }
}
```

在一般的测试中，我们遇到一个失败的测试后就会停止构建。然而在这里，我们希望系统只报告问题，但测试仍然继续，以便看到不同版本的 StringInverter 的效果。

用 @TestFactory 注解标注过的每个方法都会生成一个 DynamicTest 对象的流（通过 testVersions()），JUnit 会像执行常规的 @Test 方法一样执行流里的每个测试。

现在测试已经写好，可以开始实现 StringInverter 了。我们从一个没什么功能的类开始，它直接返回传入的参数：

```
// validating/Inverter1.java
package validating;

public class Inverter1 implements StringInverter {
  @Override
  public String invert(String str) { return str; }
}
```

接下来实现反转操作：

```
// validating/Inverter2.java
package validating;
import static java.lang.Character.*;

public class Inverter2 implements StringInverter {
  @Override public String invert(String str) {
    String result = "";
    for(int i = 0; i < str.length(); i++) {
      char c = str.charAt(i);
      result += isUpperCase(c) ?
                toLowerCase(c) :
                toUpperCase(c);
    }
    return result;
  }
}
```

现在添加代码来确保字符串长度不超过 30 个字符：

```
// validating/Inverter3.java
package validating;
```

```
import static java.lang.Character.*;

public class Inverter3 implements StringInverter {
  @Override public String invert(String str) {
    if(str.length() > 30)
      throw new RuntimeException("argument too long!");
    String result = "";
    for(int i = 0; i < str.length(); i++) {
      char c = str.charAt(i);
      result += isUpperCase(c) ?
                toLowerCase(c) :
                toUpperCase(c);
    }
    return result;
  }
}
```

最后，排除不允许的字符：

```
// validating/Inverter4.java
package validating;
import static java.lang.Character.*;

public class Inverter4 implements StringInverter {
  static final String ALLOWED =
    "abcdefghijklmnopqrstuvwxyz ,." +
    "ABCDEFGHIJKLMNOPQRSTUVWXYZ";
  @Override public String invert(String str) {
    if(str.length() > 30)
      throw new RuntimeException("argument too long!");
    String result = "";
    for(int i = 0; i < str.length(); i++) {
      char c = str.charAt(i);
      if(ALLOWED.indexOf(c) == -1)
        throw new RuntimeException(c + " Not allowed");
      result += isUpperCase(c) ?
                toLowerCase(c) :
                toUpperCase(c);
    }
    return result;
  }
}
```

从测试用例的输出中可以看到，不同版本的 Inverter 一个比一个更接近于通过所有的测试。这提升了你在执行**测试优先开发**时的体验。

DynamicStringInverterTests.java 用于展示在 TDD 中 StringInverter 不同实现版本的开发过程。通常来说，只需要编写如下所示的测试，并修改单个 StringInverter 类，直到它满足所有测试为止：

```java
// validating/tests/StringInverterTests.java
package validating;
import java.util.*;
import java.util.stream.*;
import org.junit.jupiter.api.*;
import static org.junit.jupiter.api.Assertions.*;

public class StringInverterTests {
  StringInverter inverter = new Inverter4();
  @BeforeAll
  static void startMsg() {
    System.out.println(">>> StringInverterTests <<<");
  }
  @Test
  void basicInversion1() {
    String in = "Exit, Pursued by a Bear.";
    String out = "eXIT, pURSUED BY A bEAR.";
    assertEquals(inverter.invert(in), out);
  }
  @Test
  void basicInversion2() {
    assertThrows(Error.class, () -> {
      assertEquals(inverter.invert("X"), "X");
    });
  }
  @Test
  void disallowedCharacters() {
    String disallowed = ";-_()*&^%$#@!~`0123456789";
    String result = disallowed.chars()
      .mapToObj(c -> {
        String cc = Character.toString((char)c);
        try {
          inverter.invert(cc);
          return "";
        } catch(RuntimeException e) {
          return cc;
        }
      }).collect(Collectors.joining(""));
    assertEquals(result, disallowed);
  }
  @Test
  void allowedCharacters() {
    String lowcase = "abcdefghijklmnopqrstuvwxyz ,.";
    String upcase =  "ABCDEFGHIJKLMNOPQRSTUVWXYZ ,.";
    assertEquals(inverter.invert(lowcase), upcase);
    assertEquals(inverter.invert(upcase), lowcase);
  }
  @Test
  void lengthNoGreaterThan30() {
    String str = "xxxxxxxxxxxxxxxxxxxxxxxxxxxxxxx";
    assertTrue(str.length() > 30);
    assertThrows(RuntimeException.class, () -> {
```

```
    inverter.invert(str);
  });
}
@Test
void lengthLessThan31() {
  String str = "xxxxxxxxxxxxxxxxxxxxxxxxxxxxxx";
  assertTrue(str.length() < 31);
  inverter.invert(str);
}
}
```

你可以先在测试用例里指明所有要实现的功能，然后以此为起点，在代码中实现相关功能，直到所有测试都通过。如果后续需要修复错误或添加新功能，万一代码被破坏，你还可以继续使用这些测试来提示自己（或其他任何人）。TDD 可以产生更好、更周到的测试，而试图在事后实现完整的测试覆盖率通常会产生仓促或无意义的测试。

测试驱动与测试优先

虽然我自己还没有形成测试优先的意识，但对于来自测试优先社区的"将未通过的测试作为书签"的这一概念，我十分感兴趣。当你暂时离开工作后，再回来时可能很难重新回到最佳状态，甚至很难找到上次工作暂停的地方。然而，一个失败的测试会让你回到你停下来的地方。这似乎可以让你更轻松地离开，而不必担心失去掌控。

纯测试优先编程的主要问题是，它假设你预先了解正在解决的问题的一切。根据我自己的经验，我通常从试验开始，对这个问题已经研究了一段时间后，我才能很好地理解它并编写测试。当然，偶尔会有一些问题在你开始解决之前就已经能完整地定义，但我个人并不经常遇到此类问题。实际上，可能值得创造一个像"面向测试开发"这样的词，来描述编写测试良好的代码的做法。

16.4 日志

日志会报告正在运行的程序的相关信息。

在可调试的程序中，日志可以是显示程序进度的普通状态数据（例如，安装程序可能会记录安装过程中采取的步骤、存储文件的目录、程序的启动值等）。

日志在调试过程中也很有帮助。如果没有日志，你可能会尝试通过插入 println() 语句来破译程序的行为。本书中的一些示例就使用了这种技术。而在没有调试器（一个即将介绍的主题）的情况下，这就是你所能做的一切。但是，一旦确定程序可以正常工作，你可能就要删除 println() 语句。然后，如果遇到更多错误，你可能又需要将它们放回原处。如果能包含仅在必要时使用的输出语句，那该有多好啊。

Java 编译器会对未调用的代码进行优化，在日志包（logging package）可用之前，程序员可以基于这一点进行编程。如果 debug 是 static final boolean 的，你可以这样做：

```
if(debug) {
  System.out.println("Debug info");
}
```

当 debug 为 false 时，编译器会删除大括号内的代码。因此，代码不使用的话就对运行时没有影响。通过这种方法，你就可以在整个程序中放置跟踪代码，然后轻松地打开或关闭它。但该技术的一个缺点是，你必须重新编译代码以打开或关闭跟踪语句。如果能通过更改配置文件来修改日志记录属性，无须重新编译程序即可打开跟踪语句的话，那会方便很多。

标准 Java 发行版日志包（java.util.logging）的设计被普遍认为很糟糕。大多数人会选择一个替代的日志包。SLF4J（Simple Logging Facade for Java）为多个日志框架提供了一个统一的门面（facade），例如 java.util.logging、logback 和 log4j。SLF4J 允许最终用户在部署时再插入所需的日志框架。

SLF4J 提供了一个成熟的工具来报告有关程序的信息，其效率几乎与前面示例中的技术相同。对于非常简单的信息记录，可以执行以下操作：

```
// validating/SLF4JLogging.java
import org.slf4j.*;

public class SLF4JLogging {
  private static Logger log =
    LoggerFactory.getLogger(SLF4JLogging.class);
  public static void main(String[] args) {
    log.info("hello logging");
  }
}
/* 输出:
2021-01-24T08:49:38.496
[main] INFO  SLF4JLogging - hello logging
*/
```

输出中的格式和信息，甚至输出的内容是正常信息还是"错误"信息，都取决于连接到 SLF4J 的后端包。在上面的示例中，它连接到了 logback 库（通过本书的 build.gradle 文件），并作为标准输出展示。

如果我们修改 build.gradle 来使用 JDK 内置的日志包作为后端，输出将显示为错误输出，如下所示：

```
Aug 16, 2016 5:40:31 PM InfoLogging main
INFO: hello logging
```

日志系统会检测日志消息来源的类名和方法名。不过它不能保证这些名称是正确的，所以不要依赖于它们的准确性。

日志级别

SLF4J 提供了多个级别的报告。下面的示例按"严重性"的递增顺序显示了所有的级别：

```java
// validating/SLF4JLevels.java
import org.slf4j.*;

public class SLF4JLevels {
  private static Logger log =
    LoggerFactory.getLogger(SLF4JLevels.class);
  public static void main(String[] args) {
    log.trace("Hello");
    log.debug("Logging");
    log.info("Using");
    log.warn("the SLF4J");
    log.error("Facade");
  }
}
/* 输出：
2021-01-24T08:49:37.658
[main] TRACE SLF4JLevels - Hello
2021-01-24T08:49:37.661
[main] DEBUG SLF4JLevels - Logging
2021-01-24T08:49:37.661
[main] INFO  SLF4JLevels - Using
2021-01-24T08:49:37.661
[main] WARN  SLF4JLevels - the SLF4J
2021-01-24T08:49:37.661
[main] ERROR SLF4JLevels - Facade
*/
```

这些不同的级别设置可以让你查看某个级别的消息。这些级别通常设置在单独的配置文件中，因此无须重新编译即可重新配置。配置文件格式取决于使用的后端日志实现。下面是 logback 使用的 XML 配置：

```xml
<!-- validating/logback.xml -->
<?xml version="1.0" encoding="UTF-8"?>
<configuration>
  <appender name="STDOUT"
    class="ch.qos.logback.core.ConsoleAppender">
    <encoder>
      <pattern>
```

```
%d{yyyy-MM-dd'T'HH:mm:ss.SSS}
[%thread] %-5level %logger - %msg%n
     </pattern>
   </encoder>
 </appender>
 <root level="TRACE">
   <appender-ref ref="STDOUT" />
 </root>
</configuration>
```

试着将 `<root level="TRACE">` 这一行更改为不同的级别，然后重新运行程序来查看输出是如何变化的。如果你不提供 `logback.xml` 文件，就会使用默认的配置。

这只是对 SLF4J 和日志的一个简短介绍，足够让你了解日志的基础知识了——你还有很长的路要走。可以访问 SLF4J 文档来更深入地了解相关内容。

16.5 调试

如果能明智地使用 `System.out` 语句或日志信息，也能深入洞察程序的行为，但对于复杂的问题来说，这种方法变得烦琐且耗时。

和打印语句相比，你可能还需要更深入地查看程序。为此，你需要一个**调试器**（ debugger ）。

除了比使用打印语句生成的信息更快、更容易显示之外，调试器还可以设置**断点**（ breakpoint ），并在程序到达这些断点时停止。调试器可以随时显示程序的状态，查看变量的值，逐行执行程序，连接到远程运行的程序，等等。尤其是开始构建更大的系统时（ 其中的错误很容易被忽视 ），熟悉调试器是值得的。

16.5.1 使用 JDB 进行调试

Java 调试器（ JDB ）是 JDK 附带的命令行工具。就调试指令及其命令行接口而言，JDB 在概念上可以说是继承自 Gnu 调试器（ GDB，受原始 UNIX DB 的启发 ）。JDB 对于学习调试和执行简单的调试任务很有用，并且只要安装了 JDK，它就是可用的，了解这一点也很重要。但较大的项目需要图形调试器，稍后会对此进行介绍。

假设你编写了如下程序：

```
// validating/SimpleDebugging.java
// {ThrowsException}
```

```java
public class SimpleDebugging {
  private static void foo1() {
    System.out.println("In foo1");
    foo2();
  }
  private static void foo2() {
    System.out.println("In foo2");
    foo3();
  }
  private static void foo3() {
    System.out.println("In foo3");
    int j = 1;
    j--;
    int i = 5 / j;
  }
  public static void main(String[] args) {
    foo1();
  }
}
```

如果你看一下 foo3()，会发现问题很明显：发生了除零错误。但是假设这段代码隐藏在一个大程序中（正如这里的调用序列所暗示的那样），并且你不知道从哪里开始寻找问题。在这里，异常为你提供了足够的信息来定位问题。但是如果事情比这更困难，你就需要更深入地钻研它，这样获得的信息才能比异常提供的更多。

要运行 JDB，首先要让编译器使用 -g 标志来编译 SimpleDebugging.java，这样才会生成调试信息。然后开始使用命令行调试程序：

```
jdb SimpleDebugging
```

这将打开 JDB 并为你提供一个命令提示符。可以通过在提示符下键入 ? 来查看可用的 JDB 命令列表。

下面是一个交互式调试跟踪，演示了如何追查问题：

```
Initializing jdb ...
> catch Exception
```

> 表示 JDB 正在等待命令输入。命令 catch Exception 会在任何抛出异常的地方设置一个断点（但是，即使你没有明确给出这个指令，调试器也会停止——异常似乎是 JDB 中的默认断点）。

```
Deferring exception catch Exception.
It will be set after the class is loaded.
> run
```

现在程序将运行到下一个断点，在这个示例里就是发生异常的地方。下面是 run 命令的运行结果：

```
run SimpleDebugging
Set uncaught java.lang.Throwable
Set deferred uncaught java.lang.Throwable
>
VM Started: In foo1
In foo2
In foo3
Exception occurred: java.lang.ArithmeticException
(uncaught)"thread=main",
SimpleDebugging.foo3(), line=17 bci=15
17        int i = 5 / j;
```

程序一直运行到发生异常的第 17 行，但遇到异常时 JDB 并没有退出。调试器还会显示导致异常的代码行。你可以使用 list 命令列出程序源码中停止运行的地方：

```
main[1] list
13      private static void foo3() {
14        System.out.println("In foo3");
15        int j = 1;
16        j--;
17 =>     int i = 5 / j;
18      }
19      public static void main(String[] args) {
20        foo1();
21      }
22    }
```

此清单中的指针（"=>"）显示了程序执行到的位置，恢复执行后将从此处继续。你可以使用 cont（continue）命令恢复执行，但这会使 JDB 在异常处退出，然后打印栈信息。

locals 命令会转储所有的局部变量的值：

```
main[1] locals
Method arguments:
Local variables:
j = 0
```

wherei 命令会打印当前线程的方法栈里压入的栈帧：

```
main[1] wherei
[1] SimpleDebugging.foo3 (SimpleDebugging.java:17), pc = 15
[2] SimpleDebugging.foo2 (SimpleDebugging.java:11), pc = 8
[3] SimpleDebugging.foo1 (SimpleDebugging.java:7), pc = 8
[4] SimpleDebugging.main (SimpleDebugging.java:20), pc = 0
```

wherei 之后的每一行代表一个方法调用和调用返回的点 [由**程序计数器**（program counter）pc 的值表示]。这里的调用顺序是 main()、foo1()、foo2() 和 foo3()。

list 命令能显示运行停止的位置，所以你通常可以很容易地了解发生的情况并修复它。help 命令会告诉你 jdb 的更多用处，但在你花大量时间学习它之前，请记住命令行调试器往往需要花费更多精力才能获得结果。我们应该使用 jdb 学习调试的基础知识，然后转向图形调试器。

16.5.2　图形调试器

使用像 JDB 这样的命令行调试器可能很不方便。它需要显式命令来查看变量的状态（locals、dump），在源码中列出执行点（list），找出系统中的线程（threads），设置断点（stop in、stop at），等等。图形调试器只需单击几下鼠标即可提供这些功能，并且在不使用显式命令的情况下，还可以显示正在调试的程序的最新详细信息。

因此，尽管你可能是通过体验 JDB 开始的，但你会发现，学习使用图形调试器来快速跟踪错误会更有效率。像 JetBrains 公司的 IntelliJ IDEA 这样的 IDE，都包含了很好的 Java 图形调试器。

16.6　基准测试

"忘记那些微不足道的性能调整吧，在 97% 的情况下，过早优化是万恶之源。"

——Donald Knuth

如果你发现自己处于过早优化的滑坡上，并且野心勃勃，那你可能会浪费数月的时间。通常，简单直接的编程方法就足够了。如果进行了不必要的优化，会使你的代码变得过于复杂和难以理解。

基准测试（Benchmarking）意味着对代码或算法进行计时，以查看哪些运行得更快。这和 16.7 节介绍的分析和优化不一样，后者查看整个程序并找到该程序最耗时的部分。

能不能简单地计算一段代码的执行时间？在像 C 这样直观的语言中，这种方法确实有效。而对于像 Java 这样具有复杂运行时系统的语言，基准测试变得更具挑战性。为了产生可靠的数据，实验设置必须控制各种变量，例如 CPU 频率、节能功能、在同一台机器上运行的其他进程、优化器选项，等等。

16.6.1　微基准测试

我们可以编写一个计时实用程序来比较不同代码段的运行速度，这个想法很诱人，看起来好像能生成一些有用的数据。

例如，我们有一个简单的 Timer 类，它可以通过如下两种方式使用。

1. 创建一个 Timer 对象，执行你想要的操作，然后在这个 Timer 对象上调用 duration() 方法，来生成以毫秒为单位的用时。

2. 将 Runnable 传递给静态方法 duration()。符合 Runnable 接口的类都会有一个函数式方法 run()，这个函数式方法有一个不带参数也不返回任何东西的函数签名。

```java
// onjava/Timer.java
package onjava;
import static java.util.concurrent.TimeUnit.*;

public class Timer {
  private long start = System.nanoTime();
  public long duration() {
    return NANOSECONDS.toMillis(
      System.nanoTime() - start);
  }
  public static long duration(Runnable test) {
    Timer timer = new Timer();
    test.run();
    return timer.duration();
  }
}
```

这是一个简单的计时方法。那我们能不能直接运行一下代码，看看需要多长时间？

有许多因素会影响运行的结果，甚至会产生相反的指标。下面是一个使用标准 Java 里的 Arrays 库的示例（在第 21 章中有更完整的描述），它看起来好像没什么问题：

```java
// validating/BadMicroBenchmark.java
// {ExcludeFromTravisCI}
import java.util.*;
import onjava.Timer;

public class BadMicroBenchmark {
  static final int SIZE = 250_000_000;
  public static void main(String[] args) {
    try { // 对于内存不足的机器
      long[] la = new long[SIZE];
      System.out.println("setAll: " +
        Timer.duration(() ->
          Arrays.setAll(la, n -> n)));
      System.out.println("parallelSetAll: " +
```

```
      Timer.duration(() ->
        Arrays.parallelSetAll(la, n -> n)));
  } catch(OutOfMemoryError e) {
    System.out.println("Insufficient memory");
    System.exit(0);
  }
  }
}
```

```
/* 输出:
Insufficient memory
*/
```

main() 的主体位于 try 块内,这样的话,如果一台机器 [①] 内存不足,就会停止构建。

对于 2.5 亿个 long 的数组(在大多数机器上几乎不会产生"内存不足"的异常),我们"比较"了 Arrays.setAll() 和 Arrays.parallelSetAll() 的性能。并行版本尝试使用多个处理器来更快地完成工作。(虽然我在本节中引入了一些并行的思想,但直到进阶卷第 5 章才会详细解释这些概念)。尽管如此,非并行版本似乎运行得更快,不过结果也可能因机器而异。

BadMicroBenchmark.java 中的每个操作都是独立的,但如果你的操作依赖于公共资源,并行版本最终可能会慢得多,因为多个任务会争用该资源:

```java
// validating/BadMicroBenchmark2.java
// 依赖于某个公共资源
import java.util.*;
import onjava.Timer;

public class BadMicroBenchmark2 {
  // 减小了 SIZE 的值来运行得更快一点:
  static final int SIZE = 5_000_000;
  public static void main(String[] args) {
    long[] la = new long[SIZE];
    Random r = new Random();
    System.out.println("parallelSetAll: " +
      Timer.duration(() ->
        Arrays.parallelSetAll(la, n -> r.nextLong())));
    System.out.println("setAll: " +
      Timer.duration(() ->
        Arrays.setAll(la, n -> r.nextLong())));
    SplittableRandom sr = new SplittableRandom();
    System.out.println("parallelSetAll: " +
      Timer.duration(() ->
        Arrays.parallelSetAll(la, n -> sr.nextLong())));
    System.out.println("setAll: " +
      Timer.duration(() ->
        Arrays.setAll(la, n -> sr.nextLong())));
  }
}
```

```
/* 输出:
parallelSetAll: 1008
setAll: 294
parallelSetAll: 78
setAll: 88
*/
```

---

① 比如具有 8GB 内存的 Mac Mini 整机。

SplittableRandom 是为并行算法设计的，它确实比 parallelSetAll() 中的普通 Random 运行得更快。但它似乎仍然比非并行的 setAll() 花费更长的时间，看上去不太可能（但也许就是真的。我们只是无法通过糟糕的微基准测试来判断）。

这里仅仅讨论了微基准测试的问题，JVM 的 Hotspot 技术对性能影响也很大。如果在运行测试之前不先运行代码来"预热"JVM，则可能会得到"冷"结果，这些结果并没有反映出程序运行一段时间后的速度（如果正在运行的应用程序使用并不频繁，结果最终没有触发 JVM 的"预热"呢？你将无法获得预期的性能，甚至可能还会降低速度）。

优化器有时可以检测到你创建了某些东西而没有使用，或者某些代码的运行对程序没有影响。如果它优化掉了你的测试代码，那么你就会得到不准确的结果。

一个好的微基准测试系统会自动修复此类问题（以及许多其他问题），从而产生合理的结果，但创建这样的系统非常棘手，需要深厚的知识。

16.6.2　介绍 JMH

在撰写本书时，唯一可以产生不错结果的 Java 微基准测试系统是 **Java 微基准测试工具**（Java Microbenchmarking Harness, JMH）。本书的 build.gradle 自动化了 JMH 设置，因此你可以轻松地使用它。

你可以编写 JMH 代码，然后通过命令行运行它，但推荐的方法是让 JMH 系统为你运行测试。build.gradle 文件对此进行了配置，这样就可以使用单个命令来运行 JMH 测试。

JMH 试图使基准测试尽可能简单。举例来说，我们将通过重写 BadMicroBenchmark.java 来使用 JMH。这里唯一需要的注解是 @State 和 @Benchmark。其余的注解只是为了生成更易于理解的输出，或让该示例的基准测试运行得更快（JMH 基准测试通常需要很长时间才能运行完）：

```java
// validating/jmh/JMH1.java
package validating.jmh;
import java.util.*;
import org.openjdk.jmh.annotations.*;
import java.util.concurrent.TimeUnit;

@State(Scope.Thread)
@BenchmarkMode(Mode.AverageTime)
@OutputTimeUnit(TimeUnit.MICROSECONDS)
// 包括下面三个注解来提高精确度:
@Warmup(iterations = 5)
@Measurement(iterations = 5)
@Fork(1)
```

```
public class JMH1 {
  private long[] la;
  @Setup
  public void setup() {
    la = new long[250_000_000];
  }
  @Benchmark
  public void setAll() {
    Arrays.setAll(la, n -> n);
  }
  @Benchmark
  public void parallelSetAll() {
    Arrays.parallelSetAll(la, n -> n);
  }
}
```

"分支"（fork）的默认数量是 10，这意味着每个测试集运行 10 次。为了加快速度，我使用了 @Fork 注解将其减为 1。我还使用 @Warmup 和 @Measurement 注解将预热迭代和测量迭代的数量从默认的 20 次减少到 5 次。尽管这会降低整体的准确度，但与使用默认值的结果几乎相同。你可以试着注释掉 @Warmup、@Measurement 和 @Fork 等注解，看一下使用默认值运行测试是否有明显变化。通常，使用更长时间运行测试时，你应该只会看到误差因子下降，而不会看到结果的变化。

运行基准测试需要一个显式的 gradle 命令（从示例代码的根目录执行）。这可以防止触发其他 gradlew 命令的耗时基准测试：

```
gradlew validating:jmh
```

这需要运行几分钟，具体时间取决于你的机器（如果没有使用注解调整，则可能需要数小时）。控制台输出显示了一个 results.txt 文件的路径，该文件聚合了运行结果。注意，results.txt 包含了本章中所有 jmh 测试的结果：JMH1.java、JMH2.java 和 JMH3.java。

因为输出的是绝对时间，所以结果会因机器和操作系统而异。这里重要的因素不是绝对时间。我们真正想要知道的是一种算法与另一种算法比较起来怎么样，特别是它会快多少或慢多少。如果在自己的机器上运行测试，你会看到不同的数值，但模式是相同的。

我已经在多台机器上测试过这段代码，虽然绝对值因机器而异，但相对值还是相当一致的。我只展示了 results.txt 的相关片段，并对输出进行了编辑，使其更易于理解和在页面上展示。所有测试的 Mode（模式）显示为 avgt，表示"平均时间"。Cnt（测试数量）为 200，不过如果你按照上面的配置运行示例，会看到 Cnt 为 5。Units 的单位是 us/op，表示"每次运行花费的微秒数"，数字越小就表示性能越高。

我还显示了默认的预热次数、测量次数和分支数目的输出。我从示例中删除了相应的注解，以便更准确地运行我的测试（这需要几小时）。无论你如何运行测试，数值的模式看起来应该相同。

下面是 JMH1.java 的结果：

```
Benchmark             Score
JMH1.setAll           196280.2
JMH1.parallelSetAll   195412.9
```

即使对于像 JMH 这样成熟的基准测试工具，基准测试的过程也很重要，你必须小心谨慎地对待。在这里，测试产生了违反直觉的结果：并行版本与非并行版本的 setAll() 花费的时间大致相同，而且两者似乎都花费了相当长的时间。

我创建示例时的假设是，如果我们测试数组的初始化，那么使用非常大的数组是有意义的。所以我选择了最大的数组；如果你进行实验，可能会发现当数组大于 2.5 亿 [1] 时，你开始看到内存不足所导致的异常。不过，在如此大的数组上执行大量操作，这可能会破坏内存系统，从而产生意想不到的结果。不管这个假设是否正确，看起来我们**确实**没有测试到想要测试的内容。

考虑一下其他因素。

- C：执行操作的客户线程数。
- P：并行算法使用的并行量。
- N：数组的大小：$10^{(2*k)}$，其中 k=1..7 通常足以覆盖不同的缓存占用场景。
- Q：setter 操作的成本。

这个 C/P/N/Q 模型在早期 JDK 8 Lambda 开发期间浮出水面，Stream 里的大多数并行操作（与 parallelSetAll() 非常相似）符合以下结论。

- N*Q（基本上就是工作量）对并行性能至关重要。如果工作量减少，并行算法实际上可能运行得更慢。
- 如果操作对资源的竞争很激烈的话，无论 N*Q 有多大，并行性能都不会高。
- 当 C 较高时，P 的相关性要低得多（大量的外部并行性使得内部并行性变得多余）。此外，在某些情况下，对于 C 大小相同的同一客户来说，并行分解带来的成本使得它运行并行算法比运行顺序算法更慢。

---

[1] 如果机器配置有限，这个数值可能小得多。

基于这些信息，我们使用不同大小（即 N 的值）的数组重新运行测试：

```java
// validating/jmh/JMH2.java
package validating.jmh;
import java.util.*;
import org.openjdk.jmh.annotations.*;
import java.util.concurrent.TimeUnit;

@State(Scope.Thread)
@BenchmarkMode(Mode.AverageTime)
@OutputTimeUnit(TimeUnit.MICROSECONDS)
@Warmup(iterations = 5)
@Measurement(iterations = 5)
@Fork(1)
public class JMH2 {
  private long[] la;
  @Param({
    "1",
    "10",
    "100",
    "1000",
    "10000",
    "100000",
    "1000000",
    "10000000",
    "100000000",
    "250000000"
  })
  int size;

  @Setup
  public void setup() {
    la = new long[size];
  }
  @Benchmark
  public void setAll() {
    Arrays.setAll(la, n -> n);
  }
  @Benchmark
  public void parallelSetAll() {
    Arrays.parallelSetAll(la, n -> n);
  }
}
```

@Param 自动将它的每个值插入到它注解的变量中。值必须是字符串类型，然后会被转换为适当的类型，本例中是 int。

以下是编辑后的结果以及计算出的速度提升（Speedup）：

JMH2 Benchmark	Size	Score	% Speedup
setAll	1	0.001	
parallelSetAll	1	0.036	0.028

```
setAll               10      0.005
parallelSetAll       10      3.965          0.001
setAll              100      0.031
parallelSetAll      100      3.145          0.010
setAll             1000      0.302
parallelSetAll     1000      3.285          0.092
setAll            10000      3.152
parallelSetAll    10000      9.669          0.326
setAll           100000     34.971
parallelSetAll   100000     20.153          1.735
setAll          1000000    420.581
parallelSetAll  1000000    165.388          2.543
setAll         10000000   8160.054
parallelSetAll 10000000   7610.190          1.072
setAll        100000000  79128.752
parallelSetAll 100000000  76734.671         1.031
setAll        250000000 199552.121
parallelSetAll 250000000 191791.927         1.040
```

大约 100 000 个元素的时候，parallelSetAll() 开始领先，但随后回落到平均标准。即使它赢了，提升的程度似乎也不足以证明它的存在是合理的。

setAll()/parallelSetAll() 里运行的计算工作量大小对结果影响会不会很大？在前面的示例中，我们所做的只是将索引的值分配到数组对应的位置，这是最简单的任务之一。所以即使 N 变大，N*Q 仍然不是那么好，看起来我们没有提供足够的并行机会。（JMH 提供了一种模拟变量 Q 的方法，要了解更多信息，请搜索 Blackhole.consumeCPU。）

通过使用下面的方法 f()，我们让任务更加复杂，从而提高了并行的可能性：

```java
// validating/jmh/JMH3.java
package validating.jmh;
import java.util.*;
import org.openjdk.jmh.annotations.*;
import java.util.concurrent.TimeUnit;

@State(Scope.Thread)
@BenchmarkMode(Mode.AverageTime)
@OutputTimeUnit(TimeUnit.MICROSECONDS)
@Warmup(iterations = 5)
@Measurement(iterations = 5)
@Fork(1)
public class JMH3 {
  private long[] la;
  @Param({
    "1",
    "10",
    "100",
    "1000",
```

```
    "10000",
    "100000",
    "1000000",
    "10000000",
    "100000000",
    "250000000"
})
int size;

@Setup
public void setup() {
  la = new long[size];
}
public static long f(long x) {
  long quadratic = 42 * x * x + 19 * x + 47;
  return Long.divideUnsigned(quadratic, x + 1);
}
@Benchmark
public void setAll() {
  Arrays.setAll(la, n -> f(n));
}
@Benchmark
public void parallelSetAll() {
  Arrays.parallelSetAll(la, n -> f(n));
}
}
```

f() 提供了更复杂和更耗时的操作。现在，我们并不是简单地将索引赋值到其相应的位置，setAll() 和 parallelSetAll() 都有更多的工作要做，这对结果肯定有影响：

JMH3 Benchmark	Size	Score	% Speedup
setAll	1	0.012	
parallelSetAll	1	0.047	0.255
setAll	10	0.107	
parallelSetAll	10	3.894	0.027
setAll	100	0.990	
parallelSetAll	100	3.708	0.267
setAll	1000	133.814	
parallelSetAll	1000	11.747	11.391
setAll	10000	97.954	
parallelSetAll	10000	37.259	2.629
setAll	100000	988.475	
parallelSetAll	100000	276.264	3.578
setAll	1000000	9203.103	
parallelSetAll	1000000	2826.974	3.255
setAll	10000000	92144.951	
parallelSetAll	10000000	28126.202	3.276
setAll	100000000	921701.863	
parallelSetAll	100000000	266750.543	3.455
setAll	250000000	2299127.273	
parallelSetAll	250000000	538173.425	4.272

可以看到在数组大小为 1000 左右的时候，parallelSetAll() 领先于 setAll()。看来 parallelSetAll() 的结果在很大程度上取决于计算的复杂性和数组的大小。这正是基准测试的价值，只有使用它们之后，我们才能了解 setAll() 和 parallelSetAll() 是如何工作的，以及使用场景有哪些等微妙的细节。而通过研究 Javadoc 是看不出来这些的。

大多数时候，简单应用一下 JMH 就能产生良好的结果（你将在本书后面的示例中看到），但在这里可以看到，事情并不总是如此。JMH 网站提供了一些示例来帮助你入门。

16.7 分析与优化

有时你需要检测自己程序的运行时间都花在哪里，查看哪部分的性能可以提高。**分析器**（profiler）可以找到耗时的部分，这样你就可以通过最简单、最明显的方法来加快速度。

分析器会收集各种信息，比如程序的哪些部分消耗内存，以及哪些方法消耗了最多的时间。一些分析器甚至会禁用垃圾收集器来帮助确定内存的分配模式。

分析器对于检测程序中的线程死锁也很有用。

请注意分析和基准测试之间的区别。分析着眼于处理实际数据的完整程序，而基准测试着眼于程序的一个独立片段，通常是为了优化算法。

Java 开发工具包（JDK）安装时附带了一个名为 VisualVM 的可视化分析器。它自动安装在与 javac 相同的目录下，在你的执行路径中应该可以找到它。要启动 VisualVM，控制台命令是：

```
> jvisualvm
```

此命令会打开一个窗口，其中包含了指向帮助信息的链接。

优化指南

- 避免为了性能而牺牲代码可读性。
- 不要孤立地看待性能。权衡付出的努力与获得的好处。
- 程序的大小很重要。性能优化通常只对长时间运行的大型项目有价值。小型项目通常不需要关心性能。
- 让程序先正常工作比努力提高其性能更重要。一旦有了一个能运行的程序，你就可以在必要时使用分析器来提高它的效率。仅当性能是关键因素时，才应该在初始设计 / 开发阶段就考虑性能。

- 不要猜测性能瓶颈在哪里。运行分析器来获取该数据。
- JVM 会优化 static final 变量来提高程序速度。因此，程序常量应该声明为 static 和 final 的。

16.8 样式检查

当整个团队一起在某个项目（特别是开源项目）上工作时，如果每个人都遵循相同的编程风格，这会很有用。这样的话，阅读和理解项目代码时就不会被风格差异所干扰。但是，如果你习惯于不同的样式，则可能很难记住特定项目的所有样式指南。幸运的是，有一些工具可以指出代码中不符合项目风格指南的地方。

比较流行的样式检查器是 Checkstyle。

16.9 静态错误分析

尽管 Java 的静态类型检查会发现基本的语法错误，但额外的分析工具可以发现更复杂的错误，而这些错误是 javac 无法发现的。其中一种工具是 Findbugs。

Findbugs 可能会有许多误报，指出实际上正常工作的代码存在问题。最初查看本书的 Findbugs 输出时，我发现了一些技术上没问题，但能够使我改进代码的报告。如果你正在查找错误，那么在启动调试器之前运行一下 Findbugs 是值得的，因为它可能很快就会找到一些问题，而发现这些问题原本可能需要花费数小时。

16.10 代码审查

单元测试（参见 16.1.1 节）能发现一些重要类别的错误。Checkstyle 和 Findbugs 能执行自动代码审查（code review），从而发现其他问题。最终，我们还需要将人工代码审查添加到这个组合中。代码审查有多种方式，一般由一个人或一组人编写代码，然后让其他人或其他组来阅读和评估。这起初看起来令人生畏，它确实需要情感上的信任，但代码审查的目标绝对不是羞辱或嘲笑任何人，而是发现程序错误。在这方面，代码审查是最成功的方法之一。唉，不过它们通常也被认为"太贵了"（有时这可能是程序员的一个借口，避免审查带来的尴尬）。

代码审查可以作为**结对编程**的一部分，置于代码签入过程中（另一个程序员被自动分配审查新代码的任务），或者与一个小组一起，使用**演练**（walkthrough）的方式，每个人都阅读代码并讨论它。后一种方法具有共享知识与编程文化的显著优势。

16.11　结对编程

结对编程（pair programming）是两个程序员一起编程的一种实践。通常，一个程序员编写代码，另一个程序员（"观察者"或"导航者"）审查和分析代码，并考虑策略。这就是一种实时代码审查。通常程序员会定期转换角色。

结对编程有很多好处，但最引人注目的两个好处是共享知识和防止信息阻塞。传递信息的最佳方式之一是共同解决问题，我在许多研讨会中使用结对编程，取得了很好的效果（而且，研讨会上的人们也是通过这种方式相互了解的）。两个人结伴工作，继续前进要容易得多，而孤军作战很容易陷入困境。

结对程序员通常对他们的工作表示出了更高的满意度。

结对编程有时很难打动管理人员，他们可能会立即认为两个程序员处理一个问题的效率低于各自处理自己的项目。虽然短期来看这通常是正确的，但结对编程生成的代码质量更高。除了结对编程的其他好处之外，如果长远来看，这会产生更高的生产力。

16.12　重构

技术债务（technical debt）是那些在软件中积累的快速而肮脏的解决方案，它使设计无法理解，代码无法阅读。当你必须进行更改或添加功能时，这尤其是个问题。

重构（refactoring）是技术债务的解毒剂。重构的关键在于，它改进了代码设计、结构和可读性（从而减少了技术债务），但它**不会改变代码的行为**。

因此，这样就很难说服管理层："我们将投入大量工作，但不会添加任何功能，而且从外部看，完成后也不会有明显变化。但请相信我们，情况会好很多。"不幸的是，管理层意识到重构价值的时候，可能为时已晚：当他们要求"再增加一个功能"时，你只能告诉他们这是不可能的，因为代码库已经积累了太多丑陋的临时解决方案（hack）。如果尝试添加另一个功能，它可能会崩溃，即使你**可以**弄清楚如何去做。

重构的基础

在开始重构代码之前，必须具备以下三个支持系统。

1. 测试（通常来说，最低要求是要有 JUnit 测试），因此你可以确保自己的重构不会改变代码的行为。

2. 构建自动化，从而容易构建代码并运行所有测试。这样就可以轻松进行小的改动，并验证是否破坏了任何东西。本书使用 Gradle 构建系统，你可以在本书示例中找到 build. gradle 文件。

3. 版本控制，这样就可以随时提供或回退到可工作的代码版本，并跟踪这个过程中的所有操作。本书的示例代码托管在 Github 上，并使用了 git 版本控制系统。

没有这三个系统，重构几乎是不可能的。事实上，如果没有这些，构建、维护和添加代码就会立刻成为一个巨大的挑战。令人惊讶的是，许多成功的公司在不使用这三个系统的情况下支撑了很长时间。但是此类公司或早或晚都会遇到严重问题。

16.13　持续集成

在软件开发的早期，人们一次只能管理一个步骤，因此他们相信自己是在"快乐通道"中前进，每个开发阶段都会无缝衔接。这种错觉通常被称为软件开发的"瀑布模型"（The Waterfall Model）。有人告诉我，瀑布模型是他们选择的方法，就好像它是一个可选的工具，而不仅仅是一厢情愿的想法。

在个童话王国里，每一步都会按照制订好的时间表完美、准时地完成，然后下一步就可以开始了。当你到达终点时，所有的部分都会无缝地衔接在一起。瞧！一个可发布产品！

当然，实际上，没有任何事情按计划或安排正常进行。相信它可以正常进行，然后在出问题时更加相信，只会让整个事情变得更糟。否认现实不会产生什么好的结果。

最重要的是，产品本身通常对客户没有价值。有时，一大堆功能完全是在浪费时间，因为这些功能的需求并非来自客户，而是来自其他人。

根据来自流水线的思维方式，每个开发阶段都有自己的团队。上游团队的进度表被传递给下游团队，当开始测试和整合时，这些团队被期望以某种方式赶上进度，当他们不可避免地失败时，就会被认为是"不合格的团队成员"。不可能的时间表和团队间不顺畅的交流相结合，共同创造了一个自我实现的预言：只有最敢拼命的开发人员才愿意做这些工作。

更重要的是，商学院继续培训管理人员如何顺应既有流程，而这个流程源于工业时代的制造理念。培养管理人员的创造力而非鼓励他们从众的商学院仍然非常罕见。

最终，编程队伍里的人们再也无法忍受了，他们开始进行实验。其中一些最初的实验称为"极限编程"，因为它们与工业时代的思维非常不同。当实验结出果实后，这些想法开始看起来像是常识。这些实验演变出了现在显而易见的观点，即把可工作的产品——尽管功能非常少——交付到客户手中，并询问他们：(1) 这是不是他们想要的，(2) 他们是否喜欢这个产品的工作方式，以及 (3) 他们还觉得哪些新功能会有用。然后重新回到开发阶段来迭代新版本。一个版本接一个版本，项目最终发展成真正为客户创造价值的产品。

这完全颠覆了瀑布模型的理念。你不再将产品测试和部署等环节放到"最后一步"。相反，即使对于一开始就几乎没有任何功能的产品（在这种情况下，你可能只是测试安装），从头到尾都必须使用这个流程。这样做可以在开发早期发现更多问题。此外，你不需要做大量的前期整体规划，也不必在无用的功能上浪费时间和金钱，而是会持续与客户沟通反馈。当客户不想要更多功能时，产品就完成了。这节省了大量的时间和金钱，并极大提升了客户满意度。

这种开发方式有许多不同的部分和想法，但当前最重要的术语是**持续集成**（continuous integration, CI）。CI 和产生 CI 的想法之间的区别在于，CI 是一个独特的机械过程，它包含这些想法，是一种定义明确的工作方式。事实上，它的定义如此明确，以至于整个过程都是自动化的。

当前 CI 技术的顶点是**持续集成服务器**（continuous integration server）。这是一台单独的机器或虚拟机，通常是第三方公司托管的完全独立的服务。这些公司通常免费提供基本服务，你如果需要更多的处理器、内存、专用工具或系统等附加功能，则需要付费。CI 服务器一开始是一个完全空白的平台，只有最精简的可用操作系统。这很重要，因为如果你在开发机器上安装了某个东西，可能会很容易就忘记将其包含在你的构建和部署系统中。

就像重构一样，持续集成也有一些基本要求，包括分布式版本控制、构建自动化和自动化测试。CI 服务器通常会绑定到你的版本控制存储库。当 CI 服务器发现存储库有变更时，就会检出最新版本，并开始运行 CI 脚本中指定的过程。这包括安装所有必要的工具和库（请记住，CI 服务器是从一个干净的基本操作系统开始的），因此如果在该过程中有任何问题，你可以发现它们。然后它会执行脚本中指定的任何构建和测试，该脚本使用的命令通常和安装测试过程中手工使用的命令完全相同。无论成功还是失败，CI 服务器都有多种方式向你报告，包括出现在代码存储库中的小徽章。

使用持续集成时，你签入存储库的每个变更都会被从头到尾自动验证。通过这种方式，你可以立即发现是否有问题。更好的一点是，当你准备发布产品的新版本时，不会有任何延迟或任何额外的必要步骤 [能够随时交付，也就是**持续交付**（Continuous Delivery）]。

16.14　总结

"它在我的机器上能正常运行。""我们不会把你的机器连同它一起发布！"

代码验证不是单一的过程或技术。任何一种方法都只能找到特定类别的错误。作为一名程序员，随着你的持续成长，你了解到的每一种额外的技术都会增加代码的可靠性和稳健性。当你向应用程序添加功能时，代码验证不仅可以在开发过程中发现更多错误，在整个项目生命周期中也能如此。现代开发不仅仅意味着编写代码，而且还意味着融入开发过程中的每一种测试技术——尤其是为适应特定应用程序而创建的自定义工具——可以带来更好、更快、更愉快的开发过程以及更高的价值，并为客户提供更满意的体验。

文件

ON JAVA

> 在非常难用的文件 I/O 编程存在多年之后，Java 终于简
> 化了读写文件的基本操作。

进阶卷第 7 章中详细介绍了 I/O 编程那种难用的方式。读过那一章之后，你可能会得出这样的结论：Java 的设计者真是不注重用户体验。打开和读取文件，在大多数语言中是相当常见的操作，但在 Java 中需要编写特别笨拙的代码，而且每次都得查一下，否则根本没人能记住怎么打开一个文件。

Java 7 带来了巨大的改进，似乎设计者们终于听到了用户多年来的呼声。这些新元素被打包放在了 java.nio.file 之下，其中 nio 中的 n 以前是指"new"（新的），现在是指"non-blocking"（非阻塞），io 是指"input/output"（**输入 / 输出**）。java.nio.file 库最终将 Java 的文件操作提升到了可以与其他编程语言媲美的程度。除此之外，Java 8 还增加了流的功能，使得文件编程更好用了。

本章将研究操作文件的两个基本组件：

1. 文件或目录的路径；

2. 文件本身。

17.1　文件和目录路径

Path 对象代表的是一个文件或目录的路径，它是在不同的操作系统和文件系统之上的抽象。它的目的是，在构建路径时，我们不必注意底层的操作系统，我们的代码不需要重写就能在不同的操作系统上工作。

java.nio.file.Paths 类包含了重载的 static get() 方法 [①]，可以接受一个 String 序列，或一个**统一资源标识符**（Uniform Resource Identifier, URI），然后将其转化为一个 Path 对象：

```java
// files/PathInfo.java
import java.nio.file.*;
import java.net.URI;
import java.io.File;
import java.io.IOException;

public class PathInfo {
  static void show(String id, Object p) {
    System.out.println(id + p);
  }
  static void info(Path p) {
    show("toString:\n ", p);
    show("Exists: ", Files.exists(p));
    show("RegularFile: ", Files.isRegularFile(p));
    show("Directory: ", Files.isDirectory(p));
    show("Absolute: ", p.isAbsolute());
    show("FileName: ", p.getFileName());
    show("Parent: ", p.getParent());
    show("Root: ", p.getRoot());
    System.out.println("******************");
  }
  public static void main(String[] args) {
    System.out.println(System.getProperty("os.name"));
    info(Paths.get(
      "C:", "path", "to", "nowhere", "NoFile.txt"));
    Path p = Paths.get("PathInfo.java");
    info(p);
    Path ap = p.toAbsolutePath();
    info(ap);
    info(ap.getParent());
    try {
      info(p.toRealPath());
    } catch(IOException e) {
      System.out.println(e);
```

[①] 从 Java 11 开始，官方建议用 Path.of 方法代替 Paths.get 方法，Paths 类可能会在之后的某个版本中被废弃。——译者注

```
    }
    URI u = p.toUri();
    System.out.println("URI:\n" + u);
    Path puri = Paths.get(u);
    System.out.println(Files.exists(puri));
    File f = ap.toFile(); // 不要被骗了
  }
}
```

```
/* 输出:
Windows 10
toString:
 C:\path\to\nowhere\NoFile.txt
Exists: false
RegularFile: false
Directory: false
Absolute: true
FileName: NoFile.txt
Parent: C:\path\to\nowhere
Root: C:\
******************
toString:
 PathInfo.java
Exists: true
RegularFile: true
Directory: false
Absolute: false
FileName: PathInfo.java
Parent: null
Root: null
******************
toString:
 C:\Git\OnJava8\ExtractedExamples\files\PathInfo.java
Exists: true
RegularFile: true
Directory: false
Absolute: true
FileName: PathInfo.java
Parent: C:\Git\OnJava8\ExtractedExamples\files
Root: C:\
******************
toString:
 C:\Git\OnJava8\ExtractedExamples\files
Exists: true
RegularFile: false
Directory: true
Absolute: true
FileName: files
Parent: C:\Git\OnJava8\ExtractedExamples
Root: C:\
```

```
*******************
toString:
 C:\Git\OnJava8\ExtractedExamples\files\PathInfo.java
Exists: true
RegularFile: true
Directory: false
Absolute: true
FileName: PathInfo.java
Parent: C:\Git\OnJava8\ExtractedExamples\files
Root: C:\
*******************
URI:
file:///C:/Git/OnJava8/ExtractedExamples/files/PathInfo.java
true
*/
```

我把这里的 main() 中的第一行加到了本章中适合的程序中，以显示操作系统的名称，这样就可以看到不同的操作系统之间的差异了。理想情况下，这些差异相对较少，并被隔离在预期的位置，比如路径分隔符是 / 还是 \。从输出中可以看到，我是在 Windows 上做开发的。

虽然 toString() 生成的是路径的完整表示，但是可以看到 getFileName() 总是会生成文件的名字。使用 Files 工具类（后面会看到更多），我们可以测试文件是否存在，是否为"普通"文件，是否为目录，等等。"Nofile.txt"这个示例表明，可以描述一个并不存在的文件，这允许我们创建一个新的路径。"PathInfo.java"存在于当前目录中，最初它只是没有路径的文件名，但检查其状态得到的结果仍然是存在。一旦将其转换为绝对路径，我们就会得到从"C:"盘开始的完整路径（这是在安装了 Windows 系统的机器上测试的）。现在它也有一个父目录。

文档中对"真实"路径的定义有点模糊，因为它取决于特定的文件系统。例如，如果文件名的比较不区分大小写，即使路径因为大小写的原因看起来不是完全一样，匹配也会成功。在这样的平台上，toRealPath() 返回的 Path 会使用实际的大小写。它还会删除任何多余的元素。

在这里，我们看到了文件的 URI 是什么样子的，但 URI 可以用来描述大多数事物，不仅限于文件。然后，我们成功地将 URI 转回到了一个 Path 之中。

最后，我们看到的是一个略带欺骗性的东西，那就是调用 toFile() 来生成一个 File 对象。这看起来可能会得到一个类似文件的东西（毕竟称为 File），但这个方法之所以存在，只是为了向后兼容旧的做事方式。在那个世界里，File 实际上意味着一个文件或一个目录——听起来它应该被称为"路径"（path）。这个命名非常草率，也令人困惑，但现在忽略它也没什么问题，因为 java.nio.file 已经存在。

17.1.1　选择 Path 的片段

我们可以轻松获得 Path 对象路径的各个部分。

```java
// files/PartsOfPaths.java
import java.nio.file.*;

public class PartsOfPaths {
  public static void main(String[] args) {
    System.out.println(System.getProperty("os.name"));
    Path p =
      Paths.get("PartsOfPaths.java").toAbsolutePath();
    for(int i = 0; i < p.getNameCount(); i++)
      System.out.println(p.getName(i));
    System.out.println("ends with '.java': " +
      p.endsWith(".java"));
    for(Path pp : p) {
      System.out.print(pp + ": ");
      System.out.print(p.startsWith(pp) + " : ");
      System.out.println(p.endsWith(pp));
    }
    System.out.println("Starts with " + p.getRoot() +
      " " + p.startsWith(p.getRoot()));
  }
}
/* 输出:
Windows 10
Git
OnJava8
ExtractedExamples
files
PartsOfPaths.java
ends with '.java': false
Git: false : false
OnJava8: false : false
ExtractedExamples: false : false
files: false : false
PartsOfPaths.java: false : true
Starts with C:\ true
*/
```

在 getNameCount() 界定的上限之内，我们可以结合索引使用 getName()，得到一个 Path 的各个部分。Path 也可以生成 Iterator，所以我们也可以使用 for-in 来遍历。请注意，尽管这里的路径确实是以 .java 结尾的，但 endsWith() 的结果是 false。这是因为

endsWith() 比较的是整个路径组件，而不是名字中的一个子串。在 for-in 的代码体内，使用 startsWith() 和 endsWith() 来检查路径的当前片段时，这一点就可以显示出来了。然而，我们看到在对 Path 进行遍历时，并没有包含根目录，只有当我们用根目录来检查 startsWith() 时，才会得到 true。

17.1.2 分析 Path

Files 工具类中包含了一整套用于检查 Path 的各种信息的方法。

```java
// files/PathAnalysis.java
import java.nio.file.*;
import java.io.IOException;

public class PathAnalysis {
  static void say(String id, Object result) {
    System.out.print(id + ": ");
    System.out.println(result);
  }
  public static void
  main(String[] args) throws IOException {
    System.out.println(System.getProperty("os.name"));
    Path p =
      Paths.get("PathAnalysis.java").toAbsolutePath();
    say("Exists", Files.exists(p));
    say("Directory", Files.isDirectory(p));
    say("Executable", Files.isExecutable(p));
    say("Readable", Files.isReadable(p));
    say("RegularFile", Files.isRegularFile(p));
    say("Writable", Files.isWritable(p));
    say("notExists", Files.notExists(p));
    say("Hidden", Files.isHidden(p));
    say("size", Files.size(p));
    say("FileStore", Files.getFileStore(p));
    say("LastModified: ", Files.getLastModifiedTime(p));
    say("Owner", Files.getOwner(p));
    say("ContentType", Files.probeContentType(p));
    say("SymbolicLink", Files.isSymbolicLink(p));
    if(Files.isSymbolicLink(p))
      say("SymbolicLink", Files.readSymbolicLink(p));
    if(FileSystems.getDefault()
      .supportedFileAttributeViews().contains("posix"))
      say("PosixFilePermissions",
        Files.getPosixFilePermissions(p));
  }
}
```

```
/* 输出:
Windows 10
Exists: true
Directory: false
Executable: true
Readable: true
RegularFile: true
Writable: true
notExists: false
Hidden: false
size: 1617
FileStore: (C:)
LastModified: :
2021-11-08T00:34:52.693768Z
Owner: GROOT\Bruce (User)
ContentType: text/plain
SymbolicLink: false
*/
```

对于最后的这项测试，在调用 getPosixFilePermissions() 之前必须弄清楚当前的文件系统是否支持 Posix，否则会产生一个运行时异常。

17.1.3　添加或删除路径片段

我们必须能够通过对自己的 Path 对象添加和删除某些路径片段来构建 Path 对象。要去掉 Path 这个基准路径，应该使用 relativize()。要在一个 Path 对象的后面增加路径片段，则应该使用 resolve()（这些方法名让人很难"顾名思义"）。

在下面的示例中，我使用 relativize() 从所有的输出中删除了基准路径，也就是 base 所表示的路径。之所以这么做，一方面是为了演示，另一方面是为了简化输出。只有这个 Path 是绝对路径时，才能将其用作 relativize() 的参数。

这个版本的演示包含了 id，这样就更方便跟踪输出了。

```java
// files/AddAndSubtractPaths.java
import java.nio.file.*;
import java.io.IOException;

public class AddAndSubtractPaths {
  static Path base = Paths.get("..", "..", "..")
    .toAbsolutePath()
    .normalize();
  static void show(int id, Path result) {
    if(result.isAbsolute())
      System.out.println("(" + id + ")r " +
        base.relativize(result));
    else
      System.out.println("(" + id + ")  " + result);
    try {
      System.out.println("RealPath: "
        + result.toRealPath());
    } catch(IOException e) {
      System.out.println(e);
    }
  }
  public static void main(String[] args) {
    System.out.println(System.getProperty("os.name"));
    System.out.println(base);
    Path p = Paths.get("AddAndSubtractPaths.java")
      .toAbsolutePath();
    show(1, p);
    Path convoluted = p.getParent().getParent()
      .resolve("strings")
      .resolve("..")
      .resolve(p.getParent().getFileName());
    show(2, convoluted);
    show(3, convoluted.normalize());

    Path p2 = Paths.get("..", "..");
    show(4, p2);
    show(5, p2.normalize());
```

```
    show(6, p2.toAbsolutePath().normalize());

    Path p3 = Paths.get(".").toAbsolutePath();
    Path p4 = p3.resolve(p2);
    show(7, p4);
    show(8, p4.normalize());

    Path p5 = Paths.get("").toAbsolutePath();
    show(9, p5);
    show(10, p5.resolveSibling("strings"));
    show(11, Paths.get("nonexistent"));
  }
}
```

```
/* 输出:
Windows 10
C:\Git
(1)r OnJava8\ExtractedExamples\files\AddAndSubtractPaths.java
RealPath:
C:\Git\OnJava8\ExtractedExamples\files\AddAndSubtractPaths.java
(2)r OnJava8\ExtractedExamples\files
RealPath: C:\Git\OnJava8\ExtractedExamples\files
(3)r OnJava8\ExtractedExamples\files
RealPath: C:\Git\OnJava8\ExtractedExamples\files
(4)  ..\..
RealPath: C:\Git\OnJava8
(5)  ..\..
RealPath: C:\Git\OnJava8
(6)r OnJava8
RealPath: C:\Git\OnJava8
(7)r OnJava8
RealPath: C:\Git\OnJava8
(8)r OnJava8
RealPath: C:\Git\OnJava8
(9)r OnJava8\ExtractedExamples\files
RealPath: C:\Git\OnJava8\ExtractedExamples\files
(10)r OnJava8\ExtractedExamples\strings
RealPath: C:\Git\OnJava8\ExtractedExamples\strings
(11)  nonexistent
java.nio.file.NoSuchFileException:
C:\Git\OnJava8\ExtractedExamples\files\nonexistent
*/
```

我还增加了对 toRealPath() 的进一步测试。除了路径不存在的情况下会抛出异常，它
总是会对 Path 进行扩展和规范化。

17.2　目录

Files 工具类包含了操作目录和文件所需的大部分操作。然而由于某些原因，其中并

没有包括用于删除目录树的工具，所以我们会创建一个，并将其添加到 onjava 库中。

```java
// onjava/RmDir.java
package onjava;
import java.nio.file.*;
import java.nio.file.attribute.BasicFileAttributes;
import java.io.IOException;

public class RmDir {
  public static void rmdir(Path dir)
  throws IOException {
    Files.walkFileTree(dir,
      new SimpleFileVisitor<Path>() {
      @Override public FileVisitResult
      visitFile(Path file, BasicFileAttributes attrs)
      throws IOException {
        Files.delete(file);
        return FileVisitResult.CONTINUE;
      }
      @Override public FileVisitResult
      postVisitDirectory(Path dir, IOException exc)
      throws IOException {
        Files.delete(dir);
        return FileVisitResult.CONTINUE;
      }
    });
  }
}
```

这依赖于 Files.walkFileTree()，这里 "walk" 的意思是查找每个子目录和文件，也就是遍历。**访问者**（Visitor）设计模式提供了一个访问集合中的每个对象的标准机制，我们需要提供想在每个对象上执行的动作。这个动作取决于我们如何实现 FileVisitor 参数，其中包括如下方法。

- preVisitDirectory()：先在当前目录上运行，然后进入这个目录下的文件和目录。
- visitFile()：在这个目录下的每个文件上运行。
- visitFileFailed()：当文件无法访问时调用。
- postVisitDirectory()：先进入当前目录下的文件和目录（包括所有的子目录），最后在当前目录上运行。

为了让事情更简单，java.nio.file.SimpleFileVisitor 为所有这些方法提供了默认的定义。这样，在匿名内部类中，我们只是用非标准的行为重写了这些方法：visitFile() 删除文件，postVisitDirectory() 删除目录。这两个方法的返回标志都表示应该继续遍历（直到找到我们要找的东西为止）。

作为我们探索创建和填充目录的一部分，现在可以有条件地删除某个现有的目录了。在下面的示例中，makeVariant() 接受了一个基准目录 test，然后通过旋转 parts 列表生成了不同的子目录路径。使用 String.join() 将旋转后的 parts 通过路径分隔符 sep 连接到一起，然后将结果作为 Path 返回。

```java
// files/Directories.java
import java.util.*;
import java.nio.file.*;
import onjava.RmDir;

public class Directories {
  static Path test = Paths.get("test");
  static String sep =
    FileSystems.getDefault().getSeparator();
  static List<String> parts =
    Arrays.asList("foo", "bar", "baz", "bag");
  static Path makeVariant() {
    Collections.rotate(parts, 1);
    return Paths.get("test", String.join(sep, parts));
  }
  static void refreshTestDir() throws Exception {
    if(Files.exists(test))
      RmDir.rmdir(test);
    if(!Files.exists(test))
      Files.createDirectory(test);
  }
  public static void
  main(String[] args) throws Exception {
    refreshTestDir();
    Files.createFile(test.resolve("Hello.txt"));
    Path variant = makeVariant();
    // 抛出异常（层次太多了）：
    try {
      Files.createDirectory(variant);
    } catch(Exception e) {
      System.out.println("Nope, that doesn't work.");
    }
    populateTestDir();
    Path tempdir =
      Files.createTempDirectory(test, "DIR_");
    Files.createTempFile(tempdir, "pre", ".non");
    Files.newDirectoryStream(test)
      .forEach(System.out::println);
    System.out.println("*********");
    Files.walk(test).forEach(System.out::println);
  }
  static void populateTestDir() throws Exception {
    for(int i = 0; i < parts.size(); i++) {
      Path variant = makeVariant();
      if(!Files.exists(variant)) {
```

```
        Files.createDirectories(variant);
        Files.copy(Paths.get("Directories.java"),
          variant.resolve("File.txt"));
        Files.createTempFile(variant, null, null);
      }
    }
  }
}
```

```
/* 输出:
Nope, that doesn't work.
test\bag
test\bar
test\baz
test\DIR_8683707748599240459
test\foo
test\Hello.txt
*********
test
test\bag
test\bag\foo
test\bag\foo\bar
test\bag\foo\bar\baz
test\bag\foo\bar\baz\4316127347949967230.tmp
test\bag\foo\bar\baz\File.txt
test\bar
test\bar\baz
test\bar\baz\bag
test\bar\baz\bag\foo
test\bar\baz\bag\foo\1223263495976065729.tmp
test\bar\baz\bag\foo\File.txt
test\baz
test\baz\bag
test\baz\bag\foo
test\baz\bag\foo\bar
test\baz\bag\foo\bar\6666183168609095028.tmp
test\baz\bag\foo\bar\File.txt
test\DIR_8683707748599240459
test\DIR_8683707748599240459\pre6366626804787365549.non
test\foo
test\foo\bar
test\foo\bar\baz
test\foo\bar\baz\bag
test\foo\bar\baz\bag\4712324129011589115.tmp
test\foo\bar\baz\bag\File.txt
test\Hello.txt
*/
```

首先，refreshTestDir() 会检查 test 是不是已经存在了。如果是的话，就使用新的
rmdir() 工具删除整个目录。后面再检查它是否存在，看上去是多余的步骤，但我想说明

的是，如果我们对一个已经存在的目录调用了 createDirectory()，则会产生异常。

createFile() 用参数 Path 创建了一个空文件，resolve() 将文件名添加到了 test 这个 Path 的末尾。

我们尝试使用 createDirectory() 来创建一个不止一层的路径，但这里抛出了一个异常，因为这个方法只能创建单层目录。

这里把 populateTestDir() 设计成了一个单独的方法，因为它在后面的示例中还会复用。对于每一个变种（即 variant），我们使用 createDirectories() 创建了完整的目录路径，然后将这个文件（即 Directories.java）的副本放到了最后一层目录中，只不过更换了文件名称。之后又添加了一个用 createTempFile() 生成的临时文件。这里通过将最后两个参数设置为 null，让这个方法来生成整个临时文件名。

在调用了 populateTestDir() 之后，我们在 test 下面创建了一个临时目录。注意 createTempDirectory() 只有一个名字前缀选项，这点和 createTempFile() 不同，后者可以同时指定名字的前缀和后缀。我们再次使用 createTempFile() 将一个临时文件放到了新的临时目录下。从输出中可以看到，如果我们没有指定后缀，所生成的文件会自动带上 ".tmp" 后缀。

为了显示结果，我们首先尝试了 newDirectoryStream()，它似乎有希望，但结果是流中只有 test 目录下的内容，而没有进入更下层的目录。要获得包含整个目录树内容的流，请使用 Files.walk()。

17.3　文件系统

为了完整起见，我们需要一种方式来找出文件系统的其他信息。在这里，我们可以使用静态的 FileSystems 工具来获得"默认"的文件系统，但也可以在一个 Path 对象上调用 getFileSystem() 来获得创建这个路径对象的文件系统。我们可以通过给定的 URI 获得一个文件系统，也可以构建一个新的文件系统（如果操作系统支持的话）。

```java
// files/FileSystemDemo.java
import java.nio.file.*;

public class FileSystemDemo {
  static void show(String id, Object o) {
    System.out.println(id + ": " + o);
  }
  public static void main(String[] args) {
```

```
        System.out.println(System.getProperty("os.name"));
        FileSystem fsys = FileSystems.getDefault();
        for(FileStore fs : fsys.getFileStores())
            show("File Store", fs);
        for(Path rd : fsys.getRootDirectories())
            show("Root Directory", rd);
        show("Separator", fsys.getSeparator());
        show("UserPrincipalLookupService",
            fsys.getUserPrincipalLookupService());
        show("isOpen", fsys.isOpen());
        show("isReadOnly", fsys.isReadOnly());
        show("FileSystemProvider", fsys.provider());
        show("File Attribute Views",
            fsys.supportedFileAttributeViews());
    }
}
```

```
/* 输出:
Windows 10
File Store: (C:)
File Store: System Reserved (E:)
File Store: (F:)
File Store: Google Drive (G:)
Root Directory: C:\
Root Directory: D:\
Root Directory: E:\
Root Directory: F:\
Root Directory: G:\
Separator: \
UserPrincipalLookupService:
sun.nio.fs.WindowsFileSystem$LookupService$1@1bd4fdd
isOpen: true
isReadOnly: false
FileSystemProvider:
sun.nio.fs.WindowsFileSystemProvider@55183b20
File Attribute Views: [owner, dos, acl, basic, user]
*/
```

FileSystem 还可以生成一个 WatchService 和一个 PathMatcher。

17.4 监听 Path

WatchService 使我们能够设置一个进程, 对某个目录中的变化做出反应。在下面的
示例中, delTxtFiles() 作为一个独立的任务运行, 它会遍历整个目录树, 删除所有名字
以 .txt 结尾的文件, WatchService 会对文件的删除做出反应。

```
// files/PathWatcher.java
// {ExcludeFromGradle}
import java.io.IOException;
```

```
import java.nio.file.*;
import static java.nio.file.StandardWatchEventKinds.*;
import java.util.concurrent.*;

public class PathWatcher {
  static Path test = Paths.get("test");
  static void delTxtFiles() {
    try {
      Files.walk(test)
        .filter(f ->
          f.toString().endsWith(".txt"))
        .forEach(f -> {
          try {
            System.out.println("deleting " + f);
            Files.delete(f);
          } catch(IOException e) {
            throw new RuntimeException(e);
          }
        });
    } catch(IOException e) {
      throw new RuntimeException(e);
    }
  }
  public static void
  main(String[] args) throws Exception {
    Directories.refreshTestDir();
    Directories.populateTestDir();
    Files.createFile(test.resolve("Hello.txt"));
    WatchService watcher =
      FileSystems.getDefault().newWatchService();
    test.register(watcher, ENTRY_DELETE);
    Executors.newSingleThreadScheduledExecutor()
      .schedule(
        PathWatcher::delTxtFiles,
        250, TimeUnit.MILLISECONDS);
    WatchKey key = watcher.take();
    for(WatchEvent evt : key.pollEvents()) {
      System.out.println(
        "evt.context(): " + evt.context() +
        "\nevt.count(): " + evt.count() +
        "\nevt.kind(): " + evt.kind());
      System.exit(0);
    }
  }
}
```

```
/* 输出:
deleting test\bag\foo\bar\baz\File.txt
deleting test\bar\baz\bag\foo\File.txt
deleting test\baz\bag\foo\bar\File.txt
deleting test\foo\bar\baz\bag\File.txt
deleting test\Hello.txt
evt.context(): Hello.txt
evt.count(): 1
evt.kind(): ENTRY_DELETE
*/
```

delTxtFiles() 中的 try 块看上去是冗余的，因为它们都在捕捉相同类型的异常，所以似乎有外部的 try 就足够了。然而，由于某些原因（可能是个 bug），Java 要求两者都存在。还要注意，在 filter() 中，必须显式地调用 f.toString()，否则 endsWith() 会比较整个 Path 对象，而不是其用字符串表示的名字部分。

一旦从 FileSystem 得到一个 WatchService，我们就将它和由我们感兴趣的事件组成的可变参数列表一起注册给 test 这个 Path。感兴趣的事件可以从 ENTRY_CREATE、ENTRY_DELETE 或 ENTRY_MODIFY 中选择（创建和删除不属于修改）。

因为即将开始的对 watcher.take() 的调用会停掉一切工作，直到某个事情发生才恢复，所以我想让 delTxtFiles() 以并行方式开始运行，以便它能产生我们感兴趣的事件。为了做到这一点，我首先通过调用 Executors.newSingleThreadScheduledExecutor() 获得一个 ScheduledExecutorService，然后调用 schedule()，将所需函数的方法引用以及运行之前应该等待的时间交给它。

然后我们调用 watcher.take()，主线程会在这里等待。当有符合我们目标模式的事情发生时，会返回一个包含 WatchEvent 的 WatchKey。这里演示的三个方法是我们能对 WatchEvent 做的所有事情了。

通过输出看看会发生什么。尽管我们正在删除名字是以 .txt 结尾的文件，但在 Hello.txt 被删除之前，WatchService 不会触发。你可能会认为，如果我们说"监听这个目录"，它自然会包括整个子树，但这里就要按字面意思理解：它只监听**这个**目录，而**不是**它下面的一切。如果想监听整个目录树，则必须在整个树的每个子目录上设置一个 WatchService。

```java
// files/TreeWatcher.java
// {ExcludeFromGradle}
import java.io.IOException;
import java.nio.file.*;
import static java.nio.file.StandardWatchEventKinds.*;
import java.util.concurrent.*;

public class TreeWatcher {
  static void watchDir(Path dir) {
    try {
      WatchService watcher =
        FileSystems.getDefault().newWatchService();
      dir.register(watcher, ENTRY_DELETE);
      Executors.newSingleThreadExecutor().submit(() -> {
        try {
          WatchKey key = watcher.take();
          for(WatchEvent evt : key.pollEvents()) {
            System.out.println(
              "evt.context(): " + evt.context() +
              "\nevt.count(): " + evt.count() +
              "\nevt.kind(): " + evt.kind());
            System.exit(0);
          }
```

```
      } catch(InterruptedException e) {
        return;
      }
    });
  } catch(IOException e) {
    throw new RuntimeException(e);
  }
}
public static void
main(String[] args) throws Exception {
  Directories.refreshTestDir();
  Directories.populateTestDir();
  Files.walk(Paths.get("test"))
    .filter(Files::isDirectory)
    .forEach(TreeWatcher::watchDir);
  PathWatcher.delTxtFiles();
}
}
```

```
/* 输出:
deleting test\bag\foo\bar\baz\File.txt
deleting test\bar\baz\bag\foo\File.txt
evt.context(): File.txt
evt.count(): 1
evt.kind(): ENTRY_DELETE
*/
```

watchDir() 方法在其参数上放了一个关注 ENTRY_DELETE 事件的 WatchService，同时启动了一个独立的进程来监控这个 WatchService。这里没有通过 schedule() 方法让任务推迟到以后再运行，而是通过 submit() 让它现在就运行。我们遍历整个目录树，并在每个子目录上应用 watchDir()。现在当我们运行 delTxtFiles() 时，其中一个 WatchService 检测到了第一个删除操作。

17.5　查找文件

到目前为止，要查找文件的话，我们一直在使用相当笨拙的方法，即在 Path 上调用 toString()，然后使用 String 的各种操作来查看结果。其实 java.nio.file 有一个更好的解决方案：PathMatcher。可以通过在 FileSystem 对象上调用 getPathMatcher() 来获得一个 PathMatcher，并传入我们感兴趣的模式。模式有两个选项：glob 和 regex。glob 更简单，但实际上非常强大，可以解决很多问题。如果问题更为复杂，可以使用 regex，下一章会解释。

这里使用 glob 来查找所有文件名以 .tmp 或 .txt 结尾的 Path。

```
// files/Find.java
// {ExcludeFromGradle}
import java.nio.file.*;

public class Find {
  public static void
  main(String[] args) throws Exception {
```

```
    Path test = Paths.get("test");
    Directories.refreshTestDir();
    Directories.populateTestDir();
    // 创建一个目录，而不是文件:
    Files.createDirectory(test.resolve("dir.tmp"));

    PathMatcher matcher = FileSystems.getDefault()
      .getPathMatcher("glob:**/*.{tmp,txt}");
    Files.walk(test)
      .filter(matcher::matches)
      .forEach(System.out::println);
    System.out.println("***************");

    PathMatcher matcher2 = FileSystems.getDefault()
      .getPathMatcher("glob:*.tmp");
    Files.walk(test)
      .map(Path::getFileName)
      .filter(matcher2::matches)
      .forEach(System.out::println);
    System.out.println("***************");

    Files.walk(test) // 只查找文件
      .filter(Files::isRegularFile)
      .map(Path::getFileName)
      .filter(matcher2::matches)
      .forEach(System.out::println);
  }
}
```

```
/* 输出:
test\bag\foo\bar\baz\5208762845883213974.tmp
test\bag\foo\bar\baz\File.txt
test\bar\baz\bag\foo\7918367201207778677.tmp
test\bar\baz\bag\foo\File.txt
test\baz\bag\foo\bar\8016595521026696632.tmp
test\baz\bag\foo\bar\File.txt
test\dir.tmp
test\foo\bar\baz\bag\5832319279813617280.tmp
test\foo\bar\baz\bag\File.txt
***************
5208762845883213974.tmp
7918367201207778677.tmp
8016595521026696632.tmp
dir.tmp
5832319279813617280.tmp
***************
5208762845883213974.tmp
7918367201207778677.tmp
8016595521026696632.tmp
5832319279813617280.tmp
*/
```

在 matcher 中，glob 表达式开头的 **/ 表示"所有子目录"，如果你想匹配的不仅仅是以基准目录为结尾的 Path，那么它是必不可少的，因为它匹配的是完整路径，直到找到你想要的结果。单个的 * 代表的是"任何东西"，然后是一个英文句点，再后面的花括号表示的是一系列的可能性——我们正在查找任何以 .tmp 或 .txt 结尾的东西。我们可以在 getPathMatcher() 的文档中找到更多细节。

matcher2 只是使用了 *.tmp，通常不会匹配到任何东西，但添加 map() 操作后会将完整路径减少到只剩最后的名字。

注意在这两种情况下，dir.tmp 都出现在了输出中，尽管它是目录而非文件。如果只想寻找文件，必须像最后的 Files.walk() 那样对它们进行过滤。

17.6　读写文件

目前为止，我们可以做的只是对路径和目录的操作。现在来看看如何操作文件本身的内容。

如果一个文件是"小"的，针对"小"的某种定义（这只是意味着"对你来说运行得足够快，并且不会耗尽内存"），java.nio.file.Files 类包含了方便读写文本文件和二进制文件的工具函数。

Files.readAllLines() 可以一次性读入整个文件（这也是"小"文件的重要性），生成一个 List<String>。我们将再次使用 streams/Cheese.dat 作为示例文件。

```java
// files/ListOfLines.java
import java.util.*;
import java.nio.file.*;

public class ListOfLines {
  public static void
  main(String[] args) throws Exception {
    Files.readAllLines(
      Paths.get("../streams/Cheese.dat"))
      .stream()
      .filter(line -> !line.startsWith("//"))
      .map(line ->
        line.substring(0, line.length()/2))
      .forEach(System.out::println);
  }
}
```

```
/* 输出:
Not much of a cheese
Finest in the
And what leads you
Well, it's
It's certainly uncon
*/
```

注释行被跳过了，其余的内容只打印了一半。看看这有多简单：只需要把一个 Path 对象交给 readAllLines()（过去要凌乱得多）。readAllLines() 有一个重载的版本，还包含一个 Charset 参数，用来确定文件的 Unicode 编码。

Files.write() 也被重载了，可以将 byte 数组或任何实现了 Iterable 接口的类的对象（还包括一个 Charset 选项）写入文件。

```java
// files/Writing.java
import java.util.*;
import java.nio.file.*;

public class Writing {
  static Random rand = new Random(47);
  static final int SIZE = 1000;
  public static void
  main(String[] args) throws Exception {
    // 将字节写入一个文件
    byte[] bytes = new byte[SIZE];
    rand.nextBytes(bytes);
    Files.write(Paths.get("bytes.dat"), bytes);
    System.out.println("bytes.dat: " +
      Files.size(Paths.get("bytes.dat")));

    // 将实现了 Iterable 接口的类的对象写入一个文件:
    List<String> lines = Files.readAllLines(
      Paths.get("../streams/Cheese.dat"));
    Files.write(Paths.get("Cheese.txt"), lines);
    System.out.println("Cheese.txt: " +
      Files.size(Paths.get("Cheese.txt")));
  }
}
```

```
/* 输出:
bytes.dat: 1000
Cheese.txt: 199
*/
```

我们使用 Random 创建了 1000 个随机的 byte，可以看到生成的文件大小是 1000。

这里是将一个 List 对象写到了文件中，但是任何实现了 Iterable 接口的类的对象都是可以的。

如果文件大小是个问题怎么办？可能是以下情况之一：

1. 这个文件非常大，如果一次性读取整个文件，可能会耗尽内存；

2. 我们只需要文件的一部分就能得到想要的结果，所以读取整个文件是在浪费时间。

Files.lines() 可以很方便地将一个文件变为一个由行组成的 Stream。

```java
// files/ReadLineStream.java
import java.nio.file.*;
```

```
public class ReadLineStream {
  public static void
  main(String[] args) throws Exception {
    Files.lines(Paths.get("PathInfo.java"))
      .skip(13)
      .findFirst()
      .ifPresent(System.out::println);
  }
}
```

```
/* 输出:
    show("RegularFile", Files.isRegularFile(p));
*/
```

这是将本章的第一个示例流化了，跳过了 13 行，取得下一行并打印。

如果把文件当作一个由行组成的**输入**流来处理，那么 Files.lines() 非常有用，但是如果我们想在一个流中完成读取、处理和写入，那该怎么办呢？这就需要稍微复杂些的代码了。

```
// files/StreamInAndOut.java
import java.io.*;
import java.nio.file.*;
import java.util.stream.*;

public class StreamInAndOut {
  public static void main(String[] args) {
    try(
      Stream<String> input =
        Files.lines(Paths.get("StreamInAndOut.java"));
      PrintWriter output =
        new PrintWriter("StreamInAndOut.txt")
    ) {
      input
        .map(String::toUpperCase)
        .forEachOrdered(output::println);
    } catch(Exception e) {
      throw new RuntimeException(e);
    }
  }
}
```

因为我们是在同一个块中执行的所有操作，所以两个文件可以在相同的 try-with-resources 块中打开。PrintWriter 是一个旧式的 java.io 类，允许我们"打印"到一个文件，所以它是这个应用的理想选择。如果看一下 StreamInAndOut.txt，会发现里面的内容确实是全部大写的。

17.7　小结

Java 中的文件和目录操作，本章已做了相当全面的介绍，但库中仍然有一些我们没讲到的特性，请务必研究一下 `java.nio.file` 的文档，特别是 `java.nio.file.Files` 的。

Java 7 和 Java 8 大幅改进了处理文件和目录的库。如果你刚开始使用 Java，那你很幸运。过去它的使用体验是如此不友好，以至于我都确信 Java 的设计者只是认为文件操作还没有重要到需要简化的地步。这个问题不仅使初学者头疼，也使指导初学者学习这门语言的人头疼。我不明白为什么要花这么长时间来解决这个明显的问题，但无论如何，Java 在这方面终于改进了，我很高兴。现在处理文件很容易，甚至很有趣，以前我们是从来不会这样说的。

字符串

> " 字符串操作可以说是计算机编程中最常见的行为之一。 "

在 Java 大展身手的 Web 系统中更是如此。String 类可以说是该语言中使用最频繁的，在本章中，我们将更深入地研究它，以及一些和它相关的类和工具。

18.1 不可变的字符串

String 类的对象是不可变的。如果查看它的 JDK 文档你就会发现，该类中每个看起来似乎会修改 String 值的方法，实际上都创建并返回了一个全新的 String 对象，该对象包含了修改的内容。而原始的 String 则保持不变。

看看下面的代码：

```
// strings/Immutable.java

public class Immutable {
  public static String upcase(String s) {
    return s.toUpperCase();
```

```
  }
  public static void main(String[] args) {
    String q = "howdy";
    System.out.println(q); // howdy
    String qq = upcase(q);
    System.out.println(qq); // HOWDY
    System.out.println(q); // howdy
  }
}
```

```
/* 输出:
howdy
HOWDY
howdy
*/
```

当 q 被传递给 upcase() 时，实际上传递的是 q 对象引用的一个副本。此引用所指向的对象只存在于单一的物理位置中。在传递时被复制的只是引用。

在 upcase() 里，参数 s 只存活于这个方法的方法体里。当 upcase() 运行完成后，局部引用 s 就会消失。upcase() 返回执行的结果：一个指向新字符串的引用。我们通过将原来字符串的每个字符设置为大写，从而得到了这个新字符串。传递进来的原始字符串对象则原封不动地保留了下来。

这种行为一般来说正是我们想要的。例如：

```
String s = "asdf";
String x = Immutable.upcase(s);
```

你真的想让 upcase() 方法**修改**传入的参数吗？对于代码的读者来说，参数一般是给方法提供信息的，而不是要被修改的。这种不变性是一个重要的保证，因为它使代码更易于编写和理解。

18.2　重载 + 与 StringBuilder

String 对象是不可变的，因此我们可以根据需要为特定的 String 设置多个别名。因为 String 是只读的，指向它的任何引用都不可能改变它的值，所以引用之间不会相互影响。

不变性可能会带来效率问题。一个典型的例子是操作符 +，它针对 String 对象做了重载。操作符重载意味着在与特定类一起使用时，相应的操作具有额外的意义。(应用于 String 的 + 和 += 是 Java 中仅有的被重载的操作符，Java 不允许程序员重载其他操作符 [1]。)

---

[1] C++ 允许程序员随意重载操作符。一般来说这个过程很复杂 [请参阅《C++ 编程思想》(第 2 版) 第 10 章]，因此 Java 设计者认为操作符重载是一个 "糟糕" 的特性，不应该包含在 Java 中。他们最终没有实现这个功能，不过这个决定也没有多么糟糕。不过具有讽刺意味的是，Java 中使用操作符重载会比 C++ 中容易很多。在 Python 和 C# 中可以看到这一点，它们都具有垃圾收集和简单的操作符重载。

+ 操作符可以用来拼接字符串：

```
// strings/Concatenation.java

public class Concatenation {
  public static void main(String[] args) {
    String mango = "mango";
    String s = "abc" + mango + "def" + 47;
    System.out.println(s);
  }
}
```

```
/* 输出：
abcmangodef47
*/
```

想象一下这段代码**可能的**工作原理。字符串 "abc" 可以有一个方法 append()，它创建了一个新的 String 对象，其中包含 "abc" 和 mango 拼接后的内容。随后新的 String 对象添加了 "def" 后，会创建另一个新的 String，依此类推。

这当然行得通，但它需要创建许多 String 对象来组合这个新的 String，这样就有了一堆 String 类型的中间对象需要被垃圾收集。我怀疑 Java 设计者一开始尝试过这种方法（这也是软件设计中的一个教训——除非在代码中尝试并完成了一些工作，否则你对这个系统一无所知）。他们肯定也发现了这种实现在性能上令人难以接受。

要想知道真正发生了什么，可以使用 JDK 自带的 javap 工具反编译上述代码。命令如下：

```
javap -c Concatenation
```

-c 标志表示生成 JVM 字节码。在去掉我们不感兴趣的部分并进行了一些修改后，以下是相关的字节码：

```
public static void main(java.lang.String[]);
 Code:
  Stack=2, Locals=3, Args_size=1
  0:  ldc #2; //String mango
  2:  astore_1
  3:  new #3; //class StringBuilder
  6:  dup
  7:  invokespecial #4; //StringBuilder."<init>":()
  10: ldc #5; //String abc
  12: invokevirtual #6; //StringBuilder.append:(String)
  15: aload_1
  16: invokevirtual #6; //StringBuilder.append:(String)
  19: ldc #7; //String def
  21: invokevirtual #6; //StringBuilder.append:(String)
  24: bipush 47
  26: invokevirtual #8; //StringBuilder.append:(I)
  29: invokevirtual #9; //StringBuilder.toString:()
```

```
32: astore_2
33: getstatic #10; //Field System.out:PrintStream;
36: aload_2
37: invokevirtual #11; //PrintStream.println:(String)
40: return
```

如果你有汇编语言的经验，以上代码看起来可能很熟悉——像 dup 和 invokevirtual 这样的语句相当于 JVM 的汇编语言。如果你从未见过汇编语言，也不要担心——需要注意的重点部分是编译器对 java.lang.StringBuilder 类的引入。我们的代码中没有用到 StringBuilder，但编译器还是决定使用它，因为它的效率更高。

在这里，编译器创建了一个 StringBuilder 对象来构建字符串，并为每个字符串调用了一次 append()，总共四次。最后，它调用了 toString() 来生成结果，并将其存为 s（使用 astore_2 实现）。

你或许会认为可以随意使用 String，反正编译器会对字符串的使用进行优化。在这样想之前，先让我们更仔细地看看编译器在做什么。下面是一个以两种不同方式生成 String 对象的示例：直接使用 String，以及手动使用 StringBuilder 编码。

```java
// strings/WhitherStringBuilder.java

public class WhitherStringBuilder {
  public String implicit(String[] fields) {
    String result = "";
    for(String field : fields) {
      result += field;
    }
    return result;
  }
  public String explicit(String[] fields) {
    StringBuilder result = new StringBuilder();
    for(String field : fields) {
      result.append(field);
    }
    return result.toString();
  }
}
```

现在运行 javap -c WhitherStringBuilder，你会看到这两个方法对应的字节码（我已经删除了不必要的细节）。首先是 implicit() 方法：

```
public java.lang.String implicit(java.lang.String[]);
0: ldc          #2  // String
2: astore_2
3: aload_1
```

```
 4: astore_3
 5: aload_3
 6: arraylength
 7: istore         4
 9: iconst_0
10: istore         5
12: iload          5
14: iload          4
16: if_icmpge      51
19: aload_3
20: iload          5
22: aaload
23: astore         6
25: new            #3  // StringBuilder
28: dup
29: invokespecial #4  // StringBuilder."<init>"
32: aload_2
33: invokevirtual #5  // StringBuilder.append:(String)
36: aload          6
38: invokevirtual #5  // StringBuilder.append:(String;)
41: invokevirtual #6  // StringBuilder.toString:()
44: astore_2
45: iinc           5, 1
48: goto           12
51: aload_2
52: areturn
```

注意 16: 和 48:，它们一起形成了一个循环。16: 对栈上的操作数进行 "大于或等于的整数比较"，并在循环完成时跳转到 51:。48: 会返回到循环的开头 12:。注意，StringBuilder 构造发生在这个循环的**内部**，这意味着每次循环时，你都会得到一个新的 StringBuilder 对象。

下面是 explicit() 的字节码：

```
public java.lang.String explicit(java.lang.String[]);
 0: new            #3  // StringBuilder
 3: dup
 4: invokespecial #4  // StringBuilder."<init>"
 7: astore_2
 8: aload_1
 9: astore_3
10: aload_3
11: arraylength
12: istore         4
14: iconst_0
15: istore         5
17: iload          5
19: iload          4
21: if_icmpge      43
```

```
24: aload_3
25: iload           5
27: aaload
28: astore          6
30: aload_2
31: aload           6
33: invokevirtual #5  // StringBuilder.append:(String)
36: pop
37: iinc            5, 1
40: goto            17
43: aload_2
44: invokevirtual #6  // StringBuilder.toString:()
47: areturn
```

不仅循环的代码更短更简单，而且该方法只创建了一个 StringBuilder 对象。显式使用 StringBuilder 时，如果知道字符串可能有多大，你还可以预先分配它的大小，这样就不会不断地重新分配缓冲区了。

因此，当创建 toString() 方法时，如果操作很简单，通常可以依赖编译器，让它以合理的方式自行构建结果。但是如果涉及循环，**并且对性能也有一定要求**，那就需要在 toString() 中显式使用 StringBuilder 了，如下所示：

```java
// strings/UsingStringBuilder.java
import java.util.*;
import java.util.stream.*;

public class UsingStringBuilder {
  public static String string1() {
    Random rand = new Random(47);
    StringBuilder result = new StringBuilder("[");
    for(int i = 0; i < 25; i++) {
      result.append(rand.nextInt(100));
      result.append(", ");
    }
    result.delete(result.length()-2, result.length());
    result.append("]");
    return result.toString();
  }
  public static String string2() {
    String result = new Random(47)
      .ints(25, 0, 100)
      .mapToObj(Integer::toString)
      .collect(Collectors.joining(", "));
    return "[" + result + "]";
  }
  public static void main(String[] args) {
    System.out.println(string1());
    System.out.println(string2());
```

```
    }
}                          /* 输出:
                           [58, 55, 93, 61, 61, 29, 68, 0, 22, 7, 88, 28, 51, 89,
                           9, 78, 98, 61, 20, 58, 16, 40, 11, 22, 4]
                           [58, 55, 93, 61, 61, 29, 68, 0, 22, 7, 88, 28, 51, 89,
                           9, 78, 98, 61, 20, 58, 16, 40, 11, 22, 4]
                           */
```

在 string1() 中，最终的结果是用 append() 语句对每一部分进行拼接而成的。如果你想走捷径，执行诸如 append(a + ": " + c) 之类的操作，编译器就会介入，并再次开始创建更多的 StringBuilder 对象。如果不确定使用哪种方法，你可以随时运行 javap 来仔细斟酌。

StringBuilder 提供了丰富而全面的方法，包括 insert()、replace()、substring() 甚至 reverse()，但我们通常使用的只有 append() 和 toString()。注意，在添加右方括号之前，可以调用 delete() 来删除最后一个逗号和空格。

string2() 使用了 Stream，生成的代码更加赏心悦目。实际上，Collectors.joining() 内部使用 StringBuilder 实现，所以使用这种方式不会有任何损失！

StringBuilder 是在 Java 5 中引入的。在此之前，Java 使用 StringBuffer，它是线程安全的（参考进阶卷第 5 章），因此成本也明显更高。使用 StringBuilder 进行字符串操作会更快。

18.3　无意识的递归

和其他类一样，Java 的标准集合最终也是从 Object 继承而来的，所以它们也包含了一个 toString() 方法。这个方法在集合中被重写，这样它生成的结果字符串就能表示容器自身，以及该容器持有的所有对象。以 ArrayList.toString() 为例，它会遍历 ArrayList 的元素并为每个元素调用 toString() 方法：

```
// strings/ArrayListDisplay.java
import java.util.*;
import java.util.stream.*;
import generics.coffee.*;

public class ArrayListDisplay {
  public static void main(String[] args) {
    List<Coffee> coffees =
      Stream.generate(new CoffeeSupplier())
```

```
        .limit(10)
        .collect(Collectors.toList());
    System.out.println(coffees);
  }
}
```

```
/* 输出:
[Americano 0, Latte 1, Americano 2, Mocha 3, Mocha 4,
Breve 5, Americano 6, Latte 7, Cappuccino 8, Cappuccino
9]
*/
```

如果你希望 toString() 打印对象的内存地址，使用 this 来实现似乎是合情合理的：

```
// strings/InfiniteRecursion.java
// 意外的递归
// {ThrowsException}
// {VisuallyInspectOutput} 抛出很长的异常栈
import java.util.*;
import java.util.stream.*;

public class InfiniteRecursion {
  @Override public String toString() {
    return
      " InfiniteRecursion address: " + this + "\n";
  }
  public static void main(String[] args) {
    Stream.generate(InfiniteRecursion::new)
      .limit(10)
      .forEach(System.out::println);
  }
}
```

如果创建一个 InfiniteRecursion 对象，然后将其打印出来，你会得到一个很长的异常栈。如果将 InfiniteRecursion 对象放在 ArrayList 中，然后如上所示的那样打印这个 ArrayList，也会有同样的结果。之所以这样，是因为字符串的**自动类型转换**。当如下代码运行时：

```
"InfiniteRecursion address: " + this
```

编译器看到一个 String 后面跟着一个 + 和一个不是 String 的东西，它就试图将这个 this 转换为一个 String。这个转换是通过调用 toString() 来完成的，而这样就产生了一个递归调用。

如果真的想打印对象的地址，可以直接调用 Object 的 toString() 方法来实现。因此，这里不应该使用 this，而应该使用 super.toString()。

18.4 对字符串的操作

下面是可操作 String 对象的大多数方法。重载的方法单独汇总在一行中（见表 18-1）：

表　18-1

方　　法	参数，重载	用　　途
构造器	重载版本包括：默认构造器；参数分别为 String、StringBuilder、StringBuffer、char 数组、byte 数组的构造器	创建 String 对象
length()	—	String 中的 Unicode 代码单元（code units）个数
charAt()	int 索引	String 中某个位置的 char
getChars()、getBytes()	要复制的开始和结束索引，要复制到的目标数组，以及目标数组的起始索引	将 char 或 byte 复制到外部数组中
toCharArray()	—	生成一个 char[]，包含了 String 中的所有字符
equals()、equalsIgnoreCase()	要与之比较的 String	对两个 String 的内容进行相等性检查。如果内容相等，则返回 true
compareTo()、compareToIgnoreCase()	要与之比较的 String	按字典顺序比较 String 的内容，结果可能为负数、零或正数。注意大写和小写不相等
contains()	要查找的 CharSequence	如果参数包含在 String 中，则结果为 true
contentEquals()	用来比较的 CharSequence 或 StringBuffer	如果该 String 与参数的内容完全匹配，则结果为 true
isEmpty()	—	返回一个 boolean 值，表明该 String 的长度是否为 0
regionMatches()	该 String 的索引偏移量，参数 String 和它的索引偏移量，以及要比较的长度。重载方法添加了"忽略大小写"功能	返回一个 boolean 值，表明该区域是否匹配
startsWith()	该字符串可能的前缀 String。重载方法在参数列表中增加了偏移量	返回一个 boolean 值，表明该 String 是否以参数字符串开头
endsWith()	该字符串可能的后缀 String	返回一个 boolean 值，表明参数字符串是否为后缀
indexOf()、lastIndexOf()	重载版本包括：char、char 和起始索引；String、String 和起始索引	如果在此 String 中找不到该参数，则返回 -1；否则返回参数开始的索引。lastIndexOf() 则从后向前搜索
matches()	一个正则表达式	返回一个 boolean 值，表明此 String 是否与给定的正则表达式匹配
split()	一个正则表达式。可选的第二个参数是要进行的最大分割数	根据正则表达式拆分 String。返回结果数组
join()（在 Java 8 中引入）	分隔符以及要合并的元素。通过将元素与分隔符连接在一起，生成一个新的 String	将片段合并成一个由分隔符分隔的新 String
substring()（还有 subSequence()）	重载版本包括：起始索引；起始索引 + 结束索引	返回一个 String 对象，包含了指定的字符集合

（续）

方　　法	参数，重载	用　　途
concat()	要拼接的 String	返回一个新的 String 对象，其中包含了原始 String 的字符，后跟参数的字符
replace()	要搜索的旧字符，以及用来替换的新字符。也可以用来在 CharSequence 之间进行替换	返回一个替换后的新 String 对象。如果没有匹配，则使用旧的 String
replaceFirst()	用来进行搜索的正则表达式，以及用来替换的新 String	返回替换后的新 String 对象
replaceAll()	用来进行搜索的正则表达式，以及用来替换的新 String	返回替换后的新 String 对象
toLowerCase()、toUpperCase()	—	返回一个新的 String 对象，所有字母的大小写都发生了相应的变化。如果没有任何更改，则使用旧的 String
trim()	—	返回一个删除了两端空白字符的新 String 对象。如果没有任何更改，则使用旧的 String
valueOf()（静态）	重载版本包括：Object、char[]、char[] 和偏移量还有计数、boolean、char、int、long、float、double	返回一个 String，里面包含了参数的字符表示
intern()	—	为每个唯一的字符序列生成一个独一无二的 String 引用
format()	格式字符串（内含要被替换的格式说明符）、参数	生成格式化后的结果 String

当需要更改内容时，每个 String 方法都会小心地返回一个新的 String 对象。如果不需要更改内容，该方法就返回一个对原始 String 的引用。这节省了存储和开销。

本章后面将讲解涉及**正则表达式**的 String 方法。

18.5　格式化输出

Java 5 提供了类似 C 语言中 printf() 语句风格的格式化输出，这是一个用户期待已久的特性。它不仅简化了控制输出功能的代码，而且还为 Java 开发人员提供了对输出格式和对齐的强大控制。

18.5.1　printf()

C 语言的 printf() 并不像 Java 中那样组装字符串，而是采用单个**格式化字符串**，然后将值插入其中，并进行格式化。printf() 方法没有使用重载的 + 操作符（C 没有重载）来拼接引号内的文本和变量，而是使用特殊的占位符来表示数据的位置。要插入到格式化字符串的参数用逗号分隔排列。例如：

```
System.out.printf("Row 1: [%d %f]%n", x, y);
```

在运行时，x 的值会插入到 %d 的位置，y 的值会插入到 %f 的位置。这些占位符称为**格式说明符**，除了表明插入值的位置外，它们还说明了插入变量的类型以及如何对其进行格式化。例如，上面的 %d 表示 x 是一个整数，%f 表示 y 是一个浮点数（float 或 double）。

18.5.2 System.out.format()

Java 5 引入的 format() 方法可用于 PrintStream 或 PrintWriter 对象（可以在进阶卷第 7 章中了解更多信息），因此也可直接用于 System.out。format() 方法模仿了 C 语言的 printf() 方法。如果你比较怀旧的话，也可以直接使用 printf() 方法，它用起来很方便，内部直接调用了 format() 来实现。下面是一个简单的例子：

```java
// strings/SimpleFormat.java

public class SimpleFormat {
  public static void main(String[] args) {
    int x = 5;
    double y = 5.332542;
    // 旧的方式：
    System.out.println("Row 1: [" + x + " " + y + "]");
    // 新的方式：
    System.out.format("Row 1: [%d %f]%n", x, y);
    // 或者：
    System.out.printf("Row 1: [%d %f]%n", x, y);
  }
}
/* 输出：
Row 1: [5 5.332542]
Row 1: [5 5.332542]
Row 1: [5 5.332542]
*/
```

format() 和 printf() 是等价的。它们都只需要一个格式化字符串，后面跟着参数，其中每个参数都对应一个格式说明符。

String 类也有一个静态的 format() 方法，它会产生一个格式化字符串。

18.5.3 Formatter 类

Java 中所有的格式化功能都由 java.util 包里的 Formatter 类处理。你可以将 Formatter 视为一个转换器，将格式化字符串和数据转换为想要的结果。当创建一个 Formatter 对象时，你可以将信息传递给构造器，来表明希望将结果输出到哪里：

```java
// strings/Turtle.java
import java.io.*;
import java.util.*;

public class Turtle {
```

```
    private String name;
    private Formatter f;
    public Turtle(String name, Formatter f) {
      this.name = name;
      this.f = f;
    }
    public void move(int x, int y) {
      f.format("%s The Turtle is at (%d,%d)%n",
        name, x, y);
    }
    public static void main(String[] args) {
      PrintStream outAlias = System.out;
      Turtle tommy = new Turtle("Tommy",
        new Formatter(System.out));
      Turtle terry = new Turtle("Terry",
        new Formatter(outAlias));
      tommy.move(0,0);
      terry.move(4,8);
      tommy.move(3,4);
      terry.move(2,5);
      tommy.move(3,3);
      terry.move(3,3);
    }
}
```

```
/* 输出:
Tommy The Turtle is at (0,0)
Terry The Turtle is at (4,8)
Tommy The Turtle is at (3,4)
Terry The Turtle is at (2,5)
Tommy The Turtle is at (3,3)
Terry The Turtle is at (3,3)
*/
```

%s 格式说明符表示这是一个 String 参数。

tommy 相关的输出都转到了 System.out，而 terry 相关的输出则转到 System.out 的别名。构造器被重载以获取一系列的输出位置，但最有用的是 PrintStream（如上例所示）、OutputStream 和 File。你将在进阶卷第 7 章中了解到更多相关信息。

18.5.4　格式说明符

如果想要在插入数据时控制间距和对齐方式，你需要更详细的格式说明符。下面是它的通用语法：

```
%[argument_index$][flags][width][.precision]conversion
```

一般来说，你必须控制一个字段的最小长度。这可以通过指定 width 来实现。Formatter 会确保这个字段至少达到一定数量的字符宽度，必要时会使用空格来填充。默认情况下，数据是右对齐的，但这可以通过使用一个 - 标记来改变。

和 width 相对的是 precision（精度），用于指定字段长度的最大值。width 适用于所有进行转换的数据类型，并且对每种类型来说其行为方式都一样，而 precision 对不同的类型则有不同的含义。对字符串而言，precision 指定了字符串的最大输出字符数。对浮点数而言，precision 指定了要显示的小数位数（默认为 6 位），小数位数如果太多则舍入，如果太少则末尾补零。整数没有小数部分，因此 precision 不适用于此。如果对整数应用 precision，则会抛出异常。

在下面这个简单示例中，我们使用格式说明符来打印购物收据。它使用了生成器模式，你可以创建一个起始对象，然后向其中添加内容，最后使用 build() 方法来生成最终结果：

```java
// strings/ReceiptBuilder.java
import java.util.*;

public class ReceiptBuilder {
  private double total = 0;
  private Formatter f =
    new Formatter(new StringBuilder());
  public ReceiptBuilder() {
    f.format(
      "%-15s %5s %10s%n", "Item", "Qty", "Price");
    f.format(
      "%-15s %5s %10s%n", "----", "---", "-----");
  }
  public void add(String name, int qty, double price) {
    f.format("%-15.15s %5d %10.2f%n", name, qty, price);
    total += price * qty;
  }
  public String build() {
    f.format("%-15s %5s %10.2f%n", "Tax", "",
      total * 0.06);
    f.format("%-15s %5s %10s%n", "", "", "-----");
    f.format("%-15s %5s %10.2f%n", "Total", "",
      total * 1.06);
    return f.toString();
  }
  public static void main(String[] args) {
    ReceiptBuilder receiptBuilder =
      new ReceiptBuilder();
    receiptBuilder.add("Jack's Magic Beans", 4, 4.25);
    receiptBuilder.add("Princess Peas", 3, 5.1);
    receiptBuilder.add(
      "Three Bears Porridge", 1, 14.29);
    System.out.println(receiptBuilder.build());
  }
}
/* 输出:
Item              Qty      Price
----              ---      -----
Jack's Magic Be     4       4.25
Princess Peas       3       5.10
Three Bears Por     1      14.29
Tax                         2.80
                           -----
Total                      49.39
*/
```

将 StringBuilder 传递给 Formatter 构造器后，它就有了一个构建 String 的地方。还可以使用构造器参数将其发送到标准输出甚至文件里。

Formatter 用相当简洁的符号提供了对间距和对齐的强大控制。在这个程序中，为了生成适当的间距，格式化字符串被重复利用了多次。

18.5.5 Formatter 转换

表 18-2 中展示了一些最常见的转换字符。

下面的示例显示了这些转换的实际效果：

表 18-2

字 符	效 果
d	整数类型（十进制）
c	Unicode 字符
b	Boolean 值
s	字符串
f	浮点数（十进制）
e	浮点数（科学记数法）
x	整数类型（十六进制）
h	哈希码（十六进制）
%	字面量 "%"

```java
// strings/Conversion.java
import java.math.*;
import java.util.*;

public class Conversion {
  public static void main(String[] args) {
    Formatter f = new Formatter(System.out);

    char u = 'a';
    System.out.println("u = 'a'");
    f.format("s: %s%n", u);
    // f.format("d: %d%n", u);
    f.format("c: %c%n", u);
    f.format("b: %b%n", u);
    // f.format("f: %f%n", u);
    // f.format("e: %e%n", u);
    // f.format("x: %x%n", u);
    f.format("h: %h%n", u);

    int v = 121;
    System.out.println("v = 121");
    f.format("d: %d%n", v);
    f.format("c: %c%n", v);
    f.format("b: %b%n", v);
    f.format("s: %s%n", v);
    // f.format("f: %f%n", v);
    // f.format("e: %e%n", v);
    f.format("x: %x%n", v);
    f.format("h: %h%n", v);

    BigInteger w = new BigInteger("50000000000000");
    System.out.println(
      "w = new BigInteger(\"50000000000000\")");
    f.format("d: %d%n", w);
```

```
    // f.format("c: %c%n", w);
    f.format("b: %b%n", w);
    f.format("s: %s%n", w);
    // f.format("f: %f%n", w);
    // f.format("e: %e%n", w);
    f.format("x: %x%n", w);
    f.format("h: %h%n", w);

    double x = 179.543;
    System.out.println("x = 179.543");
    // f.format("d: %d%n", x);
    // f.format("c: %c%n", x);
    f.format("b: %b%n", x);
    f.format("s: %s%n", x);
    f.format("f: %f%n", x);
    f.format("e: %e%n", x);
    // f.format("x: %x%n", x);
    f.format("h: %h%n", x);

    Conversion y = new Conversion();
    System.out.println("y = new Conversion()");
    // f.format("d: %d%n", y);
    // f.format("c: %c%n", y);
    f.format("b: %b%n", y);
    f.format("s: %s%n", y);
    // f.format("f: %f%n", y);
    // f.format("e: %e%n", y);
    // f.format("x: %x%n", y);
    f.format("h: %h%n", y);

    boolean z = false;
    System.out.println("z = false");
    // f.format("d: %d%n", z);
    // f.format("c: %c%n", z);
    f.format("b: %b%n", z);
    f.format("s: %s%n", z);
    // f.format("f: %f%n", z);
    // f.format("e: %e%n", z);
    // f.format("x: %x%n", z);
    f.format("h: %h%n", z);
  }
}
```

```
/* 输出:
u = 'a'
s: a
c: a
b: true
h: 61
v = 121
d: 121
c: y
b: true
s: 121
x: 79
h: 79
w = new BigInteger("50000000000000")
d: 50000000000000
b: true
s: 50000000000000
x: 2d79883d2000
h: 8842a1a7
x = 179.543
b: true
s: 179.543
f: 179.543000
e: 1.795430e+02
h: 1ef462c
y = new Conversion()
b: true
s: Conversion@19e0bfd
h: 19e0bfd
z = false
b: false
s: false
h: 4d5
*/
```

对于特定的变量类型而言，被注释掉的代码行是一个无效的转换。如果执行它们的话，会触发异常。

请注意，转换字符 b 适用于上述的每个变量。尽管对所有参数类型都有效，但它的行为可能与预期的不同。对于 boolean 基本类型或 Boolean 对象来说，相应的结果就是 true 或 false。但是，对于任何其他参数，只要参数类型不是 null，结果总是 true。即使是数值 0，其转换结果依然是 true，而 0 在许多语言（包括 C）中是与 false 同义的，因此在对非布尔类型使用这种转换时一定要小心。

Formatter 类还有很多晦涩的转换类型和其他格式说明符选项，你可以在它的 JDK 文档中阅读这些内容。

18.5.6　String.format()

Java 5 还借鉴了 C 语言中用来创建字符串的 sprintf()，提供了 String.format() 方法。它是一个静态方法，参数与 Formatter 类的 format() 方法完全相同，但返回一个 String。当只调用一次 format() 时，这个方法用起来就很方便：

```java
// strings/DatabaseException.java

public class DatabaseException extends Exception {
  public DatabaseException(int transactionID,
    int queryID, String message) {
    super(String.format("(t%d, q%d) %s", transactionID,
      queryID, message));
  }
  public static void main(String[] args) {
    try {
      throw new DatabaseException(3, 7, "Write failed");
    } catch(Exception e) {
      System.out.println(e);
    }
  }
}
/* 输出：
DatabaseException: (t3, q7) Write failed
*/
```

String.format() 的方法内部所做的，其实就是实例化一个 Formatter，并将传入的参数直接传递给它。和手动来做这些相比，使用这个方法通常更方便，代码也更清晰易读。

十六进制转储工具

作为 String.format() 的第二个示例，让我们将二进制文件中的字节格式化为十六进制。下面这个小工具通过使用 String.format()，将一个二进制字节数组按可读的十六进制格式打印出来：

```java
// strings/Hex.java
// {java onjava.Hex}
package onjava;
import java.io.*;
import java.nio.file.*;
```

```java
public class Hex {
  public static String format(byte[] data) {
    StringBuilder result = new StringBuilder();
    int n = 0;
    for(byte b : data) {
      if(n % 16 == 0)
        result.append(String.format("%05X: ", n));
      result.append(String.format("%02X ", b));
      n++;
      if(n % 16 == 0) result.append("\n");
    }
    result.append("\n");
    return result.toString();
  }
  public static void
  main(String[] args) throws Exception {
    if(args.length == 0)
      // 通过输出这个类文件来测试
      System.out.println(format(
        Files.readAllBytes(Paths.get(
          "build/classes/java/main/onjava/Hex.class"))));
    else
      System.out.println(format(
        Files.readAllBytes(Paths.get(args[0]))));
  }
}
/* 输出（前 6 行）:
00000: CA FE BA BE 00 00 00 34 00 61 0A 00 05 00 31 07
00010: 00 32 0A 00 02 00 31 08 00 33 07 00 34 0A 00 35
00020: 00 36 0A 00 0F 00 37 0A 00 02 00 38 08 00 39 0A
00030: 00 3A 00 3B 08 00 3C 0A 00 02 00 3D 09 00 3E 00
00040: 3F 08 00 40 07 00 41 0A 00 42 00 43 0A 00 44 00
00050: 45 0A 00 14 00 46 0A 00 47 00 48 07 00 49 01 00
                          ...
*/
```

为了打开和读取二进制文件，我们使用了第 17 章中介绍的另一个实用工具：Files.
readAllBytes()，它以 byte 数组的形式返回了整个文件。

18.6 新特性：文本块

JDK 15 最终添加了**文本块**（text block），这是从 Python 语言借鉴而来的一个特性。
我们使用三引号来表示包含换行符的文本块。文本块可以让我们更轻松地创建多行文本：

```java
// strings/TextBlocks.java
// {NewFeature} 从 JDK 15 开始
// 诗歌: Antigonish 作者: Hughes Mearns
```

```
public class TextBlocks {
  public static final String OLD =
    "Yesterday, upon the stair,\n" +
    "I met a man who wasn't there\n" +
    "He wasn't there again today\n" +
    "I wish, I wish he'd go away...\n" +
    "\n" +
    "When I came home last night at three\n" +
    "The man was waiting there for me\n" +
    "But when I looked around the hall\n" +
    "I couldn't see him there at all!\n";

  public static final String NEW = """
    Yesterday, upon the stair,
    I met a man who wasn't there
    He wasn't there again today
    I wish, I wish he'd go away...

    When I came home last night at three
    The man was waiting there for me
    But when I looked around the hall
    I couldn't see him there at all!
    """;
  public static void main(String[] args) {
    System.out.println(OLD.equals(NEW));
  }
}
```

```
/* 输出:
true
*/
```

OLD 展示了处理多行字符串的传统方式，里面有很多换行符 \n 和符号 +。NEW 消除了这些符号，提供了更好、更易读的语法。

注意开头的 """ 后面的换行符会被自动去掉，块中的公用缩进也会被去掉，所以 NEW 的结果没有缩进。如果想要保留缩进，那就移动最后的 """ 来产生所需的缩进，如下所示：

```
// strings/Indentation.java
// {NewFeature} 从 JDK 15 开始

public class Indentation {
  public static final String NONE = """
        XXX
        YYY
        """; // 没有缩进
  public static final String TWO = """
        XXX
        YYY
      """;    // 产生 2 个缩进
  public static final String EIGHT = """
        XXX
        YYY
```

```
/* 输出:
XXX
YYY
  XXX
  YYY
        XXX
        YYY
*/
```

```
    """;         // 产生8个缩进
  public static void main(String[] args) {
    System.out.print(NONE);
    System.out.print(TWO);
    System.out.print(EIGHT);
  }
}
```

为了支持文本块，String 类里添加了一个新的 formatted() 方法：

```
// strings/DataPoint.java
// {NewFeature} 从 JDK 15 开始

public class DataPoint {
  private String location;
  private Double temperature;
  public DataPoint(String loc, Double temp) {
    location = loc;
    temperature = temp;
  }
  @Override public String toString() {
    return """
    Location: %s
    Temperature: %.2f
    """.formatted(location, temperature);
  }
  public static void main(String[] args) {
    var hill = new DataPoint("Hill", 45.2);
    var dale = new DataPoint("Dale", 65.2);
    System.out.print(hill);
    System.out.print(dale);
  }
}
/* 输出:
Location: Hill
Temperature: 45.20
Location: Dale
Temperature: 65.20
*/
```

formatted() 是一个成员方法，而不是一个像 String.format() 那样的单独的静态函数，所以除了文本块之外，也可以把它用于普通字符串，它用起来更好、更清晰，因为可以将它直接添加到字符串的后面。

文本块的结果是一个常规的字符串，所以其他字符串能做的事情，它也可以做。

18.7 正则表达式

很久以前，**正则表达式**就已经整合进 sed 和 awk 等标准的 UNIX 工具集里，以及 Python 和 Perl 等语言中（有些人认为这也是 Perl 能获得成功的主要原因）。Java 中的字符串操作以前委托给了 String、StringBuffer 和 StringTokenizer 类，与正则表达式相比，它们的功能相对简单。

正则表达式是强大而灵活的文本处理工具。利用正则表达式，我们可以通过编程的方式，构建复杂的文本模式，从而在输入的字符串中进行查找。一旦发现了这些匹配的模式，你就可以随心所欲地对它们进行处理。尽管刚开始接触正则表达式时，其语法可能令人生畏，但它提供了一种紧凑且动态的语言，可以用完全通用的方式来解决字符串处理、匹配和选择，以及编辑、验证等各种问题。

18.7.1　基础

正则表达式用通用术语来描述字符串，因此你可以这样说："如果字符串中包含这些内容，那么它就符合我的搜索条件。"例如，要表示一个数前面可能有也可能没有减号，可以在减号后面加上一个问号，如下所示：

```
-?
```

如果想描述一个整数，你可以说它是一个或多个数字。在正则表达式中，数字用 \d 来描述。在 Java 中，\\ 的意思是"我正在插入一个正则表达式反斜杠，所以后面的字符有特殊含义"。例如，要表示一个数字，你的正则表达式字符串应该是 \\d。要插入普通的反斜杠，你可以用 \\\\。但是，换行符和制表符之类的符号只使用一个反斜杠：\n\t[1]。

为了显示普通字符串反斜杠和正则表达式反斜杠之间的区别，我们将使用简单的 String.matches() 函数。matches() 的参数是一个正则表达式，它会作用于调用 matches() 的字符串。我们首先定义普通的字符串反斜杠 one、two 和 three。可以看到在一个普通的字符串中你需要两个反斜杠来生成一个反斜杠：

```
// strings/BackSlashes.java

public class BackSlashes {
  public static void main(String[] args) {
    String one = "\\";
    String two = "\\\\";
    String three = "\\\\\\";
    System.out.println(one);
    System.out.println(two);
    System.out.println(three);
    System.out.println(one.matches("\\\\"));
    System.out.println(two.matches("\\\\\\\\"));
    System.out.println(three.matches("\\\\\\\\\\\\"));
  }
}
```

```
/* 输出:
\
\\
\\\
true
true
true
*/
```

---

[1] Java 一开始设计的时候并没有考虑到正则表达式，所以后来只能硬塞进这种笨拙的语法。

而在正则表达式中，我们需要使用**四个**反斜杠才能与单个反斜杠匹配。因此，要匹配字符串中的 3 个反斜杠，我们需要在正则表达式中使用 12 个反斜杠。

如果要在表达式里表示"前面有一个或多个"，请使用 +。因此，如果想说"前面可能有一个减号，后面跟着一个或多个数字"，对应的表达式是这样的：

```
-?\\d+
```

使用正则表达式的最简单方式，就是直接使用内置在 String 类中的功能。例如，我们可以查看一个 String 是否与上面的这个正则表达式匹配：

```
// strings/IntegerMatch.java

public class IntegerMatch {
  public static void main(String[] args) {
    System.out.println("-1234".matches("-?\\d+"));
    System.out.println("5678".matches("-?\\d+"));
    System.out.println("+911".matches("-?\\d+"));
    System.out.println("+911".matches("(-|\\+)?\\d+"));
  }
}
```

```
/* 输出:
true
true
false
true
*/
```

前两个字符串匹配，但第三个字符串以 + 开头。这是一个合法的符号，但这样一来，字符串里的数字就与正则表达式不匹配了。所以我们需要一种方式来表达"可以以 + 或 - 开头"。在正则表达式中，括号可以将表达式分组，竖线 | 表示"或"操作。因此有：

```
(-|\\+)?
```

这个正则表达式表示对应部分的字符串可以是 -、+ 或什么都没有（这是因为后面跟着 ?）。+ 字符在正则表达式中具有特殊意义，所以在表达式中必须用 \\ 转义成普通字符。

String 类中内置了一个很有用的正则表达式工具 split()，它可以"围绕给定正则表达式的匹配项来拆分字符串"。

```
// strings/Splitting.java
import java.util.*;

public class Splitting {
  public static String knights =
    "Then, when you have found the shrubbery, " +
    "you must cut down the mightiest tree in the " +
    "forest...with... a herring!";
```

```
public static void split(String regex) {
  System.out.println(
    Arrays.toString(knights.split(regex)));
}
public static void main(String[] args) {
  split(" "); // 参数里不一定要有正则字符
  split("\\W+"); // 不是单词的字符
  split("n\\W+"); // n 后面跟着一个不是单词的字符
}
}
```

```
/* 输出:
[Then,, when, you, have, found, the, shrubbery,, you,
must, cut, down, the, mightiest, tree, in, the,
forest...with..., a, herring!]
[Then, when, you, have, found, the, shrubbery, you,
must, cut, down, the, mightiest, tree, in, the, forest,
with, a, herring]
[The, whe, you have found the shrubbery, you must cut
dow, the mightiest tree i, the, forest...with... a
herring!]
*/
```

首先，请注意可以使用普通字符作为正则表达式——正则表达式不必包含特殊字符，如 split() 的第一次调用所示，它只使用空格进行了拆分。

第二次和第三次调用的 split() 使用了 \\W，表示非单词字符（小写版本的 \\w 表示单词字符）。在第二种情况下标点符号被删除了。第三次调用的 split() 表示"字母 n 后跟一个或多个非单词字符"。用来拆分的模式，即字符串中与正则表达式匹配的部分，并不会出现在结果中。

String.split() 有一个重载版本可以限制拆分发生的次数。

还可以使用正则表达式进行替换，你可以只替换第一个匹配的项，也可以全部替换：

```
// strings/Replacing.java

public class Replacing {
  static String s = Splitting.knights;
  public static void main(String[] args) {
    System.out.println(
      s.replaceFirst("f\\w+", "located"));
    System.out.println(
      s.replaceAll("shrubbery|tree|herring","banana"));
  }
}
```

```
/* 输出:
Then, when you have located the shrubbery, you must cut
down the mightiest tree in the forest...with... a
herring!
Then, when you have found the banana, you must cut down
the mightiest banana in the forest...with... a banana!
*/
```

第一个表达式要匹配的是，字母 f 后跟一个或多个单词字符（注意这次 w 是小写的）。它只替换找到的第一个匹配项，因此单词"found"被替换为"located"。

第二个表达式是竖线分隔的三个单词，竖线表示"或"操作，因此它会匹配这三个单词中的任意一个，并替换找到的所有匹配项。

接下来你将会看到，非字符串的正则表达式具有更强大的替换工具——例如，可以调用方法来执行替换。如果正则表达式会被多次使用，非字符串正则表达式会具有更高的效率。

18.7.2 创建正则表达式

你可以从正则表达式的所有构造项中，选取一个子集开始学习（见表 18-3）。完整的列表可以在 Pattern 类的 JDK 文档中找到，它属于 java.util.regex 包。

表 18-3

构 造 项	生成结果
B	指定字符 B
\xhh	具有十六进制值 0xhh 的字符
\uhhhh	十六进制表示为 0xhhhh 的 Unicode 字符
\t	制表符（Tab）
\n	换行
\r	回车
\f	换页
\e	转义（escape）

当你想要定义符合某种模式的字符时，正则表达式的威力才真正开始显现。表 18-4 中是一些定义某种模式字符的典型方式，以及部分预先定义好的字符模式。

表 18-4

符　号	结　果
.	任何字符
[abc]	a、b 或 c 中的任何一个字符（与 a|b|c 相同）
[^abc]	a、b 或 c 之外的任何字符（否定）
[a-zA-Z]	a~z 或 A~Z 的任何字符（范围）
[abc[hij]]	a、b、c、h、i、j 中的任何一个字符（与 a|b|c|h|i|j 相同，求并集）
[a-z&&[hij]]	h、i 或 j 中的任何一个字符（求交集）
\s	一个空白字符（空格、制表符、换行符、换页、回车）
\S	非空白字符 ([^\s])
\d	数字 ([0-9])
\D	非数字 ([^0-9])
\w	一个单词字符 ([a-zA-Z_0-9])
\W	一个非单词字符 ([^\w])

这里的示例只列出了部分常用的模式，你可以把 java.util.regex.Pattern 的 JDK 文档页面添加为书签，这样就能轻松访问所有可能的正则表达式模式了。表 18-5 中列出了一些逻辑操作符。

表 18-5

逻辑操作符	含　义
XY	X 后跟 Y
X|Y	X 或 Y
(X)	一个捕获组（capturing group）。你可以在后面的表达式中用 \i 来引用第 i 个捕获组

表 18-6 中是不同的边界匹配器。

表 18-6

边界匹配器	含　义
^	行首
$	行尾
\b	单词的边界
\B	非单词的边界
\G	前一个匹配的结束

例如，下面的每个正则表达式都能成功匹配字符序列 "Rudolph"：

```
// strings/Rudolph.java

public class Rudolph {
  public static void main(String[] args) {
    for(String pattern : new String[]{
```

```
        "Rudolph",
        "[rR]udolph",
        "[rR][aeiou][a-z]ol.*",
        "R.*" })
        System.out.println("Rudolph".matches(pattern));
  }
}
```

```
/* 输出:
true
true
true
true
*/
```

你的目标不应该是创建最难理解的正则表达式，而应该是创建能完成工作的最简单的正则表达式。在编写新的正则表达式时，你会发现自己经常需要参考旧的代码。

18.7.3 量词

量词（quantifier）描述了一个正则表达式模式处理输入文本的方式（见表 18-7）。

贪婪型

量词默认是贪婪的，除非另有设置。贪婪型表达会为模式找到尽可能多的匹配项，这可能会导致问题。我们经常会犯的一个错误就是，认为自己的模式只会匹配第一个可能的字符组，但实际上它是贪婪的，会一直持续执行，直到找到最大的匹配字符串。

勉强型

用问号来指定，这个量词会匹配满足模式所需的最少字符数。也称为**惰性匹配**、**最小匹配**、**非贪婪匹配**或**不贪婪匹配**。

占有型

目前这种类型仅适用于 Java（不适用于其他语言），这是一个更高级的功能，因此你可能不会立即使用它。当正则表达式应用于字符串时，它会生成许多状态，以便在匹配失败时可以回溯。占有型量词不会保留这些中间状态，因此可以防止回溯。这还可以防止正则表达式运行时失控，并使其执行更有效。

表 18-7

贪 婪 型	勉 强 型	占 有 型	匹 配
X?	X??	X?+	X，一个或一个都没有
X*	X*?	X*+	X，零个或多个
X+	X+?	X++	X，一个或多个
X{n}	X{n}?	X{n}+	X，正好 n 个
X{n,}	X{n,}?	X{n,}+	X，至少 n 个
X{n,m}	X{n,m}?	X{n,m}+	X，至少 n 个但不超过 m 个

请记住，表达式 X 经常需要用括号括起来，才能按你希望的方式工作。例如：

```
abc+
```

这个表达式看起来会匹配一个或多个 abc 序列，如果将它应用到输入字符串 abcabcabc，也的确会得到三个匹配。但是，这个表达式**实际上**表示 "ab 后跟一个或多个 c"。要匹配一个或多个完整字符串 abc，就必须这样表示：

```
(abc)+
```

使用正则表达式时很容易上当。它是位于 Java 之上的一门正交语言。

CharSequence

CharSequence 接口对 CharBuffer、String、StringBuffer 或 StringBuilder 等类进行了抽象，给出了一个字符序列的通用定义：

```
interface CharSequence {
  char charAt(int i);
  int length();
  CharSequence subSequence(int start, int end);
  String toString();
}
```

上述类实现了这个接口。许多正则表达式操作使用了 CharSequence 参数。

18.7.4　Pattern 和 Matcher

通常我们会编译正则表达式对象，而不是使用功能相当有限的 String。为此，只需要导入 java.util.regex 包，然后使用静态方法 Pattern.compile() 编译正则表达式即可。它会根据自己的字符串参数来生成一个 Pattern 对象。你可以通过调用 matcher() 方法来使用这个 Pattern，对传递的 String 进行搜索。matcher() 方法会产生一个 Matcher 对象，它有一组可供选择的操作（所有这些都记录在了 java.util.regex.Matcher 的 JDK 文档中）。例如，replaceAll( ) 会用其参数替换所有的匹配项。

作为第一个示例，下面的类可以针对输入字符串来测试正则表达式。第一个命令行参数是要匹配的输入字符串，然后是一个或多个应用于输入字符串的正则表达式。在 UNIX/Linux 环境下，命令行中的正则表达式必须用引号包围起来。当构建正则表达式时，可以使用该程序来测试，以查看它是否能够产生预期的匹配行为 [1]。

---

[1] 互联网上有更多有用和复杂的正则表达式辅助工具。

```
// strings/TestRegularExpression.java
// 简单的正则表达式演示
// {java TestRegularExpression
// abcabcabcdefabc "abc+" "(abc)+" }
import java.util.regex.*;

public class TestRegularExpression {
  public static void main(String[] args) {
    if(args.length < 2) {
      System.out.println(
        "Usage:\njava TestRegularExpression " +
        "characterSequence regularExpression+");
      System.exit(0);
    }
    System.out.println("Input: \"" + args[0] + "\"");
    for(String arg : args) {
      System.out.println(
        "Regular expression: \"" + arg + "\"");
      Pattern p = Pattern.compile(arg);
      Matcher m = p.matcher(args[0]);
      while(m.find()) {
        System.out.println(
          "Match \"" + m.group() + "\" at positions " +
          m.start() + "-" + (m.end() - 1));
      }
    }
  }
}
```

```
/* 输出:
Input: "abcabcabcdefabc"
Regular expression: "abcabcabcdefabc"
Match "abcabcabcdefabc" at positions 0-14
Regular expression: "abc+"
Match "abc" at positions 0-2
Match "abc" at positions 3-5
Match "abc" at positions 6-8
Match "abc" at positions 12-14
Regular expression: "(abc)+"
Match "abcabcabc" at positions 0-8
Match "abc" at positions 12-14
*/
```

还可以尝试在命令行中添加 "(abc){2,}"。

Pattern 对象表示正则表达式的编译版本。如前面的示例所示，你可以使用编译后的 Pattern 对象的 matcher() 方法，加上输入的字符串作为参数，来生成一个 Matcher 对象。Pattern 还提供了一个静态方法：

```
static boolean matches(String regex, CharSequence input)
```

它会检查正则表达式 regex 与整个 CharSequence 类型的输入参数 input 是否匹配。

Pattern 里还有一个 split() 方法，它根据 regex 的匹配结果来分割字符串，并返回分割后的字符串数组。

我们通常调用 Pattern.matcher() 方法，并传入一个输入字符串作为参数，来生成一个 Matcher 对象。然后就可以使用 Matcher 对象提供的方法，来评估不同类型的匹配，从而获得匹配成功与否的结果：

```
boolean matches()
boolean lookingAt()
boolean find()
boolean find(int start)
```

如果模式能匹配整个输入字符串，则 matches() 方法返回匹配成功；如果输入字符串的起始部分与模式匹配，则 lookingAt() 方法返回匹配成功。

1. find()

Matcher.find() 可以在应用它的 CharSequence 中查找多个匹配。例如：

```java
// strings/Finding.java
import java.util.regex.*;

public class Finding {
  public static void main(String[] args) {
    Matcher m = Pattern.compile("\\w+")
      .matcher(
        "Evening is full of the linnet's wings");
    while(m.find())
      System.out.print(m.group() + " ");
    System.out.println();
    int i = 0;
    while(m.find(i)) {
      System.out.print(m.group() + " ");
      i++;
    }
  }
}
/* 输出:
Evening is full of the linnet s wings
Evening vening ening ning ing ng g is is s full full
ull ll l of of f the the he e linnet linnet innet nnet
net et t s s wings wings ings ngs gs s
*/
```

模式 \\w+ 会将输入的字符串拆分为单词。find() 就像一个迭代器，会向前遍历输入的字符串。而另一个版本的 find() 可以接收一个整数参数，来表示搜索开始的字符位置——这个版本的 find() 会将起始搜索位置重置为参数的值，如输出所示。

2. 分组

分组（group）是用括号括起来的正则表达式，后续代码里可以用分组号来调用它们。分组 0 表示整个表达式，分组 1 是第一个带括号的分组，以此类推。因此，下面这个表达式中共有 3 个分组：

```
A(B(C))D
```

分组 0 是 ABCD，分组 1 是 BC，分组 2 是 C。

Matcher 对象提供了一些方法，可以获取与分组相关的信息。

- public int groupCount() 返回该匹配器模式中的分组数目。分组 0 不包括在此计数中。
- public String group() 返回前一次匹配操作（例如 find()）的第 0 个分组（即整个匹配）。
- public String group(int i) 返回前一次匹配操作期间给定的分组号。如果匹配成功，但指定的分组未能匹配输入字符串的任何部分，则返回 null。
- public int start(int group) 返回在前一次匹配操作中找到的分组的起始索引。
- public int end(int group) 返回在前一次匹配操作中找到的分组的最后一个字符的索引加 1 的值。

下面是一个示例：

```java
// strings/Groups.java
import java.util.regex.*;

public class Groups {
  public static final String POEM =
    "Twas brillig, and the slithy toves\n" +
    "Did gyre and gimble in the wabe.\n" +
    "All mimsy were the borogoves,\n" +
    "And the mome raths outgrabe.\n\n" +
    "Beware the Jabberwock, my son,\n" +
    "The jaws that bite, the claws that catch.\n" +
    "Beware the Jubjub bird, and shun\n" +
    "The frumious Bandersnatch.";
  public static void main(String[] args) {
    Matcher m = Pattern.compile(
      "(?m)(\\S+)\\s+((\\S+)\\s+(\\S+))$")
      .matcher(POEM);
    while(m.find()) {
      for(int j = 0; j <= m.groupCount(); j++)
        System.out.print("[" + m.group(j) + "]");
```

```
      System.out.println();
    }
  }
}
```

```
/* 输出:
[the slithy toves][the][slithy toves][slithy][toves]
[in the wabe.][in][the wabe.][the][wabe.]
[were the borogoves,][were][the
borogoves,][the][borogoves,]
[mome raths outgrabe.][mome][raths
outgrabe.][raths][outgrabe.]
[Jabberwock, my son,][Jabberwock,][my son,][my][son,]
[claws that catch.][claws][that catch.][that][catch.]
[bird, and shun][bird,][and shun][and][shun]
[The frumious Bandersnatch.][The][frumious
Bandersnatch.][frumious][Bandersnatch.]
*/
```

这里采用了"Jabberwocky"这首诗的第一部分,选自刘易斯·卡罗尔的《爱丽丝镜中奇遇记》。正则表达式模式里有几个带括号的分组,由任意数量的非空白字符(\\S+)和任意数量的空白字符(\\s+)组成。目标是捕获每行的最后三个单词,行尾由 $ 分隔。但在正常情况下是将 $ 与整个输入序列的结尾进行匹配,因此我们必须明确告诉正则表达式注意输入中的换行符。这是通过序列开头的模式标记 (?m) 来完成的(模式标记很快就会介绍)。

3. start() 和 end()

在匹配成功之后,start() 返回本次匹配结果的起始索引,而把本次匹配结果最后一个字符的索引加上 1,就是 end() 的返回值。如果匹配不成功(或在尝试匹配操作之前),这时调用 start() 或 end() 会产生一个 IllegalStateException。下面的示例同时展示了matches() 和 lookingAt() 的用法 [1]:

```
// strings/StartEnd.java
import java.util.regex.*;

public class StartEnd {
  public static String input =
    "As long as there is injustice, whenever a\n" +
    "Targathian baby cries out, wherever a distress\n" +
    "signal sounds among the stars " +
    "... We'll be there.\n"+
    "This fine ship, and this fine crew ...\n" +
    "Never give up! Never surrender!";
```

---

[1] 这里的 input 来自科幻电视剧集 *Galaxy Quest* 中指挥官 Taggart 的演讲。

```
    private static class Display {
      private boolean regexPrinted = false;
      private String regex;
      Display(String regex) { this.regex = regex; }
      void display(String message) {
        if(!regexPrinted) {
          System.out.println(regex);
          regexPrinted = true;
        }
        System.out.println(message);
      }
    }
    static void examine(String s, String regex) {
      Display d = new Display(regex);
      Pattern p = Pattern.compile(regex);
      Matcher m = p.matcher(s);
      while(m.find())
        d.display("find() '" + m.group() +
          "' start = "+ m.start() + " end = " + m.end());
      if(m.lookingAt()) // 不需要reset()
        d.display("lookingAt() start = "
          + m.start() + " end = " + m.end());
      if(m.matches()) // 不需要reset()
        d.display("matches() start = "
          + m.start() + " end = " + m.end());
    }
    public static void main(String[] args) {
      for(String in : input.split("\n")) {
        System.out.println("input : " + in);
        for(String regex : new String[]{"\\w*ere\\w*",
          "\\w*ever", "T\\w+", "Never.*?!"})
          examine(in, regex);
      }
    }
}
```

```
/* 输出:
input : As long as there is injustice, whenever a
\w*ere\w*
find() 'there' start = 11 end = 16
\w*ever
find() 'whenever' start = 31 end = 39
input : Targathian baby cries out, wherever a distress
\w*ere\w*
find() 'wherever' start = 27 end = 35
\w*ever
find() 'wherever' start = 27 end = 35
T\w+
find() 'Targathian' start = 0 end = 10
lookingAt() start = 0 end = 10
```

```
input : signal sounds among the stars ... We'll be
there.
\w*ere\w*
find() 'there' start = 43 end = 48
input : This fine ship, and this fine crew ...
T\w+
find() 'This' start = 0 end = 4
lookingAt() start = 0 end = 4
input : Never give up! Never surrender!
\w*ever
find() 'Never' start = 0 end = 5
find() 'Never' start = 15 end = 20
lookingAt() start = 0 end = 5
Never.*?!
find() 'Never give up!' start = 0 end = 14
find() 'Never surrender!' start = 15 end = 31
lookingAt() start = 0 end = 14
matches() start = 0 end = 31
*/
```

find() 会在输入字符串中的任何位置匹配正则表达式，但是对 lookingAt() 和 matches() 来说，只有正则表达式和输入字符串的开始位置匹配时它们才会成功。matches() 仅在**整个**输入字符串都与正则表达式匹配时才会成功，而 lookingAt() 则仅在输入字符串的开始部分匹配时才成功。（我不知道 lookingAt() 这个方法名称是怎么想出来的，也不知道它指的是什么。这就是为什么代码审查这么重要。）

4. Pattern 标记

Pattern 类的 compile() 方法还有一个重载版本，它可以接受一个标记参数，来影响匹配行为：

```
Pattern Pattern.compile(String regex, int flag)
```

其中，flag 来自 Pattern 类中的常量（见表 18-8）。

表 18-8

编译标记	效 果
Pattern.CANON_EQ	当且仅当两个字符的完全正则分解匹配时，才认为它们匹配。例如，当指定此标记时，表达式 \u003F 将匹配字符串 ?。默认情况下，匹配不考虑正则的等价性
Pattern.CASE_INSENSITIVE (?i)	默认情况下，匹配仅在 US-ASCII 字符集中进行时才不区分大小写。这个标记允许模式匹配时不考虑大小写。可以通过指定 UNICODE_CASE 标记，并结合这个标记来在 Unicode 字符集里启用不区分大小写的匹配

（续）

编译标记	效　　果
Pattern.COMMENTS (?x)	在这种模式下，空白符被忽略，并且以 # 开头的嵌入注释也会被忽略，直到行尾。UNIX 的行模式也可以通过嵌入的标记表达式来启用
Pattern.DOTALL (?s)	在 dotall 模式下，表达式 . 匹配任何字符，包括换行符。默认情况下，. 表达式不匹配换行符
Pattern.MULTILINE (?m)	在多行模式下，表达式 ^ 和 $ 分别匹配一行的开头和结尾。此外，^ 匹配输入字符串的开头，$ 匹配输入字符串的结尾。默认情况下，这些表达式仅匹配整个输入字符串的开头和结尾
Pattern.UNICODE_CASE (?u)	当指定了这个标记，并且同时启用了 CASE_INSENSITIVE 标记时，不区分大小写的匹配将以符合 Unicode 标准的方式完成。默认情况下，匹配仅在 US-ASCII 字符集中进行时才不区分大小写
Pattern.UNIX_LINES (?d)	这种模式下，在 .、^ 和 $ 的行为里，只有换行符 \n 被识别

上表中列举的标记中，特别有用的是以下几种：

- Pattern.CASE_INSENSITIVE

- Pattern.MULTILINE

- Pattern.COMMENTS（有助于清晰度和 / 或文档记录）

注意，你也可以在正则表达式中直接使用上表中的大多数标记，只需要将左栏括号中的字符插入希望模式生效的位置之前即可。

可以通过"或"操作（|）来组合这些标记，实现多种效果：

```
// strings/ReFlags.java
import java.util.regex.*;

public class ReFlags {
  public static void main(String[] args) {
    Pattern p =  Pattern.compile("^java",
      Pattern.CASE_INSENSITIVE | Pattern.MULTILINE);
    Matcher m = p.matcher(
      "java has regex\nJava has regex\n" +
      "JAVA has pretty good regular expressions\n" +
      "Regular expressions are in Java");
    while(m.find())
      System.out.println(m.group());
  }
}
```

```
/* 输出:
java
Java
JAVA
*/
```

这将创建一个模式来匹配以 "java" "Java" 和 "JAVA" 等字符串开头的行，并且在一个多行集合下尝试匹配其中的每一行（从字符序列的开头直到该字符序列中的换行符为止）。注意，group() 方法只返回匹配的部分。

18.7.5 split()

split()根据输入的正则表达式来拆分字符串，然后返回拆分后的字符串对象数组。

```
String[] split(CharSequence input)
String[] split(CharSequence input, int limit)
```

这是一种在通用边界上拆分输入文本的便捷方法：

```
// strings/SplitDemo.java
import java.util.regex.*;
import java.util.*;

public class SplitDemo {
  public static void main(String[] args) {
    String input =
      "This!!unusual use!!of exclamation!!points";
    System.out.println(Arrays.toString(
      Pattern.compile("!!").split(input)));
    // 只执行前3次:
    System.out.println(Arrays.toString(
      Pattern.compile("!!").split(input, 3)));
  }
}
```

```
/* 输出:
[This, unusual use, of exclamation, points]
[This, unusual use, of exclamation!!points]
*/
```

split()还提供了另外一种形式，可以限制拆分的次数。

18.7.6 替换操作

正则表达式对于替换文本特别有用。下面是一些可用的方法。

- replaceFirst(String replacement) 用参数 replacement 替换输入字符串的第一个匹配的部分。

- replaceAll(String replacement) 用参数 replacement 替换输入字符串的每个匹配的部分。

- appendReplacement(StringBuffer sbuf, String replacement) 执行逐步替换，并保存到 sbuf 中，而不是像 replaceFirst() 和 replaceAll() 那样分别替换第一个匹配和全部匹配。这是一个**非常**重要的方法，因为你可以调用其他方法来处理或生成 replacement（ replaceFirst() 和 replaceAll() 只能放入固定的字符串 ）。使用此方法，你能够以编程的方式进行分组，从而创建更强大的替换功能。

- 在调用了一次或多次 appendReplacement() 方法后，可以再调用 appendTail (StringBuffer sbuf) 方法，将输入字符串的剩余部分复制到 sbuf。

下面是一个包含了以上所有替换操作的示例。开头的注释文本块就是示例中要被正则表达式提取并处理的输入字符串：

```java
// strings/TheReplacements.java
import java.util.regex.*;
import java.nio.file.*;
import java.util.stream.*;

/*! Here's a block of text to use as input to
    the regular expression matcher. Note that we
    first extract the block of text by looking for
    the special delimiters, then process the
    extracted block. !*/

public class TheReplacements {
  public static void
  main(String[] args) throws Exception {
    String s = Files.lines(
      Paths.get("TheReplacements.java"))
      .collect(Collectors.joining("\n"));
    // 匹配上面被特地注释掉的文本块：
    Matcher mInput = Pattern.compile(
      "/\\*!(.*)!\\*/", Pattern.DOTALL).matcher(s);
    if(mInput.find())
      s = mInput.group(1); // 被括号捕获的
    // 用一个空格替换两个或多个空格：
    s = s.replaceAll(" {2,}", " ");
    // 删除每行开头的一个或多个空格。必须启用多行模式：
    s = s.replaceAll("(?m)^ +", "");
    System.out.println(s);
    s = s.replaceFirst("[aeiou]", "(VOWEL1)");
    StringBuffer sbuf = new StringBuffer();
    Pattern p = Pattern.compile("[aeiou]");
    Matcher m = p.matcher(s);
    // 一边查找一边替换：
    while(m.find())
      m.appendReplacement(
        sbuf, m.group().toUpperCase());
    // 插入文本的剩余部分：
    m.appendTail(sbuf);
    System.out.println(sbuf);
  }
}
/* 输出：
Here's a block of text to use as input to
the regular expression matcher. Note that we
first extract the block of text by looking for
the special delimiters, then process the
extracted block.
H(VOWEL1)rE's A blOck Of tExt tO UsE As InpUt tO
thE rEgUlAr ExprEssIOn mAtchEr. NOtE thAt wE
fIrst ExtrAct thE blOck Of tExt by lOOkIng fOr
thE spEcIAl dElImItErs, thEn prOcEss thE
ExtrActEd blOck.
*/
```

我们使用第 17 章中介绍的 Files 类来打开和读取文件。Files.lines() 会生成一个包含多行字符串的 Stream，而 Collectors.joining() 则将参数附加到每行的末尾，然后将它们合并成一个字符串。

mInput 匹配了 /*! 和 !*/ 之间的所有文本（注意用来分组的括号）。然后，将两个或两个以上的空格缩减为一个空格，并删除了每行开头的任何空格（要在所有的行上都执行此操作，而不仅仅是输入的开头，则必须启用多行模式）。这两个替换操作使用的是 String 类自带的 replaceAll()，它和 Matcher 里的 replaceAll() 等效，而且在此处使用起来更方便。注意，因为每个替换操作在程序中都只执行了一次，所以并不需要将它预编译为 Pattern，这样直接使用不会有额外的成本。

replaceFirst() 只对它找到的第一个匹配进行替换。此外，replaceFirst() 和 replaceAll() 中用来替换的字符串只能是固定的文本，因此如果想在每次替换时进行一些处理，它们是无能为力的。此时，可以使用 appendReplacement() 方法，它允许你在执行替换的过程中添加任意数量的代码。在前面的示例中，我们先获取一个 group()，在这里它表示正则表达式匹配到的元音，然后将其设置为大写，最后将结果写入 sbuf。通常，我们逐步执行并替换所有的匹配项，然后调用 appendTail()，但是为了模拟 replaceFirst()（或替换 n 次），你可以只执行一次替换，然后调用 appendTail() 将剩余部分放入 sbuf。

在 appendReplacement() 方法的替换字符串中，你还可以通过 \$g 直接引用匹配的某个组，其中 g 就是组号。不过它只能应付简单的处理，无法实现前面的示例中你想要的类似功能。

18.7.7　reset()

可以使用 reset() 方法将现有的 Matcher 对象应用于新的字符序列：

```java
// strings/Resetting.java
import java.util.regex.*;

public class Resetting {
  public static void
  main(String[] args) throws Exception {
    Matcher m = Pattern.compile("[frb][aiu][gx]")
      .matcher("fix the rug with bags");
    while(m.find())
      System.out.print(m.group() + " ");
    System.out.println();
    m.reset("fix the rig with rags");
    while(m.find())
      System.out.print(m.group() + " ");
```

```
/* 输出:
fix rug bag
fix rig rag
*/
```

```
  }
}
```

没有任何参数的 reset() 会将 Matcher 对象设置到当前序列的起始位置。

18.7.8　正则表达式和 Java I/O

到目前为止，大多数示例将正则表达式应用于静态的字符串。下面这个示例演示了如何用正则表达式来搜索文件中的匹配项。受 UNIX 的 grep 启发，JGrep.java 接受了两个参数：文件名和用来匹配的正则表达式。输出的是每个匹配项及其在该行中的位置。

```
// strings/JGrep.java
// grep 程序的一个简化版
// {java JGrep
// WhitherStringBuilder.java "return|for|String"}
import java.util.regex.*;
import java.nio.file.*;
import java.util.stream.*;

public class JGrep {
  public static void
  main(String[] args) throws Exception {
    if(args.length < 2) {
      System.out.println(
        "Usage: java JGrep file regex");
      System.exit(0);
    }
    Pattern p = Pattern.compile(args[1]);
    Matcher m = p.matcher("");
    // 遍历输入文件的每一行
    Files.readAllLines(Paths.get(args[0])).forEach(
      line -> {
        m.reset(line);
        while(m.find())
          System.out.println(
            m.group() + ": " + m.start());
      }
    );
  }
}
```

```
/* 输出:
String: 18
String: 20
String: 9
String: 25
String: 4
for: 4
String: 8
return: 4
String: 9
String: 25
String: 4
String: 31
for: 4
String: 8
return: 4
String: 20
*/
```

虽然可以为每一行创建一个新的 Matcher 对象，但最好还是创建一个空的 Matcher 对象，然后在遍历时使用 reset() 方法来为 Matcher 对象加载对应的行，最后用 find() 来查找结果。

这里的测试参数是 WhitherStringBuilder.java，程序打开并读取该文件作为输入，然后搜索单词 return、for 或 String。

如果想要更深入地学习正则表达式，可以阅读 Jeffrey E. F. Friedl 的《精通正则表达式》

（第 2 版）。网上也有许多对正则表达式的介绍，在 Perl 和 Python 等语言的文档中通常也可以找到有用的信息。

18.8　扫描输入

到目前为止，从人类可读的文件或标准输入中读取数据还是比较痛苦的。一般的解决方案是读入一行文本，对其进行分词解析，然后使用 Integer、Double 等类里的各种方法来解析数据：

```java
// strings/SimpleRead.java
import java.io.*;

public class SimpleRead {
  public static BufferedReader input =
    new BufferedReader(new StringReader(
    "Sir Robin of Camelot\n22 1.61803"));
  public static void main(String[] args) {
    try {
      System.out.println("What is your name?");
      String name = input.readLine();
      System.out.println(name);
      System.out.println("How old are you? " +
        "What is your favorite double?");
      System.out.println("(input: <age> <double>)");
      String numbers = input.readLine();
      System.out.println(numbers);
      String[] numArray = numbers.split(" ");
      int age = Integer.parseInt(numArray[0]);
      double favorite = Double.parseDouble(numArray[1]);
      System.out.format("Hi %s.%n", name);
      System.out.format("In 5 years you will be %d.%n",
        age + 5);
      System.out.format("My favorite double is %f.",
        favorite / 2);
    } catch(IOException e) {
      System.err.println("I/O exception");
    }
  }
}
/* 输出:
What is your name?
Sir Robin of Camelot
How old are you? What is your favorite double?
(input: <age> <double>)
22 1.61803
Hi Sir Robin of Camelot.
In 5 years you will be 27.
My favorite double is 0.809015.
*/
```

input 字段使用了来自 java.io 的类，这些类在进阶卷第 7 章中有描述。StringReader 将字符串转换为可读流对象，该对象用于创建 BufferedReader，因为 BufferedReader 有一个 readLine() 方法。这样我们就可以每次从 input 对象里读取一行，就好像它是来自控制台的标准输入一样。

readLine() 方法将获取的每行输入转为 String 对象。当一行数据只对应一个输入时，处理起来还是很简单的，但如果两个输入值在一行上，事情就会变得混乱——我们必须拆分该行，才能分别解析每个输入。在这个例子中，拆分发生在创建 numArray 时。

Java 5 中添加的 Scanner 类大大减轻了扫描输入的负担：

```java
// strings/BetterRead.java
import java.util.*;

public class BetterRead {
  public static void main(String[] args) {
    Scanner stdin = new Scanner(SimpleRead.input);
    System.out.println("What is your name?");
    String name = stdin.nextLine();
    System.out.println(name);
    System.out.println(
      "How old are you? What is your favorite double?");
    System.out.println("(input: <age> <double>)");
    int age = stdin.nextInt();
    double favorite = stdin.nextDouble();
    System.out.println(age);
    System.out.println(favorite);
    System.out.format("Hi %s.%n", name);
    System.out.format("In 5 years you will be %d.%n",
      age + 5);
    System.out.format("My favorite double is %f.",
      favorite / 2);
  }
}
/* 输出:
What is your name?
Sir Robin of Camelot
How old are you? What is your favorite double?
(input: <age> <double>)
22
1.61803
Hi Sir Robin of Camelot.
In 5 years you will be 27.
My favorite double is 0.809015.
*/
```

Scanner 的构造器可以接受任何类型的输入对象，包括 File 对象、InputStream、String，或者此例里的 Readable（Java 5 引入的一个接口，用于描述"具有 read() 方法的东西")。以上示例中的 `BufferedReader` 就归于这一类。

在 Scanner 中，输入、分词和解析这些操作都被包含在各种不同类型的 "next" 方法中。一个普通的 `next()` 返回下一个 String，所有的基本类型（char 除外）以及 BigDecimal 和 BigInteger 都有对应的 "next" 方法。所有的 "next" 方法都是**阻塞的**，这意味着它们只有在输入流能提供一个完整可用的数据分词时才会返回。你也可以根据相应的 "hasNext" 方法是否返回 true，来判断下一个输入分词的类型是否正确。

在 BetterRead.java 中没有针对 IOException 的 try 块。这是因为 Scanner 会假设 IOException 表示输入结束，因此 Scanner 会把 IOException 隐藏起来。不过最近发生的异常可以通过它的 `ioException()` 方法获得，因此你可以在必要时检查它。

18.8.1　Scanner 分隔符

默认情况下，Scanner 通过空格分割输入数据，但也可以用正则表达式的形式来指定自己的分隔符模式：

```java
// strings/ScannerDelimiter.java
import java.util.*;

public class ScannerDelimiter {
  public static void main(String[] args) {
    Scanner scanner = new Scanner("12, 42, 78, 99, 42");
    scanner.useDelimiter("\\s*,\\s*");
    while(scanner.hasNextInt())
      System.out.println(scanner.nextInt());
  }
}
/* 输出:
12
42
78
99
42
*/
```

此示例使用逗号（由任意数量的空白符包围）作为分隔符，来处理读取的给定字符串。同样的技术也可以用来读取逗号分隔的文件。除了用于设置分隔符模式的 `useDelimiter()`，还有 `delimiter()` 方法，它返回了当前用作分隔符的 Pattern 对象。

18.8.2　使用正则表达式扫描

除了扫描预定义的基本类型，你还可以用自己定义的正则表达式模式来扫描，这在扫描更复杂的数据时非常有用。下面这个示例扫描防火墙日志中的威胁数据：

```java
// strings/ThreatAnalyzer.java
import java.util.regex.*;
import java.util.*;

public class ThreatAnalyzer {
```

```
    static String threatData =
      "58.27.82.161@08/10/2015\n" +
      "204.45.234.40@08/11/2015\n" +
      "58.27.82.161@08/11/2015\n" +
      "58.27.82.161@08/12/2015\n" +
      "58.27.82.161@08/12/2015\n" +
      "[Next log section with different data format]";
    public static void main(String[] args) {
      Scanner scanner = new Scanner(threatData);
      String pattern = "(\\d+[.]\\d+[.]\\d+[.]\\d+)@" +
        "(\\d{2}/\\d{2}/\\d{4})";
      while(scanner.hasNext(pattern)) {
        scanner.next(pattern);
        MatchResult match = scanner.match();     /* 输出:
        String ip = match.group(1);              Threat on 08/10/2015 from 58.27.82.161
        String date = match.group(2);            Threat on 08/11/2015 from 204.45.234.40
        System.out.format(                       Threat on 08/11/2015 from 58.27.82.161
          "Threat on %s from %s%n", date,ip);    Threat on 08/12/2015 from 58.27.82.161
      }                                          Threat on 08/12/2015 from 58.27.82.161
    }                                            */
  }
```

next() 与特定模式一起使用时，该模式会和下一个输入分词进行匹配。结果由
match() 方法提供，正如上面的示例所示，它的工作方式与之前看到的正则表达式匹配
相似。

使用正则表达式扫描时，有一点要注意：该模式仅与下一个输入的分词进行匹配。因
此，如果你的模式里包含了分隔符，那就永远不会匹配成功。

18.9　StringTokenizer

在正则表达式（Java 1.4 引入）或 Scanner 类（Java 5 引入）之前，对字符串进行拆
分的方式是使用 StringTokenizer 对其分词。但是现在有了正则表达式和 Scanner 类，对于
同样的功能，它们实现起来更容易，也更简洁。下面是 StringTokenizer 与其他两种技术
的简单比较：

```
// strings/ReplacingStringTokenizer.java
import java.util.*;

public class ReplacingStringTokenizer {
  public static void main(String[] args) {
    String input =
      "But I'm not dead yet! I feel happy!";
    StringTokenizer stoke = new StringTokenizer(input);
    while(stoke.hasMoreElements())
```

```
      System.out.print(stoke.nextToken() + " ");
    System.out.println();
    System.out.println(
      Arrays.toString(input.split(" ")));
    Scanner scanner = new Scanner(input);
    while(scanner.hasNext())
      System.out.print(scanner.next() + " ");
  }
}
```
```
/* 输出:
But I'm not dead yet! I feel happy!
[But, I'm, not, dead, yet!, I, feel, happy!]
But I'm not dead yet! I feel happy!
*/
```

使用正则表达式或 Scanner 对象，你还可以使用更复杂的模式来拆分字符串，而这对 StringTokenizer 来说就很困难了。我们应该可以放心地说，StringTokenizer 已经过时了。

18.10 总结

过去，Java 对字符串操作的支持还很初级，但在该语言的后续版本中，我们可以看到，Java 从其他语言中吸取了许多经验，对字符串提供了更复杂的操作。现在 Java 对字符串的支持已经相当完善，不过有时还是要在一些细节上注意效率的问题，比如合理地使用 StringBuilder。

反射

> ❝ 反射可以在程序运行时发现并使用对象的类型信息。❞

反射使我们摆脱了只能在编译时执行面向类型操作的限制,并且让我们能够编写一些非常强大的程序。对反射的需要,揭示了面向对象设计中大量有趣(并且复杂)的问题,并引发了我们对一些基本问题的思考,例如程序如何构建。

本章将讨论 Java 是如何在运行时发现对象和类的信息的。这通常有两种形式:简单反射,它假定你在编译时就已经知道了所有可用的类型;以及更复杂的反射,它允许我们在运行时发现和使用类的信息。

19.1　为什么需要反射

这里我们使用一个已经很熟悉的示例,它使用了多态并展示了类的层次结构。它的泛化类型是基类 Shape,具体的子类型包括 Circle、Square 和 Triangle(见图 19-1)。

这是一个典型的类层次
结构图，基类在顶部，子类向
下扩展。面向对象编程的一个
基本目标就是，让编写的代码
只操纵基类（本例中为 Shape）
的引用，因此如果你决定添
加新类（例如继承了 Shape 的
Rhomboid），大部分的代码不
会受到影响。在这个例子中，

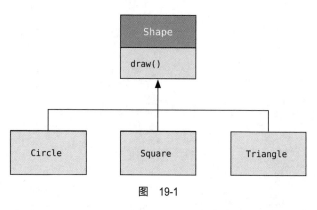

图　19-1

Shape 接口中的方法 draw() 是可以动态绑定的，因此客户程序员可以通过泛化的 Shape 引用来调用具体的 draw() 方法。在所有子类中，draw() 都被重写，并且因为它是一个动态绑定的方法，即使通过泛化的 Shape 引用来调用它，也会产生正确的行为。这就是多态。

因此，通常来说你会创建一个特定的对象（Circle、Square 或 Triangle），将其向上转型为 Shape（忽略对象的特定类型），这样就可以在后续的程序里一直使用这个 Shape 引用，而不需要知道其具体类型。

你可以像下面这样，对 Shape 的层次结构进行编程：

```java
// reflection/Shapes.java
import java.util.stream.*;

abstract class Shape {
  void draw() {
    System.out.println(this + ".draw()");
  }
  @Override public abstract String toString();
}

class Circle extends Shape {
  @Override public String toString() {
    return "Circle";
  }
}

class Square extends Shape {
  @Override public String toString() {
    return "Square";
  }
}

class Triangle extends Shape {
  @Override public String toString() {
```

```
      return "Triangle";
  }
}

public class Shapes {
  public static void main(String[] args) {
    Stream.of(
      new Circle(), new Square(), new Triangle())
      .forEach(Shape::draw);
  }
}
```

```
/* 输出:
Circle.draw()
Square.draw()
Triangle.draw()
*/
```

基类里包含一个 draw() 方法, 它通过将 this 传递给 System.out.println(), 间接地使用了 toString() 方法来显示类的标识符 (toString() 方法被声明为 abstract 的, 这样就可以强制子类重写该方法, 并防止没什么内容的 Shape 类被实例化)。如果一个对象出现在字符串拼接表达式中 (该表达式需要包含 + 和 String 对象), 这个对象的 toString() 方法就会被自动调用, 来生成一个代表它自身的字符串。每个子类都重写了 toString() 方法 (从 Object 继承而来), 所以 draw() 最终 (多态地) 在不同的情况下打印出了不同的内容。

在此示例中, 将一个 Shape 的子类对象放入 Stream<Shape> 时, 会发生隐式的向上转型。在向上转型为 Shape 时, 这个对象的**确切类型信息**就丢失了。对于流来说, 它们只是 Shape 类的对象。

从技术上讲, Stream<Shape> 实际上将所有内容都当作 Object 保存。当一个元素被取出时, 它会自动转回 Shape。这是反射最基本的形式, 在运行时检查了所有的类型转换是否正确。这就是反射的意思: 在运行时, 确定对象的类型。

在这里, 反射类型转换并不彻底: Object 只是被转换成了 Shape, 而没有转换为最终的 Circle、Square 或 Triangle。这是因为我们所能得到的信息就是, Stream<Shape> 里保存的都是 Shape。在编译时, 这是由 Stream 和 Java 泛型系统强制保证的, 而在运行时, 类型转换操作会确保这一点。

接下来就该多态上场了, Shape 对象实际上执行的代码, 取决于引用是属于 Circle、Square 还是 Triangle。一般来说, 这是合理的: 你希望自己的代码尽可能少地知道对象的确切类型信息, 而只和这类对象的通用表示 (在本例中为 Shape) 打交道。这样的话, 我们的代码就更易于编写、阅读和维护, 并且设计也更易于实现、理解和更改。所以多态是面向对象编程的一个基本目标。

但是, 假设你遇到了一个特殊的编程问题, 只要知道这个泛化引用的确切类型, 就可以很容易地解决，这样的话你又该怎么办呢？例如，假设我们允许用户可以将某种特定类型的所有形状都标记为一种特殊的颜色，以突出显示它们。这样，用户就可以找到屏幕上所有突出显示的三角形。或者，你的方法需要"旋转"一系列的形状，但旋转圆形是没有意义的，因此你想跳过圆形。通过反射，你可以查询到某个 Shape 引用所指的确切类型，从而选择并隔离特殊情况。

19.2　Class 对象

要想了解 Java 中的反射是如何工作的，就必须先了解类型信息在运行时是如何表示的。这项工作是通过叫作 **Class 对象**的特殊对象来完成的，它包含了与类相关的信息。事实上，Class 对象被用来创建类的所有"常规"对象。Java 使用 Class 对象执行反射，即使是类型转换这样的操作也一样。Class 类还有许多其他使用反射的方式。

程序中的每个类都有一个 Class 对象。也就是说，每次编写并编译一个新类时，都会生成一个 Class 对象（并被相应地存储在同名的 .class 文件中）。为了生成这个对象，Java 虚拟机（JVM）使用被称为**类加载器**（class loader）的子系统。

类加载器子系统实际上可以包含一条类加载器链，但里面只会有一个**原始类加载器** [1]，它是 JVM 实现的一部分。原始类加载器通常从本地磁盘加载所谓的**可信类**，包括 Java API 类。通常来说我们不需要加载器链中的额外加载器，但对于特殊需要（例如以某种方式加载类以支持 Web 服务器应用程序，或通过网络来下载类），你可以引入额外的类加载器来实现。

类在首次使用时才会被动态加载到 JVM 中。当程序第一次引用该类的静态成员时，就会触发这个类的加载。构造器是类的一个静态方法，尽管没有明确使用 static 关键字。因此，使用 new 操作符创建类的新对象也算作对该类静态成员的引用，构造器的初次使用会导致该类的加载。

所以，Java 程序在运行前并不会被完全加载，而是在必要时加载对应的部分。这与许多传统语言不同。这种动态加载能力使得 Java 可以支持很多行为，而它们在静态加载语言（如 C++）中很难复制，或根本不可能复制。

类加载器首先检查是否加载了该类型的 Class 对象。如果没有，默认的类加载器会定位到具有该名称的 .class 文件（例如，某个附加类加载器可能会在数据库中查找对应的字

---

[1] 即启动类加载器。——译者注

节码）。当该类的字节数据被加载时，它们会被**验证**，以确保没有被损坏，并且不包含恶意的 Java 代码（这是 Java 的众多安全防线里的一条）。

一旦该类型的 Class 对象加载到内存中，它就会用于创建该类型的所有对象。下面这个程序可以证明这一点：

```java
// reflection/SweetShop.java
// 检查类加载器的工作方式

class Cookie {
  static { System.out.println("Loading Cookie"); }
}

class Gum {
  static { System.out.println("Loading Gum"); }
}

class Candy {
  static { System.out.println("Loading Candy"); }
}

public class SweetShop {
  public static void main(String[] args) {
    System.out.println("inside main");
    new Candy();
    System.out.println("After creating Candy");
    try {
      Class.forName("Gum");
    } catch(ClassNotFoundException e) {
      System.out.println("Couldn't find Gum");
    }
    System.out.println("After Class.forName(\"Gum\")");
    new Cookie();
    System.out.println("After creating Cookie");
  }
}
/* 输出:
inside main
Loading Candy
After creating Candy
Loading Gum
After Class.forName("Gum")
Loading Cookie
After creating Cookie
*/
```

Candy、Gum 和 Cookie 这三个类都有一个静态代码块，该静态代码块在类第一次加载时执行。输出的信息会告诉我们这个类是什么时候加载的。在 main() 方法中，对象的创建被置于打印语句之间，以方便我们判断类加载的时间。

输出结果显示了 Class 对象仅在需要时才加载，并且静态代码块的初始化是在类加载时执行的。

下面这一行代码特别有趣：

```java
Class.forName("Gum");
```

所有的 Class 对象都属于 Class 类。Class 对象和其他对象一样，因此你可以获取并操作它的引用（这也是加载器所做的）。静态的 forName() 方法可以获得 Class 对象的引用，该方法接收了一个包含所需类的文本名称（注意拼写和大小写！）的字符串，并返回了一个 Class 引用，上面示例中的返回值被忽略；我们对 forName() 的调用只是为了它的副作用：如果类 Gum 尚未加载，则加载它。在加载过程中，会执行 Gum 的静态代码块。

在前面的例子中，如果 Class.forName() 因为找不到试图加载的类而失败，它会抛出一个 ClassNotFoundException。在这里，我们只是简单地报告了问题并继续执行，但在更复杂的程序中，你可能会尝试在异常处理流程中修复这个问题（在进阶卷第 8 章中有个示例）。

不管什么时候，只要在运行时用到类型信息，就必须首先获得相应的 Class 对象的引用。这时 Class.forName() 方法用起来就很方便了，因为不需要对应类型的对象就能获取 Class 引用。但是，如果已经有了一个你想要的类型的对象，就可以通过 getClass() 方法来获取 Class 引用，这个方法属于 Object 根类。它返回的 Class 引用表示了这个对象的实际类型。Class 类有很多方法，下面是其中的一部分：

```java
// reflection/toys/ToyTest.java
// 测试 Class 类
// {java reflection.toys.ToyTest}
package reflection.toys;
import java.lang.reflect.InvocationTargetException;

interface HasBatteries {}
interface Waterproof {}
interface Shoots {}

class Toy {
  // 可以将下面这个无参构造器注释掉来看一下 NoSuchMethodError
  public Toy() {}
  public Toy(int i) {}
}

class FancyToy extends Toy
implements HasBatteries, Waterproof, Shoots {
  public FancyToy() { super(1); }
}

public class ToyTest {
  static void printInfo(Class cc) {
    System.out.println("Class name: " + cc.getName() +
      " is interface? [" + cc.isInterface() + "]");
    System.out.println(
      "Simple name: " + cc.getSimpleName());
    System.out.println(
      "Canonical name : " + cc.getCanonicalName());
```

```
  }
  @SuppressWarnings("deprecation")
  public static void main(String[] args) {
    Class c = null;
    try {
      c = Class.forName("reflection.toys.FancyToy");
    } catch(ClassNotFoundException e) {
      System.out.println("Can't find FancyToy");
      System.exit(1);
    }
    printInfo(c);
    for(Class face : c.getInterfaces())
      printInfo(face);
    Class up = c.getSuperclass();
    Object obj = null;
    try {
      // 对应类要有public的无参构造器：
      obj = up.newInstance();
    } catch(Exception e) {
      throw new
        RuntimeException("Cannot instantiate");
    }
    printInfo(obj.getClass());
  }
}
```

```
/* 输出:
Class name: reflection.toys.FancyToy is interface?
[false]
Simple name: FancyToy
Canonical name : reflection.toys.FancyToy
Class name: reflection.toys.HasBatteries is interface?
[true]
Simple name: HasBatteries
Canonical name : reflection.toys.HasBatteries
Class name: reflection.toys.Waterproof is interface?
[true]
Simple name: Waterproof
Canonical name : reflection.toys.Waterproof
Class name: reflection.toys.Shoots is interface? [true]
Simple name: Shoots
Canonical name : reflection.toys.Shoots
Class name: reflection.toys.Toy is interface? [false]
Simple name: Toy
Canonical name : reflection.toys.Toy
*/
```

FancyToy 继承了类 Toy 并实现了接口 HasBatteries、Waterproof 和 Shoots。在 main() 中，
我们在 try 块里用 forName() 创建了一个 Class 引用，并将其初始化为 FancyToy 的 Class

对象。请注意，传递给 forName() 的字符串参数必须是类的完全限定名称（包括包名称）。

printInfo() 方法使用 getName() 来生成完全限定的类名，使用 getSimpleName() 和 getCanonicalName() 分别生成不带包的名称和完全限定的名称。顾名思义，isInterface() 可以告诉你这个 Class 对象是否表示一个接口。因此，通过 Class 对象可以获取你想要了解所有类型信息。

在 main() 中调用的 Class.getInterfaces() 方法返回了一个 Class 对象数组，它们表示你感兴趣的这个 Class 对象的所有接口。

你还可以使用 getSuperclass() 来查询 Class 对象的直接基类。它将返回一个 Class 引用，而你可以对它做进一步查询。这样你就可以在运行时获取一个对象的完整类层次结构。

Class 的 newInstance() 方法是实现"虚拟构造器"的一种途径，这相当于声明"我不知道你的确切类型，但无论如何你都要正确地创建自己"。在前面的例子中，up 只是一个 Class 引用，它在编译时没有更多的类型信息。当创建一个新实例时，你会得到一个 Object 引用。但该引用指向了一个 Toy 对象。你可以给它发送 Object 能接收的消息，但如果想要发送除此之外的其他消息，就必须进一步了解它，并进行某种类型转换。此外，使用 Class.newInstance() 创建的类必须有一个无参构造器。在本章后面，你将看到如何通过 Java 反射 API，使用任意构造器来动态创建类的对象。

注意，此示例中的 newInstance() 在 Java 8 中还是正常的，但在更高版本中已被弃用，Java 推荐使用 Constructor.newInstance() 来代替。示例中我们使用了 @SuppressWarnings ("deprecation") 来抑制那些更高版本的弃用警告。

19.2.1 类字面量

Java 还提供了另一种方式来生成 Class 对象的引用：**类字面量**（class literal）。对前面的程序而言，它看起来像这样：

```
FancyToy.class;
```

这更简单也更安全，因为它会进行编译时检查（因此不必放在 try 块中）。另外它还消除了对 forName() 方法的调用，所以效率也更高。

类字面量适用于常规类以及接口、数组和基本类型。此外，每个基本包装类都有一个名为 TYPE 的标准字段。TYPE 字段表示一个指向和基本类型对应的 Class 对象的引用，如

表 19-1 所示。

我建议尽可能用 ".class" 的形式，因为它与常规类更一致。

请注意，使用 ".class" 的形式创建 Class 对象的引用时，该 Class 对象不会自动初始化。实际上，在使用一个类之前，需要先执行以下 3 个步骤。

1. 加载。这是由类加载器执行的。该步骤会先找到字节码（通常在类路径中的磁盘上，但也不一定），然后从这些字节码中创建一个 Class 对象。

2. 链接。链接阶段会验证类中的字节码，为静态字段分配存储空间，并在必要时解析该类对其他类的所有引用。

3. 初始化。如果有基类的话，会先初始化基类，执行静态初始化器和静态初始化块。

初始化被延迟到首次引用静态方法（构造器是隐式静态的）或非常量静态字段时：

表 19-1	
类字面量	等价于
boolean.class	Boolean.TYPE
char.class	Character.TYPE
byte.class	Byte.TYPE
short.class	Short.TYPE
int.class	Integer.TYPE
long.class	Long.TYPE
float.class	Float.TYPE
double.class	Double.TYPE
void.class	Void.TYPE

```java
// reflection/ClassInitialization.java
import java.util.*;

class Initable {
  static final int STATIC_FINAL = 47;
  static final int STATIC_FINAL2 =
    ClassInitialization.rand.nextInt(1000);
  static {
    System.out.println("Initializing Initable");
  }
}

class Initable2 {
  static int staticNonFinal = 147;
  static {
    System.out.println("Initializing Initable2");
  }
}

class Initable3 {
  static int staticNonFinal = 74;
  static {
    System.out.println("Initializing Initable3");
  }
}

public class ClassInitialization {
```

```
/* 输出:
After creating Initable ref
47
Initializing Initable
258
Initializing Initable2
147
Initializing Initable3
After creating Initable3 ref
74
*/
```

```
public static Random rand = new Random(47);
public static void
main(String[] args) throws Exception {
  Class initable = Initable.class;
  System.out.println("After creating Initable ref");
  // 不会触发初始化
  System.out.println(Initable.STATIC_FINAL);
  // 触发初始化
  System.out.println(Initable.STATIC_FINAL2);
  // 触发初始化
  System.out.println(Initable2.staticNonFinal);
  Class initable3 = Class.forName("Initable3");
  System.out.println("After creating Initable3 ref");
  System.out.println(Initable3.staticNonFinal);
}
}
```

实际上,初始化会"尽可能懒惰"。从 initable 引用的创建过程中可以看出,仅使用 .class 语法来获取对类的引用不会导致初始化。而 Class.forName() 会立即初始化类以产生 Class 引用,如 initable3 的创建所示。

如果一个 static final 字段的值是"编译时常量",比如 Initable.staticFinal,那么这个值不需要初始化 Initable 类就能读取。但是把一个字段设置为 static 和 final 并不能保证这种行为:对 Initable.staticFinal2 的访问会强制执行类的初始化,因为它不是编译时常量。

如果 static 字段不是 final 的,那么访问它时,如果想要正常读取,总是需要先进行链接(为字段分配存储)和初始化(初始化该存储),正如在对 Initable2.staticNonFinal 的访问中看到的那样。

19.2.2　泛型类的引用

Class 引用指向的是一个 Class 对象,该对象可以生成类的实例,并包含了这些实例所有方法的代码。它还包含该类的静态字段和静态方法。所以一个 Class 引用表示的就是它所指向的确切类型:Class 类的一个对象。

你可以使用泛型语法来限制 Class 引用的类型。在下面的示例中,这两种语法都是正确的:

```
// reflection/GenericClassReferences.java

public class GenericClassReferences {
  public static void main(String[] args) {
```

```
    Class intClass = int.class;
    intClass = double.class;
    Class<Integer> genericIntClass = int.class;
    genericIntClass = Integer.class; // 一样
    // genericIntClass = double.class; // 不合法
  }
}
```

intClass 可以重新赋值为任何其他的 Class 对象，例如 double.class，而不会产生警告。泛化的类引用 genericIntClass 只能分配给其声明的类型。通过使用泛型语法，可以让编译器强制执行额外的类型检查。

如果你想稍微放松一下这种限制，那该怎么办？乍一看，好像可以执行下面这样的操作：

```
Class<Number> genericNumberClass = int.class;
```

这似乎是有道理的，因为 Integer 继承了 Number。但实际上这段代码无法运行，因为 Integer 的 Class 对象不是 Number 的 Class 对象的子类（这里的区别看起来好像很微妙，我们将在第 20 章对此进行深入讨论）。

要想放松使用泛化的 Class 引用时的限制，请使用通配符 ?，它是 Java 泛型的一部分，表示"任何事物"。所以我们可以在上面的例子中为普通的 Class 引用加上通配符，这样就可以产生相同的结果：

```
// reflection/WildcardClassReferences.java

public class WildcardClassReferences {
  public static void main(String[] args) {
    Class<?> intClass = int.class;
    intClass = double.class;
  }
}
```

尽管如我们看到的那样，普通的 Class 并不会产生编译器警告，但是和普通的 Class 相比，我们还是倾向于 Class<?>，即使它们是等价的。Class<?> 的好处在于，它表明了你不是偶然或无意识地使用了非具体的类引用。你就是选择了这个非具体的版本。

如果想创建一个 Class 引用，并将其限制为某个类型或**任意子类型**，可以将通配符与 extends 关键字组合来创建一个**界限**（bound）。因此，与其使用 Class<Number>，不如像下面这样做：

```java
// reflection/BoundedClassReferences.java

public class BoundedClassReferences {
  public static void main(String[] args) {
    Class<? extends Number> bounded = int.class;
    bounded = double.class;
    bounded = Number.class;
    // 或者任何继承了 Number 的类
  }
}
```

将泛型语法添加到 Class 引用的一个原因是提供编译时的类型检查。这样的话，如果你做错了什么，那么很快就能发现。使用普通的 Class 引用时，你可能确实不会误入歧途，但是如果你犯了一个错误，直到运行时才发现，那就可能会给你带来不便，甚至导致问题。

下面是一个使用了泛型类语法的示例。它存储了一个类引用，然后使用 newInstance() 来生成对象：

```java
// reflection/DynamicSupplier.java
import java.util.function.*;
import java.util.stream.*;

class ID {
  private static long counter;
  private final long id = counter++;
  @Override public String toString() {
    return Long.toString(id);
  }
  // 如果想要调用 getConstructor().newInstance(),
  // 就需要提供一个 public 的无参构造器:
  public ID() {}
}

public class DynamicSupplier<T> implements Supplier<T> {
  private Class<T> type;
  public DynamicSupplier(Class<T> type) {
    this.type = type;
  }
  @Override public T get() {
    try {
      return type.getConstructor().newInstance();
    } catch(Exception e) {
      throw new RuntimeException(e);
    }
  }
  public static void main(String[] args) {
    Stream.generate(
      new DynamicSupplier<>(ID.class))
      .skip(10)
```

```
/* 输出:
10
11
12
13
14
*/
```

```
    .limit(5)
    .forEach(System.out::println);
  }
}
```

DynamicSupplier 会强制要求它使用的任何类型都有一个 public 的无参构造器（一个没有参数的构造器），如果不符合条件，就会抛出一个异常。在上面的例子中，ID 自动生成的无参构造器不是 public 的，因为 ID 类不是 public 的，所以我们必须显式定义它。而在下面的例子中，ID2 类是 public 的，因此自动生成的无参构造器也是 public 的，这时我们不需要显式的定义它：

```
// reflection/ID2.java
import java.util.stream.*;

public class ID2 {
  private static long counter;
  private final long id = counter++;
  @Override public String toString() {
    return Long.toString(id);
  }
  public static void main(String[] args) {
    Stream.generate(
      new DynamicSupplier<>(ID2.class))
      .skip(10)
      .limit(5)
      .forEach(System.out::println);
  }
}
```
```
/* 输出：
10
11
12
13
14
*/
```

对 Class 对象使用泛型语法时，newInstance() 会返回对象的确切类型，而不仅仅是简单的 Object，就像在 ToyTest.java 示例中看到的那样。但它也会受到一些限制：

```
// reflection/toys/GenericToyTest.java
// 测试 Class 类
// {java reflection.toys.GenericToyTest}
package reflection.toys;

public class GenericToyTest {
  public static void
  main(String[] args) throws Exception {
    Class<FancyToy> ftc = FancyToy.class;
    // 生成确切的类型：
    FancyToy fancyToy =
      ftc.getConstructor().newInstance();
    Class<? super FancyToy> up = ftc.getSuperclass();
    // 下面的代码无法通过编译：
    // Class<Toy> up2 = ftc.getSuperclass();
```

```
    // 只能生成Object
    Object obj = up.getConstructor().newInstance();
  }
}
```

如果你得到了基类，那么编译器只允许你声明这个基类引用是"FancyToy 的某个基类"，就像表达式 Class<? super FancyToy> 所声明的那样。它不能被声明为 Class<Toy>。这看起来有点儿奇怪，因为 getSuperclass() 返回了**基类**（不是接口），而编译器在编译时就知道这个基类是什么——在这里就是 Toy.class，而不仅仅是"FancyToy 的某个基类"。不管怎么样，因为存在这种模糊性，所以 up.getConstructor().newInstance() 的返回值不是一个确切的类型，而只是一个 Object。

19.2.3 cast()方法

还有一个用于 Class 引用的类型转换语法，即 cast() 方法：

```
// reflection/ClassCasts.java

class Building {}
class House extends Building {}

public class ClassCasts {
  public static void main(String[] args) {
    Building b = new House();
    Class<House> houseType = House.class;
    House h = houseType.cast(b);
    h = (House)b; // 或者直接这样进行转型
  }
}
```

cast()方法接收参数对象并将其转换为Class引用的类型。但是，如果观察上面的代码，你会发现，与完成了相同工作的 main() 的最后一行相比，这种方式似乎做了很多额外的工作。

cast() 在你不能使用普通类型转换的情况下很有用。如果你正在编写泛型代码（你将在第 20 章中学习），并且存储了一个用于转型的 Class 引用，就可能会遇到这种情况。不过这很罕见——我发现在整个 Java 库中只有一个地方使用了 cast()（也就是在 com.sun.mirror.util.DeclarationFilter 中）。

另一个在 Java 库中没有使用到的特性是 Class.asSubclass()。它会将类对象转换为更具体的类型。

19.3　转型前检查

到目前为止，你已经学习了以下内容。

1. 传统的类型转换。比如"(Shape)"，它使用反射来确保转型是正确的。如果你执行了错误的转型，它会抛出一个 ClassCastException。

2. 代表对象类型的 Class 对象。你可以查询 Class 对象来获取有用的运行时信息。

在 C++ 中，传统的类型转换 "(Shape)" 并**不执行反射** [在 C++ 中，这称为**运行时类型识别**（RTTI）]。它只是告诉编译器将对象视为新类型。在 Java 中，它的确会执行类型检查，这种转型通常称为"类型安全向下转型"（type-safe downcast）。之所以会有术语"向下转型"，是因为类层次结构图从来就是这么排列的。如果将 Circle 转型为 Shape 是向上转型，那么将 Shape 转型为 Circle 就是向下转型。不过，编译器知道一个 Circle 也是一个 Shape，所以它允许自由地做向上转型的赋值操作，而不需要任何额外的语法。但编译器**无法知道**一个给定的 Shape 实际上是什么——它可能就是一个 Shape，也可能是 Shape 的子类型，例如 Circle、Square、Triangle 或其他类型。在编译时，编译器只知道这是一个 Shape。因此，如果不使用显式的类型转换来告诉编译器这是一个特定的类型，编译器就不会允许执行向下转型赋值操作（编译器**会**检查该向下转型操作是否合理，因此它不会让你向下转型为实际上不是其子类的类型）。

Java 中还有第三种形式的反射。这就是关键字 instanceof，它返回一个 boolean 值，表明一个对象是否是特定类型的实例。因此你可以像下面这样，以问题的形式来使用它：

```
if(x instanceof Dog)
  ((Dog)x).bark();
```

在将 x 转换为 Dog **之前**，你可以用 if 语句检查一下对象 x 是否属于类 Dog。当没有其他信息可以告诉你对象类型的时候，在向下转型之前使用 instanceof 很重要。否则，你会得到一个 ClassCastException。

通常，即使只想寻找确切的类型（例如可以变成紫色的三角形），你也可以使用 instanceof 来轻松识别**所有**的对象。例如，假设有一系列描述 Pet 的类（以及它们的主人，这个特性在后面的例子中会派上用场）。层次结构中的每个 Individual 都有一个 id 和一个可选的名称。虽然以下类都继承自 Individual，但 Individual 类比较复杂，因此在进阶卷附录 C 中进行了说明和解释。

这里其实没必要看 Individual 的代码——只需要知道你可以创建它的具名或不具名

的对象就可以了，而且每个 Individual 都有一个 id() 方法来返回其唯一标识符（通过计算生成对象的个数获得）。还有一个 toString() 方法——如果你没有为 Individual 提供一个名字，toString() 就会生成简单的类型名称。

下面是继承自 Individual 的类层次结构：

```
// reflection/pets/Person.java
package reflection.pets;

public class Person extends Individual {
  public Person(String name) { super(name); }
}
// reflection/pets/Pet.java
package reflection.pets;

public class Pet extends Individual {
  public Pet(String name) { super(name); }
  public Pet() { super(); }
}
// reflection/pets/Dog.java
package reflection.pets;

public class Dog extends Pet {
  public Dog(String name) { super(name); }
  public Dog() { super(); }
}
// reflection/pets/Mutt.java
package reflection.pets;

public class Mutt extends Dog {
  public Mutt(String name) { super(name); }
  public Mutt() { super(); }
}
// reflection/pets/Pug.java
package reflection.pets;

public class Pug extends Dog {
  public Pug(String name) { super(name); }
  public Pug() { super(); }
}
// reflection/pets/Cat.java
package reflection.pets;

public class Cat extends Pet {
  public Cat(String name) { super(name); }
  public Cat() { super(); }
}
// reflection/pets/EgyptianMau.java
package reflection.pets;
```

```
public class EgyptianMau extends Cat {
  public EgyptianMau(String name) { super(name); }
  public EgyptianMau() { super(); }
}
// reflection/pets/Manx.java
package reflection.pets;

public class Manx extends Cat {
  public Manx(String name) { super(name); }
  public Manx() { super(); }
}
// reflection/pets/Cymric.java
package reflection.pets;

public class Cymric extends Manx {
  public Cymric(String name) { super(name); }
  public Cymric() { super(); }
}
// reflection/pets/Rodent.java
package reflection.pets;

public class Rodent extends Pet {
  public Rodent(String name) { super(name); }
  public Rodent() { super(); }
}
// reflection/pets/Rat.java
package reflection.pets;

public class Rat extends Rodent {
  public Rat(String name) { super(name); }
  public Rat() { super(); }
}
// reflection/pets/Mouse.java
package reflection.pets;

public class Mouse extends Rodent {
  public Mouse(String name) { super(name); }
  public Mouse() { super(); }
}
// reflection/pets/Hamster.java
package reflection.pets;

public class Hamster extends Rodent {
  public Hamster(String name) { super(name); }
  public Hamster() { super(); }
}
```

我们必须在每种情况下都显式地编写无参构造器,因为每个类都有一个带参数的构造器,这阻止了编译器自动生成无参构造器。

接下来,我们需要一种方法来随机地创建 Pet 对象。为了使这个工具有不同的实现,我们将它定义为一个抽象类：

```java
// reflection/pets/Creator.java
// 创建随机的 Pet 对象
package reflection.pets;
import java.util.*;
import java.util.function.*;
import java.util.stream.*;
import java.lang.reflect.InvocationTargetException;

public abstract class Creator implements Supplier<Pet> {
  private Random rand = new Random(47);
  // 创建不同类型的 Pet:
  public abstract List<Class<? extends Pet>> types();
  @Override public Pet get() { // 创建一个随机的 Pet 对象
    int n = rand.nextInt(types().size());
    try {
      return types().get(n)
        .getConstructor().newInstance();
    } catch(InstantiationException |
            NoSuchMethodException |
            InvocationTargetException |
            IllegalAccessException e) {
      throw new RuntimeException(e);
    }
  }
  public Stream<Pet> stream() {
    return Stream.generate(this);
  }
  public Pet[] array(int size) {
    return stream().limit(size).toArray(Pet[]::new);
  }
  public List<Pet> list(int size) {
    return stream().limit(size)
      .collect(Collectors.toCollection(ArrayList::new));
  }
}
```

抽象的 types() 方法需要在 Creator 的子类里实现，以生成一个包含了 Class 对象的 List。这是**模板方法**（Template Method）设计模式的一个例子。注意，List 的泛型参数被指定为"继承了 Pet 的任意子类"，因此 newInstance() 无须类型转换即可生成一个 Pet。get() 会查找 List 的索引来生成一个 Class 对象。getConstructor() 会生成一个 Constructor 对象，而 newInstance() 使用该 Constructor 来创建一个对象。

调用 newInstance() 时可能会得到四种异常。你可以在 try 块后面的 catch 子句里看到对它们的处理。这些异常的名称本身很好地解释了它们所代表的错误内容（IllegalAccessException 表示违反了 Java 的安全机制，在本例中，如果无参构造器是

private 的，就会抛出这种异常）。

Creator 类提供了几个工具方法来创建一组随机生成的 Pet：stream() 方法生成一个 Stream<Pet>，array() 方法生成一个 Pet[]，list() 方法生成一个 List<Pet>。

在实现 Creator 的子类时，必须提供一个 Pet 类型的 List，这样才可以调用 get() 方法来获取 Pet 对象。types() 方法一般来说只需要返回一个静态 List 的引用就可以了。下面是一个使用 forName() 实现的示例：

```java
// reflection/pets/ForNamePetCreator.java
package reflection.pets;
import java.util.*;

public class ForNamePetCreator extends Creator {
  private static List<Class<? extends Pet>> types =
    new ArrayList<>();
  // 你想随机生成的类型:
  private static String[] typeNames = {
    "reflection.pets.Mutt",
    "reflection.pets.Pug",
    "reflection.pets.EgyptianMau",
    "reflection.pets.Manx",
    "reflection.pets.Cymric",
    "reflection.pets.Rat",
    "reflection.pets.Mouse",
    "reflection.pets.Hamster"
  };
  @SuppressWarnings("unchecked")
  private static void loader() {
    try {
      for(String name : typeNames)
        types.add(
          (Class<? extends Pet>)Class.forName(name));
    } catch(ClassNotFoundException e) {
      throw new RuntimeException(e);
    }
  }
  static { loader(); }
  @Override public List<Class<? extends Pet>> types() {
    return types;
  }
}
```

loader() 方法使用 Class.forName() 来创建一个 Class 对象的列表，可能会抛出 ClassNotFoundException。这是合理的，因为你传递给它的是一个在编译时无法验证的字符串。Pet 对象在 reflection 包中，所以必须使用包名来引用这些类。

要生成具有实际类型的 Class 对象的列表，就需要进行强制类型转换，这会产生编译时警告。我们单独定义了 loader() 方法，然后在静态初始化块中调用了它，这是因为 @ SuppressWarnings("unchecked") 注解不能直接用于静态初始化块。

如果想要知道 Pet 有多少，我们需要一个工具来跟踪各种不同类型的 Pet 的数量。此时采用 Map 就非常适合：键可以是 Pet 类型的名称，而值则是保存了 Pet 数量的 Integer。这样，你可以查询"有多少个 Hamster 对象"，使用 instanceof 来获得对应 Pet 的数量：

```java
// reflection/PetCounter.java
// 使用 instanceof
import reflection.pets.*;
import java.util.*;

public class PetCounter {
  static class Counter extends HashMap<String,Integer> {
    public void count(String type) {
      Integer quantity = get(type);
      if(quantity == null)
        put(type, 1);
      else
        put(type, quantity + 1);
    }
  }
  private Counter counter = new Counter();
  private void countPet(Pet pet) {
    System.out.print(
      pet.getClass().getSimpleName() + " ");
    if(pet instanceof Pet)
      counter.count("Pet");
    if(pet instanceof Dog)
      counter.count("Dog");
    if(pet instanceof Mutt)
      counter.count("Mutt");
    if(pet instanceof Pug)
      counter.count("Pug");
    if(pet instanceof Cat)
      counter.count("Cat");
    if(pet instanceof EgyptianMau)
      counter.count("EgyptianMau");
    if(pet instanceof Manx)
      counter.count("Manx");
    if(pet instanceof Cymric)
      counter.count("Cymric");
    if(pet instanceof Rodent)
      counter.count("Rodent");
    if(pet instanceof Rat)
      counter.count("Rat");
    if(pet instanceof Mouse)
      counter.count("Mouse");
    if(pet instanceof Hamster)
      counter.count("Hamster");
```

```
  }
  public void count(Creator creator) {
    creator.stream().limit(20)
      .forEach(pet -> countPet(pet));
    System.out.println();
    System.out.println(counter);
  }
  public static void main(String[] args) {
    new PetCounter().count(new ForNamePetCreator());
  }
}
```

```
/* 输出:
Rat Manx Cymric Mutt Pug Cymric Pug Manx Cymric Rat
EgyptianMau Hamster EgyptianMau Mutt Mutt Cymric Mouse
Pug Mouse Cymric
{EgyptianMau=2, Pug=3, Rat=2, Cymric=5, Mouse=2, Cat=9,
Manx=7, Rodent=5, Mutt=3, Dog=6, Pet=20, Hamster=1}
*/
```

在 countPet() 中，我们使用 instanceof 来对数组里的每个 Pet 进行测试和计数。

instanceof 有一个相当严格的限制：只能将其与命名类型进行比较，而不能与一个 Class 对象进行比较。在前面的例子中，你可能认为像这样写一大堆的 instanceof 表达式很乏味，的确是这样的。但是如果你想创建一个 Class 对象数组，并将其与那些对象进行比较，从而将 instanceof 巧妙地自动化，这是不可能的（不过稍后你会看到另一个替代方案）。这个限制其实并不像你想象的那么严重，因为最终你会明白，如果代码里有许多的 instanceof 表达式，那么这个设计可能是存在缺陷的。

19.3.1 使用类字面量

如果我们使用类字面量重新实现 Creator，那么最终结果在许多方面都会显得更清晰：

```java
// reflection/pets/PetCreator.java
// 使用类字面量
// {java reflection.pets.PetCreator}
package reflection.pets;
import java.util.*;

public class PetCreator extends Creator {
  // 不需要try块
  public static final
  List<Class<? extends Pet>> ALL_TYPES =
    Collections.unmodifiableList(Arrays.asList(
      Pet.class, Dog.class, Cat.class, Rodent.class,
      Mutt.class, Pug.class, EgyptianMau.class,
```

```
    Manx.class, Cymric.class, Rat.class,
    Mouse.class, Hamster.class));
  // 随机生成的类型:
  private static final
  List<Class<? extends Pet>> TYPES =
    ALL_TYPES.subList(
      ALL_TYPES.indexOf(Mutt.class),
      ALL_TYPES.size());
  @Override
  public List<Class<? extends Pet>> types() {
    return TYPES;
  }
  public static void main(String[] args) {
    System.out.println(TYPES);
    List<Pet> pets = new PetCreator().list(7);
    System.out.println(pets);
  }
}
```

```
/* 输出:
[class reflection.pets.Mutt, class reflection.pets.Pug,
class reflection.pets.EgyptianMau, class
reflection.pets.Manx, class reflection.pets.Cymric, class
reflection.pets.Rat, class reflection.pets.Mouse, class
reflection.pets.Hamster]
[Rat, Manx, Cymric, Mutt, Pug, Cymric, Pug]
*/
```

这一次,types 的创建代码并不需要放在 try 块里,因为它在编译时被检查,所以不会抛出任何异常,这和 Class.forName() 不一样。

在即将出现的 PetCounter3.java 示例中,我们会预先加载一个包含所有 Pet 类型(不仅仅是那些随机生成的)的 Map,因此这个 ALL_TYPES 的 List 是必要的。这里的 types 列表是 ALL_TYPES(使用 List.subList() 创建)的一部分,它包含了确切的宠物类型,因此可以用来生成随机的 Pet。

PetCounter.count() 接收一个 Creator 参数,因此我们可以很容易地测试 PetCreator:

```
// reflection/PetCounter2.java
import reflection.pets.*;

public class PetCounter2 {
  public static void main(String[] args) {
    new PetCounter().count(new PetCreator());
  }
}
```

```
/* 输出：
Rat Manx Cymric Mutt Pug Cymric Pug Manx Cymric Rat
EgyptianMau Hamster EgyptianMau Mutt Mutt Cymric Mouse
Pug Mouse Cymric
{EgyptianMau=2, Pug=3, Rat=2, Cymric=5, Mouse=2, Cat=9,
Manx=7, Rodent=5, Mutt=3, Dog=6, Pet=20, Hamster=1}
*/
```

它的输出与 PetCounter.java 中的相同。

19.3.2 动态的 instanceof

Class.isInstance() 方法提供了一种动态验证对象类型的方式。因此，那些乏味的 instanceof 语句就都可以从 PetCounter.java 中删除了：

```java
// reflection/PetCounter3.java
// 使用 isInstance()
import java.util.*;
import java.util.stream.*;
import onjava.*;
import reflection.pets.*;

public class PetCounter3 {
  static class Counter extends
  HashMap<Class<? extends Pet>, Integer> {
    Counter() {
      super(PetCreator.ALL_TYPES.stream()
        .map(type -> Pair.make(type, 0))
        .collect(
          Collectors.toMap(Pair::key, Pair::value)));
    }
    public void count(Pet pet) {
    // Class.isInstance() 消除了大量的 instanceof：
      entrySet().stream()
        .filter(pair -> pair.getKey().isInstance(pet))
        .forEach(pair ->
          put(pair.getKey(), pair.getValue() + 1));
    }
    @Override public String toString() {
      String result = entrySet().stream()
        .map(pair -> String.format("%s=%s",
          pair.getKey().getSimpleName(),
          pair.getValue()))
        .collect(Collectors.joining(", "));
      return "{" + result + "}";
    }
  }
  public static void main(String[] args) {
```

```
    Counter petCount = new Counter();
    new PetCreator().stream()
      .limit(20)
      .peek(petCount::count)
      .forEach(p -> System.out.print(
        p.getClass().getSimpleName() + " "));
    System.out.println("\n" + petCount);
  }
}
```

```
/* 输出:
Rat Manx Cymric Mutt Pug Cymric Pug Manx Cymric Rat
EgyptianMau Hamster EgyptianMau Mutt Mutt Cymric Mouse
Pug Mouse Cymric
{EgyptianMau=2, Mouse=2, Pet=20, Cymric=5, Rat=2,
Dog=6, Mutt=3, Hamster=1, Cat=9, Manx=7, Rodent=5,
Pug=3}
*/
```

为了对所有不同类型的 Pet 进行计数,Counter 继承了 HashMap 并预加载了 PetCreator.
ALL_TYPES 里的类型。如果不预加载 Map 里的数据，你最终就只能对随机生成的类型进行
计数，而不能包括诸如 Pet 和 Cat 这样的基类型。

isInstance() 方法使我们不再需要 instanceof 表达式。此外，这还意味着，如果想添
加新的 Pet 类型,只需要更改 PetCreator.types 数组就可以,程序的其余部分不需要修改(但
在使用 instanceof 表达式时就不可以)。

我们重写了 toString() 方法来提供更易于阅读的输出，该输出与打印 Map 时看到的典
型输出相似。

19.3.3　递归计数

PetCounter3.Counter 中的 Map 预先加载了所有不同的 Pet 类。我们还可以使用 Class.
isAssignableFrom() 方法代替 Map 的预加载，来创建一个并不仅限于对 Pet 进行计数的通
用工具:

```
// onjava/TypeCounter.java
// 对某一类的实例进行计数
package onjava;
import java.util.*;
import java.util.stream.*;

public class
TypeCounter extends HashMap<Class<?>, Integer> {
```

```
  private Class<?> baseType;
  public TypeCounter(Class<?> baseType) {
    this.baseType = baseType;
  }
  public void count(Object obj) {
    Class<?> type = obj.getClass();
    if(!baseType.isAssignableFrom(type))
      throw new RuntimeException(
        obj + " incorrect type: " + type +
        ", should be type or subtype of " + baseType);
    countClass(type);
  }
  private void countClass(Class<?> type) {
    Integer quantity = get(type);
    put(type, quantity == null ? 1 : quantity + 1);
    Class<?> superClass = type.getSuperclass();
    if(superClass != null &&
      baseType.isAssignableFrom(superClass)) {
      countClass(superClass);
    }
  }
  @Override public String toString() {
    String result = entrySet().stream()
      .map(pair -> String.format("%s=%s",
        pair.getKey().getSimpleName(),
        pair.getValue()))
      .collect(Collectors.joining(", "));
    return "{" + result + "}";
  }
}
```

count() 方法获取其参数的 Class，并使用 isAssignableFrom() 在运行时验证传递的对象实际上在不在我们希望的层次结构里。countClass() 首先对这个确切的类型进行计数。然后，如果其基类可以赋值给 baseType，则对基类进行递归调用 countClass()。

```
// reflection/PetCounter4.java
import reflection.pets.*;
import onjava.*;

public class PetCounter4 {
  public static void main(String[] args) {
    TypeCounter counter = new TypeCounter(Pet.class);
    new PetCreator().stream()
      .limit(20)
      .peek(counter::count)
      .forEach(p -> System.out.print(
        p.getClass().getSimpleName() + " "));
    System.out.println("\n" + counter);
  }
}
```

```
/* 输出:
Rat Manx Cymric Mutt Pug Cymric Pug Manx Cymric Rat
EgyptianMau Hamster EgyptianMau Mutt Mutt Cymric Mouse
Pug Mouse Cymric
{Rodent=5, Mouse=2, Hamster=1, Cymric=5, Dog=6,
EgyptianMau=2, Pet=20, Rat=2, Pug=3, Manx=7, Cat=9,
Mutt=3}
*/
```

输出显示，该工具对基类型和确切类型都进行了计数。

19.4　注册工厂

通过 Pet 层次结构来生成对象存在一个问题，即每次向层次结构中添加新类型的 Pet 时，都必须记住将其添加到 PetCreator.java 的列表里。在一个要经常添加类的系统中，这可能会成为问题。

你可能会考虑为每个子类添加一个静态初始化器，这样初始化程序就可以将它的类添加到某个列表中。遗憾的是，静态初始化器只在类第一次加载时调用，所以你就碰上了一个"先有鸡还是先有蛋"的问题：生成器在它的列表中没有这个类，它永远不能创建这个类的对象，所以类不会被加载并放置在列表中。

基本上，你必须自己手动创建这个列表（除非你编写一个工具来搜索并分析源代码，然后创建和编译这个列表）。所以最佳的做法就是把这个列表放在一个靠近中心的、位置明显的地方。我们感兴趣的这个层次结构的基类可能就是最好的地方。

我们要做的另一处变更是使用**工厂方法**（Factory Method）设计模式来推迟对象的创建，将其交给类自己去完成。工厂方法可以被多态地调用，来创建恰当类型的对象。实际上，java.util.function.Supplier 通过它的 T get() 方法提供了一个工厂方法的原型。get() 方法可以通过协变返回类型为 Supplier 的不同子类返回对应的类型。

在此示例中，基类 Part 包含了一个工厂对象（Supplier<Part>）的静态 List。对于本应该由 get() 方法生成的类型，它们的工厂类都被添加到了列表 prototypes 里，从而"注册"到了基类中。比较特别的一点是，这些工厂是对象本身的实例。这个列表中的每个对象都是用于创建其他对象的**原型**：

```
// reflection/RegisteredFactories.java
// 在基类中注册工厂类
```

```java
import java.util.*;
import java.util.function.*;
import java.util.stream.*;

class Part implements Supplier<Part> {
  @Override public String toString() {
    return getClass().getSimpleName();
  }
  static List<Supplier<? extends Part>> prototypes =
    Arrays.asList(
      new FuelFilter(),
      new AirFilter(),
      new CabinAirFilter(),
      new OilFilter(),
      new FanBelt(),
      new PowerSteeringBelt(),
      new GeneratorBelt()
    );
  private static Random rand = new Random(47);
  @Override public Part get() {
    int n = rand.nextInt(prototypes.size());
    return prototypes.get(n).get();
  }
}

class Filter extends Part {}

class FuelFilter extends Filter {
  @Override
  public FuelFilter get() { return new FuelFilter(); }
}

class AirFilter extends Filter {
  @Override
  public AirFilter get() { return new AirFilter(); }
}

class CabinAirFilter extends Filter {
  @Override public CabinAirFilter get() {
    return new CabinAirFilter();
  }
}

class OilFilter extends Filter {
  @Override
  public OilFilter get() { return new OilFilter(); }
}

class Belt extends Part {}

class FanBelt extends Belt {
  @Override
  public FanBelt get() { return new FanBelt(); }
}
```

```
class GeneratorBelt extends Belt {
  @Override public GeneratorBelt get() {
    return new GeneratorBelt();
  }
}

class PowerSteeringBelt extends Belt {
  @Override public PowerSteeringBelt get() {
    return new PowerSteeringBelt();
  }
}

public class RegisteredFactories {
  public static void main(String[] args) {
    Stream.generate(new Part())
      .limit(10)
      .forEach(System.out::println);
  }
}
```

```
/* 输出:
GeneratorBelt
CabinAirFilter
GeneratorBelt
AirFilter
PowerSteeringBelt
CabinAirFilter
FuelFilter
PowerSteeringBelt
PowerSteeringBelt
FuelFilter
*/
```

并不是层次结构中的所有类都应该被实例化。以上示例中的 Filter 和 Belt 只是分类器，所以你不应该创建它们的实例，而只需要创建它们子类的实例（如果你尝试创建，只会得到基类 Part 的行为）。

Part 实现了 Supplier<Part>，所以它可以通过自己的 get() 提供其他的 Part 对象。如果调用了基类 Part 的 get() 方法（或者通过 generate() 调用 get()），它会随机创建特定的 Part 子类型，每个子类型最终都继承自 Part，并重写了 get() 方法来生成自身的对象。

19.5 Instanceof 与 Class 的等价性

当查询类型信息时，instanceof 和 isInstance() 的效果是一样的，而它们与 Class 对象的直接比较有着重要的区别。下面这个示例演示了它们的不同之处：

```
// reflection/FamilyVsExactType.java
// instanceof 和 class 之间的不同
// {java reflection.FamilyVsExactType}
package reflection;

class Base {}
class Derived extends Base {}

public class FamilyVsExactType {
  static void test(Object x) {
    System.out.println(
      "Testing x of type " + x.getClass());
    System.out.println(
      "x instanceof Base " + (x instanceof Base));
```

```
    System.out.println(
      "x instanceof Derived " + (x instanceof Derived));
    System.out.println(
      "Base.isInstance(x) " + Base.class.isInstance(x));
    System.out.println(
      "Derived.isInstance(x) " +
      Derived.class.isInstance(x));
    System.out.println(
      "x.getClass() == Base.class " +
      (x.getClass() == Base.class));
    System.out.println(
      "x.getClass() == Derived.class " +
      (x.getClass() == Derived.class));
    System.out.println(
      "x.getClass().equals(Base.class)) "+
      (x.getClass().equals(Base.class)));
    System.out.println(
      "x.getClass().equals(Derived.class)) " +
      (x.getClass().equals(Derived.class)));
  }
  public static void main(String[] args) {
    test(new Base());
    test(new Derived());
  }
}
```

```
/* 输出:
Testing x of type class reflection.Base
x instanceof Base true
x instanceof Derived false
Base.isInstance(x) true
Derived.isInstance(x) false
x.getClass() == Base.class true
x.getClass() == Derived.class false
x.getClass().equals(Base.class)) true
x.getClass().equals(Derived.class)) false
Testing x of type class reflection.Derived
x instanceof Base true
x instanceof Derived true
Base.isInstance(x) true
Derived.isInstance(x) true
x.getClass() == Base.class false
x.getClass() == Derived.class true
x.getClass().equals(Base.class)) false
x.getClass().equals(Derived.class)) true
*/
```

　　test() 方法使用两种形式的 instanceof 来对其参数进行类型检查。然后获取 Class 引用，并使用 == 和 equals() 来测试 Class 对象的相等性。令人欣慰的是，instanceof 和 isInstance() 产生了完全相同的结果，而 equals() 和 == 也一样。但从两组测试本身，我们可以得出不同的结论。instanceof 与类型的概念保持了一致，它相当于表示"你是这个类，还是这个类的子类"。另一方面，如果你使用 == 比较实际的 Class 对象，则不需要考虑继承——它要么是确切的类型，要么不是。

19.6 运行时的类信息

如果不知道某个对象的确切类型，instanceof 可以告诉你。但是，这里有一个限制：只有在编译时就知道的类型才能使用 instanceof 来检测，然后用获得的信息做一些有用的事情。换句话说，编译器必须知道你使用的所有类。

乍一看，这似乎并不是一个多大的限制，但假设你获取了一个不在你的程序空间的对象引用——事实上，在编译时你的程序甚至无法获知这个对象所属的类。也许你只是从磁盘文件或网络连接中获得了一堆字节，然后被告知这些字节代表一个类。这个类在编译器为你的程序生成代码之后很久才出现，那你怎么才能使用这样的类呢？

在传统的编程环境中不太可能会出现这种情况。但当我们进入一个更大的编程世界时，在一些重要场景下就会发生这种事情。首先就是基于组件的编程，在这种编程方式中，我们在构建应用程序的**集成开发环境**（IDE）中，通过**快速应用程序开发**（RAD）模式来构建项目。这是一种可视化编程方法，它通过将代表不同组件的图标拖拽到表单中来创建程序，然后在程序里通过设置组件的属性值来配置它们。这种设计时的配置，要求组件都是可实例化的，并且要公开其部分信息，以允许程序员读取和修改组件的属性。此外，处理**图形用户界面**（GUI）事件的组件还必须公开相关方法的信息，以便 IDE 能够帮助程序员重写这些处理事件的方法。反射提供了一种检测可用方法并生成方法名称的机制。

在运行时获取类信息的另一个吸引人的动机就是，希望提供通过网络在远程平台上创建和运行对象的能力。这称为**远程方法调用**（RMI），它允许 Java 程序将对象分布到多台机器上。需要这种分布能力的原因有许多，例如，你可能有一个计算密集型的任务，为了提高运算速度，可以将其分解为多个部分，分布到空闲的机器上。或者你可能希望将处理特定类型任务（例如客户 - 服务器体系结构中的"业务规则"）的代码置于特定的机器上，这样一来，这台机器就成了描述这些操作的公共场所，可以通过对它进行简单的修改来影响系统中的所有人。分布式计算还支持擅长特定任务的专用硬件——例如矩阵求逆——而这对通用程序来说就显得不太合适或者过于昂贵。

Class 类和 java.lang.reflect 库一起支持了反射，这个库里包含 Field、Method 以及 Constructor 类（每个都实现了 Member 接口）。这些类型的对象是由 JVM 在运行时创建的，用来表示未知类中对应的成员。这样你就可以使用 Constructor 来创建新的对象，使用 get() 和 set() 方法来读取和修改与 Field 对象关联的字段，使用 invoke() 方法调用与 Method 对象关联的方法。另外，你还可以很便捷地调用 getFields()、getMethods() 和 getConstructors() 等方法，以返回表示字段、方法和构造器的对象数组（你可以在 JDK

文档中查找 Class 类来了解更多信息）。这样，匿名对象的类信息可以在运行时才完全确定下来，而在编译时就不需要知道任何信息。

重要的是，要意识到反射机制并没有什么神奇之处。当使用反射与未知类型的对象打交道时，JVM 会查看这个对象，确定它属于哪个特定的类。在用它做任何事情之前，必须先加载对应的 Class 对象。因此对于 JVM 来说，该特定类型的 .class 文件必须是可用的：要么在本地机器上，要么可以通过网络获得。通过反射，在编译时不可用的 .class 文件就可以在运行时被打开和检查了。

类方法提取器

通常来说，你不会直接用到反射工具，但它有助于创建更动态的代码。反射在 Java 中可以用来支持其他特性，比如对象序列化（请参阅进阶卷附录 E）。而且有时候动态提取有关类的信息也是很有用的。

请考虑一个类方法提取器。如果我们查看一个类定义的源代码或其 JDK 文档，只能找到在**这个类中**被定义或被重写的方法。但对我们来说，可能还有更多继承自基类的可用方法。要找出这些方法既乏味又费时 [1]。幸运的是，反射提供了一种方式，让我们能够编写简单的工具来自动展示完整的接口：

```java
// reflection/ShowMethods.java
// 使用反射来显示一个类的所有方法,
// 即使这个方法是在基类中定义的
// {java ShowMethods ShowMethods}
import java.lang.reflect.*;
import java.util.regex.*;

public class ShowMethods {
  private static String usage =
    "usage:\n" +
    "ShowMethods qualified.class.name\n" +
    "To show all methods in class or:\n" +
    "ShowMethods qualified.class.name word\n" +
    "To search for methods involving 'word'";
  private static Pattern p = Pattern.compile("\\w+\\.");
  public static void main(String[] args) {
    if(args.length < 1) {
      System.out.println(usage);
      System.exit(0);
    }
    int lines = 0;
    try {
      Class<?> c = Class.forName(args[0]);
```

---

[1] 在过去尤其是这样。不过现在 Java 的 HTML 文档有了重大改进，使得查看基类方法变得更加容易。

```
        Method[] methods = c.getMethods();
        Constructor[] ctors = c.getConstructors();
        if(args.length == 1) {
          for(Method method : methods)
            System.out.println(
              p.matcher(
                method.toString()).replaceAll(""));
          for(Constructor ctor : ctors)
            System.out.println(
              p.matcher(ctor.toString()).replaceAll(""));
          lines = methods.length + ctors.length;
        } else {
          for(Method method : methods)
            if(method.toString().contains(args[1])) {
              System.out.println(p.matcher(
                method.toString()).replaceAll(""));
              lines++;
            }
          for(Constructor ctor : ctors)
            if(ctor.toString().contains(args[1])) {
              System.out.println(p.matcher(
                ctor.toString()).replaceAll(""));
              lines++;
            }
        }
      } catch(ClassNotFoundException e) {
        System.out.println("No such class: " + e);
      }
    }
  }
                            /* 输出:
                            public static void main(String[])
                            public final void wait(long,int) throws
                            InterruptedException
                            public final native void wait(long) throws
                            InterruptedException
                            public final void wait() throws InterruptedException
                            public boolean equals(Object)
                            public String toString()
                            public native int hashCode()
                            public final native Class getClass()
                            public final native void notify()
                            public final native void notifyAll()
                            public ShowMethods()
                            */
```

Class 类里的方法 getMethods() 和 getConstructors() 分别返回了 Method 对象的数组和 Constructor 对象的数组。这两个类都提供了对应的方法，来进一步解析它们所代表的方法，并获取其名称、参数和返回值的相关信息。但你也可以像上面的示例那样，只使用 toString() 方法来生成一个含有完整的方法签名的字符串。其他部分的代码提取了命令行信息，判断某个特定的方法签名是否与我们的目标字符串相匹配（使用 contains()），并使用正则表达式去掉了名称限定符（在第 18 章中介绍过）。

Class.forName() 生成的结果在编译时是未知的，因此所有的方法签名信息都是在运行时提取的。如果研究一下 JDK 文档中关于反射的部分，你就会发现，反射提供了足够的支持，来创建一个在编译时完全未知的对象，并调用此对象的方法（本书后面有这样的例子）。虽然一开始你可能认为自己永远不会用到这些功能，但是反射的价值可能会令你惊讶。上面的输出是从下面的命令行产生的：

```
java ShowMethods ShowMethods
```

输出里包含了一个 public 的无参构造器，即使代码中没有定义任何构造器。你看到的这个构造器是由编译器自动合成的。如果将 ShowMethods 设为非 public 类（即包访问权限），那么这个自动合成的无参构造器就不会在输出中显示了。合成的无参构造器会自动获得与类相同的访问权限。

你可以尝试运行带有 char、int、String 等额外参数的 java ShowMethods java.lang.String。

在编写程序时，如果你不记得一个类是否有某个特定的方法，并且也不想在 JDK 文档中查找索引或类层次结构，或者你不知道这个类是否可以对某个对象（比如 Color 对象）做些什么，那么这个工具可以替你节省很多时间。

19.7 动态代理

代理（proxy）是基本的设计模式之一。它是为了代替"实际"对象而插入的一个对象，从而提供额外的或不同的操作。这些操作通常涉及与"实际"对象的通信，因此代理通常充当中间人的角色。下面是一个用来展示代理结构的简单示例：

```java
// reflection/SimpleProxyDemo.java

interface Interface {
  void doSomething();
  void somethingElse(String arg);
}

class RealObject implements Interface {
  @Override public void doSomething() {
    System.out.println("doSomething");
  }
```

```java
  @Override public void somethingElse(String arg) {
    System.out.println("somethingElse " + arg);
  }
}

class SimpleProxy implements Interface {
  private Interface proxied;
  SimpleProxy(Interface proxied) {
    this.proxied = proxied;
  }
  @Override public void doSomething() {
    System.out.println("SimpleProxy doSomething");
    proxied.doSomething();
  }
  @Override public void somethingElse(String arg) {
    System.out.println(
      "SimpleProxy somethingElse " + arg);
    proxied.somethingElse(arg);
  }
}

class SimpleProxyDemo {
  public static void consumer(Interface iface) {
    iface.doSomething();
    iface.somethingElse("bonobo");
  }
  public static void main(String[] args) {
    consumer(new RealObject());
    consumer(new SimpleProxy(new RealObject()));
  }
}
/* 输出:
doSomething
somethingElse bonobo
SimpleProxy doSomething
doSomething
SimpleProxy somethingElse bonobo
somethingElse bonobo
*/
```

consumer() 方法接受一个 Interface 参数，所以它不知道自己得到的是一个 RealObject 还是一个 SimpleProxy，两者都实现了 Interface 接口。SimpleProxy 被插入到客户端和 RealObject 之间来执行操作，然后调用 RealObject 的相同方法。

在任何时候，如果你想要将额外的操作从"实际"对象中分离出来，特别是当你没有使用这些额外操作，但希望很轻松地就能改成使用，或反过来，这时代理就很有用了（设计模式的关注点就是封装修改——因此你需要做对应的修改来适应模式）。例如，如果你希望跟踪对 RealObject 中方法的调用，或者测量此类调用的开销，该怎么办？你肯定不希望在应用程序中包含这些代码，而代理可以让你很容易地添加或删除它们。

Java 的**动态代理**（dynamic proxy）比代理更进一步，它可以动态地创建代理，并动态地处理对所代理方法的调用。在动态代理上进行的所有调用都会被重定向到一个**调用处理器**（invocation handler）上，这个调用处理器的工作就是发现这是什么调用，然后决定如何处理它。下面是用动态代理重写的 SimpleProxyDemo.java：

```
// reflection/SimpleDynamicProxy.java
import java.lang.reflect.*;

class DynamicProxyHandler implements InvocationHandler {
  private Object proxied;
  DynamicProxyHandler(Object proxied) {
    this.proxied = proxied;
  }
  @Override public Object
  invoke(Object proxy, Method method, Object[] args)
  throws Throwable {
    System.out.println(
      "**** proxy: " + proxy.getClass() +
      ", method: " + method + ", args: " + args);
    if(args != null)
      for(Object arg : args)
        System.out.println("  " + arg);
    return method.invoke(proxied, args);
  }
}

class SimpleDynamicProxy {
  public static void consumer(Interface iface) {
    iface.doSomething();
    iface.somethingElse("bonobo");
  }
  public static void main(String[] args) {
    RealObject real = new RealObject();
    consumer(real);
    // 插入一个代理然后再次调用:
    Interface proxy = (Interface)Proxy.newProxyInstance(
      Interface.class.getClassLoader(),
      new Class[]{ Interface.class },
      new DynamicProxyHandler(real));
    consumer(proxy);
  }
}
/* 输出:
doSomething
somethingElse bonobo
**** proxy: class $Proxy0, method: public abstract void
Interface.doSomething(), args: null
doSomething
**** proxy: class $Proxy0, method: public abstract void
Interface.somethingElse(java.lang.String), args:
[Ljava.lang.Object;@1b84c92
  bonobo
somethingElse bonobo
*/
```

我们通过调用静态方法 `Proxy.newProxyInstance()` 来创建动态代理，它需要三个参数：一个类加载器（通常可以从一个已经加载的对象里获取其类加载器，然后传递给它就可以了），一个希望代理实现的接口列表（不是类或抽象类），以及 `InvocationHandler` 接口的一个实现。动态代理会将所有调用重定向到调用处理器，因此调用处理器的构造器通常会获得"实际"对象的引用，以便它在执行完自己的中间任务后可以转发请求。

代理对象传递给了 `invoke()` 方法来处理，以防你需要区分请求的来源，但是在许多情况下，你并不关心这一点。不过，在 `invoke()` 内部调用代理的方法时需要小心，因为对接口的调用是通过代理进行重定向的。

通常，你会执行被代理的操作，然后使用 `Method.invoke()` 方法将请求转发给被代理的对象，并传入必要的参数。乍一看这可能有些受限，就好像你只能执行通用的操作一样。但是，你可以过滤某些方法调用，同时又放行其他的方法调用：

```java
// reflection/SelectingMethods.java
// 在动态代理中寻找特定的方法
import java.lang.reflect.*;

class MethodSelector implements InvocationHandler {
  private Object proxied;
  MethodSelector(Object proxied) {
    this.proxied = proxied;
  }
  @Override public Object
  invoke(Object proxy, Method method, Object[] args)
  throws Throwable {
    if(method.getName().equals("interesting"))
      System.out.println(
        "Proxy detected the interesting method");
    return method.invoke(proxied, args);
  }
}

interface SomeMethods {
  void boring1();
  void boring2();
  void interesting(String arg);
  void boring3();
}

class Implementation implements SomeMethods {
  @Override public void boring1() {
    System.out.println("boring1");
  }
  @Override public void boring2() {
    System.out.println("boring2");
  }
```

```
/* 输出:
boring1
boring2
Proxy detected the interesting method
interesting bonobo
boring3
*/
```

```
  @Override public void interesting(String arg) {
    System.out.println("interesting " + arg);
  }
  @Override public void boring3() {
    System.out.println("boring3");
  }
}

class SelectingMethods {
  public static void main(String[] args) {
    SomeMethods proxy =
      (SomeMethods)Proxy.newProxyInstance(
        SomeMethods.class.getClassLoader(),
        new Class[]{ SomeMethods.class },
        new MethodSelector(new Implementation()));
    proxy.boring1();
    proxy.boring2();
    proxy.interesting("bonobo");
    proxy.boring3();
  }
}
```

在这里，我们只是查看了方法名称，但你还可以查看方法签名的其他方面，甚至可以搜索特定的参数值。

动态代理并不是日常使用的工具，但它可以很好地解决某些类型的问题。在 Erich Gamma 等人撰写的《设计模式：可复用面向对象软件的基础》一书和本书的进阶卷第 8 章中，你可以了解更多有关代理和其他设计模式的信息。

19.8　使用 Optional

当使用内置的 null 来表示对象不存在时，为了确保安全，你必须在每次使用对象的引用时都测试一下它是否为 null。这会变得很乏味，并产生冗长的代码。问题在于 null 没有自己的行为，而当你尝试用它做任何事情时，都会产生一个 NullPointerException。我们在第 13 章中介绍过 java.util.Optional，它创建了一个简单的代理来屏蔽潜在的 null 值。Optional 对象会阻止你的代码直接抛出 NullPointerException。

尽管 Optional 是在 Java 8 中引入来支持 Stream 的，但它是一个通用工具，可以应用于普通类就证明了这一点。这个主题之所以包含在本章中，是因为涉及运行时检查。

在实际应用中，到处使用 Optional 是没有意义的——有时判断一下是否为 null 没什么不好，有时你可以合理地假设自己不会遇到 null，有时甚至通过 NullPointerException 来检测异常也是可以接受的。Optional 看起来在"更接近数据"的地方最有用，此时对象代表问题空间中的实体。举个简单的例子，许多系统里有 Person 类，但在代码中，有些情况下你并没有获得这样一个实际的对象（或者你可能有，但还没有关于那个对象的所有信息），所以通常你会使用一个 null 引用来表示，然后对其进行检查。而现在我们就可以使用 Optional 来代替了：

```java
// reflection/Person.java
// 在普通类里使用 Optional
import onjava.*;
import java.util.*;

class Person {
  public final Optional<String> first;
  public final Optional<String> last;
  public final Optional<String> address;
  // 省略其余代码
  public final boolean empty;
  Person(String first, String last, String address) {
    this.first = Optional.ofNullable(first);
    this.last = Optional.ofNullable(last);
    this.address = Optional.ofNullable(address);
    empty = !this.first.isPresent()
        && !this.last.isPresent()
        && !this.address.isPresent();
  }
  Person(String first, String last) {
    this(first, last, null);
  }
  Person(String last) { this(null, last, null); }
  Person() { this(null, null, null); }
  @Override public String toString() {
    if(empty)
      return "<Empty>";
    return (first.orElse("") +
      " " + last.orElse("") +
      " " + address.orElse("")).trim();
  }
  public static void main(String[] args) {
    System.out.println(new Person());
    System.out.println(new Person("Smith"));
    System.out.println(new Person("Bob", "Smith"));
    System.out.println(new Person("Bob", "Smith",
      "11 Degree Lane, Frostbite Falls, MN"));
  }
}
/* 输出:
<Empty>
Smith
Bob Smith
Bob Smith 11 Degree Lane, Frostbite Falls, MN
*/
```

Person 的设计有时被称为"数据传输对象"。注意，所有的字段都是 public 和 final 的，因此没有 getter 和 setter 方法。也就是说，Person 是**不可变**的——你只能用构造器设置值，然后读取这些值，但你不能修改它们（字符串本身是不可变的，所以你不能修改字符串的内容，也不能给字段重新赋值）。要更改 Person，你只能将其替换为新的 Person 对象。empty 字段在构造期间赋值，以便轻松地检查这个 Person 是否代表一个空对象。

任何使用 Person 的人在访问这些字符串字段时都会被强制使用 Optional 接口，因此不会意外触发 NullPointerException。

现在假设你已经为自己的惊人创意获得了大量风险投资，并准备好了要招聘人员。但在职位空缺时，你可以用 Optional 来为 Position 的 Person 字段提供占位符：

```java
// reflection/Position.java
import java.util.*;

class EmptyTitleException extends RuntimeException {}

class Position {
  private String title;
  private Person person;
  Position(String jobTitle, Person employee) {
    setTitle(jobTitle);
    setPerson(employee);
  }
  Position(String jobTitle) {
    this(jobTitle, null);
  }
  public String getTitle() { return title; }
  public void setTitle(String newTitle) {
    // 如果 newTitle 是 null, 则抛出 EmptyTitleException:
    title = Optional.ofNullable(newTitle)
      .orElseThrow(EmptyTitleException::new);
  }
  public Person getPerson() { return person; }
  public void setPerson(Person newPerson) {
    // 如果 newPerson 是 null, 则使用一个空的 Person:
    person = Optional.ofNullable(newPerson)
      .orElse(new Person());
  }
  @Override public String toString() {
    return "Position: " + title +
      ", Employee: " + person;
  }
  public static void main(String[] args) {
    System.out.println(new Position("CEO"));
    System.out.println(new Position("Programmer",
      new Person("Arthur", "Fonzarelli")));
```

```
    try {
      new Position(null);
    } catch(Exception e) {
      System.out.println("caught " + e);
    }
  }
}
```

```
/* 输出:
Position: CEO, Employee: <Empty>
Position: Programmer, Employee: Arthur Fonzarelli
caught EmptyTitleException
*/
```

这个示例以不同的方式来使用 Optional。注意，title 和 person 都是普通字段，不受 Optional 的保护。但是，修改这些字段唯一的方法是通过 setTitle() 和 setPerson()，而这两者都使用了 Optional 的功能来对字段加以限制。

我们想要保证 title 永远不会被设置为 null。在 setTitle() 方法中，我们可以自己检查 newTitle 参数。但是函数式编程的很大一部分就是能够重用经过尝试和验证的功能，即便这些功能通常很小，这样可以减少手动编写代码时犯的各种小错误。所以我们用 ofNullable() 把 newTitle 转换成 Optional，这意味着如果 newTitle 是 null，它将生成一个 Optional.empty()。然后立即获取该 Optional 结果，并调用它的 orElseThrow() 方法，此时如果 newTitle 为 null，将得到一个异常。我们并没有将该字段存储为 Optional，但使用了 Optional 的功能来对 title 字段施加想要的约束。

EmptyTitleException 是一个 RuntimeException，因为它代表了一个程序员错误。在这个方案里你仍然得到了一个异常，但你是在错误发生的时候得到它的——也就是当 null 被传递给 setTitle() 时——而不是在程序中的其他地方，如果在其他地方的话你就不得不对程序进行调试才能发现问题所在。此外，EmptyTitleException 的使用有助于进一步定位错误。

person 字段具有不同的约束：如果尝试将其设置为 null，它会自动设置为一个空的 Person 对象。我们使用与之前相同的方法将其转换为 Option，但在这个例子中，当提取结果时，我们使用了 orElse(new Person()) 将 null 替换成空的 Person 来插入。

对于 Position，我们不需要创建"空"的标记或方法，因为如果 person 字段的值是一个空的 Person 对象，这就意味着这个 Position 还是处于空缺状态。稍后，你可能会发现必须在此处添加一些明确的内容，但是根据 YAGNI[①]（You Aren't Going to Need It，你并

---

① 极限编程（Extreme Programming, XP）的一项宗旨就是"尝试最简单且可行的事情"。

不需要它）原则，在初稿中只"尝试最简单且可行的事情"，直到程序的某些方面要求你添加额外的功能，而不是一开始就假设它是必要的。

注意 Staff 类轻松地忽略了 Optional 的存在，尽管你知道它们在那里，保护你免受 NullPointerException 的影响：

```java
// reflection/Staff.java
import java.util.*;

public class Staff extends ArrayList<Position> {
  public void add(String title, Person person) {
    add(new Position(title, person));
  }
  public void add(String... titles) {
    for(String title : titles)
      add(new Position(title));
  }
  public Staff(String... titles) { add(titles); }
  public boolean positionAvailable(String title) {
    for(Position position : this)
      if(position.getTitle().equals(title) &&
        position.getPerson().empty)
        return true;
    return false;
  }
  public void fillPosition(String title, Person hire) {
    for(Position position : this)
      if(position.getTitle().equals(title) &&
        position.getPerson().empty) {
        position.setPerson(hire);
        return;
      }
    throw new RuntimeException(
      "Position " + title + " not available");
  }
  public static void main(String[] args) {
    Staff staff = new Staff("President", "CTO",
      "Marketing Manager", "Product Manager",
      "Project Lead", "Software Engineer",
      "Software Engineer", "Software Engineer",
      "Software Engineer", "Test Engineer",
      "Technical Writer");
    staff.fillPosition("President",
      new Person("Me", "Last", "The Top, Lonely At"));
    staff.fillPosition("Project Lead",
      new Person("Janet", "Planner", "The Burbs"));
    if(staff.positionAvailable("Software Engineer"))
      staff.fillPosition("Software Engineer",
        new Person(
          "Bob", "Coder", "Bright Light City"));
```

```
    System.out.println(staff);
  }
}
```

```
/* 输出:
[Position: President, Employee: Me Last The Top, Lonely
At, Position: CTO, Employee: <Empty>, Position:
Marketing Manager, Employee: <Empty>, Position: Product
Manager, Employee: <Empty>, Position: Project Lead,
Employee: Janet Planner The Burbs, Position: Software
Engineer, Employee: Bob Coder Bright Light City,
Position: Software Engineer, Employee: <Empty>,
Position: Software Engineer, Employee: <Empty>,
Position: Software Engineer, Employee: <Empty>,
Position: Test Engineer, Employee: <Empty>, Position:
Technical Writer, Employee: <Empty>]
*/
```

在某些地方可能仍然需要检查 Optional，这与检查 null 没有什么不同，但在其他地方（例如本例中的 toString() 转换）不需要进行额外的检查，可以直接假设所有的对象引用都是有效的。

19.8.1　标签接口

有时使用**标签接口**（tagging interface）来表示可空性更方便。标签接口没有元素，我们只是将它的名称当作标签来使用：

```
// onjava/Null.java
package onjava;
public interface Null {}
```

如果你使用的是接口而不是具体类，那么就可以使用 DynamicProxy 来自动生成 Null。假设有一个 Robot 接口，它定义了名称、模型以及一个描述了自身功能的 List<Operation>：

```
// reflection/Robot.java
import onjava.*;
import java.util.*;

public interface Robot {
  String name();
  String model();
  List<Operation> operations();
  static void test(Robot r) {
    if(r instanceof Null)
      System.out.println("[Null Robot]");
    System.out.println("Robot name: " + r.name());
    System.out.println("Robot model: " + r.model());
```

```
    for(Operation operation : r.operations()) {
      System.out.println(operation.description.get());
      operation.command.run();
    }
  }
}
```

可以通过调用 operations() 来访问 Robot 的服务。Robot 还包含了一个静态方法来执行测试。

Operation 包含一个描述和一个命令 [这是一种**命令模式**（Command pattern）]。它们被定义为对函数式接口的引用，这样你就可以将 lambda 表达式或方法引用传递给 Operation 的构造器：

```
// reflection/Operation.java
import java.util.function.*;

public class Operation {
  public final Supplier<String> description;
  public final Runnable command;
  public
  Operation(Supplier<String> descr, Runnable cmd) {
    description = descr;
    command = cmd;
  }
}
```

现在可以创建一个扫雪的 Robot：

```
// reflection/SnowRobot.java
import java.util.*;

public class SnowRobot implements Robot {
  private String name;
  public SnowRobot(String name) {
    this.name = name;
  }
  @Override public String name() { return name; }
  @Override public String model() {
    return "SnowBot Series 11";
  }
  private List<Operation> ops = Arrays.asList(
    new Operation(
      () -> name + " can shovel snow",
      () -> System.out.println(
        name + " shoveling snow")),
    new Operation(
      () -> name + " can chip ice",
      () -> System.out.println(name + " chipping ice")),
```

```
/* 输出:
Robot name: Slusher
Robot model: SnowBot Series 11
Slusher can shovel snow
Slusher shoveling snow
Slusher can chip ice
Slusher chipping ice
Slusher can clear the roof
Slusher clearing roof
*/
```

```
    new Operation(
      () -> name + " can clear the roof",
      () -> System.out.println(
        name + " clearing roof")));
  @Override
  public List<Operation> operations() { return ops; }
  public static void main(String[] args) {
    Robot.test(new SnowRobot("Slusher"));
  }
}
```

可能会有许多不同类型的 Robot，而且对于每种 Robot 类型，如果为 Null，则做一些特殊操作——本例中会提供 Robot 的确切类型信息。此信息由动态代理捕获：

```
// reflection/NullRobot.java
// 使用动态代理来创建一个 Optional
import java.lang.reflect.*;
import java.util.*;
import java.util.stream.*;
import onjava.*;

class NullRobotProxyHandler
implements InvocationHandler {
  private String nullName;
  private Robot proxied = new NRobot();
  NullRobotProxyHandler(Class<? extends Robot> type) {
    nullName = type.getSimpleName() + " NullRobot";
  }
  private class NRobot implements Null, Robot {
    @Override
    public String name() { return nullName; }
    @Override
    public String model() { return nullName; }
    @Override public List<Operation> operations() {
      return Collections.emptyList();
    }
  }
  @Override public Object
  invoke(Object proxy, Method method, Object[] args)
  throws Throwable {
    return method.invoke(proxied, args);
  }
}

public class NullRobot {
  public static Robot
  newNullRobot(Class<? extends Robot> type) {
    return (Robot)Proxy.newProxyInstance(
      NullRobot.class.getClassLoader(),
      new Class[]{ Null.class, Robot.class },
      new NullRobotProxyHandler(type));
```

```
  }
  public static void main(String[] args) {
    Stream.of(
      new SnowRobot("SnowBee"),
      newNullRobot(SnowRobot.class)
    ).forEach(Robot::test);
  }
}
```

```
/* 输出:
Robot name: SnowBee
Robot model: SnowBot Series 11
SnowBee can shovel snow
SnowBee shoveling snow
SnowBee can chip ice
SnowBee chipping ice
SnowBee can clear the roof
SnowBee clearing roof
[Null Robot]
Robot name: SnowRobot NullRobot
Robot model: SnowRobot NullRobot
*/
```

每当需要一个空的 Robot 对象时，调用 newNullRobot() 即可，传递给它想要的 Robot 类型，它会返回一个代理。代理会同时满足 Robot 和 Null 接口的要求，并提供它所代理的类型的特定名称。

19.8.2　模拟对象和桩

模拟对象（Mock Object）和**桩**（Stub）是 Optional 的逻辑变体。这两个都是在最终的程序中使用的"实际"对象的代理。模拟对象和桩都假装是提供真实信息的实际对象，而不会像 Optional 那样隐藏对象，甚至包括 null 对象。

模拟对象和桩之间的区别在于程度的不同。模拟对象往往是轻量级和自测试的，通常我们创建很多模拟对象是为了处理各种不同的测试情况。桩只返回桩数据，它通常是重量级的，并且经常在测试之间重用。桩可以根据它们的调用方式，通过配置进行更改。所以桩是一个复杂的对象，它只做一件事情。如果你需要做很多事情，通常会创建很多小而简单的模拟对象。

19.9　接口和类型信息

interface 关键字的一个重要目标是允许程序员隔离组件，从而减少耦合。如果只和接口通信，那么就可以实现这一目标，但是通过类型信息可能会绕过它——接口并不一定保证解耦。假设我们从一个接口开始：

```
// reflection/interfacea/A.java
package reflection.interfacea;

public interface A {
```

```
    void f();
}
```

下面的示例显示了如何偷偷访问实际的实现类型：

```
// reflection/InterfaceViolation.java
// 偷偷绕过接口
import reflection.interfacea.*;

class B implements A {
  @Override public void f() {}
  public void g() {}
}

public class InterfaceViolation {
  public static void main(String[] args) {
    A a = new B();
    a.f();
    // a.g(); // 编译错误
    System.out.println(a.getClass().getName());
    if(a instanceof B) {
      B b = (B)a;
      b.g();
    }
  }
}
/* 输出:
B
*/
```

通过反射，可以发现 a 实际上是被当作 B 实现的。通过强制转型为 B，我们可以调用不在 A 中的方法。

这是完全合法并且可接受的，但你可能不希望客户程序员这样做，因为这给了他们一个机会，让他们的代码与你的代码耦合程度超出你的期望。也就是说，你可能认为 interface 关键字正在保护着你，但事实并非如此，而且本例中使用 B 来实现 A 这一事实，实际上是公开可见的 [1]。

一种解决方案是直接声明，如果程序员决定使用实际的类而不是接口，他们就得自己承担后果。在许多情况下这可能是合理的，但如果事实并非如此，你就需要实施更严格的控制。

最简单的方法是使用包访问权限来实现，这样包外的客户就看不到它了：

---

[1] 最著名的案例是 Windows 操作系统，它有一个已发布 API 供你调用，还有一组未发布但可见的函数，可以让你发现并调用。为了解决问题，程序员使用了隐藏的 API 函数，这迫使微软公司将它们作为公共 API 的一部分进行维护。这成了使微软公司投入巨额成本和大量精力的无底洞。

```
// reflection/packageaccess/HiddenC.java
package reflection.packageaccess;
import reflection.interfacea.*;

class C implements A {
  @Override public void f() {
    System.out.println("public C.f()");
  }
  public void g() {
    System.out.println("public C.g()");
  }
  void u() {
    System.out.println("package C.u()");
  }
  protected void v() {
    System.out.println("protected C.v()");
  }
  private void w() {
    System.out.println("private C.w()");
  }
}

public class HiddenC {
  public static A makeA() { return new C(); }
}
```

类 HiddenC 是这个包唯一的 public 部分，调用它时会生成一个 A 接口。即使 makeA() 返回了一个 C 类型，在包外仍然不能使用除 A 外的任何事物，因为你不能在包外命名 C。

现在，如果尝试向下转型为 C，你会发现无法做到，因为包外没有可用的 C 类型：

```
// reflection/HiddenImplementation.java
// 偷偷绕过包隐藏
import reflection.interfacea.*;
import reflection.packageaccess.*;
import java.lang.reflect.*;

public class HiddenImplementation {
  public static void
  main(String[] args) throws Exception {
    A a = HiddenC.makeA();
    a.f();
    System.out.println(a.getClass().getName());
    // 编译错误：无法找到符号 'C'：
    /* if(a instanceof C) {
      C c = (C)a;
      c.g();
    } */
```

```
    // 呀! 反射仍然允许我们调用 g():
    callHiddenMethod(a, "g");
    // 甚至访问权限更小的方法:
    callHiddenMethod(a, "u");          /* 输出:
    callHiddenMethod(a, "v");          public C.f()
    callHiddenMethod(a, "w");          reflection.packageaccess.C
  }                                    public C.g()
  static void                          package C.u()
  callHiddenMethod(Object a, String methodName)   protected C.v()
  throws Exception {                   private C.w()
    Method g =                         */
      a.getClass().getDeclaredMethod(methodName);
    g.setAccessible(true);
    g.invoke(a);
  }
}
```

你仍然可以使用反射来访问并调用**所有**的方法, 甚至包括 private 的方法! 如果你知道方法的名称, 就可以通过调用 Method 对象的 setAccessible(true) 来设置, 从而让这个方法可以被调用, 就像 callHiddenMethod() 中所示的那样。

你可能认为通过仅发布已编译的代码可以防止这种情况, 但这不是解决方案。只需要运行 JDK 自带的反编译器 javap 就能绕过它。下面是要运行的命令行:

```
javap -private C
```

-private 标志表示需要显示所有成员, 甚至包括私有成员。输出如下:

```
class reflection.packageaccess.C extends
java.lang.Object implements reflection.interfacea.A {
  reflection.packageaccess.C();
  public void f();
  public void g();
  void u();
  protected void v();
  private void w();
}
```

因此, 任何人都可以获取你最私有的方法的名称和签名, 并调用它们。

如果将接口实现为私有内部类会怎样? 下面的示例展示了这种情况:

```
// reflection/InnerImplementation.java
// 私有内部类无法躲过反射
import reflection.interfacea.*;

class InnerA {
```

```
      private static class C implements A {
        @Override public void f() {
          System.out.println("public C.f()");
        }
        public void g() {
          System.out.println("public C.g()");
        }
        void u() {
          System.out.println("package C.u()");
        }
        protected void v() {
          System.out.println("protected C.v()");
        }
        private void w() {
          System.out.println("private C.w()");
        }
      }
      public static A makeA() { return new C(); }
    }

    public class InnerImplementation {
      public static void
      main(String[] args) throws Exception {
        A a = InnerA.makeA();
        a.f();
        System.out.println(a.getClass().getName());
        // 反射仍然能访问私有类内部:
        HiddenImplementation.callHiddenMethod(a, "g");
        HiddenImplementation.callHiddenMethod(a, "u");
        HiddenImplementation.callHiddenMethod(a, "v");
        HiddenImplementation.callHiddenMethod(a, "w");
      }
    }
```

```
/* 输出:
public C.f()
InnerA$C
public C.g()
package C.u()
protected C.v()
private C.w()
*/
```

这里对反射仍然没有隐藏任何东西。那么匿名类呢?

```
// reflection/AnonymousImplementation.java
// 匿名内部类无法躲过反射
import reflection.interfacea.*;

class AnonymousA {
  public static A makeA() {
    return new A() {
      @Override public void f() {
        System.out.println("public C.f()");
      }
      public void g() {
        System.out.println("public C.g()");
      }
      void u() {
        System.out.println("package C.u()");
```

```
    }
      protected void v() {
        System.out.println("protected C.v()");
      }
      private void w() {
        System.out.println("private C.w()");
      }
    };
  }
}

public class AnonymousImplementation {
  public static void
  main(String[] args) throws Exception {
    A a = AnonymousA.makeA();
    a.f();
    System.out.println(a.getClass().getName());
    // 反射仍然能访问匿名类内部:
    HiddenImplementation.callHiddenMethod(a, "g");
    HiddenImplementation.callHiddenMethod(a, "u");
    HiddenImplementation.callHiddenMethod(a, "v");
    HiddenImplementation.callHiddenMethod(a, "w");
  }
}
```

```
/* 输出:
public C.f()
AnonymousA$1
public C.g()
package C.u()
protected C.v()
private C.w()
*/
```

看来没有任何方法可以阻止反射进入并调用非公共访问权限的方法。对于字段，甚至是 private 的字段，也是如此：

```
// reflection/ModifyingPrivateFields.java
import java.lang.reflect.*;

class WithPrivateFinalField {
  private int i = 1;
  private final String s = "I'm totally safe";
  private String s2 = "Am I safe?";
  @Override public String toString() {
    return "i = " + i + ", " + s + ", " + s2;
  }
}

public class ModifyingPrivateFields {
  public static void
  main(String[] args) throws Exception {
    WithPrivateFinalField pf =
      new WithPrivateFinalField();
    System.out.println(pf);
    Field f = pf.getClass().getDeclaredField("i");
    f.setAccessible(true);
    System.out.println(
      "f.getInt(pf): " + f.getInt(pf));
    f.setInt(pf, 47);
```

```
        System.out.println(pf);
        f = pf.getClass().getDeclaredField("s");
        f.setAccessible(true);
        System.out.println("f.get(pf): " + f.get(pf));
        f.set(pf, "No, you're not!");
        System.out.println(pf);
        f = pf.getClass().getDeclaredField("s2");
        f.setAccessible(true);
        System.out.println("f.get(pf): " + f.get(pf));
        f.set(pf, "No, you're not!");
        System.out.println(pf);
    }
}
```

```
/* 输出:
i = 1, I'm totally safe, Am I safe?
f.getInt(pf): 1
i = 47, I'm totally safe, Am I safe?
f.get(pf): I'm totally safe
i = 47, I'm totally safe, Am I safe?
f.get(pf): Am I safe?
i = 47, I'm totally safe, No, you're not!
*/
```

不过，final 字段实际上是安全的，不会发生变化。运行时系统在接受任何更改尝试时并不会报错，但实际上什么也不会发生。

一般来说，这些访问违规并不是世界上最糟糕的事情。如果有人使用这种技术来调用你标记为 private 或包访问权限的方法（即这些方法不应该被调用），那么当你更改这些方法的某些方面时，他们就不应该抱怨。此外，Java 语言提供了一个后门来访问类，这一事实可以让你能够解决某些特定类型的问题。如果没有这个后门的话，这些问题会难以解决，甚至不可能解决。反射带来的好处通常很难否认。

程序员经常对语言提供的访问控制过于自信，以至于相信在安全性方面，Java 比其他提供了（显然）不太严格的访问控制的语言更优越 [①]。正如你所看到的，事实并非如此。

19.10　总结

反射从匿名的基类引用中发现类型信息。初学者极易误用它，因为在学会使用多态方法调用之前，使用反射可能感觉很合理。对有过程化编程背景的人来说，很难不把程序组织成一系列的 switch 语句。你可以用反射实现这一点，但是这样的话，就在代码开发和维护过程中失去了多态的重要价值。面向对象编程语言的目的就是，在任何可能的地方都使

---

① 例如，在 Python 中，你在要隐藏的元素前面放置一个双下划线 __，如果尝试在类或包之外访问它，运行时系统就会报错。

用多态，而只在必要的时候使用反射。

但是，如果想按预期使用多态方法调用，就需要控制基类的定义，因为在扩展程序的时候，你可能会发现基类并未包含自己想要的方法。如果基类来自别人的库，一种解决方案就是反射：你可以继承一个新类，然后添加额外的方法。在代码的其他地方，你可以检查自己特定的类型，并调用这个特殊方法。这样做不会破坏程序的多态性以及可扩展性，因为只添加一个新类型的话，并不会让你在程序中到处查找 switch 语句来修改。但如果添加需要新功能的代码，就必须使用反射来检查你的特定类型。

将某个功能放在基类中可能意味着，为了某个特定类的利益，接口变得不那么合理。例如，考虑一个代表乐器的类层次结构。假设我们想清洁管弦乐队中某些乐器的排气阀。一个办法是在基类 Instrument 中放置一个 clearSpitValve() 方法，但这会造成混淆，因为它暗示 Percussion、Stringed 和 Electronic 这些乐器也有排气阀。反射可以提供一个合理的解决方案，你可以将方法放在合适的特定类中（在本例中为 Wind）。同时，你可能会发现一个更合理的解决方案，例如在基类中提供一个 prepareInstrument() 方法。但是，当你第一次解决问题时，可能看不到这样的解决方案，而错误地认为必须使用反射。

最后，反射有时能解决效率问题。假设你的代码使用了多态，但是其中某个对象运行这种通用代码的效率极低。你可以使用反射来选择该类型，然后为其编写特定场景的代码来提高效率。但是，请注意不要过早为提高效率而编程。这是一个诱人的陷阱。最好让程序**先**运行起来，再考虑它是否运行得足够快，如果想要解决效率问题，则应该使用分析器（profiler）。

我们还看到，由于反射允许更加动态的编程风格，因此它开创了一个包含各种可能性的编程新世界。对某些人来说，反射的这种动态特性令人不安。你可以执行一些操作，这些操作只能在运行时检查，并且用异常来报告检查结果，而对于已经习惯了静态类型检查安全性的人来说，这看起来好像是一个错误的方向。有些人甚至声称引入运行时异常本身就是一个明确的表示，这说明应该避免这种代码。我发现这种安全感是一种幻觉，因为总有一些事情可能在运行时发生并抛出异常，即使在一个不包含 try 块或异常说明的程序中也是如此。与之前那种意见相反，我认为一致的错误报告模型的存在，使我们**能够**通过反射编写动态代码。当然，尽力编写能够进行静态检查的代码是值得的，如果可以的话就应该这么做。但是我相信动态代码是将 Java 与 C++ 等语言区分开来的重要工具之一。

泛型

> 普通的类和方法一般需要依赖具体的类型：要么是基本类
> 型，要么是类类型。如果想编写跨类型的代码，这种硬性
> 的机制就会带来过多的限制。

多态是面向对象的一种泛化手段。你可以这么实现：编写
一个方法，并以某个基类为参数，然后在使用该方法的时候就
可以传入该基类的任何子类了—包括尚未创建的类。这样你的
类就变得更通用，可以用于更多场景。在类的内部也是如此—
凡是用到具体类型的地方，改用基类都会更灵活。除了 final
类（或者只含有 private 构造器的类）以外，一切都可以扩展
（继承），因此这种灵活性大多数时候是自动具备的。

单一继承层次结构的限制太多，因为你必须**从该层**继承来
生成符合方法参数要求的对象。如果将方法的参数从类改成接
口，就能解除该限制，从而可以泛化到支持该接口的任何实现
类。这使得调用端程序员可以选择在已有类上实现接口，组合
成新类——也就是说，可以调整已有的类来适应你的方法。只
要你能够实现满足要求的接口，接口就能让你跨越类的继承层
次结构。

有时甚至接口也会太过严格。接口仍然要求你的代码依赖于该特定接口。如果可以让代码只需依赖于"某种不具体指定的类型",而不是某个特定的接口或类,那么你就可以编写出更为通用的代码。

这便是泛型(Java 5 最重大的变化之一)的概念。泛型可以生成**参数化类型**,这样你就可以创建适用于多种类型的组件(主要用于集合)。术语"泛型"的意思是"适用或者可兼容大批的类"。在编程语言中,泛型的初衷是通过解除类或方法所受的类型限制,尽可能让程序员在编写类或方法时拥有尽量丰富的表达力。正如你将在本章看到的,Java 的泛型实现并没有那么全面——实际上,你甚至可能会质疑"泛型"这个术语是否名副其实。

如果你之前从未见过任何形式的参数化类型机制,那么 Java 泛型可能看起来就像一种提升语言便利性的附加能力。在创建某个参数化类型的实例时,类型转换会自动发生,并且会在编译期确保类型的正确性。这确实是一项改进。

然而,如果你曾经有过使用参数化类型的经验(例如 C++ 中的泛型),就会发现 Java 泛型无法完全满足你所有的期望。使用别人的泛型类型通常会比较容易,但是创建自己的泛型类型时则容易发生很多意外。

这并不是说 Java 泛型没什么用。在很多场景下,泛型可以使代码变得更易懂,甚至更优雅。但是如果你是从拥有更纯粹的泛型版本的语言迁移而来的,可能就会有一定的挫折感。本章中会考察 Java 泛型的能力和局限性。我会尝试解释该特性(Java 泛型)是如何演进成现在的样子的,这样你就能更有效地使用泛型。[1]

20.1　和 C++ 的对比

Java 的设计者曾表示,这门语言的很多设计灵感来自 C++。尽管如此,还是可以在基本不引用 C++ 的情况下教授 Java 的。

接下来要进行 Java 泛型和 C++ 泛型之间的比较,主要基于两个原因。第一个原因是,对 C++ **模板**(泛型的主要灵感以及基本语法的来源)某些方面的理解有助于掌握(泛型)概念的基础,以及非常重要的一点——理解 Java 泛型的限制和这些限制存在的原因。终极目标是使你通过对各种边界情况的清晰理解,成为更强大的程序员。而清楚哪些事情不能做,能让你更好地利用那些你所**能**做的事情(部分原因是可以让你无须浪费时间走死胡同了)。

---

[1] 本章的写作过程中参考了 Angelika Langer 的 Java Generics FAQ,以及她和 Klaus Kreft 合著的其他著作。

第二个原因是，Java 社区对 C++ 模板的理解存在重大分歧，而这种分歧会进一步加深你对泛型（所要实现的）目标的疑惑。

因此，我在本章会引入一些 C++ 模板的例子，但是仅在它们有助于加深你的理解时引入。

20.2　简单泛型

泛型最重要的初衷之一，是用于创建**集合类**，正如你在第 12 章所见。集合是一种可以用来持有其他类型对象的对象。数组也有同样的作用，不过集合往往比简单的数组更灵活，而且具有不同的特性。实际上所有的程序都需要你在使用一组对象的时候拥有持有这些对象的能力，因此集合是复用性最高的库之一。

我们来看一个类，这个类持有一个简单的对象，并可以指定对象的具体类型，就像这样：

```java
// generics/Holder1.java

class Automobile {}

public class Holder1 {
  private Automobile a;
  public Holder1(Automobile a) { this.a = a; }
  Automobile get() { return a; }
}
```

这个工具的复用性并不高，因为它无法用来持有任何其他的东西。我们不会想去为每个遇到的类型都写一份相同的代码。

在 Java 5 之前，我们会简单地通过持有一个 Object 对象来实现：

```java
// generics/ObjectHolder.java

public class ObjectHolder {
  private Object a;
  public ObjectHolder(Object a) { this.a = a; }
  public void set(Object a) { this.a = a; }
  public Object get() { return a; }
  public static void main(String[] args) {
    ObjectHolder h2 =
      new ObjectHolder(new Automobile());
    Automobile a = (Automobile)h2.get();
    h2.set("Not an Automobile");
    String s = (String)h2.get();
```

```
    h2.set(1); // 自动装箱为 Integer
    Integer x = (Integer)h2.get();
  }
}
```

这样 ObjectHolder 就可以持有任何东西了——在本例中，ObjectHolder 持有了 3 个不同类型的对象。

在个别情况下，你会想要能持有多个不同类型对象的集合，但是大多数时候，你只会将一种类型的对象保存到某个特定的集合对象。泛型的主要目的之一是指定集合能持有的对象类型，并且通过编译器来强制执行该规范。

因此相较于 Object，我们更倾向于指定一个类型占位符，并在晚些时候再决定（具体的类型）。要实现这个目的，你需要在类名后的尖括号内放置一个**类型参数**，然后在使用该类的时候再将其替换为实际的类型。对于 holder（持有者）类来说，情况如下例中所示，其中 T 就是类型参数：

```
// generics/GenericHolder.java

public class GenericHolder<T> {
  private T a;
  public GenericHolder() {}
  public void set(T a) { this.a = a; }
  public T get() { return a; }
  public static void main(String[] args) {
    GenericHolder<Automobile> h3 =
      new GenericHolder<Automobile>();
    h3.set(new Automobile()); // 类型已检查
    Automobile a = h3.get(); // 不需要转型
    //- h3.set("Not an Automobile"); // Error
    //- h3.set(1); // Error
  }
}
```

正如你在 main() 中所见，在创建 GenericHolder 的时候，需要用尖括号语法来指定它要保存的类型。你只能将该类型的对象（或者它的子类，因为继承机制仍然适用于泛型）放入该 holder。如果你调用 get() 来提取值，取出的值自动就是正确的类型。

这便是 Java 泛型的核心理念：只需告诉泛型所需的类型，剩下的全部细节就可以都交给它了。

你会注意到 h3 的定义相当冗长且多余。在等号的左侧，你声明了 GenericHolder <Automobile>，然后在等号的右侧再次声明了同样的东西。在 Java 5 问世的时候，这种啰唆的方式总被解释为"必须这么做",但是到了 Java 7,设计者们修正了该问题(而删繁就简随之便被吹嘘为优秀的特性)。所以现在你可以使用更简单的形式了:

```java
// generics/Diamond.java

public class Diamond<T> {
  public static void main(String[] args) {
    GenericHolder<Automobile> h3 =
      new GenericHolder<>();
  }
}
```

注意,h3 定义的右侧现在使用了"钻石"语法,而不用再将左边的类型信息复制一遍。在本书的剩余部分,你将随处看到这种用法。

一般来说,可以把泛型视同任何其他的类型——它们只是恰好有类型参数。要定义一个泛型,只需要将其与类型参数列表一起命名即可。

20.2.1 元组库

你常常会通过一次方法调用返回多个对象。由于 return 语句只能返回一个对象,因此解决的办法是创建一个可持有多个对象的对象,然后返回该对象。你可以在每次遇到这种情况时都编写一个特殊的类,但是有了泛型,你只需编写一次就可以解决这个问题,并节省后续的精力,同时还能保证编译期的类型安全。

这个概念被称为**元组**(tuple),它将一组对象一起包装进了一个对象。该对象的接收方可以读取其中的元素,但不能往里放入新元素。[这个概念也称为**数据传输对象**(Data Transfer Object)或者**信使**(Messenger)。]

元组一般无长度限制,其中的每个对象都可以是不同的类型。不过我们会指定每个元素的类型,并且保证接收方读取元素值时得到的是正确的类型。对于多种不同长度的问题,我们通过创建多个不同的元组来解决。下面是一个持有两个对象的元组:

```java
// onjava/Tuple2.java
package onjava;

public class Tuple2<A, B> {
  public final A a1;
  public final B a2;
  public Tuple2(A a, B b) { a1 = a; a2 = b; }
  public String rep() { return  a1 + ", " + a2; }
  @Override public String toString() {
    return "(" + rep() + ")";
```

```
  }
}
```

构造器会获取要保存的对象。元组则隐式地按顺序存放各个元素。

乍一看，你可能会认为这段代码违反了 Java 编程的常见安全原则。难道 a1 和 a2 不应该是 private 的，并且只能被叫作 getFirst() 和 getSecond() 的方法访问吗？想想本示例可提供的"安全性"：调用方仍然可以读取这两个对象，并对它们进行任何操作，但是它们无法将 a1 和 a2 赋值给任何其他东西。因此 final 声明的方式可以为你提供相等的安全性，但形式更简洁紧凑。

还有一个设计上的考虑——你可能会**希望**允许调用者将 a1 或 a2 指向其他对象。然而还是将它们（a1 和 a2）留在上述形式中更安全，如果使用者需要持有不同元素的元组，只需强制他们创建新的 Tuple2 即可。

长度更长的元组则可以用继承的方式创建。添加更多类型的参数很简单：

```java
// onjava/Tuple3.java
package onjava;

public class Tuple3<A, B, C> extends Tuple2<A, B> {
  public final C a3;
  public Tuple3(A a, B b, C c) {
    super(a, b);
    a3 = c;
  }
  @Override public String rep() {
    return super.rep() + ", " + a3;
  }
}
// onjava/Tuple4.java
package onjava;

public class Tuple4<A, B, C, D>
  extends Tuple3<A, B, C> {
  public final D a4;
  public Tuple4(A a, B b, C c, D d) {
    super(a, b, c);
    a4 = d;
  }
  @Override public String rep() {
    return super.rep() + ", " + a4;
  }
}
```

```java
// onjava/Tuple5.java
package onjava;

public class Tuple5<A, B, C, D, E>
extends Tuple4<A, B, C, D> {
  public final E a5;
  public Tuple5(A a, B b, C c, D d, E e) {
    super(a, b, c, d);
    a5 = e;
  }
  @Override public String rep() {
    return super.rep() + ", " + a5;
  }
}
```

我们定义一些类来试用一下元组：

```java
// generics/Amphibian.java
public class Amphibian {}
// generics/Vehicle.java
public class Vehicle {}
```

如要使用元组，你就需要为函数定义长度合适的元组来作为返回值，然后创建该元组并返回。注意方法定义中的返回类型声明：

```java
// generics/TupleTest.java
import onjava.*;

public class TupleTest {
  static Tuple2<String, Integer> f() {
    // 自动装箱将 int 转换为 Integer:
    return new Tuple2<>("hi", 47);
  }
  static Tuple3<Amphibian, String, Integer> g() {
    return new Tuple3<>(new Amphibian(), "hi", 47);
  }
  static
  Tuple4<Vehicle, Amphibian, String, Integer> h() {
    return
      new Tuple4<>(
        new Vehicle(), new Amphibian(), "hi", 47);
  }
  static
  Tuple5<Vehicle, Amphibian,
         String, Integer, Double> k() {
    return new
      Tuple5<>(
        new Vehicle(), new Amphibian(), "hi", 47, 11.1);
  }
  public static void main(String[] args) {
```

```
  Tuple2<String, Integer> ttsi = f();
  System.out.println(ttsi);
  // ttsi.a1 = "there"; // Compile error: final
  System.out.println(g());
  System.out.println(h());
  System.out.println(k());
  }
}
```
```
/* 输出:
(hi, 47)
(Amphibian@1c7c054, hi, 47)
(Vehicle@14991ad, Amphibian@d93b30, hi, 47)
(Vehicle@a14482, Amphibian@140e19d, hi, 47, 11.1)
*/
```

有了泛型，只需编写该表达式，就可以很轻松地创建任何元组来返回任意一组类型。

public 字段上的 final 定义防止该字段在构造完成后被重新赋值，正如 ttsi.a1 = "there"
语句的 Compile error: final 所示。

new 表达式有点冗长。在本章稍后的部分，你会看到如何通过**泛型方法**来将其简化。

20.2.2　栈类

我们来看一个稍微复杂一点的例子：传统的下推栈（pushdown stack）。在第 12 章
中，你已见过用 LinkedList 实现的栈：onjava.Stack 类。从该示例可看出创建栈所需
的方法在 LinkedList 中已经存在了。Stack 由一个泛型类（Stack<T>）和另一个泛型类
（LinkedList<T>）组合构成。注意在该例中，泛型类型和普通类型基本上没什么不同（还
是有少量区别，我们后面会看到）。

我们可以实现自定义的内部链式存储机制，而不使用 LinkedList。

```
// generics/LinkedStack.java
// 用内部链式结构实现的栈

public class LinkedStack<T> {
  private static class Node<U> {
    U item;
    Node<U> next;
    Node() { item = null; next = null; }
    Node(U item, Node<U> next) {
      this.item = item;
      this.next = next;
    }
    boolean end() {
      return item == null && next == null;
    }
  }
  private Node<T> top = new Node<>(); // 末端哨兵（end sentinel）
```

```
  public void push(T item) {
    top = new Node<>(item, top);
  }
  public T pop() {
    T result = top.item;
    if(!top.end())
      top = top.next;
    return result;
  }
  public static void main(String[] args) {
    LinkedStack<String> lss = new LinkedStack<>();
    for(String s : "Phasers on stun!".split(" "))
      lss.push(s);
    String s;
    while((s = lss.pop()) != null)
      System.out.println(s);
  }
}
```

```
/* 输出:
stun!
on
Phasers
*/
```

内部类 Node 同样也是泛型，并且有着自己的类型参数。

以上示例利用了**末端哨兵**（end sentinel）来检查栈何时为空。末端哨兵在 LinkedStack 构造时被创建，每次调用 push() 都会创建一个新的 Node<T>，并被链接到前一个 Node<T>。调用 pop() 时总会返回 top.item，然后丢弃当前的 Node<T>，并移动到下一个 Node<T>——直到命中末端哨兵，这时便会停止移动。这种情况下，如果调用者继续调用 pop()，便会一直返回 null，这表明栈已为空。

20.2.3 RandomList

再举一个 holder 的例子。假设你想实现一个 list 类型，每次调用 select() 都会从其中的元素里随机选取一个。如果想构建成一个可用于所有类型的工具，便可以使用泛型：

```
// generics/RandomList.java
import java.util.*;
import java.util.stream.*;

public class RandomList<T> extends ArrayList<T> {
  private Random rand = new Random(47);
  public T select() {
    return get(rand.nextInt(size()));
  }
  public static void main(String[] args) {
    RandomList<String> rs = new RandomList<>();
    Arrays.stream(
      ("The quick brown fox jumped over " +
      "the lazy brown dog").split(" "))
      .forEach(rs::add);
```

```
    IntStream.range(0, 11).forEach(i ->
      System.out.print(rs.select() + " "));
  }
}
```

```
/* 输出:
brown over fox quick quick dog brown The brown lazy
brown
*/
```

由于 RandomList（随机列表）继承自 ArrayList，因此它拥有 ArrayList 中的全部内建行为。我们仅仅添加了 select() 方法。

20.3 泛型接口

泛型同样可用于接口。举例来说，**生成器**（generator）是一种用于创建对象的类。生成器实际上是**工厂方法**（Factory Method）设计模式的一种特殊形式，只是在向生成器请求创建新对象时，无须向其传入任何参数，而通常在使用工厂方法时都会向其中传入参数。生成器知道如何创建新对象，而无须任何额外的信息。

一般来说，生成器只会定义一个方法，即用于生成新对象的方法。java.util.function 库将生成器定义为 Supplier，其中的生成方法则称为 get()。get() 的返回类型被参数化为 T。

我们需要一些类来要创建 Supplier，下面是一个 Coffee（咖啡）的继承层次结构：

```java
// generics/coffee/Coffee.java
package generics.coffee;

public class Coffee {
  private static long counter = 0;
  private final long id = counter++;
  @Override public String toString() {
    return getClass().getSimpleName() + " " + id;
  }
}
// generics/coffee/Latte.java
package generics.coffee;
public class Latte extends Coffee {}
// generics/coffee/Mocha.java
package generics.coffee;
public class Mocha extends Coffee {}
// generics/coffee/Cappuccino.java
package generics.coffee;
public class Cappuccino extends Coffee {}
// generics/coffee/Americano.java
```

```
package generics.coffee;
public class Americano extends Coffee {}
// generics/coffee/Breve.java
package generics.coffee;
public class Breve extends Coffee {}
```

现在我们可以实现一个生成不同的随机 Coffee 对象类型的 Supplier<Coffee> 了：

```
// generics/coffee/CoffeeSupplier.java
// {java generics.coffee.CoffeeSupplier}
package generics.coffee;
import java.util.*;
import java.util.function.*;
import java.util.stream.*;
import java.lang.reflect.InvocationTargetException;

public class CoffeeSupplier
implements Supplier<Coffee>, Iterable<Coffee> {
  private Class<?>[] types = { Latte.class, Mocha.class,
    Cappuccino.class, Americano.class, Breve.class, };
  private static Random rand = new Random(47);
  public CoffeeSupplier() {}
  // 迭代:
  private int size = 0;
  public CoffeeSupplier(int sz) { size = sz; }
  @Override public Coffee get() {
    try {
      return (Coffee)
        types[rand.nextInt(types.length)]
          .getConstructor().newInstance();
      // 报告运行时程序错误:
    } catch(InstantiationException |
            NoSuchMethodException |
            InvocationTargetException |
            IllegalAccessException e) {
      throw new RuntimeException(e);
    }
  }
  class CoffeeIterator implements Iterator<Coffee> {
    int count = size;
    @Override
    public boolean hasNext() { return count > 0; }
    @Override public Coffee next() {
      count--;
      return CoffeeSupplier.this.get();
    }
    @Override
    public void remove() { // 未实现
      throw new UnsupportedOperationException();
    }
  }
```

```
/* 输出:
Americano 0
Latte 1
Americano 2
Mocha 3
Mocha 4
Breve 5
Americano 6
Latte 7
Cappuccino 8
Cappuccino 9
*/
```

```
  @Override public Iterator<Coffee> iterator() {
    return new CoffeeIterator();
  }
  public static void main(String[] args) {
    Stream.generate(new CoffeeSupplier())
      .limit(5)
      .forEach(System.out::println);
    for(Coffee c : new CoffeeSupplier(5))
      System.out.println(c);
  }
}
```

参数化的 Supplier 接口会确保 get() 方法返回的是参数类型。CoffeeSupplier 同样实现了 Iterable 接口，因此它可以在 for-in 语句中使用。不过它必须知道何时该停止，而这是由第二个构造器指定的。

下面是 Supplier<T> 的第二种实现，这次是要生成斐波那契数列：

```
// generics/Fibonacci.java
// 生成斐波那契数列
import java.util.function.*;
import java.util.stream.*;

public class Fibonacci implements Supplier<Integer> {
  private int count = 0;
  @Override
  public Integer get() { return fib(count++); }
  private int fib(int n) {
    if(n < 2) return 1;
    return fib(n-2) + fib(n-1);
  }
  public static void main(String[] args) {
    Stream.generate(new Fibonacci())
      .limit(18)
      .map(n -> n + " ")
      .forEach(System.out::print);
  }
}
```

```
/* 输出：
1 1 2 3 5 8 13 21 34 55 89 144 233 377 610 987 1597
2584
*/
```

虽然我们在该类的内外部使用的都是 int，但是类型参数是 Integer。这引出了 Java 泛型的限制之一：无法将基本类型作为类型参数。不过，Java 5 的自动装箱和自动拆箱机制实现了从基本类型到包装类型的双向转换。本例能实现这个效果，是因为该类可以无缝地使用和返回 int。

　　我们可以更进一步，实现一个 Iterable（可迭代）的斐波那契数列。一种选择是重新实现这个类，并增加 Iterable 接口，但是你不一定总能拥有原始代码的控制权，所以除非必要，否则不要重写。相反，我们可以创建一个**适配器**（Adapter）来生成所需的接口——这种设计模式在本书前面的章节有过介绍。

　　适配器有多种实现方式。比如，可以通过继承生成适配器类：

```java
// generics/IterableFibonacci.java
// 适配斐波那契数列，使其可以被迭代访问
import java.util.*;

public class IterableFibonacci
extends Fibonacci implements Iterable<Integer> {
  private int n;
  public IterableFibonacci(int count) { n = count; }
  @Override public Iterator<Integer> iterator() {
    return new Iterator<Integer>() {
      @Override
      public boolean hasNext() { return n > 0; }
      @Override public Integer next() {
        n--;
        return IterableFibonacci.this.get();
      }
      @Override
      public void remove() { // 未实现
        throw new UnsupportedOperationException();
      }
    };
  }
  public static void main(String[] args) {
    for(int i : new IterableFibonacci(18))
      System.out.print(i + " ");
  }
}
/* 输出:
1 1 2 3 5 8 13 21 34 55 89 144 233 377 610 987 1597
2584
*/
```

　　为了可以在 for-in 语句中使用 IterableFibonacci，你需要为构造器设置一个边界，这样 hasNext() 才能知道何时该返回 false。

20.4 泛型方法

　　到目前为止，我们已经探讨了对整个类的参数化。还可以对类内部的方法进行参数化。类自身可以是泛型的，也可以不是——这和是否存在参数化的方法无关。

泛型方法改变着方法的行为，而不受类的影响。可以使用这个准则："尽量"使用泛型方法。相比于泛型化整个类，泛型化单个方法通常来说会更清晰。

如果某个方法是静态的，它便没有访问类的泛型类型参数的权限，因此如果要用到泛型能力，它就必须是泛型方法。

要定义一个泛型方法，需要将泛型参数列表放在返回值之前，就像这样：

```
// generics/GenericMethods.java

public class GenericMethods {
  public <T> void f(T x) {
    System.out.println(x.getClass().getName());
  }
  public static void main(String[] args) {
    GenericMethods gm = new GenericMethods();
    gm.f("");
    gm.f(1);
    gm.f(1.0);
    gm.f(1.0F);
    gm.f('c');
    gm.f(gm);
  }
}
```

```
/* 输出:
java.lang.String
java.lang.Integer
java.lang.Double
java.lang.Float
java.lang.Character
GenericMethods
*/
```

虽然类和类中的方法都可以同时被参数化，但该 GenericMethods 类并未被参数化。在这里，只有 f() 方法具有类型参数，这一点可以从该方法的返回类型前面的参数列表看出来。

使用泛型类时，在实例化类的时候必须指定类型参数。而使用泛型方法的时候，通常不需要指定参数类型，因为编译器会为你检测出来。这称为**类型参数推断**（type argument inference）。因此调用 f() 方法看起来就和调用普通方法一样，而且 f() 看起来就像不断地被重载。它甚至可以接收 GenericMethods 类型的参数。

在用基本类型调用 f() 方法时，自动装箱机制便会生效，将基本类型自动包装为相应的对象。

20.4.1　可变参数和泛型方法

泛型方法和可变参数列表可以和平共处：

```
// generics/GenericVarargs.java
import java.util.*;
```

```
public class GenericVarargs {
  @SafeVarargs
  public static <T> List<T> makeList(T... args) {
    List<T> result = new ArrayList<>();
    for(T item : args)
      result.add(item);
    return result;
  }
  public static void main(String[] args) {
    List<String> ls = makeList("A");
    System.out.println(ls);
    ls = makeList("A", "B", "C");
    System.out.println(ls);
    ls = makeList(
      "ABCDEFFHIJKLMNOPQRSTUVWXYZ".split(""));
    System.out.println(ls);
  }
}
```

```
/* 输出:
[A]
[A, B, C]
[A, B, C, D, E, F, F, H, I, J, K, L, M, N, O, P, Q, R,
S, T, U, V, W, X, Y, Z]
*/
```

这里的 makeList() 方法实现了和标准库中的 java.util.Arrays.asList() 方法一样的功能。

@SafeVarargs 注解表示我们承诺不会对变量参数列表做任何修改，实际上也是这样的，因为我们只会对它进行读取。如果没有这个注解，编译器便无法知道（我们不会修改变量参数列表），并会产生警告。

20.4.2　通用 Supplier

以下示例中的类可以为任何具有无参构造器的类生成一个 Supplier。为了减少代码编写量，它还包含了一个用于生成 BasicSupplier 的泛型方法：

```
// onjava/BasicSupplier.java
// 为具有无参构造器的类生成 Supplier
package onjava;
import java.util.function.*;
import java.lang.reflect.InvocationTargetException;

public class BasicSupplier<T> implements Supplier<T> {
  private Class<T> type;
  public BasicSupplier(Class<T> type) {
    this.type = type;
```

```
  }
  @Override public T get() {
    try {
      // 假定类型是 public 的类：
      return type.getConstructor().newInstance();
    } catch(InstantiationException |
            NoSuchMethodException |
            InvocationTargetException |
            IllegalAccessException e) {
      throw new RuntimeException(e);
    }
  }
  // 基于类型标记生成默认的 Supplier：
  public static <T> Supplier<T> create(Class<T> type) {
    return new BasicSupplier<>(type);
  }
}
```

该类提供了为符合以下条件的类生成对象的基本实现。

1. 该类是 public 的。因为 BasicSupplier 在独立的包中，所以我们所讨论的类不能仅有包访问权限，还必须是 public 的。

2. 该类具有无参构造器。要创建某个 BasicSupplier 对象，你需要调用 create() 方法，并传入你想要生成的类型的类型标记（token）。泛型的 create() 方法提供了更为方便的语法 BasicSupplier.create(MyType.class)，而不是麻烦的 new BasicSupplier<MyType>(MyType.class)。

例如，下面是一个简单的具有无参构造器的类：

```
// generics/CountedObject.java

public class CountedObject {
  private static long counter = 0;
  private final long id = counter++;
  public long id() { return id; }
  @Override public String toString() {
    return "CountedObject " + id;
  }
}
```

CountedObject 类一直记录着已创建出的自身实例的数量，并通过 toString() 方法报告出来。BasicSupplier 可以很轻松地为 CountedObject 创建 Supplier：

```
// generics/BasicSupplierDemo.java
import onjava.*;
import java.util.stream.*;
```

```
public class BasicSupplierDemo {
  public static void main(String[] args) {
    Stream.generate(
      BasicSupplier.create(CountedObject.class))
      .limit(5)
      .forEach(System.out::println);
  }
}
```

```
/* 输出：
CountedObject 0
CountedObject 1
CountedObject 2
CountedObject 3
CountedObject 4
*/
```

泛型方法减少了生成 Supplier 对象所必需的代码编写量。Java 泛型强制要求传入 Class 对象，因此你还可以将它用于 create() 方法中的类型推断。

20.4.3 简化元组的使用

有了类型参数推断和静态导入，我们便可以将本章前述的元组重写为一个更加通用的库。下面我们用一个重载的静态方法来创建元组：

```java
// onjava/Tuple.java
// 基于类型参数推断的元组库
package onjava;

public class Tuple {
  public static <A, B> Tuple2<A, B> tuple(A a, B b) {
    return new Tuple2<>(a, b);
  }
  public static <A, B, C> Tuple3<A, B, C>
  tuple(A a, B b, C c) {
    return new Tuple3<>(a, b, c);
  }
  public static <A, B, C, D> Tuple4<A, B, C, D>
  tuple(A a, B b, C c, D d) {
    return new Tuple4<>(a, b, c, d);
  }
  public static <A, B, C, D, E>
  Tuple5<A, B, C, D, E> tuple(A a, B b, C c, D d, E e) {
    return new Tuple5<>(a, b, c, d, e);
  }
}
```

我们修改一下 TupleTest.java，用来测试 Tuple.java：

```java
// generics/TupleTest2.java
import onjava.*;
import static onjava.Tuple.*;

public class TupleTest2 {
  static Tuple2<String, Integer> f() {
    return tuple("hi", 47);
```

```
        }
        static Tuple2 f2() { return tuple("hi", 47); }
        static Tuple3<Amphibian, String, Integer> g() {
          return tuple(new Amphibian(), "hi", 47);
        }
        static
        Tuple4<Vehicle, Amphibian, String, Integer> h() {
          return tuple(
            new Vehicle(), new Amphibian(), "hi", 47);
        }
        static
        Tuple5<Vehicle, Amphibian,
               String, Integer, Double> k() {
          return tuple(new Vehicle(), new Amphibian(),
            "hi", 47, 11.1);
        }
        public static void main(String[] args) {
          Tuple2<String, Integer> ttsi = f();
          System.out.println(ttsi);
          System.out.println(f2());     /* 输出:
          System.out.println(g());      (hi, 47)
          System.out.println(h());      (hi, 47)
          System.out.println(k());      (Amphibian@a298b7, hi, 47)
        }                               (Vehicle@16d3586, Amphibian@154617c, hi, 47)
      }                                 (Vehicle@17327b6, Amphibian@14ae5a5, hi, 47, 11.1)
                                        */
```

注意，f() 方法返回了参数化的 Tuple2 对象，而 f2() 则返回了未参数化的 Tuple2 对象。由于返回值并未以参数化的方式使用，因此编译器并未对 f2() 方法产生警告。某种意义上，它被"向上转型"成了未参数化的 Tuple2。不过，如果你试图获取 f2() 的结果并放入参数化的 Tuple2，编译器便会产生警告。

20.4.4　Set 实用工具

再举一个泛型方法的例子，想想由 Set 所表示的那些数学关系。这些数学关系可以很方便地定义成可用于所有不同类型的泛型方法：

```
// onjava/Sets.java
package onjava;
import java.util.*;

public class Sets {
  public static <T> Set<T> union(Set<T> a, Set<T> b) {
    Set<T> result = new HashSet<>(a);
    result.addAll(b);
    return result;
  }
```

```
public static <T>
Set<T> intersection(Set<T> a, Set<T> b) {
  Set<T> result = new HashSet<>(a);
  result.retainAll(b);
  return result;
}
// 从超集中减去子集:
public static <T> Set<T>
difference(Set<T> superset, Set<T> subset) {
  Set<T> result = new HashSet<>(superset);
  result.removeAll(subset);
  return result;
}
// 反过来——所有不在交集中的元素:
public static
<T> Set<T> complement(Set<T> a, Set<T> b) {
  return difference(union(a, b), intersection(a, b));
}
}
```

前三个方法将第一个参数的引用复制到了一个新的 HashSet 对象中，从而复制了该参数，这样作为参数的 Set 就不会被直接修改了。因此返回值是一个新的 Set 对象。

这四个方法表达了 Set 的一系列数学运算：union() 返回一个由两个参数合并而成的 Set，intersection() 返回由两个参数的元素交集组成的 Set，difference() 从 superset 中移除 subset 所包含的全部元素，而 complement() 则返回由两个参数的交集之外的所有元素组成的 Set。下面是一个包含了不同的水彩（颜色）名称的 enum（枚举），可作为演示这些方法效果的一个简单示例：

```
// generics/watercolors/Watercolors.java
package generics.watercolors;

public enum Watercolors {
  ZINC, LEMON_YELLOW, MEDIUM_YELLOW, DEEP_YELLOW,
  ORANGE, BRILLIANT_RED, CRIMSON, MAGENTA,
  ROSE_MADDER, VIOLET, CERULEAN_BLUE_HUE,
  PHTHALO_BLUE, ULTRAMARINE, COBALT_BLUE_HUE,
  PERMANENT_GREEN, VIRIDIAN_HUE, SAP_GREEN,
  YELLOW_OCHRE, BURNT_SIENNA, RAW_UMBER,
  BURNT_UMBER, PAYNES_GRAY, IVORY_BLACK
}
```

为了方便起见（这样所有的枚举名就都不需要被限定了），该枚举是被静态地导入到下面的示例中的。该示例可以通过 EnumSet 轻松地根据枚举生成 Set（你将在进阶卷第 1 章中了解到 EnumSet 的相关知识）。此处为静态方法 EnumSet.range() 指定了选取范围的头尾边界元素，用于创建结果 Set。

```java
// generics/WatercolorSets.java
import generics.watercolors.*;
import java.util.*;
import static onjava.Sets.*;
import static generics.watercolors.Watercolors.*;

public class WatercolorSets {
  public static void main(String[] args) {
    Set<Watercolors> set1 =
      EnumSet.range(BRILLIANT_RED, VIRIDIAN_HUE);
    Set<Watercolors> set2 =
      EnumSet.range(CERULEAN_BLUE_HUE, BURNT_UMBER);
    System.out.println("set1: " + set1);
    System.out.println("set2: " + set2);
    System.out.println(
      "union(set1, set2): " + union(set1, set2));
    Set<Watercolors> subset = intersection(set1, set2);
    System.out.println(
      "intersection(set1, set2): " + subset);
    System.out.println("difference(set1, subset): " +
      difference(set1, subset));
    System.out.println("difference(set2, subset): " +
      difference(set2, subset));
    System.out.println("complement(set1, set2): " +
      complement(set1, set2));
  }
}
/* 输出:
set1: [BRILLIANT_RED, CRIMSON, MAGENTA, ROSE_MADDER,
VIOLET, CERULEAN_BLUE_HUE, PHTHALO_BLUE, ULTRAMARINE,
COBALT_BLUE_HUE, PERMANENT_GREEN, VIRIDIAN_HUE]
set2: [CERULEAN_BLUE_HUE, PHTHALO_BLUE, ULTRAMARINE,
COBALT_BLUE_HUE, PERMANENT_GREEN, VIRIDIAN_HUE,
SAP_GREEN, YELLOW_OCHRE, BURNT_SIENNA, RAW_UMBER,
BURNT_UMBER]
union(set1, set2): [MAGENTA, COBALT_BLUE_HUE, VIOLET,
VIRIDIAN_HUE, BURNT_SIENNA, ULTRAMARINE,
CERULEAN_BLUE_HUE, BURNT_UMBER, BRILLIANT_RED,
PHTHALO_BLUE, YELLOW_OCHRE, SAP_GREEN, CRIMSON,
ROSE_MADDER, RAW_UMBER, PERMANENT_GREEN]
intersection(set1, set2): [COBALT_BLUE_HUE,
VIRIDIAN_HUE, ULTRAMARINE, CERULEAN_BLUE_HUE,
PHTHALO_BLUE, PERMANENT_GREEN]
difference(set1, subset): [CRIMSON, MAGENTA, VIOLET,
ROSE_MADDER, BRILLIANT_RED]
difference(set2, subset): [BURNT_SIENNA, BURNT_UMBER,
YELLOW_OCHRE, RAW_UMBER, SAP_GREEN]
complement(set1, set2): [MAGENTA, VIOLET, BURNT_SIENNA,
BURNT_UMBER, BRILLIANT_RED, YELLOW_OCHRE, SAP_GREEN,
CRIMSON, ROSE_MADDER, RAW_UMBER]
*/
```

下面这个示例用 Sets.difference() 演示了 java.util 中的各种 Collection 和 Map 类之间的区别:

```java
// onjava/CollectionMethodDifferences.java
// {java onjava.CollectionMethodDifferences}
package onjava;
import java.lang.reflect.*;
import java.util.*;
import java.util.stream.*;

public class CollectionMethodDifferences {
  static Set<String> methodSet(Class<?> type) {
    return Arrays.stream(type.getMethods())
      .map(Method::getName)
      .collect(Collectors.toCollection(TreeSet::new));
  }
  static void interfaces(Class<?> type) {
    System.out.print("Interfaces in " +
      type.getSimpleName() + ": ");
    System.out.println(
      Arrays.stream(type.getInterfaces())
        .map(Class::getSimpleName)
        .collect(Collectors.toList()));
  }
  static Set<String> object = methodSet(Object.class);
  static { object.add("clone"); }
  static void
  difference(Class<?> superset, Class<?> subset) {
    System.out.print(superset.getSimpleName() +
      " extends " + subset.getSimpleName() +
      ", adds: ");
    Set<String> comp = Sets.difference(
      methodSet(superset), methodSet(subset));
    comp.removeAll(object); // 忽略 Object 类的方法
    System.out.println(comp);
    interfaces(superset);
  }
  public static void main(String[] args) {
    System.out.println("Collection: " +
      methodSet(Collection.class));
    interfaces(Collection.class);
    difference(Set.class, Collection.class);
    difference(HashSet.class, Set.class);
    difference(LinkedHashSet.class, HashSet.class);
    difference(TreeSet.class, Set.class);
    difference(List.class, Collection.class);
    difference(ArrayList.class, List.class);
    difference(LinkedList.class, List.class);
    difference(Queue.class, Collection.class);
    difference(PriorityQueue.class, Queue.class);
    System.out.println("Map: " + methodSet(Map.class));
```

```
      difference(HashMap.class, Map.class);
      difference(LinkedHashMap.class, HashMap.class);
      difference(SortedMap.class, Map.class);
      difference(TreeMap.class, Map.class);
  }
}
```

```
/* 输出：
Collection: [add, addAll, clear, contains, containsAll,
equals, forEach, hashCode, isEmpty, iterator,
parallelStream, remove, removeAll, removeIf, retainAll,
size, spliterator, stream, toArray]
Interfaces in Collection: [Iterable]
Set extends Collection, adds: []
Interfaces in Set: [Collection]
HashSet extends Set, adds: []
Interfaces in HashSet: [Set, Cloneable, Serializable]
LinkedHashSet extends HashSet, adds: []
Interfaces in LinkedHashSet: [Set, Cloneable,
Serializable]
TreeSet extends Set, adds: [headSet,
descendingIterator, descendingSet, pollLast, subSet,
floor, tailSet, ceiling, last, lower, comparator,
pollFirst, first, higher]
Interfaces in TreeSet: [NavigableSet, Cloneable,
Serializable]
List extends Collection, adds: [replaceAll, get,
indexOf, subList, set, sort, lastIndexOf, listIterator]
Interfaces in List: [Collection]
ArrayList extends List, adds: [trimToSize,
ensureCapacity]
Interfaces in ArrayList: [List, RandomAccess,
Cloneable, Serializable]
LinkedList extends List, adds: [offerFirst, poll,
getLast, offer, getFirst, removeFirst, element,
removeLastOccurrence, peekFirst, peekLast, push,
pollFirst, removeFirstOccurrence, descendingIterator,
pollLast, removeLast, pop, addLast, peek, offerLast,
addFirst]
Interfaces in LinkedList: [List, Deque, Cloneable,
Serializable]
Queue extends Collection, adds: [poll, peek, offer,
element]
Interfaces in Queue: [Collection]
PriorityQueue extends Queue, adds: [comparator]
Interfaces in PriorityQueue: [Serializable]
Map: [clear, compute, computeIfAbsent,
computeIfPresent, containsKey, containsValue, entrySet,
equals, forEach, get, getOrDefault, hashCode, isEmpty,
keySet, merge, put, putAll, putIfAbsent, remove,
```

```
    replace, replaceAll, size, values]
HashMap extends Map, adds: []
Interfaces in HashMap: [Map, Cloneable, Serializable]
LinkedHashMap extends HashMap, adds: []
Interfaces in LinkedHashMap: [Map]
SortedMap extends Map, adds: [lastKey, subMap,
comparator, firstKey, headMap, tailMap]
Interfaces in SortedMap: [Map]
TreeMap extends Map, adds: [descendingKeySet,
navigableKeySet, higherEntry, higherKey, floorKey,
subMap, ceilingKey, pollLastEntry, firstKey, lowerKey,
headMap, tailMap, lowerEntry, ceilingEntry,
descendingMap, pollFirstEntry, lastKey, firstEntry,
floorEntry, comparator, lastEntry]
Interfaces in TreeMap: [NavigableMap, Cloneable,
Serializable]
*/
```

本程序的输出曾在第 12 章中的 12.15 节用到过。

20.5 构建复杂模型

泛型有个重要的好处，即具有简单且安全地创建复杂模型的能力。举例来说，我们可以很容易地创建一个元组 List：

```
// generics/TupleList.java
// 将多个泛型类型组合成复杂泛型类型
import java.util.*;                          /* 输出：
import onjava.*;                             (Vehicle@ec7777, Amphibian@107d329, hi, 47)
import java.util.stream.*;                   (Vehicle@1629346, Amphibian@4b9385, hi, 47)
                                             */
public class TupleList<A, B, C, D>
extends ArrayList<Tuple4<A, B, C, D>> {
  public static void main(String[] args) {
    TupleList<Vehicle, Amphibian, String, Integer> tl =
      new TupleList<>();
    tl.add(TupleTest2.h());
    tl.add(TupleTest2.h());
    tl.forEach(System.out::println);
  }
}
```

这样可以生成相当强大的数据结构，而无须太多代码。

下面是第二个示例。尽管每个类都是构建块，但总的模块数还是很多的。此处的模型为一个带有通道、货架以及货品的商店：

```java
// generics/Store.java
// 用泛型集合构建复杂模型
import java.util.*;
import java.util.function.*;
import onjava.*;

class Product {
  private final int id;
  private String description;
  private double price;
  Product(int idNumber, String descr, double price) {
    id = idNumber;
    description = descr;
    this.price = price;
    System.out.println(toString());
  }
  @Override public String toString() {
    return id + ": " + description +
      ", price: $" + price;
  }
  public void priceChange(double change) {
    price += change;
  }
  public static Supplier<Product> generator =
    new Supplier<Product>() {
      private Random rand = new Random(47);
      @Override public Product get() {
        return new Product(rand.nextInt(1000), "Test",
          Math.round(
            rand.nextDouble() * 1000.0) + 0.99);
      }
    };
}

class Shelf extends ArrayList<Product> {
  Shelf(int nProducts) {
    Suppliers.fill(this, Product.generator, nProducts);
  }
}

class Aisle extends ArrayList<Shelf> {
  Aisle(int nShelves, int nProducts) {
    for(int i = 0; i < nShelves; i++)
      add(new Shelf(nProducts));
  }
}

class CheckoutStand {}
class Office {}

public class Store extends ArrayList<Aisle> {
  private ArrayList<CheckoutStand> checkouts =
```

```
    new ArrayList<>();
  private Office office = new Office();
  public Store(
    int nAisles, int nShelves, int nProducts) {
    for(int i = 0; i < nAisles; i++)
      add(new Aisle(nShelves, nProducts));
  }
  @Override public String toString() {
    StringBuilder result = new StringBuilder();
    for(Aisle a : this)
      for(Shelf s : a)
        for(Product p : s) {
          result.append(p);
          result.append("\n");
        }
    return result.toString();
  }
  public static void main(String[] args) {
    System.out.println(new Store(5, 4, 3));
  }
}
```

```
/* 输出: (First 8 Lines)
258: Test, price: $400.99
861: Test, price: $160.99
868: Test, price: $417.99
207: Test, price: $268.99
551: Test, price: $114.99
278: Test, price: $804.99
520: Test, price: $554.99
140: Test, price: $530.99
               ...
*/
```

从 Store.toString() 方法可以看出效果：集合具有很多层，但仍然是类型安全且便于管理的。令人赞叹是，组装这样一个模型对脑力的要求并非那么高不可攀。

Shelf 通过工具 Suppliers.fill() 接收一个 Collection 类（第一个参数），并通过 Supplier（第二个参数）将 n（第三个参数）个元素填充进该 Collection。Suppliers 类中的方法执行的全都是填充动作的各种变种操作，并且在本章的其他示例中也用到过。这个类的定义可在本章末尾找到。

20.6　类型擦除的奥秘

当你开始更深入地了解泛型时，会发现有些问题起初看起来并不合理。举例来说，虽然声明 ArrayList.class 是合法的，但声明 ArrayList<Integer>.class 却不行。看看下面的示例：

```
// generics/ErasedTypeEquivalence.java
import java.util.*;

public class ErasedTypeEquivalence {
  public static void main(String[] args) {
    Class c1 = new ArrayList<String>().getClass();
    Class c2 = new ArrayList<Integer>().getClass();
    System.out.println(c1 == c2);
  }
}
```

```
/* 输出:
true
*/
```

ArrayList<String> 和 ArrayList<Integer> 应该是不同的类型，而不同的类型具有不同的行为。举例来说，如果你试图将 Integer 放入 ArrayList<String>（这会失败），便应该得到和将 Integer 放入 ArrayList<Integer>（这会成功）的结果所不同的行为。然而上面的程序会认为这两者是相同的类型。

下面这个示例则更加让人迷惑：

```java
// generics/LostInformation.java
import java.util.*;

class Frob {}
class Fnorkle {}
class Quark<Q> {}
class Particle<POSITION, MOMENTUM> {}

public class LostInformation {
  public static void main(String[] args) {
    List<Frob> list = new ArrayList<>();
    Map<Frob, Fnorkle> map = new HashMap<>();
    Quark<Fnorkle> quark = new Quark<>();
    Particle<Long, Double> p = new Particle<>();
    System.out.println(Arrays.toString(
      list.getClass().getTypeParameters()));
    System.out.println(Arrays.toString(
      map.getClass().getTypeParameters()));
    System.out.println(Arrays.toString(
      quark.getClass().getTypeParameters()));
    System.out.println(Arrays.toString(
      p.getClass().getTypeParameters()));
  }
}
/* 输出:
[E]
[K, V]
[Q]
[POSITION, MOMENTUM]
*/
```

根据 JDK 文档的描述，Class.getTypeParameters() 会"返回一个由 TypeVariable 对象组成的数组，代表由泛型声明所声明的类型变量……"。这似乎在暗示可以发现参数的类型信息。然而，如程序输出所示，你只能发现作为参数占位符的标识符——这有点儿令人失望。

所以残酷的事实是：

泛型代码内部并不存在有关泛型参数类型的可用信息。

因此，你可以知道诸如类型参数的标识符和泛型类型的边界等信息，但你就是无法知道实际用于创建具体实例的类型参数。如果你曾经是 C++ 程序员，这个情况会让你特别沮丧，这也是使用 Java 泛型时必须处理的最基本的问题。

Java 泛型是通过**类型擦除**实现的。这意味着在使用泛型时，任何具体的类型信

息都将被擦除。在泛型内部，你唯一知道的就是你在使用对象。因此 List<String> 和
List<Integer> 在运行时实际上是相同的类型。两者的类型都被 "擦除" 为它们的**原始类型**
（raw type）：List。理解类型擦除并掌握必要的处理方式，是学习泛型的过程中需要面对
的最大难点之一。我们会在本节探索类型擦除。

20.6.1　C++ 的实现方法

下面是使用了**模板**的 C++ 示例。由于 Java 的设计是受 C++ 所启发，因此两者参数
化类型的语法十分相似：

```cpp
// generics/Templates.cpp
#include <iostream>
using namespace std;

template<class T> class Manipulator {
  T obj;
public:
  Manipulator(T x) { obj = x; }
  void manipulate() { obj.f(); }
};

class HasF {
public:
  void f() { cout << "HasF::f()" << endl; }
};

int main() {
  HasF hf;
  Manipulator<HasF> manipulator(hf);
  manipulator.manipulate();
}
```

```
/* 输出:
HasF::f()
*/
```

Manipulator 类中存放了一个 T 类型的对象 obj，manipulate() 方法则调用了 obj 上的
f() 方法。它是如何知道类型参数 T 中存在 f() 方法的呢？ C++ 编译器会在你实例化模板
的时候进行检查，这样在实例化 Manipulator<HasF> 时，编译器便会看到 HasF 中存在方法
f()。如果情况并非如此，就会出现编译时错误，从而保证了类型的安全。

用 C++ 编写这类代码很简单，因为在实例化模板的时候，模板代码知道其自身模板
参数的类型。Java 泛型则不同。下面是用 Java 实现的 HasF：

```java
// generics/HasF.java

public class HasF {
  public void f() {
    System.out.println("HasF.f()");
  }
}
```

如果继续将示例剩余的部分也用 Java 实现，则会无法编译：

```
// generics/Manipulation.java
// {WillNotCompile}

class Manipulator<T> {
  private T obj;
  Manipulator(T x) { obj = x; }
  // Error: cannot find symbol: method f():
  public void manipulate() { obj.f(); }
}

public class Manipulation {
  public static void main(String[] args) {
    HasF hf = new HasF();
    Manipulator<HasF> manipulator =
      new Manipulator<>(hf);
    manipulator.manipulate();
  }
}
```

由于类型擦除的缘故，Java 编译器无法将"manipulate() 必须调用 obj 上的 f()"的这个要求，关联到"HasF 中存在 f() 方法"的这个事实上。要调用 f()，我们就必须帮助泛型类，为它指定**边界**，来告诉编译器只接受符合该边界的类型。这里复用了 extends 关键字。有了边界，下面的代码就可以编译了：

```
// generics/Manipulator2.java

class Manipulator2<T extends HasF> {
  private T obj;
  Manipulator2(T x) { obj = x; }
  public void manipulate() { obj.f(); }
}
```

边界 <T extends HasF> 声明了 T 必须是 HasF 类型或者其子类。如果符合这个条件，就可以安全地调用 obj 上的 f() 方法。

我们说泛型类型参数会**被擦除为其第一个边界**（你稍后会看到，多重边界也是可以的）。我们也谈到了**类型参数的擦除**。编译器实际上会将类型参数替换为其被擦除后的类型，因此在上面的示例中，T 被擦除为 HasF，这就相当于在类结构体中用 HasF 替换了 T。

你可能已经正确地观察到，泛型在 Manipulator2.java 中没有做出任何贡献。你可以抛开泛型，轻松地自行执行类型擦除并生成类。

```
// generics/Manipulator3.java
```

```
class Manipulator3 {
  private HasF obj;
  Manipulator3(HasF x) { obj = x; }
  public void manipulate() { obj.f(); }
}
```

这引出了很重要的一点：只有在类型参数比具体类型（及其所有子类）更加"泛型（泛化）"的时候——也就是说，在希望代码能够跨多个类型运行的时候——泛型才会有所帮助。因此，在有实用价值的泛型代码中，类型参数和它们的应用通常会比简单的类替换更复杂。不过，你不能因此就轻易地认为 `<T extends HasF>` 这种形式的用法是有缺陷的。比如说，如果某个类有一个返回 T 的方法，那么泛型就能起作用，因为泛型可以让该方法返回精确的类型：

```
// generics/ReturnGenericType.java

class ReturnGenericType<T extends HasF> {
  private T obj;
  ReturnGenericType(T x) { obj = x; }
  public T get() { return obj; }
}
```

你必须对全部代码进行评估，并判断其是否"足够复杂"到适合使用泛型的程度。

我们会在本章后面的内容中研究边界的更多细节。

20.6.2　迁移的兼容性

要想从心底里消除关于类型擦除的任何疑虑，你必须清楚地明白它**并不是**一项语言特性。它是在 Java 泛型实现中必要的一种折中，因为泛型并不是这门语言与生俱来的一部分。这种折中会给你带来痛苦，所以尽早习惯它，并理解它为什么存在吧。

如果泛型在 Java 1.0 的时候就是这门语言的一部分了，这个特性就不会用类型擦除来实现，而会通过**具体化**（reification）来将类型参数保持为第一类实体，这样你就可以对类型参数执行基于类型的语言操作和反射操作了。你会在本章后面看到，类型擦除降低了泛型的"泛化性"。泛型在 Java 中仍然是有用的，只是没能完全发挥作用，而其原因就是类型擦除。

在基于类型擦除的实现中，泛型类型被视同于第二类类型处理，无法在某些重要的上下文中使用。泛型类型只在静态类型检查时期存在，在这之后，程序中所有的泛型类型都会被擦除，并替换为它们的非泛型上界。举例来说，`List<T>` 这样的类型注解会被擦除为 `List`，而普通的类型变量则被擦除为 `Object`，除非指定了边界。

类型擦除的核心初衷是，希望让泛化的调用方程序可以依赖于非泛化的库正常使用，反之亦然。这通常称为**迁移兼容性**。在理想世界中，一切事物都应该终有一天被泛化。而在现实中，即使程序员编写的是纯粹的泛型代码，他们也需要处理在 Java 5 之前编写的非泛型的库。这些库的作者们可能永远不会有动力去泛型化他们的代码，或者他们只是刚刚开始在这方面花时间。

因此 Java 泛型不仅必须支持**向后兼容性**（即保证已有的代码和类文件都依旧是合法的，并且能继续保持原有的含义），而且还必须支持迁移兼容性，这样库才能按它们自己的节奏变得通用，并且一旦某个库变得通用了，便不会对依赖它的代码和程序造成破坏。将此定为目标后，Java 设计者们和各个相关团队便决定了类型擦除是唯一可行的方案。通过允许非泛型的代码和泛型代码共存，类型擦除实现了向泛型的迁移。

举例来说，假设某个程序用到了 X 和 Y 这两个库，而 Y 又用到了库 Z。随着 Java 5 的到来，该程序的作者和这些库可能最终都会迁移到泛型上。然而，对于何时进行该迁移，这两者有着不同的动机和局限。要实现迁移兼容性，所有的库和程序都必须在是否使用了泛型这件事上各自保持无关。所以它们不能去检测其他库是否使用了泛型。因此，如果某个库使用了泛型，那么这个证据就必须被"擦除"。

如果没有某种迁移的途径，那么所有已经存在了很久的库都有可能要和选择迁移到 Java 泛型上的开发者们说再见。库可以说是一门编程语言最有影响力的组成部分，因此这种代价是不可接受的。类型擦除是否是最佳甚至唯一的迁移途径，只有时间能给我们答案了。

20.6.3　类型擦除存在的问题

因此，类型擦除存在的主要理由就是充当从非泛型代码过渡到泛型化代码的中间过程，以及在不破坏现有库的情况下，将泛型融入 Java 语言中。类型擦除使得现有的非泛型调用方代码可以在不用修改的情况下继续使用，直至调用方做好了用泛型来重写代码的准备。这个动机非常有意义，因为它不会突然间破坏掉所有已有代码。

类型擦除的代价也很大。泛型代码无法用于需要显式引用运行时类型的操作，比如类型转换、instanceof 操作，以及 new 表达式。因为关于参数的所有类型信息都丢失了，所以在编写泛型代码时，你必须时刻提醒自己，你只是**看起来**掌握了参数的类型信息而已。

看看下面这样的代码：

```
class Foo<T> {
  T var;
}
```

当你创建了 Foo 的实例后：

```
Foo<Cat> f = new Foo<>();
```

class Foo 中的代码看起来应该知道它现在是在使用 Cat 类型。而泛型语法也在强烈暗示，类中各处的类型 T 都已经被替换了，如同 C++ 中一样。但是并非如此，在为该类编写代码时，你必须时刻提醒自己，"不，它仍然只是一个 Object"。

另外，类型擦除和迁移兼容性意味着泛型的使用并非是强制性的，尽管你可能希望如此：

```
// generics/ErasureAndInheritance.java

class GenericBase<T> {
  private T element;
  public void set(T arg) { element = arg; }
  public T get() { return element; }
}

class Derived1<T> extends GenericBase<T> {}

class Derived2 extends GenericBase {} // 未产生警告

// class Derived3 extends GenericBase<?> {}
// 奇怪的错误:
//   unexpected type
//   required: class or interface without bounds

public class ErasureAndInheritance {
  @SuppressWarnings("unchecked")
  public static void main(String[] args) {
    Derived2 d2 = new Derived2();
    Object obj = d2.get();
    d2.set(obj); // 此处出现警告
  }
}
```

Derived2 继承自 GenericBase，但并未包含泛型参数，而编译器并未给出警告。直到调用 set() 时，警告才出现。

为了关闭该警告，Java 提供了一种注解，可以在注解列表中看到：

```
@SuppressWarnings("unchecked")
```

该注解被放置于触发警告的方法上，而不是整个类上。如果你想要关闭一个警告，最好尽量"缩小范围"，这样就不会因为过于宽泛地关闭报警，而导致意外屏蔽掉了真正的问题。

从 Derived3 产生的警告可以推断出，编译器期望的是一个原始的基类。

如果你希望将类型参数当作比 Object 更强大的武器，就需要付出额外的精力来管理边界，并且相比于在 C++、Ada 以及 Eiffel 等类似的语言中使用参数化类型，你要付出更多，回报却更少。这并不是说这些语言在大部分编程问题上通常要比 Java 更得心应手，而只是说它们的参数化类型机制要比 Java 更灵活、更强大。

20.6.4　边界的行为

类型擦除的存在，使我发现了泛型最容易令人困惑的方面——可以将无意义的事物表达出来。举例来说：

```java
// generics/ArrayMaker.java
import java.lang.reflect.*;
import java.util.*;

public class ArrayMaker<T> {
  private Class<T> kind;
  public ArrayMaker(Class<T> kind) { this.kind = kind; }
  @SuppressWarnings("unchecked")
  T[] create(int size) {
    return (T[])Array.newInstance(kind, size);
  }
  public static void main(String[] args) {
    ArrayMaker<String> stringMaker =
      new ArrayMaker<>(String.class);
    String[] stringArray = stringMaker.create(9);
    System.out.println(Arrays.toString(stringArray));
  }
}
/* 输出:
[null, null, null, null, null, null, null, null, null]
*/
```

尽管 kind 看起来是被存储为 Class<T>，但是类型擦除意味着它实际上只是被存为一个不带参数的 Class。因此，在你使用它的时候，如同创建数组一样，Array.newInstance() 并不实际掌握 kind 含有的类型信息。它无法生成具体的结果，因此必须进行类型转换，这会产生令人不悦的警告。

注意对 Array.newInstance() 的使用，这是在泛型中创建数组的推荐方式。

如果我们改为创建集合而不是数组，情况便会有所不同：

```
// generics/ListMaker.java
import java.util.*;

public class ListMaker<T> {
  List<T> create() { return new ArrayList<>(); }
  public static void main(String[] args) {
    ListMaker<String> stringMaker = new ListMaker<>();
    List<String> stringList = stringMaker.create();
  }
}
```

编译器并未产生警告，尽管我们知道（由于类型擦除），在 create() 内部的 new ArrayList<>() 方法中，<T> 被移除了——在运行时，类中并没有 <T>，因此它看起来似乎并没有什么实际用处。但是如果顺着这个思路将表达式修改为 new ArrayList()，编译器会产生警告。

所以在这里它真的是毫无用处吗？如果你在创建 List 的时候将一些对象放入其中，又会怎样呢？如下所示：

```
// generics/FilledList.java
import java.util.*;
import java.util.function.*;
import onjava.*;

public class FilledList<T> extends ArrayList<T> {
  FilledList(Supplier<T> gen, int size) {
    Suppliers.fill(this, gen, size);
  }
  public FilledList(T t, int size) {
    for(int i = 0; i < size; i++)
      this.add(t);
  }
  public static void main(String[] args) {
    List<String> list = new FilledList<>("Hello", 4);
    System.out.println(list);
    // 用 Supplier 实现的版本：
    List<Integer> ilist = new FilledList<>(() -> 47, 4);
    System.out.println(ilist);
  }
}
/* 输出:
[Hello, Hello, Hello, Hello]
[47, 47, 47, 47]
*/
```

尽管在 add() 内部，编译器无法知道任何关于 T 的信息，但仍然可以在编译时确保向 FilledList 中放入的是类型 T。因此，即使类型擦除移除了方法或类中的实际类型信息，编译器仍然能够确保类型使用方式的内部一致性。

由于类型擦除移除了方法体中的类型信息，运行时的关键便指向了**边界**——对象进入和离开某个方法的临界点。编译器会在编译时在临界点执行类型检查，并插入类型转换的代码。看看下面这个非泛型的示例：

```
// generics/SimpleHolder.java
public class SimpleHolder {
  private Object obj;
  public void set(Object obj) { this.obj = obj; }
  public Object get() { return obj; }
  public static void main(String[] args) {
    SimpleHolder holder = new SimpleHolder();
    holder.set("Item");
    String s = (String)holder.get();
  }
}
```

如果我们使用 javap -c SimpleHolder 对结果进行反编译，便会得到（结果经过了编辑）：

```
public void set(java.lang.Object);
    0:    aload_0
    1:    aload_1
    2:    putfield #2; //Field obj:Object;
    5:    return

public java.lang.Object get();
    0:    aload_0
    1:    getfield #2; //Field obj:Object;
    4:    areturn

public static void main(java.lang.String[]);
    0:    new #3; //class SimpleHolder
    3:    dup
    4:    invokespecial #4; //Method "<init>":()V
    7:    astore_1
    8:    aload_1
    9:    ldc #5; //String Item
    11:   invokevirtual #6; //Method set:(Object;)V
    14:   aload_1
    15:   invokevirtual #7; //Method get:()Object;
    18:   checkcast #8; //class java/lang/String
    21:   astore_2
    22:   return
```

set() 方法和 get() 方法分别负责存储和返回值，而在调用 get() 时则会对类型转换进行检查。

现在将泛型引入到上面的代码中：

```
// generics/GenericHolder2.java
public class GenericHolder2<T> {
  private T obj;
  public void set(T obj) { this.obj = obj; }
  public T get() { return obj; }
  public static void main(String[] args) {
    GenericHolder2<String> holder =
      new GenericHolder2<>();
    holder.set("Item");
    String s = holder.get();
  }
}
```

get() 中不再需要进行类型转换了，但是我们仍然知道传给 set() 的值经过了编译期类型检查。下面是相关的字节码：

```
public void set(java.lang.Object);
   0:    aload_0
   1:    aload_1
   2:    putfield #2; //Field obj:Object;
   5:    return

public java.lang.Object get();
   0:    aload_0
   1:    getfield #2; //Field obj:Object;
   4:    areturn

public static void main(java.lang.String[]);
   0:    new #3; //class GenericHolder2
   3:    dup
   4:    invokespecial #4; // 方法 "<init>":()V
   7:    astore_1
   8:    aload_1
   9:    ldc #5; //String Item
  11:    invokevirtual #6; //Method set:(Object;)V
  14:    aload_1
  15:    invokevirtual #7; //Method get:()Object;
  18:    checkcast #8; //class java/lang/String
  21:    astore_2
  22:    return
```

得到的代码（字节码）完全相同。set() 中对传入类型的额外检查工作是编译器自动执行的。而对 get() 输出值的类型转换仍然存在，但并不比你自己来实现做得少——而且这是由编译器自动插入的，因此代码更简洁，在编写（和阅读）的时候会更清爽。

get() 和 set() 生成了相同的字节码，由此可知泛型所有的行为都发生在边界——包括对传入值额外的编译时检查，和对输出值插入的类型转换。记住"边界是行为发生的地方"，这有助于减少对类型擦除产生的困惑。

20.7　对类型擦除的补偿

由于类型擦除的缘故，我们失去了在泛型代码中执行某些操作的能力。任何需要在运行时知道确切类型的操作都无法运行：

```java
// generics/Erased.java
// {WillNotCompile}

public class Erased<T> {
  private final int SIZE = 100;
  public void f(Object arg) {

    // error: illegal generic type for instanceof
    if(arg instanceof T) {}

    // error: unexpected type
    T var = new T();

    // error: generic array creation
    T[] array = new T[SIZE];

    // warning: [unchecked] unchecked cast
    T[] array = (T[])new Object[SIZE];

  }
}
```

你可以偶尔在编程时绕过这些问题，但是有时你必须通过引入**类型标签**（type tag）来补偿类型擦除导致的损失。这意味着要在类型表达式中显式地为你要使用的类型传入一个 Class 对象。

举例来说，在前面的程序中，由于类型信息被擦除了，因此使用 instanceof 的尝试失败了。而类型标签则可以提供动态的 isInstance() 能力：

```java
// generics/ClassTypeCapture.java

class Building {}
class House extends Building {}

public class ClassTypeCapture<T> {
  Class<T> kind;
  public ClassTypeCapture(Class<T> kind) {
    this.kind = kind;
  }
  public boolean f(Object arg) {
    return kind.isInstance(arg);
  }
  public static void main(String[] args) {
```

```
    ClassTypeCapture<Building> ctt1 =
      new ClassTypeCapture<>(Building.class);
    System.out.println(ctt1.f(new Building()));
    System.out.println(ctt1.f(new House()));
    ClassTypeCapture<House> ctt2 =
      new ClassTypeCapture<>(House.class);
    System.out.println(ctt2.f(new Building()));
    System.out.println(ctt2.f(new House()));
  }
}
```

```
/* 输出:
true
true
false
true
*/
```

编译器保证了类型标签能够和泛型参数匹配。

20.7.1 创建类型实例

试图在 Erased.java 中创建 new T() 是不会成功的，部分原因是类型擦除，另一部分原因是编译器无法验证 T 中是否存在无参构造器。但是在 C++ 中，这种操作相当自然，并且简单安全（因为会在编译时检查）。

```
// generics/InstantiateGenericType.cpp
// 这是C++, 不是 Java！

template<class T> class Foo {
  T x; // 创建T的一个字段
  T* y; // 指向T的指针
public:
  // 初始化指针:
  Foo() { y = new T(); }
};

class Bar {};

int main() {
  Foo<Bar> fb;
  Foo<int> fi; // ……并且可以使用基本类型
}
```

Java 的解决方案是传入一个工厂对象，并通过它来创建新实例。Class 对象就是一个方便的工厂对象，因此如果你使用了类型标签，便可以通过 newInstance() 来创建该类型的新对象:

```
// generics/InstantiateGenericType.java
import java.util.function.*;
import java.lang.reflect.InvocationTargetException;

class ClassAsFactory<T> implements Supplier<T> {
  Class<T> kind;
  ClassAsFactory(Class<T> kind) {
```

```
    this.kind = kind;
  }
  @Override public T get() {
    try {
      return kind.getConstructor().newInstance();
    } catch(Exception e) {
      throw new RuntimeException(e);
    }
  }
}

class Employee {
  public Employee() {}
  @Override public String toString() {
    return "Employee";
  }
}

public class InstantiateGenericType {
  public static void main(String[] args) {
    ClassAsFactory<Employee> fe =
      new ClassAsFactory<>(Employee.class);
    System.out.println(fe.get());
    ClassAsFactory<Integer> fi =
      new ClassAsFactory<>(Integer.class);
    try {
      System.out.println(fi.get());
    } catch(Exception e) {
      System.out.println(e.getMessage());
    }
  }
}
```

```
/* 输出:
Employee
java.lang.NoSuchMethodException:
java.lang.Integer.<init>()
*/
```

这样可以编译成功，但如果使用 ClassAsFactory<Integer> 则会失败，因为 Integer 中并没有无参构造器。由于该错误并不是在编译期捕获的，因此这种方法遭到 Java 设计者们的反对。他们建议使用显式工厂（Supplier），并对类型进行限制，使其仅能接收实现了该工厂的类。下面是创建工厂的两种不同方法：

```
// generics/FactoryConstraint.java
import java.util.*;
import java.util.function.*;
import onjava.*;

class IntegerFactory implements Supplier<Integer> {
  private int i = 0;
  @Override public Integer get() {
    return ++i;
  }
}
```

```
class Widget {
  private int id;
  Widget(int n) { id = n; }
  @Override public String toString() {
    return "Widget " + id;
  }
  public static
  class Factory implements Supplier<Widget> {
    private int i = 0;
    @Override
    public Widget get() { return new Widget(++i); }
  }
}

class Fudge {
  private static int count = 1;
  private int n = count++;
  @Override public String toString() {
    return "Fudge " + n;
  }
}

class Foo2<T> {
  private List<T> x = new ArrayList<>();
  Foo2(Supplier<T> factory) {
    Suppliers.fill(x, factory, 5);
  }
  @Override public String toString() {
    return x.toString();
  }
}

public class FactoryConstraint {
  public static void main(String[] args) {
    System.out.println(
      new Foo2<>(new IntegerFactory()));
    System.out.println(
      new Foo2<>(new Widget.Factory()));
    System.out.println(
      new Foo2<>(Fudge::new));
  }
}
/* 输出:
[1, 2, 3, 4, 5]
[Widget 1, Widget 2, Widget 3, Widget 4, Widget 5]
[Fudge 1, Fudge 2, Fudge 3, Fudge 4, Fudge 5]
*/
```

IntegerFactory 自身是个实现了 Supplier<Integer> 接口的工厂。Widget 包含了一个作为工厂的内部类。注意 Fudge 并不执行任何类似工厂的操作，但是传入 Fudge::new 仍然会产生工厂的行为，因为编译器将对函数方法 ::new 的调用，转变成了对 get() 的调用。

另一种方式是使用设计模式：**模板方法**（Template Method）。在下面的示例中，create() 就是那个模板方法，其在子类中被重写，用来生成该类型的对象：

```java
// generics/CreatorGeneric.java

abstract class GenericWithCreate<T> {
  final T element;
  GenericWithCreate() { element = create(); }
  abstract T create();
}

class X {}

class XCreator extends GenericWithCreate<X> {
  @Override X create() { return new X(); }
  void f() {
    System.out.println(
      element.getClass().getSimpleName());
  }
}

public class CreatorGeneric {
  public static void main(String[] args) {
    XCreator xc = new XCreator();
    xc.f();
  }
}
/* 输出:
X
*/
```

GenericWithCreate 中包含了 element 字段，并强制通过无参构造器来进行自身的初始化，然后调用 abstract create() 方法。这种方法可以将创建逻辑定义在子类中，同时 T 的类型也得到了确定。

20.7.2 泛型数组

如你在 Erased.java 中所见，你是无法创建泛型数组的。通用的解决办法是不管在何处，你都用 ArrayList 来创建泛型数组：

```java
// generics/ListOfGenerics.java
import java.util.*;

public class ListOfGenerics<T> {
  private List<T> array = new ArrayList<>();
  public void add(T item) { array.add(item); }
  public T get(int index) { return array.get(index); }
}
```

这样你就获得了数组的行为，此外还得到了泛型提供的编译时类型安全性。

有时你仍然需要创建泛型类型的数组（例如 ArrayList，其内部实现使用了数组）。你可以定义一个泛型**引用**，指向一个数组，以满足编译器的要求：

```
// generics/ArrayOfGenericReference.java

class Generic<T> {}

public class ArrayOfGenericReference {
  static Generic<Integer>[] gia;
}
```

编译器接受了这种方式，没有产生警告。但是你永远无法创建该确切类型（包括类型参数）的数组，因此这有点让人疑惑。所有的数组不论持有的是什么类型，都有着相同的结构（包括每个数组的大小和布局），因此你似乎可以创建一个 Object 数组，并将其转换为目标数组类型。这确实可以通过编译，但会在运行时抛出 ClassCastException 异常：

```
// generics/ArrayOfGeneric.java

public class ArrayOfGeneric {
  static final int SIZE = 100;
  static Generic<Integer>[] gia;
  @SuppressWarnings("unchecked")
  public static void main(String[] args) {
    try {
      gia = (Generic<Integer>[])new Object[SIZE];
    } catch(ClassCastException e) {
      System.out.println(e.getMessage());
    }
    // 运行时的类型是原始类型（已被擦除）:
    gia = (Generic<Integer>[])new Generic[SIZE];
    System.out.println(gia.getClass().getSimpleName());
    gia[0] = new Generic<>();
    //- gia[1] = new Object(); // 编译时错误
    // 在编译时发现类型不匹配:
    //- gia[2] = new Generic<Double>();
  }
}
/* 输出:
[Ljava.lang.Object; cannot be cast to [LGeneric;
Generic[]
*/
```

问题在于数组时刻都掌握着它们的实际类型信息，而该类型是在创建数组的时刻确定的。因此尽管 gia 被转型为 Generic<Integer>[]，该信息也只会存在于编译时（并且如果

未加上 @SuppressWarnings 注解，该转型还会产生警告）。在运行时，它仍然还是 Object 数组，而这会导致问题。唯一可以成功创建泛型类型数组的方法就是创建一个类型为被擦除类型的新数组，然后再对其进行类型转换。

我们来看一个稍微复杂一些的例子。考虑一个简单的泛型数组包装类：

```java
// generics/GenericArray.java

public class GenericArray<T> {
  private T[] array;
  @SuppressWarnings("unchecked")
  public GenericArray(int sz) {
    array = (T[])new Object[sz];
  }
  public void put(int index, T item) {
    array[index] = item;
  }
  public T get(int index) { return array[index]; }
  // 暴露了潜在表现形式的方法:
  public T[] rep() { return array; }
  public static void main(String[] args) {
    GenericArray<Integer> gai = new GenericArray<>(10);
    try {
      Integer[] ia = gai.rep();
    } catch(ClassCastException e) {
      System.out.println(e.getMessage());
    }
    // 这没问题:
    Object[] oa = gai.rep();
  }
}
```

```
/* 输出:
[Ljava.lang.Object; cannot be cast to
[Ljava.lang.Integer;
*/
```

如之前所述，我们无法声明 T[] array = new T[sz]，因此我们可以创建一个对象数组，并对它进行转型。

rep() 方法返回一个 T[]，对应到 main() 中的 gai.rep() 则应该返回 Integer[]，但如果你调用了 rep() 并试图将结果作为 Integer[] 的引用来获取，便会抛出 ClassCastException 异常，这仍然是因为运行时类型实际是 Object[]。

如果注释掉 @SuppressWarnings 注解后，再来编译 GenericArray.java，编译器则会产生警告：

```
GenericArray.java uses unchecked or unsafe operations.
Recompile with -Xlint:unchecked for details.
```

此处已经产生一条警告，我们相信这和类型转换有关。但是为了确认这一点，我们

用 -Xlint:unchecked 来编译：

```
GenericArray.java:7: warning: [unchecked] unchecked cast
    array = (T[])new Object[sz];
            ^
  required: T[]
  found:    Object[]
  where T is a type-variable:
    T extends Object declared in class GenericArray
1 warning
```

该警告的确是针对类型转换的。因为警告往往会成为一种噪声，所以一旦验证了某条警告是符合预期的（即确认不会有影响）之后，最好用 @SuppressWarnings 注解来关闭该警告。只有这样，在出现警告的时候，我们才会真的去调查是不是有问题（而不是已经被噪声麻痹）。

由于类型擦除的缘故，数组的运行时类型只能是 Object[]。如果我们立刻将其转型为 T[]，那么在编译时，数组的实际类型便会丢失，编译器就可能会错过对某些潜在错误的检查。因此，更好的办法是在集合内使用 Object[]，并在使用某个数组元素的时候增加转型为 T 的操作。我们来看看在示例 GenericArray2.java 中，这样做的效果如何：

```java
// generics/GenericArray2.java

public class GenericArray2<T> {
  private Object[] array;
  public GenericArray2(int sz) {
    array = new Object[sz];
  }
  public void put(int index, T item) {
    array[index] = item;
  }
  @SuppressWarnings("unchecked")
  public T get(int index) { return (T)array[index]; }
  @SuppressWarnings("unchecked")
  public T[] rep() {
    return (T[])array; // 未检查的类型转换
  }
  public static void main(String[] args) {
    GenericArray2<Integer> gai =
      new GenericArray2<>(10);
    for(int i = 0; i < 10; i ++)
      gai.put(i, i);
    for(int i = 0; i < 10; i ++)
      System.out.print(gai.get(i) + " ");
    System.out.println();
    try {
      Integer[] ia = gai.rep();
```

```
    } catch(Exception e) {
      System.out.println(e);
    }
  }
}
```

```
/* 输出:
0 1 2 3 4 5 6 7 8 9
java.lang.ClassCastException: [Ljava.lang.Object;
cannot be cast to [Ljava.lang.Integer;
*/
```

乍一看，这好像没多大变化，只是改变了类型转换的地方。如果没有 @SuppressWarnings 注解，则仍旧会产生 "unchecked" 警告。然而现在内部表达所用的是 Object[]，而不是 T[]。在调用 get() 方法时，该方法会将对象转型为 T，这实际上是正确的类型，因此是安全的。不过如果调用 rep()，该方法会再次试图将 Object[] 转型为 T[]，这仍然是错误的，并且会产生编译时警告和运行时异常。因此，没有任何办法可以推翻底层的数组类型，该类型只能是 Object[]。在内部将 array 当作 Object[] 而不是 T[] 来进行处理，这样做的好处是，可以减少由于你忘记了数组的运行时类型，而意外产生 bug 的可能性（虽然这样的 bug 大部分，或者说全部，可以很快地在运行时被检测出来）。

对于新代码，应该传入一个类型标记。这种情况下的 GenericArray 看起来是这样的：

```
// generics/GenericArrayWithTypeToken.java
import java.lang.reflect.*;

public class GenericArrayWithTypeToken<T> {
  private T[] array;
  @SuppressWarnings("unchecked")
  public
  GenericArrayWithTypeToken(Class<T> type, int sz) {
    array = (T[])Array.newInstance(type, sz);
  }
  public void put(int index, T item) {
    array[index] = item;
  }
  public T get(int index) { return array[index]; }
  // 暴露潜在的表达方式:
  public T[] rep() { return array; }
  public static void main(String[] args) {
    GenericArrayWithTypeToken<Integer> gai =
      new GenericArrayWithTypeToken<>(
        Integer.class, 10);
    // 现在可以正常运行了:
    Integer[] ia = gai.rep();
  }
}
```

这里将类型标记 Class<T> 传入了构造器，以用于擦除后的类型恢复，这样就能够创建实际所需类型的数组了，尽管还是必须通过 @SuppressWarnings 禁用类型转换导致的警告。

如你在 main() 中所见，一旦得到了实际的类型，就可以将其返回，并生成想要的结果。数组的运行时类型是精确的 T[] 类型。

遗憾的是，如果仔细去看 Java 标准库中的源代码，就会发现到处都有将 Object 数组转型为参数化类型的操作。例如，下面便是一个（经过了整理和简化的）将 Collection 复制为 ArrayList 的构造器：

```
public ArrayList(Collection c) {
  size = c.size();
  elementData = (E[])new Object[size];
  c.toArray(elementData);
}
```

如果你通读 ArrayList.java，便会发现大量的这类转型。如果对它们进行编译，又会发生些什么呢？

```
Note: ArrayList.java uses unchecked or unsafe operations
Note: Recompile with -Xlint:unchecked for details.
```

可以十分肯定的是，标准库会产生大量警告。如果你使用过 C 语言，特别是 ANSI C 之前的版本，那么肯定会记得警告导致的特殊效应：对于警告，只要可以忽略，就一定会忽略。出于这个原因，除非是代码编写者必须要处理的问题，否则最好不要让编译器发出任何消息（警告）。

Neal Gafter（Java 5 的主要开发人员之一）在他的博客 [1] 中指出过，他在重写 Java 库的时候十分懒惰，而我们不应该像他那样。Neal 还指出，他无法在不破坏已有接口的情况下解决某些 Java 库代码的问题。所以即使 Java 库的源代码中出现了某些惯用做法，这也不一定是正确的做法。你在阅读库代码的时候，不能把这些当成可以在自己的代码中遵循的范例。

注意，在 Java 文献中往往会推荐使用类型标记的技巧，例如 Gilad Bracha 的论文 "Generics in the Java Programming Language" [2]，其中提到："这是在那些新的 API（例如操作注解的那些 API）中广泛使用的做法。"然而，我发现人们在这项技巧上的喜好并不一致，有人强烈推荐工厂的方式（本章前面阐述过该方式）。

---

[1] 参见 Neal Gafter's blog 上的文章 "Puzzling Through Erasure: answer section"。
[2] 见本章末尾的"延伸阅读"。

20.8 边界

本章在之前对**边界**做过简单的介绍。边界让你在使用泛型的时候，可以在参数类型上增加限制。虽然这可以强制执行应用泛型的类型规则，但更重要的潜在效果是，你可以调用边界类型上的方法了。

由于类型擦除移除了类型信息，对于无边界的泛型参数，你仅能调用 Object 中可用的方法。不过如果能够将参数类型限制在某个类型子集中，你就可以调用该子集上可用的方法了。为了应用这种限制，Java 泛型复用了 extends 关键字。

相较于 extends 关键字的常规用法，它在泛型边界上下文中代表着完全不同的意义，理解这一点非常重要。下面这个示例演示了边界的一些基本要素：

```java
// generics/BasicBounds.java

interface HasColor { java.awt.Color getColor(); }

class WithColor<T extends HasColor> {
  T item;
  WithColor(T item) { this.item = item; }
  T getItem() { return item; }
  // 可以调用边界中的方法：
  java.awt.Color color() { return item.getColor(); }
}

class Coord { public int x, y, z; }

// 这样会失败。类（Coord）必须在最前面，然后才是接口（HasColor）：
// class WithColorCoord<T extends HasColor & Coord> {

// 多重边界：
class WithColorCoord<T extends Coord & HasColor> {
  T item;
  WithColorCoord(T item) { this.item = item; }
  T getItem() { return item; }
  java.awt.Color color() { return item.getColor(); }
  int getX() { return item.x; }
  int getY() { return item.y; }
  int getZ() { return item.z; }
}

interface Weight { int weight(); }

// 和使用继承一样，只能继承一个具体类，而可以实现多个接口
class Solid<T extends Coord & HasColor & Weight> {
  T item;
  Solid(T item) { this.item = item; }
  T getItem() { return item; }
```

```
    java.awt.Color color() { return item.getColor(); }
    int getX() { return item.x; }
    int getY() { return item.y; }
    int getZ() { return item.z; }
    int weight() { return item.weight(); }
}

class Bounded
extends Coord implements HasColor, Weight {
  @Override
  public java.awt.Color getColor() { return null; }
  @Override public int weight() { return 0; }
}

public class BasicBounds {
  public static void main(String[] args) {
    Solid<Bounded> solid =
      new Solid<>(new Bounded());
    solid.color();
    solid.getY();
    solid.weight();
  }
}
```

你可能会发现，BasicBounds.java 似乎有些可以通过继承消除的冗余信息。下面可以看到，每一层继承也会增加边界的限制：

```
// generics/InheritBounds.java

class HoldItem<T> {
  T item;
  HoldItem(T item) { this.item = item; }
  T getItem() { return item; }
}

class WithColor2<T extends HasColor>
extends HoldItem<T> {
  WithColor2(T item) { super(item); }
  java.awt.Color color() { return item.getColor(); }
}

class WithColorCoord2<T extends Coord & HasColor>
extends WithColor2<T> {
  WithColorCoord2(T item) {  super(item); }
  int getX() { return item.x; }
  int getY() { return item.y; }
  int getZ() { return item.z; }
}

class Solid2<T extends Coord & HasColor & Weight>
extends WithColorCoord2<T> {
```

```
  Solid2(T item) { super(item); }
  int weight() { return item.weight(); }
}

public class InheritBounds {
  public static void main(String[] args) {
    Solid2<Bounded> solid2 =
      new Solid2<>(new Bounded());
    solid2.color();
    solid2.getY();
    solid2.weight();
  }
}
```

HoldItem 持有一个对象，因此该行为继承到了 WithColor2 中，WithColor2 同样要求其参数和 HasColor 一致。WithColorCoord2 和 Solid2 进一步扩展了该继承结构，对每一层都增加了边界。现在这些方法都被继承下来了，而不用在每个类里面再去重复定义。

下面是一个更多层级的示例：

```
// generics/EpicBattle.java
// Java 泛型中的边界
import java.util.*;

interface SuperPower {}

interface XRayVision extends SuperPower {
  void seeThroughWalls();
}

interface SuperHearing extends SuperPower {
  void hearSubtleNoises();
}

interface SuperSmell extends SuperPower {
  void trackBySmell();
}

class SuperHero<POWER extends SuperPower> {
  POWER power;
  SuperHero(POWER power) { this.power = power; }
  POWER getPower() { return power; }
}

class SuperSleuth<POWER extends XRayVision>
extends SuperHero<POWER> {
  SuperSleuth(POWER power) { super(power); }
  void see() { power.seeThroughWalls(); }
}
```

```
class
CanineHero<POWER extends SuperHearing & SuperSmell>
extends SuperHero<POWER> {
  CanineHero(POWER power) { super(power); }
  void hear() { power.hearSubtleNoises(); }
  void smell() { power.trackBySmell(); }
}

class SuperHearSmell
implements SuperHearing, SuperSmell {
  @Override public void hearSubtleNoises() {}
  @Override public void trackBySmell() {}
}

class DogPerson extends CanineHero<SuperHearSmell> {
  DogPerson() { super(new SuperHearSmell()); }
}

public class EpicBattle {
  // 泛型方法中的边界:
  static <POWER extends SuperHearing>
  void useSuperHearing(SuperHero<POWER> hero) {
    hero.getPower().hearSubtleNoises();
  }
  static <POWER extends SuperHearing & SuperSmell>
  void superFind(SuperHero<POWER> hero) {
    hero.getPower().hearSubtleNoises();
    hero.getPower().trackBySmell();
  }
  public static void main(String[] args) {
    DogPerson dogPerson = new DogPerson();
    useSuperHearing(dogPerson);
    superFind(dogPerson);
    // 你可以这样做:
    List<? extends SuperHearing> audioPeople;
    // 但不能这样做:
    // List<? extends SuperHearing & SuperSmell> dogPs;
  }
}
```

这里出现了通配符，只限于使用单边界。接下来我们会进一步研究它。

20.9　通配符

在第 12 章中，你已经见过**通配符**（即泛型参数表达式中的问号）的一些简单用法，在第 19 章中这样的例子则更多。本节将对该特性进行更深入的探讨。

我们会从一个示例开始，该示例展示了数组的一种特殊行为——可以将派生类型的数组赋值给基类数组的引用：

```
// generics/CovariantArrays.java

class Fruit {}
class Apple extends Fruit {}
class Jonathan extends Apple {}
class Orange extends Fruit {}

public class CovariantArrays {
  public static void main(String[] args) {
    Fruit[] fruit = new Apple[10];
    fruit[0] = new Apple(); // OK
    fruit[1] = new Jonathan(); // OK
    // 运行时类型是Apple[]，而不是Fruit[]或Orange[]:
    try {
      // 编译器允许添加Fruit:
      fruit[0] = new Fruit(); // 会导致ArrayStoreException异常
    } catch(Exception e) { System.out.println(e); }
    try {
      // 编译器允许添加Oranges:
      fruit[0] = new Orange(); // 会导致ArrayStoreException异常
    } catch(Exception e) { System.out.println(e); }
  }
}
```

```
/* 输出：
java.lang.ArrayStoreException: Fruit
java.lang.ArrayStoreException: Orange
*/
```

main()方法的第一行创建了一个Apple数组，并将其赋值给一个指向Fruit数组的引用。这可以说得通——Apple 是一种 Fruit（苹果是一种水果），所以 Apple 数组也应该是一个Fruit 数组。

不过，如果实际的数组类型是 Apple[]，你就可以将 Apple 或 Apple 的子类放入该数组，这实际上在编译时和运行时都是没问题的。但是你也可以将 Fruit 对象放入该数组。这对于编译器来说是说得通的，因为它持有 Fruit[] 的引用——编译器有什么理由不允许将 Fruit 对象，或任何 Fruit 派生出来的对象，例如 Orange（橙子），放入该数组呢？因此在编译时，这是允许的。但是运行时的数组机制知道自己是在处理 Apple[]，并会在向该数组中放入异构类型时抛出异常。

说这里是"向上转型"其实是不准确的。你实际是在将一个数组赋值给另一个数组。数组的行为是用于持有其他对象，但是由于我们能够进行向上转型，所以很明显，数组对象可以维持它们包含的对象的类型规则。这就好像是数组能够意识到它们持有的是什么，所以在编译时检查和运行时检查之间，你无法对数组进行滥用。

对数组的这种赋值并不是那么可怕，因为你**能够**在运行时发现插入了一个不恰当的类型。但是泛型的主要目的之一是要让这样的错误检查提前到编译时。那么如果试着用泛型集合代替数组，会发生什么呢？

```
// generics/NonCovariantGenerics.java
// {WillNotCompile}
import java.util.*;

public class NonCovariantGenerics {
  // Compile Error: incompatible types:
  List<Fruit> flist = new ArrayList<Apple>();
}
```

虽然你一开始看到这段代码，可能会认为是在表达，"你无法将 Apple 集合赋值给 Fruit 集合"。记住，泛型并不是只和集合有关。这里真正表达的是，"你无法将**包含** Apple 的泛型赋值给**包含** Fruit 的泛型"。类似于在数组中的情况，如果编译器掌握了足够多的信息，从而可以确定包含的是什么集合，那么也许还会有一些应变的空间。但是编译器对这些信息一无所知，因此它拒绝允许"向上转型"。不过无论如何，这真的不算是"向上转型"——Apple 的 List 并不是 Fruit 的 List。Apple 的 List 可以持有 Apple 及 Apple 的子类，而 Fruit 的 List 则可以持有任何种类的 Fruit。是的，也包括 Apple，但这并不能让它成为 Apple 的 List，它仍然是 Fruit 的 List。Apple 的 List 在类型上并不等价于 Fruit 的 List，即使 Apple 是一种 Fruit 类型。

问题的本质在于，我们讨论的是集合自身的类型，而不是它所持有的元素类型。和数组不同，泛型并没有内建的协变性。这是因为数组是完全在语言内部定义的，因此可以同时拥有编译时和运行时的内建检查。但是对于泛型，编译器和运行时系统无法得知应该怎样处理你的类型，以及该制定怎样的规则。

不过，有时你会想要在这两者间建立某种向上转型的关系。通配符便可以达到这个目的。

```
// generics/GenericsAndCovariance.java
import java.util.*;

public class GenericsAndCovariance {
  public static void main(String[] args) {
    // 通配符提供了协变性的能力:
    List<? extends Fruit> flist = new ArrayList<>();
    // Compile Error: can't add any type of object:
    // flist.add(new Apple());
    // flist.add(new Fruit());
    // flist.add(new Object());
    flist.add(null); // 合法，但没什么意义
    // 我们知道至少能返回 Fruit:
    Fruit f = flist.get(0);
  }
}
```

flist 的类型现在变成了 List<? extends Fruit>，你可以将其理解为"某种由继承自 Fruit 的任意类型组成的 list"。但是这并不意味着 List 真的会持有任何 Fruit 类型。通配符引用指向了某个确定的类型，因此真正的意义是"某种 flist 引用未指定的具体类型"。因此被赋值的 List 必须持有某种具体的类型，例如 Fruit 或 Apple，但是为了向上转型为 flist，该类型是什么并没有人关心。

该类型必须持有某个具体的 Fruit 或其子类，但是如果你实际上并不关心它是什么类型，你能用这样一个 List 来做什么呢？如果你不知道 List 持有的是什么类型，你又如何能安全地向其中添加对象呢？正如同 CovariantArrays.java 中的"向上转型"数组一样，你不能这样做，除非编译器能阻止类型不匹配的操作发生，而不是等到运行时系统（再来阻止）。你稍后就会发现该问题。

你可能会辩驳说，这有点过头了，因为现在你甚至无法向刚提到的、可以持有 Apple 的 List 中添加一个 Apple。是的，但是编译器并不知道这件事。List<? extends Fruit> 可以合法地指向 List<Orange>。一旦你进行了这种"向上转型"，便失去了向其中传入任何对象的能力，即使是传入 Object 也是如此。

另一方面，如果你调用的是返回 Fruit 的方法，则是安全的，因为你知道 List 中的任何元素都必须至少是 Fruit 类型，所以编译器允许这么做。

20.9.1　编译器有多聪明？

现在，你可能会以为你被禁止调用任何带有参数的方法，但是看看下面这个示例：

```java
// generics/CompilerIntelligence.java
import java.util.*;

public class CompilerIntelligence {
  public static void main(String[] args) {
    List<? extends Fruit> flist =
      Arrays.asList(new Apple());
    Apple a = (Apple)flist.get(0); // 未产生警告
    flist.contains(new Apple()); // 参数是 Object
    flist.indexOf(new Apple()); // 参数是 Object
  }
}
```

此处对 contains() 和 indexOf() 的调用都将 Apple 对象作为参数，而这并没有什么问题。这是否意味着编译器实际对代码进行了检查，以确认是否某个具体的方法修改了对象？

通过查看 ArrayList 的文档，我们发现编译器并没有这么聪明。add() 接收的参数是

泛型参数类型，而 contains() 和 indexOf() 接收的参数则是 Object 类型。因此在你声明了
ArrayList<? extends Fruit> 后,add() 的参数便成了? extends Fruit。通过这段描述可得知,
编译器无法知道该处要求的是哪种具体的 Fruit 子类型,因此便不会接受任何 Fruit 的类型。
如果你先将 Apple 向上转型为了 Fruit，这也并没有影响——如果参数列表中带有通配符,
编译器会直接拒绝调用方法（如 add()）。

对于 contains() 和 indexOf() 来说，参数类型是 Object 类型，因此并不包含通配符，
编译器会允许该调用。这意味着是由泛型类的设计者们来决定哪种调用是"安全的"，从
而将 Object 类型作为它们的参数。要拒绝使用通配符类型的调用，需要在参数列表中使用
类型参数。

可以通过一个非常简单的 Holder 类来演示:

```java
// generics/Holder.java
import java.util.Objects;

public class Holder<T> {
  private T value;
  public Holder() {}
  public Holder(T val) { value = val; }
  public void set(T val) { value = val; }
  public T get() { return value; }
  @Override public boolean equals(Object o) {
    return o instanceof Holder &&
      Objects.equals(value, ((Holder)o).value);
  }
  @Override public int hashCode() {
    return Objects.hashCode(value);
  }
  public static void main(String[] args) {
    Holder<Apple> apple = new Holder<>(new Apple());
    Apple d = apple.get();
    apple.set(d);
    // Holder<Fruit> Fruit = apple; // 无法向上转型
    Holder<? extends Fruit> fruit = apple; // OK
    Fruit p = fruit.get();
    d = (Apple)fruit.get(); // 返回 Object
    try {
      Orange c = (Orange)fruit.get(); // 无警报
    } catch(Exception e) { System.out.println(e); }
    // fruit.set(new Apple()); // 无法调用 set()
    // fruit.set(new Fruit()); // 无法调用 set()
    System.out.println(fruit.equals(d)); // OK
  }
}
```

```
/* 输出：
java.lang.ClassCastException: Apple cannot be cast to
Orange
false
*/
```

Holder 中有一个以 T 为参数的 set() 方法，一个返回 T 的 get() 方法，以及一个以 Object 为参数的 equals() 方法。如你所见，如果创建了 Holder<Apple>，就无法将其向上转型为 Holder<Fruit>，但是可以向上转型为 Holder<? extends Fruit>。如果调用 get()，则只能返回 Fruit ——通过给定的"任何继承 Fruit 的类型"边界信息，它只能知道这么多了。如果你知道此处是什么类型，便可以转型为某个具体的 Fruit 类型，并且不会产生相关的警告，但这有抛出 ClassCastException 的风险。Apple 或 Fruit 都无法用于 set() 方法，因为 set() 方法的参数同样是 ? Extends Fruit，这意味着它可以是任意类型，而编译器无法为"任意类型"验证安全性。

不过，equals() 方法没有问题，因为它接收 Object 作为参数，而不是 T。因此编译器只会关心传入和返回的对象类型。它并没有分析代码以检查你是否执行了任何实际的读写。

Java 7 引入了 java.util.Objects，其目的之一就是为了更容易地创建 equals() 和 hashCode() 方法。进阶卷附录 C 中会描述此处出现的 equals() 方法的典型用法。

20.9.2　逆变性

还有另一种可能的方式，即利用**超类通配符**（supertype wildcard）。这里，你可以认为是为通配符增加了边界限制，边界范围是某个类的任何基类，具体方式为 <? super MyClass> 或者甚至是使用类型参数 <? super T>（不过你无法给泛型参数设置超类边界，也就是说，无法这样声明：<T super MyClass>）。这样可以安全地将类型对象传入泛型类型中。因此，有了超类通配符后，你就可以向 Collection 中进行写操作了。

```
// generics/SuperTypeWildcards.java
import java.util.*;

public class SuperTypeWildcards {
  static void writeTo(List<? super Apple> apples) {
    apples.add(new Apple());
    apples.add(new Jonathan());
    // apples.add(new Fruit()); // 错误
  }
}
```

　　参数 apples 是由某种 Apple 的基类组成的 List，因此你知道可以安全地向其中添加 Apple 类型或其子类型。不过其**下界**（lower bound）是 Apple，所以你并不知道是否可以安全地向这样一个 List 中添加 Fruit，因为这会使得 List 对其他非 Apple 的类型也敞开怀抱，而这违反了静态类型的安全性。

　　下面这个示例回顾了协变性和通配符：

```java
// generics/GenericReading.java
import java.util.*;

public class GenericReading {
  static List<Apple> apples =
    Arrays.asList(new Apple());
  static List<Fruit> fruit = Arrays.asList(new Fruit());
  static <T> T readExact(List<T> list) {
    return list.get(0);
  }
  // 兼容每种调用的静态方法:
  static void f1() {
    Apple a = readExact(apples);
    Fruit f = readExact(fruit);
    f = readExact(apples);
  }
  // 类被实例化后，其类型即被确定:
  static class Reader<T> {
    T readExact(List<T> list) { return list.get(0); }
  }
  static void f2() {
    Reader<Fruit> fruitReader = new Reader<>();
    Fruit f = fruitReader.readExact(fruit);
    //- Fruit a = fruitReader.readExact(apples);
    // error: incompatible types: List<Apple>
    // 无法转型为 List<Fruit>
  }
  static class CovariantReader<T> {
    T readCovariant(List<? extends T> list) {
      return list.get(0);
    }
  }
  static void f3() {
    CovariantReader<Fruit> fruitReader =
      new CovariantReader<>();
    Fruit f = fruitReader.readCovariant(fruit);
    Fruit a = fruitReader.readCovariant(apples);
  }
  public static void main(String[] args) {
    f1(); f2(); f3();
  }
}
```

readExact() 使用了精确的类型。如果在不使用通配符的情况下使用精确的类型，便可以在 List 上对该精确对象进行写入或读出操作。另外，对于返回值来说，静态泛型方法 readExact() 对每个方法调用都可以有效地兼容，如你在 f1() 中所见，从 List<Apple> 中返回 Apple，以及从 List<Fruit> 中返回 Fruit。因此，如果你可以使用静态泛型方法，在需要只读的情况下，你并不一定需要协变性。

不过，如果使用泛型类的话，在你为该类实例化一个对象的时候，其参数即被确定下来。如 f2() 所示，因为 fruitReader 的具体类型是 Fruit，所以它可以从 List<Fruit> 中读取单个 Fruit。但是 List<Apple> 应该也能生成 Fruit 对象，而 fruitReader 并不允许这样。

为了解决这个问题，CovariantReader.readCovariant() 方法接收了 List<? extends T> 作为参数。从该 list 中读取 T 是安全的，因为你知道里面的所有元素都至少是 T，也可能是 T 的某种子类。在 f3() 中，你可以看到现在可以从 List<Apple> 中读取 Fruit 了。

20.9.3　无界通配符

无界通配符（unbounded wildcard）<?> 似乎意味着"任何类型"，所以使用无界通配符似乎就等于使用某个原始类型。确实，编译器一开始似乎允许这样赋值：

```java
// generics/UnboundedWildcards1.java
import java.util.*;

public class UnboundedWildcards1 {
  static List list1;
  static List<?> list2;
  static List<? extends Object> list3;
  static void assign1(List list) {
    list1 = list;
    list2 = list;
    //- list3 = list;
    // warning: [unchecked] unchecked conversion
    // list3 = list;
    //              ^
    // required: List<? extends Object>
    // found:    List
  }
  static void assign2(List<?> list) {
    list1 = list;
    list2 = list;
    list3 = list;
  }
  static void assign3(List<? extends Object> list) {
    list1 = list;
    list2 = list;
    list3 = list;
```

```
  }
  public static void main(String[] args) {
    assign1(new ArrayList());
    assign2(new ArrayList());
    //- assign3(new ArrayList());
    // warning: [unchecked] unchecked method invocation:
    // method assign3 in class UnboundedWildcards1
    // is applied to given types
    // assign3(new ArrayList());
    //          ^
    // required: List<? extends Object>
    // found: ArrayList
    // warning: [unchecked] unchecked conversion
    // assign3(new ArrayList());
    //          ^
    // required: List<? extends Object>
    // found:    ArrayList
    // 2 warnings
    assign1(new ArrayList<>());
    assign2(new ArrayList<>());
    assign3(new ArrayList<>());
    // 两种形式都可以作为 List<?> 被接受:
    List<?> wildList = new ArrayList();
    wildList = new ArrayList<>();
    assign1(wildList);
    assign2(wildList);
    assign3(wildList);
  }
}
```

许多场景都和你在此处看到的类似，编译器可以不用那么关心你用的是原始类型还是
<?>。在那些场景下，可以把 <?> 认为是一种装饰。但它还是有用的，因为实际上它的潜台
词是，"我写这段代码时考虑了 Java 泛型，但并不是说要使用原始类型，只是在当前场景下，
泛型参数可以持有任何类型"。

下面这个示例演示了无界通配符的一种重要用途。在处理多重泛型参数的时候，有时
需要在将参数初始化为某种具体类型时，允许其中某个参数可以是任何类型：

```
// generics/UnboundedWildcards2.java
import java.util.*;

public class UnboundedWildcards2 {
  static Map map1;
  static Map<?,?> map2;
  static Map<String,?> map3;
  static void assign1(Map map) { map1 = map; }
  static void assign2(Map<?,?> map) { map2 = map; }
  static void assign3(Map<String,?> map) { map3 = map; }
```

```
public static void main(String[] args) {
  assign1(new HashMap());
  assign2(new HashMap());
  //- assign3(new HashMap());
  // warning: [unchecked] unchecked method invocation:
  // method assign3 in class UnboundedWildcards2
  // is applied to given types
  //      assign3(new HashMap());
  //             ^
  //   required: Map<String,?>
  //   found: HashMap
  // warning: [unchecked] unchecked conversion
  //      assign3(new HashMap());
  //             ^
  //   required: Map<String,?>
  //   found:    HashMap
  // 2 warnings
  assign1(new HashMap<>());
  assign2(new HashMap<>());
  assign3(new HashMap<>());
  }
}
```

不过你可以再次看到，在 Map<?,?> 中全都是无界通配符的情况下，编译器看起来并不会将其和原始类型 Map 区分开。另外，从 UnboundedWildcards1.java 中可以看出，编译器对 List<?> 和 List<? extends Object> 的处理方式并不相同。

令人疑惑的是，编译器并不总是关心两者间（例如 List 和 List<?>）的区别，因此它们看起来可以是同一类事物。确实，由于泛型参数会被擦除为其第一个边界类型，List<?> 会看起来等同于 List<Object>，而 List 也实际上相当于 List<Object>——只是这两种说法都并不完全正确。List 实际上是指"持有任意 Object 类型的原生 List"，而 List<?> 是指"持有**某种具体类型**的非原生 List"，但我们并不知道是什么类型。

编译器什么时候才会关心原始类型和带有无界通配符的类型之间的区别呢？下面这个示例用到了之前定义过的 Holder<T> 类。该示例内部包含若干不同形式的以 Holder 为参数的方法——以原始类型方式、带有具体的类型参数，以及带有无界通配符的参数：

```
// generics/Wildcards.java
// 探索通配符的意义

public class Wildcards {
  // 原始类型:
  static void rawArgs(Holder holder, Object arg) {
    //- holder.set(arg);
    // warning: [unchecked] unchecked call to set(T)
```

```
// as a member of the raw type Holder
//     holder.set(arg);
//           ^
//   where T is a type-variable:
//     T extends Object declared in class Holder
// 1 warning

// 这样不行，并没有 `T`：
// T t = holder.get();

// 这样可以，但是丢失了类型信息：
Object obj = holder.get();
}
// 和 rawArgs() 类似，但是会产生错误而不是警告：
static void
unboundedArg(Holder<?> holder, Object arg) {
  //- holder.set(arg);
  // error: method set in class Holder<T>
  // cannot be applied to given types;
  //     holder.set(arg);
  //            ^
  //   required: CAP#1
  //   found: Object
  //   reason: argument mismatch;
  //     Object cannot be converted to CAP#1
  //   where T is a type-variable:
  //     T extends Object declared in class Holder
  //   where CAP#1 is a fresh type-variable:
  //     CAP#1 extends Object from capture of ?
  // 1 error

  // 这样不行，并没有 `T`：
  // T t = holder.get();

  // 这样可以，但是丢失了类型信息：
  Object obj = holder.get();
}
static <T> T exact1(Holder<T> holder) {
  return holder.get();
}
static <T> T exact2(Holder<T> holder, T arg) {
  holder.set(arg);
  return holder.get();
}
static <T>
T wildSubtype(Holder<? extends T> holder, T arg) {
  //- holder.set(arg);
  // error: method set in class Holder<T#2>
  // cannot be applied to given types;
  //     holder.set(arg);
  //            ^
  //   required: CAP#1
```

```
    //    found: T#1
    //    reason: argument mismatch;
    //      T#1 cannot be converted to CAP#1
    //    where T#1,T#2 are type-variables:
    //      T#1 extends Object declared in method
    //      <T#1>wildSubtype(Holder<? extends T#1>,T#1)
    //      T#2 extends Object declared in class Holder
    //    where CAP#1 is a fresh type-variable:
    //      CAP#1 extends T#1 from
    //        capture of ? extends T#1
    // 1 error

    return holder.get();
}
static <T>
void wildSupertype(Holder<? super T> holder, T arg) {
  holder.set(arg);
  //- T t = holder.get();
  // error: incompatible types:
  // CAP#1 cannot be converted to T
  //     T t = holder.get();
  //                       ^
  //   where T is a type-variable:
  //     T extends Object declared in method
  //         <T>wildSupertype(Holder<? super T>,T)
  //   where CAP#1 is a fresh type-variable:
  //     CAP#1 extends Object super:
  //         T from capture of ? super T
  // 1 error

  // 这样可以，但是丢失了类型信息:
  Object obj = holder.get();
}
public static void main(String[] args) {
  Holder raw = new Holder<>();
  // 或者:
  raw = new Holder();
  Holder<Long> qualified = new Holder<>();
  Holder<?> unbounded = new Holder<>();
  Holder<? extends Long> bounded = new Holder<>();
  Long lng = 1L;

  rawArgs(raw, lng);
  rawArgs(qualified, lng);
  rawArgs(unbounded, lng);
  rawArgs(bounded, lng);

  unboundedArg(raw, lng);
  unboundedArg(qualified, lng);
  unboundedArg(unbounded, lng);
  unboundedArg(bounded, lng);
```

```
//- Object r1 = exact1(raw);
// warning: [unchecked] unchecked method invocation:
// method exact1 in class Wildcards is applied
// to given types
//      Object r1 = exact1(raw);
//                     ^
//   required: Holder<T>
//   found: Holder
//   where T is a type-variable:
//     T extends Object declared in
//     method <T>exact1(Holder<T>)
// warning: [unchecked] unchecked conversion
//      Object r1 = exact1(raw);
//                      ^
//   required: Holder<T>
//   found:    Holder
//   where T is a type-variable:
//     T extends Object declared in
//     method <T>exact1(Holder<T>)
// 2 warnings

Long r2 = exact1(qualified);
Object r3 = exact1(unbounded); // 必须返回 Object
Long r4 = exact1(bounded);

//- Long r5 = exact2(raw, lng);
// warning: [unchecked] unchecked method invocation:
// method exact2 in class Wildcards is
// applied to given types
//      Long r5 = exact2(raw, lng);
//                  ^
//   required: Holder<T>,T
//   found: Holder,Long
//   where T is a type-variable:
//     T extends Object declared in
//       method <T>exact2(Holder<T>,T)
// warning: [unchecked] unchecked conversion
//      Long r5 = exact2(raw, lng);
//                  ^
//   required: Holder<T>
//   found:    Holder
//   where T is a type-variable:
//     T extends Object declared in
//       method <T>exact2(Holder<T>,T)
// 2 warnings

Long r6 = exact2(qualified, lng);

//- Long r7 = exact2(unbounded, lng);
// error: method exact2 in class Wildcards
// cannot be applied to given types;
//      Long r7 = exact2(unbounded, lng);
```

```
//                    ^
//   required: Holder<T>,T
//   found: Holder<CAP#1>,Long
//   reason: inference variable T has
//     incompatible bounds
//     equality constraints: CAP#1
//     lower bounds: Long
//   where T is a type-variable:
//     T extends Object declared in
//        method <T>exact2(Holder<T>,T)
//   where CAP#1 is a fresh type-variable:
//     CAP#1 extends Object from capture of ?
// 1 error

//- Long r8 = exact2(bounded, lng);
// error: method exact2 in class Wildcards
// cannot be applied to given types;
//     Long r8 = exact2(bounded, lng);
//                       ^
//   required: Holder<T>,T
//   found: Holder<CAP#1>,Long
//   reason: inference variable T
//     has incompatible bounds
//     equality constraints: CAP#1
//     lower bounds: Long
//   where T is a type-variable:
//     T extends Object declared in
//        method <T>exact2(Holder<T>,T)
//   where CAP#1 is a fresh type-variable:
//     CAP#1 extends Long from
//        capture of ? extends Long
// 1 error

//- Long r9 = wildSubtype(raw, lng);
// warning: [unchecked] unchecked method invocation:
// method wildSubtype in class Wildcards
// is applied to given types
//     Long r9 = wildSubtype(raw, lng);
//                           ^
//   required: Holder<? extends T>,T
//   found: Holder,Long
//   where T is a type-variable:
//     T extends Object declared in
//     method <T>wildSubtype(Holder<? extends T>,T)
// warning: [unchecked] unchecked conversion
//     Long r9 = wildSubtype(raw, lng);
//                           ^
//   required: Holder<? extends T>
//   found:    Holder
```

```
//    where T is a type-variable:
//      T extends Object declared in
//        method <T>wildSubtype(Holder<? extends T>,T)
// 2 warnings

Long r10 = wildSubtype(qualified, lng);
// 这样可以，但是只能返回 Object：
Object r11 = wildSubtype(unbounded, lng);
Long r12 = wildSubtype(bounded, lng);


//- wildSupertype(raw, lng);
// warning: [unchecked] unchecked method invocation:
//   method wildSupertype in class Wildcards
//   is applied to given types
//     wildSupertype(raw, lng);
//                        ^
//   required: Holder<? super T>,T
//   found: Holder,Long
//   where T is a type-variable:
//     T extends Object declared in
//       method <T>wildSupertype(Holder<? super T>,T)
// warning: [unchecked] unchecked conversion
//     wildSupertype(raw, lng);
//                   ^
//   required: Holder<? super T>
//   found:    Holder
//   where T is a type-variable:
//     T extends Object declared in
//       method <T>wildSupertype(Holder<? super T>,T)
// 2 warnings

wildSupertype(qualified, lng);

//- wildSupertype(unbounded, lng);
// error: method wildSupertype in class Wildcards
// cannot be applied to given types;
//     wildSupertype(unbounded, lng);
//     ^
//   required: Holder<? super T>,T
//   found: Holder<CAP#1>,Long
//   reason: cannot infer type-variable(s) T
//     (argument mismatch; Holder<CAP#1>
//     cannot be converted to Holder<? super T>)
//   where T is a type-variable:
//     T extends Object declared in
//     method <T>wildSupertype(Holder<? super T>,T)
//   where CAP#1 is a fresh type-variable:
//     CAP#1 extends Object from capture of ?
// 1 error

//- wildSupertype(bounded, lng);
// error: method wildSupertype in class Wildcards
```

```
//  cannot be applied to given types;
//    wildSupertype(bounded, lng);
//    ^
//  required: Holder<? super T>,T
//  found: Holder<CAP#1>,Long
//  reason: cannot infer type-variable(s) T
//    (argument mismatch; Holder<CAP#1>
//    cannot be converted to Holder<? super T>)
//  where T is a type-variable:
//    T extends Object declared in
//    method <T>wildSupertype(Holder<? super T>,T)
//  where CAP#1 is a fresh type-variable:
//    CAP#1 extends Long from capture of
//    ? extends Long
// 1 error
  }
}
```

在 rawArgs() 中,编译器知道 Holder 是泛型类型,所以即使它在这里被表示为原始类型,编辑器也知道向 set() 中传入 Object 是不安全的。因为它是原始类型,所以可以向 set() 中传入任何类型的对象,该对象会被向上转型为 Object。因此不论何时,要使用原始类型就意味着要放弃编译时检查。对 get() 的调用也有同样的问题:因为没有 T,所以结果只能是 Object。

一开始你很容易会认为,原生 Holder 和 Holder<?> 大致上是同一种事物。但是从 unboundedArg() 中可以很明显地看出,这两者是不同的——该方法发现了相同的类型问题,但是报告问题的形式是 error,而不是 warning。这是因为原生 Holder 可以持有任何类型的组合,而 Holder<?> 则只能持有由**某种具体类型**组成的单类型集合,因此你不能只传入一个 Object。

你可以看到,exact1() 和 exact2() 中使用了精确的泛型参数,并没有使用通配符。你将看到,由于存在额外的参数,exact2() 所受的限制和 exact1() 并不相同。

在 wildSubtype() 中,对 Holder 类型的限制被放宽了,以允许持有符合 extends T 条件的任意类型的 Holder。同样,这意味着 T 可以是 Fruit,而 holder 则当然可以是 Holder<Apple>。为了防止向 Holder<Apple> 中放入 Orange,调用 set()(或任何以该类型参数为参数的方法)是不允许的。不过,你仍然知道从 Holder<? extends Fruit> 中读取出的任何元素都至少是 Fruit,因此调用 get()(或任何以该类型参数为返回值的方法)是允许的。

wildSupertype() 方法中出现了超类通配符,该方法的行为和 wildSubtype() 方法相反：holder 可以是一个持有 T 的任意基类的集合。因此，set() 可以将 T 作为参数。这是因为可以使用基类的地方，由于多态性的缘故，就一定也可以使用派生类（因此使用 T）。不过，调用 get() 的意义不大，因为 holder 持有的类型可以是任意超类，所以唯一安全的类型是 Object。

从该例同样可以看出，对于 unboundedArg() 中的无界参数，什么样的操作是允许的，什么样的操作是不允许的，限制在于：你无法 get() 或者 set() 一个 T，因为这里并不存在 T。

在 main() 中，你能看到哪些方法可以接收哪些类型的参数，而不产生错误或警告。为了迁移兼容性，rawArgs() 可以接收 Holder 的所有不同变种，而不产生警告。unboundedArg() 方法同样可以接收所有的类型，不过就像之前提到过的，该方法在内部对这些参数的处理是不同的。

如果你向某个以"具体的"泛型类型（无通配符）为参数的方法传入了原生 Holder 类型的引用，就会产生警告，因为具体参数所需的信息在原生类型中并不存在。并且如果向 exact1() 传入无界引用，会缺少用于确定返回类型的类型信息。

exact2() 所受的限制最大，因为它明确地需要传入 Holder<T> 和类型参数 T。如果未给该方法指定具体的参数，就会产生错误或警告。这样做有时是没问题的，但如果显得过于严格，你也可以使用通配符，这取决于你是要从泛型参数（如 wildSubtype() 中所示）获得类型化的返回值，还是要向泛型参数中传入类型化参数（如 wildSupertype() 中所示）。

使用确切类型而不是通配符类型，其好处在于，你可以用泛型参数做更多的事。但是通配符可以将更大范围的参数化类型作为参数。这两种方案各有利弊，你必须根据具体情况来决定哪种更适合你的需求。

20.9.4 捕获转换

有一种情况下特别**需要**使用 <?> 而不是原生类型。如果向某个使用了 <?> 的方法传入了原生类型，编译器有可能会推断出具体的类型参数，因此该方法可以转而调用另一个使用了该具体类型的方法。下面这个示例演示了这项技巧，该技巧称为**捕获转换**（capture conversion），这是因为它可以捕获未指定的通配符类型，并将其转化为某个具体类型。

```java
// generics/CaptureConversion.java

public class CaptureConversion {
  static <T> void f1(Holder<T> holder) {
```

```
    T t = holder.get();
    System.out.println(t.getClass().getSimpleName());
  }
  static void f2(Holder<?> holder) {
    f1(holder); // 用捕获的类型来调用方法
  }
  @SuppressWarnings("unchecked")
  public static void main(String[] args) {
    Holder raw = new Holder<>(1);

    f1(raw);
    // warning: [unchecked] unchecked method invocation:
    // method f1 in class CaptureConversion
    // is applied to given types
    //    f1(raw);
    //    ^
    //   required: Holder<T>
    //   found: Holder
    //   where T is a type-variable:
    //     T extends Object declared in
    //     method <T>f1(Holder<T>)
    // warning: [unchecked] unchecked conversion
    //    f1(raw);
    //      ^
    //   required: Holder<T>
    //   found:    Holder
    //   where T is a type-variable:
    //     T extends Object declared in
    //     method <T>f1(Holder<T>)
    // 2 warnings

    f2(raw); // 不产生警告
    Holder rawBasic = new Holder();

    rawBasic.set(new Object());
    // warning: [unchecked] unchecked call to set(T)
    // as a member of the raw type Holder
    //    rawBasic.set(new Object());
    //    ^
    //   where T is a type-variable:
    //     T extends Object declared in class Holder
    // 1 warning

    f2(rawBasic); // 不产生警告
    // 向上转型为 Holder<?>，仍可推断出具体类型：
    Holder<?> wildcarded = new Holder<>(1.0);
    f2(wildcarded);
  }
}
```

```
/* 输出:
Integer
Integer
Object
Double
*/
```

f1() 中的类型参数都是具体的类型，而未使用通配符或边界。在 f2() 中，Holder 参数是无边界通配符，因此它看起来似乎是未知的（类型）。但是在 f2() 中，对 f1() 进行了调用，而 f1() 需要已知类型的参数。所以这里面实际上是在调用 f2() 的过程中捕获了参数的类型，并将其用于对 f1() 的调用。

你可能会想知道，该技巧是否可以用于写入场景，而这需要你在传入 Holder<?> 的同时，额外传入一个具体的类型。捕获转换仅适用于"在方法中必须使用确切类型"的情况。注意，你无法从 f2() 方法中返回 T，因为对于 f2() 来说，T 是未知的。捕获转换很有趣，但也很有局限性。

20.10　问题

本节将讨论使用 Java 泛型时会出现的一系列问题。

20.10.1　基本类型不可作为类型参数

本章前面提到过，Java 泛型的限制之一，是你无法将基本类型作为类型参数。因此你无法创建例如 ArrayList<int> 这样的类型。

解决的办法是使用基本类型的包装类，并结合自动装箱机制。如果你创建一个 ArrayList<Integer>，并使用该集合中的 int 类型元素，便会发现自动装箱机制会自动处理 int 和 Integer 间的双向转换，因此这基本上就相当于你拥有了 ArrayList<int>。

```
// generics/ListOfInt.java
// 用自动装箱弥补泛型中无法使用基本类型的不足
import java.util.*;
import java.util.stream.*;

public class ListOfInt {
  public static void main(String[] args) {
    List<Integer> li = IntStream.range(38, 48)
      .boxed() // 将 int 元素转换为 Integer 类型
      .collect(Collectors.toList());
    System.out.println(li);
  }
}
/* 输出:
[38, 39, 40, 41, 42, 43, 44, 45, 46, 47]
*/
```

一般来说，这种方法不会有问题——你可以成功地存储和读取 int 元素，而自动装箱机制则隐藏了转换的过程。不过，如果性能成了问题，那么你可以使用一种专门适配基本类型的集合，其中的一个开源版本为 org.apache.commons.collections.primitives。

下面是另一种方式，创建一个由 Byte 组成的 Set：

```java
// generics/ByteSet.java
import java.util.*;

public class ByteSet {
  Byte[] possibles = { 1,2,3,4,5,6,7,8,9 };
  Set<Byte> mySet =
    new HashSet<>(Arrays.asList(possibles));
  // 但你不能这样：
  // Set<Byte> mySet2 = new HashSet<>(
  //   Arrays.<Byte>asList(1,2,3,4,5,6,7,8,9));
}
```

自动装箱可以解决部分问题，但无法解决所有问题。

在下面这个示例中，接口 FillArray 包含了一系列通过 Supplier 向数组中填入对象的方法（因为是静态方法，所以这里无法将**类**定义为泛型类）。Supplier 的定义见第 21 章，而在 main() 中你可以看到，通过 FillArray.fill() 向数组中填充了对象。

```java
// generics/PrimitiveGenericTest.java
import onjava.*;
import java.util.*;
import java.util.function.*;

// 用生成器填充数组
interface FillArray {
  static <T> T[] fill(T[] a, Supplier<T> gen) {
    Arrays.setAll(a, n -> gen.get());
    return a;
  }
  static int[] fill(int[] a, IntSupplier gen) {
    Arrays.setAll(a, n -> gen.getAsInt());
    return a;
  }
  static long[] fill(long[] a, LongSupplier gen) {
    Arrays.setAll(a, n -> gen.getAsLong());
    return a;
  }
  static double[] fill(double[] a, DoubleSupplier gen) {
    Arrays.setAll(a, n -> gen.getAsDouble());
    return a;
  }
}

public class PrimitiveGenericTest {
  public static void main(String[] args) {
    String[] strings = FillArray.fill(
      new String[5], new Rand.String(9));
    System.out.println(Arrays.toString(strings));
```

```
    int[] integers = FillArray.fill(
      new int[9], new Rand.Pint());
    System.out.println(Arrays.toString(integers));
  }
}
                    /* 输出:
                    [btpenpccu, xszgvgmei, nneeloztd, vewcippcy, gpoalkljl]
                    [635, 8737, 3941, 4720, 6177, 8479, 6656, 3768, 4948]
                    */
```

自动装箱机制不会对数组生效，因此我们需要实现 FillArray.fill() 的重载版本，或者实现一个生成器，来生成包装后的输出结果。

FillArray 只是稍微比 java.util.Arrays.setAll() 更有用一点，因为它可以返回填充后的数组。

20.10.2 实现参数化接口

一个类无法实现同一个泛型接口的两种变体。由于类型擦除的缘故，这两个变体其实是相同的接口。以下示例便演示了这样的冲突：

```
// generics/MultipleInterfaceVariants.java
// {WillNotCompile}
package generics;

interface Payable<T> {}

class Employee implements Payable<Employee> {}

class Hourly extends Employee
implements Payable<Hourly> {}
```

因为类型擦除将 Payable<Employee> 和 Payable<Hourly> 降级为相同的类 Payable，所以上述代码意味着你会将同一个接口实现两次，因此 Hourly 是无法编译的。如果你在这两处用到 Payable 的地方将泛型参数移除——如同编译器在类型擦除中所做的一样——代码就可以编译了。

该问题会在用到某些更底层的 Java 接口（例如 Comparable<T>，你会在本节稍后看到）时带来困扰。

20.10.3 类型转换和警告

对类型参数使用类型转换或 instanceof 是没有任何效果的。下面这个集合在内部将元素存储为 Object，并在你读取它们的时候，将它们转回 T：

```java
// generics/GenericCast.java
import java.util.*;
import java.util.stream.*;

class FixedSizeStack<T> {
  private final int size;
  private Object[] storage;
  private int index = 0;
  FixedSizeStack(int size) {
    this.size = size;
    storage = new Object[size];
  }
  public void push(T item) {
    if(index < size)
      storage[index++] = item;
  }
  @SuppressWarnings("unchecked")
  public T pop() {
    return index == 0 ? null : (T)storage[--index];
  }
  @SuppressWarnings("unchecked")
  Stream<T> stream() {
    return (Stream<T>)Arrays.stream(storage);
  }
}

public class GenericCast {
  static String[] letters =
    "ABCDEFGHIJKLMNOPQRS".split("");
  public static void main(String[] args) {
    FixedSizeStack<String> strings =
      new FixedSizeStack<>(letters.length);
    Arrays.stream("ABCDEFGHIJKLMNOPQRS".split(""))
      .forEach(strings::push);
    System.out.println(strings.pop());
    strings.stream()
      .map(s -> s + " ")
      .forEach(System.out::print);
  }
}
/* 输出:
S
A B C D E F G H I J K L M N O P Q R S
*/
```

如果没有 @SuppressWarnings 注解，编译器会在调用 pop() 和 stream() 时产生
"unchecked cast" 的警告。由于类型擦除的缘故，编译器无法知道类型转换是否是安全
的。T 会被擦除为自身的第一个边界，默认情况下则是 Object，因此 pop() 实际上只是将
Object 转换成 Object。

有时使用泛型并不意味着不需要转型，而这会导致编译器产生不正确的警告。例如：

```
// generics/NeedCasting.java
import java.io.*;
import java.util.*;

public class NeedCasting {
  @SuppressWarnings("unchecked")
  public void f(String[] args) throws Exception {
    ObjectInputStream in = new ObjectInputStream(
      new FileInputStream(args[0]));
    List<Widget> shapes = (List<Widget>)in.readObject();
  }
}
```

如你会在进阶卷附录 E 中所了解到的，readObject() 无法得知它正在读取的是什么，所以它返回了 Object，而我们必须对该 Object 进行转型。但是如果你注释掉 @SuppressWarnings 注解后再编译该程序，则会产生警告：

```
NeedCasting.java uses unchecked or unsafe operations.
Recompile with -Xlint:unchecked for details.
```

而如果你按照指示，带上 -Xlint:unchecked 参数重新进行编译：

```
NeedCasting.java:10: warning: [unchecked] unchecked cast
    List<Widget> shapes = (List<Widget>)in.readObject();
                                                    ^
  required: List<Widget>
  found:    Object
1 warning
```

你则会被强制转型，而此时你还并未告知要这么做。要解决这个问题，你需要使用 Java 5 中引入的转型方式，通过泛型类来转型：

```
// generics/ClassCasting.java
import java.io.*;
import java.util.*;

public class ClassCasting {
  @SuppressWarnings("unchecked")
  public void f(String[] args) throws Exception {
    ObjectInputStream in = new ObjectInputStream(
      new FileInputStream(args[0]));
    // 无法编译:
//    List<Widget> lw1 =
//    List<>.class.cast(in.readObject());
    List<Widget> lw2 = List.class.cast(in.readObject());
  }
}
```

然而，你无法转型为实际的类型（List<Widget>）。也就是说，你无法这么做：

```
List<Widget>.class.cast(in.readObject())
```

而且即使你像这样再增加一层转型：

```
(List<Widget>)List.class.cast(in.readObject())
```

也还是会产生警告。

20.10.4　重载

下面这样的代码是无法编译的，即使看上去很合理：

```
// generics/UseList.java
// {WillNotCompile}
import java.util.*;

public class UseList<W, T> {
  void f(List<T> v) {}
  void f(List<W> v) {}
}
```

由于类型擦除的缘故，重载该方法会产生相同类型的签名。

相反，在被擦除的参数无法生成独有的参数列表的情况下，你需要提供各不相同的方法名：

```
// generics/UseList2.java
import java.util.*;

public class UseList2<W, T> {
  void f1(List<T> v) {}
  void f2(List<W> v) {}
}
```

幸运的是，这类问题可以被编译器发现。

20.10.5　基类会劫持接口

假设你有一个 Pet（宠物）类，并且通过实现 Comparable 接口，实现了和其他 Pet 对象进行比较的能力：

```
// generics/ComparablePet.java

public class ComparablePet
implements Comparable<ComparablePet> {
```

```
  @Override
  public int compareTo(ComparablePet arg) {
    return 0;
  }
}
```

我们有理由试图将比较类型的范围缩小到 ComparablePet 的子类中。举例来说，Cat（猫）应该只能和其他类型的 Cat 进行比较：

```
// generics/HijackedInterface.java
// {WillNotCompile}

class Cat
  extends ComparablePet implements Comparable<Cat>{
  // error: Comparable cannot be inherited with
  // different arguments: <Cat> and <ComparablePet>
  // class Cat
  // ^
  // 1 error

  public int compareTo(Cat arg) { return 0; }
}
```

遗憾的是，这行不通。一旦为 Comparable 确定了 ComparablePet 参数，其他的实现类就再也不能和 ComparablePet 之外的对象进行比较了。

```
// generics/RestrictedComparablePets.java

class Hamster extends ComparablePet
implements Comparable<ComparablePet> {
  @Override
  public int compareTo(ComparablePet arg) {
    return 0;
  }
}

// 或直接这样：

class Gecko extends ComparablePet {
  public int compareTo(ComparablePet arg) {
    return 0;
  }
}
```

从 Hamster 能看出，可以重复实现 ComparablePet 中的相同接口，只要接口是完全相同的即可，包括参数类型。不过，这和只是在基类中重写接口（如 Gecko 中所示）没什么区别了。

20.11　自限定类型

还有一种相当"烧脑"的早期 Java 泛型习惯用法。它看起来像下面这样：

```
class SelfBounded<T extends SelfBounded<T>> { // ...
```

这就好比将两面镜子彼此相对，有种无限镜像反射的效果。SelfBounded 类将泛型参数 T 作为参数，T 受边界所限制，而该边界又是带着参数 T 的 SelfBounded。

这种方式乍一看很难理解，这也再次强调了 extends 关键字在用于边界时的意义，和它在用于创建子类时的意义是完全不同的。

20.11.1　奇异递归泛型

要理解自限定类型是什么意思，我们先来看一个该用法的简化版本，它并未使用自限定：

泛型参数是无法直接继承的。不过，**可以继承一个在自身定义中用到了该泛型参数的类**。也就是说，你可以这样：

```
// generics/CuriouslyRecurringGeneric.java

class GenericType<T> {}

public class CuriouslyRecurringGeneric
  extends GenericType<CuriouslyRecurringGeneric> {}
```

继 Jim Coplien 在 C++ 领域提出**奇异递归模板模式**（Curiously Recurring Template Pattern）后，这种方式可以称为**奇异递归泛型**（curiously recurring generics, CRG）。其中"奇异递归"指的是你的类奇怪地在自身的基类中出现的现象。

要理解这其中的意义，你可以试着大声说："我要创建一个新类，它继承自将该新类类名作为自身参数的泛型类型。"泛型基类在拿到子类类名后，能做些什么呢？嗯，Java 泛型的重点在于参数和返回类型，因此可以生成将派生类型作为参数和返回值的基类。也可以将派生类型作为字段的类型，尽管它们被擦除为 Object。下面这个泛型类诠释了该模式：

```
// generics/BasicHolder.java

public class BasicHolder<T> {
  T element;
  void set(T arg) { element = arg; }
  T get() { return element; }
```

```
  void f() {
    System.out.println(
      element.getClass().getSimpleName());
  }
}
```

这是一个很普通的泛型类型，它内部包含两个方法，分别用于接收和生成类型与参数类型一致的对象，以及一个用于操作存储的字段的方法（虽然只是对该字段执行了 Object 的操作）。

可以将 BasicHolder 用于 CRG 中：

```
// generics/CRGWithBasicHolder.java

class Subtype extends BasicHolder<Subtype> {}

public class CRGWithBasicHolder {
  public static void main(String[] args) {
    Subtype
      st1 = new Subtype(),
      st2 = new Subtype();
    st1.set(st2);
    Subtype st3 = st1.get();
    st1.f();
  }
}
```

```
/* 输出：
Subtype
*/
```

此处要注意一个重点：Subtype 这个新类接收参数和返回值的类型都是 Subtype，而不只是基类 BasicHolder。这便是 CRG 的精髓了：**基类用子类替换了其参数**。这意味着泛型基类变成了一种为其子类实现通用功能的模板，但是所实现的功能会将派生类型用于所有的参数和返回值。也就是说，最终类中使用的是具体的类型，而不是基类。因此在 Subtype 中，set() 的参数和 get() 的返回值类型均为确切的 Subtype。

20.11.2 自限定

BasicHolder 可以将任何类型作为其泛型参数，如下所示：

```
// generics/Unconstrained.java

class Other {}
class BasicOther extends BasicHolder<Other> {}

public class Unconstrained {
  public static void main(String[] args) {
    BasicOther b = new BasicOther();
    BasicOther b2 = new BasicOther();
```

```
/* 输出：
Other
*/
```

```
    b.set(new Other());
    Other other = b.get();
    b.f();
  }
}
```

自限定执行了额外的一步，**强制**将泛型作为自己的边界参数使用。接下来看看这样写出的类能用来做什么，又不能做什么：

```
// generics/SelfBounding.java

class SelfBounded<T extends SelfBounded<T>> {
  T element;
  SelfBounded<T> set(T arg) {
    element = arg;
    return this;
  }
  T get() { return element; }
}

class A extends SelfBounded<A> {}
class B extends SelfBounded<A> {} // 这样也可以

class C extends SelfBounded<C> {
  C setAndGet(C arg) { set(arg); return get(); }
}

class D {}
// 不能这样做:
// class E extends SelfBounded<D> {}
// Compile error:
//   Type parameter D is not within its bound

// 你可以这样做，所以你无法强制使用这种用法:
class F extends SelfBounded {}

public class SelfBounding {
  public static void main(String[] args) {
    A a = new A();
    a.set(new A());
    a = a.set(new A()).get();
    a = a.get();
    C c = new C();
    c = c.setAndGet(new C());
  }
}
```

自限定要求类处于继承关系中：

```
class A extends SelfBounded<A> {}
```

这会强制要求你必须将你要定义的类作为参数传给基类。

对参数进行自限定，这带来了什么额外的价值呢？类型参数必须和要定义的类是同一种类型。正如你在类 B 的定义中所看到的，你也可以从使用了另一个 SelfBounded 参数的 SelfBounded 派生出类，尽管你看到的主要用法似乎是用于类 A 的。从试图定义 E 的那一行可以看出，你无法将非 SelfBounded 的类型作为类型参数。

遗憾的是，编译器并未对 F 产生警告，因此自限定的用法并不是强制执行的。如果它真的很重要，它可以引入并通过扩展工具来确保未使用原生类型来替代参数化类型。

注意，你可以移除该限制，所有的类依然可以编译，但是 E 也可以编译了：

```java
// generics/NotSelfBounded.java

public class NotSelfBounded<T> {
  T element;
  NotSelfBounded<T> set(T arg) {
    element = arg;
    return this;
  }
  T get() { return element; }
}

class A2 extends NotSelfBounded<A2> {}
class B2 extends NotSelfBounded<A2> {}

class C2 extends NotSelfBounded<C2> {
  C2 setAndGet(C2 arg) { set(arg); return get(); }
}

class D2 {}
// 现在这样可以了:
class E2 extends NotSelfBounded<D2> {}
```

很明显，自限定的限制只服务于强制继承关系。如果你使用自限定，你会知道该类使用的类型参数和使用该参数的类是同一种基类。它强制任何使用该类的人都遵从这种形式。

也可以将自限定用于泛型方法：

```java
// generics/SelfBoundingMethods.java

public class SelfBoundingMethods {
  static <T extends SelfBounded<T>> T f(T arg) {
    return arg.set(arg).get();
  }
  public static void main(String[] args) {
```

```
    A a = f(new A());
  }
}
```

这使得该方法无法应用于除所示形式的自限定参数外的任何对象。

20.11.3　参数协变性

自限定类型的价值在于它可以生成**协变参数类型**（covariant argument type）——方法参数的类型会随着子类而变化。

虽然自限定类型也可以生成和子类类型相同的返回类型，但这并不那么重要，因为 Java 5 中引入了**协变返回类型**（covariant return type）：

```
// generics/CovariantReturnTypes.java

class Base {}
class Derived extends Base {}

interface OrdinaryGetter {
  Base get();
}

interface DerivedGetter extends OrdinaryGetter {
  // 重写方法的返回类型可以变化：
  @Override Derived get();
}

public class CovariantReturnTypes {
  void test(DerivedGetter d) {
    Derived d2 = d.get();
  }
}
```

DerivedGetter 中的 get() 方法重写自 OrdinaryGetter 中的 get() 方法，并返回 OrdinaryGetter.get() 的返回类型的子类。虽然这在逻辑上很完美——子类方法可以返回比其所重写的基类方法更具体的类型——但这在更早的 Java 版本中是非法的。

自限定泛型实际上会生成精确的派生类型作为返回值，如下面的 get() 中所示：

```
// generics/GenericsAndReturnTypes.java

interface GenericGetter<T extends GenericGetter<T>> {
  T get();
}

interface Getter extends GenericGetter<Getter> {}
```

```
public class GenericsAndReturnTypes {
  void test(Getter g) {
    Getter result = g.get();
    GenericGetter gg = g.get(); // 也可以是基类
  }
}
```

注意，这段代码只能在引入了协变返回类型的 Java 5 之后的版本中才能编译。

不过，在非泛型的代码中，**参数**的类型无法随子类型变化：

```
// generics/OrdinaryArguments.java

class OrdinarySetter {
  void set(Base base) {
    System.out.println("OrdinarySetter.set(Base)");
  }
}

class DerivedSetter extends OrdinarySetter {
  void set(Derived derived) {
    System.out.println("DerivedSetter.set(Derived)");
  }
}

public class OrdinaryArguments {
  public static void main(String[] args) {
    Base base = new Base();
    Derived derived = new Derived();
    DerivedSetter ds = new DerivedSetter();
    ds.set(derived);
    // 可以编译——重载，不是重写!
    ds.set(base);
  }
}
```

```
/* 输出:
DerivedSetter.set(Derived)
OrdinarySetter.set(Base)
*/
```

set(derived) 和 set(base) 都 是 合 法 的，因 此 DerivedSetter.set() 并 未 重 写 OrdinarySetter.set() 方法，而是**重载**该方法。从输出可以看出，DerivedSetter 中有两个方法，所以基类中的版本仍然是可用的，从而可以检测出它是被重载了。注意，如果使用 @Override，则会通过错误消息指出问题所在。

不过，使用自限定类型的时候，子类中只有一个方法，而该方法将派生类型作为自身参数，而不是基类类型：

```
// generics/SelfBoundingAndCovariantArguments.java

interface
```

```
SelfBoundSetter<T extends SelfBoundSetter<T>> {
  void set(T arg);
}

interface Setter extends SelfBoundSetter<Setter> {}

public class SelfBoundingAndCovariantArguments {
  void
  testA(Setter s1, Setter s2, SelfBoundSetter sbs) {
    s1.set(s2);
    //- s1.set(sbs);
    // error: method set in interface SelfBoundSetter<T>
    // cannot be applied to given types;
    //     s1.set(sbs);
    //       ^
    //   required: Setter
    //   found: SelfBoundSetter
    //   reason: argument mismatch;
    // SelfBoundSetter cannot be converted to Setter
    //   where T is a type-variable:
    //     T extends SelfBoundSetter<T> declared in
    //       interface SelfBoundSetter
    // 1 error
  }
}
```

编译器无法识别出想要将基类类型作为参数传入 set() 的意图，因为并不存在匹配这
种签名的方法。该参数实际上已经被重写了。

如果没有使用自限定，普通的继承机制就会介入，并且会进行重载，就和非泛型的情
况一样：

```
// generics/PlainGenericInheritance.java

class GenericSetter<T> { // 非自限定
  void set(T arg) {
    System.out.println("GenericSetter.set(Base)");
  }
}

class DerivedGS extends GenericSetter<Base> {
  void set(Derived derived) {
    System.out.println("DerivedGS.set(Derived)");
  }
}

public class PlainGenericInheritance {
  public static void main(String[] args) {
    Base base = new Base();
    Derived derived = new Derived();
```

```
/* 输出：
DerivedGS.set(Derived)
GenericSetter.set(Base)
*/
```

```
        DerivedGS dgs = new DerivedGS();
        dgs.set(derived);
        dgs.set(base); // 重载，不是重写！
    }
}
```

这段代码模仿了 OrdinaryArguments.java，在该例中，DerivedSetter 继承自含有 set(Base) 方法的 OrdinarySetter。而此处，DerivedGS 继承自同样带有 set(Base) 方法的 GenericSetter<Base>，该方法是由泛型创建的。而且就像 OrdinaryArguments.java 一样，从输出可以看出 DerivedGS 含有 set() 的 2 个重载版本。如果没有使用自限定，你就需要对参数类型进行重载。如果使用自限定，你最后只会有一个接收确切类型参数的方法版本。

20.12 动态类型安全

由于你可以向 Java 5 之前的版本代码传递泛型集合，因此老式的代码仍然有可能破坏你的集合。为了解决这种情况下的类型检查问题，Java 5 在 java.util.Collections 中加入了一组实用工具：checkedCollection()、checkedList()、checkedMap()、checkedSet()、checkedSortedMap() 以及 checkedSortedSet() 这几个静态方法。这些方法都将集合作为第一个参数，以进行动态检查，并将要强制确保的类型作为第二个参数。

如果试图向 checked（经过了检查的）集合**插入**不匹配的对象，就会抛出 ClassCastException 异常，而泛型出现之前的（原生）集合则相反，它会在你从中**取出**对象时通知你出了问题。对于后一种情况，你知道出了问题，但你并不知道谁是罪魁祸首，而有了 checked 集合，你便可以找出刚才是谁在试图插入那个"坏"对象。

我们来看看使用了 checked 集合后，"向 dog（狗）的列表中插入一只 cat（猫）"这个操作会发生什么问题。此处，oldStyleMethod() 代表着遗留的历史代码，因为它以原生 List 为参数，并且还需要用 @SuppressWarnings("unchecked") 注解来屏蔽产生的警告：

```
// generics/CheckedList.java
// 使用 Collection.checkedList()
import reflection.pets.*;
import java.util.*;

public class CheckedList {
  @SuppressWarnings("unchecked")
  static void oldStyleMethod(List probablyDogs) {
    probablyDogs.add(new Cat());
  }
  public static void main(String[] args) {
```

```
    List<Dog> dogs1 = new ArrayList<>();
    oldStyleMethod(dogs1); // 可以安静地传入 Cat
    List<Dog> dogs2 = Collections.checkedList(
      new ArrayList<>(), Dog.class);
    try {
      oldStyleMethod(dogs2); // 会抛出异常
    } catch(Exception e) {
      System.out.println("Expected: " + e);
    }
    // 派生类型可以正常工作:
    List<Pet> pets = Collections.checkedList(
      new ArrayList<>(), Pet.class);
    pets.add(new Dog());
    pets.add(new Cat());
  }
}
                        /* 输出:
                        Expected: java.lang.ClassCastException: Attempt to
                        insert class reflection.pets.Cat element into collection
                        with element type class reflection.pets.Dog
                        */
```

运行该程序的时候，你会看到插入 Cat 的行为并未受到 dogs1 的质疑，但是 dogs2 则立刻针对插入不正确类型的行为抛出了异常。你还能看到，也可以将派生类型对象放入被检查为基类类型的 checked 集合。

20.13　异常

由于类型擦除的缘故，catch 子句无法捕获到泛型类型的异常，这是因为在编译时和运行时，都必须知晓异常的确切类型才行。同样，泛型类无法直接或间接地继承 Throwable（这还可以进一步防止你试图定义无法捕获的泛型异常）。

不过，类型参数可以用于方法声明中的 throws 子句。这意味着你可以编写能够随受检查的异常类型而变化的泛型代码：

```java
// generics/ThrowGenericException.java
import java.util.*;

interface Processor<T, E extends Exception> {
  void process(List<T> resultCollector) throws E;
}

class ProcessRunner<T, E extends Exception>
extends ArrayList<Processor<T, E>> {
```

```
    List<T> processAll() throws E {
      List<T> resultCollector = new ArrayList<>();
      for(Processor<T, E> processor : this)
        processor.process(resultCollector);
      return resultCollector;
    }
}

class Failure1 extends Exception {}

class Processor1
implements Processor<String, Failure1> {
  static int count = 3;
  @Override
  public void process(List<String> resultCollector)
  throws Failure1 {
    if(count-- > 1)
      resultCollector.add("Hep!");
    else
      resultCollector.add("Ho!");
    if(count < 0)
      throw new Failure1();
  }
}

class Failure2 extends Exception {}

class Processor2
implements Processor<Integer, Failure2> {
  static int count = 2;
  @Override
  public void process(List<Integer> resultCollector)
  throws Failure2 {
    if(count-- == 0)
      resultCollector.add(47);
    else {
      resultCollector.add(11);
    }
    if(count < 0)
      throw new Failure2();
  }
}

public class ThrowGenericException {
  public static void main(String[] args) {
    ProcessRunner<String, Failure1> runner =
      new ProcessRunner<>();
    for(int i = 0; i < 3; i++)
      runner.add(new Processor1());
    try {
```

```
    System.out.println(runner.processAll());
  } catch(Failure1 e) {
    System.out.println(e);
  }

  ProcessRunner<Integer, Failure2> runner2 =
    new ProcessRunner<>();
  for(int i = 0; i < 3; i++)
    runner2.add(new Processor2());
  try {
    System.out.println(runner2.processAll());
  } catch(Failure2 e) {
    System.out.println(e);
  }
 }
}
```

```
/* 输出:
[Hep!, Hep!, Ho!]
Failure2
*/
```

Processor（处理器）实现了 process() 方法，并且可能抛出类型 E 的异常。process() 的结果被保存在 List<T> resultCollector 中 [称为**采集参数**（collecting parameter）]。ProcessRunner 中包含用于执行其保存的每个 Process 对象的 processAll() 方法，该方法返回 resultCollector。

除非可以参数化抛出的异常，否则由于检查型异常，你无法泛化地编写该代码。

20.14　混型

随着时间的推移，术语**混型**（mixin）已经具有了多种含义，但其最基本的概念是混合多个类的能力，以生成一个可以代表混型中所有类型的类。这通常是你在最后一刻去做的事，它让你可以很轻松地组装多个类。

混型的价值之一是，可以将多种特性和行为一致地应用于多个类之上。它们还有额外的好处，如果你对某个混型类做了变更，该变更会应用于所有使用了该混型的类中。由于以上原因，混型有一些**面向切面编程**（aspect-oriented programming）的味道，而切面则常常被推荐用于解决混型问题。

20.14.1　C++ 中的混型

在 C++ 中，使用多重继承的最重要原因之一就是混型。实现混型的一种更优雅的方式是使用参数化类型，因为混型就是继承自其类型参数的类。在 C++ 中，你可以轻松地混型，因为 C++ 能记住其模板参数的类型。

下面是一个 C++ 的示例，带有两个混型类型。其中一个给每个对象实例都混入了自带时间戳这样一种属性，另一个则给每个对象实例混入了一个序列号：

```cpp
// generics/Mixins.cpp
#include <string>
#include <ctime>
#include <iostream>
using namespace std;

template<class T> class TimeStamped : public T {
  long timeStamp;
public:
  TimeStamped() { timeStamp = time(0); }
  long getStamp() { return timeStamp; }
};

template<class T> class SerialNumbered : public T {
  long serialNumber;
  static long counter;
public:
  SerialNumbered() { serialNumber = counter++; }
  long getSerialNumber() { return serialNumber; }
};

// 定义静态存储，并进行初始化:
template<class T> long SerialNumbered<T>::counter = 1;

class Basic {
  string value;
public:
  void set(string val) { value = val; }
  string get() { return value; }
};

int main() {
  TimeStamped<SerialNumbered<Basic>> mixin1, mixin2;
  mixin1.set("test string 1");
  mixin2.set("test string 2");
  cout << mixin1.get() << " " << mixin1.getStamp() <<
    " " << mixin1.getSerialNumber() << endl;
  cout << mixin2.get() << " " << mixin2.getStamp() <<
    " " << mixin2.getSerialNumber() << endl;
}
```

```
/* 输出:
test string 1 1452987605 1
test string 2 1452987605 2
*/
```

在 main() 方法中，mixin1 和 mixin2 所产生的类型都拥有所混入的类型的所有方法。你可以将混型想象为一种将已有的类映射到新的子类上的功能。可以看到，用这种技术创建混型是多么简单。基本上，你只需要声明"这就是我想要的"，然后它就出现了：

```cpp
TimeStamped<SerialNumbered<Basic>> mixin1, mixin2;
```

非常不幸的是，Java 泛型不允许这样。类型擦除丢弃了基类的类型。因此：

泛型类无法直接继承自泛型参数。

这凸显了我对很多 Java 语言设计决策（以及针对这些特性的市场推广策略）的很大意见：总会给出很多承诺，但最后你真正想用它做些有趣的事情时，却发现做不到。

20.14.2 与接口混合

一种常见的推荐方案是使用接口来达到混型的效果，就像这样：

```java
// generics/Mixins.java
import java.util.*;

interface TimeStamped { long getStamp(); }

class TimeStampedImp implements TimeStamped {
  private final long timeStamp;
  TimeStampedImp() {
    timeStamp = new Date().getTime();
  }
  @Override
  public long getStamp() { return timeStamp; }
}

interface SerialNumbered { long getSerialNumber(); }

class SerialNumberedImp implements SerialNumbered {
  private static long counter = 1;
  private final long serialNumber = counter++;
  @Override
  public long getSerialNumber() { return serialNumber; }
}

interface Basic {
  void set(String val);
  String get();
}

class BasicImp implements Basic {
  private String value;
  @Override
  public void set(String val) { value = val; }
  @Override
  public String get() { return value; }
}

class Mixin extends BasicImp
implements TimeStamped, SerialNumbered {
  private TimeStamped timeStamp = new TimeStampedImp();
  private SerialNumbered serialNumber =
    new SerialNumberedImp();
```

```
  @Override public long getStamp() {
    return timeStamp.getStamp();
  }
  @Override public long getSerialNumber() {
    return serialNumber.getSerialNumber();
  }
}

public class Mixins {
  public static void main(String[] args) {
    Mixin mixin1 = new Mixin(), mixin2 = new Mixin();
    mixin1.set("test string 1");
    mixin2.set("test string 2");
    System.out.println(mixin1.get() + " " +
      mixin1.getStamp() +  " " +
      mixin1.getSerialNumber());
    System.out.println(mixin2.get() + " " +           /* 输出:
      mixin2.getStamp() +  " " +                      test string 1 1611503367257 1
      mixin2.getSerialNumber());                      test string 2 1611503367258 2
  }                                                   */
}
```

Mixin 类基本上是使用了**委托模式**（delegation），因此每个被混入的类型都需要在 Mixin 中有一个字段，而你需要在 Mixin 中编写必要的方法来将调用转发到合适的对象上。本例中的类都很简单，如果是更复杂的混型，则代码量会大幅增长。[①]

20.14.3　使用装饰器模式

如果你仔细看看混型的使用方法，就会发现混型的概念和**装饰器**设计模式（Decorator）的关系看起来非常紧密。装饰器常被用于满足各种可能的组合，简单的子类化会产生大量的类，导致这种方法显得不现实。

装饰器模式使用了分层的对象来动态、透明地为个别对象添加职责。该模式指定了所有用于包装你的原始对象的对象都有着相同的基础接口。某个类是可装饰的，然后你通过将其他的类包装在其上，来分层叠加功能。这使得装饰器是透明的——有一个公共的消息集，不论一个对象是否被装饰，你都可以向它发送该消息集。用于装饰的类也同样可以添加方法，不过你会看到，这其中有一定的局限性。

装饰器是通过组合和规范的结构（可装饰物 + 装饰器的层次结构）实现的，而混型是基于继承的。可以将基于参数化类型的混型想象成一种泛型装饰器的机制，这种机制不要求具有装饰器设计模式的继承结构。

---

① 注意，在诸如 IntelliJ IDEA 这样的编程环境中，会自动创建委托代码。

前面的示例可以用装饰器来改写：

```java
// generics/decorator/Decoration.java
// {java generics.decorator.Decoration}
package generics.decorator;
import java.util.*;

class Basic {
  private String value;
  public void set(String val) { value = val; }
  public String get() { return value; }
}

class Decorator extends Basic {
  protected Basic basic;
  Decorator(Basic basic) { this.basic = basic; }
  @Override
  public void set(String val) { basic.set(val); }
  @Override
  public String get() { return basic.get(); }
}

class TimeStamped extends Decorator {
  private final long timeStamp;
  TimeStamped(Basic basic) {
    super(basic);
    timeStamp = new Date().getTime();
  }
  public long getStamp() { return timeStamp; }
}

class SerialNumbered extends Decorator {
  private static long counter = 1;
  private final long serialNumber = counter++;
  SerialNumbered(Basic basic) { super(basic); }
  public long getSerialNumber() { return serialNumber; }
}

public class Decoration {
  public static void main(String[] args) {
    TimeStamped t = new TimeStamped(new Basic());
    TimeStamped t2 = new TimeStamped(
      new SerialNumbered(new Basic()));
    //- t2.getSerialNumber(); // 不可用
    SerialNumbered s = new SerialNumbered(new Basic());
    SerialNumbered s2 = new SerialNumbered(
      new TimeStamped(new Basic()));
    //- s2.getStamp(); // 不可用
  }
}
```

由混型所产生的类包含了所有需要的方法，但是使用装饰器产生的对象类型是该对象最后一层被装饰的类型。也就是说，虽然**可以**添加不止一层，但是最后一层才是实际的类型，因此只有最后一层的方法是可见的，而混型的类型则是**所有**被混合在一起的类型。因此，装饰器的一个显著缺点是它只能有效应用于一层装饰（也就是最后那层）之上，而混型的方式则显然更自然一些。因此，装饰器只是对混型所能解决问题的一种比较局限的方案。

20.14.4　与动态代理混合

可以用动态代理来创建一种比装饰器更接近于现代混型的机制（见第 19 章中关于 Java 动态代理运行机制的解释）。如果使用了动态代理，结果类的**动态**类型就是被混合后的合并类型。

由于动态代理的限制，每个被混入的类都必须是某个接口的实现：

```java
// generics/DynamicProxyMixin.java
import java.lang.reflect.*;
import java.util.*;
import onjava.*;
import static onjava.Tuple.*;

class MixinProxy implements InvocationHandler {
  Map<String, Object> delegatesByMethod;
  @SuppressWarnings("unchecked")
  MixinProxy(Tuple2<Object, Class<?>>... pairs) {
    delegatesByMethod = new HashMap<>();
    for(Tuple2<Object, Class<?>> pair : pairs) {
      for(Method method : pair.a2.getMethods()) {
        String methodName = method.getName();
        // map 中的第一个接口实现了该方法
        if(!delegatesByMethod.containsKey(methodName))
          delegatesByMethod.put(methodName, pair.a1);
      }
    }
  }
  @Override
  public Object invoke(Object proxy, Method method,
    Object[] args) throws Throwable {
    String methodName = method.getName();
    Object delegate = delegatesByMethod.get(methodName);
    return method.invoke(delegate, args);
  }
  @SuppressWarnings("unchecked")
  public static Object newInstance(Tuple2... pairs) {
    Class[] interfaces = new Class[pairs.length];
    for(int i = 0; i < pairs.length; i++) {
      interfaces[i] = (Class)pairs[i].a2;
```

```
    }
    ClassLoader cl =
      pairs[0].a1.getClass().getClassLoader();
    return Proxy.newProxyInstance(
      cl, interfaces, new MixinProxy(pairs));
  }
}

public class DynamicProxyMixin {
  public static void main(String[] args) {
    @SuppressWarnings("unchecked")
    Object mixin = MixinProxy.newInstance(
      tuple(new BasicImp(), Basic.class),
      tuple(new TimeStampedImp(), TimeStamped.class),
      tuple(new SerialNumberedImp(),
          SerialNumbered.class));
    Basic b = (Basic)mixin;
    TimeStamped t = (TimeStamped)mixin;
    SerialNumbered s = (SerialNumbered)mixin;
    b.set("Hello");
    System.out.println(b.get());
    System.out.println(t.getStamp());
    System.out.println(s.getSerialNumber());
  }
}
```

```
/* 输出:
Hello
1611503350927
1
*/
```

因为只有动态类型包含了所有的混入类型,而静态类型并没有,所以这种方式仍然不如 C++ 的优秀,因为在调用方法之前,要强制向下转型为合适的类型。不过,这明显更接近于真正的混型了。

为了支持 Java 的混型,业界在这个方向做了大量的工作,包括创建了至少一个专门用于支持泛型的附加语言,也就是 Jam 语言。

20.15　潜在类型机制

本章开头介绍了"尽量将代码写得通用一些"的理念。要实现这个目标,我们需要各种方法来解除代码中的各种类型所受的限制,同时不丢掉静态类型检查带来的好处。这样就可以编写能适应更多场景的代码了,也就是更"泛型"的代码。

Java 的泛型似乎往这个方向更进了一步。如果你编写或者使用简单持有对象的泛型,你的代码是可以适用于任何类型的(除了基本类型,虽然自动装箱可以解决这个问题)。或者换个角度,holder(持有者)泛型可以声称"我不关心你是什么类型"。不需要关心自己用到的是什么类型的代码,确实可以应用在任何地方,因此也就非常"泛型"。

你之前已经看到了在实现对泛型类型的操作时出现的问题（除了调用 Object 方法之外）。类型擦除会强制在代码中指定泛型类型的边界，以安全地调用泛型对象上的具体方法。这是对"泛型"概念的一个很大的限制，因为你必须约束你的泛型类型，这样它们才能继承特定的类或实现特定的接口。在某些情况下，你可能最终会改用普通的类或接口，因为带边界的泛型可能和指定某个类或接口没有区别。

某些编程语言提供了一种称为**潜在类型机制**（latent typing）或**结构化类型机制**（structural typing）的解决方案。这种方案还有个更为异想天开的名称：**鸭子类型机制**（duck typing），展开来说就是"如果某个事物走路像鸭子，说话也像鸭子，那么你就可以把它也当成鸭子"。鸭子类型机制已经成了一个相当流行的术语，这可能是因为这个术语并没有背负着其他术语所肩负的历史包袱。

泛型代码一般只调用泛型类型上的少数方法，而具有潜在类型机制的语言可以仅通过实现一套方法的子集，而**不用**实现某个特定的类或接口，来解除这个限制（从而使代码更通用）。因此，潜在类型机制可以越过类的层次结构，调用并不属于某个公共接口的方法。所以某段代码实际上可以声称"我不关心你是什么类型，只要你能 speak()（说话），能 sit()（坐下）"。通过解除对特定类型的依赖，你的代码变得更通用了。

潜在类型机制是一套关于代码组织和复用的机制。利用它，你可以编写比之前更容易复用的代码。代码组织和复用对所有的计算机语言来说都是重要的杠杆：一次编写，多次使用，并且保持代码在同一个位置不动。因为不再需要命名代码所依赖的具体接口。所以，使用潜在类型机制不仅可以少写代码，而且还能轻松地应用到更多的地方。

支持潜在类型机制的语言有 Python、C++、Ruby、SmallTalk 以及 Go。Python 是一种动态类型语言（实际上所有的类型检查都发生在运行时），而 C++ 和 Go 是静态类型语言（类型检查发生在编译时）。因此类型检查究竟是静态的还是动态的，潜在类型机制对此并没有要求。

20.15.1 Python 中的潜在类型机制

如果将上述关于潜在类型机制的描述用 Python 来呈现，看起来便是这样的：

```python
# generics/DogsAndRobots.py

class Dog:
    def speak(self):
        print("Arf!")
    def sit(self):
```

```
        print("Sitting")
    def reproduce(self):
        pass

class Robot:
    def speak(self):
        print("Click!")
    def sit(self):
        print("Clank!")
    def oilChange(self):
        pass

def perform(anything):
    anything.speak()
    anything.sit()

a = Dog()
b = Robot()
perform(a)
perform(b)

output = """
Arf!
Sitting
Click!
Clank!
"""
```

Python 通过代码缩进来控制语句作用域（所以不需要大括号），并用冒号来开始一段新的作用域。# 代表该行是一段注释，就像 Java 中的 //。类中的方法将相当于 this 的引用显式地指定为第一个参数，一般习惯命名为 self。调用构造器不需要任何类型的 new 关键字，而且 Python 允许常规函数（非成员函数，即定义在类之外的独立函数），perform() 证明了这一点。

注意，在 perform(anything) 中并没有关于 anything 的类型信息，anything 只是一个标识符。它必须执行 perform() 要求执行的操作，所以相当于隐藏了一个接口。不过你永远不需要显式地写出该接口——它是**潜在**的。perform() 并不关心它的参数类型，因此可以向其传入任何对象，只要该对象支持 speak() 和 sit() 方法接口。如果向 perform() 传入了不支持这些操作的对象，就会抛出运行时异常。

output 的赋值语句使用了三重引号来创建内嵌换行的字符串。

20.15.2　C++ 中的潜在类型机制

我们可以用 C++ 实现一样的效果：

```
// generics/DogsAndRobots.cpp
#include <iostream>
using namespace std;

class Dog {
public:
  void speak() { cout << "Arf!" << endl; }
  void sit() { cout << "Sitting" << endl; }
  void reproduce() {}
};

class Robot {
public:
  void speak() { cout << "Click!" << endl; }
  void sit() { cout << "Clank!" << endl; }
  void oilChange() {}
};

template<class T> void perform(T anything) {
  anything.speak();
  anything.sit();
}

int main() {
  Dog d;
  Robot r;
  perform(d);
  perform(r);
}
```

```
/* 输出:
Arf!
Sitting
Click!
Clank!
*/
```

在 Python 和 C++ 中,Dog 和 Robot 没有任何共同之处——它们只是恰巧有两个结构完全相同的方法。从类型的角度看,它们是两个完全不同的类型。但是,`perform()` 并不关心其参数的具体类型,潜在类型机制使它可以同时接受这两个类型的对象。

C++ 编译器保证了它确实可以发送这些信息。如果试图传入错误的类型,编译器会给出错误信息(这些错误信息在历史上是出了名的可怕及冗长,这也是 C++ 模板口碑不佳的主要原因)。虽然 C++ 和 Python 检查并抛出错误的时机不同——前者在编译时,后者在运行时——但是这两种语言都保证了类型不会错用,因此也都可以被认为是**强类型**的语言 [①]。潜在类型机制并不会违背强类型机制。

20.15.3　Go 中的潜在类型机制

同样的程序用 Go 来实现:

[①] 由于你可以使用转型,而这实际上禁用了类型系统,因此有些人会争辩说 C++ 是弱类型语言,但这过于极端。大概这么说更安全:C++ 是"留有后门的强类型语言"。

```
// generics/dogsandrobots.go
package main
import "fmt"

type Dog struct {}
func (this Dog) speak() { fmt.Printf("Arf!\n")}
func (this Dog) sit() { fmt.Printf("Sitting\n")}
func (this Dog) reproduce() {}

type Robot struct {}
func (this Robot) speak() { fmt.Printf("Click!\n") }
func (this Robot) sit() { fmt.Printf("Clank!\n") }
func (this Robot) oilChange() {}

func perform(speaker interface { speak(); sit() }) {
  speaker.speak();
  speaker.sit();
}

func main() {
  perform(Dog{})
  perform(Robot{})
}
```

```
/* 输出:
Arf!
Sitting
Click!
Clank!
*/
```

Go 没有 Class 关键字，但你可以用上面的形式等价地创建基类：把你平时要创建的类，改为创建 struct，struct 中则存放着数据字段（本例中没有数据字段）。每个方法都由 func 关键字开头，然后再把方法附着到类上——用圆括号将对象引用包起来，对象引用可以是任何标识符，但这里用了 this，以提醒你这就像 C++ 或 Java 中的 this 一样。然后定义函数中剩下的部分，就和你在 Go 中定义任何其他函数一样。

Go 中也没有继承，所以这种"面向对象"的形式相当原始，可能这也是我在这门语言上不断花费更多时间的主要原因。不过，组合的方式很直观。

perform() 函数使用了潜在类型机制：参数的具体类型并不重要，只要它含有 speak() 方法和 sit() 方法即可。这里在行内匿名地创建了 interface，正如你在 perform() 的参数列表中所见。

从 main() 中可以看出，perform() 确实并不关心其参数的具体类型，只要可以在该参数上调用 speak() 和 sit() 即可。不过，就像 C++ 的模板函数一样，会在编译时进行参数类型校验。

语法 Dog{} 和 Robot{} 创建了匿名的 Dog 和 Robot 的 struct。

20.15.4 Java 中的直接潜在类型机制

由于 Java 较晚才加入泛型，没有办法实现任何类型的潜在类型机制，因此 Java 没有支持这项特性。所以相较于支持潜在类型机制的语言，Java 的泛型机制起初看来"不够泛型"（Java 用类型擦除实现的泛型有时称为**第二类**泛型类型）。举例来说，如果试图在 Java 8 之前实现 dog 和 robots 的例子，就必须用到一个类或接口，并将其指定在边界表达式中：

```java
// generics/Performs.java

public interface Performs {
  void speak();
  void sit();
}
// generics/DogsAndRobots.java
// Java 中并无（直接的）潜在类型机制
import reflection.pets.*;

class PerformingDog extends Dog implements Performs {
  @Override
  public void speak() { System.out.println("Woof!"); }
  @Override
  public void sit() { System.out.println("Sitting"); }
  public void reproduce() {}
}

class Robot implements Performs {
  @Override
  public void speak() { System.out.println("Click!"); }
  @Override
  public void sit() { System.out.println("Clank!"); }
  public void oilChange() {}
}

class Communicate {
  public static <T extends Performs>
  void perform(T performer) {
    performer.speak();
    performer.sit();
  }
}

public class DogsAndRobots {
  public static void main(String[] args) {
    Communicate.perform(new PerformingDog());
    Communicate.perform(new Robot());
  }
}
```

```
/* 输出:
Woof!
Sitting
Click!
Clank!
*/
```

然而，注意 perform() 的运行并不需要泛型。可以指定它接受 Performs 对象：

```java
// generics/SimpleDogsAndRobots.java
// 移除泛型，代码仍然可以运行

class CommunicateSimply {
  static void perform(Performs performer) {
    performer.speak();
    performer.sit();
  }
}

public class SimpleDogsAndRobots {
  public static void main(String[] args) {
    CommunicateSimply.perform(new PerformingDog());
    CommunicateSimply.perform(new Robot());
  }
}
```

```
/* 输出:
Woof!
Sitting
Click!
Clank!
*/
```

在这里，泛型并不是必需的，因为这些类已经被强制实现了 Performs 接口。

20.16 对于缺少（直接的）潜在类型机制的补偿

虽然 Java 没有直接支持潜在类型机制，但这并不意味着泛型代码就无法跨类型层次应用。你可以创建出真正意义上的泛型代码，但是需要花些额外的功夫。

20.16.1 反射

一种可选方案是反射。下面是实现了潜在类型机制的反射 perform()：

```java
// generics/LatentReflection.java
// 用反射实现潜在类型机制
import java.lang.reflect.*;

// 并未实现 Performs 接口:
class Mime {
  public void walkAgainstTheWind() {}
  public void sit() {
    System.out.println("Pretending to sit");
  }
  public void pushInvisibleWalls() {}
  @Override public String toString() { return "Mime"; }
}

// 并未实现 Performs 接口:
class SmartDog {
  public void speak() { System.out.println("Woof!"); }
  public void sit() { System.out.println("Sitting"); }
  public void reproduce() {}
}
```

```
class CommunicateReflectively {
  public static void perform(Object speaker) {
    Class<?> spkr = speaker.getClass();
    try {
      try {
        Method speak = spkr.getMethod("speak");
        speak.invoke(speaker);
      } catch(NoSuchMethodException e) {
        System.out.println(speaker + " cannot speak");
      }
      try {
        Method sit = spkr.getMethod("sit");
        sit.invoke(speaker);
      } catch(NoSuchMethodException e) {
        System.out.println(speaker + " cannot sit");
      }
    } catch(SecurityException |
            IllegalAccessException |
            IllegalArgumentException |
            InvocationTargetException e) {
      throw new RuntimeException(speaker.toString(), e);
    }
  }
}

public class LatentReflection {
  public static void main(String[] args) {
    CommunicateReflectively.perform(new SmartDog());
    CommunicateReflectively.perform(new Robot());
    CommunicateReflectively.perform(new Mime());
  }
}
```

```
/* 输出:
Woof!
Sitting
Click!
Clank!
Mime cannot speak
Pretending to sit
*/
```

此处，这两个类之间并无直接关联，也没有共同的基类（除了 Object）或接口。通过反射，CommunicateReflectively.perform() 可以动态地确定所需的方法是否可用，然后进行调用。它甚至可以处理 Mime 只有一个必要方法的情况，并部分地实现了它的目标。

20.16.2　将方法应用于序列

反射给了人很大的想象空间，但是它将所有的类型检查都降级到了运行时，因此在很多情况下它不是我们想要的。如果能够实现编译时类型检查，通常来说会更能满足我们的需求。但是可以同时拥有编译时类型检查以及潜在类型机制吗？

我们来看一个关于这个问题的例子。假设你要创建一个 apply() 方法，用于按一定顺序执行每个对象上的任意方法。这种情况下用接口似乎无法满足需求。你想要将任意方法应用在集合中的对象上，而接口对于表述"任意方法"有着太多限制。在 Java 中怎样才能实现呢?

一开始,我们可以用反射解决这个问题,由于使用了可变参数,这个方案看起来相当优雅:

```java
// generics/Apply.java
import java.lang.reflect.*;
import java.util.*;

public class Apply {
  public static <T, S extends Iterable<T>>
  void apply(S seq, Method f, Object... args) {
    try {
      for(T t: seq)
        f.invoke(t, args);
    } catch(IllegalAccessException |
            IllegalArgumentException |
            InvocationTargetException e) {
      // 失败是由程序员造成的错误
      throw new RuntimeException(e);
    }
  }
}
```

异常被转换为 RuntimeException(运行时异常),这是因为没有多少手段可以从这些异常中恢复——这里它们确实代表是程序员造成了错误。

为什么不能使用 Java 8 的方法引用(稍后会演示)来代替反射 Method f 呢?注意那个 invoke() 有着可以接收任何数量的参数的优点,因此 apply() 也同样具有此优点。在某些情况下,这样的灵活性可能非常重要。

为了测试 Apply,先创建一个 Shape 类:

```java
// generics/Shape.java

public class Shape {
  private static long counter = 0;
  private final long id = counter++;
  @Override public String toString() {
    return getClass().getSimpleName() + " " + id;
  }
  public void rotate() {
    System.out.println(this + " rotate");
  }
  public void resize(int newSize) {
    System.out.println(this + " resize " + newSize);
  }
}
```

然后是其子类：

```
// generics/Square.java
public class Square extends Shape {}
```

通过这两个类，我们可以测试 Apply：

```
// generics/ApplyTest.java
import java.util.*;
import java.util.function.*;
import onjava.*;

public class ApplyTest {
  public static
  void main(String[] args) throws Exception {
    List<Shape> shapes =
      Suppliers.create(ArrayList::new, Shape::new, 3);
    Apply.apply(shapes,
      Shape.class.getMethod("rotate"));
    Apply.apply(shapes,
      Shape.class.getMethod("resize", int.class), 7);

    List<Square> squares =
      Suppliers.create(ArrayList::new, Square::new, 3);
    Apply.apply(squares,
      Shape.class.getMethod("rotate"));
    Apply.apply(squares,
      Shape.class.getMethod("resize", int.class), 7);

    Apply.apply(new FilledList<>(Shape::new, 3),
      Shape.class.getMethod("rotate"));
    Apply.apply(new FilledList<>(Square::new, 3),
      Shape.class.getMethod("rotate"));

    SimpleQueue<Shape> shapeQ = Suppliers.fill(
      new SimpleQueue<>(), SimpleQueue::add,
      Shape::new, 3);
    Suppliers.fill(shapeQ, SimpleQueue::add,
      Square::new, 3);
    Apply.apply(shapeQ,
      Shape.class.getMethod("rotate"));
  }
}
```

```
/* 输出:
Shape 0 rotate
Shape 1 rotate
Shape 2 rotate
Shape 0 resize 7
Shape 1 resize 7
Shape 2 resize 7
Square 3 rotate
Square 4 rotate
Square 5 rotate
Square 3 resize 7
Square 4 resize 7
Square 5 resize 7
Shape 6 rotate
Shape 7 rotate
Shape 8 rotate
Square 9 rotate
Square 10 rotate
Square 11 rotate
Shape 12 rotate
Shape 13 rotate
Shape 14 rotate
Square 15 rotate
Square 16 rotate
Square 17 rotate
*/
```

在 Apply 中，我们很幸运，Java 正好内建了用于 Java 集合库的 Iterable 接口。因此，apply() 方法可以接收任何实现了 Iterable 接口的对象，包括所有 List 这样的 Collection 类。但是它也可以接收任何其他的对象，只要让对象实现 Iterable 接口即可——例如，下面定义的这个 SimpleQueue 类，之前在 main() 中用过：

```
// generics/SimpleQueue.java
// 另一种类型的 Iterable 集合
import java.util.*;

public class SimpleQueue<T> implements Iterable<T> {
  private LinkedList<T> storage = new LinkedList<>();
  public void add(T t) { storage.offer(t); }
  public T get() { return storage.poll(); }
  @Override public Iterator<T> iterator() {
    return storage.iterator();
  }
}
```

尽管反射的方式看起来很优雅，我们必须注意到，反射（尽管在 Java 近来的版本中有了显著改进）的运行速度通常会慢于非反射的实现，因为在运行时需要处理的东西太多了。这一点并不应该完全阻止你尝试使用反射的方式，但肯定也是必须考虑的一点。

大部分时候你应该首要考虑使用 Java 8 的函数式方式，只在某些仅有反射可以处理的特殊需求场景下，才考虑使用反射。下面重写了 ApplyTest.java，并利用到了 Java 8 的流和函数工具：

```
// generics/ApplyFunctional.java
import java.util.*;
import java.util.stream.*;
import java.util.function.*;
import onjava.*;

public class ApplyFunctional {
  public static void main(String[] args) {
    Stream.of(
      Stream.generate(Shape::new).limit(2),
      Stream.generate(Square::new).limit(2))
      .flatMap(c -> c) // 扁平化到一条流
      .peek(Shape::rotate)
      .forEach(s -> s.resize(7));

    new FilledList<>(Shape::new, 2)
      .forEach(Shape::rotate);
    new FilledList<>(Square::new, 2)
      .forEach(Shape::rotate);

    SimpleQueue<Shape> shapeQ = Suppliers.fill(
      new SimpleQueue<>(), SimpleQueue::add,
      Shape::new, 2);
    Suppliers.fill(shapeQ, SimpleQueue::add,
      Square::new, 2);
    shapeQ.forEach(Shape::rotate);
  }
}
```

```
/* 输出：
Shape 0 rotate
Shape 0 resize 7
Shape 1 rotate
Shape 1 resize 7
Square 2 rotate
Square 2 resize 7
Square 3 rotate
Square 3 resize 7
Shape 4 rotate
Shape 5 rotate
Square 6 rotate
Square 7 rotate
Shape 8 rotate
Shape 9 rotate
Square 10 rotate
Square 11 rotate
*/
```

有了 Java 8，就不再需要 Apply.apply() 了。

一开始我们生成了两个流（Stream）———一个 Shape 流，一个 Square 流———然后将它们扁平化（flatten）到一个流中。尽管 Java 缺少函数式语言中常见的 flatten()，但还是可以用 flatMap(c -> c) 起到同样的作用，这种方式通过标识映射，将操作简化为"扁平化"。

我们用 peek() 封装了 rotate() 调用，因为 peek() 可以先执行某些操作（这里是为了它的副作用），然后保持对象的原样继续向下传递。

注意，相比于 Apply.apply()，使用了 FilledList 和 shapeQ 后的 forEach() 调用变得多么整洁。

仅从代码简洁程度和可读性方面看，这样的结果就显然优于前一种方式。并且现在 main() 中也不可能抛出异常了。

20.17　Java 8 中的辅助潜在类型机制

前面关于 Java 缺少潜在类型机制支持的这段表述，在 Java 8 之前可以说是几乎绝对正确的。但是，Java 8 中的未绑定方法引用使得我们可以实现某种形式的潜在类型机制，以满足创建跨不相关类型工作的单个代码段的需求。Java 原本并非设计用于这样的场景，因此你可能预料到，结果看起来会比其他语言略微尴尬一点。不过鉴于它使潜在类型机制成为**可能**，所以我认为还是应该对它表示赞赏的。

我在别处还没见过这种用法，因此我称其为**辅助潜在类型机制**。

我们会重写 DogsAndRobots.java 以演示这种用法。为了使一切看起来尽量和之前的例子一样，我简单地在原有类名后加了一个 A：

```
// generics/DogsAndRobotMethodReferences.java
// "辅助潜在类型机制"
import reflection.pets.*;
import java.util.function.*;

class PerformingDogA extends Dog {
  public void speak() { System.out.println("Woof!"); }
  public void sit() { System.out.println("Sitting"); }
  public void reproduce() {}
}

class RobotA {
```

```
    public void speak() { System.out.println("Click!"); }
    public void sit() { System.out.println("Clank!"); }
    public void oilChange() {}
}

class CommunicateA {
  public static <P> void perform(P performer,
    Consumer<P> action1, Consumer<P> action2) {
    action1.accept(performer);
    action2.accept(performer);
  }
}

public class DogsAndRobotMethodReferences {
  public static void main(String[] args) {
    CommunicateA.perform(new PerformingDogA(),
      PerformingDogA::speak, PerformingDogA::sit);
    CommunicateA.perform(new RobotA(),
      RobotA::speak, RobotA::sit);
    CommunicateA.perform(new Mime(),
      Mime::walkAgainstTheWind,
      Mime::pushInvisibleWalls);
  }
}
```

```
/* 输出:
Woof!
Sitting
Click!
Clank!
*/
```

PerformingDogA 和 RobotA 与它们在 DogsAndRobots.java 中一样，只是没有实现公共接口 Performs。所以它们没有任何共性。

CommunicateA.perform() 在**无限制**的 P 上被泛型化。它可以是任何类型，只要有供其可用的 Consumer<P> 即可——此处，那些 Consumer<P> 表示不带参数的 P 方法的未绑定方法引用。在调用 Consumer 的 accept() 方法时，会将该方法的引用绑定到具体的执行对象，再调用该方法。由于第 13 章中所描述的"魔法"，我们可以向 CommunicateA.perform() 传入任何签名一致的未绑定方法引用。

称它为"辅助"的原因是你必须显式地为 perform() 提供要使用的方法引用，它无法仅靠方法名来调用方法。

虽然传递未绑定方法引用可能看起来像是做了很多额外的工作，但实现潜在类型机制的最终目标还是达到了。我们创建了单个代码段 CommunicateA.perform()，可以用于任何拥有相同签名的方法引用的类型。注意，这多少和我们见过的其他语言中的潜在类型机制不同，因为这些语言不仅要求签名一致，还要求方法名也一致。因此，这种方法甚至可以说是产生了**更**为通用的代码。

就为了证明这点，我还在代码里放了个 LatentReflection.java 中的 Mime。

使用 Supplier 的泛型方法

有了辅助潜在类型机制，就可以定义在本章其他地方已用到的 Suppliers 类了。该类包含了通过生成器填充集的实用工具方法。我们有必要将这类操作"通用化"：

```java
// onjava/Suppliers.java
// 使用 Suppliers 的实用工具
package onjava;
import java.util.*;
import java.util.function.*;
import java.util.stream.*;

public class Suppliers {
  // 创建并填充一个集合:
  public static <T, C extends Collection<T>> C
  create(Supplier<C> factory, Supplier<T> gen, int n) {
    return Stream.generate(gen)
      .limit(n)
      .collect(factory, C::add, C::addAll);
  }
  // 填充已有集合:
  public static <T, C extends Collection<T>>
  C fill(C coll, Supplier<T> gen, int n) {
    Stream.generate(gen)
      .limit(n)
      .forEach(coll::add);
    return coll;
  }
  // 使用未绑定的方法引用生成更为通用的方法:
  public static <H, A> H fill(H holder,
    BiConsumer<H, A> adder, Supplier<A> gen, int n) {
    Stream.generate(gen)
      .limit(n)
      .forEach(a -> adder.accept(holder, a));
    return holder;
  }
}
```

create() 可以为你生成新的集合子类，与此同时，第一个版本的 fill() 会向已有的集合子类放入元素。注意同时还返回了传入的容器的具体类型，因此类型信息并未丢失。[1]

前两个方法一般仅限用于集合的子类。第二个版本的 fill() 可用于任意类型的 holder。它有个额外的参数：未绑定的方法引用 adder。通过辅助潜在类型机制，fill() 可用于任意类型的 holder，只要该 holder 内含有用于添加元素的方法。由于该未绑定方法 adder 必须接收一个参数（要添加到 holder 中的元素），adder 必须是一个 BiConsumer<H, A>，其中

---

[1] 我再次得到了 Brian Goetz 的帮助。

H 是要绑定的目标 holder 对象的类型，而 A 则是要添加的元素类型。对 accept() 的调用会以 a 为参数，在对象 holder 上调用未绑定方法 adder。

下面在一个小的模拟程序中测试 Suppliers 工具，这里同样也用到了在本章前面定义过的 RandomList：

```java
// generics/BankTeller.java
// 一个非常简单的银行出纳模拟程序
import java.util.*;
import onjava.*;

class Customer {
  private static long counter = 1;
  private final long id = counter++;
  @Override public String toString() {
    return "Customer " + id;
  }
}

class Teller {
  private static long counter = 1;
  private final long id = counter++;
  @Override public String toString() {
    return "Teller " + id;
  }
}

class Bank {
  private List<BankTeller> tellers =
    new ArrayList<>();
  public void put(BankTeller bt) {
    tellers.add(bt);
  }
}

public class BankTeller {
  public static void serve(Teller t, Customer c) {
    System.out.println(t + " serves " + c);
  }
  public static void main(String[] args) {
    // 演示 create():
    RandomList<Teller> tellers =
      Suppliers.create(
        RandomList::new, Teller::new, 4);
    // 演示 fill():
    List<Customer> customers = Suppliers.fill(
      new ArrayList<>(), Customer::new, 12);
    customers.forEach(c ->
      serve(tellers.select(), c));
    // 演示辅助类型机制:
    Bank bank = Suppliers.fill(
```

```
/* 输出:
Teller 3 serves Customer 1
Teller 2 serves Customer 2
Teller 3 serves Customer 3
Teller 1 serves Customer 4
Teller 1 serves Customer 5
Teller 3 serves Customer 6
Teller 1 serves Customer 7
Teller 2 serves Customer 8
Teller 3 serves Customer 9
Teller 3 serves Customer 10
Teller 2 serves Customer 11
Teller 4 serves Customer 12
*/
```

```
    new Bank(), Bank::put, BankTeller::new, 3);
    // 也可以使用第二个版本的 fill():
    List<Customer> customers2 = Suppliers.fill(
      new ArrayList<>(),
      List::add, Customer::new, 12);
  }
}
```

可以看到，create()生成了一个新的集合对象，同时 fill() 则向已有集合添加元素。可以看出，第二个版本的 fill() 不仅可以用于无关联的新 Bank 类型，而且还可以用于 List——因此第一个版本的 fill() 从技术上讲不是必需的，不过它在用于集合时提供了更精简的语法。

20.18　总结：转型真的这么糟糕吗？

自从 C++ 的模板诞生以来，我一直在做关于它的解释工作，我提出下面这个论点的时间可能比大多数人要早。直到最近，我才停下来去想，这个论点到底站不站得住脚——我要描述的问题到底多少次真的从指缝中溜走了？

这个论点是这样的：最没有争议的泛型类型机制的适用场景之一，就是用于诸如 List、Set、Map 等集合类。这一点你可以在第 12 章中看到，并且还会在进阶卷第 3 章中看到更多。在 Java 5 之前，你要向集合中放入一个对象时，该对象会被向上转型为 Object，因此丢失了类型信息。在你想要将该对象从集合中取回做进一步处理时，就必须将其向下转型回合适的类型。我用到的例子是 Cat 的 List（该例的另一个变种在第 12 章的开篇处，其中使用了苹果和橙子）。如果没有 Java 5 的泛型版本的集合，你放入的是 Object，拿出来的也是 Object，因此会很容易将一个 Dog 放入 Cat 的 List。

不过，泛型出现之前的 Java 不会让你误用放入集合中的对象。如果将 Dog 放入了 Cat 集合，并试图将集合中的所有对象都当作 Cat 使用，便会在从 Cat 集合中取出 Dog 引用并试图将其转型为 Cat 时，抛出 RuntimeException。你还是能发现这个问题，但是在运行时，而不是在编译时。

在早些时候，我还在继续争辩：

这不只是让人烦恼，而且还会产生难以发现的 bug。如果程序中的某个部分（或某些部分）向集合插入对象，而你只能在程序的某个不相关的地方通过异常发现集合中被放入了一个错误的对象，然后你必须去找到这个错误是在哪里发生的。

然而，在进一步审视这个论点后，我开始思索。首先，这种情况发生的频率有多高？我并不记得这类情况在我身上发生过，并且我在各种技术大会上询问其他人的时候，也并没有听说在任何人身上发生过。另一本书举了一个例子，一个名为 files（文件）但保存 String 对象的队列——在该例中，把 File（文件类型）对象放入 files 中似乎理所应当，因此对象更可能应该命名为 fileNames（文件名）。不论 Java 提供了多么强大的类型检查机制，仍然可能写出令人费解的程序，而一个能通过编译的写得很差劲的程序，仍然还是写得很差劲的程序。也许大部分人会使用类似 Cats 这样命名恰当的集合，来为可能试图添加非 Cat 类型对象的程序员提供一种视觉上的警示。并且即便这种情况真的发生了，实际上问题又能隐藏多久呢？似乎你一旦开始用真实数据测试代码，就能很快发现异常。

有位作者甚至断言这样的 bug 会"隐藏好多年"。但是我想不起来有任何相关报道，声称人们在找出"在 cat list 中放入了 dog"这样的 bug 上存在很大的困难，或者甚至只是声称容易产生这种 bug。如果使用并发编程，则通常很容易出现难以暴露的 bug，它只会让你隐约感到出了什么问题。因此，"在 cat list 中放入了 dog"这个论点真的是 Java 引入如此重要而又复杂的特性的原因吗？

我相信这个以通用性为目标的、被称为"泛型"的语言特性，其**目的**是为了实现更强大的表达能力，而不仅仅是为了创建类型安全的集合。类型安全的集合只是更通用的代码创建能力的副产品。

因此即使"在 cat list 中放入了 dog"的论点经常被拿来评判泛型，它还是应该被质疑的。正如我在本章多处做过的断言，我并不相信这是泛型**概念**的真正意义。相反，泛型正如它的名字所示，是一种编写更"泛型"（和"通用"是同一个英文词，generic）的代码的方法，使得代码可以更少受到适用类型的限制，因此一段代码可以应用于更多的类型。正如你在本章所见，编写真正泛型的 holder 类（Java 泛型便是）是相当简单的。要编写操作泛型参数的泛型代码，不论是类的创建者还是使用者，**都**需要付出额外的努力，两者都需要理解这种代码的概念和具体实现。这些额外的努力降低了该特性的易用性，并因此减少了它在某些本可以带来更多价值的场合下的适用性。

还要注意的是，由于泛型是用逆向工程的方式引入 Java 的，而不是在一开始就设计好的特性，因此某些集合无法像它们本应做到的那样稳健。举例来说，看看 Map，特别是 containsKey(Object key) 和 get(Object key) 方法。如果这些类是基于预先存在的泛型设计的，那么它们将使用参数化类型，而不是 Object，这样就可以提供泛型本应提供的编译时检查能力了。例如，在 C++ 的 map 中，键的类型永远是在编译时检查的。

很明显，向一个已经广泛使用的语言的后期版本中引入任何种类的泛型机制，是一项非常、非常麻烦的任务，它的完成过程会不可避免地经受痛苦的折磨。在 C++ 中，模板是在这门语言最初的 ISO 版本中被引入的（虽然这也曾导致过一些窘境，因为在首个正式 C++ 版本诞生之前，就已经有一个更早的非模板的版本在使用中了），因此实际上模板**一直**都是该语言的一部分。在 Java 中，泛型是在这门语言发布了几乎 10 年后才引入的，所以向泛型的迁移问题是必须考虑的，这也对泛型的设计产生了很大冲击。结果就是，作为程序员的你，将因为 Java 设计者在创建 1.0 版本时缺乏远见而承受痛苦。在最初创造 Java 时，设计者们知道 C++ 模板，他们甚至考虑过在这门语言中实现该特性，但是出于这样或那样的原因，最终决定放弃（有迹象表明他们当时相当匆忙）。因此不论是这门语言还是使用语言的程序员，都要忍受痛苦。只有时间能告诉我们 Java 实现泛型的方式最终会对这门语言带来怎样的影响。

有些语言对参数化类型采用了更简洁、影响更小的实现方法。不难想象，这样一种语言有可能会成为 Java 的接班人，因为它完全采用了 C++ 对待 C 的方式：站在巨人的肩膀上，并看得更远。

延伸阅读

- 泛型的入门文档："Generics in the Java Programming Language"，作者是 Gilad Bracha。
- Angelika Langer 的 Java Generics FAQs 是非常有用的资源。
- 你可以在这篇文章中找到更多关于通配符的信息："Adding Wildcards to the Java Programming Language"，作者是 Mads Torgersen、Christian Plesner Hansen、Erik Ernst、Gilad Bracha 和 Neal Gafter。
- 可以在 InfoQ 网站的文章 "A Discussion With Neal Gafter on the Future of Java" 中找到 Neal Gafter 对于 Java 各类问题（特指类型擦除）的看法。

21

数组

对于数组的日常使用来说，只需要创建数组并往里填充元素，然后使用 int 类型的索引来取出元素，同时数组的大小不会因此改变。大多数时候你只需要知道这些就足够了，但是有时你还需要对数组做一些更复杂的操作，同时可能还需要在数组和更复杂的 Collection（集合）类型之间做评估选型。本章便会对数组进行更深入的探讨。

提示：随着 Java 的 Collection 和 Stream 拥有越来越多的高级特性，在日常编程中需要用到数组的场景变得越来越少，所以你可以暂时放心地略读甚至跳过本章。但即使你自己可以避免使用数组，总会有某些时候，比如阅读他人的数组代码时，你仍然会用到本章的内容，到时候你可以回过头来阅读。

21.1　数组为何特殊

既然还有其他不少保存对象的方法，那么数组又有什么特殊之处呢？

数组和 Collection 中的类型主要有三方面的区别：效率、类型，以及保存基本类型数据的能力。数组是 Java 中保存和随机访问对象引用序列最高效的方法。数组是一种简单的线性序列，使得访问元素的速度非常快。速度的代价则是数组的大小是固定的，一旦创建后就永远无法改变。

速度通常不是问题，即使是问题，你存取对象的方式通常也不是（速度慢的）首要原因。通常你都应该首先考虑 Collection 中的 ArrayList 类型，该类型实际是在内部维护了一个数组。在必要时，该类型会自动申请更多的数组空间，创建一个新数组，并将旧数组中的所有引用都移动到新数组中。这种灵活的机制是有性能损耗的，所以 ArrayList 没有数组高效。少数情况下，如果确实有效率问题，你可以直接使用数组。

数组和 Collection 类型都有机制保障不会出现违规使用。不论使用数组还是 Collection，如果你越界访问了，就会抛出 RuntimeException 异常，指明程序存在错误。

在泛型诞生之前，Collection 类在处理对象时无须关注对象的具体类型。这是因为它们把对象统一视为 Object 类型，即 Java 中所有类共同的基类。相比于**泛型之前**的 Collection，数组的优点在于，数组创建后只能用于保存特定类型的对象，这意味着你将得到编译时类型检查的机制保障，因此不会将错误的类型保存到数组中，亦不会在读取数组元素时搞错元素类型。当然，Java 永远会阻止你向对象发送不正确的消息，不论是编译时还是运行时。因此不论怎样，使用数组都不会有更大的风险，只是如果编译器能告诉你错误的话可能会更好，这样终端用户被抛出的异常弄糊涂的概率可能会更低。

数组可以保存基本类型，而泛型之前的 Collection 则不行。依靠泛型，Collection 类型可以指定并检查它们所保存对象的类型；依靠自动装箱的自动类型转换，Collection 也可以变相的保存基本类型。下面对数组和泛型 Collection 做一个比较：

```
// arrays/CollectionComparison.java
import java.util.*;
import onjava.*;
import static onjava.ArrayShow.*;

class BerylliumSphere {
  private static long counter;
  private final long id = counter++;
  @Override
```

```
    public String toString() {
      return "Sphere " + id;
    }
}

public class CollectionComparison {
  public static void main(String[] args) {
    BerylliumSphere[] spheres =
      new BerylliumSphere[10];
    for(int i = 0; i < 5; i++)
      spheres[i] = new BerylliumSphere();
    show(spheres);
    System.out.println(spheres[4]);

    List<BerylliumSphere> sphereList = Suppliers.create(
      ArrayList::new, BerylliumSphere::new, 5);
    System.out.println(sphereList);
    System.out.println(sphereList.get(4));

    int[] integers = { 0, 1, 2, 3, 4, 5 };
    show(integers);
    System.out.println(integers[4]);

    List<Integer> intList = new ArrayList<>(
      Arrays.asList(0, 1, 2, 3, 4, 5));
    intList.add(97);
    System.out.println(intList);
    System.out.println(intList.get(4));
  }
}
                              /* 输出:
                              [Sphere 0, Sphere 1, Sphere 2, Sphere 3, Sphere 4,
                              null, null, null, null, null]
                              Sphere 4
                              [Sphere 5, Sphere 6, Sphere 7, Sphere 8, Sphere 9]
                              Sphere 9
                              [0, 1, 2, 3, 4, 5]
                              4
                              [0, 1, 2, 3, 4, 5, 97]
                              4
                              */
```

`Suppliers.create()` 的定义参见第 20 章。

这两种保存对象的方法都会检查类型，唯一明显的区别是，数组使用 `[]` 来访问元素，而 List 使用如 `add()` 和 `get()` 这样的方法。因为数组和 `ArrayList` 是特意设计得如此相似的，所以这两者在概念上很容易互相替换。但正如你在第 12 章中所见，集合支持的功能比数组的功能要多得多。

由于自动装箱机制的出现，集合对基本类型的使用几乎和数组一样简单。数组唯一所剩的优势就是效率更高。不过，当你解决大部分的常见问题时，数组的各种限制常常显得过于严格，所以此时你应该使用集合类型。

一个用于显示数组的常用工具程序

在本章中，我们处处都需要将数组打印出来，Java 提供了 Arrays.toString() 这个方法来将数组转化为可读的字符串，从而可以将数组在控制台中打印（显示）出来。然而这种打印效果通常不够简洁，因此我们专门写了个小类库来替代它：

```java
// onjava/ArrayShow.java
package onjava;
import java.util.*;

public interface ArrayShow {
  static void show(Object[] a) {
    System.out.println(Arrays.toString(a));
  }
  static void show(boolean[] a) {
    System.out.println(Arrays.toString(a));
  }
  static void show(byte[] a) {
    System.out.println(Arrays.toString(a));
  }
  static void show(char[] a) {
    System.out.println(Arrays.toString(a));
  }
  static void show(short[] a) {
    System.out.println(Arrays.toString(a));
  }
  static void show(int[] a) {
    System.out.println(Arrays.toString(a));
  }
  static void show(long[] a) {
    System.out.println(Arrays.toString(a));
  }
  static void show(float[] a) {
    System.out.println(Arrays.toString(a));
  }
  static void show(double[] a) {
    System.out.println(Arrays.toString(a));
  }
  // 从描述信息开始:
  static void show(String info, Object[] a) {
    System.out.print(info + ": ");
    show(a);
  }
  static void show(String info, boolean[] a) {
    System.out.print(info + ": ");
```

```
    show(a);
  }
  static void show(String info, byte[] a) {
    System.out.print(info + ": ");
    show(a);
  }
  static void show(String info, char[] a) {
    System.out.print(info + ": ");
    show(a);
  }
  static void show(String info, short[] a) {
    System.out.print(info + ": ");
    show(a);
  }
  static void show(String info, int[] a) {
    System.out.print(info + ": ");
    show(a);
  }
  static void show(String info, long[] a) {
    System.out.print(info + ": ");
    show(a);
  }
  static void show(String info, float[] a) {
    System.out.print(info + ": ");
    show(a);
  }
  static void show(String info, double[] a) {
    System.out.print(info + ": ");
    show(a);
  }
}
```

第一个单参数的 show() 方法用于打印 Object 类型的数组，包括各种基本类型的包装类。其余的重载方法则用于适配各种基本类型。

另一组两个参数的 show() 方法，则是为了打印时在数组前增加一个说明性的字符串。

简单起见，你可以直接静态引用这个小类库。

21.2 数组是一等对象

不论使用哪种类型的数组，数组的标识符 [] 实际上都是对某个在堆上创建的真实对象的引用，因此数组就是一种保存对其他对象的引用的对象，它可以作为数组初始化语句中的一部分来隐式地创建，也可以使用 new 关键字来显式地创建。数组对象中的一部分（实际上也是唯一可读的字段或方法）是只读的 length 成员属性，代表数组中可保存的元素数量，此外 [] 语句就是访问数组对象的唯一途径了。

　　下面的示例简要列举了数组的一些操作，包括各种初始化的方式，以及如何给不同的数组对象分配数组引用。在该示例中也可以看到，对象数组和基本类型数组的使用方式大体上是一样的。唯一的区别在于，对象数组保存的是引用，而基本类型数组保存的是基本类型的值。

```java
// arrays/ArrayOptions.java
// 数组的初始化及重分配
import java.util.*;
import static onjava.ArrayShow.*;

public class ArrayOptions {
  public static void main(String[] args) {
    // 对象数组:
    BerylliumSphere[] a; // 未初始化的本地变量
    BerylliumSphere[] b = new BerylliumSphere[5];

    // 数组内部的引用被自动初始化为 null:
    show("b", b);
    BerylliumSphere[] c = new BerylliumSphere[4];
    for(int i = 0; i < c.length; i++)
      if(c[i] == null) // 可以检查是否为空引用
        c[i] = new BerylliumSphere();

    // 批量初始化:
    BerylliumSphere[] d = {
      new BerylliumSphere(),
      new BerylliumSphere(),
      new BerylliumSphere()
    };

    // 动态批量初始化:
    a = new BerylliumSphere[]{
      new BerylliumSphere(), new BerylliumSphere(),
    };
    // (尾部的逗号不是必需的)

    System.out.println("a.length = " + a.length);
    System.out.println("b.length = " + b.length);
    System.out.println("c.length = " + c.length);
    System.out.println("d.length = " + d.length);
    a = d;
    System.out.println("a.length = " + a.length);

    // 基本类型数组:
    int[] e; // 空引用
    int[] f = new int[5];

    // 数组中的基本类型自动被初始化为 0:
    show("f", f);
    int[] g = new int[4];
```

```
    for(int i = 0; i < g.length; i++)
      g[i] = i*i;
    int[] h = { 11, 47, 93 };

    // 编译错误: 变量未被初始化
    //- System.out.println("e.length = " + e.length);
    System.out.println("f.length = " + f.length);
    System.out.println("g.length = " + g.length);
    System.out.println("h.length = " + h.length);
    e = h;
    System.out.println("e.length = " + e.length);
    e = new int[]{ 1, 2 };
    System.out.println("e.length = " + e.length);
  }
}
```

```
/* 输出:
b: [null, null, null, null, null]
a.length = 2
b.length = 5
c.length = 4
d.length = 3
a.length = 3
f: [0, 0, 0, 0, 0]
f.length = 5
g.length = 4
h.length = 3
e.length = 3
e.length = 2
*/
```

数组 a 是个未初始化的本地变量,如果你没有正确地初始化它,编译器就会阻止你对该引用做任何操作。数组 b 则被初始化为对 BerylliumSphere 对象数组的引用,但实际上并没有任何 BerylliumSphere 对象被保存在 b 里,不过由于 b 指向了一个合法的对象,因此你仍然可以查询数组的大小。这带来了一点小问题:你无法知道数组中实际元素的数量,因为变量 length 的含义是数组的最大容量,即数组对象的 size,而不是数组中实际保存的元素数量。不过,当一个数组对象被创建后,其中所有元素的引用都会自动初始化为 null,因此可以通过检查某个位置的引用是否为 null 来判断该位置是否保存了对象。类似地,对于数值类型,基本类型数组中的元素会自动初始化为 0;对于 char 类型,会初始化为 (char)0;对于 boolean 类型,会初始化为 false。

数组 c 演示了如何创建数组,并给 c 中所有的位置都分配了 BerylliumSphere 对象。数组 d 展示了如何"聚合初始化"一个数组,即在一个语句中既创建了数组对象(和数组 c 一样在堆上使用 new 关键字隐式地创建),同时又使用 BerylliumSphere 对象初始化了其中所有元素。

下一个数组初始化的例子，则可以看作一种"动态聚合初始化"。之前数组 d 所使用的聚合初始化必须在定义 d 的时候使用，但是本例中使用的方法可以在任何地方创建并初始化数组对象。例如，假设 hide() 是一个将 BerylliumSphere 对象数组作为参数的方法，你可以这样调用它：

```
hide(d);
```

你还可以在传入参数的地方，直接动态地创建一个数组：

```
hide(new BerylliumSphere[]{
  new BerylliumSphere(),
  new BerylliumSphere()
});
```

在很多时候，这种编写代码的方式会显得更方便。

以下表达式

```
a = d;
```

则演示了如何将一个指向数组对象的引用分配到另一个数组对象（对任何类型对象引用的操作都是如此）。这样一来，a 和 d 都指向了堆上的同一个数组对象。

ArrayOptions.java 中剩下的部分则说明了基本类型数组的操作方式和对象数组几乎一样，唯一的**区别**是它直接保存了基本类型的值而非引用。

21.3 返回数组

假如你需要写一个能返回多个元素的方法。使用像 C 或者 C++ 这样的语言会很难实现，因为无法直接返回一个数组，只能返回一个指向数组的指针。这会带来不少麻烦，因为对数组的生命周期管理会变得很复杂，十分容易导致内存泄漏。

而在 Java 中，你可以直接返回一个数组。你永远不需要操心数组的内存管理——只要数组还在使用，它就一直存在，而垃圾收集器则会在你使用完之后自动将它回收。

下面演示如何返回一个 String 类型的数组：

```
// arrays/IceCreamFlavors.java
// 从方法中返回数组

import java.util.*;
import static onjava.ArrayShow.*;
```

```
public class IceCreamFlavors {
    private static SplittableRandom rand =
            new SplittableRandom(47);
    static final String[] FLAVORS = {
            "Chocolate", "Strawberry", "Vanilla Fudge Swirl",
            "Mint Chip", "Mocha Almond Fudge", "Rum Raisin",
            "Praline Cream", "Mud Pie"
    };

    public static String[] flavorSet(int n) {
        if (n > FLAVORS.length)
            throw new IllegalArgumentException("Set too big");

        String[] results = new String[n];
        boolean[] picked = new boolean[FLAVORS.length];
        for (int i = 0; i < n; i++) {
            int t;
            do
                t = rand.nextInt(FLAVORS.length);
            while (picked[t]);
            results[i] = FLAVORS[t];
            picked[t] = true;
        }
        return results;
    }

    public static void main(String[] args) {
        for (int i = 0; i < 7; i++)
            show(flavorSet(3));
    }
}
```

```
/* 输出:
[Praline Cream, Mint Chip, Vanilla Fudge Swirl]
[Strawberry, Vanilla Fudge Swirl, Mud Pie]
[Chocolate, Strawberry, Vanilla Fudge Swirl]
[Rum Raisin, Praline Cream, Chocolate]
[Mint Chip, Rum Raisin, Mocha Almond Fudge]
[Mocha Almond Fudge, Mud Pie, Vanilla Fudge Swirl]
[Mocha Almond Fudge, Mud Pie, Mint Chip]
*/
```

flavorSet()（设置口味）方法创建了一个名为 results 的 String 类型的数组，该数组的大小为 n，其由传入的参数来定义。接下来的逻辑会从 FLAVORS 数组中随机选择口味，然后将它们放入 results，之后将 results 返回。返回数组和返回所有其他类型的对象一样，都只是返回引用而已。此时你不需要关心数组是在 flavorSet() 中创建的，还是在其他任何地方创建的。一旦你使用完数组，垃圾收集器就会负责数组的清理；而在此之前，数组会一直存在。

如果你必须要返回一组不同类型的元素，可以选择使用在第 20 章中介绍过的 tuple（元组）。

值得注意的是，在 flavorSet() 中随机选择口味时，会保证不会选到已被选过的口味。这是在 do 循环中实现的，其会持续地随机选择口味，直到选出的口味不在 picked（用于保存已选过的口味）中（也可以使用字符串比较的方式来检查随机选出的口味是否已在 result 中）。如果选择成功，则会将该口味加入 results，然后继续选择（通过 i 自增）。此段程序的输出显示了 flavorSet() 每次都会以随机顺序选择一组口味。

到目前为止，本书一直使用 java.util.Random 类来创建随机数，该类在 Java 1.0 版本就已诞生了，甚至直到最近还做了更新以支持 Java 8 中的 Stream。本书推荐使用 Java 8 中的 SplittableRandom，不仅支持并行操作（你迟早会学到），而且还能生成更高质量的随机数。在本书剩余的章节中，我们将全部使用 SplittableRandom（来生成随机数）。

21.4　多维数组

如果要创建多维的基本类型数组，你需要使用大括号来分隔数组中的每个向量：

```java
// arrays/MultidimensionalPrimitiveArray.java

import java.util.*;

public class MultidimensionalPrimitiveArray {
    public static void main(String[] args) {
        int[][] a = {
                {1, 2, 3,},
                {4, 5, 6,},
        };
        System.out.println(Arrays.deepToString(a));
    }
}
/* 输出：
[[1, 2, 3], [4, 5, 6]]
*/
```

可以通过内嵌的每对大括号来进入数组的下一级。

本例中使用了 Arrays.deepToString() 方法，将多维数组转化为 String，以在输出结果中格式化显示。

你也可以使用关键字 new 来创建数组。下例便以此方法创建了一个三维数组：

```java
// arrays/ThreeDWithNew.java

import java.util.*;
```

```java
public class ThreeDWithNew {
    public static void main(String[] args) {
        // 固定长度的三维数组:
        int[][][] a = new int[2][2][4];
        System.out.println(Arrays.deepToString(a));
    }
}
```

```
/* 输出:
[[[0, 0, 0, 0], [0, 0, 0, 0]], [[0, 0, 0, 0], [0, 0, 0, 0]]]
*/
```

对于基本类型数组的元素值，如果你没有将其显式地初始化，则它们会被自动初始化。对象数组会初始化为 null。

数组中构成矩阵的每组向量的大小没有限制 [称为**不规则数组**（ragged array）]:

```java
// arrays/RaggedArray.java

import java.util.*;

public class Array {
    static int val = 1;

    public static void main(String[] args) {
        SplittableRandom rand = new SplittableRandom(47); // 可变向量的三维数组:
        int[][][] a = new int[rand.nextInt(7)][][];
        for (int i = 0; i < a.length; i++) {
            a[i] = new int[rand.nextInt(5)][];
            for (int j = 0; j < a[i].length; j++) {
                a[i][j] = new int[rand.nextInt(5)];
                Arrays.setAll(a[i][j], n -> val++); // [1]
            }
        }
        System.out.println(Arrays.deepToString(a));
    }
}
```

```
/* 输出:
[[[1], []], [[2, 3, 4, 5], [6]], [[7, 8, 9], [10, 11, 12], []]]
*/
```

[1] Java 8 新增了 Arrays.setAll() 方法，其使用一个生成器来生成数值并填充到数组中。该生成器和函数式接口 IntUnaryOperator 一致，只有一个非默认方法 applyAsInt(int operand)。Arrays.setAll() 则将当前数组索引作为 operand（操作数）传入，所以也可以

选择使用 n -> n 的 lambda 表达式来显示数组中的索引（在上面的例子中很容易尝试）。
此处我们忽略了索引，只是简单地插入了一个自增计数器的值。

第一个 new 创建了一个数组，其中第一个元素的长度是随机的，而剩下的则未定义。
第一层 for 循环中的 new 负责填充数组的第二个元素，第二个 for 循环中的 new 负责填充
第三个元素。

非基本类型的对象数组也同样可以被定义为不规则数组。接下来的示例列举了很多使
用大括号的 new 写法：

```java
// arrays/MultidimensionalObjectArrays.java

import java.util.*;

public class MultidimensionalObjectArrays {
    public static void main(String[] args) {
        BerylliumSphere[][] spheres = {
            {new BerylliumSphere(), new BerylliumSphere()},
            {new BerylliumSphere(), new BerylliumSphere(),
            new BerylliumSphere(), new BerylliumSphere()},
            {new BerylliumSphere(), new BerylliumSphere(),
            new BerylliumSphere(), new BerylliumSphere(),
            new BerylliumSphere(), new BerylliumSphere(),
            new BerylliumSphere(), new BerylliumSphere()},
        };
        System.out.println(Arrays.deepToString(spheres));
    }
}

                            /* 输出:
                            [[Sphere 0, Sphere 1], [Sphere 2, Sphere 3, Sphere 4,
                            Sphere 5], [Sphere 6, Sphere 7, Sphere 8, Sphere 9,
                            Sphere 10, Sphere 11, Sphere 12, Sphere 13]]
                            */
```

将自动装箱机制应用于数组的初始化中：

```java
// arrays/AutoboxingArrays.java

import java.util.*;
public class AutoboxingArrays {
    public static void main(String[] args) {
        Integer[][] a = { // 自动装箱
            { 1, 2, 3, 4, 5, 6, 7, 8, 9, 10 },
            { 21, 22, 23, 24, 25, 26, 27, 28, 29, 30 },
            { 51, 52, 53, 54, 55, 56, 57, 58, 59, 60 },
            { 71, 72, 73, 74, 75, 76, 77, 78, 79, 80 },
        };
```

```
        System.out.println(Arrays.deepToString(a));
    }
}
```

```
/* 输出:
[[1, 2, 3, 4, 5, 6, 7, 8, 9, 10], [21, 22, 23, 24, 25,
26, 27, 28, 29, 30], [51, 52, 53, 54, 55, 56, 57, 58,
59, 60], [71, 72, 73, 74, 75, 76, 77, 78, 79, 80]]
*/
```

下面演示了如何一步步的构造一个非基本类型的对象数组：

```java
// arrays/AssemblingMultidimensionalArrays.java
// 创建多维数组

import java.util.*;

public class AssemblingMultidimensionalArrays {
    public static void main(String[] args) {
        Integer[][] a;
        a = new Integer[3][];
        for (int i = 0; i < a.length; i++) {
            a[i] = new Integer[3];
            for (int j = 0; j < a[i].length; j++)
                a[i][j] = i * j; // 自动装箱
        }
        System.out.println(Arrays.deepToString(a));
    }
}
```

```
/* 输出:
[[0, 0, 0], [0, 1, 2], [0, 2, 4]]
*/
```

此处的 i * j 只是为了生成一个有趣的值插入到 Integer 中。

Arrays.deepToString() 方法同时适用于基本类型数组和对象数组：

```java
// arrays/MultiDimWrapperArray.java
// 多维包装对象类数组

import java.util.*;

public class MultiDimWrapperArray {
    public static void main(String[] args) {
        Integer[][] a1 = { // 自动装箱
                {1, 2, 3,},
                {4, 5, 6,},
        };
        Double[][][] a2 = { // 自动装箱
```

```
                {{1.1, 2.2}, {3.3, 4.4}},
                {{5.5, 6.6}, {7.7, 8.8}},
                {{9.9, 1.2}, {2.3, 3.4}},
        };
        String[][] a3 = {
                {"The", "Quick", "Sly", "Fox"},
                {"Jumped", "Over"},
                {"The", "Lazy", "Brown", "Dog", "&", "friend"},
        };
        System.out.println(
                "a1: " + Arrays.deepToString(a1));
        System.out.println(
                "a2: " + Arrays.deepToString(a2));
        System.out.println(
                "a3: " + Arrays.deepToString(a3));
    }
}
```

```
/* 输出:
a1: [[1, 2, 3], [4, 5, 6]]
a2: [[[1.1, 2.2], [3.3, 4.4]], [[5.5, 6.6], [7.7, 8.8]], [[9.9, 1.2],
[2.3, 3.4]]]
a3: [[The, Quick, Sly, Fox], [Jumped, Over], [The, Lazy, Brown, Dog,
&, friend]]
*/
```

再次强调，在 Integer 和 Double 类型的数组中，自动装箱可以为你自动创建包装类型的对象。

21.5 数组和泛型

通常来说，数组和泛型并不能很好地结合，例如你无法实例化一个参数化类型的数组：

```
Peel<Banana>[] peels = new Peel<Banana>[10]; // 非法代码
```

类型擦除移除了参数的类型信息，所以数组必须清楚地知道自身所保存的具体类型，以保证类型安全。

不过，数组自身的类型是可以参数化的：

```
// arrays/ParameterizedArrayType.java

class ClassParameter<T> {
  public T[] f(T[] arg) { return arg; }
}
```

```
class MethodParameter {
  public static <T> T[] f(T[] arg) { return arg; }
}

public class ParameterizedArrayType {
  public static void main(String[] args) {
    Integer[] ints = { 1, 2, 3, 4, 5 };
    Double[] doubles = { 1.1, 2.2, 3.3, 4.4, 5.5 };
    Integer[] ints2 =
      new ClassParameter<Integer>().f(ints);
    Double[] doubles2 =
      new ClassParameter<Double>().f(doubles);
    ints2 = MethodParameter.f(ints);
    doubles2 = MethodParameter.f(doubles);
  }
}
```

相较于参数化类，参数化方法通常更方便。你无须每应用到一种类型都要实例化一个带参数的类，并且该类还可以是静态的。你无法每次都选择使用参数化方法而不是参数化类，但前者通常都会更好一些。

其实要说绝对无法创建一个泛型类型的数组，也不完全正确。是的，编译器不会允许你**实例化**一个泛型数组，但它允许你创建对此类数组的引用。例如：

```
List<String>[] ls;
```

这样写是可以通过编译的，并且尽管你无法创建一个能实际持有泛型的数组对象，但还是可以创建非泛型的数组，然后强制类型转换：

```
// arrays/ArrayOfGenerics.java

import java.util.*;

public class ArrayOfGenerics {
  @SuppressWarnings("unchecked")
  public static void main(String[] args) {
    List<String>[] ls;
    List[] la = new List[10];
    ls = (List<String>[])la; // 未经检查的类型转换
    ls[0] = new ArrayList<>();

    //- ls[1] = new ArrayList<Integer>();
    // 错误: 类型不匹配
    // ArrayList<Integer> 无法转换为 List<String>
    //      ls[1] = new ArrayList<Integer>();
    //                ^
```

```
  // 问题：List<String> 是 Object 类型的子类
  Object[] objects = ls; // 可以这样分配
  // 顺利地编译及运行：
  objects[1] = new ArrayList<>();

  // 不过如果你的需求很直接，可以创建一个泛型的数组（虽然会发出 unchecked cast 警告）：
  List<BerylliumSphere>[] spheres =
    (List<BerylliumSphere>[])new List[10];
  Arrays.setAll(spheres, n -> new ArrayList<>());
  }
}
```

你可以看到，一旦持有了对 List<String>[] 的引用，就会得到编译时检查。问题在于，数组是协变的，所以一个 List<String>[] 同时也是一个 Object[]，你可以利用这一点，将 ArrayList<Integer> 分配到数组里，而且无论编译时还是运行时都不会报错。

不过，如果你确定不会向上转型，需求也相对简单，那么你或许可以创建一个泛型数组，它也会提供基本的编译时类型检查。然而通常来说，泛型集合是比泛型数组更好的选择。

大多数时候，你会发现泛型在类和方法的**边界**上是有效的；而在内部，类型擦除通常会使泛型变得不可用。因此你会受到一些限制，比如无法创建泛型类型的数组：

```
// arrays/ArrayOfGenericType.java

public class ArrayOfGenericType<T> {
  T[] array; // OK
  @SuppressWarnings("unchecked")
  public ArrayOfGenericType(int size) {
    // 错误：创建泛型数组
    //- array = new T[size];
    array = (T[])new Object[size]; // 未检查的类型转换
  }
  // 错误：创建泛型数组
  //- public <U> U[] makeArray() { return new U[10]; }
}
```

此时类型擦除再次介入——以上示例试图创建已被擦除类型（因此是未知类型）的数组。你可以创建 Object 类型的数组，然后进行强制类型转换。但如果没加上 @SuppressWarnings 注解，由于数组并没有真正持有或动态检查类型 T，因此会得到运行时报警 "unchecked"。也就是说，如果创建了一个 String[]，Java 会在编译时和运行时都强制要求只能往里放入 String 对象。然而，如果创建的是 Object[]，那么就可以往里放入除基本类型外的任何对象。

21.6 Arrays.fill()

在进行数组相关或者是更广义的编程试验时，通常需要便捷地创建数组并填充测试数据的方法。在 Java 标准库 Arrays 中有一个小方法 fill()，它可以将一个数值复制到数组的所有位置；对于对象数组，它可以将一个引用复制到数组的所有位置：

```java
// arrays/FillingArrays.java
// 使用 Arrays.fill()

import java.util.*;
import static onjava.ArrayShow.*;

public class FillingArrays {
  public static void main(String[] args) {
    int size = 6;
    boolean[] a1 = new boolean[size];
    byte[] a2 = new byte[size];
    char[] a3 = new char[size];
    short[] a4 = new short[size];
    int[] a5 = new int[size];
    long[] a6 = new long[size];
    float[] a7 = new float[size];
    double[] a8 = new double[size];
    String[] a9 = new String[size];
    Arrays.fill(a1, true);
    show("a1", a1);
    Arrays.fill(a2, (byte)11);
    show("a2", a2);
    Arrays.fill(a3, 'x');
    show("a3", a3);
    Arrays.fill(a4, (short)17);
    show("a4", a4);
    Arrays.fill(a5, 19);
    show("a5", a5);
    Arrays.fill(a6, 23);
    show("a6", a6);
    Arrays.fill(a7, 29);
    show("a7", a7);
    Arrays.fill(a8, 47);
    show("a8", a8);
    Arrays.fill(a9, "Hello");
    show("a9", a9);
    // 操作数组的范围:
    Arrays.fill(a9, 3, 5, "World");
    show("a9", a9);
  }
}
/* 输出:
a1: [true, true, true, true, true, true]
a2: [11, 11, 11, 11, 11, 11]
a3: [x, x, x, x, x, x]
a4: [17, 17, 17, 17, 17, 17]
a5: [19, 19, 19, 19, 19, 19]
a6: [23, 23, 23, 23, 23, 23]
a7: [29.0, 29.0, 29.0, 29.0, 29.0, 29.0]
a8: [47.0, 47.0, 47.0, 47.0, 47.0, 47.0]
a9: [Hello, Hello, Hello, Hello, Hello, Hello]
a9: [Hello, Hello, Hello, World, World, Hello]
*/
```

你可以填充整个数组，或者像以上示例的最后两行语句那样，填充数组的指定范围。由于只能向 Arrays.fill() 传入一个数据值来填充，因此这样产生的数组往往不具有实际作用。

21.7 Arrays.setAll()

在之前的 RaggedArray.java 中，本书首次介绍了 Arrays.setAll() 的使用，并在 ArrayOfGenerics.java 中再次用到。Arrays.setAll() 是 Java 8 中新引入的方法，它能利用生成器生成不同的值，具体的生成方式则由数组的索引元素决定（生成器通过访问当前索引来读取并修改数组的值）。另外 static Arrays.setAll() 还有以下这些重载方法签名：

- void setAll(int[] a, IntUnaryOperator gen)
- void setAll(long[] a, IntToLongFunction gen)
- void setAll(double[] a, IntToDoubleFunction gen)
- <T> void setAll(T[] a, IntFunction<? extends T> gen)

int、long 和 double 由专用的版本来处理，其他类型则由泛型版本来处理。生成器并非 Supplier，因为 Supplier 并不接收参数，而生成器则必须传入 int 型的数组索引作为参数。

下面这个非常简单的 setAll() 例子应用了几个随手编写的 lambda 表达式和方法引用：

```java
// arrays/SimpleSetAll.java

import java.util.*;
import static onjava.ArrayShow.*;

class Bob {
  final int id;
  Bob(int n) { id = n; }
  @Override
  public String toString() { return "Bob" + id; }
}

public class SimpleSetAll {
  public static final int SZ = 8;
  static int val = 1;
  static char[] chars = "abcdefghijklmnopqrstuvwxyz"
    .toCharArray();
  static char getChar(int n) { return chars[n]; }
  public static void main(String[] args) {
    int[] ia = new int[SZ];
    long[] la = new long[SZ];
    double[] da = new double[SZ];
    Arrays.setAll(ia, n -> n); // [1]
    Arrays.setAll(la, n -> n);
    Arrays.setAll(da, n -> n);
    show(ia);
    show(la);
```

```
        show(da);
        Arrays.setAll(ia, n -> val++); // [2]
        Arrays.setAll(la, n -> val++);
        Arrays.setAll(da, n -> val++);
        show(ia);
        show(la);
        show(da);

        Bob[] ba = new Bob[SZ];
        Arrays.setAll(ba, Bob::new); // [3]
        show(ba);

        Character[] ca = new Character[SZ];
        Arrays.setAll(ca, SimpleSetAll::getChar); // [4]
        show(ca);
    }
}
                                      /* 输出:
                                      [0, 1, 2, 3, 4, 5, 6, 7]
                                      [0, 1, 2, 3, 4, 5, 6, 7]
                                      [0.0, 1.0, 2.0, 3.0, 4.0, 5.0, 6.0, 7.0]
                                      [1, 2, 3, 4, 5, 6, 7, 8]
                                      [9, 10, 11, 12, 13, 14, 15, 16]
                                      [17.0, 18.0, 19.0, 20.0, 21.0, 22.0, 23.0, 24.0]
                                      [Bob0, Bob1, Bob2, Bob3, Bob4, Bob5, Bob6, Bob7]
                                      [a, b, c, d, e, f, g, h]
                                      */
```

[1] 此例中直接把数组索引作为值插入。在 long 和 double 的版本中，该转换是自动进行的。

[2] 该函数只需要接收索引参数，就能生成相应的结果。这里忽略了索引的值，而使用 val 来生成结果。

[3] 本方法引用是有效的，因为 Bob 的构造器接收 int 类型参数。只要我们传入的函数能接收 int 类型参数并生成预期的结果，这种方式就有效。

[4] 要处理 int、long 和 double 之外的基本类型，则需要为该基本类型编写相匹配的包装类型数组，然后使用泛型版本的 setAll()。要注意 getChar() 生成的是基本类型，所以这里将其自动装箱为 Character。

21.8 增量生成器

本节将介绍一组方法，用来给不同类型生成增量的值。

这些方法以内部类的方式实现，以生成容易记住的名字。例如，如果要使用 Integer 的相关功能，可以使用 new Count.Integer()。如果要使用基本类型 int 的相关功能，可以使用 new Count.Pint()（因为不能直接使用基本类型的名称，所以它们的前面都统一加上了 P，代表基本类型（primitive）。更理想的命名方式是直接使用基本类型的名字，并在后面带一个下划线 _，比如 int_ 和 double_，但这违反了 Java 的命名规则）。每个包装类的生成器同时还实现了 get() 方法作为该包装类的 Supplier。要使用 Arrays.setAll()，还需要用到重载方法 get(int n)，它接收（并忽略了）自身的参数，以便接收 setAll() 传入的索引值。

需要注意，由于使用了包装类的名字作为内部类的名字，因此必须在实际的包装类名前加上包名 java.lang：

```java
// onjava/Count.java
// 生成不同类型的增量值

package onjava;

import java.util.*;
import java.util.function.*;
import static onjava.ConvertTo.*;

public interface Count {
  class Boolean
  implements Supplier<java.lang.Boolean> {
    private boolean b = true;
    @Override
    public java.lang.Boolean get() {
      b = !b;
      return java.lang.Boolean.valueOf(b);
    }
    public java.lang.Boolean get(int n) {
      return get();
    }
    public java.lang.Boolean[] array(int sz) {
      java.lang.Boolean[] result =
        new java.lang.Boolean[sz];
      Arrays.setAll(result, n -> get());
      return result;
    }
  }
  class Pboolean {
    private boolean b = true;
    public boolean get() {
      b = !b;
      return b;
    }
    public boolean get(int n) { return get(); }
    public boolean[] array(int sz) {
      return primitive(new Boolean().array(sz));
    }
  }
```

```
}
class Byte
implements Supplier<java.lang.Byte> {
  private byte b;
  @Override
  public java.lang.Byte get() { return b++; }
  public java.lang.Byte get(int n) {
    return get();
  }
  public java.lang.Byte[] array(int sz) {
    java.lang.Byte[] result =
      new java.lang.Byte[sz];
    Arrays.setAll(result, n -> get());
    return result;
  }
}
class Pbyte {
  private byte b;
  public byte get() { return b++; }
  public byte get(int n) { return get(); }
  public byte[] array(int sz) {
    return primitive(new Byte().array(sz));
  }
}
char[] CHARS =
  "abcdefghijklmnopqrstuvwxyz".toCharArray();
class Character
implements Supplier<java.lang.Character> {
  private int i;
  @Override
  public java.lang.Character get() {
    i = (i + 1) % CHARS.length;
    return CHARS[i];
  }
  public java.lang.Character get(int n) {
    return get();
  }
  public java.lang.Character[] array(int sz) {
    java.lang.Character[] result =
      new java.lang.Character[sz];
    Arrays.setAll(result, n -> get());
    return result;
  }
}
class Pchar {
  private int i;
  public char get() {
    i = (i + 1) % CHARS.length;
    return CHARS[i];
  }
  public char get(int n) { return get(); }
  public char[] array(int sz) {
```

```
      return primitive(new Character().array(sz));
  }
}
class Short
implements Supplier<java.lang.Short> {
  short s;
  @Override
  public java.lang.Short get() { return s++; }
  public java.lang.Short get(int n) {
    return get();
  }
  public java.lang.Short[] array(int sz) {
    java.lang.Short[] result =
      new java.lang.Short[sz];
    Arrays.setAll(result, n -> get());
    return result;
  }
}
class Pshort {
  short s;
  public short get() { return s++; }
  public short get(int n) { return get(); }
  public short[] array(int sz) {
    return primitive(new Short().array(sz));
  }
}
class Integer
implements Supplier<java.lang.Integer> {
  int i;
  @Override
  public java.lang.Integer get() { return i++; }
  public java.lang.Integer get(int n) {
    return get();
  }
  public java.lang.Integer[] array(int sz) {
    java.lang.Integer[] result =
      new java.lang.Integer[sz];
    Arrays.setAll(result, n -> get());
    return result;
  }
}
class Pint implements IntSupplier {
  int i;
  public int get() { return i++; }
  public int get(int n) { return get(); }
  @Override
  public int getAsInt() { return get(); }
  public int[] array(int sz) {
    return primitive(new Integer().array(sz));
  }
}
class Long
```

```
implements Supplier<java.lang.Long> {
  private long l;
  @Override
  public java.lang.Long get() { return l++; }
  public java.lang.Long get(int n) {
    return get();
  }
  public java.lang.Long[] array(int sz) {
    java.lang.Long[] result =
      new java.lang.Long[sz];
    Arrays.setAll(result, n -> get());
    return result;
  }
}
class Plong implements LongSupplier {
  private long l;
  public long get() { return l++; }
  public long get(int n) { return get(); }
  @Override
  public long getAsLong() { return get(); }
  public long[] array(int sz) {
    return primitive(new Long().array(sz));
  }
}
class Float
implements Supplier<java.lang.Float> {
  private int i;
  @Override
  public java.lang.Float get() {
    return java.lang.Float.valueOf(i++);
  }
  public java.lang.Float get(int n) {
    return get();
  }
  public java.lang.Float[] array(int sz) {
    java.lang.Float[] result =
      new java.lang.Float[sz];
    Arrays.setAll(result, n -> get());
    return result;
  }
}
class Pfloat {
  private int i;
  public float get() { return i++; }
  public float get(int n) { return get(); }
  public float[] array(int sz) {
    return primitive(new Float().array(sz));
  }
}
class Double
implements Supplier<java.lang.Double> {
  private int i;
```

```
        @Override
        public java.lang.Double get() {
          return java.lang.Double.valueOf(i++);
        }
        public java.lang.Double get(int n) {
          return get();
        }
        public java.lang.Double[] array(int sz) {
          java.lang.Double[] result =
            new java.lang.Double[sz];
          Arrays.setAll(result, n -> get());
          return result;
        }
      }
    class Pdouble implements DoubleSupplier {
      private int i;
      public double get() { return i++; }
      public double get(int n) { return get(); }
      @Override
      public double getAsDouble() { return get(0); }
      public double[] array(int sz) {
        return primitive(new Double().array(sz));
      }
    }
  }
```

对于 int、long 和 double 这三个基本类型，可以使用专用的 Supplier 接口，由 Pint、Plong 和 Pdouble 分别实现。

下面是一段测试 Count 的程序，同时也示范了该如何使用它。

```
// arrays/TestCount.java
// 测试计数生成器

import java.util.*;
import java.util.stream.*;
import onjava.*;
import static onjava.ArrayShow.*;

public class TestCount {
  static final int SZ = 5;
  public static void main(String[] args) {
    System.out.println("Boolean");
    Boolean[] a1 = new Boolean[SZ];
    Arrays.setAll(a1, new Count.Boolean()::get);
    show(a1);
    a1 = Stream.generate(new Count.Boolean())
      .limit(SZ + 1).toArray(Boolean[]::new);
    show(a1);
    a1 = new Count.Boolean().array(SZ + 2);
```

```
  show(a1);
  boolean[] a1b =
    new Count.Pboolean().array(SZ + 3);
  show(a1b);

  System.out.println("Byte");
  Byte[] a2 = new Byte[SZ];
  Arrays.setAll(a2, new Count.Byte()::get);
  show(a2);
  a2 = Stream.generate(new Count.Byte())
    .limit(SZ + 1).toArray(Byte[]::new);
  show(a2);
  a2 = new Count.Byte().array(SZ + 2);
  show(a2);
  byte[] a2b = new Count.Pbyte().array(SZ + 3);
  show(a2b);

  System.out.println("Character");
  Character[] a3 = new Character[SZ];
  Arrays.setAll(a3, new Count.Character()::get);
  show(a3);
  a3 = Stream.generate(new Count.Character())
    .limit(SZ + 1).toArray(Character[]::new);
  show(a3);
  a3 = new Count.Character().array(SZ + 2);
  show(a3);
  char[] a3b = new Count.Pchar().array(SZ + 3);
  show(a3b);

  System.out.println("Short");
  Short[] a4 = new Short[SZ];
  Arrays.setAll(a4, new Count.Short()::get);
  show(a4);
  a4 = Stream.generate(new Count.Short())
    .limit(SZ + 1).toArray(Short[]::new);
  show(a4);
  a4 = new Count.Short().array(SZ + 2);
  show(a4);
  short[] a4b = new Count.Pshort().array(SZ + 3);
  show(a4b);

  System.out.println("Integer");
  int[] a5 = new int[SZ];
  Arrays.setAll(a5, new Count.Integer()::get);
  show(a5);
  Integer[] a5b =
    Stream.generate(new Count.Integer())
      .limit(SZ + 1).toArray(Integer[]::new);
  show(a5b);
  a5b = new Count.Integer().array(SZ + 2);
  show(a5b);
```

```
    a5 = IntStream.generate(new Count.Pint())
      .limit(SZ + 1).toArray();
    show(a5);
    a5 = new Count.Pint().array(SZ + 3);
    show(a5);

    System.out.println("Long");
    long[] a6 = new long[SZ];
    Arrays.setAll(a6, new Count.Long()::get);
    show(a6);
    Long[] a6b = Stream.generate(new Count.Long())
      .limit(SZ + 1).toArray(Long[]::new);
    show(a6b);
    a6b = new Count.Long().array(SZ + 2);
    show(a6b);
    a6 = LongStream.generate(new Count.Plong())
      .limit(SZ + 1).toArray();
    show(a6);
    a6 = new Count.Plong().array(SZ + 3);
    show(a6);

    System.out.println("Float");
    Float[] a7 = new Float[SZ];
    Arrays.setAll(a7, new Count.Float()::get);
    show(a7);
    a7 = Stream.generate(new Count.Float())
      .limit(SZ + 1).toArray(Float[]::new);
    show(a7);
    a7 = new Count.Float().array(SZ + 2);
    show(a7);
    float[] a7b = new Count.Pfloat().array(SZ + 3);
    show(a7b);

    System.out.println("Double");
    double[] a8 = new double[SZ];
    Arrays.setAll(a8, new Count.Double()::get);
    show(a8);
    Double[] a8b =
      Stream.generate(new Count.Double())
        .limit(SZ + 1).toArray(Double[]::new);
    show(a8b);
    a8b = new Count.Double().array(SZ + 2);
    show(a8b);
    a8 = DoubleStream.generate(new Count.Pdouble())
      .limit(SZ + 1).toArray();
    show(a8);
    a8 = new Count.Pdouble().array(SZ + 3);
    show(a8);
  }
}
```

```
/* 输出：
Boolean
[false, true, false, true, false]
[false, true, false, true, false, true]
[false, true, false, true, false, true, false]
[false, true, false, true, false, true, false, true]
Byte
[0, 1, 2, 3, 4]
[0, 1, 2, 3, 4, 5]
[0, 1, 2, 3, 4, 5, 6]
[0, 1, 2, 3, 4, 5, 6, 7]
Character
[b, c, d, e, f]
[b, c, d, e, f, g]
[b, c, d, e, f, g, h]
[b, c, d, e, f, g, h, i]
Short
[0, 1, 2, 3, 4]
[0, 1, 2, 3, 4, 5]
[0, 1, 2, 3, 4, 5, 6]
[0, 1, 2, 3, 4, 5, 6, 7]
Integer
[0, 1, 2, 3, 4]
[0, 1, 2, 3, 4, 5]
[0, 1, 2, 3, 4, 5, 6]
[0, 1, 2, 3, 4, 5]
[0, 1, 2, 3, 4, 5, 6, 7]
Long
[0, 1, 2, 3, 4]
[0, 1, 2, 3, 4, 5]
[0, 1, 2, 3, 4, 5, 6]
[0, 1, 2, 3, 4, 5]
[0, 1, 2, 3, 4, 5, 6, 7]
Float
[0.0, 1.0, 2.0, 3.0, 4.0]
[0.0, 1.0, 2.0, 3.0, 4.0, 5.0]
[0.0, 1.0, 2.0, 3.0, 4.0, 5.0, 6.0]
[0.0, 1.0, 2.0, 3.0, 4.0, 5.0, 6.0, 7.0]
Double
[0.0, 1.0, 2.0, 3.0, 4.0]
[0.0, 1.0, 2.0, 3.0, 4.0, 5.0]
[0.0, 1.0, 2.0, 3.0, 4.0, 5.0, 6.0]
[0.0, 1.0, 2.0, 3.0, 4.0, 5.0]
[0.0, 1.0, 2.0, 3.0, 4.0, 5.0, 6.0, 7.0]
*/
```

需要注意，基本类型数组 int[]、long[] 和 double[] 可以直接用 Arrays.setAll() 填充，但是其他所有的基本类型都需要它们自己的包装类型的数组。

由 Stream.generate() 创建的包装类数组演示了 **toArray()** 方法的重载用法，它是通过要创建的数组类型所对应的构造器来实现的。

21.9　随机数生成器

可以参照 Count.java 的结构来创造一个生成随机数的工具：

```java
// onjava/Rand.java
// 创建不同类型的随机数

package onjava;
import java.util.*;
import java.util.function.*;
import static onjava.ConvertTo.*;

public interface Rand {
  int MOD = 10_000;
  class Boolean
  implements Supplier<java.lang.Boolean> {
    SplittableRandom r = new SplittableRandom(47);
    @Override
    public java.lang.Boolean get() {
      return r.nextBoolean();
    }
    public java.lang.Boolean get(int n) {
      return get();
    }
    public java.lang.Boolean[] array(int sz) {
      java.lang.Boolean[] result =
        new java.lang.Boolean[sz];
      Arrays.setAll(result, n -> get());
      return result;
    }
  }
  class Pboolean {
    public boolean[] array(int sz) {
      return primitive(new Boolean().array(sz));
    }
  }
  class Byte
  implements Supplier<java.lang.Byte> {
    SplittableRandom r = new SplittableRandom(47);
    @Override
    public java.lang.Byte get() {
      return (byte)r.nextInt(MOD);
    }
    public java.lang.Byte get(int n) {
      return get();
    }
```

```java
    public java.lang.Byte[] array(int sz) {
      java.lang.Byte[] result =
        new java.lang.Byte[sz];
      Arrays.setAll(result, n -> get());
      return result;
    }
  }
  class Pbyte {
    public byte[] array(int sz) {
      return primitive(new Byte().array(sz));
    }
  }
  class Character
  implements Supplier<java.lang.Character> {
    SplittableRandom r = new SplittableRandom(47);
    @Override
    public java.lang.Character get() {
      return (char)r.nextInt('a', 'z' + 1);
    }
    public java.lang.Character get(int n) {
      return get();
    }
    public java.lang.Character[] array(int sz) {
      java.lang.Character[] result =
        new java.lang.Character[sz];
      Arrays.setAll(result, n -> get());
      return result;
    }
  }
  class Pchar {
    public char[] array(int sz) {
      return primitive(new Character().array(sz));
    }
  }
  class Short
  implements Supplier<java.lang.Short> {
    SplittableRandom r = new SplittableRandom(47);
    @Override
    public java.lang.Short get() {
      return (short)r.nextInt(MOD);
    }
    public java.lang.Short get(int n) {
      return get();
    }
    public java.lang.Short[] array(int sz) {
      java.lang.Short[] result =
        new java.lang.Short[sz];
      Arrays.setAll(result, n -> get());
      return result;
    }
  }
  class Pshort {
```

```
    public short[] array(int sz) {
      return primitive(new Short().array(sz));
    }
}
class Integer
implements Supplier<java.lang.Integer> {
  SplittableRandom r = new SplittableRandom(47);
  @Override
  public java.lang.Integer get() {
    return r.nextInt(MOD);
  }
  public java.lang.Integer get(int n) {
    return get();
  }
  public java.lang.Integer[] array(int sz) {
    int[] primitive = new Pint().array(sz);
    java.lang.Integer[] result =
      new java.lang.Integer[sz];
    for(int i = 0; i < sz; i++)
      result[i] = primitive[i];
    return result;
  }
}
class Pint implements IntSupplier {
  SplittableRandom r = new SplittableRandom(47);
  @Override
  public int getAsInt() {
    return r.nextInt(MOD);
  }
  public int get(int n) { return getAsInt(); }
  public int[] array(int sz) {
    return r.ints(sz, 0, MOD).toArray();
  }
}
class Long
implements Supplier<java.lang.Long> {
  SplittableRandom r = new SplittableRandom(47);
  @Override
  public java.lang.Long get() {
    return r.nextLong(MOD);
  }
  public java.lang.Long get(int n) {
    return get();
  }
  public java.lang.Long[] array(int sz) {
    long[] primitive = new Plong().array(sz);
    java.lang.Long[] result =
      new java.lang.Long[sz];
    for(int i = 0; i < sz; i++)
      result[i] = primitive[i];
    return result;
  }
```

```
  }
class Plong implements LongSupplier {
  SplittableRandom r = new SplittableRandom(47);
  @Override
  public long getAsLong() {
    return r.nextLong(MOD);
  }
  public long get(int n) { return getAsLong(); }
  public long[] array(int sz) {
    return r.longs(sz, 0, MOD).toArray();
  }
}
class Float
implements Supplier<java.lang.Float> {
  SplittableRandom r = new SplittableRandom(47);
  @Override
  public java.lang.Float get() {
    return (float)trim(r.nextDouble());
  }
  public java.lang.Float get(int n) {
    return get();
  }
  public java.lang.Float[] array(int sz) {
    java.lang.Float[] result =
      new java.lang.Float[sz];
    Arrays.setAll(result, n -> get());
    return result;
  }
}
class Pfloat {
  public float[] array(int sz) {
    return primitive(new Float().array(sz));
  }
}
static double trim(double d) {
  return
    ((double)Math.round(d * 1000.0)) / 100.0;
}
class Double
implements Supplier<java.lang.Double> {
  SplittableRandom r = new SplittableRandom(47);
  @Override
  public java.lang.Double get() {
    return trim(r.nextDouble());
  }
  public java.lang.Double get(int n) {
    return get();
  }
  public java.lang.Double[] array(int sz) {
    double[] primitive =
      new Rand.Pdouble().array(sz);
    java.lang.Double[] result =
```

```
        new java.lang.Double[sz];
      for(int i = 0; i < sz; i++)
        result[i] = primitive[i];
      return result;
    }
  }
  class Pdouble implements DoubleSupplier {
    SplittableRandom r = new SplittableRandom(47);
    @Override
    public double getAsDouble() {
      return trim(r.nextDouble());
    }
    public double get(int n) {
      return getAsDouble();
    }
    public double[] array(int sz) {
      double[] result = r.doubles(sz).toArray();
      Arrays.setAll(result,
        n -> result[n] = trim(result[n]));
      return result;
    }
  }
  class String
  implements Supplier<java.lang.String> {
    SplittableRandom r = new SplittableRandom(47);
    private int strlen = 7; // 默认长度
    public String() {}
    public String(int strLength) {
      strlen = strLength;
    }
    @Override
    public java.lang.String get() {
      return r.ints(strlen, 'a', 'z' + 1)
        .collect(StringBuilder::new,
               StringBuilder::appendCodePoint,
               StringBuilder::append).toString();
    }
    public java.lang.String get(int n) {
      return get();
    }
    public java.lang.String[] array(int sz) {
      java.lang.String[] result =
        new java.lang.String[sz];
      Arrays.setAll(result, n -> get());
      return result;
    }
  }
}
```

对于除了 int、long 和 double 以外的基本类型生成器，我们只保留了数组的生成，而不像在 Count 中那样是完整的操作集合。这只是设计上的选择，因为作为教学示例，并不需要那么多额外的功能。

下面是针对完整 Rand 工具的测试代码：

```java
// arrays/TestRand.java
// 测试随机生成器

import java.util.*;
import java.util.stream.*;
import onjava.*;
import static onjava.ArrayShow.*;

public class TestRand {
  static final int SZ = 5;
  public static void main(String[] args) {
    System.out.println("Boolean");
    Boolean[] a1 = new Boolean[SZ];
    Arrays.setAll(a1, new Rand.Boolean()::get);
    show(a1);
    a1 = Stream.generate(new Rand.Boolean())
      .limit(SZ + 1).toArray(Boolean[]::new);
    show(a1);
    a1 = new Rand.Boolean().array(SZ + 2);
    show(a1);
    boolean[] a1b =
      new Rand.Pboolean().array(SZ + 3);
    show(a1b);

    System.out.println("Byte");
    Byte[] a2 = new Byte[SZ];
    Arrays.setAll(a2, new Rand.Byte()::get);
    show(a2);
    a2 = Stream.generate(new Rand.Byte())
      .limit(SZ + 1).toArray(Byte[]::new);
    show(a2);
    a2 = new Rand.Byte().array(SZ + 2);
    show(a2);
    byte[] a2b = new Rand.Pbyte().array(SZ + 3);
    show(a2b);

    System.out.println("Character");
    Character[] a3 = new Character[SZ];
    Arrays.setAll(a3, new Rand.Character()::get);
    show(a3);
    a3 = Stream.generate(new Rand.Character())
      .limit(SZ + 1).toArray(Character[]::new);
    show(a3);
    a3 = new Rand.Character().array(SZ + 2);
    show(a3);
    char[] a3b = new Rand.Pchar().array(SZ + 3);
    show(a3b);
```

```
System.out.println("Short");
Short[] a4 = new Short[SZ];
Arrays.setAll(a4, new Rand.Short()::get);
show(a4);
a4 = Stream.generate(new Rand.Short())
  .limit(SZ + 1).toArray(Short[]::new);
show(a4);
a4 = new Rand.Short().array(SZ + 2);
show(a4);
short[] a4b = new Rand.Pshort().array(SZ + 3);
show(a4b);

System.out.println("Integer");
int[] a5 = new int[SZ];
Arrays.setAll(a5, new Rand.Integer()::get);
show(a5);
Integer[] a5b =
  Stream.generate(new Rand.Integer())
    .limit(SZ + 1).toArray(Integer[]::new);
show(a5b);
a5b = new Rand.Integer().array(SZ + 2);
show(a5b);
a5 = IntStream.generate(new Rand.Pint())
  .limit(SZ + 1).toArray();
show(a5);
a5 = new Rand.Pint().array(SZ + 3);
show(a5);

System.out.println("Long");
long[] a6 = new long[SZ];
Arrays.setAll(a6, new Rand.Long()::get);
show(a6);
Long[] a6b = Stream.generate(new Rand.Long())
  .limit(SZ + 1).toArray(Long[]::new);
show(a6b);
a6b = new Rand.Long().array(SZ + 2);
show(a6b);
a6 = LongStream.generate(new Rand.Plong())
  .limit(SZ + 1).toArray();
show(a6);
a6 = new Rand.Plong().array(SZ + 3);
show(a6);

System.out.println("Float");
Float[] a7 = new Float[SZ];
Arrays.setAll(a7, new Rand.Float()::get);
show(a7);
a7 = Stream.generate(new Rand.Float())
  .limit(SZ + 1).toArray(Float[]::new);
show(a7);
a7 = new Rand.Float().array(SZ + 2);
show(a7);
```

```
    float[] a7b = new Rand.Pfloat().array(SZ + 3);
    show(a7b);

    System.out.println("Double");
    double[] a8 = new double[SZ];
    Arrays.setAll(a8, new Rand.Double()::get);
    show(a8);
    Double[] a8b =
      Stream.generate(new Rand.Double())
        .limit(SZ + 1).toArray(Double[]::new);
    show(a8b);
    a8b = new Rand.Double().array(SZ + 2);
    show(a8b);
    a8 = DoubleStream.generate(new Rand.Pdouble())
      .limit(SZ + 1).toArray();
    show(a8);
    a8 = new Rand.Pdouble().array(SZ + 3);
    show(a8);

    System.out.println("String");
    String[] s = new String[SZ - 1];
    Arrays.setAll(s, new Rand.String()::get);
    show(s);
    s = Stream.generate(new Rand.String())
      .limit(SZ).toArray(String[]::new);
    show(s);
    s = new Rand.String().array(SZ + 1);
    show(s);

    Arrays.setAll(s, new Rand.String(4)::get);
    show(s);
    s = Stream.generate(new Rand.String(4))
      .limit(SZ).toArray(String[]::new);
    show(s);
    s = new Rand.String(4).array(SZ + 1);
    show(s);
  }
}
/* 输出：
Boolean
[true, false, true, true, true]
[true, false, true, true, true, false]
[true, false, true, true, true, false, false]
[true, false, true, true, true, false, false, true]
Byte
[123, 33, 101, 112, 33]
[123, 33, 101, 112, 33, 31]
[123, 33, 101, 112, 33, 31, 0]
[123, 33, 101, 112, 33, 31, 0, -72]
```

```
Character
[b, t, p, e, n]
[b, t, p, e, n, p]
[b, t, p, e, n, p, c]
[b, t, p, e, n, p, c, c]
Short
[635, 8737, 3941, 4720, 6177]
[635, 8737, 3941, 4720, 6177, 8479]
[635, 8737, 3941, 4720, 6177, 8479, 6656]
[635, 8737, 3941, 4720, 6177, 8479, 6656, 3768]
Integer
[635, 8737, 3941, 4720, 6177]
[635, 8737, 3941, 4720, 6177, 8479]
[635, 8737, 3941, 4720, 6177, 8479, 6656]
[635, 8737, 3941, 4720, 6177, 8479]
[635, 8737, 3941, 4720, 6177, 8479, 6656, 3768]
Long
[6882, 3765, 692, 9575, 4439]
[6882, 3765, 692, 9575, 4439, 2638]
[6882, 3765, 692, 9575, 4439, 2638, 4011]
[6882, 3765, 692, 9575, 4439, 2638]
[6882, 3765, 692, 9575, 4439, 2638, 4011, 9610]
Float
[4.83, 2.89, 2.9, 1.97, 3.01]
[4.83, 2.89, 2.9, 1.97, 3.01, 0.18]
[4.83, 2.89, 2.9, 1.97, 3.01, 0.18, 0.99]
[4.83, 2.89, 2.9, 1.97, 3.01, 0.18, 0.99, 8.28]
Double
[4.83, 2.89, 2.9, 1.97, 3.01]
[4.83, 2.89, 2.9, 1.97, 3.01, 0.18]
[4.83, 2.89, 2.9, 1.97, 3.01, 0.18, 0.99]
[4.83, 2.89, 2.9, 1.97, 3.01, 0.18]
[4.83, 2.89, 2.9, 1.97, 3.01, 0.18, 0.99, 8.28]
String
[btpenpc, cuxszgv, gmeinne, eloztdv]
[btpenpc, cuxszgv, gmeinne, eloztdv, ewcippc]
[btpenpc, cuxszgv, gmeinne, eloztdv, ewcippc, ygpoalk]
[btpe, npcc, uxsz, gvgm, einn, eelo]
[btpe, npcc, uxsz, gvgm, einn]
[btpe, npcc, uxsz, gvgm, einn, eelo]
*/
```

需要注意（String 部分除外），本段代码和 TestCount.java 完全一样，只不过把 Count 换成了 Rand。

21.10 泛型和基本类型数组

本章前面提到过，泛型无法应用于基本类型。但我们有时会面临一些特殊情况，必须从基本类型数组强制类型转换为包装类型数组，或者反向转换。下面是一个对所有类型都有效的、可双向操作的转换器示例：

```java
// onjava/ConvertTo.java
package onjava;

public interface ConvertTo {
  static boolean[] primitive(Boolean[] in) {
    boolean[] result = new boolean[in.length];
    for(int i = 0; i < in.length; i++)
      result[i] = in[i]; // 自动拆箱
    return result;
  }
  static char[] primitive(Character[] in) {
    char[] result = new char[in.length];
    for(int i = 0; i < in.length; i++)
      result[i] = in[i];
    return result;
  }
  static byte[] primitive(Byte[] in) {
    byte[] result = new byte[in.length];
    for(int i = 0; i < in.length; i++)
      result[i] = in[i];
    return result;
  }
  static short[] primitive(Short[] in) {
    short[] result = new short[in.length];
    for(int i = 0; i < in.length; i++)
      result[i] = in[i];
    return result;
  }
  static int[] primitive(Integer[] in) {
    int[] result = new int[in.length];
    for(int i = 0; i < in.length; i++)
      result[i] = in[i];
    return result;
  }
  static long[] primitive(Long[] in) {
    long[] result = new long[in.length];
    for(int i = 0; i < in.length; i++)
      result[i] = in[i];
    return result;
  }
  static float[] primitive(Float[] in) {
    float[] result = new float[in.length];
    for(int i = 0; i < in.length; i++)
      result[i] = in[i];
    return result;
  }
  static double[] primitive(Double[] in) {
    double[] result = new double[in.length];
    for(int i = 0; i < in.length; i++)
```

```
      result[i] = in[i];
    return result;
  }
  // 从基本类型数组转换为包装类型数组：
  static Boolean[] boxed(boolean[] in) {
    Boolean[] result = new Boolean[in.length];
    for(int i = 0; i < in.length; i++)
      result[i] = in[i]; // 自动装箱
    return result;
  }
  static Character[] boxed(char[] in) {
    Character[] result = new Character[in.length];
    for(int i = 0; i < in.length; i++)
      result[i] = in[i];
    return result;
  }
  static Byte[] boxed(byte[] in) {
    Byte[] result = new Byte[in.length];
    for(int i = 0; i < in.length; i++)
      result[i] = in[i];
    return result;
  }
  static Short[] boxed(short[] in) {
    Short[] result = new Short[in.length];
    for(int i = 0; i < in.length; i++)
      result[i] = in[i];
    return result;
  }
  static Integer[] boxed(int[] in) {
    Integer[] result = new Integer[in.length];
    for(int i = 0; i < in.length; i++)
      result[i] = in[i];
    return result;
  }
  static Long[] boxed(long[] in) {
    Long[] result = new Long[in.length];
    for(int i = 0; i < in.length; i++)
      result[i] = in[i];
    return result;
  }
  static Float[] boxed(float[] in) {
    Float[] result = new Float[in.length];
    for(int i = 0; i < in.length; i++)
      result[i] = in[i];
    return result;
  }
  static Double[] boxed(double[] in) {
    Double[] result = new Double[in.length];
    for(int i = 0; i < in.length; i++)
      result[i] = in[i];
    return result;
  }
}
```

每个版本的 primitive() 都创建了一个正确长度的基本类型数组，然后从包装类数组 in 中复制了所有的元素。如果包装类数组中的任何一个元素是 null，就会抛出一个异常（这是合理的——你会用什么有意义的值来替换？）。请留意整个分配过程中，自动装箱机制是怎么发生的。

下面是对 ConverTo 中所有方法的测试代码：

```java
// arrays/TestConvertTo.java
import java.util.*;
import onjava.*;
import static onjava.ArrayShow.*;
import static onjava.ConvertTo.*;

public class TestConvertTo {
  static final int SIZE = 6;
  public static void main(String[] args) {
    Boolean[] a1 = new Boolean[SIZE];
    Arrays.setAll(a1, new Rand.Boolean()::get);
    boolean[] a1p = primitive(a1);
    show("a1p", a1p);
    Boolean[] a1b = boxed(a1p);
    show("a1b", a1b);

    Byte[] a2 = new Byte[SIZE];
    Arrays.setAll(a2, new Rand.Byte()::get);
    byte[] a2p = primitive(a2);
    show("a2p", a2p);
    Byte[] a2b = boxed(a2p);
    show("a2b", a2b);

    Character[] a3 = new Character[SIZE];
    Arrays.setAll(a3, new Rand.Character()::get);
    char[] a3p = primitive(a3);
    show("a3p", a3p);
    Character[] a3b = boxed(a3p);
    show("a3b", a3b);

    Short[] a4 = new Short[SIZE];
    Arrays.setAll(a4, new Rand.Short()::get);
    short[] a4p = primitive(a4);
    show("a4p", a4p);
    Short[] a4b = boxed(a4p);
    show("a4b", a4b);

    Integer[] a5 = new Integer[SIZE];
    Arrays.setAll(a5, new Rand.Integer()::get);
    int[] a5p = primitive(a5);
    show("a5p", a5p);
    Integer[] a5b = boxed(a5p);
    show("a5b", a5b);
```

```
    Long[] a6 = new Long[SIZE];
    Arrays.setAll(a6, new Rand.Long()::get);
    long[] a6p = primitive(a6);
    show("a6p", a6p);
    Long[] a6b = boxed(a6p);
    show("a6b", a6b);

    Float[] a7 = new Float[SIZE];
    Arrays.setAll(a7, new Rand.Float()::get);
    float[] a7p = primitive(a7);
    show("a7p", a7p);
    Float[] a7b = boxed(a7p);
    show("a7b", a7b);

    Double[] a8 = new Double[SIZE];
    Arrays.setAll(a8, new Rand.Double()::get);
    double[] a8p = primitive(a8);
    show("a8p", a8p);
    Double[] a8b = boxed(a8p);
    show("a8b", a8b);
  }
}
```

```
/* 输出:
a1p: [true, false, true, true, true, false]
a1b: [true, false, true, true, true, false]
a2p: [123, 33, 101, 112, 33, 31]
a2b: [123, 33, 101, 112, 33, 31]
a3p: [b, t, p, e, n, p]
a3b: [b, t, p, e, n, p]
a4p: [635, 8737, 3941, 4720, 6177, 8479]
a4b: [635, 8737, 3941, 4720, 6177, 8479]
a5p: [635, 8737, 3941, 4720, 6177, 8479]
a5b: [635, 8737, 3941, 4720, 6177, 8479]
a6p: [6882, 3765, 692, 9575, 4439, 2638]
a6b: [6882, 3765, 692, 9575, 4439, 2638]
a7p: [4.83, 2.89, 2.9, 1.97, 3.01, 0.18]
a7b: [4.83, 2.89, 2.9, 1.97, 3.01, 0.18]
a8p: [4.83, 2.89, 2.9, 1.97, 3.01, 0.18]
a8b: [4.83, 2.89, 2.9, 1.97, 3.01, 0.18]
*/
```

在每个测试用例中，原始数组被创建为包装类型，并且像在 TestCounter.java 中一样，使用 Arrays.setAll() 填充了元素（这也验证了 Arrays.setAll() 适用于 Integer、Long 和 Double 包装类型的数组）。然后 ConvertTo.primitive() 可以将包装类数组转换成对应的基本类型数组，而 ConvertTo.boxed() 则负责反向转换。

21.11 修改已有的数组元素

传给 Arrays.setAll() 的生成器函数可以通过传给它的数组索引来修改已存在的数组元素：

```
// arrays/ModifyExisting.java
import java.util.*;
import onjava.*;
import static onjava.ArrayShow.*;

public class ModifyExisting {
  public static void main(String[] args) {
    double[] da = new double[7];
    Arrays.setAll(da, new Rand.Double()::get);
    show(da);
    Arrays.setAll(da, n -> da[n] / 100); // [1]
    show(da);
  }
}
```

```
/* 输出:
[4.83, 2.89, 2.9, 1.97, 3.01, 0.18, 0.99]
[0.0483, 0.028900000000000002, 0.028999999999999998,
0.0197, 0.0301, 0.0018, 0.009899999999999999]
*/
```

[1] lambda 表达式在这里特别有用，因为数组正好一直在表达式的作用范围内。

21.12 关于数组并行

我们很快就会接触到并行相关的领域。比方说，你会经常在 Java 的各种库方法中看到"并行"（parallel）这个单词。你也可能听说过诸如"并行程序运行得更快"这样的说法，并且认为这很有道理——在明明有多个处理器的情况下，为什么只用其中一个来运行程序呢？你会理所当然地习惯于幻想在各种地方利用"并行"来走捷径。

如果并行真有这么简单，那真是皆大欢喜。但不幸的是，如果你不假思索地使用并行，那么你写出来的程序反而可能比未使用并行时**更慢**。当你对所有复杂的技术细节深入理解到一定程度后，你才会感受到，并行编程很多时候与其说是科学，不如说是艺术。

简而言之，尽量用简单的方式来实现代码，除非的确有必要（比如性能遇到瓶颈，可以用并行解决），否则不要轻易陷入并行的泥潭中。

不过最终你还是会进入并行的领域。本章会介绍一些为并行而编写的 Java 库方法，而你必须充分掌握这些内容以理解相关讨论，并知道如何避免风险。等到阅读完进阶卷第 5 章后，你会对这个话题有更深入的理解（但遗憾的是，怎么都是不够的。事实证明，彻底理解并行几乎是不可能的）。

还有一些情况下，不管你是否决定尝试并行，也不管你是否只有一个处理器，并行实现都是唯一的、最佳的或者最合理的选择。你总会用到并行，因此你必须弄清楚它。

21.12.1 策略

从数据的角度来思考并行可能是最合适的。对于**大量**的数据（并且有额外的处理器可用），并行**可能**会有帮助。但有时并行也可能没用，甚至反而会使情况变得更糟。

在本书后面的内容中会讨论下面这些情况。

1. 并行是唯一可选的方案。这种情况很好处理，因为除此以外没有其他选择。但这很罕见。

2. 有多种可选方案，但是并行方案（通常是最新的方案）被设计成在代码中全面使用（即使在并不关心并行处理的部分代码中也是如此），类似情况 1。我们就是要使用并行的方案。

3. 情况 1 和情况 2 并不是那么常见。大多数情况下，你会看到两种版本的算法——一种用于并行方式，另一种用于普通方式。我会重点讲述并行算法，但由于并行可能带来的风险，我并不会在所有场景中都应用它。

我建议你在自己的代码中也采取这种方式。

要进一步了解并行的使用策略，请参阅 Doug Lea 的文章"When to use parallel streams"。

21.12.2 parallelSetAll()

用流式计算（Stream）可以使代码更优雅。举例来说，假设我们要创建一个 long 型数组，并用从 0 开始递增的数据来填充它：

```java
// arrays/CountUpward.java

import java.util.*;
import java.util.stream.*;
import static onjava.ArrayShow.*;

public class CountUpward {
  static long[] fillCounted(int size) {
    return LongStream.iterate(0, i -> i + 1)
      .limit(size).toArray();
  }
  public static void main(String[] args) {
    long[] l1 = fillCounted(20); // 没问题
    show(l1);
    // 在我的机器上，这里堆溢出了：
```

```
    //- long[] l2 = fillCounted(10_000_000);
  }
}
```

```
/* 输出:
[0, 1, 2, 3, 4, 5, 6, 7, 8, 9, 10, 11, 12, 13, 14, 15,
16, 17, 18, 19]
*/
```

实际上,Stream 处理的值到达近千万时才会开始耗尽堆内存。也可以使用常规的 setAll(),但如果我们能用更快的方式处理这么大的数据量,那当然更好。

我们可以用 setAll() 来初始化更大的数组。如果速度成了问题,Arrays.parallelSetAll()(应该)能更快地完成初始化(要记住 21.12 节中提到的问题):

```java
// arrays/ParallelSetAll.java

import java.util.*;
import onjava.*;

public class ParallelSetAll {
  static final int SIZE = 10_000_000;
  static void intArray() {
    int[] ia = new int[SIZE];
    Arrays.setAll(ia, new Rand.Pint()::get);
    Arrays.parallelSetAll(ia, new Rand.Pint()::get);
  }
  static void longArray() {
    long[] la = new long[SIZE];
    Arrays.setAll(la, new Rand.Plong()::get);
    Arrays.parallelSetAll(la, new Rand.Plong()::get);
  }
  public static void main(String[] args) {
    intArray();
    longArray();
  }
}
```

以上的例子中,两个数组的内存分配和初始化都各自用了一个方法来实现。这是因为如果都在 main() 中分配内存的话,内存会被耗尽(总之在我的机器上会这样。当然,也有很多种办法可以让 Java 在启动时多分配一些内存)。

21.13 数组实用工具

之前你已经见过了 fill(),以及 setAll()/parallelSetAll(),这些都在 java.util.Arrays 类中,该类中还有更多有用的静态工具方法,非常值得我们发掘。大体列举如下。

- asList()：传入任意的序列或数组，并转化为列表集合（List Collection），该方法在第 12 章中介绍过。
- copyOf()：按新的长度创建已有数组的副本。
- copyOfRange()：对已有数组的指定长度范围创建副本。
- equals()：比较两个数组是否相等。
- deepEquals()：比较两个多维数组是否相等。
- stream()：为数组元素创建一个流（Stream）。
- hashCode()：计算数组的哈希值（更多相关知识详见进阶卷附录 C）。
- deepHashCode()：计算多维数组的哈希值。
- sort()：对数组进行排序。
- parallelSort()：以并行方式对数组进行排序，以提升速度。
- binarySearch()：在已排序的数组中查找一个元素。
- parallelPrefix()：使用提供的函数进行并行累积计算，基本上相当于数组的 reduce() 方法。
- spliterator()：生成数组的分割器（Spliterator）。这属于流的高级内容，本书并未涉及。
- toString()：生成用于描述数组的字符串。你应该已在本章中多次看到此方法的应用。
- deepToString()：生成用于描述多维数组的字符串。本章中同样已经多次应用该方法。

以上所有方法都有适用于所有基本类型和对象类型的重载版本。

21.14 数组复制

copyOf() 和 copyOfRange() 方法复制数组的速度远远快于用 for 循环等手写代码的实现方式。这类方法对所有类型都有对应的重载版本。下面先来看看 int 和 Integer 类型的数组复制：

```
// arrays/ArrayCopying.java
// Arrays.copy() 和 Arrays.copyOf() 的示例

import java.util.*;
import onjava.*;
import static onjava.ArrayShow.*;
```

```
class Sup { // 父类
  private int id;
  Sup(int n) { id = n; }
  @Override
  public String toString() {
    return getClass().getSimpleName() + id;
  }
}

class Sub extends Sup { // 子类
  Sub(int n) { super(n); }
}

public class ArrayCopying {
  public static final int SZ = 15;
  public static void main(String[] args) {
    int[] a1 = new int[SZ];
    Arrays.setAll(a1, new Count.Integer()::get);
    show("a1", a1);
    int[] a2 = Arrays.copyOf(a1, a1.length); // [1]
    // 证明它们各是不同的数组：
    Arrays.fill(a1, 1);
    show("a1", a1);
    show("a2", a2);

    // 创建一个更短的数组：
    a2 = Arrays.copyOf(a2, a2.length/2); // [2]
    show("a2", a2);
    // 分配更多的空间：
    a2 = Arrays.copyOf(a2, a2.length + 5);
    show("a2", a2);

    // 同样复制包装数组：
    Integer[] a3 = new Integer[SZ]; // [3]
    Arrays.setAll(a3, new Count.Integer()::get);
    Integer[] a4 = Arrays.copyOfRange(a3, 4, 12);
    show("a4", a4);

    Sub[] d = new Sub[SZ/2];
    Arrays.setAll(d, Sub::new);
    // 由 Sub[] 生成 Sup[]：
    Sup[] b =
      Arrays.copyOf(d, d.length, Sup[].class); // [4]
    show(b);

    // 这里的"向下转型"可以生效：
    Sub[] d2 =
      Arrays.copyOf(b, b.length, Sub[].class); // [5]
    show(d2);

    // "向下转型"可以通过编译，但会抛出异常：
    Sup[] b2 = new Sup[SZ/2];
```

```
      Arrays.setAll(b2, Sup::new);
      try {
        Sub[] d3 = Arrays.copyOf(
          b2, b2.length, Sub[].class); // [6]
      } catch(Exception e) {
        System.out.println(e);
      }
    }
  }
```

```
/* 输出:
a1: [0, 1, 2, 3, 4, 5, 6, 7, 8, 9, 10, 11, 12, 13, 14]
a1: [1, 1, 1, 1, 1, 1, 1, 1, 1, 1, 1, 1, 1, 1, 1]
a2: [0, 1, 2, 3, 4, 5, 6, 7, 8, 9, 10, 11, 12, 13, 14]
a2: [0, 1, 2, 3, 4, 5, 6]
a2: [0, 1, 2, 3, 4, 5, 6, 0, 0, 0, 0, 0]
a4: [4, 5, 6, 7, 8, 9, 10, 11]
[Sub0, Sub1, Sub2, Sub3, Sub4, Sub5, Sub6]
[Sub0, Sub1, Sub2, Sub3, Sub4, Sub5, Sub6]
java.lang.ArrayStoreException
*/
```

[1] 这是最基本的复制数组的方法：只需指定要复制的结果大小（size）即可。这在改变数组大小时非常有用。复制完成后，我们把 a1 的所有元素都赋值为 1，以此来证明复制并不会影响 a2（的值）。

[2] 通过改变结果的 size（最后一个参数），我们可以改变结果数组的长度。

[3] copyOf() 和 copyOfRange() 都适用于包装类。copyOfRange() 需要指定开始索引和结束索引。

[4] copyOf() 和 copyOfRange() 都有创建不同类型数组的重载版本，在调用时给方法的最后一个参数传入目标类型即可。我一开始猜想这可能是用来在基本类型数组和包装类数组之间相互转化的，但后来发现并非如此。它们其实是用来做"向上转型"和"向下转型"的，也就是说，如果你想根据一个已有的子类型数组生成它的基类数组，这些方法能帮你达到目的。

[5] 你甚至可以成功地"向下转型"，从父类数组生成子类数组。现有代码能正确运行，因为我们只做了"向上转型"。

[6] 该行"数组转型"是可以通过编译的，但如果类型不匹配，则会抛出运行时异常。在此处强行把基类当作其子类是非法的，因为子类对象中的一些数据和方法很可能在基类对象中并不存在。

本示例说明了基本类型数组和对象数组都可以进行复制。然而，如果要复制对象数组，则只有引用会被复制，这是因为并不存在对象自身的副本。这被称为**浅拷贝**（更多细节参见进阶卷第 2 章）。

另外还有个方法 System.arraycopy()，也可以将一个数组复制到另一个已分配好的数组中。此处并不会发生自动装箱或自动拆箱，这是因为相关的两个数组的类型必须完全一致。

21.15　数组比较

Arrays 类提供了 equals() 方法来比较一维数组是否相等，以及 deepEquals() 方法来比较多维数组。这些方法都有针对所有基本类型和对象类型的重载版本实现。两个数组相等意味着其中的元素数量必须相同，并且每个相同位置的元素也必须相等——可以用 equals() 方法来判断（对于基本类型，是由其包装类中的 equals() 方法来比较的，例如 int 元素实际是由 Integer.equals() 来负责比较）。

```java
// arrays/ComparingArrays.java
// 使用 Arrays.equals()

import java.util.*;
import onjava.*;

public class ComparingArrays {
  public static final int SZ = 15;
  static String[][] twoDArray() {
    String[][] md = new String[5][];
    Arrays.setAll(md, n -> new String[n]);
    for(int i = 0; i < md.length; i++)
      Arrays.setAll(md[i], new Rand.String()::get);
    return md;
  }
  public static void main(String[] args) {
    int[] a1 = new int[SZ], a2 = new int[SZ];
    Arrays.setAll(a1, new Count.Integer()::get);
    Arrays.setAll(a2, new Count.Integer()::get);
    System.out.println(
      "a1 == a2: " + Arrays.equals(a1, a2));
    a2[3] = 11;
    System.out.println(
      "a1 == a2: " + Arrays.equals(a1, a2));

    Integer[] a1w = new Integer[SZ],
      a2w = new Integer[SZ];
    Arrays.setAll(a1w, new Count.Integer()::get);
    Arrays.setAll(a2w, new Count.Integer()::get);
    System.out.println(
      "a1w == a2w: " + Arrays.equals(a1w, a2w));
    a2w[3] = 11;
    System.out.println(
      "a1w == a2w: " + Arrays.equals(a1w, a2w));
```

```
    String[][] md1 = twoDArray(), md2 = twoDArray();
    System.out.println(Arrays.deepToString(md1));
    System.out.println("deepEquals(md1, md2): " +
      Arrays.deepEquals(md1, md2));
    System.out.println(
      "md1 == md2: " + Arrays.equals(md1, md2));
    md1[4][1] = "#$#$#$#";
    System.out.println(Arrays.deepToString(md1));
    System.out.println("deepEquals(md1, md2): " +
      Arrays.deepEquals(md1, md2));
  }
}
```

```
/* 输出:
a1 == a2: true
a1 == a2: false
a1w == a2w: true
a1w == a2w: false
[[], [btpenpc], [btpenpc, cuxszgv], [btpenpc, cuxszgv,
gmeinne], [btpenpc, cuxszgv, gmeinne, eloztdv]]
deepEquals(md1, md2): true
md1 == md2: false
[[], [btpenpc], [btpenpc, cuxszgv], [btpenpc, cuxszgv,
gmeinne], [btpenpc, #$#$#$#, gmeinne, eloztdv]]
deepEquals(md1, md2): false
*/
```

最开始，a1 和 a2 是严格相等的，所以输出结果是 true。后来有个元素的值变了，导致结果变为 false。a1w 和 a2w 则以包装类的形式重现了上述步骤。

md1 和 md2 都是 String 类型的多维数组，并且都由 twoDArray() 来初始化。注意 deepEquals() 的结果是 true，因为它用了正确的比较方式，而普通的 equals() 方法则得到了错误的 false。如果我们改变某个元素的值，deepEquals() 也会发生变化。

21.16　流和数组

stream() 方法能够很方便地根据某些类型的数组生成流：

```
// arrays/StreamFromArray.java
import java.util.*;
import onjava.*;

public class StreamFromArray {
  public static void main(String[] args) {
    String[] s = new Rand.String().array(10);
    Arrays.stream(s)
      .skip(3)
```

```
      .limit(5)
      .map(ss -> ss + "!")
      .forEach(System.out::println);

    int[] ia = new Rand.Pint().array(10);
    Arrays.stream(ia)
      .skip(3)
      .limit(5)
      .map(i -> i * 10)
      .forEach(System.out::println);

    Arrays.stream(new long[10]);
    Arrays.stream(new double[10]);

    // 只支持 int、long 以及 double:
    //- Arrays.stream(new boolean[10]);
    //- Arrays.stream(new byte[10]);
    //- Arrays.stream(new char[10]);
    //- Arrays.stream(new short[10]);
    //- Arrays.stream(new float[10]);

    // 对于其他类型，必须使用包装类:
    float[] fa = new Rand.Pfloat().array(10);
    Arrays.stream(ConvertTo.boxed(fa));
    Arrays.stream(new Rand.Float().array(10));
  }
}
```

```
/* 输出:
eloztdv!
ewcippc!
ygpoalk!
ljlbynx!
taprwxz!
47200
61770
84790
66560
37680
*/
```

只有 int、long 和 double 这些原生支持的类型适用于 Arrays.stream()，其他类型则总是需要通过包装类数组来实现。

相较于直接操作数组，先将数组转化为流通常更容易生成你想要的结果。要注意的是，尽管当前流"用完了"（你无法重复消费流），但你仍然持有数组，因此还可以用别的方式继续使用它——包括再生成一个流。

21.17　数组排序

排序意味着要根据对象的实际类型来进行比较。一种办法是为每种不同的类型都编写不同的排序方法，但是这种方式无法复用于新出现的类型。

程序设计中最重要的目标之一是"分离易变的和不易变的事物"。此处，不变的（代码）是通用的排序算法，而会变化的则是具体对象的比较方式。所以相较于在大量不同的排序逻辑中分别实现不同的比较方法，更应该使用**策略**设计模式（strategy design pattern）[①]。

---

① 参见本书进阶卷第 8 章的内容。

在策略模式中，代码中易变的部分被包含在一个独立的类中（即策略对象），然后将策略对象传递到通用不变的代码模块中，后者利用策略对象来补全为完整的算法。通过这种方式，你可以为不同的比较方法写出不同的策略对象，然后填充到相同的排序代码中。

Java 有两种方式来实现比较功能。第一种是给目标类增加"原生"的比较方法，通过实现 java.lang.Comparable 接口即可，该接口十分简单，只有一个方法：compareTo()。该方法接受另一个相同类型的对象作为参数，如果当前对象比传入对象更小就返回负值，相等就返回 0，更大就返回正值。

下面这个类实现了 Comparable 接口，并使用 Java 标准库方法 Arrays.sort() 来演示了其可比较性。

```java
// arrays/CompType.java
// 在类中实现 Comparable

import java.util.*;
import java.util.function.*;
import onjava.*;
import static onjava.ArrayShow.*;

public class CompType implements Comparable<CompType> {
  int i;
  int j;
  private static int count = 1;
  public CompType(int n1, int n2) {
    i = n1;
    j = n2;
  }
  @Override
  public String toString() {
    String result = "[i = " + i + ", j = " + j + "]";
    if(count++ % 3 == 0)
      result += "\n";
    return result;
  }
  @Override
  public int compareTo(CompType rv) {
    return (i < rv.i ? -1 : (i == rv.i ? 0 : 1));
  }
  private static SplittableRandom r =
    new SplittableRandom(47);
  public static CompType get() {
    return new CompType(r.nextInt(100), r.nextInt(100));
  }
  public static void main(String[] args) {
    CompType[] a = new CompType[12];
    Arrays.setAll(a, n -> get());
```

```
      show("Before sorting", a);
      Arrays.sort(a);
      show("After sorting", a);
  }
}
```

```
/* 输出:
Before sorting: [[i = 35, j = 37], [i = 41, j = 20], [i
= 77, j = 79]
, [i = 56, j = 68], [i = 48, j = 93], [i = 70, j = 7]
, [i = 0, j = 25], [i = 62, j = 34], [i = 50, j = 82]
, [i = 31, j = 67], [i = 66, j = 54], [i = 21, j = 6]
]
After sorting: [[i = 0, j = 25], [i = 21, j = 6], [i =
31, j = 67]
, [i = 35, j = 37], [i = 41, j = 20], [i = 48, j = 93]
, [i = 50, j = 82], [i = 56, j = 68], [i = 62, j = 34]
, [i = 66, j = 54], [i = 70, j = 7], [i = 77, j = 79]
]
*/
```

一旦定义了比较方法，你就需要决定它如何来比较两个对象。此例中，只有 i 的值在比较中被用到，j 的值则被忽略了。

get() 方法构建了 CompType 对象，并用随机数来进行初始化。在 main() 方法中，Arrays.setAll() 通过调用 get() 来填充 CompType 数组（a），然后对 a 进行了排序。如果没有实现 Comparable 接口，在调用 sort() 方法时会抛出运行时异常 ClassCastException。这是因为 sort() 方法会将其参数转型为 Comparable。

现在假设有人给了你一个没有实现 Comparable 接口的类，或者给了你一个实现了 Comparable 接口的类，但是你并不喜欢它的实现方式，决定要换一种。要解决这个问题，你可以单独创建一个实现了 Comparator 接口（在第 12 章中简单介绍过）的类，它有两个方法：compare() 和 equals()。然而，除非有特殊的性能需求，否则你无须专门实现 equals() 方法。这是因为无论在何时创建一个类，它都隐式地继承于 Object 类，自然就会有 equals() 方法。可以直接用默认的 equals() 方法来满足接口的强制规范。

Collections 类（注意是复数，我们会在下一章中进一步探讨它）包含 reverseOrder() 方法，用来生成和自然排序顺序相反的 Comparator，它在 ComType 中的应用如下所示：

```
// arrays/Reverse.java
// Collections.reverseOrder() 比较器

import java.util.*;
```

```
import onjava.*;
import static onjava.ArrayShow.*;

public class Reverse {
  public static void main(String[] args) {
    CompType[] a = new CompType[12];
    Arrays.setAll(a, n -> CompType.get());
    show("Before sorting", a);
    Arrays.sort(a, Collections.reverseOrder());
    show("After sorting", a);
  }
}
```

```
/* 输出：
Before sorting: [[i = 35, j = 37], [i = 41, j = 20], [i
= 77, j = 79]
, [i = 56, j = 68], [i = 48, j = 93], [i = 70, j = 7]
, [i = 0, j = 25], [i = 62, j = 34], [i = 50, j = 82]
, [i = 31, j = 67], [i = 66, j = 54], [i = 21, j = 6]
]
After sorting: [[i = 77, j = 79], [i = 70, j = 7], [i =
66, j = 54]
, [i = 62, j = 34], [i = 56, j = 68], [i = 50, j = 82]
, [i = 48, j = 93], [i = 41, j = 20], [i = 35, j = 37]
, [i = 31, j = 67], [i = 21, j = 6], [i = 0, j = 25]
]
*/
```

也可以编写自定义的 Comparator。下面的示例通过 j（而不是 i）的值，对 CompType 对象进行了比较：

```
// arrays/ComparatorTest.java
// 为某个类实现比较器

import java.util.*;
import onjava.*;
import static onjava.ArrayShow.*;

class CompTypeComparator
implements Comparator<CompType> {
  public int compare(CompType o1, CompType o2) {
    return (o1.j < o2.j ? -1 : (o1.j == o2.j ? 0 : 1));
  }
}

public class ComparatorTest {
  public static void main(String[] args) {
    CompType[] a = new CompType[12];
    Arrays.setAll(a, n -> CompType.get());
    show("Before sorting", a);
```

```
    Arrays.sort(a, new CompTypeComparator());
    show("After sorting", a);
  }
}
```

```
/* 输出:
Before sorting: [[i = 35, j = 37], [i = 41, j = 20], [i
= 77, j = 79]
, [i = 56, j = 68], [i = 48, j = 93], [i = 70, j = 7]
, [i = 0, j = 25], [i = 62, j = 34], [i = 50, j = 82]
, [i = 31, j = 67], [i = 66, j = 54], [i = 21, j = 6]
]
After sorting: [[i = 21, j = 6], [i = 70, j = 7], [i =
41, j = 20]
, [i = 0, j = 25], [i = 62, j = 34], [i = 35, j = 37]
, [i = 66, j = 54], [i = 31, j = 67], [i = 56, j = 68]
, [i = 77, j = 79], [i = 50, j = 82], [i = 48, j = 93]
]
*/
```

21.17.1　使用 Arrays.sort()

通过内建的排序方法，可以对任何基本类型数组或者对象类型（实现了 Comparable 接口或实现了对应的 Comparator）进行排序。下例中我们生成了一个随机字符串的数组，然后进行排序：[①]

```
// arrays/StringSorting.java
// 对字符串数组进行排序

import java.util.*;
import onjava.*;
import static onjava.ArrayShow.*;

public class StringSorting {
  public static void main(String[] args) {
    String[] sa = new Rand.String().array(20);
    show("Before sort", sa);
    Arrays.sort(sa);
    show("After sort", sa);
    Arrays.sort(sa, Collections.reverseOrder());
    show("Reverse sort", sa);
    Arrays.sort(sa, String.CASE_INSENSITIVE_ORDER);
    show("Case-insensitive sort", sa);
  }
}
```

---

① 令人惊讶的是，Java 的 1.0 或 1.1 版本并不支持对字符串排序。

```
/* 输出:
Before sort: [btpenpc, cuxszgv, gmeinne, eloztdv,
ewcippc, ygpoalk, ljlbynx, taprwxz, bhmupju, cjwzmmr,
anmkkyh, fcjpthl, skddcat, jbvlgwc, mvducuj, ydpulcq,
zehpfmm, zrxmclh, qgekgly, hyoubzl]
After sort: [anmkkyh, bhmupju, btpenpc, cjwzmmr,
cuxszgv, eloztdv, ewcippc, fcjpthl, gmeinne, hyoubzl,
jbvlgwc, ljlbynx, mvducuj, qgekgly, skddcat, taprwxz,
ydpulcq, ygpoalk, zehpfmm, zrxmclh]
Reverse sort: [zrxmclh, zehpfmm, ygpoalk, ydpulcq,
taprwxz, skddcat, qgekgly, mvducuj, ljlbynx, jbvlgwc,
hyoubzl, gmeinne, fcjpthl, ewcippc, eloztdv, cuxszgv,
cjwzmmr, btpenpc, bhmupju, anmkkyh]
Case-insensitive sort: [anmkkyh, bhmupju, btpenpc,
cjwzmmr, cuxszgv, eloztdv, ewcippc, fcjpthl, gmeinne,
hyoubzl, jbvlgwc, ljlbynx, mvducuj, qgekgly, skddcat,
taprwxz, ydpulcq, ygpoalk, zehpfmm, zrxmclh]
*/
```

注意该字符串排序算法中的输出使用的是字典顺序，因此会将所有大写字母开头的单词放在前面，小写字母开头的单词放在后面（电话簿就是典型的例子），如果想忽略大小写分组，可以像例子中的最后一次调用 sort() 那样，使用 String.CASE_INSENSITIVE_ORDER。

Java 标准库中的排序算法已经为各种类型做了最优的设计——对基本类型使用快速排序，对对象使用稳定的归并排序。

21.17.2 并行排序

如果排序的性能成了问题，你可以使用 Java 8 中的 parallelSort()，该方法对所有可能的情况都实现了对应的重载版本，包括对数组中的多个部分进行排序，或者使用 Comparator。为了比较 parallelSort() 相较于传统 sort() 的优势，我们使用了 JMH（在第 16 章中做过介绍）来演示：

```java
// arrays/jmh/ParallelSort.java

package arrays.jmh;
import java.util.*;
import onjava.*;
import org.openjdk.jmh.annotations.*;

@State(Scope.Thread)
public class ParallelSort {
  private long[] la;
  @Setup
  public void setup() {
```

```
    la = new Rand.Plong().array(100_000);
  }
  @Benchmark
  public void sort() {
    Arrays.sort(la);
  }
  @Benchmark
  public void parallelSort() {
    Arrays.parallelSort(la);
  }
}
```

parallelSort() 的算法不断将大数组分割成较小的数组，直到数组的大小到达限制，继而使用传统的 Arrays.sort() 方法，然后将结果合并。该算法要求额外的内存空间，但是不会比原始数组的空间更大。

在我的机器上，并行排序将速度提升了约 3 倍，而在你的机器上的效果可能会有区别。因为并行的版本实现起来很简单，所以你可能很想在所有地方都使用它，以取代 Arrays. sort()。当然，这可能没那么容易（参见 16.6 节的内容）。

21.18 用 Arrays.binarySearch() 进行二分查找

一旦数组排好了序，便可以通过 Arrays.binarySearch() 来快速查找某个特定的元素。然而，如果你对未排序的数组使用 binarySearch() 查找，则结果可能无法预测。下面的示例使用 Rand.Pint 类创建了一个用随机 int 值填充的数组，然后调用了 getAsInt()（这是因为 Rand.Pint 是个 IntSupplier）来生成被查找的测试值：

```
// arrays/ArraySearching.java
// 使用 Arrays.binarySearch()

import java.util.*;
import onjava.*;
import static onjava.ArrayShow.*;

public class ArraySearching {
  public static void main(String[] args) {
    Rand.Pint rand = new Rand.Pint();
    int[] a = new Rand.Pint().array(25);
    Arrays.sort(a);
    show("Sorted array", a);
    while(true) {
      int r = rand.getAsInt();
      int location = Arrays.binarySearch(a, r);
      if(location >= 0) {
        System.out.println(
```

```
        "Location of " + r + " is " + location +
        ", a[" + location + "] is " + a[location]);
      break; // 跳出 while 循环
    }
  }
}
```

```
/* 输出:
Sorted array: [125, 267, 635, 650, 1131, 1506, 1634,
2400, 2766, 3063, 3768, 3941, 4720, 4762, 4948, 5070,
5682, 5807, 6177, 6193, 6656, 7021, 8479, 8737, 9954]
Location of 635 is 2, a[2] is 635
*/
```

在 while 循环中会不断生成随机数作为被查找的目标，直到其中的某一个在数组中被找到。

如果目标在数组中被找到，Arrays.binarySearch() 会返回大于或等于 0 的值，否则会返回负数。负值的意义为，如果要手动维护该数组的排序，则该目标值应该插入的位置。其算法如下：

```
-(insertion point) - 1
```

应该插入的位置为比目标值大的第一个元素的索引值，或者是 a.size()（如果数组中所有的元素都比目标值小的话）。

如果数组中包含重复的元素，则无法保证其中的哪一个会被查找到，查找算法在设计时并未考虑兼容重复的元素，而是选择了容忍它的存在。如果你需要一个去重的排序数组，可以使用 TreeSet（以维护排列顺序）或者 LinkedHashSet（以维护插入顺序）。这些类会自动管理所有细节，只有当它们成为性能瓶颈时，才应该考虑用手动维护（顺序）的数组来替代。

如果使用了 Comparator 来对对象数组进行排序（基本类型的数组不允许使用 Comparator 来排序），那么在使用 binarySearch()（适用的 binarySearch() 重载版本）时，也需要引用同一个 Comparator。例如 StringSorting.java 就可以通过改造来实现查找：

```
// arrays/AlphabeticSearch.java
// 通过引入的比较器进行查找

import java.util.*;
import onjava.*;
import static onjava.ArrayShow.*;

public class AlphabeticSearch {
```

```
public static void main(String[] args) {
  String[] sa = new Rand.String().array(30);
  Arrays.sort(sa, String.CASE_INSENSITIVE_ORDER);
  show(sa);
  int index = Arrays.binarySearch(sa,
    sa[10], String.CASE_INSENSITIVE_ORDER);
  System.out.println(
    "Index: "+ index + "\n"+ sa[index]);
  }
}
```

```
/* 输出:
[anmkkyh, bhmupju, btpenpc, cjwzmmr, cuxszgv, eloztdv,
ewcippc, ezdeklu, fcjpthl, fqmlgsh, gmeinne, hyoubzl,
jbvlgwc, jlxpqds, ljlbynx, mvducuj, qgekgly, skddcat,
taprwxz, uybypgp, vjsszkn, vniyapk, vqqakbm, vwodhcf,
ydpulcq, ygpoalk, yskvett, zehpfmm, zofmmvm, zrxmclh]
Index: 10
gmeinne
*/
```

Comparator 必须要作为第三个参数传给重载的 binarySearch() 方法。此例能保证运行成功，因为待查找目标本来就是从数组自身的元素中选取的。

21.19　用 parallelPrefix() 进行累积计算

并不存在 prefix() 方法；只有一个 parallelPrefix() 方法。这很像 Stream 类中的 reduce() 方法：它会对前一个元素和当前元素进行操作，将结果放入当前元素的位置：

```
// arrays/ParallelPrefix1.java

import java.util.*;
import onjava.*;
import static onjava.ArrayShow.*;

public class ParallelPrefix1 {
  public static void main(String[] args) {
    int[] nums = new Count.Pint().array(10);
    show(nums);
    System.out.println(Arrays.stream(nums)
      .reduce(Integer::sum).getAsInt());
    Arrays.parallelPrefix(nums, Integer::sum);
    show(nums);
    System.out.println(Arrays.stream(
      new Count.Pint().array(6))
      .reduce(Integer::sum).getAsInt());
  }
}
```

```
/* 输出:
[0, 1, 2, 3, 4, 5, 6, 7, 8, 9]
45
[0, 1, 3, 6, 10, 15, 21, 28, 36, 45]
15
*/
```

这里我们对数组使用了 Integer::sum。在位置 0，该方法将前置位算好的值（没有前置位则为 0）和当前值合并，并更新到位置 0；在位置 1，该方法继续将前置位算好的值（即刚才更新到位置 0 中的值）和当前值合并，并更新到位置 1；以此类推。

使用 Stream.reduce() 方法只能得到最终的结果，而 Arrays.parallelPrefix() 方法则还能得到所有的中间结果值（如果需要的话）。注意第二个 Stream.reduce() 的计算结果是如何已经存在于 parallelPrefix() 计算出的数组中的。

用字符串来举例可能会更清楚一些：

```java
// arrays/ParallelPrefix2.java

import java.util.*;
import onjava.*;
import static onjava.ArrayShow.*;

public class ParallelPrefix2 {
  public static void main(String[] args) {
    String[] strings = new Rand.String(1).array(8);
    show(strings);
    Arrays.parallelPrefix(strings, (a, b) -> a + b);
    show(strings);
  }
}
/* 输出:
[b, t, p, e, n, p, c, c]
[b, bt, btp, btpe, btpen, btpenp, btpenpc, btpenpcc]
*/
```

正如之前提到的，用 Stream 来初始化非常优雅，但是对于非常大的数组，该方法会导致堆内存耗尽。使用 setAll() 方法来初始化能够更高效地利用内存：

```java
// arrays/ParallelPrefix3.java

import java.util.*;

public class ParallelPrefix3 {
  static final int SIZE = 10_000_000;
  public static void main(String[] args) {
    long[] nums = new long[SIZE];
    Arrays.setAll(nums, n -> n);
    Arrays.parallelPrefix(nums, Long::sum);
    System.out.println("First 20: " + nums[19]);
    System.out.println("First 200: " + nums[199]);
    System.out.println("All: " + nums[nums.length-1]);
  }
}
/* 输出:
First 20: 190
First 200: 19900
All: 49999995000000
*/
```

由于很难保证正确使用，因此除非遇到内存或者性能（或两者同时出现）问题时，可以考虑使用 parallelPrefix()，否则都应该默认使用 Stream.reduce()。

21.20 总结

Java 对固定长度、低级实现的数组提供了十分恰当的支持。这类数组在性能和灵活性中更偏向前者，正如 C 和 C++ 的数组模型一样。在初期版本的 Java 中，固定长度、低级实现的数组是绝对必需的，不只是因为 Java 的设计者选择兼容基本类型（同时也是为了性能着想），也是因为当时对集合类型的支持还非常薄弱。因此，对于早期的 Java 版本，选择数组通常是比较合理的。

在 Java 后来的版本中，对集合的支持得到了显著的提升，此后集合便成了除性能外各方面都比数组更加出色的选择。不仅如此，集合类型的性能也已有了显著提升。不过，正如同本书其他章节所提到的，性能问题通常会出现在你意想不到的地方。

由于自动装箱和泛型的存在，因此在集合中保存基本类型是毫不费力的，这也更加促使你用集合来替代低级实现的数组。因为泛型能生成类型安全的集合，所以数组在这方面也不再具有优势了。

正如本章提到的，你在未来尝试使用泛型时也会看到，泛型对数组相当不友好。通常，即使你想办法让两者和平相处（进阶卷第 1 章中会介绍），你最终还是会在编译过程中遇到 "unchecked" 警告。

我之前和 Java 的设计者讨论过几次某些特殊的例子（当时需要用数组演示某些技巧，所以我只能用数组来实现），他们直接对我说：应该使用集合来代替数组。

所有这些争议都表明，如果你是基于较新的 Java 版本开发，那么应该"优先选择集合而不是数组"，只有当你能证明性能成了问题（并且如果改用数组实现可以显著改善问题）时，才应该重构为数组。

这是个相当大胆的观点，但是一些语言根本就没有固定长度和低级实现的数组。它们只有比 C/C++/Java 功能更强大的可变长度集合，比如 Python 中的一种 list 类型，它使用基本的数组语法，但是支持的功能要多得多——你甚至可以实现它的继承类：

```
# arrays/PythonLists.py

aList = [1, 2, 3, 4, 5]
print(type(aList)) # <type 'list'>
```

```
print(aList) # [1, 2, 3, 4, 5]
print(aList[4]) # 5    基本列表索引
aList.append(6) # 可以重新分配数组的大小
aList += [7, 8] # 在已有 list 的尾部追加一个 list
print(aList) # [1, 2, 3, 4, 5, 6, 7, 8]
aSlice = aList[2:4]
print(aSlice) # [3, 4]

class MyList(list): # 继承自 list
    # 定义方法，并显式地使用 "this" 指针:
    def getReversed(self):
        reversed = self[:] # Copy list using slices
        reversed.reverse() # Built-in list method
        return reversed

# 无须使用 "new" 来创建对象:
list2 = MyList(aList)
print(type(list2)) # <class '__main__.MyList'>
print(list2.getReversed()) # [8, 7, 6, 5, 4, 3, 2, 1]

# 输出:
output = """
<class 'list'>
[1, 2, 3, 4, 5]
5
[1, 2, 3, 4, 5, 6, 7, 8]
[3, 4]
<class '__main__.MyList'>
[8, 7, 6, 5, 4, 3, 2, 1]
"""
```

Python 的基本语法在之前的章节中介绍过，此处，list 由方括号括起来的一系列被逗号分隔的对象所填充。结果是包含一个运行时类型 list 的对象（print 语句的输出结果作为注释附在了同一行）。list 的打印结果和用 Java 的 Arrays.toString() 方法输出结果是相同的。

创建 'list' 的子序列则是通过在索引操作中使用冒号 : 的**切割**操作来完成。list 类型还支持很多其他操作，可以非常有力地支持你对序列类型的所有需求。

MyList 是一个 class 类型的定义，基类被放在圆括号中。在 MyList 类中，def 语句用来定义方法，而传入的第一个参数自动相当于 Java 中的 this，只是在 Python 中习惯在此处使用显式的标识符 self（它并不是一个语法关键字）。注意此处构造方法是如何被自动继承的。

虽然 Python 中的一切都**的确是**对象（包括整型和浮点型），但你仍然有办法打破封装进入内部，因为你可以通过编写 C、C++ 或使用一些专门用来提升性能的特殊工具（这类工具很多）来优化代码中的性能瓶颈。通过这种方法，你可以在拥有性能优化能力的同时，保证对象的纯粹性。

PHP 则更进一步，它只有一种数组类型，却可以同时作为 int 索引型数组和联合数组（Map）来使用。

可以做个有趣的推测：Java 经过了这么多年的发展，要是能重新从零设计的话，设计者是否还会在语言中加入基本类型和低级数组（同样在 JVM 上运行的 Scala 语言就没有这些）？如果不考虑这些，就有可能创造出一种真正纯粹的面向对象语言（尽管因为数组等那些低级的历史产物，以致有人声称，Java 不是一种纯粹的面向对象语言）。在早期，关于效率优化的观点常常很有说服力，但随着时间的推移，我们已经看到了从这种想法转而向更高层次组件（如各种 Collection）的演进。此外，如果 Collection 可以像某些语言那样构建到核心语言中，编译器就有更好的机会进行优化。

抛开这些不切实际的幻想不谈，我们肯定很难离开数组，你在阅读代码时也会经常看到它们。然而，Collection 的各种实现，几乎永远是更好的选择。

A

补充内容

如果你想进一步了解 Java，本书还有一些补充内容，详见 ituring.cn/book/2999。

A.1　示例代码

本书所用的代码可免费下载，其中包括用于构建和执行本书所有示例的 Gradle 构建文件以及其他一些必要的支持文件。

A.2　Java 实践在线课程

"Java 实践在线课程"（"Hands-On Java eSeminar"）是在 *Thinking in Java, 2nd Edition* 的基础上开设的，包括和此书每一章内容相对应的音频课程和幻灯片。这门在线课程是由我制作并讲解的。该课程使用了 HTML5，因此可在大部分现代浏览器中播放。它还在 Gumroad 网站上提供了试听课。

B

积极看待 C++ 与 Java 的遗产

在不少讨论中能听到这样的声音："C++ 是一门设计拙劣的语言。"我则认为理解 C++ 和 Java 做出的各种决策有助于站在更高的位置看待问题。

尽管如此，我现在也很少使用 C++ 了。即使要用，也是在检查遗留代码，或是在编写性能敏感型模块的时候，这些模块通常会保持尽量小的规模，以便用其他语言编写的其他程序调用。

自 C++ 标准委员会诞生之日起，我担任了 8 年委员，因此见证了这些设计决策的诞生。这些决策都经过极其慎重的考虑，远远超过了 Java 所做的许多决策。

然而，正如人们指出的那样，由此产生的语言非常复杂，使用起来很痛苦，并且充斥着短时间内不用就会忘记的怪异规则。我在写书的时候，是通过基本原理找出的这些规则，而不是因为记住了它们。

要理解 C++ 语言为什么既复杂难用又有优秀的设计，就必须时刻牢记 C++ 中一切设计的首要目标：兼容 C 语言。Bjarne Stroustrup（C++ 语言的最初创建者）认定——看起来他的想法也是正确的——想让众多 C 语言程序员（从面向过程）迁移到（面向）对象，就要使迁移的过程变得透明，即让他们的代码不经修改就可以在 C++ 中编译。这是一个很庞大的制约因素，既是 C++ 一直以来最大的力量，也成为其痛苦之源。这便是 C++ 曾经如此成功，现在却又如此复杂的原因。

这同样欺骗了对 C++ 理解不深的 Java 设计者们。比如，他们认为重载操作符对于程序员来说很难合理地使用。对于 C++ 来说确实大体如此，因为 C++ 同时具有栈分配和堆分配的概念，所以必须对操作符进行重载，以应对各种可能的情况，避免内存溢出。这确实很难。但是 Java 具有单一的存储分配机制和垃圾回收器，这使得重载操作符非常简单。C# 已经证明了这一点（Python 也证明了这一点，而且其诞生早于 Java）。但是多年来，Java 团队的观点一直都是"操作符重载太复杂了"。此外，还有很多决策显然是由于有些人调研不足导致的，这就是我经常吐槽"Java 之父"Gosling 及 Java 团队很多决策的原因。

（出于某些原因，Java 7 和 Java 8 中的很多决策要远远好于之前，但是向后兼容性的约束始终是 Java 向伟大迈进的阻碍。Java 语言的初心已不再——初心易得，始终难守。）

另外还有很多例子，比如"为了性能，必须引入基本类型"。正确答案应该是坚守"一切事物都是对象"的原则，并在对性能有要求时提供巧妙的底层操作能力。基于该思路，热点（hotspot）技术能够透明地提升性能，该技术最终也证明了这一点。对了，还有无法直接使用浮点处理器来计算超越函数（Java 是在软件层计算的）。关于类似的问题，我写过的文章已经多得不能再多了，但是听到的答案永远都是翻来覆去的"Java 就是这么处理的"。

在我写到泛型的设计有多么糟糕的时候，也得到了相同的回应，以及"我们必须向后兼容 Java 以前的设计决策"（即使这些决策很糟糕）。后来，越来越多的人经过足够多的实践，认识到了泛型真的很难用。的确，C++ 的模板强大得多，一致性也好得多（既然我们能容忍编译器的错误消息，那么它也好用得多）。人们甚至一直在认真地看待具体化（reification）——这应该会有所帮助，但并不会对陷入死板约束的设计造成太大的影响。

这样的例子还有很多，多到令人乏味。这是否意味着 Java 是门失败的语言呢？当然不是。Java 将主流程序员们带入了垃圾收集、虚拟机和统一错误处理模型的世界。尽管并不完美，但它让我们更上一层楼，准备好接纳更高级的语言了。

曾几何时，C++ 是编程语言界的"皇冠"，人们认为会永远如此。很多人也这么看 Java，但是由于 JVM[①] 的缘故，Java 已经使自己可以被轻而易举地替换掉了。现在，任何人都可以创建一门新的语言，并在短时间内使其像 Java 一样高效地运行。但在以前，对于一门新的语言来说，大部分开发时间往往花在实现正确、高效的编译器上。

而且我们正在见证着这一切：既出现了像 Scala 这样的高级静态语言和各种动态语言，也出现了各种新语言和嫁接语言，如 Groovy、Clojure、JRuby 和 Jython。这便是未来，而且过渡会平滑得多，因为你可以轻松地将这些新语言和已有的 Java 代码结合起来使用；如果需要，也可以重写 Java 中的瓶颈模块。

在我写作本书时，Java 是世界上首屈一指的编程语言。然而 Java 终将老去，就像 C++ 那样，衰退到只会在某些特殊场合用到（甚至只用于支持遗留代码，因为 Java 不如 C++ 和硬件结合得那么紧密）。但是 Java 无心插柳却已蔚然成荫的真正光辉之处是，它为自己的替代品创造了一条非常平坦的道路，即使 Java 本身已经到了无法再进化的地步。未来的所有语言都应该从中学习：要么创造一种可以不断重构的文化（如 Python 和 Ruby 做到的那样），要么让竞争者可以茁壮成长。

---

① 其规范使之并不限于只支持某一门语言。——译者注

·作者简介·

布鲁斯·埃克尔（Bruce Eckel），C++ 标准委员会的创始成员之一，知名技术顾问，专注于编程语言和软件系统设计方面的研究，常活跃于世界各大顶级技术研讨会。他自 1986 年以来，累计出版 *Thinking in C++*、*Thinking in Java*、*On Java 8* 等十余部经典计算机著作，曾多次荣获 Jolt 最佳图书奖（被誉为"软件业界的奥斯卡"），其代表作 *Thinking in Java* 被译为中文、日文、俄文、意大利文、波兰文、韩文等十几种语言，在世界范围内产生了广泛影响。

·译者简介·

陈德伟，深耕软件研发十余年，目前专注于金融系统研发工作。

臧秀涛，InfoQ 前会议内容总编。现于涛思数据负责开源时序数据库 TDengine 的社区生态。代表译作有《Java 性能权威指南》《C++ API 设计》《Groovy 程序设计》等。

孙卓，现任职于百度健康研发中心，百度技术委员会成员。从业十余年，熟悉 Java、PHP 等语言体系，同时也是一名语言文字爱好者。

秦彬，现任腾讯游戏高级项目经理，曾翻译《体验引擎》《游戏设计梦工厂》《游戏制作的本质》等书。

图灵教育

站 在 巨 人 的 肩 上

Standing on the Shoulders of Giants

图灵教育

站 在 巨 人 的 肩 上
Standing on the Shoulders of Giants